CBAC
Ffiseg
ar gyfer U2
Ail Argraffiad

Gareth Kelly

Nigel Wood

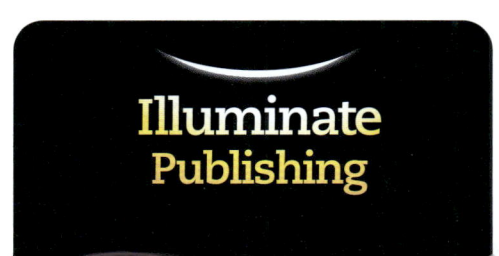

Illuminate
Publishing

CBAC Ffiseg ar gyfer U2: Ail Argraffiad

Addasiad Cymraeg o *WJEC Physics for A2 Level: 2nd Edition* (a gyhoeddwyd yn 2021 gan Illuminate Publishing Limited). Cyhoeddwyd y llyfr Cymraeg hwn gan Illuminate Publishing Limited, argraffnod Hodder Education, an Hachette UK Company, Carmelite House, 50 Victoria Embankment, London EC4Y 0DZ.

Archebion: Ewch i www.illuminatepublishing.com neu anfonwch e-bost at sales@illuminatepublishing.com

Ariennir yn Rhannol gan **Lywodraeth Cymru**
Part Funded by **Welsh Government**

Cyhoeddwyd dan nawdd Cynllun Adnoddau Addysgu a Dysgu CBAC

Data Catalogio Cyhoeddiadau y Llyfrgell Brydeinig

Mae cofnod catalog ar gyfer y llyfr hwn ar gael gan y Llyfrgell Brydeinig.

ISBN 978-1-912820-92-4

Argraffwyd gan: Cambrian, Coed-duon

08.22

Polisi'r cyhoeddwr yw defnyddio papurau sy'n gynhyrchion naturiol, adnewyddadwy ac ailgylchadwy o goed a dyfwyd mewn coedwigoedd cynaliadwy. Disgwylir i'r prosesau torri coed a gweithgynhyrchu gydymffurfio â rheoliadau amgylcheddol y wlad y mae'r cynnyrch yn tarddu ohoni.

Gwnaed pob ymdrech i gysylltu â deiliaid hawlfraint y deunydd a atgynhyrchwyd yn y llyfr hwn. Os cânt eu hysbysu, bydd y cyhoeddwyr yn falch o gywiro unrhyw wallau neu hepgoriadau ar y cyfle cyntaf.

Mae'r deunydd hwn wedi'i gymeradwyo gan CBAC, ac mae'n cynnig cefnogaeth o ansawdd uchel ar gyfer cymwysterau CBAC. Er bod y deunydd hwn wedi mynd drwy broses sicrhau ansawdd CBAC, mae'r cyhoeddwr yn dal yn llwyr gyfrifol am y cynnwys.

Atgynhyrchir cwestiynau arholiad CBAC drwy ganiatâd CBAC. Nid yw CBAC yn gyfrifol am unrhyw atebion enghreifftiol i gwestiynau o'u cyn-bapurau cwestiynau sydd wedi'u cynnwys yn y cyhoeddiad hwn.

Defnyddir cwestiynau arholiad CBAC o dan drwydded gan CBAC Cyf. Nid oes gan CBAC unrhyw gyfrifoldeb, am atebion enghreifftiol i gwestiynau a gymerwyd o'i bapurau cwestiynau blaenorol a allai fod wedi'u cynnwys yn y cyhoeddiad hwn.

Gosodiad y llyfr Cymraeg a gosodiad gwreiddiol: John Dickinson Graphic Design
Dyluniad gwreiddiol: Nigel Harriss

Cydnabyddiaeth

Dymuna'r awduron ddiolch i Jim Newall a Tony Reeves am eu llygaid barcud wrth sylwi ar wallau ac anghysondebau, ac am eu holl awgrymiadau craff. Rydym hefyd yn ddyledus i dîm Illuminate sef Beth Hutchins, Geoff Tuttle, Nigel Harriss a John Dickinson am eu hamynedd a'u sylw gofalus iawn i fanylion.

Diolch o galon i wragedd goddefgar y ddau awdur, a oedd o dan y camargraff fod eu partneriaid wedi ymddeol!

Delwedd y Clawr: © Pavel L Photo a Fideo/Shutterstock

Cydnabyddiaeth delweddau:

t.1 Pavel L Photo and Video/Shutterstock; **t.7** N. Scoville (Caltech), T. Rector (U. Alaska, NOAO) et al., Tîm Treftadaeth Hubble, NASA; **t.8** (brig) Christian Bertrand/Shutterstock; **t.8** (canol) CRS Photo; **t.8** (gwaelod) Asiantaeth Gofod Ewrop, NASA a Felix Mirabel (Comisiwn Egni Atomig Ffrainc a'r Sefydliad Seryddiaeth a Ffiseg Gofod/Conicet o'r Ariannin); **t.12** N. Scoville (Caltech), T. Rector (U. Alaska, NOAO) et al., Tîm Treftadaeth Hubble, NASA; **t.13** (brig) Mim Friday/Alamy; **t.13** (gwaelod) deviyanthi79/Shutterstock; **t.16** Tristan3D/Shutterstock; **t.31** (brig) Mirrorpix/Getty; **t.31** (gwaelod) PlusONE/Shutterstock; **t.37** (y ddau) Edwin R. Jones, Prifysgol De Carolina; **t.49** (chwith) W Bradley, Gooder Lane Ironworks, Brighouse/ Creative Commons; **t.49** (canol) industryviews/Shutterstock; **t.49** (dde) northallertonman/Shutterstock; **t.54** Milan1983/Shutterstock; **t.63** (brig) Science Photo Library; **t.63** (gwaelod) Labordy Cavendish, Prifysgol Caergrawnt; **t.79** Aphelleon/Shutterstock; **t.97** © CERN, Trwydded: CC-BY-4.0; **t.98** Eric Schrader/Creative Commons; **t.107** miha de/Shutterstock; **t.112** © Nigel Wood; **t.115** Portread o Charles Augustin de Coulomb (1736–1806) gan Louis Hierle/Parth cyhoeddus; **t.118** Adam Hart-Davis/ Science Photo Library; **t.123** denisk0/iStock; **t.131** zabanski/Shutterstock; **t.136** (brig) NASA/JPL-caltech/Prifysgol Arizona; **t.136** (gwaelod) NASA/ CXC/Caltech/M.Muno et al.; **t.137** Argraff artist o'r Llwybr Llaethog.jpg: NASA/JPL-Caltech/ESO/R. Hurtderivative work: Cmglee, Parth cyhoeddus, trwy Wikimedia Commons; **t.138** (brig) John Vickery a Jim Matthes/Adam Block/NOAO/AURA/NSF; **t.138** (gwaelod) Gwaith gwreiddiol NASA – Parth cyhoeddus; **t.144** JAVIER LORENZO, UNIVERSIDAD DE ALICANTE; **t.150** © Nigel Wood; **t.152** Napoleon Sarony/Parth cyhoeddus; **t.154** (brig) Trwy ganiatâd Cynhyrchion Addysgol Klinger; **t.154** (gwaelod) Shin Okamoto/Shutterstock; **t.156** ESA; **t.158** Mark Duffin; **t.159** © Nigel Wood; **t.167** © Nigel Wood; **t.175** 3B Scientific Limited; **t.184** GiPhotoStock/ Science Photo Library; **t.199** Daniel W. Rickey/Creative Commons; **t.200** (brig) Suttha Burawonk/Shutterstock; **t.200** (canol) Wild_Strawberries/ Shutterstock; **t.200** (gwaelod) Xray Computer/Shutterstock; **t.201** (brig) EPSTOCK/Shutterstock; **t.201** (gwaelod) Hank Frentz/Shutterstock; **t.203** faustasyan/Shutterstock; **t.204** (chwith) faustasyan/Shutterstock; **t.204** (dde) Nejron Photo/Shutterstock; **t.206** (brig) Michel Brauner/ISM/ Science Photo Library; **p.206** (gwaelod) (chwith) SMK4pix/Shutterstock, (dde) Michel Brauner/ISM/Science Photo Library; **t.209** Philippe Plailly/ Science Photo Library; **t.210** (brig) Centre Jean Perrin/ISM/Science Photo Library; **t.210** (gwaelod) Brian Bell/Science Photo Library; **t.213** (brig) Richard W. Thorpe; **t.213** (gwaelod) Mark Duffin; **t.214** (brig) wavebreakmedia/Shutterstock; **t.214** (canol) stihii/Shutterstock; **t.214** (gwaelod) studioloco/Shutterstock; **t.220** Laszlo Veres/Beehive Illustration; **t.221** REUTERS/Alamy Stock Photo; **t.223** DR. Gary Settles/ Science Photo Library; **t.224** (brig) hiloi/Shutterstock; **t.224** (canol) ARENA Creative/Shutterstock; **t.224** (gwaelod) Martin Cloutier/Shutterstock; **t.228** 1059SHU/Shutterstock; **t.234** Ken Edwards/Alamy Stock Photo; **t.235** Paul J Martin/Shutterstock; **t.237** Science History Images/Alamy Stock Photo; **t.239** Besto Instruments; **t.252** Pukhov K/Shutterstock

Cynnwys

Sut i ddefnyddio'r llyfr hwn

Ysgrifennwyd y llyfr hwn i gefnogi ail hanner (U2) manyleb Ffiseg Safon Uwch CBAC. Mae cynllun dwy adran gyntaf y llyfr yn cyfateb i gynllun Unedau 3 a 4 y fanyleb Ffiseg Safon Uwch, yn ôl eu trefn. Mae'n darparu gwybodaeth sy'n cwmpasu gofynion cynnwys y cwrs, yn ogystal â digon o gwestiynau ymarfer a fydd yn caniatáu i chi gadw golwg ar eich cynnydd a pharatoi'n llwyddiannus ar gyfer eich arholiadau Safon Uwch.

Unedau 3 a 4 y cwrs Safon Uwch yw prif benodau'r llyfr hwn.

- Mae Uned 3 yn cwmpasu Osgiliadau a niwclysau
- Mae Uned 4 yn cwmpasu Meysydd ac opsiynau

Mae pennod ychwanegol ar

- Sgiliau mathemategol a sgiliau trin data

Mae Uned 3 yn cwmpasu chwe thestun y fanyleb Ffiseg. Mae Uned 4 yn cwmpasu 5 testun craidd a 4 testun opsiwn, y dylech astudio un ohonynt. Mae'r ddwy bennod hyn yn cwmpasu y gwaith ymarferol penodol a thrafodaeth fathemategol ar y testunau. Mae gofynion mathemategol a thrin data'r cwrs U2 yn uwch na gofynion yr UG; mae Pennod 3 yn adeiladu ar benodau sgiliau Ymarferol a Mathemategol y llyfr UG ac yn darparu deunydd cefndir ar gyfer y gofynion yn nhestunau Uned 3 a 4. Sylwer nad yw deunydd a drafodir ym Mhenodau 3 a 4 o'r Llyfr Myfyrwyr UG yn cael ei ailadrodd yn y llyfr U2 hwn.

Elfennau'r fanyleb sy'n cael eu cynnwys

Mae'r llyfr hwn yn cynnwys deunydd sy'n cael ei arholi yn unedau U2 y cwrs yn unig. Mae prif destun y llyfr, yn ogystal â'r cwestiynau ymarfer, yn cynnwys cysyniadau ac ymdriniaethau sydd wedi'u cynllunio i estyn ac i herio myfyrwyr.

Cwestiynau enghreifftiol

Yn ogystal â'r cwestiynau Gwirio gwybodaeth (GG) sydd ar ymylon y prif destun, mae ymarfer Profwch eich hun (PH) ar ddiwedd pob adran yn Unedau 3 a 4. Mae'r bennod ar sgiliau mathemategol a sgiliau trin data hefyd yn cynnwys cwestiynau GG ac ymarfer PH sydd heb fod ynghlwm wrth gynnwys penodol y pwnc, ond sydd wedi'u cynllunio i'ch galluogi i ymarfer y sgiliau hanfodol hyn.

Yn ogystal â chynnwys deunydd sy'n berthnasol i gynnwys yr adrannau, mae'r ymarferion yn Unedau 3 a 4 yn cynnwys cwestiynau dadansoddi data sy'n ymwneud â'r gwaith ymarferol penodol ar gyfer yr uned.

Mae rhai cwestiynau hefyd yn ymwneud â chynnwys mwy nag un uned: yn yr arholiad Safon Uwch mae'n ofynnol i'r ymgeisydd ateb cwestiynau synoptig sy'n dod ag ystod o syniadau o'r cwrs Ffiseg at ei gilydd. Mae'r atebion i'r ymarferion hyn, yn ogystal â'r atebion i'r cwestiynau GG, i'w gweld yng nghefn y llyfr. Oni bai bod y cwestiwn GG neu PH yn gofyn i chi roi'r esboniad neu'r rhesymu, dim ond ateb terfynol y mae'r atebion yn ei roi.

Gofal: Yn aml, mae'n bosibl ateb cwestiynau sy'n gofyn am esboniadau neu waith cyfrifo mewn gwahanol ffyrdd, ac mae pob un ohonynt yn ennill marciau llawn. Ni all yr atebion yn y llyfr hwn gwmpasu'r holl bosibiliadau hyn.

Cwestiynau arholiad enghreifftiol

Ar ddiwedd Uned 3 ac Uned 4, mae set o gwestiynau arholiad enghreifftiol. Mae'r rhain i gyd yn dod o arholiadau CBAC yn y gorffennol. Dydyn nhw ddim yn cwmpasu'r holl destunau ond maen nhw'n adlewyrchu amrywiaeth o arddulliau cwestiwn; mae'r holl destunau opsiwn wedi'u cynnwys. Mae set o atebion sampl i'r cwestiynau hyn yng nghefn y llyfr. Unwaith eto, dylid nodi bod mwy nag un ffordd ddilys o ateb cwestiwn yn aml – mae hyn yn arbennig o berthnasol i gwestiynau AYE.

Mae Adran B yn Uned 3 yr arholiad Safon Uwch yn cynnwys set o gwestiynau sydd wedi'u strwythuro ac wedi'u seilio ar ddarn o destun, h.y. cwestiwn darllen a deall. Mae Uned 5 yr arholiad yn cynnwys arholiad ymarferol. Er bod y llyfr hwn yn rhoi gwybodaeth gefndir bwysig er mwyn i chi baratoi ar gyfer yr unedau hyn, dydyn nhw ddim yn cael eu trafod yn nhermau arholiad.

Nodweddion ymyl y dudalen

Fel yn y gwerslyfr UG, mae ymyl pob tudalen yn cynnwys amrywiaeth o nodweddion i'ch helpu i ddysgu. Y rhain yw:

Cysonyn Avogadro N_A: nifer y gronynnau am bob mol
($N_A = 6.02 \times 10^{23}$ mol^{-1})

Mae'r rhain yn ddiffiniadau o dermau neu'n ddeddfau y dylech allu eu mynegi. Mae papurau arholiad

Ffiseg yn aml yn cynnwys ychydig o farciau am fynegi termau allweddol.

Mae gan ω werth positif bob amser, felly does dim angen i ni ysgrifennu $\omega = \pm 20$ s^{-1}

Mae'r rhain yn cael eu darparu i'ch helpu i ddeall a defnyddio'r wybodaeth sydd ynddynt. Yn y nodwedd hon, efallai y

caiff gwybodaeth ffeithiol ei phwysleisio, neu ei hailddatgan i wella eich dealltwriaeth.

3.1.4 Gwirio gwybodaeth

Deilliwch uned cyfaint trwy ystyried ciwb.

Cwestiynau byr yw cwestiynau Gwirio gwybodaeth (GG) i wirio eich dealltwriaeth

o'r pwnc wrth i chi ei ddysgu neu ei adolygu. Mae'n hollbwysig i chi wneud y cwestiynau hyn *wrth i chi weithio trwy'r llyfr*. Mae llawer ohonynt yn gofyn am gyfrifiadau sy'n ymwneud yn uniongyrchol â'r testun wrth eu hymyl. Mae'r atebion i'r holl gwestiynau GG yng nghefn y llyfr.

O wybod yr egni moleciwlaidd cymedrig ar dymheredd ystafell, a gan ystyried gwahaniad nodweddiadol y lefelau egni atomig (gweler y Llyfr Myfyriwr UG), esboniwch pam mae gwrthdrawiadau moleciwlaidd mewn nwyon monoatomig yn elastig.

Mae'r rhain wedi'u cynllunio i wneud i chi feddwl yn fwy dwys am y pwnc. Fel arfer, maen nhw'n cynnwys cwestiynau i'w hystyried, a'u trafod. Yn wahanol i'r cwestiynau GG, does dim atebion yn y llyfr.

Cyngor cyflym

Nid yw'r hafaliad $C = \dfrac{C_1 C_2}{C_1 + C_1}$ yn Llyfryn Data CBAC.

Mae'r rhain yno i ddarparu cymorth ychwanegol wrth i chi baratoi ar gyfer eich arholiad.

Cyngor mathemateg

Sicrhewch eich bod yn gallu defnyddio'r perthnasoedd hyn:

$\ln(e^x) = x$ $e^{\ln x} = x$

$\ln(2^x) = x \ln 2$ $e^{x \ln 2} = 2^x$

Mae'r rhain yn cyfeirio at ddechnegau penodol, ac yn aml byddan nhw'n eich cyfeirio at y

bennod Sgiliau mathemategol a sgiliau trafod data.

Gweler Adran 1.4.3(ch) o'r gwerslyfr UG am fwy ar egni potensial.

Mae cysylltau â rhannau eraill o'r cwrs i'w gweld ar ymyl y dudalen, yn agos at y testun perthnasol. Bydd y rhain yn eich cyfeirio chi at feysydd lle mae perthynas rhwng adrannau. Efallai y bydd hi o fudd i chi ddefnyddio'r Cysylltau hyn i daro golwg arall ar destun cyn dechrau astudio'r testun dan sylw.

Unedau a chyfrifiadau

Ar wahân i ddarganfod cymhareb, mae canlyniadau'r holl gyfrifiadau yn ffiseg yn werthoedd gydag unedau. Os na fyddwch chi'n rhoi'r unedau yn yr ateb terfynol, cewch eich cosbi. Fel arfer, mae cosb uned ynghlwm ag un neu ddau gwestiwn ym mhob papur. Nid yw diffyg unedau yn cael ei gosbi yng nghamau canol cyfrifiad.

Sut dylech chi ddelio ag unedau wrth wneud cyfrifiad? Mae'r awduron yn awgrymu'n gryf eich bod yn cynnwys yr unedau ac, fel arfer, dyna beth maen nhw wedi'i wneud yn yr enghreifftiau sydd wedi'u gweithio yma. Ar dudalen 13, fe welwch chi'r llinell ganlynol yn yr **Enghraifft**:

$$v_{\text{mwyaf}} = \sqrt{20 \text{ m} \times 9.81 \text{ m s}^{-2}} = 14 \text{ m s}^{-1}$$

Mae defnyddio'r unedau m a m s^{-2} yn darparu gwiriad bod y dull yn gywir oherwydd uned $20 \text{ m} \times 9.81 \text{ m s}^{-2}$ yw (m $\times$ m s^{-2}) = m^2 s^{-2}. Felly mae cymryd yr ail isradd yn rhoi m s^{-1} sy'n cytuno ag uned yr ateb.

Dydyn ni ddim wedi cadw at hyn bob tro oherwydd does dim digon o le mewn llinell. Mae hyn yn arbennig o wir yn yr atebion i'r Papurau arholiad enghreifftiol. Un enghraifft yw'r ateb i 3(c) ar frig tudalen 285. Byddai rhoi'r unedau i mewn yn ddelfrydol ond byddai angen dwy linell ychwanegol:

$$\Delta T = \frac{m_{\text{magnet}} g}{A \rho_{\text{copr}} c_{\text{copr}}}$$

$$= \frac{0.300 \text{ kg} \times 9.81 \text{ N kg}^{-1}}{7.85 \times 10^{-6} \text{ m}^2 \times 8960 \text{ kg m}^{-3} \times 385 \text{ J kg}^{-1} \text{ K}^{-1}}$$

$$= 0.11 \text{ K}$$

Pam byddai hyn yn ddelfrydol? Oherwydd (o gofio bod J = N m) mae'n gadael i ni wirio bod yr unedau'n gweithio allan.

Mae unedau mewn ffwythiannau esbonyddol, logarithmig a thrigonometrig hefyd yn lletchwith. Ym mhob un o'r ffwythiannau hyn does gan yr *arg*, e.e. $(-\lambda t)$ yn $e^{(-\lambda t)}$, ddim unedau, felly mae angen i ni fod yn siŵr bod unedau λ a t yn gydnaws. Mae hyn yn golygu os yw t yn cael ei fynegi mewn s, yna rhaid i λ fod mewn s^{-1}, ac os ydych chi'n mynegi t mewn blynyddoedd, yna rhaid bod λ mewn blwyddyn^{-1}.

Yr arholiad U2

Wrth ysgrifennu'r papurau arholiad, mae'r arholwyr yn cymryd gofal i adlewyrchu'r ystod o sgiliau y disgwylir i ymgeiswyr Safon Uwch eu dangos. Felly maen nhw'n cynnwys: cwestiynau o bob maes o'r fanyleb; cydbwysedd o gwestiynau mathemategol ac anfathemategol; cyd-destunau damcaniaethol ac ymarferol; cwestiynau gydag atebion pendant a'r rheini sy'n gofyn am ddadl resymedig. Gofyniad cyffredinol yw iddynt osod cwestiynau sy'n adlewyrchu'r tri **Amcan asesu (AA)** canlynol.

Amcan asesu 1

Rhaid i ddysgwyr: Dangos gwybodaeth a dealltwriaeth o syniadau, prosesau, technegau a dulliau gweithredu gwyddonol

Mae 30% o farciau'r cwestiynau sydd ar y papurau arholiad ar gyfer AA1. Yn ogystal â galw i gof pur, fel mynegi deddfau a diffiniadau, mae hyn yn cynnwys gwybod pa hafaliadau i'w defnyddio, amnewid mewn hafaliadau a disgrifio technegau arbrofol.

Amcan asesu 2

Rhaid i ddysgwyr: Cymhwyso gwybodaeth a dealltwriaeth o syniadau, prosesau, technegau a dulliau gweithredu gwyddonol:

- mewn cyd-destun damcaniaethol
- mewn cyd-destun ymarferol
- wrth ymdrin â data ansoddol
- wrth ymdrin â data meintiol.

Mae 45% o farciau'r cwestiynau sydd ar y papurau arholiad ar gyfer AA2. Mae dod â syniadau ynghyd i esbonio ffenomenau, datrys problemau mathemategol a defnyddio canlyniadau arbrofion a graffiau i wneud cyfrifiadau, yn cael eu categoreiddio fel AA2. Mae cymhwyso yn golygu defnyddio'r sgiliau newydd sydd gennych mewn sefyllfaoedd anghyfarwydd, e.e. mewn cwestiynau synoptig.

Amcan asesu 3

Rhaid i ddysgwyr: Dadansoddi, dehongli a gwerthuso gwybodaeth, syniadau a thystiolaeth wyddonol, gan gynnwys mewn perthynas â materion, er mwyn:

- llunio barn a dod i gasgliadau
- datblygu a mireinio dylunio a dulliau gweithredu ymarferol.

Mae 25% o farciau'r cwestiynau sydd ar y papurau arholiad ar gyfer AA3. Mae'r marciau hyn yn cynnwys darganfod meintiau gan ddefnyddio canlyniadau arbrofol a hefyd ymateb i ddata i ddod i gasgliadau.

Papurau ysgrifenedig Ffiseg U2

Mae tair uned yn yr arholiad Ffiseg U2: Uned 3 ac Uned 4, sydd â phwysiad o 25% yr un ar gyfer y Safon Uwch ac Uned 5, Ffiseg Ymarferol, sy'n werth 10%.

Uned 3 (2 awr 15 munud)

Mae dwy adran i'r papur:

Mae **Adran A** yn cynnwys, yn fras, 6 chwestiwn strwythuredig, gyda chyfanswm o 80 marc. Mae'r cwestiynau'n cynnwys cymysgedd o rannau sy'n gofyn am atebion byr ac ysgrifennu estynedig.

Mae **Adran B** yn cynnwys un cwestiwn darllen a deall strwythuredig sy'n werth 20 marc ac yn seiliedig ar ddarn o destun.

Uned 4 (2 awr)

Mae dwy adran i'r papur:

Mae **Adran A** yn cynnwys, yn fras, 5 cwestiwn strwythuredig gyda chyfanswm o 80 marc. Mae'r cwestiynau'n cynnwys cymysgedd o rannau sy'n gofyn am atebion byr ac ysgrifennu estynedig.

Mae **Adran B** yn cynnwys 4 cwestiwn strwythuredig sydd yn werth 20 marc, sef un cwestiwn ar bob un o'r pedair uned ddewisol.

Dyraniad amser a marciau

Y dyraniad amser yw 1¼ munud am bob marc gyda 15 munud ychwanegol ar gyfer darllen y darn yn Uned 3. Mae caniatáu un funud am bob marc i chi eich hun yn rhoi 20 munud i chi wirio dros eich gwaith, er mwyn sicrhau nad ydych wedi colli unrhyw rannau o gwestiynau.

Cwestiynau synoptig

Mae pob uned U2 yn cynnwys rhai rhannau o gwestiynau sy'n arholi gwybodaeth o'r unedau UG a'r uned U2 arall. Mewn sawl rhan o'r pwnc, mae'r cwrs U2 yn adeiladu'n naturiol ar gynnwys UG, e.e. mae cylchedau cynhwysydd yn U2 yn adeiladu ar gylchedau CU yn UG. Felly mae'n werth i chi adolygu gan ddefnyddio'r Llyfr Myfyrwyr UG hefyd.

Mathau o gwestiynau a geiriau gorchymyn

Mae arddulliau'r cwestiynau a'r geiriau gorchymyn a ddefnyddir yn Ffiseg U2 yn union fel yn Ffiseg UG. Am drafodaeth ar y rhain, gweler tudalennau 6 a 7 o'r Llyfr Myfyrwyr Ffiseg UG.

Osgiliadau a niwclysau

Mae tair thema sylfaenol yn yr uned U2 hon:

- Mae **mudiant cylchol** a **dirgryniadau** yn ymddangos yn destunau gwahanol iawn ar yr olwg gyntaf, ond mae mathemateg y ddau destun yn debyg iawn. Y rheswm dros hyn yw fod tafluniad mudiant cylchol yn ddirgryniad. Mae nifer o dermau cyffredin gan y ddau destun: cyfnod, amledd, cyflymder onglaidd. Mae gallu defnyddio trigonometreg – gydag onglau wedi'u mynegi mewn radianau – yn ogystal â fectorau, oll ar lefel uchel, yn ofynnol yn y ddau destun. Mae dealltwriaeth o'r testunau hyn yn allweddol i fynd i'r afael â thestun orbitau.
- Mae **damcaniaeth ginetig** a **ffiseg thermol**, fel ei gilydd, yn ymdrin ag egni systemau. Roedd dealltwriaeth o'r meysydd ffiseg hyn yn allweddol i'r gwaith o ddatblygu peiriannau trosglwyddo egni. Mae damcaniaeth ginetig yn canolbwyntio ar ymddygiad moleciwlaidd, ac mae ffiseg thermol yn canolbwyntio ar ymddygiad systemau yn eu cyfanrwydd. Fodd bynnag, mae tipyn o orgyffwrdd rhwng y testunau o ran y cysyniadau.
- Mae **dadfeiliad niwclear** ac **egni niwclear** yn cwblhau'r uned hon. Mae'r testunau hyn yn ymddangos gyntaf mewn cyrsiau a ddaw cyn y cwrs Safon Uwch. Fodd bynnag, mae eu datblygiad mathemategol, yn enwedig o ran disgrifio dadfeiliadau yn nhermau ffwythiannau esbonyddol, yn golygu bod y maes hwn ymhlith y rhai mwyaf heriol ar y cwrs Safon Uwch. Unwaith eto, mae angen y mesurau a gafodd eu cyflwyno ar gyfer testun damcaniaeth ginetig, fel mol a màs molar, yn y maes hwn. Mae hyn yn pwysleisio undod disgrifiadau a ddatblygir yn y cwrs Safon Uwch

Cynnwys

Gwaith ymarferol

Mae gwaith ymarferol yn rhan annatod o unrhyw gwrs ffiseg. Mae Uned 3 yn darparu digonedd o gyfleoedd i fyfyrwyr fireinio eu sgiliau ymarferol, yn ogystal â datblygu eu dealltwriaeth o'r cynnwys.

3.1 Mudiant cylchol

Ffig. 3.1.1 Mudiant cylchol yn Barcelona

Ffig. 3.1.2 Teithiwr ar y mur marwolaeth

Bob rhyw chwe eiliad, mae'r teithwyr llawn cyffro ar y carwsél siglen yn Barcelona yn teithio ar hyd cylch llorweddol â diamedr tua 20 m. Nid y bobl hyn yn unig sy'n ymddwyn fel hyn, fel mae'r teithiwr ar y mur marwolaeth yn ei ddangos. Rydyn ni, ynghyd â phreswylwyr eraill y Ddaear, yn symud mewn nifer mawr o fudiannau sydd, os nad ydyn nhw'n hollol gylchol, yn agos iawn at fod mewn cylch:

- Cylchdroi'n ddyddiol o gwmpas echelin y Ddaear
- Llwybr blynyddol y Ddaear o gwmpas yr Haul
- Orbit 240 miliwn o flynyddoedd Cysawd yr Haul o gwmpas canol yr alaeth.

Wrth i'r adran hon gael ei hysgrifennu, mae seryddwyr yn dathlu ein bod wedi canfod y tonnau disgyrchiant a allyrrwyd pan gyfunodd dau dwll du, a oedd gynt mewn orbit ar y cyd, i ffurfio un corff. Llwyddodd yr arsylw hwn i gadarnhau rhagfynegiad nodedig y ddamcaniaeth Perthnasedd Cyffredinol, yn ogystal â darparu'r dystiolaeth arsylwi uniongyrchol gyntaf o dyllau duon eu hunain (yn hytrach na'r mater sy'n troelli i mewn iddyn nhw).

Yn ôl ar y Ddaear, mae'r adran hon yn cyflwyno'r fathemateg sydd ei hangen i ddisgrifio a deall ymddygiad gwrthrychau sy'n cylchdroi – eu mudiant, yn ogystal â'r grymoedd sy'n cynhyrchu'r mudiant hwnnw. Nid yw'r fathemateg yn anodd, ond mae'r cysyniadau ffiseg yn cynnwys ambell drap ar gyfer unigolion anwyliadwrus. Rydyn ni wedi eich rhybuddio!

3.1.1 Cinemateg mudiant cylchol 'unffurf' [1]

Ar y cyfan, byddwn ni'n cyfyngu ein hastudiaethau i wrthrychau sy'n symud ar fuanedd cyson mewn cylchoedd. Nid yw hyn yn cyfyngu arnon ni'n ormodol – byddwn ni'n dal i ganiatáu i'r carwsél siglen droelli i fyny ac i lawr, ond byddwn ni'n ystyried y grymoedd a'r mudiant pan fydd yn teithio ar fuanedd cyson yn unig. Mae Opsiwn C, Ffiseg Chwaraeon, yn ystyried cyflymiadau ac arafiadau onglaidd.

(a) Safle onglaidd a buanedd onglaidd

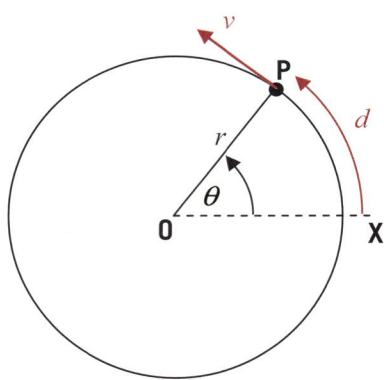

Ffig. 3.1.3 Safle onglaidd

Ystyriwch wrthrych, **P**, sy'n symud ar fuanedd cyson v, mewn llwybr crwn, radiws r o amgylch pwynt canolog, **O**. Rydyn ni'n mesur ei fudiant llinol ar hyd y cylchyn o'r pwynt **X**. Mae'r safle onglaidd, θ, fel sydd i'w weld yma, yn cael ei fesur o'r llinell **OX**.

Rydyn ni'n diffinio'r **buanedd onglaidd,** ω, fel cyfradd newid θ, h.y. yr ongl sy'n cael ei sgubo allan gan y radiws am bob uned amser.

Yn fathemategol, mae: $\omega = \dfrac{\Delta\theta}{\Delta t}$

Unedau

Mae gwyddonwyr yn aml yn mynegi onglau mewn graddau (°) gan fod hynny'n gyfleus ac oherwydd bod y gynulleidfa yn gyfarwydd â'r unedau hyn. Mae seryddwyr yn aml yn isrannu graddau yn funudau (') ac eiliadau (") o arc. Fodd bynnag, byddwn ni bob amser yn defnyddio radianau wrth sôn am gylchdroi a dirgrynu. Mae'r diffiniad o fesur radian wedi'i gynnwys yn y gwerslyfr Blwyddyn 1/UG, Adran 4.2.4. Felly:

Uned safle onglaidd, θ: **rad**.

Uned buanedd onglaidd, ω: **rad s^{-1}**.

Ffig. 3.1.4 Orbitau lluosog mewn system seren / twll du

---

1 Mae dyfynodau o gwmpas 'unffurf' oherwydd nad yw cyflymder gwrthrych sy'n teithio mewn cylch yn unffurf gan fod ei gyfeiriad yn newid drwy'r amser – rhaid bod yn ymwybodol o hyn.

Enghraifft

Mae disg record finyl yn troelli ar gyfradd gyson o $33\frac{1}{3}$ cylchdro y funud. Cyfrifwch y buanedd onglaidd mewn **rad s^{-1}**.

Ateb

Mewn 60 s, mae'r ongl sy'n cael ei sgubo allan $= 33\frac{1}{3} \times 2\pi = 66.7\pi$ rad

$\therefore \omega = \dfrac{\Delta\theta}{\Delta t} = \dfrac{66.7\pi \text{ rad}}{60 \text{ s}} = 3.49$ rad s^{-1}.

(b) Perthnasoedd rhwng buanedd onglaidd a buanedd llinol

Mae'r mesurau llinol mewn mudiant cylchol yn cael eu dangos mewn coch yn Ffig. 3.1.3; gallwn ni ddefnyddio'r diagram hwn i'w gysylltu â'r mesurau cylchdro.

Trwy ddiffiniad, mae $\theta = \dfrac{d}{r}$

Os yw **P** yn symud â buanedd v, mae'r cynnydd yn y pellter, Δd, mewn amser Δt yn cael ei roi gan $\Delta d = v\Delta t$

Felly mae'r cynnydd yn y safle onglaidd, $\Delta\theta = \dfrac{v\Delta t}{r}$

$\therefore$ Mae rhannu â Δt a defnyddio $\omega = \dfrac{\Delta\theta}{\Delta t}$ yn rhoi $\omega = \dfrac{v}{r}$

Enghraifft

Cyfrifwch fuanedd mudiant y Ddaear o gwmpas yr Haul   [1 AU = 1.50×10^{11} m]

Ateb

Mae'r cyflymder onglaidd $\omega = \dfrac{\Delta\theta}{\Delta t} = \dfrac{2\pi}{(3600 \times 24 \times 365.25) \text{ s}} = 1.99 \times 10^{-7}$ rad s^{-1}.

$\therefore$ Mae'r buanedd, $v = r\omega = 1.50 \times 10^{11}$ m $\times 1.99 \times 10^{-7}$ rad s^{-1}
$= 29.9$ km s^{-1}.

Buanedd onglaidd neu gyflymder onglaidd?

Mae mudiant mewn cylch yn gyfeiriadol, felly mae ganddo briodweddau fector. O amgylch unrhyw echelin, gallwn ni gael mudiant clocwedd neu wrthglocwedd. A gallai cyfeiriad yr echelin gylchdro newid. Byddwn ni'n archwilio hyn yn fanylach yn Opsiwn C, Ffiseg Chwaraeon. Er mai dim ond yr agweddau sgalar sy'n cael sylw, byddwn ni'n defnyddio'r termau *buanedd onglaidd* a *chyflymder onglaidd* yn gydgyfnewidiol.

> **Pwynt astudio**

Yn aml mae'n gyfleus gadael π yn echblyg mewn buanedd onglaidd, e.e. yn yr enghraifft $\omega = 1.1\pi$ rad s^{-1}.

Gwirio gwybodaeth 3.1.1

Mae rîl, sydd â diamedr 15 cm, yn dirwyn edau i mewn ar fuanedd o 9.5 cm s^{-1}. Cyfrifwch gyflymder onglaidd y rîl.

Gwirio gwybodaeth 3.1.2

Mae tonnau sain ar record finyl $33\frac{1}{3}$ **cyf** yn cael eu cynhyrchu trwy ddefnyddio rhigolau tonnog.

(a) Cyfrifwch donfedd y rhigolau ar gyfer nodyn 1 kHz ar ochr allanol y disg diamedr, 30 cm.

(b) Sut byddai rhigol 1 kHz yn wahanol pe bai yn nes at ganol y disg?

> **Pwynt astudio**

Byddwch chi wedi sylwi bod yn rhaid i chi gyfrifo nifer yr eiliadau mewn blwyddyn yn eithaf aml mewn ffiseg Safon Uwch. Gallech chi gofio bod 1 blwyddyn $= 3.16 \times 10^{7}$ s (i 3 ff.y.). Mae hyn yn rhy anodd i'r awdur hwn ond mae yn cofio bod **86 400** eiliad mewn diwrnod (3600 × 24) ac mae'n lluosi hyn â 365.25, sef nifer y diwrnodau mewn blwyddyn gymedrig.

>> **Termau Allweddol**

Cyfnod, T, mudiant cylchol yw'r amser mae'n ei gymryd i gwblhau un cylchdro cyfan.

UNED: s

Yr **amledd**, f, yw nifer y cylchdroeon am bob uned amser.

UNED: $Hz \equiv s^{-1}$

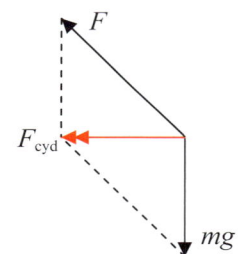

Ffig. 3.1.5 Y grymoedd ar deithiwr ar garwsél siglen

3.1.3 **Gwirio gwybodaeth**

Mae màs teithiwr ar y carwsél yn 75 kg ac mae ongl ϕ y cortynnau cynnal yn 50°.

Cyfrifwch:

(a) y grym tyniant, F, yn y cortyn; a

(b) y grym cydeffaith ar y teithiwr.

(c) Cyfnod, T, ac amledd, f, mudiant cylchol

Mae diffiniadau **cyfnod** ac **amledd** yng nghyd-destun mudiant cylchol mwy neu lai'r un peth ag ydyn nhw ar gyfer tonnau neu unrhyw ffenomen gyfnodol arall. Dyma'r berthynas rhyngddyn nhw:

$$\text{amledd} = \frac{1}{\text{cyfnod}} \qquad f = \frac{1}{T}$$

Mewn un cylchdro, mae'r dadleoliad onglaidd yn 2π. Gallwn ni ddefnyddio hyn i gysylltu'r cyfnod a'r amledd â'r cyflymder onglaidd, ω.

$$\omega = \frac{2\pi}{T} \quad \text{a} \quad \omega = 2\pi f$$

Bydd y perthnasoedd hyn yn digwydd ar yr un ffurf ar gyfer mudiant dirgrynol. Byddwn ni'n archwilio'r cysylltiad ar ddiwedd yr adran hon.

3.1.2 Bodolaeth grym cydeffaith ar wrthrych sydd mewn orbit

Ystyriwch y grymoedd ar un o'r teithwyr yn y ffair yn Ffig. 3.1.1. Efallai bydd hi'n haws i chi ddefnyddio Ffig. 3.1.5. Unwaith bydd y carwsél yn symud ar gyflymder onglaidd cyson, bydd y teithiwr yn symud mewn cylchoedd llorweddol, felly nid oes ganddyn nhw unrhyw fudiant fertigol. Felly, cyfanswm cydrannau fertigol y grymoedd ar y teithiwr yw sero. Os byddwn ni'n anwybyddu gwrthiant aer, dim ond dau rym sy'n gweithredu ar y teithiwr: y tyniant, F, yn y wifren gynnal a'r grym disgyrchiant, mg, ar y teithiwr.

Cydran fertigol y tyniant yw $F\cos\phi$

$\therefore$ Mae $F\cos\phi = mg$ h.y. $F = \dfrac{mg}{\cos\varphi}$

Ond mae cydran lorweddol i F hefyd, sef $F\sin\phi$ tua'r chwith. Gan nad oes grym cydeffaith fertigol ar y teithiwr ac mai dyma'r unig rym llorweddol ar y teithiwr, rydyn ni'n dod i'r casgliad mai'r grym cydeffaith F_{cyd} ar y teithiwr, ar ennyd Ffig. 3.1.5 yw $F\sin\phi$ yn llorweddol tua'r chwith.

Nawr ystyriwch y sefyllfa hanner cylchdro yn hwyrach. Mae'r teithiwr ar y chwith ac mae F_{cyd} yn awr yn rym i'r dde: mae bob amser grym cydeffaith ar y teithiwr i gyfeiriad canol y cylch. Yn yr enghreifftiau eraill hefyd:

- Mae'r mur marwolaeth yn Ffig. 3.1.2 yn rhoi grym tuag i mewn ar y gyrrwr, yn ogystal â grym ffrithiant i'w ddal i fyny yn erbyn disgyrchiant.
- Mae'r twll du a'r seren yn Ffig. 3.1.4 yn rhoi grymoedd disgyrchiant atynnol ar ei gilydd.

Yn awr fe wnawn ni ystyried pam mae angen grym cydeffaith o'r fath, a sut mae'r grym hwn yn dibynnu ar nodweddion y mudiant.

Byddwn ni hefyd yn edrych ar pam mae'r grym cydeffaith ar wrthrych sydd mewn orbit crwn bob amser tuag at y canol. Byddwn ni'n deillio hafaliadau i ddangos sut mae'r grym yn dibynnu ar fuanedd y gwrthrych a radiws ei orbit.

Sylwch nad oes angen i chi allu deillio'r hafaliadau hyn ond cewch eich cynghori i astudio Adran 3.1.3 yn ofalus.

3.1.3 Cyflymiad mewngyrchol

Ystyriwch y gwrthrych yn Ffig. 3.1.6. Mae'n symud ar fuanedd cyson o 20 m s^{-1} mewn cylch, radiws 5 m. Byddwn ni'n cyfrifo'r cyflymiad cymedrig rhwng pwyntiau **A** a **B**, h.y. $\frac{\pi}{4}$ y naill ochr a'r llall i'r llinell fertigol **OY**.

Mae cydran lorweddol y cyflymder heb newid rhwng **A** a **B** ar $20\cos\frac{\pi}{4}$ m s^{-1} tua'r chwith.

Mae cydran fertigol y cyflymder yn **A** $= 20\sin\frac{\pi}{4}$ m s^{-1} i gyfeiriad **OY**.

Mae cydran fertigol y cyflymder yn **B** $= 20\sin\frac{\pi}{4}$ m s^{-1} i gyfeiriad **YO**.

$\qquad\qquad\qquad\qquad\qquad\quad = -20\sin\frac{\pi}{4}$ m s^{-1} i gyfeiriad **OY**

$\therefore$ mae $\Delta v = v_B - v_A = -20\sin\frac{\pi}{4} - 20\sin\frac{\pi}{4} = -40\sin\frac{\pi}{4}$ m s^{-1} i gyfeiriad **OY**.

Er mwyn cyfrifo'r cyflymiad cymedrig, mae angen gwybod y cyfwng amser rhwng **A** a **B**. Gan ddefnyddio canlyniadau GG 3.1.4, gallwn ni nawr ysgrifennu bod y cyflymiad cymedrig $\langle a \rangle$ yn cael ei roi gan:

$$\langle a \rangle = \frac{\Delta v}{\Delta t} = \frac{-40\sin\frac{\pi}{4}}{\frac{\pi}{8}} = -72 \text{ m s}^{-2} \text{ (2 ff.y.) i gyfeiriad } \textbf{OY}.$$

Dylech chi wirio'r canlyniad hwn. Dydy'r ffigur 72 m s^{-2} ddim mor bwysig ond mae'r cyfeiriad yn bwysig: mae'r cyflymiad cymedrig tuag at ganol y cylch. Os gwnewch chi GG 3.1.5, byddwch chi'n cael canlyniad sydd â maint tebyg iawn (ychydig yn fwy) ond i'r un cyfeiriad: mae cyflymiad cymedrig bob amser o amgylch pwynt **Y** i gyfeiriad **YO**.

Nawr, byddwn ni'n datblygu'r canlyniad hwn ac yn cyfrifo'r cyflymiad enydaidd yn **Y** ei hun. I wneud hyn, bydd angen defnyddio'r canlyniad:

$$\lim_{\theta \to 0} \frac{\sin\theta}{\theta} = 1,$$

sy'n dilyn o ddiffiniadau θ (mewn **rad**) a $\sin\theta$. Ffig. 3.1.7 wedi'i ail-luniadu yw Ffig. 3.1.6 gyda gwerthoedd cyffredinol ar gyfer y newidynnau.

Gallen ni ddefnyddio cydrannau unwaith eto ond, er mwyn hyblygrwydd, byddwn ni'n defnyddio'r diagram fector, Ffig. 3.1.8, i gyfrifo Δv.

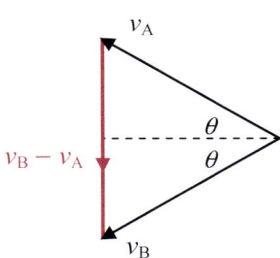

Ffig. 3.1.8 $v_B - v_A$

Mae meintiau v_A a v_B yn hafal ac maen nhw ar yr un ongl i'r llorwedd.

$\therefore$ trwy gymesuredd, mae $v_B - v_A$ yn fertigol

ac mae $\Delta v = v_B - v_A = 2v\sin\theta$

Rhoddir hyd yr arc AB gan: arc AB $= 2r\theta$

$\therefore$ Rhoddir yr amser Δt, rhwng **A** a **B** gan:

$$\Delta t = \frac{\text{arc AB}}{v} = \frac{2r\theta}{v}$$

Felly y cyflymiad cymedrig rhwng **A** a **B** yw:

$$\langle a \rangle = \frac{\Delta v}{\Delta t} = 2v\sin\theta \times \frac{v}{2r\theta} = \frac{v^2}{r} \times \frac{\sin\theta}{\theta}$$

ac mae'r cyfeiriad tuag i lawr yn Ffig. 3.1.7, h.y. mae'r cyflymiad cymedrig bob amser tuag at ganol y cylch.

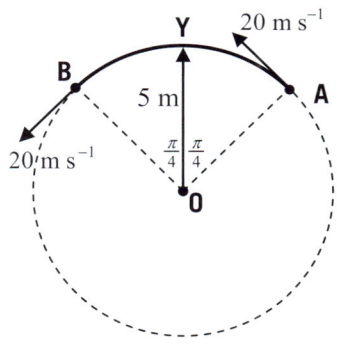

Ffig. 3.1.6 Beth yw'r cyflymiad?

Gwirio gwybodaeth

Defnyddiwch amser $= \frac{\text{pellter}}{\text{buanedd}}$

i ddangos bod y cyfwng amser rhwng **A** a **B** yn Ffig. 3.1.6 yn $\frac{\pi}{8}$ s.

Gwirio gwybodaeth

Ailgyfrifwch y cyflymiad cymedrig ar gyfer dau bwynt sydd $\frac{\pi}{6}$ y naill ochr a'r llall i'r fertigol.

❮❮ Cyngor mathemateg

Defnyddiwch eich cyfrifiannell i ddarganfod y gymhareb $\frac{\sin\theta}{\theta}$, ar gyfer θ (mewn **rad**) = 1.0, 0.1, 0.01, 0.001 a 0.0001 a dangoswch fod y gymhareb yn agosáu at 1.

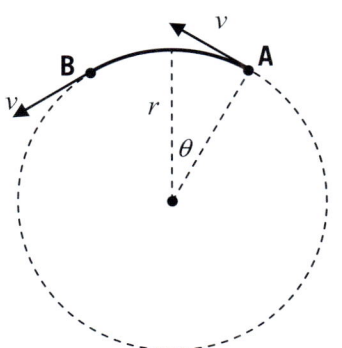

Ffig. 3.1.7 Cyflymiad mewngyrchol

3.1.6 Gwirio gwybodaeth

Defnyddiwch y fformiwla $a = \dfrac{v^2}{r}$

i gyfrifo'r cyflymiad ym mhwynt **Y** yn Ffig. 3.1.7.

Ffig. 3.1.9 M51 – Galaeth y Trobwll

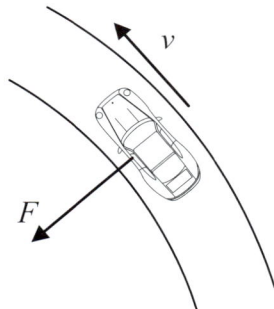

Ffig. 3.1.10 Car ar dro

Gallwn ni ddefnyddio'r canlyniad hwn a $\displaystyle\lim_{\theta \to 0} \frac{\sin\theta}{\theta} = 1$ i gyfrifo'r cyflymiad enydaidd ar ben uchaf yr arc, h.y. pan mae $\theta = 0$. Yr ateb yw'r hafaliad syml iawn $a = \dfrac{v^2}{r}$ sydd, wrth gymhwyso $v = r\omega$, yn gallu cael ei ysgrifennu fel $a = r\omega^2$

Oherwydd bod y cyflymiad hwn wedi'i gyfeirio tuag at ganol y cylch, mae'n cael ei alw'n **gyflymiad mewngyrchol**.

Enghraifft

Mae'r Orsaf Ofod Rhyngwladol (*International Space Station*) (ISS) mewn orbit ar uchder cymedrig, h, o 412 km gyda chyfnod orbitol, T, o 92.69 munud. Cyfrifwch ei chyflymiad.

[Radiws cymedrig y Ddaear, $R_E = 6371$ km.]

Ateb

Mae cyflymder onglaidd yr ISS $= \dfrac{2\pi}{T} \therefore$ mae $a = r\left(\dfrac{2\pi}{T}\right)^2 = \dfrac{4\pi^2}{T^2}(R_E + h)$

Sylwch mai'r cyflymiad hwn yw gwerth y cyflymiad disgyrchiant ar uchder orbit yr ISS.

$$= \frac{4\pi^2}{(92.69 \times 60 \text{ s})^2}(6371 + 412) \times 10^3 \text{ m}$$

$$= 8.66 \text{ m s}^{-2} \text{ (3 ff.y.). (Gweler y Pwynt astudio)}$$

3.1.4 Grym mewngyrchol

Nawr, gallwn ni ddefnyddio deddfau Newton i symud o ginemateg i ddynameg; gallwn ni archwilio beth sy'n gwneud i gorff neu wrthrych symud mewn cylch ar fuanedd cyson. Mae deddf gyntaf Newton yn dweud wrthyn ni, os yw gwrthrych yn cyflymu, na all grym cydeffaith yr holl rymoedd arno fod yn sero; rhaid bod grym cydeffaith i gyfeiriad y cyflymiad, h.y. tuag at ganol y llwybr crwn. Gallwn ni gyfrifo maint y **grym (cydeffaith) mewngyrchol** hwn trwy ddefnyddio hafaliad N2, $F = ma$.

O'r uchod: Mae'r grym mewngyrchol, $F = \dfrac{mv^2}{r}$ neu $F = mr\omega^2$.

Rhai enghreifftiau o rymoedd mewngyrchol

1. Mae pob un o'r rhanbarthau HI (y cymylau pinc yn M51 – yr alaeth droellog yn Ffig. 3.1.9) o dan ddylanwad meysydd disgyrchiant pob gwrthrych arall yn yr alaeth. Mae'r grym cydeffaith ar bob rhanbarth HI (yn ogystal ag ar y sêr) tuag at ganol yr alaeth.
2. Mae grym cydeffaith y grymoedd tyniant a disgyrchiant ar y teithwyr ar y carwsél siglen tuag at echelin y carwsél.
3. Mae gafael teiars car tua'r ochr, wrth iddo fynd o gwmpas tro ar heol lorweddol (Ffig. 3.1.10) tuag at ganol y tro.

Mae'n werth edrych ar yr enghraifft olaf yn fwy manwl. Mae gan deiars afael mwyaf, F_{mwyaf}. Mae gafael mwyaf teiars yn dibynnu ar ba mor drwm yw'r cerbyd a chyflwr arwyneb y ffordd. Yn nodweddiadol, mae maint y gafael mwyaf tua'r un maint â phwysau'r car (mg) ar ffordd sych. Gall ostwng i tua phumed o'r gwerth hwn mewn amodau gwlyb Gall teiars sydd wedi treulio leihau'r gafael hyd yn oed mwy ar ffordd wlyb

Enghraifft

Amcangyfrifwch y buanedd diogel mwyaf ar gyfer car sy'n gyrru o gwmpas tro tyn, sydd â radiws crymedd 20 m, a hynny os yw'r heol yn sych.

Ateb

Gan dybio bod y gafael mwyaf yn hafal i bwysau'r car:

Y gafael ar y teiars yw'r unig rym llorweddol ar y car sydd â chydran ar hyd radiws y tro. Felly, mae hwn yn darparu'r grym mewngyrchol angenrheidiol.

Mae'r gafael mwyaf $F_{mwyaf} = mg$

Ar gyfer buanedd v, mae'r grym mewngyrchol $= \dfrac{mv^2}{r} = \dfrac{mv^2}{20 \text{ m}}$

$\therefore$ Ar y buanedd uchaf, mae $\dfrac{mv^2}{20 \text{ m}} = m \times 9.81 \text{ m s}^{-2}$

$\therefore$ Trwy ganslo ac aildrefnu, mae: $v_{mwyaf} = \sqrt{20 \text{ m} \times 9.81 \text{ m s}^{-2}} = 14 \text{ m s}^{-1}$

Gwirio gwybodaeth `3.1.7`

Ailadroddwch y cyfrifiad yn yr enghraifft ar gyfer ffordd wlyb lle mae'r gafael mwyaf yn $0.2 \times$ pwysau'r car

Gwirio gwybodaeth `3.1.8`

Pam nad yw'r ateb i'r enghraifft ac i GG 3.1.7 yn dibynnu ar fàs y car?

3.1.5 Dau gamsyniad cyffredin

(a) Grym allgyrchol

Wrth i gar deithio'n gyflym o gwmpas tro, mae'r teithwyr yn 'teimlo' grym yn eu taflu tuag at ochr allanol y tro. Yn yr un modd yn y reid ffair, y 'gawell' (Ffig. 3.1.11), mae'r teithwyr yn 'teimlo' grym yn eu gwthio tuag at y wal. Mae'r teimlad hwn yn cael ei ddehongli fel tystiolaeth sy'n dangos bod grym sy'n gweithredu tuag allan yn bodoli, sy'n esbonio'r gair *allgyrchol*. Er bod y dehongliad hwn yn ddealladwy, mae'n anghywir – does dim grym tuag allan, ond mae yna rym tuag i mewn, fel y gwelon ni, sy'n cael ei anwybyddu gan y teithwyr rywsut. Tybiwch (am eiliad) fod yna rym sy'n gwthio tuag allan: pa nodwedd allanol sy'n rhoi'r grym hwn ar y bobl, a beth yw ei rym partner N3?

Nid yw'r gamdybiaeth hon wedi'i chyfyngu i gylchdroeon. Mae Ffig. 3.1.12 yn dangos teithiwr ar awyren (cartŵn), ond gallai fod yn deithiwr mewn car hefyd. Mae'r awyren yn cyflymu i'r chwith er mwyn codi i'r awyr. Am tuag ugain eiliad, mae'r sedd yn rhoi grym tuag ymlaen ar y teithiwr, sy'n ei gyflymu hyd at fuanedd yr awyren wrth iddi godi. Ond beth mae'r teithiwr yn ei 'deimlo'? Mae'n 'teimlo' ei hun yn cael ei wasgu yn ôl i'r sedd.

Y broblem yw ceisio cymhwyso deddfau mudiant Newton mewn ffrâm gyfeirio gyflymol (awyren sy'n cyflymu neu gar sy'n troi). Mae'n *bosibl* gwneud hynny trwy ddyfeisio grymoedd *'ffug'* ychwanegol.[2] Fodd bynnag, yn y cwrs Safon Uwch, byddwn ni'n cadw at fframiau cyfeirio inertiaidd (rhai sydd ddim yn cyflymu).

Mae effaith debyg hefyd yn achos disgyrchiant a phwysau. Does dim teimlad o bwysau os disgyrchiant yw'r unig rym sy'n gweithredu arnon ni, fel yn achos yr ISS, neu wrth blymio oddi ar fwrdd uchel. Rydyn ni'n gwybod bod disgyrchiant yn gweithredu arnon ni, ond dim ond pan gawn ni ein hatal rhag disgyn yn rhydd gan rym y llawr tuag i fyny neu gadair rydyn ni'n ymwybodol ohono. Felly, yr hyn sy'n achosi'r teimlad o bwysau *tuag i lawr* yw ein meinweoedd yn cael eu cywasgu rhwng y grym cyffwrdd normal (sydd tuag i fyny) a'r grym disgyrchiant tuag i lawr na allwn ni ei deimlo.

Felly mae'r grym tuag allan sydd fel petai'n gweithredu ar y teithwyr yn y gawell yn gamddehongliad seicolegol.

Ffig. 3.1.11 Y 'gawell'

Cyflymiad ymlaen

Ffig. 3.1.12 Y grym ar deithiwr sy'n cyflymu

---

2 Grym ffug arall, un mae meteorolegwyr yn hoff iawn ohono, yw'r grym Coriolis. Mae meteorolegwyr yn defnyddio hwn i esbonio mudiant cylchol aer o amgylch ardaloedd o wasgedd isel a gwasgedd uchel.

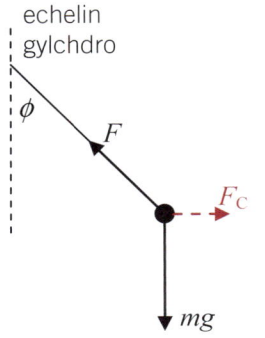

echelin gylchdro

ϕ

F

F_C

mg

Ffig. 3.1.13 Teithiwr ar garwsél siglen gyda grym ffug

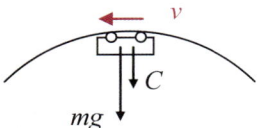

v

C

mg

Ffig. 3.1.15 Grymoedd ar frig y ddolen

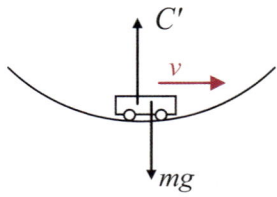

C'

v

mg

Ffig. 3.1.16 Grymoedd ar waelod y ddolen

Yn anffodus, gall ychwanegu'r grym ffug hwn arwain at ganlyniadau cywir, hyd yn oed os yw'r ffiseg yn anghywir. Y llinell doredig goch yn Ffig. 3.1.13 yw'r 'grym allgyrchol' hwn. Os bydd myfyriwr yn dadlau bod y tri grym, F, mg ac F_C mewn ecwilibriwm, mae'n bosibl defnyddio'r triongl grymoedd i gyfrifo F_C. Os ydyn ni'n gyfrwys, gallwn ni alw hwn yn rym mewngyrchol sy'n hafal i $mr\omega^2$: dau wall sy'n arwain at ateb 'cywir'.

(b) Grym mewngyrchol ychwanegol

Wrth ddatrys problemau ffiseg, e.e. y carwsél siglen, mae myfyrwyr yn aml yn cael eu temtio i gynnwys grym mewngyrchol *ychwanegol* ar ben y grymoedd gwirioneddol. Y peth pwysig i'w gofio yw nad oes grym mewngyrchol ar wahân: mae'n rym cydeffaith yr holl rymoedd sy'n gweithredu ar y gwrthrych sy'n cylchdroi.

3.1.6 Rhai problemau dymunol

Nid yw'r 'problemau dymunol' hyn ar y fanyleb, h.y rhai sy'n gofyn am fudiant llorweddol mewn cylch yn unig. Fodd bynnag, gallwn ni eu datrys gan ddefnyddio cysyniadau **sydd** ar y fanyleb. Gweler y Pwynt astudio a chwestiynau 5 a 6 ar dudalen 17.

(a) Gwneud dolen

Os yw'r cwestiwn yn ymwneud â cheir tegan, marblis, neu awyren sy'n hedfan, mae egwyddor y cwestiwn yn union yr un fath.

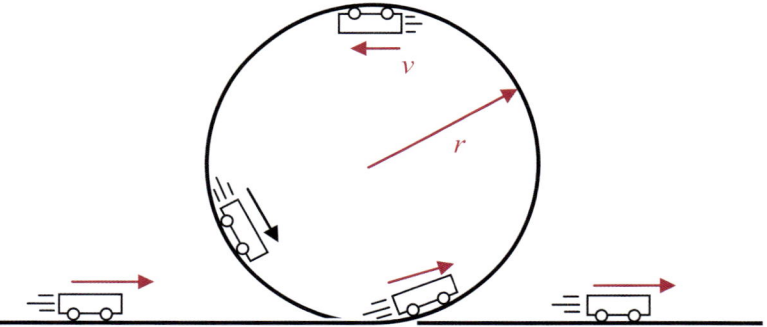

v

r

Ffig. 3.1.14 Gwneud dolen gyda cheir ar drac

Pa mor gyflym mae'n rhaid i'r car (neu'r farblen, neu'r awyren) deithio er mwyn aros yn y ddolen?

Edrychwn ni ar y sefyllfa gritigol ar frig y ddolen. Tybiwch am y tro fod y car yn aros ar y trac. Pa rymoedd sy'n gweithredu?

- Disgyrchiant, mg, tuag i lawr
- Y grym cyffwrdd normal, C, tuag i lawr.

Gan mai'r rhain yw'r unig rymoedd sy'n gweithredu, a gan fod y ddau i gyfeiriad canol y cylch, swm y ddau rym yw'r grym mewngyrchol.

$$\therefore \quad \frac{mv^2}{r} = mg + C$$

Ni all C fod yn llai na sero (gan nad yw'r trac yn dal ei afael ar y car), felly er mwyn i'r car gadw mewn cysylltiad â'r trac, mae

$$\frac{mv^2}{r} \geq mg \quad \therefore \quad v \geq \sqrt{rg}$$

Ar waelod y ddolen (Ffig. 3.1.16) mae'r grym cyffwrdd, C', ac mg yn awr yn gwrthwynebu ei gilydd ac felly'r grym cydeffaith tuag at y canol yw $C' - mg$.

Felly mae $\dfrac{mv^2}{r} = C' - mg$,

$$\therefore \quad C' = \frac{mv^2}{r} + mg$$

Pan fyddwn ni'n deillio hafaliad fel hyn, mae bob amser yn werth gwneud gwiriad cyflym i weld a yw'n rhesymol. Wrth edrych ar yr hafaliad, rydyn ni'n sylwi ar ddau beth:

1. Os yw $v = 0$, yna $C' = mg$, sydd i'w ddisgwyl, oherwydd mae'r car mewn ecwilibriwm, ac felly mae'r grym cydeffaith arno yn sero.
2. Wrth i v gynyddu, felly hefyd C', yn ôl y disgwyl, oherwydd mae'r grym cydeffaith tuag at y canol (h.y. i fyny) yn cynyddu.

Enghraifft

Darganfyddwch fynegiad ar gyfer buanedd car sy'n mynd i mewn i waelod dolen, radiws r, os yw prin yn cadw mewn cysylltiad â'r ddolen ar y top.

Ateb

Rhoddir y buanedd ar y top gan $v^2 = rg$. Felly, mae ei egni cinetig ar y top yn $\frac{1}{2}mrg$.

Mae'r cynnydd yn yr egni potensial wrth i'r car ddringo'r ddolen = $2mgr$

$\therefore$ Mae'r golled yn yr egni cinetig wrth i'r car ddringo'r ddolen = $2mgr$

$\therefore$ Mae'r egni cinetig cychwynnol = $\frac{1}{2}mrg + 2mgr = \frac{5}{2}mrg$

$\therefore \frac{1}{2}mv^2 = \frac{5}{2}mrg$, $\therefore$ Mae'r cyflymder cychwynnol $v = \sqrt{5rg}$

(b) Deddf disgyrchiant Newton

Hyd at yr unfed ganrif ar bymtheg, y gred gyffredinol oedd fod deddfau gwyddonol y *sffêr isleuadol* (y bydysawd daear-ganolog islaw sffêr y Lleuad, h.y. y Ddaear a'i hatmosffer[3]) yn wahanol i ddeddfau gweddill y greadigaeth, a oedd wedi'i gwneud o ddefnydd wybrennol o'r enw *cwintesens*. Dangosodd Newton fod yr un ddeddf sgwâr gwrthdro yn cysylltu cyflymiad oherwydd disgyrchiant ar wyneb y Ddaear (h.y. 9.81 m s^{-2}) â chyflymiad mewngyrchol y Lleuad mewn orbit o gwmpas y Ddaear.

Mae GG 3.1.10 a GG 3.1.11 yn eich arwain trwy'r cyfrifiad hwn. Sylwch nad yw'r cyfrifiad 100% yn gywir; oherwydd nid yw'r Lleuad mewn orbit o gwmpas canol y Ddaear, ond yn hytrach o gwmpas craidd màs y system Daear–Lleuad (gweler Adran 4.3).

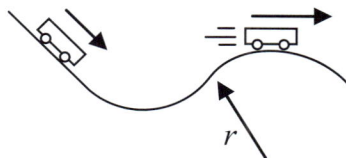

Pwynt astudio

Mae'r un egwyddorion yn berthnasol ar gyfer y reid yn y ffair (Ffig. 3.1.17). Y tro hwn, fodd bynnag, y cwestiwn yw, 'Beth yw'r buanedd uchaf er mwyn gallu cadw mewn cysylltiad â'r trac?'

Ffig. 3.1.17 Reid mewn ffair

Gwirio gwybodaeth 3.1.10

Mae radiws cymedrig y Ddaear yn 6371 km ac mae g ar arwyneb y Ddaear yn 9.81 m s^{-2}.

Defnyddiwch y ddeddf sgwâr gwrthdro i amcangyfrif cyflymiad disgyrchiant y Ddaear ar uchder o 385 000 km, sef radiws orbitol y Lleuad.

Gwirio gwybodaeth 3.1.11

Mae cyfnod orbitol y Lleuad yn 27.3 diwrnod. Gan ddefnyddio'r radiws orbitol o GG 3.1.10, cyfrifwch gyflymiad mewngyrchol y Lleuad, a chymharwch hyn â'r ateb i GG 3.1.10.

---

3 …a chomedau hefyd – y gred am amser maith oedd mai ffenomenau atmosfferig oedden nhw.

Ffig. 3.1.18 Siâp y blaned Iau

3.1.12 Gwirio gwybodaeth

O wybod mai 24 awr yw cyfnod cylchdro'r Ddaear a bod y radiws cymedrig yn 6731 km, dangoswch fod cyflymiad mewngyrchol pwynt ar y cyhydedd yn 0.04 m s⁻² yn fras (h.y. tua 0.4% o g).

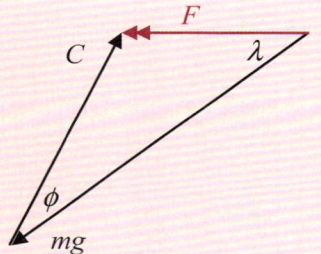

3.1.20 Grym cydeffaith

Siâp planed sy'n cylchdroi

Beth yw siâp y Ddaear? Heblaw am ychydig o rychau (mynyddoedd, cyfandiroedd, basnau cefnforoedd...) mae'n sfferig. Fwy neu lai. Os edrychwch ar ddelwedd Telesgop Gofod Hubble o'r blaned Iau yn Ffig. 3.1.18 a chymharu ei amlinelliad â'r cylch coch, byddwch chi'n sylwi ei fod ychydig yn wastad ger y pegynau. Mae siâp tebyg gan y Ddaear, ond mae'n gwyro llai oddi wrth siâp sffêr. Pam? Nid yw dweud 'Grym allgyrchol' a symud ymlaen yn frysiog yn ddigon. Felly, beth yw'r stori?

Byddai planed sydd ddim yn cylchdroi yn sfferig. Dyma'r siâp ar gyfer yr egni potensial lleiaf. Mae gan blanedau corrach hyd yn oed – fel Plwton a Ceres – ddigon o fàs i wneud i greigiau solet lifo i'r ffurf hon. Dechreuwn ni trwy edrych ar y grymoedd ar blaned sfferig ddamcaniaethol sy'n cylchdroi – cystal i ni edrych ar y Ddaear.

Byddwn ni'n ystyried y grymoedd ar wrthrych, màs m, ar arwyneb y Ddaear (sfferig) ar ledred, λ, fel sydd i'w gweld yn Ffig. 3.1.19.

Sylwch nad yw'r grym cyffwrdd 'normal' yn gweithredu'n uniongyrchol i ffwrdd o ganol y Ddaear. Nid yw hyn yn bosibl gan nad yw grym cydeffaith C ac mg yn sero. Yn hytrach mae'n pwyntio tuag at yr echelin gylchdro – mae'n fewngyrchol. Fodd bynnag, byddwn ni'n rhagweld canlyniad ohono.

Ar gyfer $\lambda = \frac{\pi}{4}$, mae gwerth C bron yn unfath â mg, ond mae ongl C yn 0.0017 rad (tua 0.1°) i ffwrdd o'r 'fertigol'.

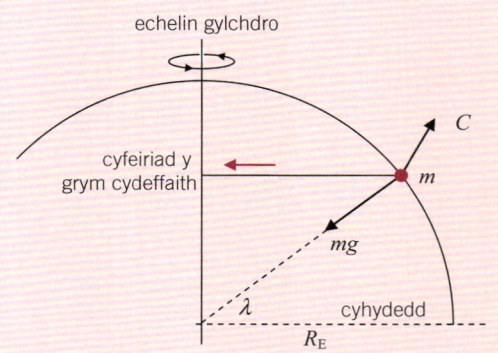

Ffig. 3.1.19 Y grymoedd ar wrthrych ar ledred λ

Effaith hyn yw nad yw'r llinell lorweddol ar safle'r màs ar ongl sgwâr i mg ond ar ongl sgwâr i C. Oherwydd hyn, mae'r Ddaear yn chwyddo tuag allan yn ardal y cyhydedd ac yn fwy gwastad yn ardal y pegynau. Nodwch fod hyn (i ryw raddau) yn tanseilio ein tybiaeth gychwynnol fod y Ddaear yn sfferig! O Ffig. 3.1.20, gallwn ni weld bod maint C (h.y. pwysau ymddangosol y gwrthrych) yn llai nag mg: mae'r effaith hon yn lleihau wrth symud tuag at y pegwn. Mae effaith eilaidd hefyd nad ydyn ni wedi ei hystyried: gan fod y Ddaear nawr yn chwyddo yn ardal y cyhydedd, mae gwerth gwirioneddol mg yn llai oherwydd bod yr arwyneb ymhellach i ffwrdd o'r canol.

Profwch eich hun 3.1

1. Mae gyriant disg caled, diamedr 8.9 cm, yn cylchdroi ar 7200 **cyf** (cylchdro y funud). Cyfrifwch: (a) cyflymder onglaidd y disg, a (b) cyflymiad mewngyrchol pwynt ar ymyl y disg.

2. Mae car, màs 1000 kg, yn teithio ar drac llorweddol ar fuanedd o 20 m s^{-1} o gwmpas tro crwn, radiws 80 m.

   (a) Cyfrifwch y gafael ochrol sy'n cael ei roi gan y teiars.
   (b) Gafael mwyaf y teiars yw 9000 N. Cyfrifwch fuanedd diogel mwyaf y car heb iddo sgidio.

3. Mae planed yn teithio ar fuanedd cyson mewn orbit crwn o gwmpas seren. Anwybyddwch unrhyw rymoedd o'r tu allan i'r system seren-blaned.

   (a) Esboniwch pam nad yw cyflymiad y blaned yn sero.
   (b) Nodwch gyfeiriad cyflymiad y blaned.
   (c) Nodwch gyfeiriad y grym cydeffaith ar y blaned.
   (ch) Yr unig rym ar y blaned yw'r grym disgyrchiant o'r seren. Nodwch sut mae hyn yn berthnasol i'ch ateb i ran (c).

4. Mae llwyth, màs 100 g, yn cael ei chwyrlïo mewn cylch llorweddol ar linyn 50 cm o hyd, a thyniant torri 20 N. Cyfrifwch y cyflymder onglaidd mwyaf.

5. Mae athro yn defnyddio'r cyfarpar sydd i'w weld i gyflwyno'r syniad o rym mewngyrchol. Mae gwrthrych bach, màs m, yn cael ei chwyrlio mewn cylch llorweddol, radiws r, ar un pen i linyn tenau (y llinell goch). Mae rhai masau agennog â chyfanswm màs M, yn cael eu hongian ar ben arall y llinyn. Mae'r llinyn yn pasio trwy diwb plastig llyfn. Tybiwch fod y tyniant yn y llinyn yn gyson trwy ei hyd. Caiff y buanedd cylchdro, v, ei reoli fel bod y masau agennog yn aros yn ddisymud

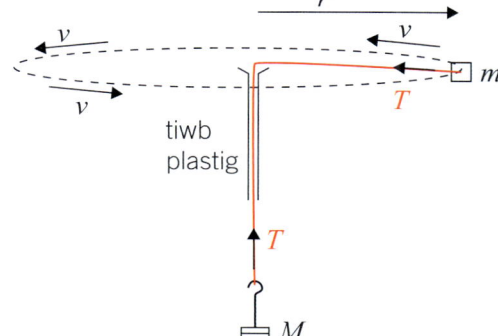

Mae'r llinyn sydd ynghlwm wrth y màs bach yn gwneud ongl fach, θ, i'r llorwedd.

   (a) Esboniwch pam mae pob un o'r hafaliadau (i)–(iii) yn ddilys. [Awgrym: ystyriwch ecwilibriwm]
   (i) $T = Mg$ (1)
   (ii) $\dfrac{mv^2}{r} = T\cos\theta$ (2)
   (iii) $T\sin\theta = mg$ (3)
   (b) Mae màs y gwrthrych bach yn 120 g. Mae'n cael ei chwyrlio gyda chyfnod o 0.80 s mewn cylch, radiws 1.5 m. Defnyddiwch hafaliadau (1) a (2), gyda'r brasamcan $\cos\theta = 1$, i gyfrifo màs y masau agennog sydd angen eu defnyddio.
   (c) Gwerthuswch a yw'r brasamcan yn rhan (b) yn ddilys [Awgrym: defnyddiwch ganlyniad rhan (b) a hafaliad (3) i ddarganfod gwerth θ].
   (ch)

◀ Ymestyn a herio ▼

   Atebwch ran (b) heb dybio bod $\cos\theta = 1$. Gwnewch sylw am werth θ.

6. Mae bloc metel, màs 0.50 kg yn gorffwys ar fwrdd tro ar bellter o 15 cm o'r canol.

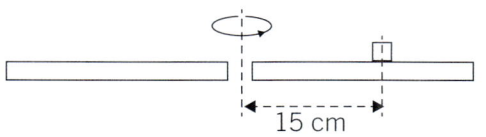

   (a) Mae'r bwrdd tro yn cylchdroi ar fuanedd onglaidd cyson o 6.0 rad s^{-1}. Mae'r diagram yn dangos hyn o'r ochr. Mae'r bloc metel yn cael ei ddal yn ei safle gan rym ffrithiant.
   (i) Esboniwch i ba gyfeiriad mae'r grym hwn yn gweithredu.
   (ii) Cyfrifwch faint y grym.
   (b) Mae pwli bach (tybiwch nad oes ganddo ffrithiant) yn cael ei ychwanegu yn awr at y bwrdd tro ac mae gwrthrych, màs 1.00 kg yn cael ei lynu wrth y bloc metel ag edau fel sydd i'w weld. Mae'r bwrdd tro yn cylchdroi ar yr un buanedd onglaidd ag o'r blaen. Cyfrifwch faint a chyfeiriad newydd y grym ffrithiannol.

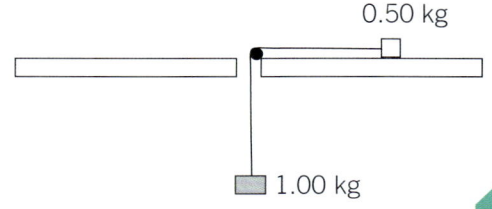

7. Mae'r blaned Gwener yn troi o gwmpas yr Haul mewn orbit sydd bron yn grwn. Radiws yr orbit yw 1.082×10^{11} km a'r cyfnod yw 224.7 diwrnod Daear.

Mae Anwen yn dweud bod rhaid i'w buanedd fod yn gyson oherwydd bod pellter Gwener o'r Haul yn gyson, felly nid oes grym cydeffaith yn gweithredu arni. Mae Rhodri yn dweud bod yr Haul yn rhoi grym ar y blaned ond nid yw'n deall pam mae'r buanedd yn gyson. Trafodwch y ddau ddatganiad.

Sylwch: Mae cwestiynau 8, 9 a 10 yn gwestiynau synoptig sy'n ymwneud â mudiant mewn cylch fertigol. Mae'r hafaliadau cyflymiad mewngyrchol yn berthnasol ar dop a gwaelod y cylchoedd. Gweler Adran 3.1.6(a).

8. Mae gan y ddolen fertigol mewn set ceir model radiws o 30 cm. Mae car, màs 40 g, yn mynd i mewn i waelod y ddolen ar fuanedd sydd prin yn ddigon i'w gadw mewn cysylltiad â'r ddolen ar y top. Cyfrifwch:

(a) Y buanedd ar dop y ddolen.
(b) Yr egni cinetig ar dop y ddolen a'r cynnydd mewn egni potensial disgyrchiant o'r gwaelod i'r top.
(c) Buanedd y car wrth iddo fynd i mewn i'r ddolen.

9. Mae gleider model yn gwneud dolen. Mae dau rym yn gweithredu ar y gleider: y pwysau, mg, a'r grym codi aerodynamig, L. Mae'r grym codi yn dibynnu ar fuanedd y gleider. Mae cyfeiriadau'r grymoedd hyn yn cael eu dangos mewn dau safle, **A** a **B**, yn y ddolen. Wrth ateb y cwestiwn hwn, dylech chi dybio bod grymoedd eraill, e.e. gwrthiant aer, yn ddibwys.

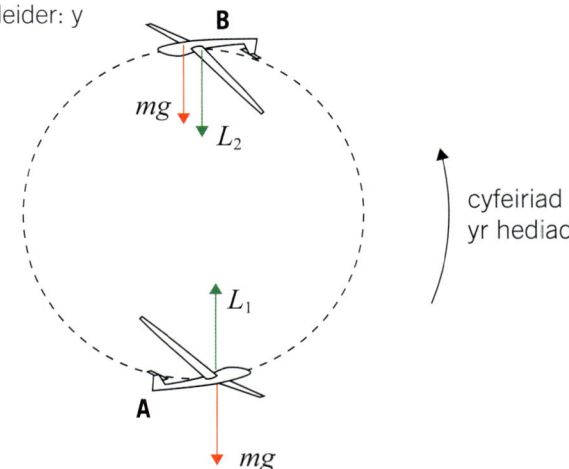

cyfeiriad yr hediad

(a) Nodwch gyfeiriad y grym cydeffaith ar y gleider yn **A**.
(b) Nodwch gyfeiriad y grym cydeffaith ar y gleider yn **B**.
(c) Yn nhermau L_1 a mg, nodwch faint y grym mewngyrchol ar y gleider yn **A**.
(ch) Yn nhermau L_2 a mg, nodwch faint y grym mewngyrchol ar y gleider yn **B**.
(d) Esboniwch, yn nhermau'r egwyddor cadwraeth egni, pam mae buanedd y gleider yn **B** yn llai nag yn **A**.
(dd) Trafodwch, gan ddefnyddio'ch atebion i (c), (ch) a (d) a yw maint L_1 yn llai na, yn hafal i neu'n fwy na maint L_2.

10. Mae sffêr gwydr bach yn rholio yn ôl ac ymlaen rhwng pwyntiau **A**, **B** ac **C** mewn basn sfferig fel sydd i'w weld. Tybiwch nad oes unrhyw egni'n cael ei afradloni yn y broses. **X** yw craidd crymedd y basn.

Nodwch gyfeiriad y grym cydeffaith ar y sffêr ar bob un o'r pwyntiau **A**, **B** ac **C**. Esboniwch eich atebion.

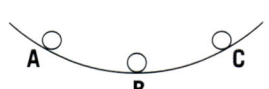

3.2 Dirgryniadau

Beth yw'r gwahaniaeth rhwng dirgryniadau ac osgiliadau? Dim llawer, a dweud y gwir. Mae gwrthrych yn *osgiliadu* os yw'n symud â **chyfnod** cyson. Rydyn ni'n tueddu i ddefnyddio'r gair *dirgryniadau* ar gyfer osgiliadau cyfnod byr, ond does dim rheol bendant. P'un bynnag, mae astudio newidiadau cyfnodol – eu nodweddion, eu hachosion a'u heffeithiau – yn faes astudio pwysig mewn ffiseg. Mae'r newidiadau hyn yn gallu achosi trychinebau, yn aml oherwydd effeithiau cyseiniant, fel yn achos cwymp tyrau oeri Ferrybridge yn Swydd Efrog (1965) neu'r bont dros Gulfor Tacoma yn Nhalaith Washington, UDA; gallan nhw drawsyrru gwybodaeth trwy donnau acwstig, seismig, electromagnetig a disgyrchiant; ac maen nhw'n sail i gadw amser manwl gywir o'r cloc pendil i'r cloc atomig a'r cloc pylsar.

Mae Ffiseg Safon Uwch yn canolbwyntio ar un math arbennig o osgiliad o'r enw **mudiant harmonig syml**, sydd fel arfer yn cael ei dalfyrru i MHS. Byddwn ni'n ystyried hyn gyntaf.

3.2.1 Cyflwyniad i fudiant harmonig syml

Mae'r sffêr coch yn Ffig. 3.2.1 yn cael ei ddal mewn ecwilibriwm sefydlog wrth bwynt **O** rhwng dau sbring o dan dyniant. Byddwn ni'n cymryd bod yr arwyneb llorweddol yn ddiffrithiant. Os ydyn ni'n symud y sffêr fymryn i'r chwith, bydd y tyniant yn sbring **A** yn lleihau, a bydd y tyniant yn sbring **B** yn cynyddu; Os ydyn ni'n rhyddhau'r sffêr, bydd grym cydeffaith yn gweithredu arno i'r dde, ac felly bydd yn symud yn ôl i'w safle ecwilibriwm. Dyna ystyr sefydlog. Beth sy'n digwydd wrth iddo ddychwelyd i **O**? Mae'r ddau dyniant nawr yn hafal, ond mae'r sffêr yn symud. Felly mae'n parhau i symud i'r dde, gan gynyddu'r tyniant yn **A** a lleihau'r tyniant yn **B**. Felly, mae'n arafu hyd nes iddo stopio, ac yna'n cyflymu'n ôl i'r chwith…

Mae'r tyniant yn y sbringiau yn Ffig 3.2.1 yn amrywio'n llinol wrth estyn, felly mae'r grym adferol, F, ar y màs mewn cyfrannedd union â'r dadleoliad, x, ac i'r cyfeiriad dirgroes. Yn ôl N2, mae hyn hefyd yn wir am y cyflymiad, a, h.y.

$$F = -kx \qquad \text{ac mae} \qquad a = -\frac{k}{m}x$$

lle k yw cysonyn anhyblygedd y trefniant o sbringiau (mewn gwirionedd yn Ffig. 3.2.1 dyma swm cysonion sbringiau **A** a **B**). Nodwch fod $k > 0$.

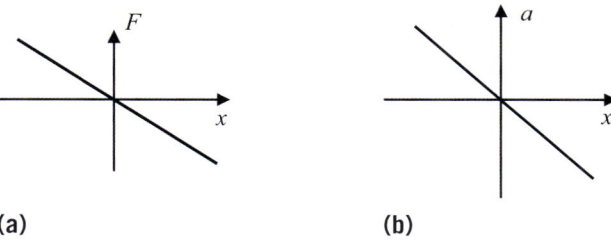

(a)   **(b)**

Ffig. 3.2.3 (a) Graffiau F-x a (b) graffiau a-x ar gyfer MHS

Mae'r graffiau yn Ffig. 3.2.3 yn dangos diffiniad mudiant harmonig syml.

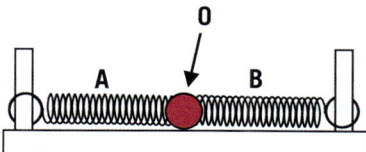
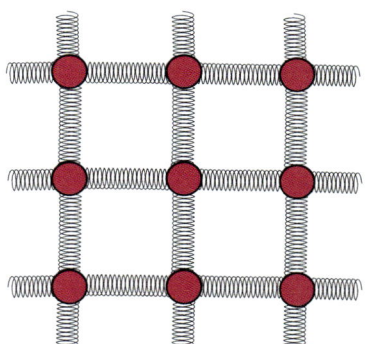

Màs y sffêr yn GG 3.2.1 yw 200 g. Brasluniwch graffiau o (a) F yn erbyn x a (b) a yn erbyn x.

3.2.3 Gwirio gwybodaeth

Dangoswch ei bod yn bosibl ysgrifennu uned $\sqrt{\dfrac{k}{m}}$ fel s^{-1}.

Termau Allweddol

Yr enw ar y mesur ω yw **amledd onglaidd** yr osgiliad.

UNED: s^{-1} [neu rad s^{-1}]

Pwynt astudio

Nid yw manyleb CBAC yn rhoi enw ar gyfer ω, felly ni ofynnir i chi amdano. Byddwn ni'n defnyddio'r term amledd onglaidd.

Termau Allweddol

Osgled osgiliadau gwrthrych yw gwerth mwyaf dadleoliad gwrthrych o'i safle ecwilibriwm.

3.2.2 Hafaliadau mudiant harmonig syml

Yn yr adran hon, rydyn ni'n mynd i gynhyrchu'r hafaliadau ar gyfer mudiant harmonig syml, gan ddibynnu'n drwm ar fathemateg Safon Uwch. Os mynnwch, gallwch chi anwybyddu hyn a symud i'r canlyniadau ar y diwedd – **mae angen i chi wybod sut i ddefnyddio'r hafaliadau, ond nid sut i'w deillio.**

Cyn i ni ddechrau, rydyn ni'n mynd i gyflwyno mesur newydd, ω, yr **amledd onglaidd**, sy'n cael ei ddiffinio gan

$$\omega^2 = \frac{k}{m}.$$

Sylwch mai dyma'r un symbol â **chyflymder onglaidd** y daethon ni ar ei draws yn Adran 3.1. Y rheswm dros ddefnyddio'r un symbol yw ei fod yn ufuddhau i lawer o'r un hafaliadau (gweler Adran 3.2.3).

Gallwn ni nawr ailysgrifennu'r hafaliad $a = \dfrac{k}{m}x$ fel

$$a = -\omega^2 x.$$

I'n helpu ni i ddatrys yr hafaliad hwn rydyn ni'n galw i gof y ddwy ffaith ganlynol o ffiseg TGAU:

- graddiant graff dadleoliad–amser yw'r cyflymder
- graddiant graff cyflymder–amser yw'r cyflymiad.

Gan ailysgrifennu'r rhain yn iaith mathemateg Safon Uwch:

- mae $v = \dfrac{dx}{dt}$ ac mae

- $a = \dfrac{dv}{dt} = \dfrac{d^2x}{dt^2}$

Felly rhaid i $x(t)$ fodloni'r hafaliad $\dfrac{d^2x}{dt^2} = -\omega^2 x$. Mae dau ffwythiant sy'n gwneud hyn:

$$x = A\cos(\omega t + \varepsilon) \qquad \text{ac} \qquad x = A\sin(\omega t + \varepsilon)$$

lle mae A ac ε yn gysonion. Mater o gyfleustra yn unig yw pa un o'r ddau hafaliad hyn a ddefnyddiwn oherwydd gallwn ni bob amser drawsnewid y naill i'r llall gan ddefnyddio'r ffaith bod

$\sin\omega t = \cos\left(\omega t + \dfrac{\pi}{2}\right)$. Byddwn ni bob tro yn defnyddio $x = A\cos(\omega t + \varepsilon)$.

Os yw $\quad x = A\cos(\omega t + \varepsilon)$ [1]

Yna $\quad v = \dfrac{dx}{dt}$, ac o gofio'r rheolau ar gyfer differu

$$v = -A\omega\sin(\omega t + \varepsilon)$$ [2]

ac $\quad a = \dfrac{dv}{dt}$ felly $\quad a = -A\omega^2\cos(\omega t + \varepsilon)$ [3]

Felly, trwy gymharu [1] a [3], $a = -\omega^2 x$, [4]

sef yr hyn roedden ni am ei gael!

Gwerthoedd mwyaf dadleoliad, cyflymder a chyflymiad

Rydyn ni'n gwybod mai gwerthoedd eithaf y ffwythiannau sin a cosin yw ± 1, felly gwerthoedd mwyaf x, v ac a yw:

$$x_{\text{mwyaf}} = A \qquad\qquad v_{\text{mwyaf}} = \omega A \qquad\qquad a_{\text{mwyaf}} = \omega^2 A$$

Rydyn ni'n galw'r symbol A yn **osgled** yr osgiliad.

Enghraifft

Rhoddir y grym cydeffaith ar wrthrych, màs 0.10 kg, gan $F_{cyd} = -kx$, lle x yw'r dadleoliad ac mae $k = 40$ N m^{-1}. Mae'r gwrthrych yn cael ei dynnu 20 cm o'i safle ecwilibriwm a'i ryddhau. Cyfrifwch y buanedd mwyaf a'r cyflymiad mwyaf.

Ateb

Mae'r dadleoliad mwyaf, A, yn 20 cm.

$\omega = \sqrt{\dfrac{k}{m}} = \sqrt{\dfrac{40}{0.10}} = \sqrt{400} = 20$ s^{-1} (gweler y Pwynt astudio)

$\therefore v_{mwyaf} = \omega A = 20$ s^{-1} $\times$ 20 cm $= 400$ cm s^{-1} [4.0 m s^{-1}]

ac mae $a_{mwyaf} = \omega^2 A = (20$ s$^{-1})^2 \times 20$ cm $= 8\ 000$ cm s^{-2} [80 m s^{-2}]

Pwynt astudio

Mae gan ω werth positif bob amser ac felly does dim angen i ni ysgrifennu $\omega = \pm 20$ s^{-1}.

Yn yr adran nesaf, byddwn ni'n edrych ar y cysylltiad rhwng gwerthoedd y cysonion, ω, A ac ε, yn hafaliadau [1] – [4] a nodweddion mudiant osgiliadol. Fel arfer, byddwch chi'n dod ar draws cwestiynau lle mae $\varepsilon = 0$, sy'n gwneud bywyd yn symlach. Yn gyntaf, byddwn ni'n cyflwyno graffiau x, v ac a yn erbyn t i'w cymharu (gyda $\varepsilon = 0$).

Gwirio gwybodaeth

Mae gwrthrych yn osgiladu gyda $x = 2.0 \cos \pi t$, gyda x mewn **m** a t mewn **s**. Defnyddiwch Ffig. 3.2.4 i'ch helpu i ateb y cwestiynau canlynol

(a) Darganfyddwch v ar $t = 0$, 0.5 s, 1.0 s, 1.5 s a 2.0 s.
(b) Darganfyddwch a ar $t = 0$, 0.5 s, 1.0 s, 1.5 s a 2.0 s.
(c) Nodwch gyfnod yr osgiliad.

Pwynt astudio

Sylwch fod echelinau fertigol y graffiau yn Ffig. 3.2.4 yn mynegi meintiau gwahanol felly mae 'uchderau' y graffiau a ddangosir yn fympwyol.

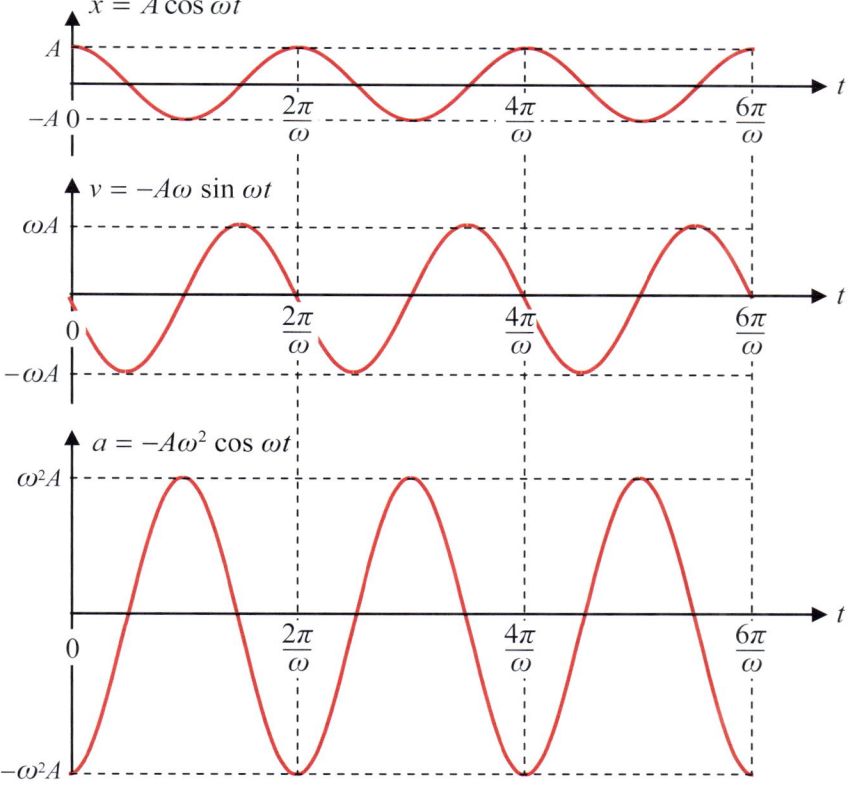

Ffig. 3.2.4 Graffiau x, v ac a yn erbyn t

Cyngor mathemateg

Pan fyddwch chi'n defnyddio ffwythiannau trigonometregol i ddadansoddi dirgryniadau, gwnewch yn sicr fod y gyfrifiannell yn y modd radianau bob tro.

I wirio hyn, rhowch $\cos \pi$ i mewn. Os yw'r cyfrifiannell yn rhoi -1 mae yn y modd cywir.

Termau Allweddol

Yr enw ar yr ongl $\omega t + \varepsilon$ yn yr hafaliad $x = A\cos(\omega t + \varepsilon)$ yw **gwedd** yr osgiliad.

Yr enw ar yr ongl ε yw'r **cysonyn gwedd**.

3.2.5 Gwirio gwybodaeth

Ar gyfer yr osgiliad yn Ffig. 3.2.5, ysgrifennwch yr holl amserau rhwng 0 a 50 μs pan fydd:

(a) y dadleoliad yn (i) 0, (ii) 2.0 mm a (iii) −2.0 mm

(b) y cyflymder yn 0

(c) y cyflymiad yn 0.

3.2.3 Nodweddion mudiant harmonig syml

Beth yw'r berthynas rhwng yr hafaliad $x = A\cos(\omega t + \varepsilon)$ ac osgled, amledd, cyfnod a **gwedd** yr osgiliad? Er enghraifft, ystyriwch yr osgiliad sy'n cael ei gynrychioli gan y graff yn Ffig. 3.2.5. Byddwn ni'n gweld sut i ysgrifennu'r hafaliad mudiant fel $x = A\cos(\omega t + \varepsilon)$.

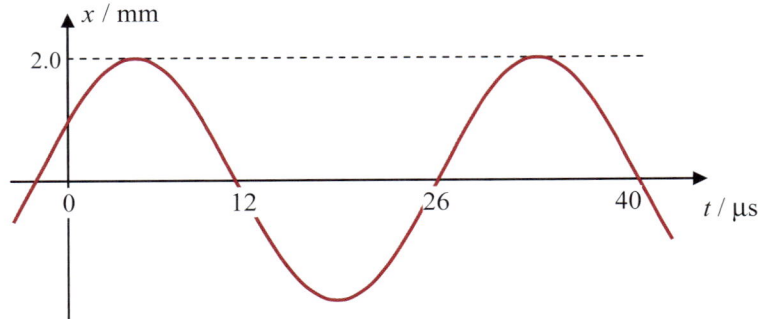

Ffig. 3.2.5 Enghraifft o osgiliad ar gyfer darganfod yr hafaliad

Mae'n amlwg bod yr osgled a'r cyfnod yn 2.0 mm a 28 μs yn ôl eu trefn. Felly gwerth A yn $x = A\cos(\omega t + \varepsilon)$ yw 2.0 mm. Er mwyn sefydlu'r nodweddion ffisegol eraill, rhaid i ni edrych ar wedd yr osgiliad.

(a) Y cyfnod, T, a'r amledd, f

Mae'r osgiliad yn ei ailadrodd ei hun bob tro mae gwerth y wedd yn cynyddu 2π. Hynny yw, os ydyn ni'n adio T (y cyfnod) at unrhyw amser t, rydyn ni'n adio 2π at y wedd:

Felly, ar gyfer unrhyw werth t, mae $\omega(t + T) + \varepsilon = \omega t + \varepsilon + 2\pi$

∴ Trwy symleiddio, cawn ni fod $\qquad \omega T = 2\pi$

Felly, rhoddir y cyfnod, T, gan $\qquad T = \dfrac{2\pi}{\omega}$ [5]

Yn yr achos hwn, y cyfnod yw 28 μs, felly rhoddir yr amledd onglaidd, ω, gan:

$$\omega = \frac{2\pi}{T} = \frac{2\pi}{28\ \mu s} = 2.2 \times 10^5\ s^{-1}\ (\text{i 2 ff.y.})$$

Gallwn ni hefyd gysylltu ω â'r **amledd** trwy ddefnyddio $f = \dfrac{1}{T}$.

Mae hyn yn arwain at $\omega = 2\pi f$. [6]

Termau Allweddol

Amledd: nifer yr osgiliadau am bob uned amser (neu bob eiliad).

UNED: Hz

3.2.6 Gwirio gwybodaeth

Cyfrifwch werthoedd mwyaf (a) y cyflymder a (b) y cyflymiad ar gyfer y mudiant yn Ffig. 3.2.5.

(b) Y cysonyn gwedd, ε

Os yw $\varepsilon = 0$ mae'r graff dadleoliad yn erbyn amser yn gromlin cosin, h.y. mae ganddo ei werth mwyaf ar amser $t = 0$. Mae'n amlwg nad yw hyn yn wir yn Ffig. 3.2.5. I gyfrifo ε, rhaid rhoi gwerthoedd hysbys ar gyfer y mesurau eraill yn yr hafaliad $x = A\cos(\omega t + \varepsilon)$. Er enghraifft, pan fydd $t = 5$ μs, mae $x = 2.0$ mm. Mae mewnosod y gwerthoedd hyn, yn ogystal â gwerthoedd hysbys A ac ω, yn rhoi:

$$2.0 = 2.0\cos\left(\frac{2\pi}{28\ \mu s} \times 5\ \mu s + \varepsilon\right)$$

[Sylwch ein bod wedi dychwelyd at werth mwy trachywir ω.]

Trwy symleiddio, cawn ni fod $\qquad 1 = \cos(1.12\ \text{rad} + \varepsilon)$

Felly mae $\qquad 1.12\ \text{rad} + \varepsilon = \cos^{-1} 1 = \ldots -2\pi,\ 0,\ 2\pi,\ 4\pi \ldots$

3.2.7 Gwirio gwybodaeth

Ailadroddwch y cyfrifiad ar gyfer ε trwy ddefnyddio'r gwerthoedd $x = 0$ pan mae $t = -2.0$ μs. Yn yr achos hwn, fe gewch chi 4 ateb posibl yn yr amrediad $\pm 2\pi$, ond gallwch chi anwybyddu rhai, e.e. trwy ystyried gwerth x ar $t = 0$.

Mae'n gwneud synnwyr dewis gwerth ε yn yr amrediad $\pm 2\pi$. Yn yr achos hwn, cawn ni fod

$$\varepsilon = 0 - 1.12 \text{ rad neu } 2\pi - 1.12 \text{ rad}$$

h.y. mae $\quad \varepsilon = -1.12 \text{ rad neu } 5.16 \text{ rad}$

Mae cyfuno canlyniadau'r hafaliad hwn a chanlyniad yr adran flaenorol yn rhoi'r hafaliad:

$$(x \,/\, \text{mm}) = 2.0 \cos (2.2 \times 10^5 (t \,/\, \text{s}) - 1.12)$$

Efallai fod hyn yn ffordd rhy gymhleth o ysgrifennu'r hafaliad. Gallen ni ysgrifennu:

$$x = 2.0 \cos (2.2 \times 10^5 t - 1.12 \text{ rad}) \quad \text{gyda } x \text{ mewn } \textbf{mm} \text{ a } t \text{ mewn s}$$

Fodd bynnag, mae mewnosod yr unedau yn rhoi eglurder, ac yn caniatáu i ni fynegi'r amser mewn unedau eraill, e.e.

$$(x \,/\, \text{mm}) = 2.0 \cos (0.22(t \,/\, \mu\text{s}) - 1.12)$$

> **Pwynt astudio**

Gallai'r term cosin hefyd fod yn $\cos(\omega t + 5.16)$. Mae'r gwahaniaeth yn y ddau werth ε yn 2π.

(c) Yr hafaliad ar gyfer v

Rydyn ni eisoes wedi gweld, os yw $x = A \cos(\omega t + \varepsilon)$, ei bod hi'n bosibl ysgrifennu $v(t)$ fel $v = -\omega A \sin(\omega t + \varepsilon)$. O'r ateb i GG 3.2.6, i 2 ff.y., mae $\omega A = 450 \text{ m s}^{-1}$, felly gallwn ni ysgrifennu

$$v = -450 \sin (2.2 \times 10^5 t - 1.12).$$

Mae hon yn ffordd gwbl dderbyniol o ysgrifennu'r hafaliad cyflymder, ond gallwn ni gael gwared ar yr arwydd '$-$'. Os ydyn ni'n adio π at y wedd (neu'n ei dynnu o'r wedd), mae hyn yn symud y graff hanner cylchred i'r chwith (neu i'r dde), sy'n newid gwerth positif v i'r un gwerth negatif. Mae hyn yn rhoi

$$v = 450 \sin (2.2 \times 10^5 t + 2.02)$$

Gwirio gwybodaeth 3.2.8

Ailysgrifennwch yr hafaliad ar gyfer x gan ddefnyddio'r unedau cm ac ms.

Gwirio gwybodaeth 3.2.9

Brasluniwch graff v–t ar gyfer yr osgiliad, gan labelu'r pwyntiau arwyddocaol.

Awgrym: yn hytrach na dechrau o'r hafaliad, ystyriwch yr osgled, y cyfnod a'r gwahaniaeth gwedd rhwng y graffiau x a v (Ffig. 3.2.4).

(ch) Y berthynas rhwng cyflymder a dadleoliad

Mae hafaliadau [1] – [3] yn Adran 3.2.2 yn rhoi'r amrywiadau gydag amser ar gyfer dadleoliad, cyflymder a chyflymiad. Mae hafaliad [4], sy'n diffinio mudiant harmonig syml i bob pwrpas, yn cysylltu cyflymiad â dadleoliad. Perthynas ddefnyddiol arall yw'r cysylltiad rhwng dadleoliad a chyflymder,

$$v = \pm\omega \sqrt{A^2 - x^2} \tag{7}$$

Nid yw'r hafaliad defnyddiol hwn wedi'i gynnwys yn llyfryn hafaliadau CBAC ond gall ei ddefnyddio symleiddio llawer o gwestiynau ac rydyn yn eich cynghori i'w ddysgu. Mae'n cael ei ddeillio yn y bennod ar sgiliau mathemategol, Adran M1.2(c). Mae'n amlwg bod hafaliad [7] yn gyson â'r hafaliad ar gyfer v_{mwyaf}. Mae'r buanedd ar ei fwyaf pan fydd y dadleoliad, x, yn sero.

Mae'r buanedd mwyaf $= \omega\sqrt{A^2 - 0^2} = \omega\sqrt{A^2} = \omega A$

> **Pwynt astudio**

Yn $v = \pm\omega\sqrt{A^2 - x^2}$, gwerth mwyaf posibl x yw A (a'r gwerth lleiaf yw $-A$). Ar y pwyntiau hyn, mae $v = 0$.

Enghraifft

Mae gwrthrych yn osgiliadu gydag amledd o 12 Hz ac osgled o 5.0 cm.

Cyfrifwch: (a) buanedd mwyaf y gwrthrych a (b) y buanedd pan mae'r dadleoliad yn −3.0 cm.

Ateb

(a) $\omega = 2\pi f = 2\pi \times 12 = 75.4 \text{ s}^{-1}$

$\therefore v_{\text{mwyaf}} = A\omega = 5.0 \text{ cm} \times 75.4 \text{ s}^{-1} = 377 \text{ cm s}^{-1}$ [= 380 cm s^{-1} i 2 ff.y.]

(b) $v = \pm\omega \sqrt{A^2 - x^2}$

$\therefore$ Pan mae $x = -3.0$ cm, $v = \pm75.4 \sqrt{(5.0)^2 - (-3.0)^2} = \pm300$ cm s^{-1} i 2 ff.y.

Felly'r buanedd ar −3.0 cm yw 300 cm s^{-1}

3.2.4 Enghreifftiau o fudiant harmonig syml

Mae unrhyw wrthrych lle mae'r grym cydeffaith a'r dadleoliad wedi'u cysylltu trwy $F = -kx$ yn gallu osgiliadu â mudiant harmonig syml. Ystyriwn ddwy system syml. Does dim angen i chi ddysgu'r deilliannau hyn ar gyfer yr arholiad ond bydd disgwyl i chi ddefnyddio'r canlyniadau. Rhoddir yr hafaliadau ar gyfer cyfnod y systemau hyn yn Llyfryn Data CBAC.

(a) Màs yn osgiliadu ar sbring

Mae gan y sbring yn Ffig. 3.2.6 gysonyn k. Mae'r sbring yn rhoi grym F_0 ar y màs. Mae'r màs, m, yn rhan (a) mewn ecwilibriwm, felly gallwn ni ysgrifennu:

$$F_0 = mg$$

Ystyriwch effaith codi'r màs a'i ryddhau. Bydd yn osgiliadu'n fertigol. Ystyriwch y pwynt yn yr osgiliad, sydd i'w weld yn rhan (b) Ffig. 3.2.6. Mae'r màs ar ddadleoliad x uwchben ei safle ecwilibriwm. Mae estyniad y sbring o'i hyd naturiol yn lleihau o x, felly, rhoddir y grym, $F(x)$, y mae'r sbring yn ei roi ar y màs nawr gan:

$$F(x) = F_0 - kx$$

Mae'r grym cydeffaith tuag i fyny, F_{cyd}, ar y màs yn $F_{\text{cyd}} = F(x) - mg$

$\therefore \quad F_{\text{cyd}} = [F_0 - kx] - mg = [mg - kx] - mg$

$\therefore \quad F_{\text{cyd}} = -kx$

Felly, mae'r sbring yn osgiliadu â mudiant harmonig syml. Rhoddir gwerthoedd ω, f a T gan:

$$\omega = \sqrt{\frac{k}{m}} \qquad f = \frac{1}{2\pi}\sqrt{\frac{k}{m}} \qquad T = 2\pi\sqrt{\frac{m}{k}}$$

Mae'r un egwyddor yn wir ar gyfer y system dau sbring yn Ffig. 3.2.1. Cysonyn anhyblygedd y ddau sbring yw swm y cysonion sbring (gweler Gwirio gwybodaeth 3.2.1).

Os yw ffrithiant yn ddibwys, bydd y sffêr yn cyflawni MHS gydag $\omega = \sqrt{\dfrac{k_1 + k_2}{m}}$.

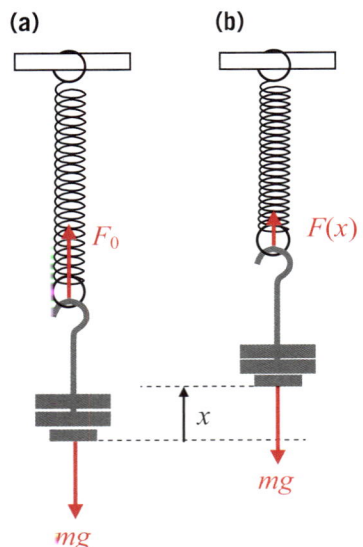

(a) (b)

F_0 $F(x)$

mg

x

mg

Ffig. 3.2.6 Màs ar sbring

▶▶ Pwynt astudio

Sylwch fod amledd màs ar sbring yn annibynnol ar g.

3.2.10 Gwirio gwybodaeth

Mae màs 300 g yn osgiliadu ar sbring gyda chysonyn sbring 30 N m^{-1}. Cyfrifwch amledd onglaidd, amledd a chyfnod yr osgiliad.

Enghraifft

Mae gwrthrych, màs 0.5 kg, wedi'i hongian ar gortyn elastig Hookeaidd gyda chysonyn anhyblygedd 50 N m^{-1}. Mae'n cael ei godi 5.0 cm o'i bwynt ecwilibriwm, a'i ryddhau ar amser $t = 0$. Darganfyddwch yr amrywiad yn safle, x, y gwrthrych, fel ffwythiant o amser.

Ateb

Mae'r gwrthrych yn cyflawni mudiant harmonig syml. Mae'r osgled yn 5.0 cm.

$$\omega = \sqrt{\frac{k}{m}} = \sqrt{\frac{50 \text{ N m}^{-1}}{0.5 \text{ kg}}} = 10 \text{ s}^{-1}$$

Gan fod y dadleoliad mwyaf ar $t = 0$, yr hafaliad mudiant yw

$$x = 5.0 \cos 10t \ [\text{gyda } x \text{ mewn cm a } t \text{ mewn eiliadau}].$$

(b) Pendil syml

Mae bob pendil, màs m, ar edau ysgafn anestynadwy, hyd l (wedi'i fesur hyd at y craidd màs), yn cyflawni MHS cyhyd â bod osgled yr osgiliadau yn fach, e.e. ar ongl o 5°.

Gan anwybyddu gwrthiant aer, mae dau rym yn gweithredu ar y bob ar waelod y pendil: y pwysau, mg, a'r tyniant, F, yn yr edau. Mae'r bob wedi'i orfodi i deithio ar hyd arc cylch, radiws l. Mae'r dadleoliad o'r canol ar hyd yr arc hon yn x. Gan ystyried cydrannau tangiadol:

Mae cydran F ar hyd yr arc = 0 [mae'r edau ar 90° i'r arc].

Mae cydran mg ar hyd yr arc = $-mg \sin \theta$ [gweler y Pwynt astudio].

∴ O N2, mae: $\qquad ma = -mg \sin \theta$

Ar gyfer θ bach (mewn radianau), mae: $\qquad \sin \theta \approx \theta$

Hefyd: trwy ddiffiniad, mae $\qquad \theta = \dfrac{x}{l}$

Trwy gyfuno'r rhain a rhannu ag m, cawn ni fod: $\qquad a = -\dfrac{g}{l}x$

Trwy gymharu hyn ag $a = -\omega^2 x$, mae hwn yn hafaliad MHS, gydag $\omega = \sqrt{\dfrac{g}{l}}$

Felly rhoddir cyfnod, T, pendil syml gan $T = 2\pi\sqrt{\dfrac{l}{g}}$

Felly, gallwn ni ysgrifennu $x = A\cos(\omega t + \varepsilon)$ neu $\theta = \theta_{\text{mwyaf}} \cos(\omega t + \varepsilon)$, gyda'r gwerth uchod ar gyfer ω. Os yw'r osgiliad yn dechrau o'i safle positif mwyaf (e.e. y pendil yn cael ei dynnu i'r ochr a'i ryddhau), yna mae $\varepsilon = 0$.

Cwestiwn: Pa ongl siglo sy'n fach?

Ateb: mae sin (0.2 rad) = 0.1987 sef gwahaniaeth o 0.65%. Felly, hyd yn oed yn achos y siglad eithaf mawr hwn (11.5° i bob ochr) mae'r gwahaniaeth cyfnod rhwng pendil go iawn a'r brasamcan ar gyfer ongl fach yn bitw. (Gweler Ymestyn a herio ar dudalen 26.)

Gwirio gwybodaeth 3.2.11

Mae gwrthrych, màs 0.20 kg, yn hongian o ddau sbring unfath, pob un â $k = 25$ N m^{-1}, wedi'u trefnu'n fertigol gyda'r naill o dan y llall. Tybiwch fod y ddau sbring o dan dyniant drwy'r amser.

(a) Cyfrifwch bellter y pwynt ecwilibriwm o dan ganolbwynt y ddau bwynt angori.

(b) Cyfrifwch amledd yr osgiliad os yw'r màs yn cael ei dynnu i lawr fymryn a'i ryddhau.

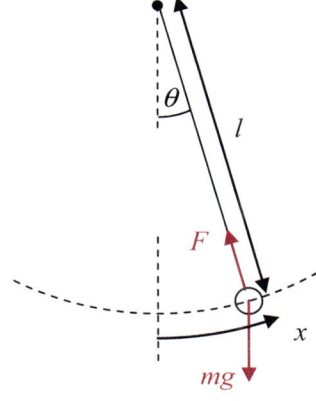

Ffig. 3.2.7 Pendil syml

▶▶ Pwynt astudio

Mae'r arwydd '–' yn $-mg \sin \theta$ yno oherwydd bod y gydran yn pwyntio i'r cyfeiriad dirgroes i x.

Gwirio gwybodaeth 3.2.12

Mae *pendil eiliadau* yn bendil â chyfnod o 2 eiliad, h.y. 1 eiliad bob ffordd. Roedd yn cael ei ddefnyddio mewn clociau ers talwm.

Cyfrifwch yr hyd gofynnol ar gyfer braich y pendil.

Gwirio gwybodaeth 3.2.13

Pe bai edau'r pendil yn ysgafn ond yn gallu ymestyn fel elastig, pam a sut byddai hyd yr edau'n amrywio yn ystod y siglad? [Ateb ansoddol]

Mae cyfnod, T, pendil syml ar gyfer onglau mwy yn perthyn i gyfnod y pendil ongl fach, T_0, trwy gyfres anfeidraidd:

$$T = T_0(1 + \frac{1}{6}\theta^2 + \frac{11}{3072}\theta^4 + \ldots)$$

Defnyddiwch frasamcanion trefn dau a thrydn pedwar i gymharu cyfnod pendil gyda $\theta = 0.2$ rad a 0.5 rad â'r pendil ongl fach.

Ffig. 3.2.8 Cantilifer wedi'i lwytho

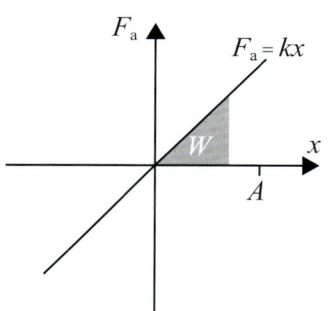
3.2.14 Gwirio gwybodaeth

Cyfrifwch werth mwyaf y grym cydeffaith ar y llwyth ar y cantilifer yn Ffig. 3.2.8. Nodwch pryd bydd hyn yn digwydd gyntaf wedi i'r llwyth gael ei ryddhau.

(c) System gyffredinol

Fel y gwelon ni eisoes, yr unig beth mae'n rhaid ei wneud er mwyn cyfrifo cyfnod osgiliad system yw darganfod ei anhyblygedd, k, a'r màs, m, sydd i'w osgiliadu. Cyhyd ag y gallwn ni frasamcanu'r màs sy'n osgiliadu fel màs pwynt, yna rhoddir y cyfnod gan $T = 2\pi\sqrt{\frac{m}{k}}$.

Enghraifft

Pan fydd llwyth, màs 200 g, ynghlwm wrth ben y cantilifer yn Ffig. 3.2.8, mae'r cantilifer yn gostwng 1.5 cm. Yna caiff y llwyth ei dynnu i lawr 1.0 cm ymhellach. Disgrifiwch y mudiant dilynol yn fanwl, gan nodi unrhyw dybiaethau.

Ateb

Tybiaethau: 1. Mae'r gostyngiad mewn cyfranedd â'r llwyth. 2. Mae màs y cantilifer ei hun yn ddibwys. 3. Nid oes unrhyw golledion ffrithiannol.

Cyfrifwch k: $k = \frac{F}{x}$. $F = mg$, $\therefore k = \frac{mg}{x} = \frac{0.20 \times 9.81 \text{ N}}{0.015 \text{ m}} = 131$ N m^{-1}.

Yna mae $\omega = \sqrt{\frac{k}{m}} = \sqrt{\frac{131 \text{ N m}^{-1}}{0.20 \text{ kg}}} = 25.6$ s^{-1}.

Felly, amledd yr osgiliad $= \frac{\omega}{2\pi} = 4.1$ Hz.

Felly, mae'r cantilifer yn osgiliadu ag amledd o 4.1 Hz, ac osgled o 1.0 cm o amgylch ei safle ecwilibriwm.

Rhoddir y gostyngiad, d, o'r safle ecwilibriwm ar unrhyw amser (mewn cm) gan:
$d = 1.0 \cos (25.6t)$

3.2.5 Egni osgiliadu

Os yw system yn osgiliadu heb ffrithiant neu rymoedd afradlon eraill, mae swm yr egni cinetig a'r egni potensial yn aros yn gyson. Pan fydd y dadleoliad ar ei fwyaf (h.y. $x = \pm A$), mae'r buanedd yn sero, felly mae'r egni cinetig, E_k, yn sero ac mae'r egni potensial, E_p, ar ei fwyaf. Pan mae'r dadleoliad yn sero, mae'r buanedd ar ei fwyaf, felly mae E_k ar ei fwyaf ac mae E_p ar ei leiaf. Byddwn ni'n edrych ar sut mae E_k ac E_p yn amrywio gyda dadleoliad ac amser drwy gydol yr osgiliad.

Ffig. 3.2.9 Gwaith sy'n cael ei wneud wrth ddadleoli system osgiliadu

Gweler Adran 1.4.3(ch) o'r gwerslyfr UG am fwy ar egni potensial.

(a) Amrywiad E_k ac E_p gyda dadleoliad

Er mwyn ymchwilio i hyn, yn gyntaf byddwn ni'n ystyried amrywiad egni potensial, E_p, gyda dadleoliad. Er mwyn dadleoli'r system o'i safle ecwilibriwm rhaid i ni roi grym, F_a, sy'n ddirgroes i'r grym adferol. Yr egni potensial sy'n cael ei storio yw'r gwaith sy'n cael ei wneud gan F_a, sef yr arwynebedd rhwng y graff a'r echelin x (gweler Ffig. 3.2.9).

Felly, fel y gwelon ni yn ein hastudiaethau UG, rhoddir yr egni potensial, E_p, gan

$$E_p = \frac{1}{2}kx^2$$

gyda gwerth mwyaf $\frac{1}{2}kA^2$

Ar y dadleoliad mwyaf, A, does dim egni cinetig, felly rhaid i gyfanswm egni'r dirgryniad fod yn $\frac{1}{2} kA^2$. Mae hyn yn golygu bod yr egni cinetig, E_k, yn amrywio gyda dadleoliad yn ôl yr hafaliad

$$E_k = \frac{1}{2} kA^2 - \frac{1}{2} kx^2 \quad \text{h.y. } E_k = \frac{1}{2} k(A^2 - x^2)$$

ac mae graffiau E_k ac E_p yn erbyn x fel sydd i'w gweld yn Ffig. 3.2.10.

(b) Amrywiad E_k ac E_p gydag amser

Unwaith eto, byddwn ni'n dechrau trwy feddwl am yr egni potensial, E_p. O'r uchod:

$$E_p = \frac{1}{2} kx^2$$

Er mwyn symleiddio ymddangosiad yr hafaliadau ychydig, byddwn ni'n tybio bod y cysonyn gwedd yn sero, h.y. mae'r system yn dechrau o ddisymudedd ar amser sero. Felly mae $x = A \cos \omega t$ a gallwn ni ysgrifennu

$$E_p = \frac{1}{2} k (A \cos \omega t)^2 = \frac{1}{2} kA^2 \cos^2 \omega t$$

ac mae $E_k = \frac{1}{2} mv^2 = \frac{1}{2} m (-A\omega \sin \omega t)^2 = \frac{1}{2} Am\omega^2 \sin^2 \omega t$

ond mae $\omega^2 = \frac{k}{m}$, felly mae $E_k = \frac{1}{2} kA^2 \sin^2 \omega t$

ac wrth adio'r ddau: $E_{cyf} = E_p + E_k = \frac{1}{2} kA^2 (\cos^2 \omega t + \sin^2 \omega t) = \frac{1}{2} kA^2$

lle, unwaith eto, rydyn ni wedi defnyddio ffurf trig theorem Pythagoras.

Enghraifft

Cyfanswm egni system sy'n osgiliadu yw 1.0 J. Y cyfnod yw 2.0 s, yr osgled yw 0.25 m ac mae'r dadleoliad mwyaf pan fydd amser yn sero. Brasluniwch graffiau

(a) E_k ac E_p yn erbyn dadleoliad

(b) E_k ac E_p yn erbyn amser, dros gyfnod o 2.0 s.

Ateb

Gallwn ni ddefnyddio Ffig. 3.2.10 a Ffig. 3.2.11 yn unig gyda'r graddfeydd priodol.

(a)

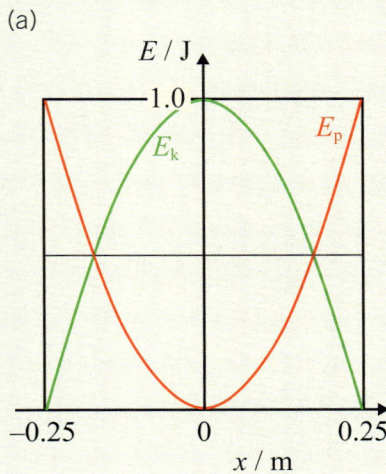

(b)

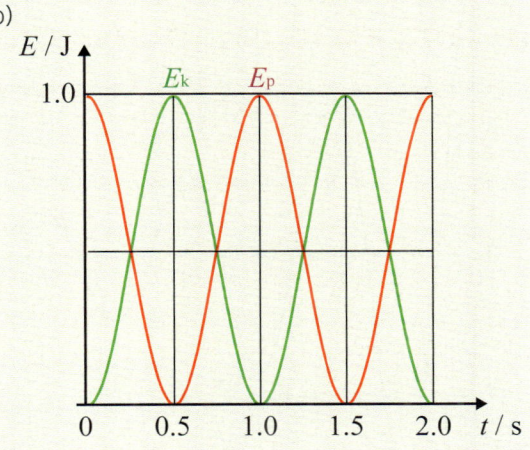

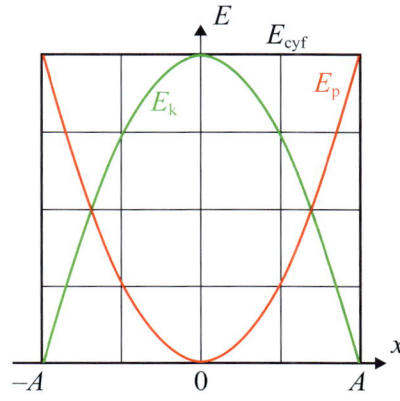

Ffig. 3.2.10 Graffiau E_k ac E_p yn erbyn x ar gyfer MHS

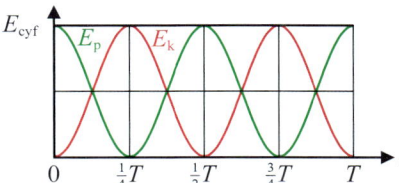

Ffig. 3.2.11 Graffiau E_k ac E_p yn erbyn t ar gyfer MHS

 **Cyswllt**

Gweler Adran M1.2(c) ar dudalen 258 am ffurf trig theorem Pythagoras.

Gwirio gwybodaeth 3.2.15

Mae dadleoliad, x (mewn cm), gwrthrych â mas 5 kg yn amrywio gydag amser yn ôl $x = 10 \cos 100t$. Cyfrifwch:

(a) cyfanswm yr egni,

(b) yr EP a'r EC ar $t = 0$

(c) yr EP a'r EC ar $t = \frac{\pi}{200}$ s.

(c) Ble mae'r pwynt lle mae $E_p = 0$ mewn system osgiliadol?

Yn yr adran hon, rydyn ni wedi tybio bod $E_p = 0$ wrth y pwynt ecwilibriwm. Allwn ni gyfiawnhau hyn? Yr ateb byr yw 'Gallwn!' Mae hyn yn wir hyd yn oed os oes dwy neu fwy o ffurfiau gwahanol o egni potensial dan sylw, e.e. egni potensial elastig ac egni potensial disgyrchiant yn y màs sy'n osgiliadu ar system sbring yn Ffig. 3.2.6. Yn union fel pan edrychwn ni ar wrthrychau sy'n disgyn o dan effaith disgyrchiant, dim ond y **newid** mewn egni potensial sy'n bwysig. Felly, gallwn ni benderfynu mai'r pwynt ecwilibriwm yw'r sero ar gyfer egni potensial.

O ran cwestiynau Safon Uwch, mae'n debygol iawn y gallwch chi gymryd sero'r E_p ar ganol yr osgiliad ond mewn egwyddor gallwch chi gymryd ei fod yn unrhyw le.

3.2.6 Osgiliadau gwanychol

Am y tro, byddwn ni'n parhau i ganolbwyntio ar **osgiliadau rhydd**. Mewn sefyllfaoedd bywyd go iawn, nid yw systemau'n parhau i ddirgrynu am gyfnod amhenodol. Yn hytrach maen nhw'n dirwyn i ben yn raddol o ganlyniad i effaith grymoedd afradlon; **gwanychiad** yw'r enw ar hyn. Er enghraifft, os yw car yn gyrru dros rwystr bach, mae'r cywasgiad yn sbringiau'r hongiad yn cynyddu. Yna, mae'r sbringiau'n ymestyn, gan ryddhau'r gormodedd egni elastig. Yn absenoldeb grymoedd gwanychol, byddai'r car yn parhau i osgiliadu – gan wneud i'r teithwyr deimlo'n sâl. Mae llawer o rymoedd gwanychol, e.e. gwrthiant aer a gwanychiad electromagnetig o ganlyniad i geryntau trolif (gweler Adran 4.5.5), mewn cyfrannedd â buanedd y mudiant. Mae peirianwyr yn cynnwys rhyfaint o wanychiad angenrheidiol mewn systemau a all osgiliadu, e.e. wrth gau drysau, systemau hongiad ceir, Pont y Mileniwm (yn Llundain). Rydyn ni'n cydnabod tri chategori: tanwanychiad, gorwanychiad a gwanychiad critigol; yr olaf o'r rhain yw'r nod wrth ddylunio llawer o adeiladau.

(a) Tanwanychiad

Fel mae'r enw'n ei awgrymu, mae'r gwanychiad yn ysgafn yma. Mae'r màs ar system sbring yn Ffig. 3.2.12 yn enghraifft Yn yr achosion hyn, yr un yw'r hafaliad mudiant, sef $A\cos(\omega t + \varepsilon)$ ond mae'r osgled, A, yn lleihau'n esbonyddol fel $A_0 e^{-\lambda t}$, fel yn Ffig. 3.2.13. Felly mae'r hafaliad sy'n deillio o hyn yn

$$x = A_0 e^{-\lambda t} \cos(\omega t + \varepsilon)$$

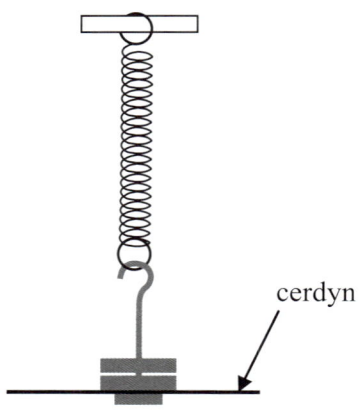

Ffig. 3.2.12 System wedi'i thanwanychu

3.2.16 Gwirio gwybodaeth

Mae gwerth A_0 yn y graffiau yn Ffig. 3.2.13 yn eithaf amlwg. Defnyddiwch y graffiau i gyfrifo (a) ω a (b) λ.

3.2.17 Gwirio gwybodaeth

(a) Defnyddiwch y ffigur 0.55 o'r adran 'Pethau i'w nodi' ar y dudalen nesaf i nodi ffracsiwn yr egni potensial (EP) sy'n cael ei golli ym mhob cylchred.

(b) Heb ystyried yr EP, sut gallech chi fesur ffracsiwn yr egni cinetig sy'n cael ei golli ym mhob cylchred?

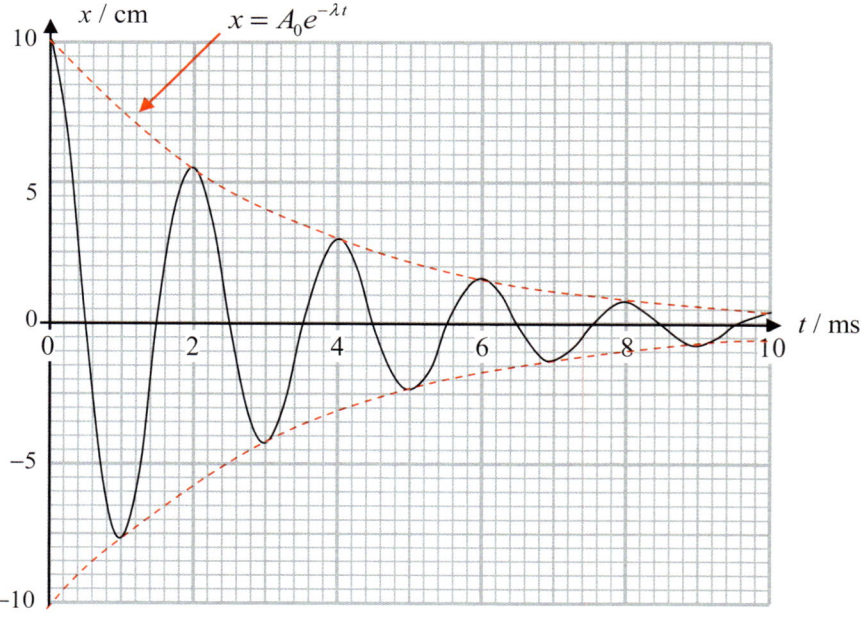

Ffig. 3.2.13 Osgiliadau gwanychol

Mae gwerth ω ychydig yn llai na'i werth yn absenoldeb gwanychiad, h.y. $\sqrt{\dfrac{k}{m}}$, ond mae'n agos iawn. Byddai car â system hongiad sy'n ymddwyn fel hyn yn dal i wneud i chi deimlo'n eithaf sâl.

Pethau i'w nodi ynghylch cromliniau osgiliadau gwanychol

1. Mae cyfnod yr osgiliad yn gyson – nid yw'r amser ar gyfer yr osgiliadau yn lleihau wrth i'r osgled leihau. Yn Ffig. 3.2.13, mae cyfnod yr osgiliad yn parhau ar 2 ms hyd yn oed pan fydd yr osgled wedi disgyn i lai na 10% o'r gwreiddiol.
2. Mae'r osgled yn lleihau gan yr un ffracsiwn ym mhob cylchred, e.e. yn Ffig. 3.2.13 mae'r osgled ar ôl 1 cylchred yn 0.55 o'r osgled cychwynnol, ac ar ôl 2 gylchred, mae'n 0.30 ($= 0.55^2$) o'r osgled cychwynnol.
3. Y mwyaf yw gwerth λ, y cyflymaf y bydd osgled yr osgiliadau'n lleihau.

(b) Gorwanychiad a gwanychiad critigol

Wrth i radd y gwanychiad gynyddu, mae'r system yn dychwelyd i ecwilibriwm yn gyflymach i ddechrau. Mae'r llinell doredig yn Ffig. 3.2.14 yn radd debyg o wanychiad i'r un yn Ffig. 3.2.13. Mae'r **graff gwyrdd** ar gyfer gradd uwch o wanychu (tua 5 gwaith y llinell doredig). Mae'n dal i ddangos tuedd i osgiliadu (gyda chyfnod sydd wedi cynyddu fymryn). Mae'r graffiau **coch** a **glas** ar gyfer mwy fyth o wanychiad (tua 10 gwaith i'r coch ac 20 gwaith i'r glas).

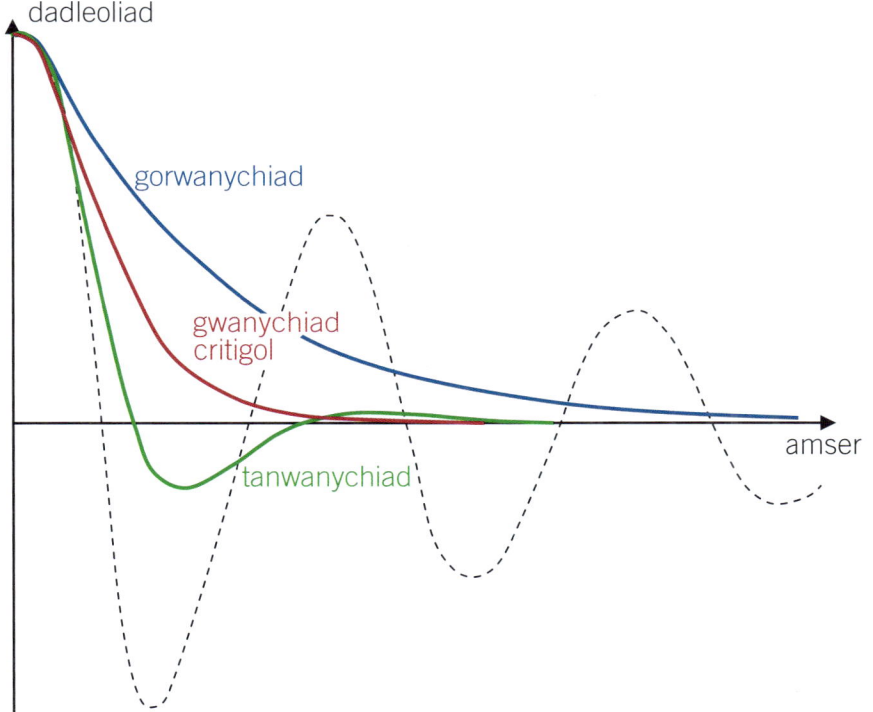

Ffig. 3.2.14 Graddau gwanychiad

Mae peirianwyr yn ceisio dylunio systemau sydd wedi'u **gwanychu'n gritigol** at sawl pwrpas. Er enghraifft, ystyriwch system hongiad beic:

- Os yw'r gwanychiad yn rhy ysgafn, bydd y beic yn osgiliadu ar ôl mynd dros dwll yn y ffordd.
- Os yw'r gwanychiad yn rhy drwm, bydd unrhyw ysgytwad (e.e. o dyllau) yn cael ei drosglwyddo'n gryf o'r olwynion i weddill y beic ac i'r beiciwr.

Mae Ffig. 3.2.15 yn ddiagram cynllunio o sioc laddwr beic nodweddiadol sydd wedi'i gyplu â hongiad sbring. Mae'r effaith wanychu yn cael ei chynhyrchu wrth i olew hydrolig gael ei wthio trwy'r tyllau yn y prif biston.

▼Ymestyn a herio

Beth yw'r berthynas rhwng $\sqrt{0.55}$ a'r graff yn Ffig. 3.2.13?

Gwirio gwybodaeth 3.2.18◀◀◀

Brasluniwch graff o'r osgiliad gwanychol gyda'r un amledd ac osgled cychwynnol, ond â gradd ysgafnach o wanychu, a gyda λ yn hanner ei werth yn Ffig. 3.2.14.

⟫ Pwynt astudio

Yn y graff sy'n dangos gwanychiad critigol yn Ffig. 3.2.14, mae'r dadleoliad yn lleihau i sero yn fonotonig heb osgiliadau. Nid yw hyn o reidrwydd yn wir ar gyfer gwanychiad critigol, ond mae'n wir os yw'r system yn cael ei chychwyn trwy ei dadleoli a'i rhyddhau gyda chyflymder sero.

Gwirio gwybodaeth 3.2.19◀◀◀

Pa un nodwedd o'r cromliniau gwanychiad critigol a gorwanychiad yn Ffig. 3.2.14 sy'n dangos nad ydyn nhw'n ddadfeiliadau esbonyddol pur ar y ffurf $x = A_0 e^{-\lambda t}$?

Gwirio gwybodaeth 3.2.20◀◀◀

Fel arfer, mae teclynnau cau drysau'n awtomatig yn cael eu dylunio i fod wedi'u gwanychu'n gritigol. Pam mae hyn yn well na'u tanwanychu neu eu gorwanychu?

⟫ Termau Allweddol

Mae system sydd wedi'i **gwanychu'n gritigol** yn dychwelyd i ecwilibriwm mor gyflym â phosibl heb osgiliadu.

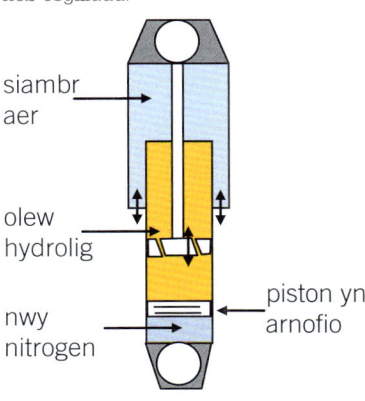

Ffig. 3.2.15 Sioc laddwr beic

Termau Allweddol

Mae **osgiliad gorfod** yn digwydd pan fydd grym gyrru sinwsoidaidd yn gweithredu ar system osgiliadol, gan achosi i'r system osgiliadu gydag amledd y grym sy'n gweithredu.

Amledd naturiol: Amledd yr osgiliadau rhydd.

Pwynt astudio

Dadansoddiad Fourier yw'r enw ar y fathemateg o dorri amrywiad nad yw'n sinwsoidaidd i lawr i swm yr amrywiadau sinwsoidaidd ac mae'n cael ei astudio mewn cyrsiau peirianneg prifysgol.

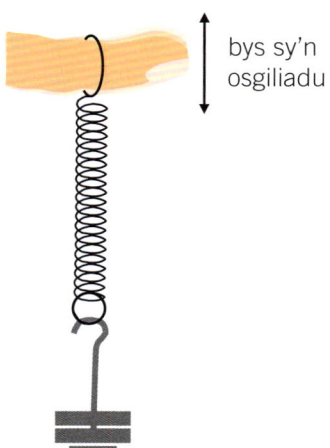

bys sy'n osgiliadu

Ffig. 3.2.16 Ymchwilio i osgiliadau gorfod

3.2.7 Osgiliadau gorfod – cyseiniant

Mae'n bosibl gwneud i system osgiliadol osgiliadu trwy roi grym arni. Gall hynny fod trwy ergyd sy'n digwydd unwaith, er enghraifft yn system hongiad car neu feic, trwy rym gyrru cyfnodol, neu drwy ysgogiad allanol afreolaidd, er enghraifft pan fydd bys llaith yn rhwbio o amgylch ymyl gwydr gwin. Nid yw'r ddwy sefyllfa olaf yn gwbl wahanol i'w gilydd, oherwydd gallwn ni ystyried bod unrhyw rym gyrru yn cynnwys swm nifer o osgiliadau sinwsoidaidd ag amleddau gwahanol. Am y tro byddwn ni'n edrych ar **osgiliadau gorfod** gyda grym gyrru cyfnodol.

(a) Cromliniau cyseiniant

Y ffordd hawsaf o ymchwilio i hyn (mae'n syniad da rhoi cynnig ar hyn eich hun) yw trwy ddefnyddio'r trefniant syml yn Ffig. 3.2.16, h.y. ein hen gyfaill y màs ar sbring. Ond y tro hwn mae'n cael ei gynnal gan fys sy'n osgiliadu – eich bys chi! Rhowch gynnig ar osgiliadau amledd isel iawn (h.y. $f \ll f_0$, lle f_0 yw **amledd osgiliadu naturiol** y system màs sbring), ac amledd uchel iawn ($f \gg f_0$). Yna (yn fwy anodd) rhowch gynnig ar yr amleddau rhwng y ddau werth eithaf hyn. Dylech chi ddarganfod y canlynol:

- Ar gyfer $f \ll f_0$, mae osgled a gwedd yr osgiliadau yr un peth â'r rhai ar gyfer eich bys.
- Ar gyfer $f \gg f_0$, mae osgled yr osgiliadau yn fach iawn, ac mae'r wedd (sy'n fwy anodd ei gweld) yn π (h.y. $180°$).
- Ar gyfer $f \sim f_0$, mae osgled yr osgiliadau yn fawr iawn (mewn gwirionedd, mae yna bosibilrwydd cryf y bydd y masau a'r sbring yn gwahanu), ac mae'r wedd yn $\frac{\pi}{2}$ ar ôl gwedd eich bys.

Gan ddefnyddio offer mwy soffistigedig, mae'n bosibl i ni gael y cromliniau cyseiniant yn Ffig. 3.2.17.

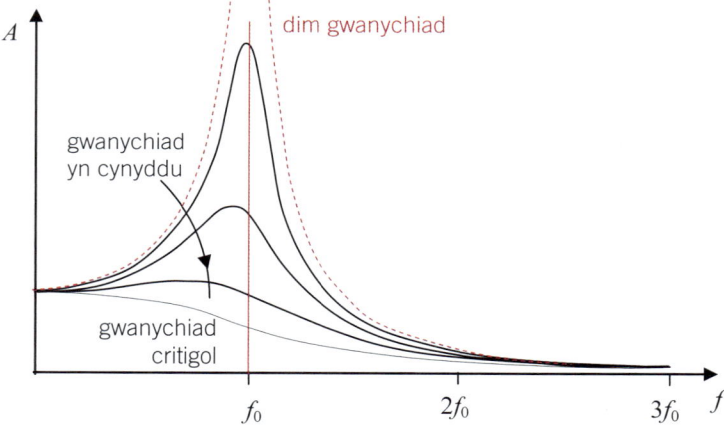

Ffig. 3.2.17 Cromliniau cyseiniant

Ymestyn a herio

Nid dim ond osgled osgiliadau gorfod sy'n amrywio gydag amledd y grym gyrru. Fel mae Ffig. 3.2.18 yn ei ddangos, dim ond ar amleddau isel iawn mae osgiliadau gorfod yn gydwedd â'r grym gyrru. Ar f_0, mae'r osgiliadau gorfod $\frac{\pi}{2}$ ($90°$) tu ôl i'r grym gyrru ac ar amleddau llawer uwch maen nhw bron i hanner cylchred y tu ôl.

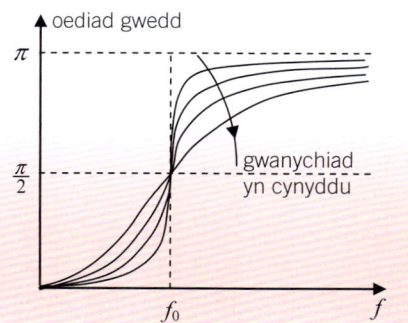

Ffig. 3.2.18 Oediad gwedd ar gyfer osgiliadau gorfod

(b) Cyseiniant heb rym gyrru cyfnodol

Efallai mai methiant y bont dros Gulfor Tacoma yw'r enghraifft enwocaf o gyseiniant yn achosi i adeiledd mawr gwympo heb unrhyw rym gyrru cyfnodol amlwg. Ar 1 Tachwedd 1965, digwyddodd methiant trychinebus yn nhyrau oeri gorsaf bŵer Ferrybridge yn Swydd Efrog, a oedd newydd gael eu hadeiladu, a hynny hefyd o ganlyniad i gyseiniant. Roedd gan yr hyrddiadau ysbeidiol o wynt amrediad o amleddau. Yn anffodus, roedd un o foddau osgiliadu naturiol yr aer o amgylch trefniant rheolaidd y tyrau oeri, gweler Ffig. 3.2.19, o fewn yr amrediad hwn, ac felly dechreuodd yr aer gyseinio.[1] Ni fyddai hyn wedi bod o bwys oni bai bod yr amledd hwn hefyd yn cyfateb i un o gyseiniannau naturiol y tyrau oeri.

Mae chwythbrennau ac offerynnau pres yn gweithio ar egwyddor debyg (ond llai trychinebus). Mae gwefusau'r trwmpedwr, neu gorsen y clarinetydd, yn cynhyrchu 'sŵn gwyn', neu sain sydd ag amrediad eang o amleddau. Mae'r rhan fwyaf o'r amleddau hyn yn ddibwys, ond bydd y rhai sy'n cyd-fynd ag amleddau'r tonnau unfan yn y golofn aer y tu mewn i'r offeryn yn cyseinio i gynhyrchu'r sain uchel. Yn gyffredinol, bydd un prif nodyn yn cael ei gynhyrchu ynghyd â sawl harmonig sy'n nodweddiadol o'r offeryn. Mae'r tonnau sain hyn (yn ogystal â dianc i'r gynulleidfa) yn bwydo'n ôl i wefusau a chorsen yr offerynnwr i atgyfnerthu'r un amleddau. Mae'r ffliwt yn gweithio mewn ffordd hyd yn oed yn fwy tebyg i'r orsaf bŵer: mae'r aer o wefusau'r ffliwtydd yn newid yn gyflym rhwng y ddau lwybr sydd i'w gweld yn Ffig. 3.2.20 gydag amrediad eang o amleddau. Mae cyseiniant yn digwydd yn yr aer y tu mewn i'r ffliwt, sy'n cael ei fwydo'n ôl i'r llif aer, gan atgyfnerthu osgiliad ar yr amledd cyseiniant.

Ffig. 3.2.19 Gorsaf bŵer Ferrybridge, Tachwedd 1965

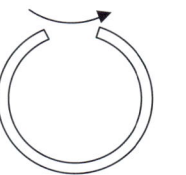 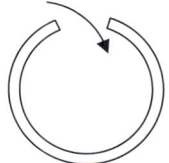

Ffig. 3.2.20 Llwybrau'r llif aer ar draws ceg ffliwt

(c) Dylunio systemau i osgoi cyseiniant

Yn ystod cylchred droelli peiriant golchi domestig, mae'r drwm yn cylchdroi hyd at 1800 cylchdro y funud. Bydd anghymesuredd bach yn safle'r eitemau amrywiol yn y llwyth golchi – a does dim modd osgoi hynny – yn arwain at rym gyrru cyfnodol ac iddo osgled sylweddol. Bydd amledd y grym gyrru hwn yn amrywio o 0 hyd at 30 Hz. Felly, os oes gan unrhyw rai o gydrannau trydanol neu fecanyddol y peiriant golchi amledd dirgrynu naturiol sydd o fewn yr amrediad hwn, byddan nhw'n cyseinio ar y pwynt perthnasol wrth i'r peiriant droelli i fyny ac i lawr. Yn y pen draw, bydd cydrannau o'r fath yn methu o ganlyniad i hyn. Felly, wrth ddylunio peiriannau golchi, mae peirianwyr yn ceisio sicrhau na fydd hyn yn digwydd.

Nid yw dylunio i osgoi cyseiniant yn hawdd bob amser. Mae gan belen y llygad dynol gyseiniant cylchdroi naturiol ar 18 Hz. Mae hyn wedi cael ei gysylltu â sawl damwain hofrennydd, lle mae'r peilot wedi methu gweld llinellau pŵer oherwydd dirgryniadau peiriant a rotorau'r hofrennydd.

Rhaid i beirianwyr hefyd ystyried ffactorau dynol wrth ddylunio i osgoi cyseiniant, fel mae hanes Pont y Mileniwm yn ei ddangos.

Yn ogystal â rhoi grymoedd fertigol ar y ddaear, rydyn ni'n gwthio ychydig tuag allan gyda phob cam wrth i ni gerdded. Mae hyn yn creu gweithrediad gwthio i'r ochr o tua 1 Hz ar unrhyw adeiledd rydyn ni'n cerdded arno. Mae gan fwa canol Pont y Mileniwm rai cyseiniannau ardraws yn yr amrediad 1 Hz. Gyda rhai cannoedd o bobl ar y bont, doedd neb wedi rhagweld y bydden nhw'n cyd-gamu, ond unwaith y dechreuodd y bont siglo i'r ochr, dyna'n union beth ddigwyddodd, gan gynyddu'r effaith. Cafodd y bont ei chau hyd nes i ddamperau gael eu gosod!

Ffig. 3.2.21 Pont y Mileniwm yn Llundain

Pwynt astudio

Un dull cyfarwydd o atal cyseiniant yw trwy gyfarwyddo milwyr sy'n gorymdeithio i dorri'r rhythm wrth groesi pont.

Gwirio gwybodaeth 3.2.21

Cofnodwyd dau osgiliad gydag amleddau / osgledau o 0.8 Hz / 50 mm ac 1.0 Hz / 75 mm ar Bont y Mileniwm. Cyfrifwch y cyflymiadau mwyaf ar y cerddwyr o ganlyniad i hyn.

---

1 Y gair am hyn yn Swydd Efrog yw 'wuthering', fel yn y llyfr *Wuthering Heights*.

Pwynt astudio

Mewn gwirionedd, mae'r gwahaniad sianeli ar gyfer gorsafoedd radio FM yn 200 kHz. Mae hyn er mwyn caniatáu i don *gario* ganolog y trosglwyddydd amrywio o ran amledd.

Cyswllt

Gweler tudalen 204 am ragor o wybodaeth am sganiau MRI yn Opsiwn B ac mae sut mae laserau'n gweithio wedi'i gynnwys yn y Gwerslyfr UG.

3.2.22 Gwirio gwybodaeth

Cymharwch amledd y ffwrn microdon ag amledd brigau sbectrwm amsugno dŵr.

Pwynt astudio

Pe bai'r microdonnau yn cyseinio gyda moleciwlau dŵr, bydden ni'n disgwyl i'r holl wresogi ddigwydd o fewn ychydig filimetrau allanol y bwyd – mae'n amlwg nad yw hyn yn wir.

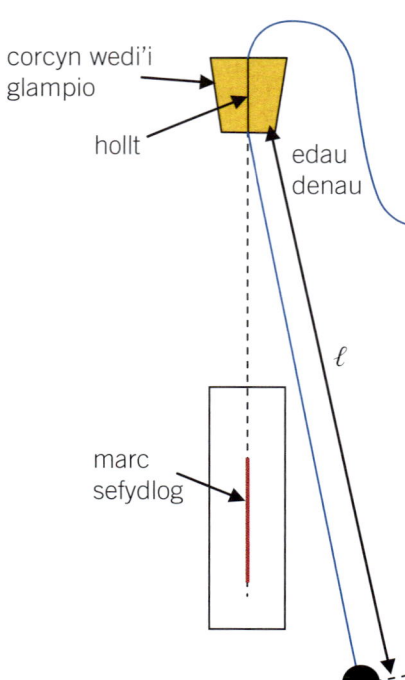

corcyn wedi'i glampio

hollt

edau denau

ℓ

marc sefydlog

Ffig. 3.2.22 Pendil

(ch) Cyseiniant defnyddiol

Yn anaml iawn mae cyseiniant yn beth da mewn systemau mecanyddol. Fodd bynnag, mae yna rai eithriadau nodedig, e.e.:

- Mae gan y bilen waelodol yn y glust ddimensiynau ac anhyblygedd amrywiol. Mae hyn fel bod rhannau gwahanol ohoni'n ymateb i wahanol amleddau sain mewnbwn gan ein galluogi ni i wahaniaethu rhwng seiniau.
- Wnewch chi ddim mwynhau ar siglen mewn maes chwarae oni bai eich bod chi'n cymhwyso'r egwyddor bod y gwthiad ymlaen yn cael ei roi o'r eiliad rydych chi'n dechrau symud ymlaen.

Mae angen i ddyfeisiau radio ymateb i amrediad cyfyngedig o amleddau. Mae gwybodaeth glywedol wedi'i chyfyngu i'r amrediad 0–20 kHz. Mae hyn yn golygu bod gan orsaf radio sy'n darlledu ar amledd 92.4 MHz, er enghraifft, signal sy'n amrywio dros 92.40 ± 0.02 MHz. Felly mae angen i'r gylched ganfod gysain (*tuned detector circuit*) gael cromlin gyseiniant sy'n cynnwys yr amrediad hwn, ac sy'n gostwng i sero y tu allan iddo (gweler y Pwynt astudio). Mae teledu yn cynnwys tipyn mwy o wybodaeth, ac felly mae angen lled band mwy, o tua 5 MHz ar gyfer teledu diffiniad safonol, hyd at sawl GHz ar gyfer rhai mathau diffiniad uchel. Felly rhaid cadw hyn mewn cof wrth ddylunio'r gylched gysain.

Dyma enghreifftiau eraill o gyseiniant defnyddiol:

- Sganiau MRI meddygol (mae'r cliw yn yr enw – Delweddu Cyseiniant Magnetig neu *Magnetic Resonance Imaging*).
- Gweithrediad laser – rhaid i'r ffoton trawol feddu ar yr un egni â'r gwahaniaeth rhwng y lefelau egni er mwyn ysgogi allyriad.

(d) Coginio â microdonnau

Mae hon yn enghraifft o osgiliadau gorfod ond nid o gyseiniant. Mae moleciwlau dŵr yn y bwyd yn ddeupolau (gyda'r ocsigen ychydig yn negatif a'r atomau hydrogen ychydig yn bositif) fel eu bod yn gallu codi egni o'r microdonnau electromagnetig, ac felly mae egni mewnol y bwyd (gweler Adran 3.4) yn cynyddu. Nid yw hyn yn gyseiniant, oherwydd bod y brigau yn sbectrwm amsugno dŵr ar 1.5 μm, 2.0 μm a 3.0 μm, ac mae ffyrnau microdon yn gweithredu ar 2.45 GHz sydd ymhell islaw'r cyseiniant.

3.2.8 Gwaith ymarferol penodol

(a) Mesur *g* â phendil syml

Mewn egwyddor, dyma'r gwaith ymarferol hawsaf y mae gofyn i fyfyrwyr Safon Uwch ei wneud. Fodd bynnag, mae'n ddefnyddiol o ran cyflwyno technegau arbrofi sylfaenol a'r gwaith o ddadansoddi ansicrwydd.

Mae'r trefniant i'w weld yn Ffig. 3.2.22. Caiff corcyn hollt ei ddefnyddio fel bod modd addasu hyd y pendil yn rhwydd. Gosodwch y corcyn fel bod yr hollt ar ongl sgwâr i blân osgiliadu'r pendil. Fel hyn, mae safle pen yr edau'n glir. Dylid clampio'r corcyn ar uchder sy'n sicrhau bod hydoedd, ℓ, o 1 m yn bosibl. Dylai'r bob fod yn sffêr bach, trwm, e.e. plwm neu bres.

I gael y manwl gywirdeb mwyaf, dylid amseru'r osgiliadau rhwng canol yr osgiliadau, h.y. pan mae'r edau'n fertigol. Mae hyn oherwydd:

1. Dyma lle mae'r edau'n symud gyflymaf, felly mae'n hawdd barnu'r ennyd pan mae'n symud heibio. Ar ben pellaf yr osgiliad, mae'r bob yn symud yn araf iawn, ac mae'n anodd barnu ar ba ennyd mae'n cyrraedd y man pellaf.

2. Os yw'r pendil yn colli egni, bydd yn dal i basio trwy'r llinell fertigol; bydd safle'r dadleoliad mwyaf yn newid yn raddol. Felly, mae'n bosibl defnyddio marc sefydlog i amseru'r osgiliadau yn ei erbyn.

Dull gweithredu

1. Addaswch hyd y pendil i (ychydig o dan) 1 m yn fras, a mesurwch hyd ℓ gan ddefnyddio ffon fetr. Nodwch mai at ganol y bob y dylai hyn fod.
2. Tynnwch y bob bellter bach (ychydig cm) i un ochr a'i ryddhau.
3. Defnyddiwch stopwatsh i fesur yr amser ar gyfer nifer o osgiliadau. (Sawl un? Gweler y Pwynt astudio.) Dylai'r ansicrwydd fod yn eithaf isel, oherwydd gallwch chi ragweld pryd bydd yr edau'n croesi'r marc sefydlog ar y dechrau yn ogystal ag ar y diwedd.
4. Ailadroddwch y darlleniadau. Does dim angen llawer – mae'n ffordd o wneud yn siŵr nad ydych chi wedi camgyfrif.
5. Ailadroddwch ar gyfer amrediad o werthoedd o ℓ.

Dadansoddiad

Rhoddir y cyfnod T gan: $T = 2\pi\sqrt{\dfrac{\ell}{g}}$ $\qquad \therefore\ T^2 = \dfrac{4\pi^2}{g}\ell$

Rydyn ni'n lluniadu graff T^2 yn erbyn ℓ. Dylai fod yn llinell syth (trwy'r tarddbwynt) gyda graddiant $\dfrac{4\pi^2}{g}$. Felly, mae $g = \dfrac{4\pi^2}{\text{graddiant}}$.

(b) Ymchwilio i osgiliadau gwanychol system sbring wedi'i lwytho

Mae'n bosibl defnyddio'r trefniant yn Ffig. 3.2.23 i ymchwilio i'r ffordd mae'r osgiliadau'n dadfeilio dan ddylanwad gwrthiant aer ar y darn o gerdyn tenau. Ar fuaneddau isel iawn, mae maint y llusgiad mewn cyfrannedd â'r cyflymder, v, yn fras, felly mae disgwyl i osgled yr osgiliadau ddadfeilio yn ôl

$$A = A_0 e^{-\lambda t}.$$

Felly, dylai graff $\ln A$ yn erbyn t fod yn llinell syth, gyda graddiant $-\lambda$ a rhyngdoriad $\ln A_0$ ar yr echelin fertigol.

Dyma'r dull gweithredu:

1. Cydosodwch yr offer fel sydd i'w weld, gan ddewis y màs sy'n rhoi osgled osgiliad mor fawr â phosibl heb fynd heibio i derfan elastig y sbring.
2. Nodwch safle'r cerdyn ar ecwilibriwm.
3. Dadleolwch y cerdyn yn fertigol trwy godi neu ostwng y llwyth mor bell â phosibl, fel bod y sbring bob amser o dan dyniant yn yr osgiliadau dilynol. Nodwch y dadleoliad cychwynnol, h.y. yr osgled cychwynnol.
4. Rhyddhewch y llwyth a dechreuwch yr amserydd. Cofnodwch osgled yr osgiliadau ar gyfyngau addas, e.e. bob 30 s (gweler y Pwynt astudio) am gyfnod addas, e.e. 5 munud.
5. Dylech chi ailadrodd y dull gweithredu sawl gwaith.

Sut i ymdrin â'r ail ddarlleniadau

Yn yr ymchwiliad hwn, mae'n werth gwneud o leiaf un ailadroddiad er mwyn caniatáu amcangyfrif yr ansicrwydd yn yr osgled. Does dim angen sicrhau bod yr osgled cychwynnol yr un fath ar gyfer pob ailadroddiad. Hyd yn oed gyda gwahanol osgledau cychwynnol, gallwn ni adio'r canlyniadau neu, os yw'n well gennych chi, gallwch chi gymryd cymedrau.

Pwyntiau i'w hystyried

Mae gan sbring nodweddiadol a ddefnyddir mewn arbrofion ysgol gysonyn sbring (k) tua 25 N m^{-1}. Gyda llwyth 0.5 kg mae hyn yn rhoi estyniad ecwilibriwm o tua 20 cm a chyfnod osgiliad tua 0.9 s. Felly, mae osgled cychwynnol o tua 10 cm yn bosibl ac mae'r cyfnod yn ddigon hir i ganiatáu i'r osgled gael ei fonitro gydag ansicrwydd o tua 1 mm [ansicrwydd canrannol cychwynnol o 1%]. Gellir cyflawni osgledau mwy trwy gysylltu dau sbring mewn cyfres. Mae gan hyn hefyd y fantais o roi cyfnod hirach (1.3 s).

> **Pwynt astudio**

Nid oes rhaid llunio marc sefydlog yn arbennig. Byddai coes fertigol stand y clamp (neu hyd yn oed ffrâm ffenestr gyfleus) yn gwneud y tro!

> **Pwynt astudio**

Yn hytrach na meddwl am nifer yr osgiliadau, meddyliwch am yr amser. Bydd anelu at gyfnod o 10 s o leiaf (ar gyfer unrhyw nifer o osgiliadau), gydag ansicrwydd o 0.4 s, yn rhoi canran ansicrwydd o 4% ar gyfer y cyfnod; byddai 20 s yn rhoi 2%.

Gwirio gwybodaeth 3.2.23

Os yw hyd edau'r pendil uwchben y bob yn cael ei fesur (yn hytrach nag i'r craidd disgyrchiant), sut bydd y dadansoddiad yn wahanol?

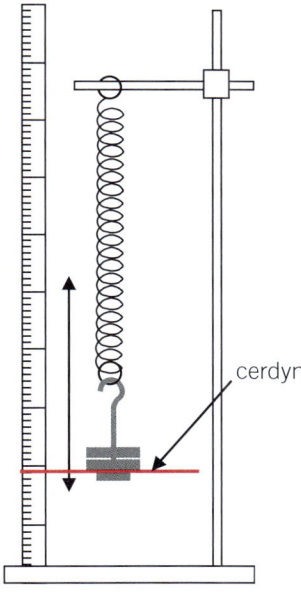

Ffig. 3.2.23 Ymchwilio i wanychiad

cerdyn

> **Pwynt astudio**

Mae'n annhebygol y bydd yr osgiliad ar y dadleoliad mwyaf ar yr amserau damcaniaethol, ond mae'r amser dadfeilio yn llawer hirach na chyfnod yr osgiliad, felly mae ansicrwydd o eiliad yn ddibwys.

Profwch eich hun 3.2

1. Gwahaniaethwch rhwng osgiliadau rhydd ac osgiliadau gorfod.

2. Mae Samantha yn diffinio mudiant harmonig syml fel un sy'n digwydd pan fydd cyflymiad gwrthrych mewn cyfrannedd union â'i bellter o bwynt sefydlog. Beth sydd ar goll yn ei diffiniad?

3. Mae Aled yn sylwi bod osgled osgiliadau fertigol màs ar sbring yn lleihau yn raddol.

   (a) Pa enw sy'n cael ei roi i'r effaith hon? Esboniwch pam mae'n digwydd yn yr achos hwn.
   (b) Mae Rhian yn hongian gwrthrych gyda'r un màs ar fand rwber. Mae'n sylwi bod amledd yr osgiliadau'n lleihau'n gyflymach nag yn arbrawf Aled. Nodwch enw priodwedd y rwber sy'n gyfrifol am hyn.

4. Mae'r cwestiwn hwn yn cyfeirio at yr osgiliad sydd i'w weld yn Ffig. 3.2.5.

   (a) Brasluniwch y gromlin a-t ar gyfer yr osgiliad, gan labelu'r gwerthoedd arwyddocaol.
   (b) Cyfrifwch werthoedd y dadleoliad, y cyflymder a'r cyflymiad ar $t = 0$ ar gyfer yr osgiliad.
   (c) Cyfrifwch y cyflymder yn yr osgiliad pan mae'r dadleoliad yn $+1.5$ mm. Pam mae yna ddau werth?

5. Mae bob pendil yn dechrau osgiliadu wrth i rywun roi pwniad iddo gan roi buanedd o 10 cm s^{-1} iddo. Cyfnod yr osgiliad sy'n dilyn yw 1.5 s.

   (a) Mynegwch ddadleoliad, x, y bob ar amser t ar y ffurf $x = A\cos(\omega t + \varepsilon)$. [Awgrym: $v_{\text{mwyaf}} = \omega A$.]
   (b) Darganfyddwch safle, cyflymder a chyflymiad y bob ar ôl 1.0 s.

6. Roedd merch oedd yn sefyll ar Bont y Mileniwm cyn iddi gael ei haddasu yn ei chael ei hun yn osgiliadu'n ochrol ag osgled o 7.5 mm a chyfnod o 1.0 Hz.

   (a) Cyfrifwch ei chyflymder a'i chyflymiad mwyaf,
   (b) Os oedd ei safle ar amser $t = 0$ yn 5.0 mm a'i chyflymder yn negatif, mynegwch ei dadleoliad ar y ffurf $x = A\cos(\omega t + \varepsilon)$.

7. Mae'r diagram yn dangos pendil sy'n cynnwys bob â màs 2.0 kg ar edau ysgafn. Mae'r pendil yn cael ei ddal wrth **A** a'i ryddhau ar amser $t = 0$. Mae'n osgiliadu dro ar ôl tro rhwng **A** ac **C**. Yr ongl rhwng yr edau wrth **A** ac **C** yw 0.20 rad a hyd y pendil (wedi'i fesur i graidd màs y bob) yw 120 cm.

   (a) Nodwch y safleoedd lle mae'r
      (i) egni potensial ar ei fwyaf
      (ii) egni cinetig ar ei fwyaf
   (b) (i) Nodwch osgled yr osgiliadau mewn radianau.
      (ii) Cyfrifwch osgled yr osgiliadau mewn cm wedi'u mesur ar hyd arc y llwybr.
   (c) Cyfrifwch gyfnod, T, ac amledd onglaidd, ω, yr osgiliad.
   (ch) Cyfrifwch fuanedd a chyflymiad mwyaf y bob.
   (d) Defnyddiwch eich atebion i (b)(ii), (c) ac (ch) i fraslunio graffiau o'r dadleoliad, y cyflymder a'r cyflymiad yn erbyn amser ar gyfer dau osgiliad cyflawn.

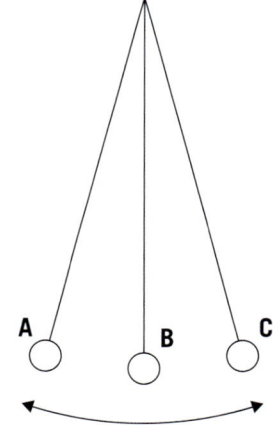

8. Yn yr offer 'pin a phendil' yn y diagram, mae pin, **P**, yn cael ei osod $\frac{\ell}{2}$ yn fertigol o dan gynhalydd y pendil, fel bod y pendil yn cylchdroi o amgylch **P** ar ochr chwith yr osgiliad.

   (a) Ysgrifennwch fynegiad ar gyfer cyfnod y pendil yn nhermau ℓ.
   (b) Brasluniwch graff o ddadleoliad yn erbyn amser ar gyfer bob y pendil gan ddechrau o'r dadleoliad mwyaf i'r dde.

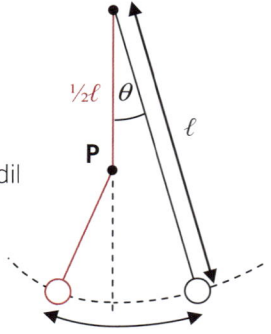

9. Mae pendil mawr yn cael ei gydosod mewn adeilad cyhoeddus. Màs y bob yw 5.0 kg, hyd y pendil yw 50 m ac osgled llorweddol yr osgiliadau yw 5.0 m.
Brasluniwch graffiau amrywiad egni potensial, egni cinetig a chyfanswm egni gydag amser dros gyfnod o ddau gylchred, gan ddechrau o'r pwynt lle mae'r dadleoliad positif mwyaf. Defnyddiwch y safle isaf fel y pwynt EP sero.

10. Mae osgled osgiliad gwanychol yn dadfeilio o 8.0 cm i 6.0 cm mewn cyfnod o 25 s. Gan dybio bod y dadfeiliad yn esbonyddol, cyfrifwch yr amledd ar (a) 50 s (b) 75 s ac (c) 120 s.

11. Mae gan system osgiliadu wanychol osgled cychwynnol o 20 cm, a chyfnod o 0.50 s.
Ar ôl 2.5 s, mae'r osgled yn 5 cm. Y dadleoliad cychwynnol yw 20 cm.

   (a) Ysgrifennwch yr hafaliad mudiant ar gyfer y system ar y ffurf $x = A_0 e^{-\lambda t} \cos(\omega t + \varepsilon)$.
   (b) Brasluniwch graff o ddadleoliad yn erbyn amser o 0 i 2.5 s.
   (c) Cyfrifwch y dadleoliad ar $t = 0.9$ s.

12. Mesurodd myfyriwr gyfnod pendil syml er mwyn mesur cyflymiad disgyrchiant.
Canlyniadau: hyd = 0.850 ± 0.002 m   Amser ar gyfer 20 osgiliad = 36.95 ± 0.05 s
Esboniwch a yw'r canlyniadau hyn yn gyson â'r gwerth safonol 9.81 m s^{-2}.

13. Fe wnaeth Bryn ac Iestyn ddarganfod cyfnod pendil. Gwnaeth Bryn bedwar mesuriad, pob un yn cynnwys pump o osgiliadau. Gwnaeth Iestyn un mesuriad gan nodi 20 osgiliad. Trafodwch pa ddull sy'n well o safbwynt ansicrwydd.

14. Mae llwyth ar sbring yn osgiliadu. Oherwydd gwrthiant aer, mae osgled yr osgiliadau yn lleihau'n raddol, gan roi'r canlyniadau canlynol:

Amser / s	0	30	60	90	120	150
Osgled / cm	15.0	12.8	9.5	7.5	6.3	5.3

Defnyddiwch y canlyniadau i ddangos bod y dadfeiliad yn esbonyddol yn fras, a darganfyddwch werth y cysonyn dadfeiliad, λ.

15. Fe wnaeth Helen ddarganfod cyfnod pendil fel hyn: Fe'i tynnodd i un ochr a gadael iddo fynd, gan ddechrau stopwatsh ar yr un pryd. Arhosodd nes ei fod wedi mynd yn ôl ac ymlaen 10 gwaith ac yna stopiodd y stopwatsh. Rhannodd yr amser a fesurodd â 10. Dywedodd Eleri y byddai'n well gadael i'r pendil siglo ychydig o weithiau a dechrau'r stopwatsh pan fyddai'r llinyn yn fertigol. Pam mae syniad Eleri yn un da?

16. Defnyddiodd grŵp o fyfyrwyr bendil syml, â hydoedd hyd at 100 cm, i ddarganfod gwerth ar gyfer cyflymiad disgyrchiant. Cawson nhw'r canlyniadau hyn:

hyd, ℓ/cm	20.0	40.0	60.0	80.0	100.00
cyfnod, T/s	0.87 ± 0.04	1.22 ± 0.04	1.55 ± 0.04	1.80 ± 0.04	1.97 ± 0.04
$(T$/s$)^2$	0.76 ± 0.07		2.40 ± 0.20		3.89 ± 0.31

Fe wnaethon nhw amcangyfrif yr ansicrwydd yn yr hydoedd fel ± 0.1 cm.

(a) Roedden nhw'n disgwyl i'r berthynas rhwng T ac ℓ fod yn $T = 2\pi \sqrt{\dfrac{\ell}{g}}$.

   (i) Esboniwch pam bydden nhw'n disgwyl i graff ℓ yn erbyn T^2 fod yn llinell syth, trwy'r tarddbwynt.
   (ii) Nodwch sut y gellir darganfod gwerth ar gyfer g o'r graff.
(b) Cyfrifwch werthoedd coll T^2 a'u hansicrwydd absoliwt.
(c) (i) Plotiwch graff ℓ yn erbyn T^2 gan gynnwys barrau cyfeiliornad.
   (ii) Tynnwch y llinellau graddiant mwyaf a graddiant lleiaf trwy'r barrau cyfeiliornad.
   (iii) Esboniwch a yw'r canlyniadau'n gyson ag (a)(i).
   (iv) Darganfyddwch y gwerth gorau ar gyfer y graddiant ynghyd â chanran ei ansicrwydd.
(ch) Trafodwch a yw'r canlyniadau'n gyson â'r gwerth sy'n cael ei dderbyn ar gyfer g (981 cm s^{-2}).
(d) Yn ddiweddarach, sylwodd un o'r myfyrwyr eu bod nhw wedi mesur yr hydoedd i waelod bob y pendil. Trafodwch sut mae hyn wedi effeithio ar yr arbrawf.

3.3 Damcaniaeth ginetig

Hyd at ddechrau'r ugeinfed ganrif, doedd dim tystiolaeth uniongyrchol o fodolaeth atomau a moleciwlau. Fodd bynnag, roedd ffisegwyr a chemegwyr wedi datblygu model gronynnol o fater a oedd yn esbonio ystod o briodweddau nwyon:

- Deddfau nwyon Delfrydol Boyle a Charles: $\frac{pV}{T}$ = cysonyn. Gweler adran 3.3.3.
- Deddf Dalton: mae gwasgedd cymysgedd o nwyon yn hafal i swm gwasgeddau'r cydrannau nwy unigol.
- Mudiant Brown: hapfudiant gronynnau mwg mewn nwy.
- Deddf Graham (mae cyfradd tryledu nwy mewn cyfrannedd gwrthdro ag ail isradd y màs moleciwlaidd).

O'r diwedd, yn 1905, cynigiodd Einstein esboniad mathemategol o'r manylion sydd i'w gweld yn ystod mudiant Brown, gan ddarparu'r dystiolaeth uniongyrchol o fodolaeth atomau a moleciwlau.

Nid yw'r bennod hon yn ceisio dilyn y broses hanesyddol o ddatblygu'r syniadau yn y bedwaredd ganrif ar bymtheg. Er enghraifft, mae Adran 3.3.1 yn defnyddio technegau'r ugeinfed ganrif.

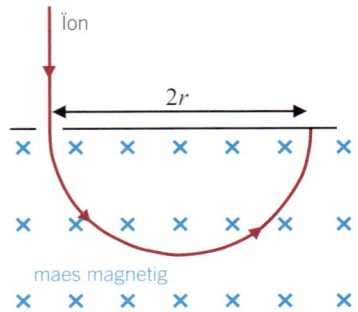

Ïon

$2r$

maes magnetig

Ffig. 3.3.1 Sbectromedr màs

3.3.1 Priodweddau atomig

Trwy fesur masau oedd yn adweithio yn ofalus, llwyddodd cemegwyr yn y 19eg ganrif i ddarganfod masau cymharol atomau tybiedig yr elfennau gwahanol. Er enghraifft, mewn cymhariaeth â hydrogen mae masau carbon, ocsigen a haearn yn 12, 16 a 56 yn fras. Ond beth yw eu gwir fasau? Hefyd, mae atomau yn fach iawn – ond pa mor fach? A pha mor fawr yw'r grymoedd maen nhw'n rhoi ar ei gilydd?

Sylwch: Nid yw'r adran hon yn cael ei harholi. Mae yma i roi cyflwyniad i rai o briodweddau ffisegol sylfaenol atomau, er mwyn rhoi cefndir i'r deunydd sy'n dilyn. Nid oes sôn am sbectromedr màs, Ffig. 3.3.1, yn uniongyrchol yn y fanyleb ond mae'r holl gysyniadau dan sylw yn gallu cael eu harholi ac felly gallai arholwyr ei ddefnyddio mewn cwestiwn cyd-destun ym mhapur Uned 4.

(a) Masau atomig

Cyngor cyflym

Cofiwch fod màs atom nodweddiadol tua 10^{-26} i 10^{-25} kg.

Os yw ïonau (e.e. H^+, He^+, Na^+) yn cael eu cyflymu a'u chwistrellu ar ongl sgwâr i mewn i faes magnetig, maen nhw'n dilyn llwybr crwn. Y rheswm am hyn, fel mae Adran 4.4 yn esbonio, yw eu bod yn profi grym ar ongl sgwâr i gyfeiriad eu mudiant, sydd mewn cyfrannedd â'u gwefr a'u cyflymder. Dyma egwyddor y *sbectromedr màs*, sydd i'w weld ar ffurf diagram yn Ffig. 3.3.1.

Y mwyaf yw màs yr ïonau, y mwyaf yw radiws eu llwybr. Trwy fesur y radiws a gwybod beth yw egni'r ïonau a chryfder y maes magnetig, gall gwyddonwyr fesur y masau ïonig. Fel hyn, maen nhw wedi dangos bod masau atomau sy'n bodoli'n naturiol yn amrywio o 1.67×10^{-27} kg (hydrogen) i 3.95×10^{-25} kg (wraniwm 238).

(b) Meintiau atomig

Nid oes gan atomau na moleciwlau arwynebau 'caled', felly nid oes ystyr union i *faint* atom. Fodd bynnag, nid yw atomau yn treiddio i'w gilydd (yn bell iawn) wrth iddyn nhw wrthdaro neu lynu wrth ei gilydd. Os ydyn nhw'n agos iawn i'w gilydd mewn grisial, gallwn ni ddefnyddio'r pellter rhwng eu canolau fel swm eu radiysau. Gallwn ni fesur hyn trwy ddefnyddio trefniant rheolaidd gronynnau mewn grisial, gan ei drin fel math o ratin diffreithiant. Yna, rydyn ni'n saethu pelydriad o donfedd addas ato, ac yn arsylwi ar y patrwm ymyriant. Cafodd hyn ei wneud am y tro cyntaf gan Laurence a Henry Bragg, o 1913 ymlaen, trwy ddefnyddio pelydrau X. Mae'n bosibl defnyddio paladrau o niwtronau ac electronau hefyd, gan ddefnyddio eu priodweddau tonnau.

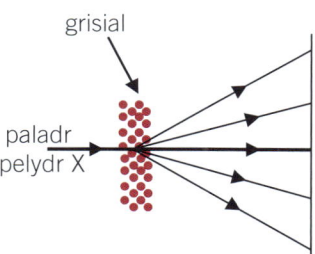

Ffig. 3.3.2 Diffreithiant pelydr X

 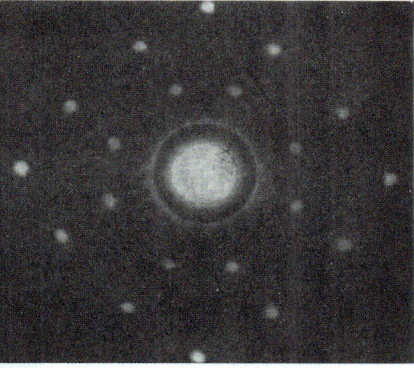

Ffig. 3.3.3 Patrymau diffreithiant (a) pelydr X a (b) niwtronau ar gyfer grisial sodiwm clorid

Mae delweddau o'r fath, sydd i'w cael trwy ddefnyddio pelydriad o donfedd ~ 10 pm, yn dangos gwerthoedd nodweddiadol o tua 150–200 pm ar gyfer bylchiad y gronynnau yn y ddellten mewn grisial. Felly, gallwn ni gymryd bod hyn yn nodweddiadol o ddiamedr atomig.

(c) Grymoedd rhyngatomig

Mae atomau a moleciwlau niwtral yn rhoi grymoedd amrediad byr iawn ar ei gilydd o'r enw grymoedd van der Waal.[1] Mae graff nodweddiadol o'r grym yn erbyn gwahaniad i'w weld yn Ffig. 3.3.4. Mae'r echelin wahaniad i'w gweld yn nhermau'r gwahaniad ecwilibriwm, σ, h.y. 150–200 pm yn nodweddiadol. Ni fydd unrhyw gwestiynau ar y graff hwn yn yr arholiad Safon Uwch ond dylech chi nodi dau beth am y grymoedd rhyngfoleciwlaidd:

1. Ar gyfer $r < \sigma$, i bob pwrpas mae gwrthyriad anfeidraidd, h.y. mae'r gronynnau'n ymddwyn fel sfferau caled.
2. Mae amrediad y grym atynnol yn fyr iawn: ar gyfer $r > 2\sigma$ mae'n sero i bob pwrpas.

Nawr, byddwn ni'n defnyddio'r syniadau hyn i ddatblygu ein triniaeth o ymddygiad nwyon.

Gwirio gwybodaeth 3.3.1

Mae tonfedd ffoton pelydr X yn 10 pm.

(a) Cyfrifwch ei egni.

(b) Cyfrifwch egni cinetig niwtron gyda thonfedd de Broglie o 10 pm (màs niwtron = 1.67×10^{-27} kg).

▶▶ Pwynt astudio

Mae'r araeau dau ddimensiwn o ddotiau yn y patrymau diffreithiant pelydr X a diffreithiant niwtronau yn digwydd oherwydd bod gan y grisialau blanau mewn mwy nag un dimensiwn, yn wahanol i ratin diffreithiant optegol.

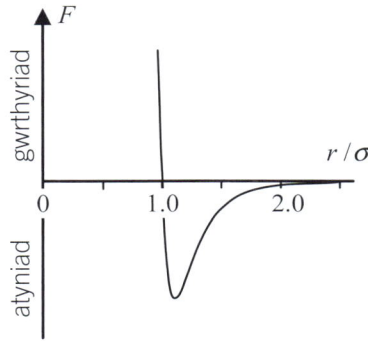

Ffig. 3.3.4 Cromlin grym atomig–gwahaniad

---

1 A bod yn fanwl gywir, y grym van der Waal yw rhan atynnol y gromlin *F-r* yn unig.

3.3.2 Mynegi swm sylwedd

Ystyriwch sampl o ddefnydd, dyweder **47 kg** o bropan mewn silindr nwy. Rydyn ni'n gwybod cyfanswm ei fàs, ond pa fesurau ffisegol sy'n arwyddocaol? Mae nifer o briodweddau samplau materol, fel nwyon, yn dibynnu ar nifer yr atomau neu'r moleciwlau sy'n bresennol a'u masau unigol. Gallwn ni fynegi màs, m, atom neu foleciwl mewn **kg**. Bydd hyn yn digwydd yn aml yn y cwestiynau y byddwch chi'n dod ar eu traws. Fodd bynnag, màs atomig nodweddiadol yw 10^{-26} **kg**, sy'n fach iawn at bwrpasau pob dydd ac mae gwyddonwyr wedi datblygu sawl ffordd wahanol o fesur màs i ymdopi â hyn. Mae gan rai mesurau enwau tebyg ac mae'n bwysig gallu gwahaniaethu rhyngddyn nhw. Sylwch ar rôl bwysig carbon-12 yn y mesurau hyn.

(a) Yr uned màs atomig, u

Diffiniad yr **uned màs atomig**, u, yw un deuddegfed o fàs un atom carbon-12. O'r diffiniad hwn a mesuriadau manwl gywir o fàs atomau carbon-12, rhoddir gwerth **u** gan:

$$1 \text{ u} = 1.660\,539\,066\,60 \times 10^{-27} \text{ kg}$$

Mae Llyfryn Data CBAC yn rhoi'r gwerth hwn i 3 ff.y. (1.66×10^{-27} **kg**) ar gyfer ei ddefnyddio mewn arholiadau. Mae masau atomig a moleciwlaidd yn aml yn cael eu mynegi yn nhermau **u**. Gweler Cyngor cyflym.

Cyngor cyflym

Efallai y byddwch chi'n dod ar draws yr uned **Da** (dalton). Mae hyn yn hafal i **u** ac mae'n dechrau ei ddisodli mewn gwaith gwyddonol. Ni chaiff ei ddefnyddio yng nghwestiynau arholiad CBAC.

3.3.2 Gwirio gwybodaeth

Màs atom yw 7.02 u.
Mynegwch y màs hwn mewn **kg**.

> **Enghraifft**
>
> Yn ôl llyfr data gwyddoniaeth, màs atom wraniwm-235 yw 235.04 **u**. Mynegwch y màs hwn mewn **kg**, i nifer priodol o ff.y. [1 u = 1.66×10^{-27} **kg**]
>
> **Ateb**
>
> $m_{\text{U235}} = 235.04 \times 1.66 \times 10^{-27}$ **kg** $= 3.90 \times 10^{-25}$ **kg** (3 ff.y.)

(b) Y màs moleciwlaidd (neu atomig) cymharol, M_r

M_r yw cymhareb màs, m, moleciwl (neu atom) i'r uned màs atomig unedig,

h.y. $$M_r = \frac{m}{1 \text{ u}}$$

Sylwch fod M_r **yn hafal yn rhifiadol i'r màs moleciwlaidd mewn u**. Nid oes ganddo uned gan ei fod yn gymhareb dau fàs. [I gemegwyr: mae'r màs moleciwlaidd cymharol yn hafal i swm masau atomig cymharol yr atomau mewn moleciwl.]

> **Enghraifft**
>
> Màs moleciwlaidd cymharol cyfansoddyn organig yw 94.0. Darganfyddwch y màs moleciwlaidd mewn (a) **u** a (b) **kg**.
>
> **Ateb**
>
> (a) $m = 94.0$ **u**
>
> (b) $m = 94.0 \times 1.66 \times 10^{-27}$ **kg**
>
> $\qquad = 1.56 \times 10^{-25}$ **kg**

(c) Cysonyn Avogadro a'r mol

Mae'r mol a'r **cysonyn Avogadro** yn delio â nifer yr atomau neu'r moleciwlau mewn sampl. Mae nifer yr atomau neu'r moleciwlau mewn sampl macrosgopig yn anghyfleus o fawr ar gyfer defnydd pob dydd. Er enghraifft, mae nifer y moleciwlau dŵr mewn cwpanaid o de tua 5×10^{24}. Felly, mae **swm y sylwedd**, sef mesur o nifer yr atomau neu foleciwlau ynddo, yn cael ei fynegi'n fwy cyfleus mewn molau.

Sylwch mai 12 gram nid cilogram yw'r màs o garbon a roddir (mae'n debyg am ei fod yn unol â'r hyn y gall cemegwyr ei gael mewn tiwb profi). Mae hyn yn arwain at ffactor o 1000 mewn sawl hafaliad sy'n dilyn. Yr enw ar nifer wirioneddol y gronynnau mewn mol (e.e. 12 g o garbon-12) yw cysonyn Avogadro, N_A.

Gwerth N_A a roddir yn Llyfryn Data CBAC yw 6.02×10^{23} mol^{-1}. Sylwch mai gwerth rhifiadol N_A yw cilydd gwerth u wedi'i fynegi mewn gramau (h.y. tua 1.66×10^{-24}).

(ch) Màs molar, M

Màs molar elfen neu gyfansoddyn yw'r màs am bob mol. Uned SI sylfaenol y màs molar yw kg mol^{-1}. Wedi'i fynegi yn yr uned hon, mae'r berthynas rhwng M ac M_r yn

$$M/\text{kg mol}^{-1} = \frac{M_r}{1000}$$

Felly mae gan yr elfen heliwm, sydd â màs moleciwlaidd cymharol o 4.00, fàs molar o 0.004 00 kg mol^{-1}. Os yw M yn cael ei fynegi mewn g mol^{-1} (gram am bob mol), yna mae'n hafal yn rhifiadol i M_r, e.e. mae gan heliwm fàs moleciwlaidd o 4.00 g mol^{-1}.

Wrth weithio gyda nwyon, yn aml bydd angen i ni gyfrifo *swm* y nwy mewn sampl, h.y. nifer y molau, o wybod y màs, m, a'r màs molar, M. Rydyn ni'n defnyddio'r symbol n ar gyfer nifer y molau. Gan mai'r màs molar yw'r màs am bob mol, gallwn ni ysgrifennu'r hafaliad canlynol:

$$n = \frac{\text{cyfanswm màs}}{\text{màs molar}} \qquad \text{neu, mewn symbolau,} \qquad n = \frac{m}{M}$$

Màs molar a rhif niwcleon

At ddibenion cyfrifiadau mol, mae ysgrifennu bod y màs molar mewn g mol^{-1} yn hafal i'r rhif niwcleon (cyfanswm nifer y protonau a'r niwtronau sy'n bresennol) yn frasamcan da iawn. Mewn gwirionedd, ar gyfer pob niwclid sefydlog mae gwneud y brasamcan hwn yn golygu cyfeiliornad o lawer llai nag 1%, e.e. mae gan haearn-56 fàs molar o 55.94 g mol^{-1} y gellir ei gymryd fel 56.0 gyda chanran cyfeiliornad o 0.11%. Yr unig le na allwch chi wneud y brasamcan hwn yw wrth gyfrifo egni clymu niwclear yn Adran 3.6.

Diffiniad newydd o'r mol a chysonyn Avogadro

Ar 20 Mai 2019 derbyniwyd diffiniad newydd o'r cysonyn Avogadro gan y gymuned wyddonol. Mae uned SI swm sylwedd, h.y. y mol, bellach yn cael ei *ddiffinio* fel yn union $6.022 140 76 \times 10^{23}$ endid elfennol (a allai fod yn atomau, moleciwlau, ïonau, electronau...). Felly, union werth cysonyn Avogadro yw $6.022 140 76 \times 10^{23}$ mol^{-1}. Nid oes unrhyw effaith ar gyfrifiadau gwyddonol pob dydd gan fod y gwerth a ddewisir, yn fwriadol, yn union yr un fath â mesuriadau blaenorol.

Termau Allweddol

Cysonyn Avogadro, N_A, yw nifer y gronynnau am bob mol.

UNED: mol^{-1}

Y **mol** yw uned SI *swm y sylwedd*. Y mol yw'r swm sy'n cynnwys yr un nifer o ronynnau (e.e. moleciwlau) ag sydd o atomau mewn 12 g (yn union) o garbon-12.

Gwirio gwybodaeth 3.3.3

Cyfrifwch hyd ochr ciwb graffit sy'n cynnwys 1.0 mol o atomau carbon.

Dwysedd graffit = 2 300 kg m^{-3}.
Màs atom carbon = 12 u (yn union).

Cyngor cyflym

Rhoddir yr hafaliad hwn yn Llyfryn Data CBAC.

Gwirio gwybodaeth 3.3.4

Màs moleciwlaidd cymharol hydrocarbon yw 42. Cyfrifwch ei fàs moleciwlaidd mewn kg.

[Ar gyfer Cemegwyr: enwch yr hydrocarbon]

Cyngor cyflym

Rhoddir yr hafaliad hwn yn Llyfryn Data CBAC.

Gwirio gwybodaeth 3.3.5

Rhif niwcleon ocsigen (O) yw 16. Ffformiwla moleciwl ocsigen yw O_2.

(a) Nodwch fàs molar (i) ocsigen atomig, (ii) ocsigen moleciwlaidd.
(b) Nodwch fàs moleciwlaidd cymharol O_2.
(c) Nodwch fàs moleciwlaidd O_2 mewn u.
(ch) Cyfrifwch fàs moleciwlaidd O_2 mewn kg. [1 u = 1.66×10^{-27} kg]

Cyngor cyflym

Bydd arholiadau CBAC yn parhau i ddefnyddio'r diffiniadau blaenorol ar gyfer oes y fanyleb gyfredol.

3.3.3 Yr hafaliad nwy delfrydol

Mae nwyon gwasgedd isel sydd ymhell uwchlaw eu berwbwyntiau yn ymddwyn mewn modd syml iawn, fel byddwn ni'n ei weld. Caiff nwyon o'r fath eu galw yn **nwyon delfrydol** ac yn Adran 3.3.3 byddwn ni'n ystyried eu priodweddau.

Os ymchwiliwn ni i'r perthnasoedd rhwng gwasgedd, p, cyfaint, V, a thymheredd kelvin, T, sampl o nwy delfrydol (er enghraifft aer sych) gwelwn ni fod y canlynol yn wir:

- ar dymheredd cyson, mae: $p \propto \dfrac{1}{V}$ neu $pV = $ cysonyn

- ar wasgedd cyson, mae: $V \propto T$ neu $\dfrac{V}{T} = $ cysonyn

- ar gyfaint cyson, mae: $p \propto T$ neu $\dfrac{p}{T} = $ cysonyn

Mewn gwirionedd, nid yw'r rhain yn berthnasoedd annibynnol, oherwydd mae'n bosibl deillio unrhyw un ohonynt trwy gyfuno'r ddau arall (gweler Ymestyn a herio). Yn yr un modd, gallwn ni eu cyfuno i roi'r berthynas ganlynol (ar gyfer sampl sefydlog o nwy):

$$pV \propto T$$

Trwy ysgrifennu hyn fel $pV = kT$, bydd y cysonyn k mewn cyfrannedd â swm y nwy sy'n bresennol (bydd dwbl y swm ar wasgedd cyson yn rhoi dwbl gwerth pV gan fod V yn cael ei ddyblu). Trwy gyfuno hyn â deddf Avogadro (gweler y pwynt Astudio) mae'n arwain at:

$$pV = nRT$$

lle n yw nifer y molau (h.y. y swm) o nwy, ac mae

     R yn gysonyn sy'n cael ei adnabod fel y *cysonyn nwy molar*, 8.31 J mol^{-1} K^{-1}

Enw'r hafaliad yw'r *hafaliad cyflwr nwy delfrydol* neu (yn symlach) hafaliad nwy delfrydol. Nawr rydyn ni mewn sefyllfa i ddiffinio **nwy delfrydol**. Nid oes unrhyw nwy sy'n ufuddhau yn union i'r hafaliad nwy delfrydol, ond mae rhai nwyon cyffredin (ocsigen, nitrogen, heliwm, methan) yn ufuddhau'n agos iawn o dan amodau pob dydd, ac mae nwyon eraill (carbon deuocsid, propan, bwtan) yn gwneud hynny ar wasgedd isel iawn.

Mae'r enghraifft hon yn dangos sut gallwn ni ddefnyddio'r hafaliad, yn ogystal â rhai camgymeriadau i'w hosgoi (gweler y Pwynt astudio).

Enghraifft

Cyfrifwch fàs y nwy mewn silindr ocsigen (O_2) meddygol, uchder 80 cm a diamedr mewnol 15 cm. Ar 20 °C y gwasgedd nwy yw 20 MPa.

Ateb

Mae cyfaint y nwy, $V = \pi \left(\dfrac{d}{2}\right)^2 h = \pi \times (0.075 \text{ m})^2 \times 0.80 \text{ m} = 0.0141 \text{ m}^3$

$pV = nRT, \therefore n = \dfrac{pV}{RT} = \dfrac{20 \times 10^6 \text{ Pa} \times 0.0141 \text{ m}^3}{8.31 \text{ J mol}^{-1}\text{K}^{-1}(20 + 273.15)\text{K}} = 115.8$ mol

$\therefore$ Mae màs yr ocsigen $= nM = 115.8$ mol $\times 32$ g mol$^{-1} = 3700$ g $= 3.7$ kg.

Ymestyn a herio

Ystyriwch sampl o nwy sydd â gwerthoedd gwasgedd, cyfaint a thymheredd p_0, V_0 a T_0, yn ôl eu trefn.

(a) Gadewch iddynt newid i p_1, V_0 a T_1 trwy'r cyflwr rhyngol p_1, V_1 a T_0.

Deilliwch y berthynas $p \propto T$

o $p \propto \dfrac{1}{V}$ a $V \propto T$.

(b) Nawr gadewch iddynt newid o p_0, V_0, T_0 i p_1, V_1, T_1 trwy gyflwr rhyngol o'ch dewis chi i ddeillio $pV \propto T$.

Termau Allweddol

Mae **nwy delfrydol** yn nwy sy'n ufuddhau'n llwyr i'r hafaliad $pV = nRT$.

Pwynt astudio

Mae deddf cyfraneddau lluosol yn awgrymu'n gryf, 'O dan yr un amodau tymheredd a gwasgedd, mae cyfeintiau cyfartal o bob nwy yn cynnwys yr un nifer o foleciwlau,' a dyna yw *deddf Avogadro*. Mae electrolysis dŵr i gynhyrchu dau gyfaint o hydrogen i un cyfaint o ocsigen yn enghraifft dda o hyn, oherwydd bod

$2H_2O \rightarrow 2H_2 + O_2$.

3.3.6   **Gwirio gwybodaeth**

Dangoswch fod uned R, J mol^{-1} K^{-1}, yn golygu bod yr hafaliad nwy delfrydol yn homogenaidd.

Pwynt astudio

Yng ngwaith cyfrifo'r enghraifft sylwch ar y canlynol:

1. Defnyddio'r radiws, nid y diamedr, wrth gymhwyso $\pi r^2 h$.
2. Trawsnewid y °C yn K.
3. Mae màs molar ocsigen yn 32 g mol^{-1} oherwydd ei fod yn O_2.

3.3.4 Ymddygiad moleciwlau mewn nwyon

Mae damcaniaeth ginetig yn ceisio esbonio priodweddau defnyddiau (nwyon, hylifau a solidau) yn nhermau mudiant a rhyngweithio moleciwlau. Byddwn ni'n canolbwyntio ar nwyon, ond yn cyfeirio at solidau a hylifau pan fydd hynny'n briodol.

(a) Gwybodaeth foleciwlaidd sylfaenol

Byddwn ni'n dechrau â'r dybiaeth fod nwyon (yn ogystal â hylifau a solidau) yn cynnwys nifer mawr o foleciwlau (gweler y Pwynt astudio) sy'n symud yn barhaol.

Mae gan foleciwlau nwy ddigon o le gwag i symud o gwmpas ynddo (Ffig. 3.3.5). Mae hyn yn esbonio pam gallwn ni gywasgu nwyon yn hawdd, yn wahanol i hylifau a solidau. Ar wasgedd atmosfferig, mae gwahaniad nodweddiadol o ~ **3 nm** tua 10 gwaith maint moleciwl. Mae hyn hefyd yn esbonio pam mae nwyon yn tryledu i mewn i'w gilydd yn llawer cyflymach na solidau a hylifau.

Yn nodweddiadol, mae buaneddau moleciwlaidd yn ychydig o gannoedd **m s⁻¹** (byddwn ni'n eu cyfrifo'n ddiweddarach), felly hyd yn oed gyda'r holl le gwag hwn, mae'n rhaid eu bod nhw'n gwrthdaro â'i gilydd yn aml. Maen nhw hefyd yn gwrthdaro'n aml yn erbyn muriau'r cynhwysydd.

Ffig. 3.3.5 Gwahaniad moleciwlaidd

(b) Gwrthdrawiadau moleciwlaidd

Trwy wneud y dybiaeth syml bod egni cinetig moleciwlau nwy yn dibynnu ar dymheredd y nwy, a thrwy arsylwi nad yw'r nwy mewn cynhwysydd yn oeri'n ddigymell islaw tymheredd ystafell, rhaid dod i'r casgliad bod gwrthdrawiadau rhyngfoleciwlaidd yn elastig – ar gyfartaledd o leiaf – sy'n golygu na chaiff unrhyw egni cinetig ei golli.

Beth am edrych ar hyn yn fanylach? Beth yw ystyr 'ar gyfartaledd'? Roedd y diagram yn Ymestyn a herio yn dangos dau foleciwl monatomig, e.e. heliwm. A allai rhywfaint o egni cinetig gael ei golli yn y gwrthdrawiad? Mae'n bosibl i egni cinetig gael ei golli a'i drosglwyddo i un o'r atomau, gan achosi iddo fynd i gyflwr cynhyrfol. Mewn gwrthdrawiad dilynol, gall yr egni hwn gael ei drosglwyddo'n ôl yn egni cinetig (gweler y gwerslyfr UG Ffig. 2.8.3).

Mae'r senario sydd i'w weld yn Ffig. 3.3.6 yn dangos ffordd o golli egni cinetig trawsfudol ar gyfer moleciwlau deuatomig (e.e. O_2 a N_2). Caiff egni cinetig cylchdroi ei ennill yn y gwrthdrawiad, gan arafu'r moleciwlau. Unwaith eto, gall gwrthdrawiadau dilynol drawsnewid yr egni hwn yn ôl yn EC trawsfudol.[2]

Felly, mae'n bosibl colli rhywfaint o egni cinetig trawsfudol mewn gwrthdrawiad; mae'n bosibl ei ennill mewn gwrthdrawiadau eraill. Ar gyfartaledd, mae'r EC trawsfudol yn gyson. Fodd bynnag, mae'r gwrthdrawiadau niferus yn gwneud i'r cyflymderau amrywio ar hap, ac felly hefyd egnïon cinetig y moleciwlau nwy. Mae Ffig. 3.3.7 yn dangos y ffwythiant tebygolrwydd, P, ar gyfer buaneddau moleciwlaidd. Yn union fel gyda graff y grymoedd rhyngfoleciwlaidd (Ffig. 3.3.4) nid oes angen i chi wybod y graff hwn ar gyfer yr arholiad ond dylech chi fod yn ymwybodol bod gan nifer fach o foleciwlau werthoedd egni cinetig sy'n llawer uwch na'r cymedr.

2 Oherwydd eu momentau inertia isel iawn (gweler Opsiwn C), ac am resymau mecaneg cwantwm, ni all moleciwlau monatomig feddu ar egni cinetig cylchdroi.

Pwynt astudio

Yn hytrach na chael dau enw gwahanol ar gyfer y gronynnau mewn nwyon, rydyn ni'n cyfeirio atyn nhw bob amser fel *moleciwlau*, hyd yn oed yn achos nwyon monatomig fel heliwm ac argon. Mae hyn yn ein harbed rhag dweud, 'Mae aer yn cynnwys *moleciwlau* nitrogen, ocsigen, dŵr a charbon deuocsid, ac *atomau* argon.'

Pwynt astudio

Mae'r arbrawf *trylediad bromin* yn esbonio buanedd uchel moleciwlau (mudiant cyflym bromin i mewn i wactod) yn ogystal â'r gwrthdrawiadau niferus (y gyfradd tryledu arafach o lawer i mewn i aer). Mae clip da iawn o hyn i'w weld ar wefan boblogaidd ar gyfer rhannu fideos.

Ymestyn a herio

Mae'r diagram yn dangos dau foleciwl ar fin gwrthdaro.

Gan ddefnyddio Ffig. 3.3.6, trafodwch beth sy'n digwydd i'w cyflymderau yn union cyn, yn ystod ac yn union ar ôl y gwrthdrawiad.

(a) Cyn y gwrthdrawiad

(b) Ar ôl y gwrthdrawiad

Ffig. 3.3.6 Gwrthdrawiad rhwng moleciwlau deuatomig

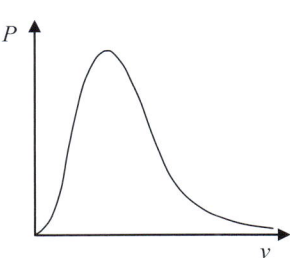

Ffig. 3.3.7 Dosraniad buanedd moleciwlaidd

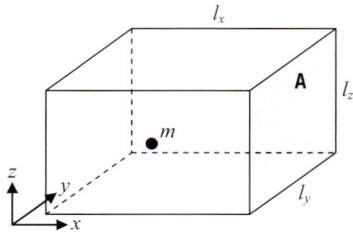

Ffig. 3.3.8 Moleciwl mewn blwch

3.3.5 Mudiant moleciwlaidd a gwasgedd nwy

Nod yr adran hon yw defnyddio ein gwybodaeth am foleciwlau a mecaneg Newtonaidd i adeiladu ar yr esboniad ansoddol o wasgedd nwy oedd gennym cyn Safon Uwch er mwyn llunio gosodiadau meintiol.

(a) Tybiaethau damcaniaeth ginetig

Rydyn ni eisoes wedi gwneud tair rhagdybiaeth am nwyon:

1. Mae nwyon yn cynnwys nifer fawr o foleciwlau mewn mudiant cyson mewn gofod sydd fel arall yn wag.
2. Mae gwrthdrawiadau rhwng moleciwlau nwy yn elastig (ar gyfartaledd).
3. Mae egni cinetig cymedrig y moleciwlau nwy yn dibynnu ar y tymheredd yn unig.

Byddwn ni'n gwneud ychydig mwy o dybiaethau ar gyfer nwyon delfrydol:

4. Mae cyfaint y moleciwlau eu hunain yn ffracsiwn dibwys o'r cyfaint mae'r nwy yn ei lenwi.

   Gallwn ni gyfiawnhau hyn trwy gyfeirio at GG 3.3.7. Mae'r moleciwlau heliwm yn llenwi llai na 0.1% o gyfanswm y lle gwag.
5. Mae'r moleciwlau'n rhoi grymoedd dibwys ar ei gilydd, ac eithrio yn ystod gwrthdrawiadau.

   Os yw'r moleciwlau'n llenwi llai na 0.1% o'r lle gwag, yna rhaid bod eu gwahaniad cymedrig o leiaf ddeg gwaith eu diamedr. Gan edrych yn ôl ar Ffig. 3.3.4, mae hyn yn golygu eu bod nhw y tu allan i gyrraedd grymoedd rhyngfoleciwlaidd y rhan fwyaf o'r amser.
6. Mae effaith disgyrchiant yn ddibwys.

   Mae hyn ychydig yn rhyfedd ar yr olwg gyntaf, ond mae'r buaneddau moleciwlaidd mor uchel fel bod effaith disgyrchiant yn bitw dros y pellterau byr mae'r moleciwlau'n eu teithio rhwng gwrthdrawiadau. Gweler GG 3.3.8.

   Gyda'i gilydd, mae tybiaethau 5 a 6 yn golygu bod y moleciwlau'n teithio ar gyflymder cyson rhwng gwrthdrawiadau.

(b) Gwasgedd a mudiant moleciwlaidd

Dychmygwch foleciwl unigol, màs m, mewn blwch, fel yn Ffig. 3.3.8. Rydyn ni'n gofyn y cwestiwn, 'Pa wasgedd mae'n ei roi ar wyneb **A**?'

Ar ennyd y diagram rydyn ni'n cymryd bod y cyflymder c yn cynnwys cydrannau c_x, c_y a c_z. Yn y pen draw, bydd y moleciwl yn taro wyneb **A**. Gan ein bod yn tybio bod gwrthdrawiadau'n elastig, bydd yn bownsio oddi ar yr wyneb â chyflymder $(-c_x, c_y, c_z)$

∴ Mae'r newid ym momentwm y moleciwl wrth **A** $= -2mc_x$

Ar ôl bownsio oddi ar ychydig rhagor o furiau, bydd yn cyrraedd **A** eto ymhen amser, Δt, sy'n cael ei roi gan

$$\Delta t = \frac{2l_x}{c_x}$$

ac ar y pwynt hwn bydd ei fomentwm yn newid $-2mc_x$ unwaith eto. Felly ei gyfradd newid momentwm wrth **A** yw $-2mc_x \times \dfrac{c_x}{2l_x} = -\dfrac{mc_x^2}{l_x}$.

Ond, o N2, mae cyfradd newid momentwm = grym

∴ Mae'r grym cymedrig sy'n cael ei roi gan **A** ar y moleciwl $= -\dfrac{mc_x^2}{l_x}$

∴ Trwy N3, mae'r grym cymedrig sy'n cael ei roi gan y moleciwl ar **A** $= \dfrac{mc_x^2}{l_x}$

A rhoddir y gwasgedd cymedrig, p, mae'r moleciwl yn ei roi ar **A** gan:

$$p = \dfrac{\text{grym}}{\text{arwynebedd}} = \dfrac{mc_x^2}{l_x(l_y l_z)} = \dfrac{mc_x^2}{V}$$

lle V yw cyfaint y blwch.

Nawr, rydyn ni am gyflwyno llawer mwy o foleciwlau fel bod yna gyfanswm o N moleciwl a byddwn ni'n galw cydrannau eu cyflymder-x yn c_{1x}, c_{2x}, ...c_{Nx}. Bydd eu gwasgeddau ar wyneb **A** yn adio i roi:

$$p = \dfrac{mc_{1x}^2}{V} + \dfrac{mc_{2x}^2}{V} + \ldots \dfrac{mc_{Nx}^2}{V} = \dfrac{Nm\overline{c_x^2}}{V} \qquad [1]$$

lle $\overline{c_x^2}$ yw cymedr y gwerthoedd c_x^2. Gweler y Pwynt astudio gyferbyn.

Gallwn ni ysgrifennu'r gwasgedd hwn yn nhermau c yn hytrach na c_x. Trwy gymhwyso theorem Pythagoras (mewn 3 dimensiwn) ar gyfer pob moleciwl, cawn ni fod:
$c^2 = c_x^2 + c_y^2 + c_z^2$

$$\therefore \quad \overline{c^2} = \overline{c_x^2} + \overline{c_y^2} + \overline{c_z^2} \qquad [2]$$

O wybod tybiaeth 3 uchod, does dim cyfeiriad arbennig, ac ar ôl nifer o wrthdrawiadau byddai dosbarthiad cydrannau'r cyflymder i bob cyfeiriad yr un fath, hyd yn oed os oedden nhw'n wahanol i ddechrau.

Mae'n rhaid i hyn olygu bod $\overline{c_x^2} = \overline{c_y^2} = \overline{c_z^2}$

sydd, ynghyd â hafaliad [2], yn golygu bod $\overline{c_x^2} = \frac{1}{3}\overline{c^2}$

Trwy amnewid yn hafaliad [1] → $\qquad \therefore p = \dfrac{1}{3}\dfrac{Nm\overline{c^2}}{V}$

neu wedi'i ysgrifennu mewn ffordd fwy cyfleus $\qquad pV = \frac{1}{3}Nm\overline{c^2} \qquad [3]$

(c) Beth mae $\overline{c^2}$ yn ei olygu?

Dychmygwch grŵp o bum moleciwl nitrogen yn teithio ar hyd yr echelin x. Dyma eu cyflymderau, c:

$\qquad$ 100 m s⁻¹ $\qquad$ −200 m s⁻¹ $\qquad$ −300 m s⁻¹ $\qquad$ 400 m s⁻¹ $\qquad$ 500 m s⁻¹

Awn ati i gyfrifo sawl cymedr:

1. Cyflymder cymedrig, $\overline{c} = \dfrac{100 - 200 - 300 + 400 + 500}{5}$ m s⁻¹ = 100 m s⁻¹

2. Buanedd cymedrig, $\overline{|c|} = \dfrac{100 + 200 + 300 + 400 + 500}{5}$ m s⁻¹ = 300 m s⁻¹

3. **Buanedd sgwâr cymedrig**, $\overline{c^2} = \dfrac{100^2 + 200^2 + 300^2 + 400^2 + 500^2}{5}$ m² s⁻²

$\qquad\qquad\qquad = 110\ 000$ m² s⁻²

Sylwch ar y gwahaniaeth rhwng y buanedd cymedrig a'r cyflymder cymedrig. Mae pob buanedd yn bositif – nid yw'r cyfeiriad o bwys.

Nawr, byddwn ni'n cyflwyno'r **buanedd isc**, c_{isc} sef ail isradd y buanedd sgwâr cymedrig. Ar gyfer y moleciwlau uchod:

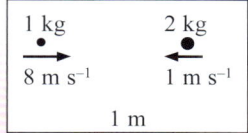

Cyswllt

Os ydych chi'n astudio trydan CE (Opsiwn A yn Uned 4), byddwch chi'n dod ar draws cerrynt isc a gp isc hefyd.

3.3.9 **Gwirio gwybodaeth**

Sylwch fod y buanedd isc ar gyfer y pum moleciwl yn Adran 3.3.5(c) yn fwy na'r buanedd cymedrig.

(a) Esboniwch pam mae'n rhaid i hyn fod yn wir bob amser (oni bai bod gan y moleciwlau fuaneddau unfath).

(b) Copïwch Ffig. 3.3.7 ac awgrymwch safleoedd ar gyfer y buanedd cymedrig a'r buanedd isc a'u labelu.

Pwynt astudio

Nodwch, o'r diffiniadau, fod:
$$\overline{c^2} = c_{isc}^2$$

4. Buanedd isc, $c_{isc} = \sqrt{\overline{c^2}} = \sqrt{110\,000 \text{ m}^2 \text{ s}^{-2}} = 331 \text{ m s}^{-1}$.

Dyma'r gwerth sy'n cael ei ddefnyddio amlaf ar gyfer moleciwlau oherwydd mae'n bosibl cyfrifo'r egni cinetig cymedrig, $\overline{E_k}$, o

$$\overline{E_k} = \frac{1}{2}mc_{isc}^2$$

Enghraifft

Ar gyfer y pum moleciwl nitrogen, cyfrifwch:

(a) eu momentwm cymedrig
(b) eu hegni cinetig cymedrig.

Ateb

(a) Màs moleciwl N_2 = 28 u = $28 \times 1.66 \times 10^{-27}$ kg = 4.6×10^{-26} kg

Mae'r momentwm cymedrig = màs × cyflymder cymedrig

$= 4.6 \times 10^{-26}$ kg $\times 100$ m s^{-1}

$= 4.6 \times 10^{-24}$ N s

(b) EC cymedrig $= \frac{1}{2}mc_{isc}^2 = \frac{1}{2} \times 4.6 \times 10^{-26}$ kg $\times 110\,000$ m^2 s^{-2}

$= 2.53 \times 10^{-21}$ J

(ch) Cymhariaeth â'r hafaliad nwy delfrydol

Mae hafaliad cyflwr nwy delfrydol, $pV = nRT$, o dan amodau tymheredd cyson a swm sefydlog o nwy, yn symleiddio i

$$pV = \text{cysonyn}$$

A yw hafaliad [3] uchod yn gyson â hyn? Mae'r ochrau chwith yr un peth. Mae ochr dde hafaliad [3], $\frac{1}{3}Nm\overline{c^2}$, mewn cyfrannedd ag egni cinetig y moleciwlau, sydd, yn ôl ein tybiaeth, yn gyson ar dymheredd cyson.

Pa ran mae ein tybiaethau eraill ni wedi'i chwarae yn ein deilliant o [3]? Rydyn ni wedi sôn am ddiffyg effaith disgyrchiant. Dyma'r lleill:

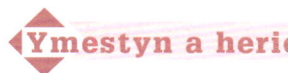

Ymestyn a herio

Radiws atom argon yw 71 pm. Ni all canol ail atom argon ddod o fewn 2 radiws i ganol yr atom argon cyntaf. Mae 1 mol o atomau argon yn llenwi cyfaint o 0.024 m³. Dangoswch fod ffracsiwn y cyfaint mae'r atomau'n ei lenwi i bob pwrpas yn ddim ond 0.03% o'r cyfanswm.

1. Cyfaint dibwys o foleciwlau: Ni all unrhyw ddau foleciwl fod yn yr un lle, h.y. nid yw'r lle gwag mae moleciwl yn ei lenwi ar gael ar gyfer unrhyw un arall. Mae hyn yn golygu y byddai'r cyfaint effeithiol ar gyfer y moleciwlau yn llai na $l_x l_y l_z$ pe na bai gan y moleciwlau gyfaint dibwys.
2. Grymoedd rhyngfoleciwlaidd dibwys: Os yw'r moleciwlau'n rhoi grym sylweddol ar ei gilydd, ni fydd buanedd y gwrthdrawiadau â muriau'r cynhwysydd yr un fath ag oedden nhw cyn y gwrthdrawiad (gallai fod yn fwy neu'n llai o ganlyniad i ryngweithiadau â'r moleciwlau nwy eraill ac â moleciwlau'r muriau).

Er na wnaethon ni ddweud hyn yn benodol yn ystod y deilliant, rydyn ni wedi tybio bod yr effeithiau hyn yn ddibwys.

Casgliad: Mae'n ymddangos bod y model moleciwlaidd yn atgynhyrchu agwedd pV yr hafaliad nwy delfrydol.

3.3.6 Egni moleciwlaidd

Unwaith eto, ystyriwch yr hafaliad $pV = \frac{1}{3}Nm\overline{c^2}$ [1]

Mae hafaliad [1] yn dweud wrthyn ni y gallwn ni gyfrifo egni cinetig trawsfudol y moleciwlau os ydyn ni'n gwybod gwasgedd a chyfaint y nwy yn unig: does dim rhaid i ni wybod y tymheredd, nifer y moleciwlau na màs y moleciwlau!

Mae EC trawsfudol y moleciwlau, $\qquad E_{k\ \text{traws}} = \frac{1}{2}Nm\overline{c^2}$

$$= \frac{1}{2} \times 3pV, \quad \text{o hafaliad [1]}$$

felly mae $\qquad\qquad E_{k\ \text{traws}} = \frac{3}{2}pV$ [2]

Enghraifft

Cyfrifwch egni cinetig y moleciwlau mewn silindr heliwm, cyfaint $0.020\ \text{m}^3$, ar wasgedd o $10\ \text{MPa}$.

Ateb

$E_{k\ \text{traws}} = \frac{3}{2}pV = 1.5 \times 10\ \text{MPa} \times 0.020\ \text{m}^3 = 300\ \text{kJ}$

Sylwch: Mae heliwm yn fonatomig, felly'r egni hwn yw cyfanswm egni cinetig y moleciwlau. Gweler y troednodyn i Adran 3.3.4(b).

(a) Egni moleciwlaidd a thymheredd

Gallwn ni ysgrifennu $E_{k\ \text{traws}}$ yn nhermau tymheredd hefyd trwy amnewid o hafaliad [2] i mewn i $pV = nRT$, i roi

$$E_{k\ \text{traws}} = \frac{3}{2}nRT$$ [3]

Felly mewn un mol o nwy, cyfanswm egni cinetig trawsfudol y moleciwlau yw $\frac{3}{2}RT$. Gallwn ni fynd ymhellach a chyfrifo'r egni cinetig trawsfudol cymedrig am bob moleciwl:

Mae'r EC cymedrig am bob moleciwl $= \frac{1}{2}m\overline{c^2} = \frac{3}{2}\frac{R}{N_A}T = \frac{3}{2}kT$ [4]

Yr enw ar y cysonyn k yw cysonyn Boltzmann, ac mae ganddo'r gwerth $1.38 \times 10^{-23}\ \text{J K}^{-1}$. Sylwch mai'r EC cymedrig am bob moleciwl yw hwn. Wrth edrych yn ôl ar ddosbarthiad y buanedd moleciwlaidd yn Ffig. 3.3.7 dylai fod yn amlwg y byddai gan ffracsiwn bach o foleciwlau dipyn mwy o egni.

Bellach mae gennyn ni ffordd newydd o gyfrifo cyfanswm egni cinetig trawsfudol moleciwlau sampl nwy – trwy ddefnyddio cysonyn Boltzmann, k.

Os oes gennyn ni sampl o nwy, sy'n cynnwys N moleciwl, ar dymheredd T, yna mae hafaliad [4] yn dweud wrthyn ni fod cyfanswm yr egni cinetig trawsfudol yn cael ei roi gan

$$E_{k\ \text{traws}} = \frac{3}{2}NkT$$ [5]

Felly, mae gennyn ni ddewis o ffyrdd o gyfrifo egni moleciwlau sampl o nwy. Gallwn ni weld hyn yn yr enghraifft ganlynol.

Pwynt astudio

Sut gall y moleciwlau argon mewn cynhwysydd $1\ \text{m}^3$ o argon ar $1\ \text{atm}$ a $600\ \text{K}$ gael yr un egni cinetig â'r rhai sydd yn yr un cynhwysydd ar $1\ \text{atm}$ a $300\ \text{K}$?

Ateb: Oherwydd bod yr EC moleciwlaidd cymedrig yn ddwywaith cymaint, ond dim ond hanner nifer y moleciwlau sy'n bresennol!

Gwirio gwybodaeth 3.3.10

Os yw'r silindr o heliwm yn yr Enghraifft ar $25\ °\text{C}$, cyfrifwch:

(a) nifer y molau a

(b) nifer y moleciwlau heliwm yn y silindr.

Gwirio gwybodaeth 3.3.11

Defnyddiwch

$$R = 8.31\ \text{J mol}^{-1}\ \text{K}^{-1}$$

ac

$$N_A = 6.02 \times 10^{23}\ \text{mol}^{-1}$$

i gadarnhau gwerth ac uned cysonyn Boltzmann sy'n cael ei roi yn y testun.

Gwirio gwybodaeth 3.3.12

(a) Mae gan nwy delfrydol dymheredd o $300\ \text{K}$. Cyfrifwch egni cinetig trawsfudol cymedrig ei foleciwlau.

(b) Cyfrifwch gymhareb buaneddau isc moleciwlau neon ($M_r = 20.0$) a moleciwlau heliwm ($M_r = 4.0$) ar yr un tymheredd.

3.3.13 Gwirio gwybodaeth

Ar gyfer y sampl o heliwm yn yr enghraifft:

(a) Cyfrifwch nifer y molau o heliwm.

(b) Felly, cyfrifwch nifer y moleciwlau trwy ddefnyddio cysonyn Avogadro (6.02×10^{23} mol^{-1}).

(c) Felly, cyfrifwch gyfanswm yr egni.

Cyngor cyflym

Ni fyddwch yn cael eich arholi ar gynnwys adrannau (b) ac (c). Mae'r adrannau hyn wedi'u cynnwys i roi mwy o gipolwg i chi ar natur rhyngweithiadau moleciwlaidd.

Nwy	C_V / J mol^{-1} K^{-1}	C_V / R
Heliwm (He)	12.5	1.50
Argon (Ar)	12.5	1.50
Nitrogen (N$_2$)	20.6	2.49
Ocsigen (O$_2$)	21.1	2.54
Carbon monocsid (CO)	20.7	2.49

Tabl 3.3.1 Cynwyseddau gwres molar rhai nwyon cyffredin

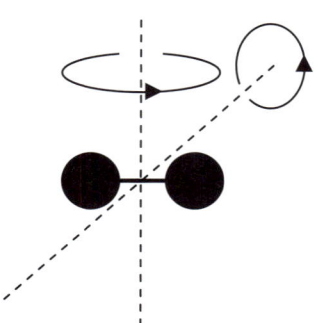

Ffig. 3.3.9 Graddau o ryddid cylchdro

Ymestyn a herio

Nid oes egni cinetig cylchdroi o amgylch yr echelin ar hyd y bond yn Ffig. 3.3.9 am yr un rheswm nad oes gan foleciwlau monatomig unrhyw egni cinetig cylchdroi.

Enghraifft

Cyfrifwch gyfanswm egni 1.00 kg o heliwm ar dymheredd o 290 K.
Màs molar heliwm = 4.0 g mol^{-1}

Ateb

Dull 1, gan ddefnyddio R [8.31 J mol^{-1} K^{-1}]

$$\text{Mae swm yr heliwm} = \frac{1.00 \text{ kg}}{0.0040 \text{ kg mol}^{-1}} = 250 \text{ mol}$$

$$\therefore E_{\text{k traws}} = \text{cyfanswm egni} = \frac{3}{2}nRT = \frac{3}{2} \times 250 \times 8.31 \times 290 = 9.0 \times 10^5 \text{ J (i 2 ff.y.)}$$

Dull 2, gan ddefnyddio k [1.38×10^{-23} J K^{-1}]

Mae màs moleciwlaidd heliwm = 4.0 u

$$\therefore \text{Mae nifer yr atomau heliwm} = \frac{1.00 \text{ kg}}{4.0 \times 1.38 \times 10^{-27} \text{ kg}} = 1.506 \times 10^{26}$$

$$\therefore E_{\text{k traws}} = \frac{3}{2}NkT = \frac{3}{2} \times 1.506 \times 10^{26} \times 1.38 \times 10^{-23} \times 290 = 9.0 \times 10^5 \text{ J (i 2 ff.y.)}$$

Cofiwch fod gwerthoedd y cysonion angenrheidiol, R a k, ar gyfer y dulliau hyn, yn ogystal ag N_A ac **u** yn cael eu rhoi yn y Llyfryn Data.

Gweler Gwirio gwybodaeth 3.3.13 am ffordd arall o ateb y cwestiwn hwn.

(b) Cynhwysedd gwres molar: nwyon monatomig

Mae'r berthynas rhwng tymheredd ac egni moleciwlaidd yn cynnig ffordd arall i ni roi prawf ar y ddamcaniaeth ginetig, oherwydd mae'n bosibl mesur y gwres sydd ei angen i godi tymheredd nwy trwy arbrawf, a chymharu hyn â'r rhagfynegiad damcaniaethol. Mae hafaliad [3] yn 3.3.6(a) yn dweud wrthyn ni fod egni'r moleciwlau mewn nwy monatomig yn $\frac{3}{2}nRT$, felly'r egni sydd ei angen i godi tymheredd 1 **mol** o nwy am bob kelvin yw $\frac{3}{2}R$, h.y. 12.5 J mol^{-1} K^{-1}. Yr enw ar y mesur hwn yw'r **cynhwysedd gwres molar ar gyfaint cyson**,[3] C_V. Mae Tabl 3.3.1 yn rhoi rhai gwerthoedd ar gyfer C_V.

Mae'r rhagfynegiad damcaniaethol ar gyfer y ddau nwy monatomig yn llygad ei le. Nawr, edrychwn ar y nwyon deuatomig.

(c) Cynhwysedd gwres molar: nwyon deuatomig

Mae gwerthoedd y cynhwysedd gwres molar ar gyfer y nwyon deuatomig, nitrogen, ocsigen a charbon monocsid, yn gyson uwch na'r rhai ar gyfer y nwyon monatomig – yn agos iawn at $\frac{5}{2}R$ yn hytrach na $\frac{3}{2}R$. Pam hynny? Yr ateb yw fod gwasgedd nwy yn cael ei benderfynu gan EC trawsfudol y moleciwlau $\frac{1}{2}Nm\overline{c^2}$, ond mae gan nwyon deuatomig egni cylchdroi hefyd – gweler Ffig. 3.3.9. Fel y gwelon ni'n gynharach, yn Ffig. 3.3.6, mae'n bosibl cyfnewid egni rhwng y mudiant trawsfudol a'r mudiant cylchdro. Yn ôl damcaniaeth hafal-ymraniad (*equipartition theory*) dylai fod gan bob ffordd annibynnol sydd gan y moleciwlau nwy o feddu ar egni (o'r enw graddau o ryddid) yr un egni. Mae gan y tair gradd o ryddid trawsfudol annibynnol (mudiant x, y a z) $\frac{3}{2}nRT$ rhyngddynt, h.y. $\frac{1}{2}nRT$ yr un. Mae dwy radd o ryddid cylchdro hefyd, sy'n golygu bod cyfanswm yr egni moleciwlaidd yn $5 \times \frac{1}{2}nRT = \frac{5}{2}nRT$. Felly dylai'r cynhwysedd gwres molar ar gyfaint cyson fod yn $\frac{5}{2}R$ – yn agos iawn at y gwerthoedd a nodwyd.

---

3 Daw arwyddocâd yr ymadrodd 'ar gyfaint cyson' yn glir yn Adran 3.4 Ffiseg thermol.

Profwch eich hun 3.3

1. Gallwn ni ysgrifennu'r hafaliad cyflwr ar gyfer nwy delfrydol yn y ffyrdd canlynol:

   $$pV = nRT \qquad a \qquad pV = NkT.$$

   Nodwch y mesur mae pob un o'r symbolau yn yr hafaliadau hyn yn ei gynrychioli a rhowch yr uned SI briodol.

2. Nodwch beth yw ystyr nwy delfrydol.

3. Gofynnwyd i Nigel nodi'r mesurau yn yr hafaliad $pV = \frac{1}{3} Nm\overline{c^2}$. Ysgrifennodd, '$N$ yw nifer y

   molau o'r nwy ac m yw'r màs molar.' **Roedd y ddau hyn yn anghywir**.

   (a) Nodwch beth ddylai fod wedi ei ysgrifennu ar gyfer N ac m.
   (b) Nodwch beth mae'r lluoswm Nm yn ei gynrychioli yn yr hafaliad hwn.
   (c) Pan ddefnyddiodd yr hafaliad i gyfrifo'r gwasgedd mewn nwy, roedd ei ateb yn gywir er ei fod wedi camddeall N ac m. Esboniwch hyn.

4. Màs molar nwy yw 18 g mol^{-1}.

   (a) Nodwch y màs moleciwlaidd cymharol.
   (b) Nodwch y màs moleciwlaidd (i) mewn $\mathbf{u}$, ac (ii) mewn $\mathbf{kg}$.
   (c) [Ar gyfer cemegwyr] Enwch y nwy.

5. Màs molar aur yw 196.97 g mol^{-1}. Cyfrifwch nifer yr atomau aur mewn bar aur 1.000 kg.

6. Mae silindr yn cynnwys 47 kg o nwy propan (C_3H_8). Cyfrifwch: (a) Nifer y molau a
   (b) nifer y moleciwlau yn y silindr.

7. Dwysedd halen pur (NaCl) yw 2.163×10^3 kg m^{-3}. Cyfrifwch nifer yr ïonau sodiwm mewn grisial halen 1.000 mm^3.

   $$m(\text{Na}) = 22.990\,\text{u} \qquad m(\text{Cl}) = 35.453\,\text{u} \qquad 1\,\text{u} = 1.660 \times 10^{-27}\,\text{kg}$$

8. (a) Defnyddiwch y data isod i gyfrifo màs moleciwlaidd cymharol wraniwm hecsafflworid, UF_6.
   (b) Nodwch beth yw màs molar UF_6 (i) mewn g mol^{-1}, (ii) mewn kg mol^{-1}.
   (c) Mae 0.7% o wraniwm naturiol yn ^{235}U. Cyfrifwch nifer y molau o ^{235}U mewn 1 tunnell fetrig (h.y. 1000 kg) o wraniwm hecsafflworid.

   $$m(\text{U}) = 238.02\ \text{u} \qquad m(\text{F}) = 19.00\ \text{u}$$

9. Dwysedd aer sych ar wasgedd atmosfferig o 1.013×10^5 Pa a $15\ °C$ yw 1.225 kg m^{-3}. Defnyddiwch y data hyn i gyfrifo:

   (a) Buanedd isc moleciwlau aer ar $15\ °C$.
   (b) Nifer y molau o foleciwlau aer mewn 1.0 m^3 o aer ar $15\ °C$.
   (c) Màs molar cymedrig moleciwlau aer, gan gymharu eich ateb â'r hyn sydd i'w ddisgwyl ar gyfer cyfansoddiad aer [78.09% N$_2$ (mmc = 28), 20.95% O$_2$ (mmc = 32), 0.93% Ar (mmc = 40)].

10. Mewn arbrawf i ddarganfod y cysonyn nwy molar, R, mae myfyrwraig yn pwyso silindr ocsigen, cyfaint 0.0100 m^3, ac yn darllen y mesurydd gwasgedd. Mae'n rhyddhau ychydig o ocsigen, yn pwyso'r silindr eto, ac yn darllen y gwasgedd terfynol (ar ôl gadael i'r silindr gyrraedd ecwilibriwm â'r ystafell unwaith eto). Mae'n mesur tymheredd yr ystafell. Defnyddiwch ei chanlyniadau i gyfrifo gwerth ar gyfer R. [1 atm = 101.3 kPa]

    Canlyniadau:
    Tymheredd yr ystafell = $18.5\ °C$; Gwasgedd cychwynnol = 70.0 atm; Gwasgedd terfynol = 37.5 atm
    Màs cychwynnol y silindr + ocsigen = 2.832 kg; Màs terfynol y silindr + ocsigen = 2.397 kg

11. Mae gan bum moleciwl o ocsigen fuaneddau mewn m s^{-1} o 150, 250, 300, 350 a 400.

(a) Cyfrifwch (i) buanedd cymedrig, (ii) buanedd sgwâr cymedrig a (iii) buanedd isc y moleciwlau.

(b) Cyfrifwch dymheredd ocsigen sydd â'r un buanedd isc â'r hyn a gyfrifwyd yn rhan (a).

12. Mae cwmwl nwy rhyngserol yn cynnwys hydrogen atomig, hydrogen moleciwlaidd a heliwm yn bennaf, gyda meintiau bach o ocsigen atomig ac ocsigen moleciwlaidd. [$m(H) = 1.0$ u; $m(He) = 4.0$ u ; $m(O) = 16.0$ u]

(a) Cymharwch fuaneddau isc y gronynnau hyn â buanedd isc hydrogen atomig.

(b) Cymharwch fuaneddau isc y moleciwlau ar **50 K**.

13. Ar lefel y ddaear mae'r atmosffer yn rhoi gwasgedd o 100 kPa. Fel brasamcan da, gallwn ni gymryd bod ei gyfansoddiad yn $\frac{4}{5}N_2$ a $\frac{1}{5}O_2$.

(a) Amcangyfrifwch nifer y moleciwlau yn yr atmosffer. [Awgrym: ystyriwch y grym disgyrchiant ar yr atmosffer.] [Mae radiws y Ddaear = 6370 km.]

(b) Awgrymodd rhywun fod pob anadl rydych chi'n ei gymryd yn cynnwys un neu ddau foleciwl o anadl olaf Iŵl Cesar. Ymchwiliwch i weld a yw hyn yn debygol o fod yn wir.

14. Mae gan sampl o nwy delfrydol monatomig wedi'i gynnwys mewn silindr â chyfaint 0.679 m^3 wasgedd o 1.19 MPa.

(a) Cyfrifwch gyfanswm egni cinetig y moleciwlau yn y nwy.

(b) Mae tymheredd y nwy yn 17 °C. Cyfrifwch:
  (i) egni cinetig moleciwlaidd cymedrig y nwy a
  (ii) nifer y molau o'r nwy.

15. Defnyddiodd myfyriwr prifysgol gywasgydd gwasgedd uchel i astudio isothermau p–V [graffiau gwasgedd yn erbyn cyfaint ar dymheredd cyson] carbon deuocsid ar 40 °C a 50 °C a chafodd y canlyniadau sydd i'w gweld yn y graffiau.

Defnyddiwch ddata o'r graffiau i drafod a yw carbon deuocsid yn ymddwyn fel nwy delfrydol ar bob un o'r tymereddau hyn.

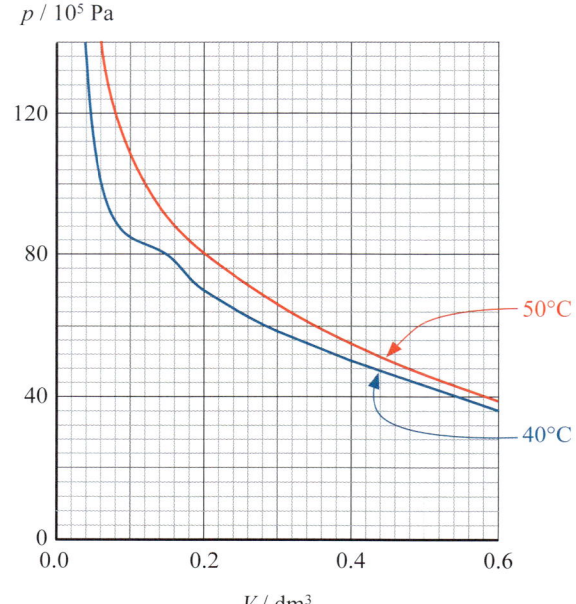

3.4 Ffiseg thermol

Y chwyldro diwydiannol oedd yr ysgogiad i ddatblygu'r maes canolog hwn o ffiseg. Defnyddiwyd y stôr o egni cemegol gradd uchel mewn glo i bwmpio dŵr allan o fwyngloddiau, i gludo pobl a nwyddau, i yrru melinau ac, yn y pen draw, i gynhyrchu trydan. Datblygwyd injans stêm a pheiriannau tanio mewnol i fodloni'r anghenion hyn, a daeth cwestiynau ynglŷn â sut i wella eu pŵer allbwn a'u gwneud mor effeithlon â phosibl yn rhai canolog. Datblygodd gwyddor *thermodynameg* mewn ymateb i'r anghenion hyn.

Ffig. 3.4.2 Peiriant melin bobiniau Stott Park

Ffig. 3.4.3 Tyrbin ager yn cael ei adeiladu

3.4.1 Systemau thermodynamig

Mae thermodynameg yn dechrau gyda'r cysyniad o **system**. Ystyr system yw'r casgliad o ronynnau rydyn ni'n eu hystyried. Mae gan system *ffin*, h.y. arwyneb sy'n cyfyngu ar ei maint; rydyn ni'n cyfeirio at y bydysawd y tu allan iddi fel ei *hamgylchoedd*.

Yng nghyd-destun peiriannau gwres, fel y rhai a ddarluniwyd yn Ffigurau 3.4.1–3, casgliad o foleciwlau nwy yw'r system a'r ffin yw muriau'r silindr a'r piston. Mae'r peiriant wedi'i ddylunio i dynnu egni o'r moleciwlau nwy wrth iddyn nhw wrthdaro â'r piston gan wneud iddo symud, h.y. maen nhw'n gwneud **gwaith**.

Edrychwn ni nawr ar sut rydyn ni'n mynegi'r cyfnewidiadau egni rhwng system a'i hamgylchoedd.

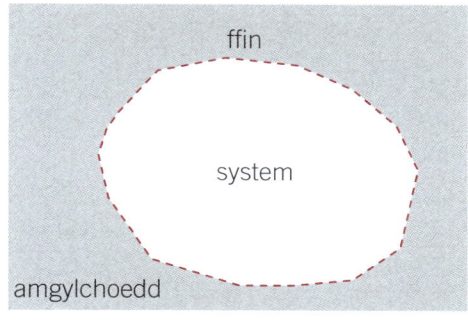

Ffig. 3.4.4 System, ffin ac amgylchoedd

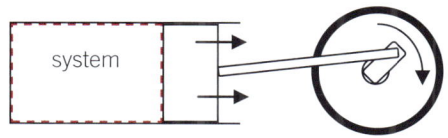

Ffig. 3.4.5 Nwy mewn silindr fel system

3.4.2 Egni mewnol, U

Y cyntaf o'r cysyniadau allweddol yw'r cysyniad o **egni mewnol** system. Yn syml, dyma swm yr egni mae'r holl ronynnau yn meddu arno. Sut gall y gronynnau feddu ar egni? Maen nhw'n gallu meddu ar:

- Egni cinetig (trawsfudol a chylchdro)
- Egni potensial.

3.4.1 Gwirio gwybodaeth

Cyfrifwch egni mewnol y canlynol:

(a) 3 mol o nwy monoatomig ar dymheredd o 300 K.

(b) 4 kg o heliwm ar 0 °C. (Màs Molar = 4.0 g/mol)

Pwynt astudio

Mae'r hafaliad $U = \frac{3}{2}nRT$ yn dweud wrthyn ni fod egni mewnol sampl o nwy delfrydol yn ffwythiant o dymheredd yn unig. Nid yw hyn yn wir am bob system, e.e. mae gan 1 kg o ager ar 100 °C egni mewnol sy'n llawer uwch nag 1 kg o ddŵr hylif ar 100 °C.

3.4.2 Gwirio gwybodaeth

Cyfrifwch wasgedd y nwy yn y system model os yw màs y piston yn 1 kg a diamedr y silindr yn 10 cm. Mae gwasgedd atmosfferig = 1.013×10^5 Pa.

Rydyn ni'n gwybod, o waith cynharach, fod y term *egni potensial* yn cwmpasu amrywiaeth o fathau gwahanol o egni, er enghraifft egni disgyrchiant ac egni elastig. Yn nhermau systemau thermodynamig, rhaid i ni hefyd ystyried y rhyngweithiadau rhwng y gronynnau, felly mae yna egni potensial oherwydd y canlynol hefyd:

- Grymoedd rhyngfoleciwlaidd
- Bondiau cemegol
- Cyflyrau egni cynhyrfol mewn atomau
- Cyflyrau egni niwclear.

Yn ffodus, dim ond y *newid* yn yr egni mewnol, ΔU, byddwn ni'n ei ystyried. Felly nid oes rhaid ystyried unrhyw ffurfiau ar egni potensial sy'n aros yn gyson (gweler y Pwynt astudio). Os yw'r system yn sampl o nwy delfrydol, yna gallwn ni anwybyddu grymoedd rhyngfoleciwlaidd, a gallwn ni ystyried bod U yn cynnwys yr egni cinetig moleciwlaidd yn unig.

h.y. ar gyfer nwy monatomig, mae: $\qquad U = \frac{3}{2}nRT \qquad\qquad$ [1]

a gallwn ni ysgrifennu hyn hefyd fel $\qquad U = \frac{3}{2}pV$ (gweler Adran 3.3.6).

Enghraifft

Cymharwch egni mewnol 2 mol o argon ar 0 °C gydag egni mewnol 3 mol o heliwm ar 200 °C.

Ateb

$$U = \frac{3}{2}nRT \therefore \frac{U_{Ar}}{U_{He}} = \frac{n_{Ar}T_{Ar}}{n_{He}T_{He}} = \frac{2 \text{ mol} \times 273.15 \text{ K}}{3 \text{ mol} \times 473.15 \text{ K}} = 0.38$$

Mae'r ffurf $\frac{3}{2}pV$ ar hafaliad [1] yn cynnig ffordd o fonitro egni mewnol system syml. Byddwn ni hefyd yn cwrdd â fersiwn ymarferol o Ffig. 3.4.6 yn ein gwaith ymarferol penodol yn Adran 3.4.8 – y tiwb capilari sy'n cynnwys aer sych yn Ffig. 3.4.19.

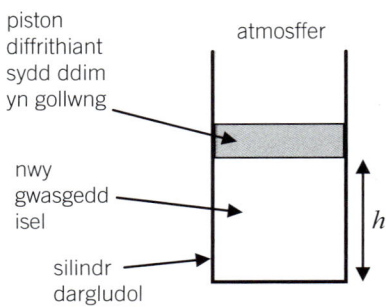

Ffig. 3.4.6 System enghreifftiol

3.4.3 Trosglwyddo egni trwy wres

(a) Tymheredd ac ecwilibriwm thermol

Byddwch chi'n defnyddio amrywiad cyfaint gyda thymheredd, yn eich gwaith ymarferol penodol, i amcangyfrif gwerth ar gyfer sero absoliwt. Yma byddwn ni'n defnyddio'r un syniad, mewn 'arbrawf meddwl' i ystyried gwres.

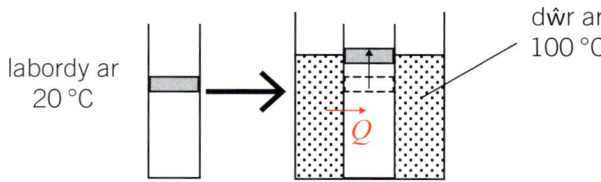

Ffig. 3.4.7 Llif gwres

Os cymerwn ni ein silindr o nwy o fainc y labordy, ar 20 °C, a'i blymio i mewn i ddŵr ar 100 °C (gweler Ffig. 3.4.7) byddwn ni'n sylwi bod y nwy yn ehangu. Gallwch chi ddefnyddio'r hafaliad nwy delfrydol (Adran 3.3.3) i gyfrifo faint mae'n ehangu. Gan fod cyfaint y nwy wedi cynyddu (ar wasgedd cyson) rydyn ni'n gwybod bod egni mewnol y nwy wedi cynyddu. O ble y daeth yr egni ychwanegol hwn? Mae wedi symud i mewn i'r nwy trwy ddargludiad trwy furiau'r silindr, wedi'i yrru gan y gwahaniaeth tymheredd rhwng y dŵr a'r nwy.

Yr enw a roddwn ni ar y llif digymell hwn o egni oherwydd gwahaniaeth yn y tymheredd yw **gwres**, a rhoddwn ni'r symbol Q. Sylwch nad yw'r diffiniad o wres yn caniatáu i ni siarad am 'cynnwys gwres' gwrthrych – mae gwres yn symudiad egni.

Cyn i ni symud y silindr, roedd cyfaint y nwy yn gyson, gan ddangos bod ei egni mewnol yn gyson. Nid oedd gwres yn llifo oherwydd bod tymheredd y nwy'r un fath â thymheredd y labordy (20 °C). Rydyn ni'n dweud bod y nwy a'r labordy mewn ecwilibriwm thermol.

Gall y newid mewn gwasgedd hefyd ddatgelu llif gwres fel sydd i'w weld yn yr enghraifft ganlynol.

Enghraifft

Mae fflasg, gyda chyfaint o $250 \times 10^{-6} \text{m}^3$, yn cynnwys argon (nwy delfrydol monatomig) ar 17 °C a gwasgedd o 1.0 kPa. Cyfrifwch y llif gwres i mewn i'r nwy pan fydd y fflasg wedi'i phlymio i ddŵr ar 100 °C.

Ateb

$pV = nRT$, felly nifer y molau, $n = \dfrac{pV}{RT} = \dfrac{1.0 \times 10^5 \times 250 \times 10^{-6}}{8.31 \times 290} = 0.0104$ mol

$\therefore \Delta U = \dfrac{3}{2} nR\Delta T = \dfrac{3}{2} \times 0.0104 \times 8.31 \times (100 - 17) = 10.8$ J

$\therefore$ Llif gwres $Q = 10.8$ J

Sylwch: Nid dyma'r unig ffordd o ateb yr enghraifft. Gallen ni ddefnyddio $U = \dfrac{3}{2} pV$, gan arwain at $\Delta U = \dfrac{3}{2}(p_{100} - p_{17})V$. Mae hyn yn gofyn am ddefnyddio'r ddeddf nwyon delfrydol i gyfrifo p_{100}, y gwasgedd ar 100 °C (373 K), felly nid yw'n gyflymach. Gweler Gwirio Gwybodaeth 3.4.3.

(b) Tymheredd ac egni mewnol

Mae $U \propto T$ ar gyfer nwy delfrydol. Yn wir, gallwn ni fod yn fwy penodol: ar gyfer nwy delfrydol monatomig, mae $U = \dfrac{3}{2} nRT$. Ac yn gyffredinol, y mwyaf yw'r tymheredd, y mwyaf yw gwerth U ar gyfer unrhyw system. Fodd bynnag, ystyriwch yr hyn sy'n digwydd os ydyn ni'n gwresogi 1 kg o iâ o −100 °C hyd nes bod y cyfan wedi berwi i ffwrdd ar ffurf ager. Mae graff bras o dymheredd, θ, yn erbyn y gwres sy'n cael ei ychwanegu, Q, i'w weld yn Ffig. 3.4.8.

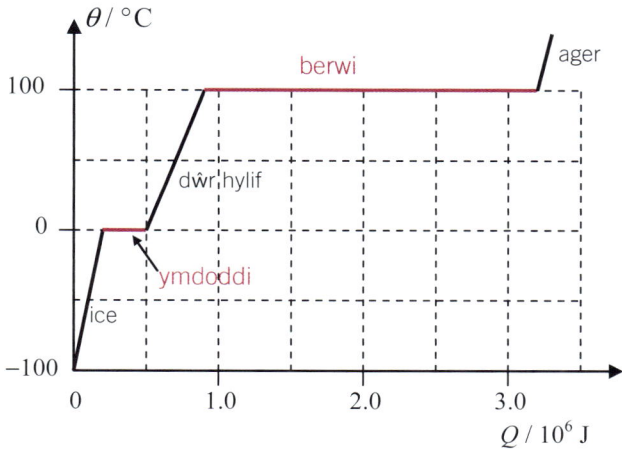

Ffig. 3.4.8 Effaith gwres ar dymheredd 1 kg o ddŵr

Pwynt astudio

Mewn gwirionedd, mae'r cynnydd yn yr egni mewnol, ΔU, ychydig yn llai na Q, fel y gwelwn ni yn nes ymlaen. Mae'r gwahaniaeth yn llai na 5%, ac mae'n digwydd fwy neu lai yn llwyr yn ystod y newid cyflwr o hylif i nwy.

 **3.4.5 Gwirio gwybodaeth**

Cymharwch egni mewnol 0.50 m^3 o He ar wasgedd o 500 kPa ag egni mewnol 2 mol o Ar ar 400 K.

Os edrychwn ni ar Ffig 3.4.8, ac o gymryd bod y gwres sy'n cael ei ychwanegu yn arwydd o'r cynnydd yn yr egni mewnol (gweler y Pwynt astudio), gwelwn ni nad yw'r tymheredd yn codi gyda'r egni mewnol bob amser. Pan fydd dŵr yn newid cyflwr, mae cynnydd arwyddocaol mewn egni mewnol heb gynnydd yn y tymheredd. Felly, er y gallwn ni ddweud bod gan ddau nwy delfrydol monatomig ar yr un tymheredd yr un egni am bob mol, ni allwn ni ddweud yr un peth am ddefnyddiau eraill.

Pam mae newid mawr mewn egni mewnol pan fyddwn ni'n toddi neu'n anweddu defnydd, hyd yn oed os yw'r tymheredd yn aros yr un fath?

Wrth i ni newid cyflwr, e.e. o hylif i nwy, mae angen i ni ychwanegu egni i dorri llawer o fondiau rhyngfoleciwlaidd wrth wahanu'r moleciwlau. Felly, hyd yn oed os yw tymheredd y sylwedd yn aros yr un peth, mae cyfanswm egni mewnol y moleciwlau nwy yn llawer uwch nag egni mewnol yr hylif.

Enghraifft – defnyddio data anghyfarwydd

Defnyddiwch y graff ar dudalen 51 i amcangyfrif effaith ychwanegu 5.0 MJ o wres at 10 kg o iâ ar 0 °C.

Ateb

Bydd yr effaith yr un fath â gwresogi 1.0 kg â 0.5 MJ. O'r graff, bydd y 0.3 MJ cyntaf yn toddi'r iâ yn unig. Mae'r 0.2 MJ sy'n weddill yn codi'r tymheredd i tua 50 °C.

Sero absoliwt

Yn achos pob system, wrth i'r tymheredd ostwng, mae'r egni mewnol yn lleihau. Wrth i'r tymheredd ostwng tuag at sero absoliwt, 0 K, mae'r egni mewnol yn disgyn i werth lleiaf. Yn rhyfedd, nid yw'r gwerth lleiaf hwn ar gyfer egni mewnol sylweddau go iawn (yn hytrach na nwyon delfrydol) yn hafal i sero, a hynny o ganlyniad i effaith mecaneg cwantwm o'r enw egni pwynt sero. Un o ganlyniadau'r mudiant sy'n gysylltiedig ag egni pwynt sero yw nad yw heliwm ar wasgedd atmosfferig yn rhewi.

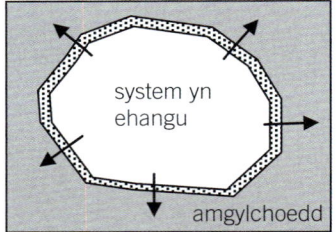

Ffig. 3.4.9 System yn gwneud gwaith ar yr amgylchoedd

Termau Allweddol

Y **gwaith** a wneir gan system yw $p\Delta V$ lle p yw'r gwasgedd sy'n cael ei roi a ΔV yw'r cynnydd mewn cyfaint.

3.4.4 Trosglwyddo egni trwy waith

Dechreuodd yr adran hon trwy nodi mai'r ysgogiad ar gyfer datblygu gwyddor thermodynameg oedd deall a gwella gweithrediad peiriannau gwres. Mae'r peiriannau hyn yn gwneud **gwaith** ar eu hamgylchoedd, e.e. trwy yrru cerbydau, troi generaduron a phwmpio mwyngloddiau. Fel y gwelon ni yn y cwrs UG:

- Gwaith yw grym wedi'i luosi â phellter y symudiad i gyfeiriad y grym.
- Mae'r trosglwyddiad egni yn hafal i'r gwaith sy'n cael ei wneud.

Mae Ffig. 3.4.9 yn dangos system yn ehangu i'w hamgylchoedd. Gan dybio bod yr amgylchoedd yn cynnwys moleciwlau (h.y. nid yw'n ehangu i mewn i wactod), bydd angen i'r system roi grym ar yr amgylchoedd, ac felly mae'n gwneud gwaith wrth iddi ehangu. O ganlyniad i hyn, mae egni'n cael ei drosglwyddo i'r amgylchoedd ac, oni bai bod egni yn cael ei roi i'r system (e.e. trwy wres), rhaid bod ei hegni mewnol yn lleihau.

(a) Y gwaith sy'n cael ei wneud gan nwy sy'n ehangu ar wasgedd cyson

Mae'r nwy yn y silindr yn Ffig. 3.4.10 yn gwneud gwaith trwy ehangu a gwthio'r piston yn ôl. Os yw'n rhoi grym, F, ac yn ehangu pellter, Δx, yna mae'r:

$$\text{Gwaith sy'n cael ei wneud, } W = F\Delta x$$

Os yw p = gwasgedd y nwy ac mae A = arwynebedd trawstoriadol y silindr

yna mae $F = pA$ ac mae $W = pA\Delta x$

Ond mae $A\Delta x = \Delta V$, sef y cynnydd yng nghyfaint y nwy.

$\therefore$ Mae $W = p\Delta V$ cyhyd â bod y gwasgedd yn aros yn gyson.

Yn syml, mae'r mynegiad $p\Delta v$ yn rhoi'r trosglwyddiad egni i'r piston a beth bynnag sydd wedi'i gysylltu ag ef (cranc, dynamo, ac ati); nid yw'n dangos ar ba ffurf mae'r egni – egni cinetig, potensial disgyrchiant, elastig …

(b) Y gwaith sy'n cael ei wneud gan nwy sy'n ehangu gyda gwasgedd newidiol

Mae'r hafaliad $W = p\Delta V$ ar gyfer ehangiad ar wasgedd cyson yn dweud wrthyn ni, os yw'r gwasgedd yn newid yn ystod yr ehangiad, fod cyfanswm y gwaith sy'n cael ei wneud i ehangu o gyfaint V_1 i V_2 yn cael ei roi gan:

$$W = \int_{V_1}^{V_2} p(V)\,\mathrm{d}V$$

h.y. yr arwynebedd rhwng y graff p–V a'r echelin V.

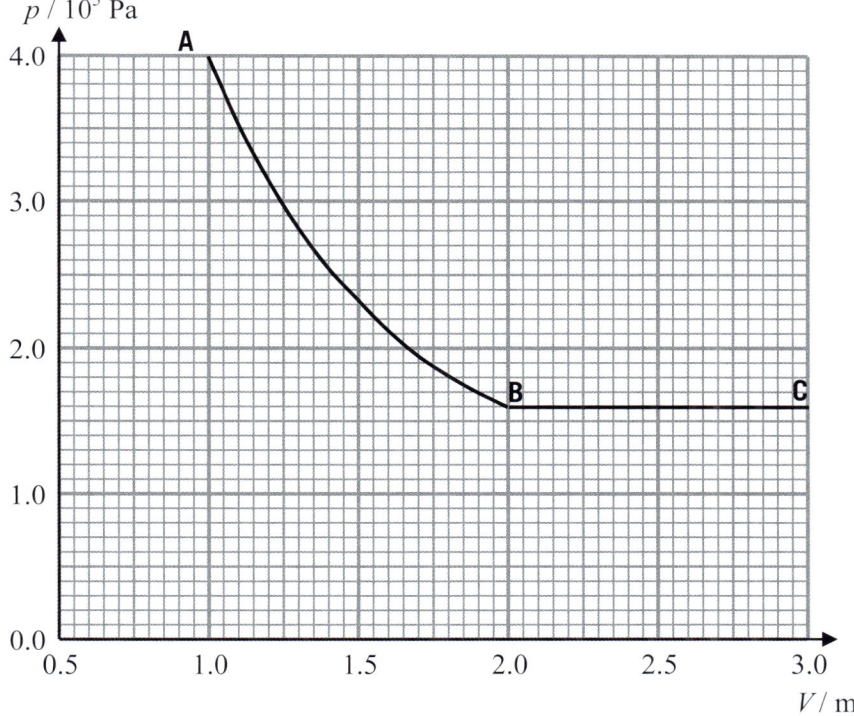

Ffig. 3.4.11 Ehangiad methan

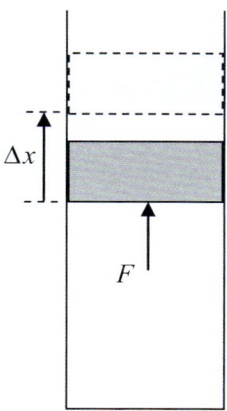

Ffig. 3.4.10 Nwy yn gwneud gwaith yn erbyn piston

>> **Pwynt astudio**

Mae'n rhaid nad yw'r syniad o ehangiad ar wasgedd cyson yn bosibl? Ac eto mae hyn yn bosibl mewn egwyddor. Roedd yr ehangiad nwy yn Ffig. 3.4.7 o'r math hwn. Roedd yna ffynhonnell wres oedd yn cadw'r gwasgedd yn gyson wrth i'r nwy ehangu. Mewn tyrbin nwy, mae gwasgedd y llif nwy yn gyson.

Gwirio gwybodaeth 3.4.6

Ar gyfer ehangiad y sampl methan yn Ffig. 3.4.11

(a) dangoswch fod $T_C > T_A > T_B$, a

(b) darganfyddwch y gymhareb $\dfrac{T_B}{T_A}$, lle T_A yw'r tymheredd ym mhwynt **A**, ac yn y blaen.

◀ **Ymestyn a herio**

(a) Ar gyfer nwy delfrydol

$pV = nRT$

Os yw nwy delfrydol yn ehangu ar dymheredd cyson o V_1 i V_2, dangoswch fod, W, y gwaith sy'n cael ei wneud yn cael ei roi gan

$W = nRT \ln \dfrac{V_1}{V_2}$

(b) Cyfrifwch y gwaith sy'n cael ei wneud gan y sampl methan yn Ffig. 3.4.11 os yw'n ehangu o **A** i 4 m³ ar dymheredd cyson o 600 K.

Enghraifft

Mae sampl o fethan (CH_4) yn ehangu fel sydd i'w weld yn Ffig. 3.4.11. Cyfrifwch y gwaith sy'n cael ei wneud ganddo wrth wneud hyn.

Ateb

Mae'r gwaith sy'n cael ei wneud	= Arwynebedd o dan y graff
	= Arwynebedd o dan **AB** + Arwynebedd o dan **BC**
Mae'r arwynebedd o dan **AB**	= 493 sgwâr bach [gweler gwerslyfr UG Adran 4.5.3]
	= $493 \times (0.1 \times 10^5 \text{ Pa} \times 0.05 \text{ m}^3)$
	= 246 500 J
Mae'r arwynebedd o dan **BC**	= $1.00 \text{ m}^3 \times 1.6 \times 10^5 \text{ Pa} = 160\,000$ J

∴ Mae cyfanswm y gwaith sy'n cael ei wneud
$$= 246\,500 \text{ J} + 160\,000 \text{ J} = 410 \text{ kJ (2 ff.y.)}$$

3.4.7 **Gwirio gwybodaeth**

Cyfrifwch fàs y sampl methan yn Ffig. 3.4.11 o wybod bod y tymheredd ym mhwynt **A** yn 600 K.

M_r (methan) = 16

Ffig. 3.4.12 Gweithio i wneud tân

3.4.8 **Gwirio gwybodaeth**

Ystyriwch fod y gell (yn cynnwys y gwrthiant mewnol) yn system thermodynamig. Beth yw'r egni mewnbwn a'r egni allbwn mewn amser t os yw tymheredd y gell yn gyson? Rhowch eich ateb ar ffurf algebraidd.

(c) Gwaith trydanol

Prif ffocws y bennod hon yw'r gwaith sy'n cael ei wneud gan nwyon, e.e., mewn peiriannau gwres, ond nid dyma'r unig ffurf ar waith. Os yw trosglwyddiad egni yn cael ei achosi'n uniongyrchol gan wahaniaeth tymheredd, rydyn ni'n ei alw'n wres ac yn rhoi'r symbol Q iddo. Caiff unrhyw fath arall o drosglwyddiad egni ei alw'n waith, W, hyd yn oed os yw'n golygu cynnydd yn y tymheredd, e.e. yn y ffordd draddodiadol o gynnau tân sydd i'w gweld yn Ffig. 3.4.12.

Prif nodwedd gwaith yw ei fod yn golygu trosglwyddo egni'n drefnus. I droi'r darn o bren crwn sy'n gwasgu ar y bloc pren, mae'r person yn gwthio bwa yn ôl ac ymlaen; mae holl foleciwlau llinyn y bwa yn symud i'r un cyfeiriad. Mae gwres yn golygu trosglwyddiad di-drefn, naill ai trwy ddargludiad (symudiad hap moleciwlau / electronau'n gwrthdaro) neu belydriad (amsugno ffotonau unigol ar hap).

Nawr fe ystyriwn ni gylched drydanol, sy'n cynnwys cell a lamp, yn nhermau gwres a gwaith.

Am y tro, edrychwn ni ar y system sy'n cynnwys y lamp yn unig. Mae egni yn cael ei drosglwyddo i mewn ac allan:

Egni i mewn: wedi'i drosglwyddo o'r gell trwy gyfrwng cerrynt trydanol. Mae hwn yn llif gwefr trefnus, felly mae'n waith:

Mae'r gwaith mewnbwn trydanol, $W_{\text{mewn}} = VIt$

Egni allan: wedi'i drosglwyddo trwy belydriad (isgoch yn bennaf). Mae hwn yn ddi-drefn, felly caiff ei gategoreiddio'n wres, Q. Unwaith bydd y lamp wedi cyrraedd tymheredd cyson, bydd $Q_{\text{allan}} = W_{\text{mewn}} = VIt$.

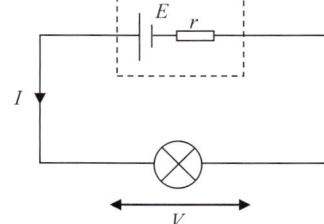

Ffig. 3.4.13 Cylched drydanol

Nawr dylen ni symud ymlaen i ystyried beth sy'n digwydd i egni mewnol y lamp (a'r gell), ond gallwn ni adael hynny tan ar ôl yr adran nesaf.

3.4.5 Deddf gyntaf thermodynameg

Pan mae deddf cadwraeth egni yn cael ei chymhwyso i systemau thermodynamig, rydyn ni'n cyfeirio ati fel **deddf gyntaf thermodynameg**.

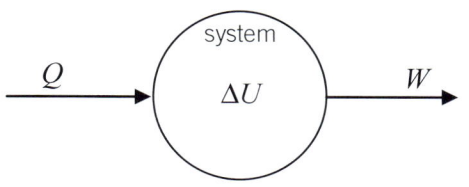

Ffig. 3.4.14 $\Delta U = Q - W$

Dyma'r berthynas rhwng U, Q ac W:

$$\Delta U = Q - W$$

lle mae C = gwres mewnbwn

ac mae W = gwaith allbwn

Sylwch yn ofalus ar gyfeiriad W a Q.

Cwestiwn: Pam mae gan U arwydd Δ, ond nad oes gan Q ac W yr arwydd hwn?

Ateb: Mae U, yr egni mewnol, yn *newidyn cyflwr* ar gyfer y system. Ar unrhyw adeg, mae gan U werth pendant. ΔU yw'r newid yn y gwerth.

W yw'r gwaith sy'n cael ei wneud gan y system. Nid oes 'gan' y system swm penodol o waith, felly ni all ei gwaith newid.

Yn yr un modd, nid yw'r system yn meddu ar wres, felly ni all ei gwres newid. Gwres yw llif egni sy'n cael ei yrru gan raddiant tymheredd. Mae'n werth ystyried sawl enghraifft o gymhwyso'r ddeddf hon.

Enghraifft 1

Mae sampl 3 mol o nwy monatomig yn cael ei wresogi (e.e. gan wresogydd trydanol). Mae ei dymheredd yn newid o 300 K i 400 K. Cyfrifwch werthoedd ΔU, W a Q os yw'r newid hwn yn digwydd ar wasgedd cyson.

Ateb

Mae $\Delta U = \frac{3}{2}nR\Delta T = 1.5 \times 3$ mol $\times 8.31$ J mol^{-1} K$^{-1} \times 100$ K $= 2490$ J

Mae $pV = nRT$, $\therefore$ ar wasgedd cyson, mae $p\Delta V = nR\Delta T$ (gweler troednodyn[1])

$\therefore$ Mae $W = nR\Delta T = 3$ mol $\times 8.31$ J mol^{-1} K$^{-1} \times 100$ K $= 1660$ J

$\therefore$ Mae $Q = \Delta U + W = 2490$ J $+ 1660$ J $= 4150$ J

Enghraifft 2

Mae cell, g.e.m. 9 V a gwrthiant mewnol 1 Ω, yn darparu cerrynt o 1 A. Dadansoddwch y newidiadau egni mewn cyfnod o 1 funud yn nhermau deddf gyntaf thermodynameg. Tybiwch fod y gell wedi cyrraedd tymheredd cyson.

Ateb

Mae'r gp terfynol $V = E - Ir = 9$ V $- 1$ A $\times 1$ $\Omega = 8$ V

Mae'r gwaith allbwn $W_{\text{allan}} = VIt = 8$ V $\times 1$ A $\times 60$ s $= 480$ J

Mae'r gwres allbwn $Q_{\text{allan}} = I^2 rt = (1$ A$)^2 \times 1$ $\Omega \times 60$ s $= 60$ J

$\therefore$ Mae'r gwres mewnbwn, $Q_{\text{mewn}} = -60$ J

$\therefore$ Mae $\Delta U = Q - W = -60$ J $- 480$ J $= -540$ J

h.y. mae'r gell wedi gwneud 480 J o waith trydanol ar y gylched, ac wedi allyrru 60 J o wres, felly mae ei egni mewnol wedi gostwng 540 J.

> **Termau Allweddol**

Deddf gyntaf thermodynameg: Y cynnydd, ΔU, yn egni mewnol system yw $\Delta U = Q - W$, lle Q yw'r gwres sy'n **mynd i mewn** i'r system ac W yw'r gwaith sy'n cael ei wneud **gan** y system.

> **Pwynt astudio**

Gall pob un o Q, W a ΔU fod yn bositif, negatif neu sero, e.e.

1. Os ydych chi'n cywasgu nwy, caiff gwaith ei wneud **ar** (nid gan) y nwy, felly mae $W < 0$.
2. Wrth i baned o de oeri, mae'n **rhyddhau** gwres, felly mae $Q < 0$.

Gwirio gwybodaeth **3.4.9**

Ar gyfer yr hafaliad

$\Delta U = Q - W$

nodwch arwydd:

(a) ΔU os yw $Q > 0$ ac $W = 0$

(b) Q os yw $\Delta U = 0$ ac $W < 0$

(c) W os yw $Q = 0$ a $\Delta U > 0$

(ch) ΔU os yw $W > Q > 0$

(d) ΔU os yw $Q > 0$ ac $W < 0$.

Gwirio gwybodaeth  **3.4.10**

Nodwch (nid oes angen gwaith cyfrifo) yr atebion i Enghraifft 1 os oedd cyfaint y nwy ac nid y gwasgedd yn gyson.

---

1 Nid yw gwerth W yn dibynnu ar y gwasgedd. Pe bai p yn cael ei ddyblu, byddai gwerthoedd V, ac felly ΔV yn haneru, felly mae $p\Delta V$ yn aros yr un fath.

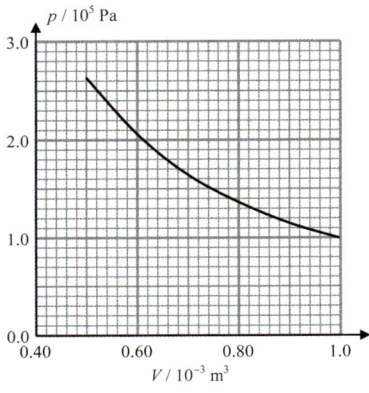

Ffig. 3.4.15 Cywasgu nwy

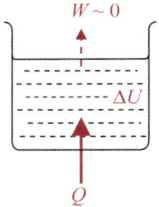

Ffig. 3.4.16 Gwresogi dŵr

Enghraifft 3

Mae sampl o nwy delfrydol ar 300 K, sydd wedi'i ynysu'n dda, yn cael ei gywasgu o gyfaint o 1.0×10^{-3} m³ i hanner ei gyfaint; mae'r gwasgedd yn cynyddu gan ffactor o 2.63, fel sydd i'w weld yn Ffig. 3.4.15.

(a) Cyfrifwch y gwaith sy'n cael ei wneud ar y nwy.

(b) Nodwch y gwres sy'n cael ei gyflenwi i'r nwy, a'r newid yn yr egni mewnol.

Ateb

(a) Mae'r gwaith sy'n cael ei wneud = arwynebedd o dan y graff.
Gan ddefnyddio'r rheol trapesiwm (gweler y gwerslyfr UG Adran 4.5.3) gyda $\Delta V = 0.1 \times 10^{-3}$ m², cafodd yr awdur yr ateb canlynol
Gwaith sy'n cael ei wneud = 80 J

(b) $Q = 0$ oherwydd bod y nwy wedi'i ynysu'n thermol.
$W = -80$ J oherwydd bod y gwaith yn cael ei wneud **ar** y nwy
Mae $\Delta U = Q - W = 0 - (-80) = 80$ J

3.4.6 Gwres a newid tymheredd

Wrth i ni wresogi system, mae ei thymheredd fel arfer yn codi (gweler y Pwynt astudio). Mae deddf gyntaf thermodynameg yn berthnasol i'r broses hon, felly dyma gyfle i edrych ar achos nodweddiadol, gan weld beth yw gwerthoedd ΔU, Q ac W.

(a) Cymhwyso deddf gyntaf thermodynameg

Ystyriwch sampl 1 kg o ddŵr ar 20 °C. Os ydyn ni'n ei wresogi, e.e. trwy ddefnyddio tegell trydan, mae ei dymheredd yn codi. Yn arbrofol, os ydyn ni'n cyflenwi 200 kJ o wres, mae ei dymheredd yn codi i 70 °C bron (cynnydd o 50 °C).

∴ Mae $Q = 200$ kJ.

∴ Mae $\Delta U + W = 200$ kJ.

W yw'r gwaith sy'n cael ei wneud yn erbyn yr atmosffer. ∴ Mae $W = p_A \Delta V$, lle mae p_A yw'r gwasgedd atmosfferig $\sim 1.0 \times 10^5$ Pa.

Yn arbrofol, mae cyfaint y dŵr yn cynyddu o 1000 cm³ i tua 1020 cm³, h.y. mae $\Delta V = 20$ cm³ [2.0×10^{-5} m³].

∴ Mae $W = p\Delta V \sim 1.0 \times 10^5$ Pa $\times 2 \times 10^{-5}$ m³ = 2 J

Felly, gan fod y dŵr yn ehangu fymryn bach yn unig, mae W yn ddibwys a gallwn ni ysgrifennu bod $W \approx 0$ a $\Delta U \approx Q = 200$ kJ. Mewn gwirionedd, mae dŵr yn ehangu mwy na'r rhan fwyaf o ddefnyddiau peirianyddol; er enghraifft, mae 1000 cm³ o ddur yn ehangu 2 cm³ yn unig dros yr un amrediad tymheredd, felly mae'r brasamcanion $W \approx 0$ a $\Delta U \approx Q$ hyd yn oed yn well ar gyfer solidau a hylifau eraill.

(b) Cynhwysedd gwres sbesiffig

Trwy arbrawf gallwn ni weld bod y cynnydd, $\Delta\theta$, yn nhymheredd gwrthrych yn agos iawn at fod mewn cyfrannedd â'r gwres mewnbwn, Q, ar yr amod nad oes unrhyw newid cyflwr yn digwydd. Ar gyfer elfen, cyfansoddyn neu gymysgedd â chyfansoddiad sefydlog, mae $\Delta\theta$ mewn cyfrannedd gwrthdro â màs y defnydd. Felly, ar gyfer defnydd penodol, gallwn ni ysgrifennu bod

$$Q = mc\Delta\theta$$

lle mae c yn gysonyn o'r enw **cynhwysedd gwres sbesiffig** y defnydd. Ystyr y gair *sbesiffig* yn y cyd-destun hwn yw *am bob uned màs*. Dyma fyddai diffiniad geiriol o gynhwysedd gwres sbesiffig: 'y gwres am bob uned màs sydd ei angen i godi tymheredd defnydd trwy un radd'. Mae'n haws ei ddiffinio gan ddefnyddio'r hafaliad (ond rhaid i chi gofio diffinio'r symbolau).

Enghraifft

Mae bloc o haearn 0.50 kg, ar 20 °C i ddechrau, yn cael ei wresogi am 5 munud â gwresogydd 25 W. Cyfrifwch y tymheredd terfynol. [$c_{\text{haearn}} = 450 \text{ J kg}^{-1} \text{ K}^{-1}$]

Ateb

Mae'r gwres mewnbwn $Q = Pt = 25 \text{ W} \times 300 \text{ s} = 7500 \text{ J}$

$Q = mc\Delta\theta, \therefore \Delta\theta = \dfrac{Q}{mc} = \dfrac{7500 \text{ J}}{0.50 \text{ kg} \times 450 \text{ J kg}^{-1} \text{ K}^{-1}} = 33.3 \text{ K} = 33.3 \text{ °C}$

$\therefore$ Mae'r tymheredd terfynol = 20 °C + 33.3 °C = 53 °C (2 ff.y.)

Sylwch: Mae'r *gwahaniaeth* rhwng dau dymheredd yr un fath, dim ots os ydynt wedi'u mynegi mewn graddau celsius neu kelvin:

80 °C − 20 °C = 60 °C   a   353 K − 293 K = 60 K

Felly, mae'n bosibl hefyd i ysgrifennu uned c fel J kg^{-1} °C^{-1}.

(c) Trosglwyddo gwres

Yn aml, mae arnom angen ystyried trosglwyddo gwres rhwng systemau. Os yw dwy system mewn cysylltiad thermol, yna bydd gwres yn llifo o'r system ar y tymheredd uwch i mewn i'r system ar y tymheredd is. Bydd hyn yn parhau hyd nes i'r systemau gyrraedd ecwilibriwm thermol, h.y. mae eu tymereddau yn hafal.

Gan dybio na chaiff gwres ei gyfnewid â'r amgylchoedd, gallwn ni ddweud bod y gwres sy'n llifo allan o un system yn hafal i'r gwres sy'n llifo i mewn i'r llall, a bydd hyn yn caniatáu i ni gyfrifo'r tymheredd ecwilibriwm.

Ystyriwch y ddwy system yn Ffig. 3.4.17. θ_1 a θ_2 yw'r tymereddau cychwynnol. Gadewch i'r tymheredd terfynol fod yn θ. Yna:

mae'r gwres sy'n cael ei golli gan system 1 = gwres sy'n cael ei ennill gan system 2

$$\therefore \text{ Mae } m_1c_1(\theta_1 - \theta) = m_2c_2(\theta - \theta_2)$$

Does dim angen i ni ddysgu'r hafaliad hwn, ond mae arnom angen gallu cymhwyso'r egwyddor bod y gwres sy'n cael ei ennill = gwres sy'n cael ei golli, ynghyd â $Q = mc\Delta\theta$.

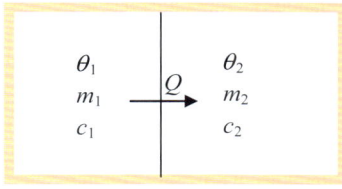

Pwynt astudio

Yn yr enghraifft, does dim ots os ydyn ni'n mynegi'r masau mewn **g** neu mewn **kg** (neu dunelli metrig!) cyhyd â'n bod yn defnyddio'r un unedau i'r ddau. Yn yr un modd, gall y cynwyseddau gwres sbesiffig fod mewn kJ kg^{-1} K^{-1} neu J kg^{-1} K^{-1} (neu hyd yn oed calorïau am bob owns am bob °C) cyhyd â bod yr unedau ar y ddwy ochr yr un fath.

Enghraifft

Mae 1.0 kg o ddŵr ar 100 °C yn cael ei dywallt i debot porslen 0.50 kg ar 20 °C. Cyfrifwch y tymheredd ecwilibriwm (gan dybio nad yw gwres yn cael ei golli i'r amgylchoedd).

$c_{\text{dŵr}} = 4.18$ kJ kg^{-1} K^{-1}; $c_{\text{porslen}} = 1.07$ kJ kg^{-1} K^{-1}

Ateb

Gadewch i'r tymheredd ecwilibriwm fod yn θ.

Mae'r gwres sy'n cael ei golli gan y dŵr = y gwres sy'n cael ei ennill gan y tebot

∴ Gan ddefnyddio $Q = mc\Delta\theta$, mae:

$$1.0 \times 4.18 (100 - \theta) = 0.50 \times 1.07 (\theta - 20)$$

Mae ychydig o algebra yn arwain at: $\theta = \dfrac{428.7}{4.715} = 91$ °C (2 ff.y.)[2]

3.4.7 Peiriannau ar gyfer gwneud gwaith a phwmpio gwres

Y prif reswm dros ddatblygu gwyddoniaeth thermodynameg oedd yr angen i ddeall a datblygu peiriannau gwres gwell – peiriannau ar gyfer defnyddio'r egni sy'n cael ei ryddhau gan hylosgiad i wneud gwaith. Ni fydd peiriannau gwres eu hunain yn eich arholiad ond mae angen i chi ddeall sut i ddefnyddio diagramau p-V [neu ddiagramau dangosyddion] i ymchwilio i drosglwyddiad gwres a gwaith. Edrychon ni ar hyn am y tro cyntaf yn Enghraifft 3 yn Adran 3.4.5. Byddwn ni nawr yn ystyried peiriant lle mae sampl 12.0 mol o nwy delfrydol monatomig yn cael ei gymryd yn ystod cylchred o ehangu a chywasgu, **ABCDA**.

3.4.11 Gwirio gwybodaeth

Cyfrifwch W_{allan} ac W_{mewn} trwy ddod o hyd i'r arwynebedd o dan **AB** a **CD** yn ôl eu trefn a thrwy hynny dangoswch fod y gwaith allbwn net yn 42 kJ.

Pwynt astudio

Y gwaith net sy'n cael ei wneud mewn un cylchred [h.y. $W_{\text{allan}} - W_{\text{mewn}}$ yn Ffig. 3.4.18] yw'r arwynebedd sydd wedi'i amgáu gan y ddolen. Gyda graffiau crwm mae'n aml yn haws cyfrifo W_{allan} ac W_{mewn} ar wahân

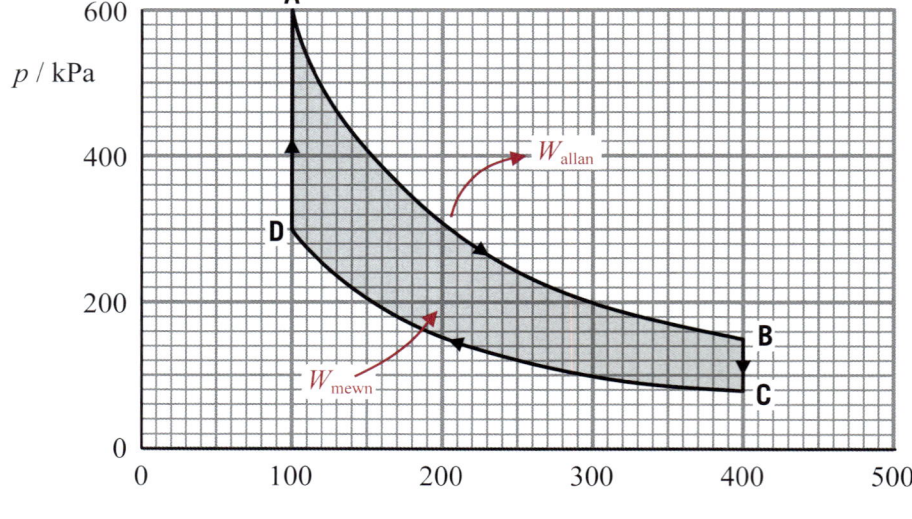

Ffig. 3.4.18 Amcangyfrif sero absoliwt

Byddwn ni'n edrych ar yr egwyddorion o sut y gall y gylchred hon wneud gwaith – gan adael y dasg cyfrifo i chi. Y gwaith sy'n cael ei wneud gan nwy wrth ehangu yw'r arwynebedd o dan graff p–V, felly mae'n amlwg bod y nwy yn gwneud mwy o waith yn **AB** (W_{allan}) nag sy'n cael ei wneud arno yn **CD** (W_{mewn}).

3.4.12 Gwirio gwybodaeth

Cyfrifwch y tymheredd ar bob un o **A**, **B**, **C** a **D**.

2 Mae te yn mwydo orau mor agos ag sydd bosibl i 100 °C a dyna pam y dylech chi dwymo'r tebot ymlaen llaw bob amser.

Tasg 1: (GG 3.4.11) Cyfrifwch W_{allan} ac W_{mewn} ac felly dangoswch fod y gwaith net sy'n cael ei wneud gan y nwy yn 42 kJ.

Tasg 2: (GG 3.4.12) Cyfrifwch dymheredd y nwy yn **A**, **B**, **C** a **D**.

Tasg 3: (GG 3.4.13) Egni mewnol: Dangoswch fod $U_A = U_B$ ac $U_C = U_D$ a chyfrifwch y meintiau hyn.

Yn amlwg, rhaid cyflenwi gwres rhwng **D** ac **A** ($Q_{DA} > 0$) a'i dynnu rhwng **B** ac **C** ($Q_{AC} < 0$). Beth am **AB** ac **CD**? Mae gwaith yn cael ei wneud yn y ddwy ran hyn ac mae $\Delta U = 0$, felly rhaid bod gwres yn cael ei gyfnewid:

Tasg 4: (GG 3.4.14) Dangoswch mai cyfanswm y gwres mewnbwn **D** $\rightarrow$ **B** yw 128 kJ.

Os ydyn ni eisiau cyfrifo'r gwres allbwn o **B** i **D**, gallen ni yn awr wneud yr un cyfrifiad ag yn Nhasg 4. Ond gallwn ni nodi hefyd bod y gwaith allbwn net yn ystod y gylchred yn 42 kJ felly rhaid bod y gwres mewnbwn net yn 42 kJ hefyd (cadwraeth egni), ac felly'r gwres mewnbwn o **B** i **D** yw 128 kJ − 42 kJ = 86 kJ.

Pŵer allbwn

Ystyriwch beiriant gyda 4 silindr, pob un â diagram dangosydd fel yn Ffig. 3.4.18. Os oedd y peiriant yn rhedeg ar 1500 cylchred y funud, byddai'r pŵer allbwn, P, yn cael ei roi gan:

$$P = 4 \times 42 \text{ kJ} \times \frac{1500}{60 \text{ s}} = 4.2 \text{ MW}$$

Effeithlonrwydd peiriant gwres

Yn y rhan fwyaf o beiriannau gwres, mae'r gwres sy'n cael ei golli (e.e. yn **BC** a **CD** yn Ffig. 3.4.18) yn cael ei daflu i ffwrdd. Dyma beth sy'n digwydd mewn peiriant car neu orsaf bŵer thermol (ond gweler y Pwynt astudio). Felly mae effeithlonrwydd peiriant gwres yn cael ei roi gan:

$$\text{Effeithlonrwydd} = \frac{42 \text{ kJ}}{128 \text{ kJ}} \times 100\% = 33\%$$

Ddim yn dda iawn! Ydy hi'n bosibl gwella hyn? Ydy, mewn egwyddor. Pe bai tymheredd **AB** yn cael ei godi, byddai hyn yn helpu. Gweler GG 3.4.15.

Pympiau gwres

Nid yw gwres yn llifo'n ddigymell o dymheredd isel i dymheredd uchel. Ond gallwn ni roi ychydig o help iddo trwy redeg peiriant gwres o chwith. Os yw'r gylchred yn Ffig. 3.4.18 yn cael ei wrthdroi, ar gyfer gwaith mewnbwn net o 42 kJ, byddai llif gwres o 128 kJ. Dyma egwyddor y pwmp gwres – er nad yw'r hylif sy'n cael ei ddefnyddio fel arfer yn nwy delfrydol ond yn un y gellir ei hylifo trwy ei gywasgu. Mae gwresogi eich cartref â phympiau gwres yn llawer mwy effeithlon gyda lefel is o allyriadau carbon, gan dybio ei fod yn cael ei bweru gan drydan sy'n cael ei gynhyrchu gan adnoddau adnewyddadwy. Ar hyn o bryd mae ymchwil fanwl ar y gweill i'r defnydd o bympiau gwres o'r ddaear fel rhan o'r cyfraniad tuag at economi carbon sero net.

Gwirio gwybodaeth 3.4.13

Defnyddiwch $U = \frac{3}{2}pV$,

$\left[\text{neu } U = \frac{3}{2}nRT\right]$ i gyfrifo'r egni mewnol ar bob un o **A**, **B**, **C** a **D** a thrwy hyn dangoswch fod $U_A = U_B$ ac $U_C = U_D$.

Gwirio gwybodaeth 3.4.14

Defnyddiwch $\Delta U = Q - W$ i ddangos bod cyfanswm y gwres mewnbwn **D** $\rightarrow$ **B** yn 128 kJ.

▶▶ **Pwynt astudio**

Mewn rhai gwledydd Ewropeaidd, mae gorsafoedd Gwres a Phŵer Cyfunol (CHP) yn defnyddio'r gwres gwastraff ar gyfer gwresogi domestig ar gyfer y gymuned leol.

Gwirio gwybodaeth 3.4.15

Mae'r gylchred yn Ffig 3.4.18 yn cael ei newid fel bod **A** a **B** ar dymheredd o 900 K. Cyfrifwch effeithlonrwydd peiriant gwres yn seiliedig ar hyn.

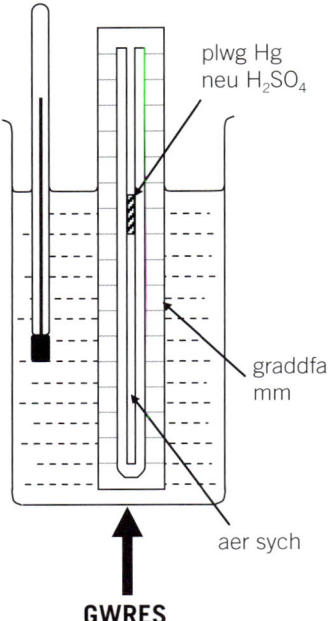

plwg Hg neu H_2SO_4

graddfa mm

aer sych

GWRES

Ffig. 3.4.19 Amrywiad cyfaint gyda thymheredd

3.4.16 Gwirio gwybodaeth

Hafaliad y graff ffit orau o p (mewn atm) yn erbyn θ (mewn °C) yw

$p = (0.0038 \pm 0.0002)\theta + 1.00$

Amcangyfrifwch werth sero absoliwt mewn °C.

Pwynt astudio

Yn gyffredinol, mae arbrofion i ddarganfod cynhwysedd gwres sbesiffig solidau yn y cwrs Safon Uwch wedi'u cyfyngu i solidau metelig, a hynny oherwydd bod eu dargludedd thermol uchel yn caniatáu iddyn nhw gyrraedd ecwilibriwm thermol yn gyflym.

Mae'r diferyn o olew yn darparu cysylltiad thermol da rhwng y thermomedr a'r bloc metel.

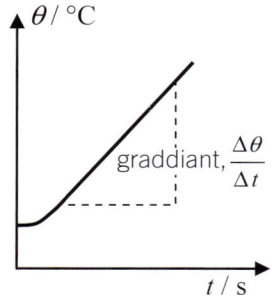

Ffig. 3.4.23 Graff tymheredd–amser ar gyfer darganfod c

3.4.8 Gwaith ymarferol penodol

(a) Amcangyfrif sero absoliwt trwy ddefnyddio'r deddfau nwyon

Mae'n bosibl ymchwilio i amrywiad cyfaint nwy gyda thymheredd ar wasgedd cyson trwy ddefnyddio'r cyfarpar yn Ffig. 3.4.19. Caiff y dŵr yn y bicer ei wresogi'n araf fesul cam trwy ddefnyddio gwresogydd Bunsen. Caiff y tymheredd a hyd y golofn aer yn y tiwb capilari eu mesur ar bob cam. Mae cyfaint yr aer mewn cyfrannedd â hyd y golofn aer.

Mae'n bosibl ymchwilio i'r amrywiad p-T mewn modd tebyg trwy ddefnyddio'r cyfarpar yn Ffig. 3.4.20.

Ar gyfer y ddau ymchwiliad, caiff y newidyn dibynnol (hyd neu wasgedd) ei blotio yn erbyn y tymheredd, caiff llinell syth ffit orau ei thynnu, a chaiff y rhyngdoriad ar yr echelin tymheredd ei nodi, fel sydd i'w weld yn Ffig.3.4.21.

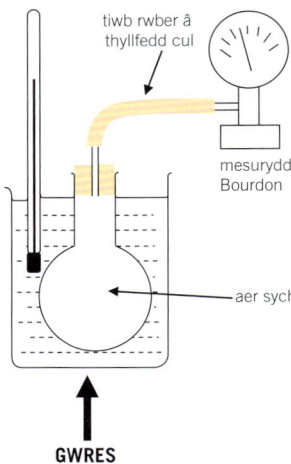

tiwb rwber â thyllfedd cul

mesurydd Bourdon

aer sych

GWRES

Ffig. 3.4.20 Amrywiad gwasgedd gyda thymheredd

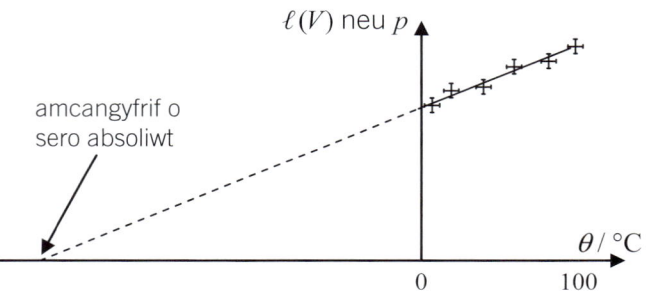

$\ell(V)$ neu p

amcangyfrif o sero absoliwt

θ / °C

0   100

Ffig. 3.4.21 Amcangyfrif sero absoliwt

(b) Mesur cynhwysedd gwres sbesiffig solid

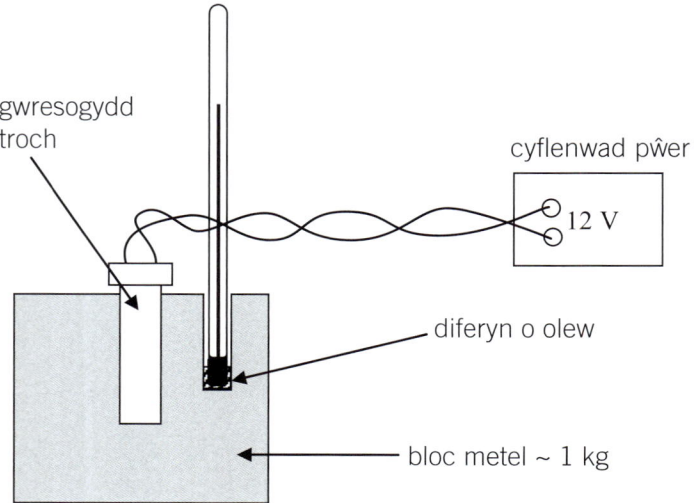

gwresogydd troch

cyflenwad pŵer

12 V

diferyn o olew

bloc metel ~ 1 kg

Ffig. 3.4.22 Mesur cynhwysedd gwres sbesiffig metel

Os bydd angen, mae'n bosibl gwneud arbrawf cychwynnol i ddarganfod pŵer y gwresogydd troch, trwy fesur y cerrynt a'r gp a defnyddio $P = IV$.

Caiff y gwresogydd troch ei droi ymlaen, a nodir y tymheredd sydd i'w weld ar y thermomedr ar gyfyngau amser rheolaidd, e.e. pob 30 s. Caiff graff o dymheredd yn erbyn amser ei blotio, a darganfyddir graddiant y rhan linol (gweler Ffig. 3.4.23).

Rhan lorweddol gychwynnol y graff yw'r oediad nes bod y gwres o'r gwresogydd troch yn cyrraedd safle'r thermomedr. Ar ôl i hyn ddigwydd

$$P\Delta t = mc\Delta\theta$$
$$\therefore \text{Mae } c = \frac{P}{m \times \text{graddiant}}$$

Profwch eich hun 3.4

1. Mae silindr, cyfaint 0.060 m^3, yn cynnwys heliwm ar wasgedd o 8.0 MPa.

    (a) Cyfrifwch egni mewnol yr heliwm.
    (b) Esboniwch pam nad yw eich ateb i (a) yn dibynnu ar dymheredd yr heliwm.
    (c) Màs yr heliwm yn y silindr yw 800 g. Cyfrifwch:
        (i) tymheredd   (ii) buanedd isc y moleciwlau heliwm.

2. Mae silindr ocsigen yn cynnwys 3.2 kg o ocsigen ar 27 °C.

    (a) Cyfrifwch egni cinetig trawsfudol y moleciwlau ocsigen.
    (b) Cyfrifwch fuanedd isc y moleciwlau ocsigen.
    (c)

◀ Ymestyn a herio

Egni mewnol y moleciwlau ocsigen yw 620 kJ (2 ff.y). Rhowch resymau dros y gwahaniaeth rhwng y ffigur hwn a'ch ateb i ran (a).

3. Mae gan gynhwysydd ynysu anhyblyg ddwy adran, fel sydd i'w gweld, yn cynnwys 500 mol o nwy delfrydol monatomig yr un. [Mae 1 atm yn 100 kPa]

2 m^3	4 m^3
12 atm	4 atm
A	**B**

    (a) Cyfrifwch yr egni mewnol ym mhob adran.
    (b) Cyfrifwch y tymheredd ym mhob adran.
    (c) Nawr caiff y defnydd ynysu rhwng y ddwy adran ei dynnu oddi yno, ond mae'r wal anhyblyg rhyngddynt yn aros yn ei lle. Cyfrifwch:
        (i) Y tymheredd ecwilibriwm.
        (ii) Y gwasgedd ym mhob adran ar ecwilibriwm.
        (iii) Y llif gwres net rhwng y ddwy adran.
    (ch) Nawr caiff y wal ei symud fel bod y moleciwlau nwy yn gallu cymysgu. Cyfrifwch y tymheredd a'r gwasgedd terfynol.

4. Ystyriwch y sefyllfaoedd canlynol ac, ar gyfer y system benodol, nodwch a yw'r mesurau Q, ΔU ac W o ddeddf gyntaf thermodynameg, wedi'u hysgrifennu ar y ffurf $\Delta U = Q - W$, yn bositif, yn negatif neu'n sero.

    (a) Caiff sampl o nwy delfrydol ei gywasgu'n gyflym, fel nad oes amser i unrhyw wres ddianc.
    (b) Caiff tymheredd y sampl o aer yn Ffig. 3.4.20 ei gynyddu.
    (c) Caiff bloc o ddur ar 20 °C ei roi mewn ffwrnais ar 500 °C.
    (ch) Mae sampl o nwy ar 2 atm mewn silindr yn cael ei adael i ehangu'n araf yn erbyn piston, fel bod ei dymheredd yn parhau'n gyson.
    (d) Caiff silindr meddygol o ocsigen ei roi mewn ystafell gynnes ar ôl cael ei dynnu allan o ystafell oer.
    (dd) Mae rhywun yn gadael i'r nwy mewn silindr ddianc i mewn i wactod.
    (e) Mae cymysgedd o fethan ac ocsigen, mewn cynhwysydd anhyblyg sydd wedi'i ynysu'n thermol a'i selio, yn llosgi'n ddigymell i gynhyrchu carbon deuocsid a dŵr. [Y system yw'r holl ronynnau sydd yn y methan a'r ocsigen i gychwyn.]

5. Mae'n cymryd 2.26 MJ o wres i anweddu 1 kg o ddŵr ar 100°C. Mae dwysedd ager ar 100 °C yn 0.60 kg m⁻³.

    (a) Amcangyfrifwch y gwaith mae'r dŵr yn ei wneud yn erbyn yr atmosffer wrth ehangu i mewn i ager.

    (b) Cyfrifwch y ffracsiwn o 2.26 MJ mae eich ateb i ran (a) yn ei gynrychioli.

    (c) Nodwch werthoedd Q, ΔU ac W yn yr hafaliad $\Delta U = Q - W$.

6. Mewn siop goffi, caiff ager ei fyrlymu trwy 250 g o laeth i godi ei dymheredd o 20 °C i 100 °C. Cynhwysedd gwres sbesiffig llaeth yw 3800 J kg⁻¹ K⁻¹.

    (a) Cyfrifwch y gwres mewnbwn i mewn i'r llaeth.

    (b) Nodwch werthoedd Q, ΔU ac W ar gyfer y llaeth yn yr hafaliad $\Delta U = Q - W$.

7. Mae gwasgedd a chyfaint sampl o nwy delfrydol yn dilyn y llwybr **ABCDA**. Cyfrifwch:

    (a) Y cymarebau $\dfrac{U_B}{U_A}$, $\dfrac{U_C}{U_A}$ ac $\dfrac{U_D}{U_A}$.

    (b) Y cymarebau $\dfrac{T_B}{T_A}$, $\dfrac{T_C}{T_A}$ ac $\dfrac{T_D}{T_A}$.

    (c) Gwerthoedd ΔU, Q ac W ar gyfer pob un o'r pedwar cam **A→B**, **B→C**, **C→D** a **D→A**.

    (ch) Cyfanswm gwerthoedd ΔU, Q ac W ar gyfer y gylchred gyfan.

    (d) Nifer y molau o nwy o wybod bod $T_A = 350$ K.

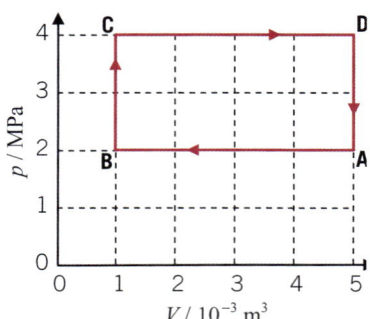

8. Mae gan beiriant damcaniaethol chwe silindr, gyda phob un yn cynnwys sampl o'r nwy fel yng nghwestiwn 7. Mae'r nwy ym mhob silindr yn dilyn y llwybr **ABCDA** 1500 gwaith y funud. Cyfrifwch bŵer allbwn y peiriant.

9. Mae fflasg 250 cm³ yn cynnwys aer sych. Mae'r fflasg wedi'i chysylltu â mesurydd gwasgedd, sydd wedi'i raddnodi mewn bar [1 bar = 1.00 × 10⁵ Pa]. Mae'r fflasg yn cael ei rhoi mewn bicer mawr sy'n cynnwys cymysgedd iâ/dŵr ar 0°C. Cymerir darlleniadau tymheredd a gwasgedd wrth i'r bicer gael ei wresogi'n raddol hyd at 100 °C. Dyma'r canlyniadau.

Tymheredd / °C	0	15	34	48	64	85	100
Gwasgedd / bar	0.95	1.02	1.06	1.11	1.18	1.22	1.30

Trwy blotio graff addas, defnyddiwch y canlyniadau, gan gynnwys barrau cyfeiliornad ±0.02 bar yn y gwasgedd i gyfrifo gwerth am sero absoliwt gyda'i ansicrwydd absoliwt. Dangoswch eich gwaith cyfrifo.

10. Gellir defnyddio gwresogyddion troch teithio ar gyfer gwneud diodydd poeth mewn ystafelloedd gwesty. Mae Nia yn defnyddio gwresogydd troch teithio, sy'n cael ei hysbysebu fel 230 V, 0.50 kW, i fesur cynhwysedd gwres sbesiffig dŵr.

Mae'n gwresogi 0.700 kg o ddŵr mewn bicer gwydr 0.250 kg ac yn mesur y tymheredd bob 30 eiliad.

Canlyniadau:

Amser/munudau	0	1	2	3	4	5
Tymheredd / °C	19.5	29.0	39.5	48.5	58.5	68.0

Defnyddiwch y canlyniadau hyn i gyfrifo gwerth ar gyfer cynhwysedd gwres sbesiffig dŵr.

[cynhwysedd gwres sbesiffig gwydr, = 840 J kg⁻¹ °C⁻¹.]

3.5 Dadfeiliad niwclear

Mae'r stori am ddarganfyddiad ffodus ac annisgwyl ymbelydredd gan Henri Becquerel yn eithaf adnabyddus. Fe wnaeth e ddarganfod bod sampl o halwyn wraniwm wedi cymylu plât ffotograffig oedd wedi'i selio, a hynny trwy'r defnydd lapio. Roedd y darganfyddiad hwn yn syfrdanol gan ei fod yn ymddangos yn groes i egwyddor cadwraeth egni – parhaodd yr halwyn wraniwm i effeithio ar emwlsiwn ffilm heb unrhyw ffynhonnell egni amlwg.[1] Er bod hwn yn arsylw cychwynnol damweiniol, roedd ei drylwyredd gwyddonol wrth beidio â'i wrthod ond ymchwilio iddo yn fanwl yn golygu bod Gwobr Nobel 1903 am ffiseg, a rannodd gyda Marie a Pierre Curie, yn haeddiannol iawn. Mae'r dyfyniad o'i lyfr nodiadau labordy yn Ffig. 3.5.1 yn cynnwys cysgod croes Malta fetel, a oedd wedi'i gosod rhwng yr halwyn a'r plât ffotograffig.

Fe wnaeth darganfod ymbelydredd baratoi'r ffordd ar gyfer gwaith ymchwil i adeiledd yr atom ac, yn ddiweddarach, at ddatblygu damcaniaeth cwantwm, felly mae'n anodd gorbwysleisio ei bwysigrwydd.

Ffig. 3.5.1 Rhan o lyfr nodiadau labordy Becquerel

Termau Allweddol

Ystyr **ymbelydredd niwclear** yw allyriad egni ar ffurf tonnau neu ronynnau o'r niwclews atomig. Dyma'r term hefyd ar gyfer y tonnau neu'r gronynnau eu hunain sy'n cael eu hallyrru.

Dadfeiliad niwclear (neu ddadfeiliad ymbelydrol) yw'r broses lle mae niwclews atom yn colli egni trwy allyrru ymbelydredd (niwclear).

3.5.1 Dadfeiliad niwclear

Wedi i Henri Becquerel ddarganfod **ymbelydredd niwclear**, gwelwyd yn fuan fod tri math yn bodoli, gyda phwerau treiddio gwahanol. Galwodd y rhain yn ymbelydredd α, ymbelydredd β a phelydriad γ. Mae cyrhaeddiad (pellter treiddio) y tri math o ymbelydredd yn dibynnu ar ei egni yn ogystal â'r cyfrwng, ond mae'r canlynol yn nodweddiadol:

- cyrhaeddiad α : 3 cm o aer; 0.02 mm o wydr
- cyrhaeddiad β: 1 m o aer; 3 mm o alwminiwm
- cyrhaeddiad γ: 500 m o aer; 20 cm o alwminiwm; 5 cm o blwm

Mae gan y gronynnau alffa, sy'n cael eu hallyrru gan radioniwclid, egni pendant, felly maen nhw'n treiddio pellter penodol i sylwedd arbennig. Mae gan y gronynnau α, a gynhyrchodd y traciau yn Ffig. 3.5.2, ddau egni, felly dau gyrhaeddiad. Caiff gronynnau β eu cynhyrchu â sbectrwm di-dor o egnïon (gweler y gwerslyfr UG, t 87), felly nid oes ganddyn nhw gyrhaeddiad pendant. Byddwn ni'n trafod cyrhaeddiad ymbelydredd niwclear yn Adran 3.5.2.

Rydyn ni'n gwybod bod y mathau hyn o ymbelydredd yn cael eu hachosi gan newidiadau yn niwclews yr atom, sy'n caniatáu iddo gymryd ffurfweddiad egni is. Yr enw ar y broses hon yw **dadfeiliad niwclear**. Mae'r niwclews atomig yn cynnwys protonau a niwtronau sydd, yn eu tro, yn ronynnau cyfansawdd sy'n cynnwys cyfuniadau o gwarciau i fyny ac i lawr. Yn yr un modd ag y mae gan atomau lefelau egni, felly hefyd y mae rhai gan niwclysau. Gall niwclews â gormodedd o egni ddisgyn i lefelau egni is mewn nifer o ffyrdd. Awn ni ati i archwilio'r ffyrdd hyn nawr.

Ffig. 3.5.2 Traciau gronynnau alffa

Ailedrych ar dermau a symbolau niwclear

Bydd symbolau fel $^{14}_{6}C$ a $^{235}_{92}U$ yn cael eu defnyddio llawer wrth drafod dadfeiliad niwclear ac ymholltiad niwclear. Beth mae'r symbolau hyn yn ei ddweud wrthyn ni? Dylai'r diagram canlynol ei wneud yn glir:

Y **rhif màs** neu'r **rhif niwcleon**

Y **rhif atomig** neu'r **rhif proton**

$$^{A}_{Z}X$$

Y symbol cemegol ar gyfer yr elfen, e.e. C ar gyfer carbon

Cyngor cyflym

Mae llyfryn termau a diffiniadau CBAC yn cynnwys esboniad o'r nodiant $^{A}_{Z}X$, yn nhermau rhif màs a rhif atomig.

Y rhif atomig (neu'r rhif proton), Z, yw nifer y protonau yn y niwclews a'r rhif màs (neu'r rhif niwcleon), A, yw cyfanswm nifer y niwcleonau (h.y. protonau a niwtronau) yn y niwclews. Gellir defnyddio'r symbol ar gyfer y niwclews yn ogystal â'r atom niwtral. Gan

---

1 Yn naturiol, aeth ffisegwyr ati i gynnwys egni niwclear ymhlith y mathau cydnabyddedig o egni, heb darfu ar gyfanrwydd yr egwyddor!

Pwynt astudio

Ymbelydredd alffa (α): Gronynnau sy'n symud yn gyflym ac yn cynnwys dau broton a dau niwtron (h.y. niwclysau heliwm) wedi'u bwrw allan o'r niwclews.

Ymbelydredd beta (β): Electronau â buanedd uchel (β⁻) neu bositronau (β+) wedi'u bwrw allan o'r niwclews.

Pelydriad gama (γ): Ffotonau ag egni uchel wedi'u bwrw allan o niwclysau atomau ymbelydrol.

Pwynt astudio

Sylwch fod y symbolau $_Z^A X$ mewn hafaliad dadfeiliad yn cynrychioli niwclysau yn hytrach nag atomau. Rhaid i swm gwerthoedd A a Z ar ddwy ochr yr hafaliad fod yn hafal, h.y. rhai i'r hafaliad gydbwyso.

Gwirio gwybodaeth

Rhif atomig wraniwm yw 92. Mae wraniwm-235 yn newid trwy ddadfeiliad α i roi isotop thoriwm.

Ysgrifennwch yr hafaliad dadfeiliad ar gyfer y broses hon.

Gwirio gwybodaeth

Ysgrifennwch yr hafaliad dadfeiliad ar gyfer ^{106}Te.

Gwirio gwybodaeth

(a) Pa ddeddfau cadwraeth sy'n cael eu dangos yn yr hafaliad dadfeiliad niwtron?

(b) Beth yw'r arwyddion bod hwn yn ddadfeiliad gwan?

Pwynt astudio

Mewn hafaliadau niwclear, mae'r llinell uchaf o rifau yn cynrychioli cadwraeth niwcleon; y llinell waelod, cadwraeth gwefr. Hefyd wrth ysgrifennu hafaliadau dadfeiliad β mae'n eithaf cyffredin hepgor y niwtrino.

---

fod y bennod hon yn ymdrin â dadfeiliad niwclear, byddwn ni fel arfer yn defnyddio'r symbol i ddangos y niwclews.

Un peth i sylwi arno yw fod y symbol cemegol (X) yn rhoi'r un wybodaeth â'r rhif atomig (Z) oherwydd, er enghraifft, mae gan atomau carbon 6 phroton yn eu niwclei bob amser (neu fel arall ni fyddent yn atomau carbon!). Felly mae'n eithaf cyffredin ysgrifennu, ^{14}C, ^{235}U, ac ati, gan adael y rhif atomig allan.

(a) Dadfeiliad alffa (α)

Mae'r cyfuniad o ddau broton a dau niwtron yn arbennig o sefydlog. Dyma gyfansoddiad niwclews atom $_2^4$He. Dangosodd arbrawf gwych yn 1907 fod gronyn α yn unfath â heliwm wedi'i ïoneiddio.

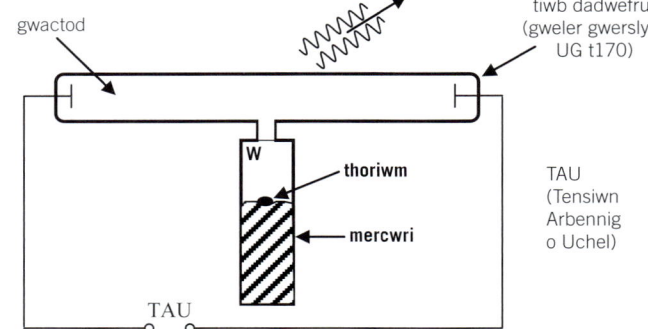

Ffig. 3.5.3 Natur ymbelydredd α

Gosodwyd thoriwm, sy'n allyrrydd-α, i arnofio ar fercwri. Gallai'r gronynnau α basio trwy ffenestr denau iawn, **W**, i mewn i'r tiwb dadfeuru nwy. Ymhen ychydig ddyddiau, gwelwyd llinellau nodweddiadol heliwm yn sbectrwm y pelydriad.

Mae bron 100% o thoriwm naturiol ar ffurf yr isotop $_{90}^{232}$Th. Dyma'r hafaliad dadfeiliad:

$$_{90}^{232}\text{Th} \rightarrow _{88}^{228}\text{Ra} + _2^4\text{He},$$

lle caiff y symbol $_2^4$He ei ddefnyddio ar gyfer y gronyn α. Gan gyffredinoli o'r enghraifft hon, gwelwn mai dyma'r cynhyrchion dadfeiliad mewn dadfeiliad alffa o niwclews $_Z^A$X:

- epil niwclews, $_{Z-2}^{A-4}$Y a
- gronyn alffa $_2^4$He

Dim ond mewn elfennau trwm mae dadfeiliad α yn digwydd. Y niwclid ysgafnaf sy'n newid trwy ddadfeiliad α yw telwriwm-106 ($_{52}^{106}$Te) sy'n dadfeilio i isotop tun (**Sn**).

(b) Dadfeiliad beta (β)

Y ffurf fwyaf cyffredin yw dadfeiliad β⁻, sy'n digwydd mewn niwclysau sy'n gyfoethog o ran niwtronau. Mae niwtron yn dadfeilio'n broton, trwy'r rhyngweithiad gwan, gan allyrru electron a gwrth-niwtrino electron. Gan ddefnyddio symbolau ffiseg ronynnol, mae:

$$n \rightarrow p + e^- + \overline{\nu_e}$$

Mewn hafaliadau dadfeiliad ymbelydrol, mae'n arferol defnyddio $_{-1}^{0}$β i gynrychioli gronyn beta; mae'n bosibl defnyddio $_{-1}^{0}$e hefyd.

Dyma'r hafaliad ar gyfer dadfeiliad potasiwm-42:

$$_{19}^{42}\text{K} \rightarrow _{20}^{42}\text{Ca} + _{-1}^{0}\beta + _0^0\overline{\nu_e}$$

Felly mae dadfeiliad β⁻ o $_Z^A$X yn cynhyrchu:

- epil niwclews $_{Z+1}^{A}$Y
- gronyn β⁻, h.y. electron, e^-
- gwrthniwtrino electron.

---

2 Gan Ernest Rutherford a Thomas Royds.

Gall rhai niwclysau, a gafodd eu creu mewn prosesau ymasiad, ddadfeilio trwy allyrru positron, yn hytrach nag electron. Yng nghyd-destun ymbelydredd, yr enw ar hyn yw dadfeiliad β^+, ac enw'r gronyn yw gronyn β^+. e.e.

$$^{13}_{7}N \rightarrow ^{13}_{6}C + ^{0}_{1}\beta \ (+ ^{0}_{0}\nu_e)$$

Sylwch ar y gwahaniaeth rhwng y symbolau niwclear ar gyfer gronynnau β^+ a β^-. Er mwyn i hyn ddigwydd, rhaid i broton y tu mewn i'r niwclews ^{13}N drawsnewid yn niwtron (gan allyrru positron a niwtrino), h.y.

$$p \rightarrow n + e^+ + \nu_e$$

Ond sut mae hyn yn bosibl heb dorri cadwraeth màs/egni? Mae gan y proton fàs/egni o 938.3 MeV; mae'r niwtron yn fwy masfawr, gan bwyso 939.6 MeV. Ac yna mae'r positron â màs/egni o 0.5 MeV, heb sôn am egni cinetig y niwtrino. Mae'r ateb i'w weld yn y lefelau egni niwclear (gweler Ymestyn a herio).

◆ Ymestyn a herio

Yn union fel electronau mewn atomau, mae gan y niwtronau a'r protonau mewn niwclews eu setiau eu hunain o lefelau egni. Caiff y cysyniad hwn ei ddangos yn Ffig. 3.5.4 ar gyfer niwclews sy'n gyfoethog o ran protonau. Gall y proton yn y lefel egni uchaf drawsnewid a disgyn i lefel egni gwag y niwtron – ond dim ond os yw ΔE yn ddigon. Awgrymwch werth isaf ΔE er mwyn i ddadfeiliad β^+ ddigwydd.

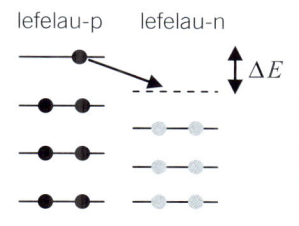

Ffig. 3.5.4 Lefelau egni niwclear

Gwirio gwybodaeth 3.5.4

Mae gan niwclews, X, rif atomig Z a rhif màs A. Mae'n mynd trwy ddadfeiliad β^+. Nodwch gynhyrchion y dadfeiliad.

(c) Dadfeiliad gama (γ)

Mae'r epil niwclews o ddadfeiliad α neu β yn aml yn cael ei ffurfio mewn cyflwr cynhyrfol. Mae hynny'n golygu bod gan naill ai proton neu niwtron gyflwr egni is gwag i ddisgyn iddo. Wrth iddo wneud hyn, caiff yr egni ei gario i ffwrdd gan ffoton egni uchel, sy'n cael ei nodi gan γ. Nid yw rhif proton a rhif niwcleon (Z ac A) y niwclews yn newid yn y broses.

Gwirio gwybodaeth 3.5.5

Yn ystod dadfeiliad γ mae màs y niwclews yn lleihau oherwydd y berthynas $E = mc^2$. Cyfrifwch y gostyngiad yn y màs sy'n cael ei achosi gan allyriad ffoton 1 MeV. Mynegwch eich ateb mewn (a) MeV, (b) kg ac (c) u.

(ch) Rhai moddau dadfeilio llai cyffredin

Dadfeiliad α, β a γ yw'r moddau dadfeilio sydd angen i chi eu gwybod ar gyfer yr arholiad, ond mae yna ambell un arall y gallech chi ddod ar eu traws:

Dal electronau (neu, weithiau, dal K)[3]

Mae hyn yn digwydd mewn rhai niwclysau sy'n gyfoethog o ran protonau. Mewn gwirionedd, mae electron yn yr orbital 1s, y lefel egni atomig isaf, yn treulio ffracsiwn bach iawn o'i amser yn y niwclews. Mae'r graddliwio yn Ffig. 3.5.5 yn gynrychioliad ansoddol o ffwythiant tebygolrwydd dwysedd yr orbital 1s – dyma'r tebygolrwydd o ddod o hyd i'r electron mewn unrhyw ranbarth bach penodol. Mae hwn ar ei fwyaf yng nghanol yr atom, ond gan fod y niwclews mor fach (~ 10^{-15} m) o'i gymharu â'r orbital (~10^{-10}), mae'r electron ond yn treulio'r mymryn lleiaf o'i amser yno. Fodd bynnag, pan mae'n gwneud hyn, gall yr adwaith canlynol ddigwydd:

$$p + e^- \rightarrow n + \nu_e$$

Wrth gwrs, rhaid cadw màs/egni o hyd.

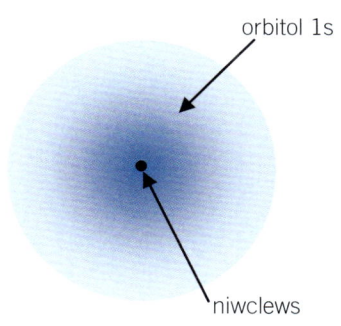

orbitol 1s

niwclews

Ffig. 3.5.5 Niwclews ac orbitol 1s

---

3 Yn hanesyddol, mae cemegwyr yn cyfeirio at yr orbital 1s fel y plisgyn K.

Pwynt astudio

Mae gan niwtrinoeon, boed o allyriad β neu o ymholltiad niwclear, gyrhaeddiad hir iawn – sydd wedi'i amcangyfrif fel 5 blwyddyn golau mewn plwm! Y rheswm am hyn yw eu bod yn rhyngweithio trwy'r rhyngweithiad gwan YN UNIG. Dydyn nhw byth yn cael eu canfod mewn arbrofion ymbelydredd mewn labordy ysgol.

3.5.7 Gwirio gwybodaeth

Ysgrifennwch yr hafaliad dadfeiliad ar gyfer N-11 trwy allyriad proton.

Pwynt astudio

O Ffig. 3.5.6 gallwch chi weld pam rydyn ni'n cyfeirio at ronynnau α fel ymbelydredd ïoneiddio. Mae hyn hefyd yn wir am β a γ (ac UV a phelydr X).

Ymholltiad digymell

Mae'r rhan fwyaf o ^{235}U yn dadfeilio trwy allyriad α. Fodd bynnag, mewn tua 2×10^{-7} o'r dadfeiliadau, mae'r niwclews yn hollti'n ddau yn ddigymell gan allyrru sawl (ar gyfartaledd, 1.86) niwtron. Gall y niwtronau hyn achosi niwclysau ^{235}U eraill i hollti yn y broses o ymholltiad anwythol. Mae ymholltiad digymell yn digwydd hefyd mewn ^{238}U, ^{239}Pu a ^{240}Pu. Mae'r math hwn o ddadfeilio yn wahanol i **allyriad niwtronau** sy'n gallu digwydd mewn rhai niwclidau artiffisial sy'n gyfoethog o ran niwtronau, e.e. ^{10}Li ac ^{17}N – gyda hanner oes byr iawn (< 1 ns fel arfer). Mae **allyriadau proton** hefyd wedi cael eu gweld mewn niwclidau artiffisial sy'n gyfoethog o ran protonau, e.e. ^{151}Lu, eto gyda hanner oes byr iawn (81 ms).

3.5.2 Cyrhaeddiad (pŵer treiddio) ymbelydredd niwclear

Mae pwerau treiddio gwahanol ymbelydredd α, ymbelydredd β a phelydriad γ yn gyfarwydd iawn, ac yn sail i arbrofion ar ymbelydredd cyn Safon Uwch. Dylech chi gofio'r canlynol:

- Mae pŵer treiddio pob ffurf yn dibynnu ar ei hegni: y mwyaf yw'r egni, y mwyaf yw'r cyrhaeddiad.
- Y mwyaf yw dwysedd y defnydd, y gorau mae'n amsugno ymbelydredd o unrhyw fath, h.y. yr isaf yw cyrhaeddiad yr ymbelydredd.
- Pelydrau gama yw'r mwyaf treiddgar (degau neu gannoedd o fetrau o aer, sawl cm o fetelau dwys, e.e. plwm), yna gronynnau beta (tua 1 m o aer, cwpl o mm o fetelau ysgafn), yna alffa (mae papur tenau yn eu hatal, 3–5 cm o aer, epidermis marw croen dynol).

Er mwyn deall y gwahaniaethau hyn, rhaid i ni ddeall y mecanweithiau amsugno sydd ar waith.

(a) Amsugno gronynnau wedi'u gwefru

Pan fydd gronyn wedi'i wefru, e.e. gronyn alffa, yn treiddio i ddefnydd, mae'n gallu pasio trwy'r atomau cyfansoddol – ond nid yw'r gronyn na'r atomau yn dod trwyddi heb newidiadau.

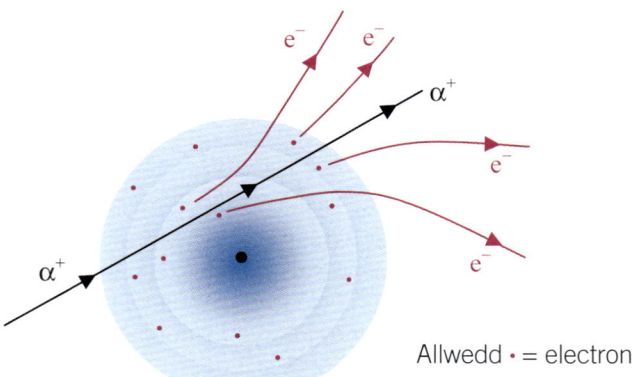

Allwedd $\cdot$ = electron

Ffig. 3.5.6 Effaith gronyn alffa ar atom

Os yw gronyn alffa, gydag egni nodweddiadol o sawl MeV, yn pasio trwy atom, mae'n atynnu electronau (oherwydd y gwefrau dirgroes). Nid oes rhaid iddo wrthdaro'n uniongyrchol ag electron – bydd yr atyniad trydanol yn achosi trosglwyddiad egni gan dynnu sawl electron o'r atom. Mae'r trosglwyddiad egni hwn fel arfer yn ychydig ddegau o eV. Effaith hyn yw arafu'r gronyn α fymryn, felly mae'n pasio trwy'r atom nesaf ychydig yn arafach, gan gynyddu'r effaith ïoneiddio (gweler y Pwynt astudio). Yn y pen draw, mae'n colli ei egni i gyd, yn casglu cwpl o electronau coll, ac yn newid yn atom heliwm.

Felly beth am ronynnau β? Yr un yw'r effaith – does dim ots a ydyn nhw'n β+ neu'n β⁻, byddan nhw'n dal i fwrw allan electronau. Ond mae un gwahaniaeth. Mae gan ronynnau alffa a beta'r un cyrhaeddiad egni (~100 keV – 5 MeV), ond mae positronau ac electronau yn llawer llai masfawr, felly maen nhw'n teithio'n gyflymach (yn agos iawn at fuanedd golau, mewn gwirionedd). Dylech chi allu esbonio pam maen nhw'n ïoneiddio'n wannach na gronynnau alffa, ac felly pam mae ganddyn nhw gyrhaeddiad mwy.

(b) Amsugno pelydrau gama

Mae'r rhain yn ïoneiddio hefyd, ond mae eu rhyngweithiadau ag electronau atomau yn wahanol mewn dwy ffordd bwysig:

1. Nid ydyn nhw wedi'u gwefru, felly dydyn nhw ddim yn gallu effeithio ar electron atomig oni bai eu bod yn pasio'n agos iawn. Felly, maen nhw'n pasio trwy nifer mawr o atomau cyn rhyngweithio.
2. Maen nhw'n colli eu holl egni mewn un rhyngweithiad (cofiwch yr effaith ffotodrydanol).

Tybiwch fod gennyn ni baladr o ffotonau pelydrau γ yn pasio trwy ddefnydd unffurf. Mae ffracsiwn penodol, 0.9 (h.y. 90%) dyweder, yn pasio trwy'r 10 cm cyntaf. Beth am y 10 cm nesaf? Nid yw'r ffotonau sydd wedi 'goroesi' wedi colli unrhyw egni, felly mae ganddyn nhw'r un siawns, 0.9, o basio trwy'r 10 cm nesaf. Felly, ar ôl 20 cm, y ffracsiwn sy'n 'goroesi' yw $(0.9)^2 = 0.81$. Ar ôl 30 cm, mae gennyn ni $(0.9)^3 = 0.73$, ac ati. Mae Ffig. 3.5.7 yn graff o arddwysedd yn erbyn pellter, ar gyfer 100 uned gychwynnol. Byddwn ni'n ymchwilio i'r berthynas hon yn y gwaith ymarferol penodol yn Adran 3.5.8 Mae'n gromlin ddadfeiliad esbonyddol, ac mae ganddi'r un ffurf ag actifedd yn erbyn amser ar gyfer niwclid ymbelydrol – gweler Adran 3.5.6.

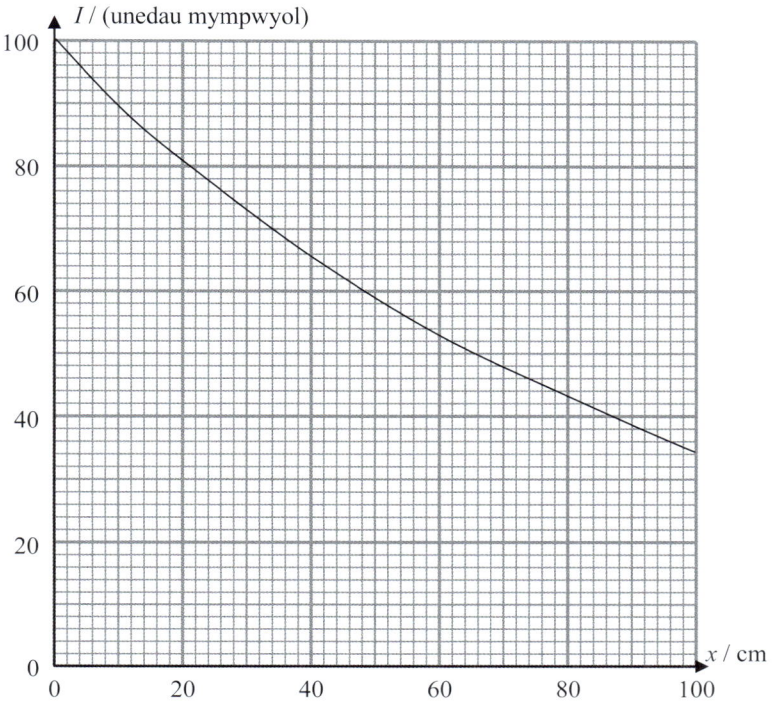

Ffig. 3.5.7 Y gostyngiad mewn arddwysedd paladr γ gyda thrwch yr amsugnydd

Pwynt astudio

Os yw'r gronyn alffa yn rhoi grym F ar electron am amser Δt mae'n trosglwyddo momentwm $F\Delta t$. Felly yr hiraf yw'r amser mae'n ei dreulio mewn atom, y mwyaf yw'r aflonyddwch mae'n ei achosi. Os edrychwch yn ôl ar Ffig. 3.5.2, fe welwch chi fod y traciau'n fwy trwchus tua'r diwedd o ganlyniad i'r cynnydd yn yr effaith ïoneiddio.

Gwirio gwybodaeth **3.5.8**

Mae gronyn alffa 5 MeV, yn colli 0.1 keV o egni cinetig ar gyfartaledd bob tro mae'n pasio trwy atom.

(a) Amcangyfrifwch nifer yr atomau mae'n pasio trwyddynt cyn dod i stop.

(b) Esboniwch pam mae ganddo gyrhaeddiad mwy mewn nwyon nag mewn solidau.

Gwirio gwybodaeth **3.5.9**

Ar gyfer y berthynas arddwysedd–pellter yn Ffig. 3.5.7,

(a) Nodwch ffracsiwn y ffotonau sy'n treiddio i 1.0 m.

(b) Defnyddiwch eich ateb i (a) i amcangyfrif y ffracsiwn sy'n treiddio i 5 m.

◀Ymestyn a herio

Gweler Adran M3.3 am drafodaeth ar ddadfeiliad esbonyddol. Mae'r arddwysedd, I, yn cael ei roi gan

$$I = I_0 e^{-\mu x}$$

lle μ yw'r ffracsiwn sy'n treiddio am bob uned pellter. Ar gyfer y data a roddir, mae gwerth μ yn 0.0105 cm⁻¹, ac mae $I_0 = 100$ o unedau mympwyol. Defnyddiwch y gwerthoedd hyn i ddarganfod x lle mae $I = 10$.

Gwirio gwybodaeth **3.5.10**

Esboniwch pam mae gan ymbelydredd sy'n ïoneiddio'n gryf gyrhaeddiad byrrach nag ymbelydredd sy'n ïoneiddio'n wan.

Gwirio gwybodaeth

Radiws ïonig alwminiwm metelig ($Z = 13$) yw 67.5 pm.

Ar gyfer plwm ($Z = 82$), mae'n 91.5 pm. Amcangyfrifwch gymhareb crynodiad yr electronau mewn alwminiwm a phlwm.

Cyngor cyflym >>

Mae'r golwg byr hwn ar ganfodyddion ymbelydredd wedi'i gynnwys er mwyn rhoi syniad i chi o sut maen nhw'n gweithio. **Ni fyddwch yn cael eich arholi ar Adran 3.5.3.**

>> **Pwynt astudio**

Mae'r tiwb GM yn gallu canfod ymbelydredd α, ymbelydredd β a phelydriad γ. Mae canfod α yn gyfeiriadol oherwydd dim ond trwy'r ffenestr fica y gall y gronynnau α fynd i mewn i'r tiwb. Mae hyd yn oed pelydrau γ, sy'n ïoneiddio'n wan, yn cynhyrchu digon o electronau i gael eu cofnodi.

Rôl y bromin yw casglu unrhyw ormodedd o electronau ac felly lleihau hyd y pwls. Trwy hynny, mae'n byrhau'r 'amser marwaidd' pan nad yw'n bosibl cofnodi unrhyw ddigwyddiadau.

(c) Pam mae defnyddiau mwy dwys yn amsugno ymbelydredd yn fwy effeithiol?

Mae'r rhan fwyaf o fàs defnydd yn y niwclysau, felly y dwysaf yw'r defnydd, y mwyaf o brotonau a niwtronau sydd. Mae niferoedd y protonau a'r electronau yr un fath. Gan gymharu nwy â solid, mae llawer llai o atomau (mewn nwy) am bob uned cyfaint, felly mae llawer llai o electronau, a'r rhain sy'n amsugno'r ymbelydredd.

Cymharu solidau o wahanol elfennau: mae pob atom fwy neu lai'r un maint – gyda radiws atomig tebyg i 0.1 nm. Wrth i ni gynyddu gwerth Z, caiff y plisg electronau mewnol eu tynnu'n fwy tuag at y niwclews (gan ei wefr fwy), ond prin bydd y radiws atomig yn newid. Mae hyn yn golygu bod crynodiad yr electronau yn cynyddu gyda'r dwysedd. Felly, mae defnydd mwy dwys yn golygu mwy o amsugno.

3.5.3 Canfod a mesur ymbelydredd niwclear

Caiff ymbelydredd niwclear ei ganfod fel arfer trwy'r ïoneiddio mae'n ei gynhyrchu. Gan mai dim ond yn wan mae'n ïoneiddio, mae'n fwy anodd canfod γ nag α a β. Rhaid adeiladu canfodydd ar gyfer ymbelydredd α sy'n cynnwys ffenestr denau iawn, neu ni fydd yr ymbelydredd yn gallu mynd i mewn i'r canfodydd.

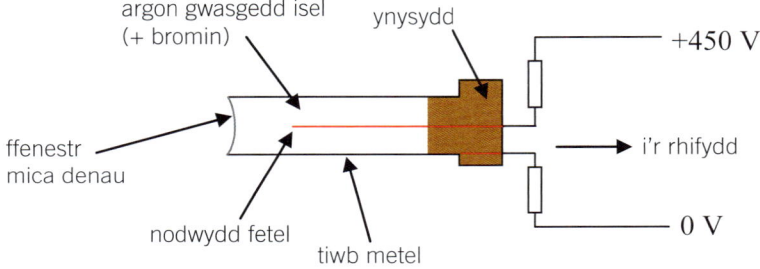

Ffig. 3.5.8 Y tiwb Geiger-Müller

Mae'r ymbelydredd niwclear yn ïoneiddio atomau argon. Caiff electronau sydd wedi'u rhyddhau o'r atomau argon eu hatynnu at y nodwydd fetel sydd wedi'i gwefru'n bositif (potensial nodweddiadol ~400 V), gan ennill digon o egni cinetig i achosi rhagor o ïoneiddio ar y ffordd. Mae'r pwls o gerrynt sy'n cael ei gynhyrchu o hyn yn achosi pwls foltedd ar draws y gwrthydd, sy'n cael ei gofnodi ar y rhifydd.

Defnyddir synwyryddion cyflwr solet, sydd yn eu hanfod yn ddeuodau silicon â bias yn ôl, yn aml. Manteision canfodyddion cyflwr solet yw eu bod yn gweithredu ar folteddau isel (3–5 V fel arfer) a bod eu hamser 'marwaidd' yn fyr iawn, felly maen nhw'n gallu canfod lefelau uchel o ymbelydredd. Mae eu perfformiad yn diraddio gydag amser wrth iddyn nhw gael eu difrodi gan yr ymbelydredd.

3.5.4 Natur hap dadfeiliad

(a) Amrywioldeb canlyniadau

Os ydych chi'n gwrando ar seinydd allbwn rhifydd Geiger (h.y. tiwb GM wedi'i gysylltu â rhifydd), yn gwylio'r dangosydd cyfrif wrth iddo godi, neu'n gwylio nodwydd mesurydd cyfradd analog, buan iawn y sylwch chi fod y cyfrifon yn cyrraedd ar hap. Rhaid cadw hyn mewn cof wrth i chi fesur **pelydriad cefndir** neu wrth arsylwi ffynhonnell.

Dyma 20 o ddarlleniadau, pob un dros gyfnod o 1 funud, o'r pelydriad cefndir yn Aberystwyth:
24, 20, 26, 29, 27, 24, 25, 22, 25, 21, 21, 28, 27, 25, 18, 24, 19, 27, 32, 28

Mae'r darlleniadau i gyd yn amrywio o gwmpas ~25 (y gwerth cymedrig yw 24.6). Mae'n ymddangos bod yr amrediad yn ± 7 cyfrif y funud (cpm). Beth sy'n digwydd os ydyn ni'n amseru am ragor o amser? Dyma ddarlleniadau 10 munud:
268, 227, 247, 258, 230, 240, 232, 226, 266, 236, 248, 242, 246, 269, 264, 230, 260, 237, 238, 267

Mae'r gwerth cymedrig yn cyd-fynd yn dda â chymedr y darlleniadau 1 funud (gweler GG 3.5.12). Mae gan y canlyniadau wasgariad mwy na'r darlleniadau 1 funud, ond wrth i ni eu trawsnewid i cpm (cyfrif y funud) rydyn ni'n canfod gwasgariad *llai*: gwerthoedd eithaf 22.7–26.9 h.y. ± 2. Mae'r gwahaniaeth yn cael ei amlygu yn Ffig. 3.5.9.

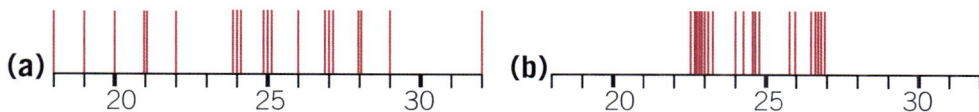

Ffig. 3.5.9 Cymharu amrywiad y cpm â chyfnod cyfrifo (a) 1 funud a (b) 10 munud

(b) Cyfnod cyfrif hir neu ailadrodd darlleniadau?

Cyhyd â bod actifedd y sampl ymbelydrol yn gyson dros gyfnod yr arbrawf (e.e. cyfnod tipyn byrrach na'r hanner oes) does dim ots a ydych chi'n cymryd un darlleniad hir neu'n cymryd darlleniadau ailadrodd sy'n adio i roi'r un amser, e.e. mesur y pelydriad cefndir dros 10 munud, neu wneud hyn 10 gwaith dros gyfnod o funud (neu 5 gwaith dros 2 funud …). Ym mhob achos, y gyfradd gymedrig (h.y. cyfrif y funud, cpm neu gyfrif yr eiliad, cps) fydd cyfanswm y cyfrif wedi'i rannu â chyfanswm yr amser. Er enghraifft, mae cyfanswm 10 darlleniad cyntaf y darlleniadau 1 funud yn 243 cyfrif, sy'n rhoi cyfradd gymedrig o 24.3 cpm.

(c) Cywiro ar gyfer pelydriad cefndir

Rydyn ni'n gwneud hyn trwy dynnu'r gyfradd cyfrif cefndir o'r gyfradd cyfrif pan fydd y ffynhonnell yn bresennol neu dynnu'r cyfrif cefndir o'r cyfrif gyda'r ffynhonnell yn bresennol (dros yr un cyfnod o amser).

▶▶ **Pwynt astudio**

Yng nghyd-destun ymchwiliadau labordy i ffynonellau ymbelydrol, **pelydriad cefndir** yw'r ymbelydredd niwclear sy'n cael ei ganfod yn absenoldeb y ffynhonnell dan sylw.

Gwirio gwybodaeth 3.5.12◀

Cyfrifwch y cyfrifon cymedrig bob munud ar gyfer y darlleniadau cefndir 10 munud.

◀**Ymestyn a herio**

Os yw'r cyfrif cymedrig tymor hir dros gyfnod yn N, mae dadansoddiad ystadegol manwl yn rhagfynegi, yn achos nifer mawr o ddarlleniadau unigol, y bydd gan ddosraniad wyriad safonol o $\sqrt{N}$: bydd ~70% o'r darlleniadau o fewn $N \pm \sqrt{N}$ a bydd ~95% o fewn $N \pm 2\sqrt{N}$. Gwiriwch y gwerthoedd 1 funud a 10 munud – a gwnewch sylw.

Gwirio gwybodaeth 3.5.13◀

Cyfrifwch gyfraddau cyfrif cymedrig y darlleniadau cefndir 1 funud mewn grwpiau o 10: h.y. 1af – 10fed (wedi'i wneud); 2il – 11eg; 3ydd – 12fed, ac yn y blaen. Cymharwch y canlyniadau hyn â'r amrywiad 10 munud.

◀**Ymestyn a herio**

Mae tiwb GM, wedi'i osod yn agos at ffynhonnell ymbelydrol, yn canfod 1659 cyfrif mewn 10 eiliad. Caiff yr amser cyfrif ei reoli gan switsh llaw. Ai'r broses ddadfeilio ar hap neu'r ansicrwydd o ran trin y switsh sy'n cael yr effaith fwyaf ar y darlleniad?

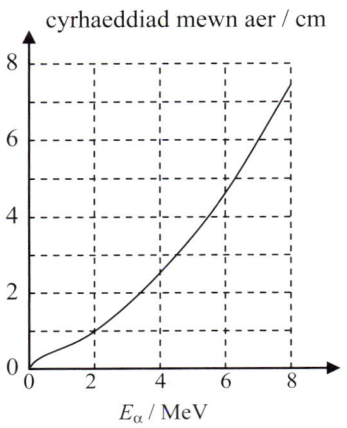

Ffig. 3.5.10 Amrediad gronynnau α mewn aer fel ffwythiant o egni

3.5.5 Gwahaniaethu rhwng ymbelydredd α, ymbelydredd β a phelydriad γ

(a) Defnyddio pŵer treiddio

O'ch gwybodaeth cyn Safon Uwch, byddwch chi'n cofio ein bod yn gallu defnyddio pŵer treiddio i wahaniaethu rhwng ymbelydredd α, ymbelydredd β a phelydriad γ. Dyma'r rheol gyffredinol:

- Os nad yw'n gallu treiddio trwy ddalen o bapur neu drwy fwy na ~3–5 cm o aer, mae'n ymbelydredd α.
- Os yw'n gallu treiddio trwy'r uchod ond mae metel tenau yn ei atal, e.e. 1–2 mm o ddur; 2–3 mm o alwminiwm, mae'n ymbelydredd β (naill ai β⁻ neu β⁺).
- Os yw'n teithio trwy bob un o'r uchod, mae'n belydriad γ.

Mae cyrhaeddiad neu bŵer treiddio unrhyw ymbelydredd yn dibynnu ar ei egni. Mae Ffig. 3.5.10 yn dangos sut mae cyrhaeddiad gronynnau α yn amrywio gyda'u hegni cinetig.

Dyma enghraifft TGAU sy'n eithaf anodd (byddai diagram yn cael ei gynnwys fel arfer), ond mae'r rhifau'n hawdd:

Enghraifft

Caiff tiwb GM ei osod 2 cm i ffwrdd oddi wrth ffynhonnell o ymbelydredd niwclear. Mae'n canfod 525 cyfrif y funud (cpm). Gydag amsugnydd papur mae'r gyfradd cyfrif yn disgyn i 400 cpm; gydag amsugnydd alwminiwm 2 mm o drwch, mae'n 225 cpm. Beth yw ffracsiynau'r ymbelydredd α, ymbelydredd β a phelydriad γ yn allyriadau'r ffynhonnell?

Y darlleniad cefndir oedd 250 cyfrif mewn 10 munud.

Ateb

(Rhaid i ni dybio rhai pethau – gweler y Pwynt astudio.)

Mae'r gyfradd cyfrif cefndir $= \dfrac{250 \text{ cyfrif}}{10 \text{ mun}} = 25$ cpm

Felly mae cyfanswm yr ymbelydredd gaiff ei ganfod o'r ffynhonnell = 525 – 25 = 500 cpm

Gan ddefnyddio'r symbolau amlwg, mae:

$$\alpha + \beta + \gamma + 25 = 525 \quad [1]$$
$$\beta + \gamma + 25 = 400 \quad [2]$$
$$\gamma + 25 = 225 \quad [3]$$

Felly, o [3] mae'r γ yn 200 allan o 500 = 0.40 o'r cyfanswm, h.y. 40%

Trwy dynnu [3] o [2] → β = 175

Felly mae'r β yn 175 allan o 500 = 0.35 o'r cyfanswm, h.y. 35%.

Yna, naill ai trwy fynnu bod y ffracsiynau'n adio i roi 1.00 (100%) neu trwy dynnu [2] o [1], mae α yn 0.25 o'r cyfanswm, h.y. 25%.

Sylwch: fel arall, tynnwch y cefndir ar y dechrau i roi:

α + β + γ = 500; β + γ = 400; γ = 200 ac yna ewch yn eich blaen fel uchod.

(b) Allwyriad ymbelydredd mewn maes magnetig

Mae paladrau o ronynnau wedi'u gwefru yn creu ceryntau trydan, ac felly maen nhw'n cael eu hallwyro mewn meysydd magnetig. Gweler adran 4.4. Mae'r grym bob amser ar ongl sgwâr i'r maes magnetig ac i gyflymder y gronynnau. Felly, os yw'r gronynnau'n teithio ar ongl sgwâr i'r maes magnetig, mae eu llwybr mewn cylch, gyda'r allwyriad i gyfeiriad sy'n cael ei roi gan reol llaw chwith Fleming. Rhoddir radiws, r, y llwybr crwn gan:

$$r = \frac{p}{qB}$$

lle p yw momentwm y gronynnau, q yw eu gwefr, a B yw dwysedd fflwcs y maes magnetig (gweler Adran 4.4.3).

Byddwch chi'n aml yn dod ar draws diagram tebyg i Ffig. 3.5.11 i ddangos yr allwyriadau (neu'r diffyg allwyriadau) ar gyfer ymbelydredd α, ymbelydredd β a phelydriad γ. Mewn un ffordd, mae'r diagram yn rhoi'r syniad cywir: oherwydd bod ganddynt wefrau dirgroes, mae ymbelydredd α ac ymbelydredd β yn allwyro i gyfeiriadau dirgroes, ac ni chaiff pelydriad γ (sydd heb ei wefru) ei allwyro.

Mewn ffordd arall, mae Ffig. 3.5.11 yn afrealistig iawn. Mae masau gronynnau α a β yn wahanol iawn (mae niwclews heliwm tua 8000 × mor fasfawr ag electron). Os oes gan y gronynnau α a'r gronynnau β yr un egni, E, nid yw eu momenta yr un fath. Gan anwybyddu, am y tro, yr angen am driniaeth berthnaseddol, mae:

$$E = \frac{p^2}{2m} \therefore p = \sqrt{2Em}$$

∴ Mae radiws cylch y gronynnau α yn llawer mwy na radiws cylch y gronynnau β. Gan ystyried y wefr ddwbl ar ronynnau α, y gymhareb yw √2000, h.y. tua 45 (gweler y troednodyn) [4]

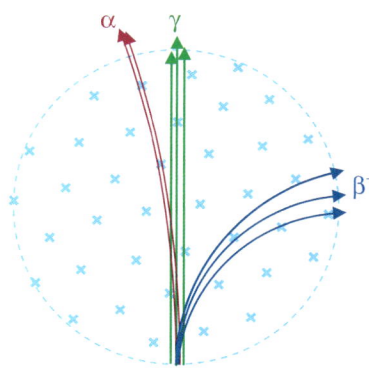

Ffig. 3.5.11 Diagram afrealistig o allwyriad magnetig

◀Ymestyn a herio

Un agwedd 'realistig' ar Ffig. 3.5.11 yw, er bod traciau'r gronynnau α yn cael eu dangos yn cadw at ei gilydd, dangosir bod rhai o'r gronynnau β yn gwasgaru. Pam y rhai hynny?

Gwirio gwybodaeth 3.5.14

Mae'r Ffig. 3.5.11 'afrealistig' yn dangos traciau gronynnau β⁻. Ym mha ffordd byddai'r diagram yn wahanol pe bai traciau β⁺ yn cael eu dangos?

Enghraifft

Cyfrifwch radiws crymedd traciau gronyn α 1 MeV mewn maes magnetig 0.2 T. [1 MeV = 1.60×10^{-13} J; $m_\alpha = 6.64 \times 10^{-27}$ kg]

Ateb

$E = \dfrac{p^2}{2m}$, felly y momentwm yw:

$p = \sqrt{2mE} = \sqrt{2 \times 6.64 \times 10^{-27} \times 1.60 \times 10^{-13}} = 4.61 \times 10^{-20}$ N s

∴ Mae radiws y crymedd, $r = \dfrac{p}{qB} = \dfrac{4.61 \times 10^{-20}}{2 \times 1.60 \times 10^{-19} \times 0.2} = 0.72$ m

---

⟩⟩ Termau Allweddol

Actifedd, A, ffynhonnell ymbelydrol yw nifer y dadfeiliadau ymbelydrol am bob uned amser.

UNED: becquerel $(\mathbf{Bq}) \equiv s^{-1}$

3.5.6 Dadfeiliad esbonyddol sylweddau ymbelydrol

Yn yr adran hon byddwn ni'n ystyried **actifedd**, A, defnydd ymbelydrol, a sut mae'n newid dros amser. Dyma nifer y dadfeiliadau am bob eiliad. Mae gan ffynhonnell nodweddiadol yn yr ysgol actifedd o ~100 kBq, h.y. ~10^5 dadfeiliad am bob eiliad.

---

[4] Ar gyfer gronynnau α a β ag egni cinetig o 1 MeV, mae triniaeth berthnaseddol yn nodi bod radiws y gronynnau α tua 20 × radiws y gronynnau β.

Gwirio gwybodaeth

Roedd actifedd ffynonellau ymbelydrol yn arfer cael ei fynegi mewn *curies*, uned sydd ddim yn uned SI. Diffiniwyd y curie fel actifedd 1 g o ^{226}Ra, sydd â chysonyn dadfeilio o 1.37×10^{-11} s^{-1}. Mynegwch y curie mewn becquerel.

◀ **Ymestyn a herio**

Mae gan niwclid ymbelydrol byrhoedlog $\lambda = 1.0 \times 10^{-6}$s. Pam gallwn ni gyfrifo ffracsiwn yr atomau sy'n dadfeilio mewn munud trwy luosi â 60 s ond ni allwn ni gyfrifo'r ffracsiwn sy'n dadfeilio mewn blwyddyn trwy luosi â 3.16×10^7 s [nifer yr eiliadau mewn blwyddyn]?

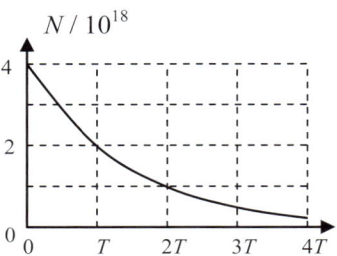
Ffig. 3.5.12 Cromlin ddadfeiliad (1)

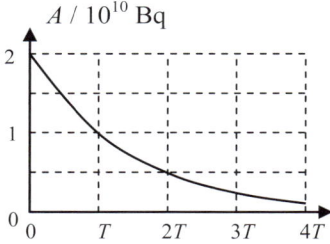
Ffig. 3.5.13 Cromlin ddadfeiliad (2)

 **Gwirio gwybodaeth**

Cyfrifwch werth λ yn y sampl ymbelydrol yn Adran 3.5.6(b).

▶▶ **Termau Allweddol**

Y **cysonyn dadfeiliad**, λ, yw'r ffracsiwn o niwclysau niwclid ymbelydrol sy'n dadfeilio am bob uned amser.

UNED: s^{-1}

Yr **hanner oes** yw'r amser mae'n ei gymryd i nifer y niwclysau mewn niwclid ymbelydrol (neu'r actifedd) haneru.

(a) Actifedd a'r cysonyn dadfeiliad

Mae dadfeiliad niwclews atomig ansefydlog yn hapddigwyddiad. Nid yw'r tymheredd, y gwasgedd nac unrhyw gyflwr ffisegol arall yn effeithio arno o gwbl. Allwn ni ddim rhagfynegi pryd bydd niwclews unigol yn dadfeilio, ond gallwn ni ddarganfod y tebygolrwydd y bydd niwclews yn gwneud hynny o fewn unrhyw gyfnod amser. Er enghraifft, bydd gan niwclews $^{14}_{6}$C debygolrwydd o 3.94×10^{-12} o ddadfeilio bob eiliad. Dywedwn ni fod **cysonyn dadfeiliad**, λ, $^{14}_{6}$C yn 3.94×10^{-12} s^{-1}. Mae hyn yn golygu, mewn sampl o N atom carbon-14, bydd $3.94 \times 10^{-12}N$ yn dadfeilio bob eiliad.

Dyma'r berthynas rhwng N, A a λ: $A = \lambda N$.

> **Enghraifft**
>
> Cysonyn dadfeiliad ^{235}U yw 3.14×10^{-17} s^{-1}. Cyfrifwch actifedd 1 kg o ^{235}U. $[N_A = 6.02 \times 10^{23}$ mol$^{-1}]$
>
> **Ateb**
>
> Mae màs molar ^{235}U = 235 g mol^{-1} = 0.235 kg mol^{-1}.
>
> $\therefore$ Mae nifer yr atomau mewn 1 kg o ^{235}U, $N = \dfrac{1.0 \text{ kg}}{0.235 \text{ kg môl}^{-1}} N_A = 2.56 \times 10^{24}$
>
> $\therefore$ Mae'r actifedd, $A = \lambda N = 3.14 \times 10^{-17}$ s$^{-1} \times 2.56 \times 10^{24} = 80$ MBq

(b) Hanner oes

Mae natur hap dadfeiliad yn ei wneud yn anodd ei ragweld ac yn arwain at y ddeddf **hanner oes**. Mae cyfradd dadfeilio sampl o un math o niwclid ymbelydrol mewn cyfrannedd â nifer yr atomau; os yw'r nifer sydd ar ôl yn haneru, mae'r gyfradd dadfeilio'n haneru. Felly, mae'r amser mae'n ei gymryd i'r nifer sydd ar ôl ddisgyn i unrhyw ffracsiwn penodol (e.e. hanner, 0.1, e^{-1}) yn gyson.

Tybiwch fod gennyn ni sampl o 4×10^{18} atom o niwclid ymbelydrol, gydag actifedd cychwynnol o 2×10^{10} Bq. Mae Ffig. 3.5.12 yn dangos sut mae'r nifer sydd ar ôl, N, yn amrywio gydag amser, lle T yw'r hanner oes (nad ydyn ni'n ei wybod eto).

Yr enw ar y math hwn o graff yw graff dadfeiliad esbonyddol (gweler Adran M3.3 t262). Gan fod $A = \lambda N$, mae'r graffiau N yn erbyn t ac A yn erbyn t yn dangos yr un hanner oes nodweddiadol. Ffig. 3.5.13 yw'r graff $A(t)$ sy'n cyfateb i'r graff $N(t)$ yn Ffig. 3.5.12.

(c) Fformiwlâu cromliniau dadfeiliad ymbelydrol

Fel arfer, rydyn ni'n ysgrifennu gwerthoedd cychwynnol N ac A fel N_0 ac A_0. Ar ôl x hanner oes, rydyn ni'n gwybod bod y gwerthoedd hyn wedi'u lleihau gan ffactor o 2^x, felly gallwn ni ysgrifennu:

$$N = \frac{N_0}{2^x} \text{ ac } A = \frac{A_0}{2^x},$$

neu'n fwy cyfleus

$$N = N_0 2^{-x} \text{ ac } A = A_0 2^{-x}.$$

Mae'n bwysig nodi y gall x gael unrhyw werth, nid rhifau cyfan positif yn unig. Felly, er enghraifft, ar ôl 3.7 hanner oes, bydd actifedd sampl wedi disgyn i 0.077 gwaith y gwreiddiol (gan fod $2^{-3.7} = 0.077$ i 2 ff.y). Dylech chi wneud yn siŵr eich bod yn gallu defnyddio eich cyfrifiannell i gael yr ateb hwn!

Yn Adran M3.2, rydyn ni'n deillio'r fformiwlâu amgen canlynol yn nhermau amser yn hytrach na nifer yr hanner oesau:

$$N = N_0 e^{-\lambda t} \text{ ac } A = A_0 e^{-\lambda t}.$$

Mae'r Ymestyn a Herio ar ymyl y dudalen yn gofyn i chi ddangos bod y fformiwlâu hyn yn gywerth â'r rhai 2^{-x}, ond yn gyntaf rhaid i ni ddeillio'r berthynas rhwng λ a'r hanner oes, $T_{\frac{1}{2}}$.

Gan ddechrau o
$$A = A_0 e^{-\lambda t}$$

Trwy ddiffiniad, ar ôl amser $\quad t = T_{\frac{1}{2}}, A = \frac{1}{2}A_0,$

$\therefore$ Trwy aildrefnu, cawn ni fod $\quad e^{-\lambda T_{\frac{1}{2}}} = \dfrac{A_0}{2A_0},\qquad$ h.y. $e^{-\lambda T_{\frac{1}{2}}} = \dfrac{1}{2}$

Trwy gymryd logiau, cawn ni fod $\ln\left(e^{-\lambda T_{\frac{1}{2}}}\right) = -\ln 2$

$\therefore \qquad\qquad\qquad -\lambda T_{\frac{1}{2}} = -\ln 2,\qquad$ h.y $\lambda = \dfrac{\ln 2}{T_{\frac{1}{2}}}$

Mae cwestiynau arholiad sy'n cynnwys λ a'r hanner oes yn gofyn am ofal gydag unedau gan fod hanner oes yn cael ei fynegi'n aml mewn oriau, dyddiau neu flynyddoedd fel sy'n briodol, tra mae'r actifedd A mewn Bq (h.y. s^{-1}).

Enghraifft

Cyfrifwch actifedd 1 ng o ^{14}C, sydd â hanner oes o 5570 o flynyddoedd.

Ateb

Cysonyn dadfeiliad, $\lambda = \dfrac{\ln 2}{T_{\frac{1}{2}}} = \dfrac{\ln 2}{5570 \times 3600 \times 24 \times 365.25} = 3.94 \times 10^{-12} \text{ s}^{-1}$

Nifer yr atomau, $N = \dfrac{m}{M_r} N_A = \dfrac{1.0 \times 10^{-9} \text{ g}}{14 \text{ g mol}^{-1}} \times 6.02 \times 10^{23} \text{ mol}^{-1} = 4.3 \times 10^{13}.$

Mae'r actifedd yn $A = \lambda N$ $\therefore$ Mae $A = 3.94 \times 10^{-12} \text{ s}^{-1} \times 4.3 \times 10^{13} = 170$ Bq.

(ch) Defnyddio graffiau log-llinol (hanner log)

Rydyn ni wedi gweld bod actifedd radioniwclid yn dadfeilio yn ôl yr hafaliad $A = A_0 e^{-\lambda t}$, sy'n arwain at y graff dadfeiliad esbonyddol cyfarwydd. Gallwn ni newid y berthynas hon yn graff llinol trwy gymryd logiau:

$$\ln A = \ln A_0 - \lambda t \qquad \text{[Gweler y Cyngor mathemateg]}$$

Felly dylai graff $\ln A$ yn erbyn t fod yn llinell syth â graddiant $-\lambda$ a rhyngdoriad $\ln A_0$ ar yr echelin $\ln A$. Mantais graff llinell syth o'i gymharu â graff aflinol yw ei bod yn haws i'r llygad gymharu llinellau syth â phwyntiau data sydd ychydig ar hap yn hytrach na chromliniau. Felly, mewn arbrawf i ddarganfod hanner oes defnydd ymbelydrol, mae'n debygol y bydd y canlyniad yn fwy manwl gywir oddi ar graff log-llinol.

Data sampl

Aeth athro ati i fonitro dadfeiliad sampl o radon-220 dros gyfnod o 2 funud trwy nodi'r cyfrif mewn cyfyngau 10 s olynol. Roedd y canlyniadau a'r graff dadfeiliad fel hyn:

Amser, t / s	0	10	20	30	40	50	60	70	80	90	100	110	120
Cyfrif, C	540	495	432	361	310	290	245	220	174	165	157	125	112

‹ Cyswllt ›

Ewch i Adran 3.3 i weld sut i ddefnyddio'r màs molar a chysonyn Avogadro i gyfrifo nifer y gronynnau mewn màs penodol o sylwedd.

Cofiwch fod rhaid i unedau màs a màs molar fod yn gyson, h.y. g a g mol^{-1} neu kg a kg mol^{-1} yn ôl eu trefn.

« Cyngor cyflym

Mae angen i chi ddysgu sut i ddeillio $\lambda = \dfrac{\ln 2}{T_{\frac{1}{2}}}$. Gallai cwestiwn yn yr arholiad ofyn amdano.

◄ Ymestyn a herio

Deilliwch yr hafaliad
$$A = A_0 2^{-x}$$
o $\qquad A = A_0 e^{-\lambda t}$

Awgrym: Ysgrifennwch yr amser, t fel $t = xT_{\frac{1}{2}}$, defnyddiwch $\lambda = \dfrac{\ln 2}{T_{\frac{1}{2}}}$ a defnyddiwch y berthynas rhwng logiau naturiol a phwerau e.

Gwirio gwybodaeth `3.5.17` ◄◄

Ar gyfer y sampl ymbelydrol yn Adran 3.5.6(b), cyfrifwch:

(a) Yr hanner oes.

(b) Yr actifedd ar ôl 10 o flynyddoedd.

« Cyngor mathemateg

O $\qquad\qquad A = A_0 e^{-\lambda t}$

$\therefore\qquad\qquad \ln A = \ln(A_0 e^{-\lambda t})$

$\therefore\qquad\qquad \ln A = \ln(A_0 e^{-\lambda t})$

Ond mae $\ln ab = \ln a + \ln b$

$\therefore\qquad\qquad \ln A = \ln A_0 + \ln(e^{-\lambda t})$

Ac mae $\quad \ln(e^x) = x$

$\therefore\qquad\qquad \ln A = \ln A_0 - \lambda t$

▶▶ Pwynt astudio

Does dim ots bod y cyfrifon dros gyfnodau o 10 s. Nid oes angen newid y rhain yn s^{-1} neu cpm (cyfrif y funud).

Pwynt astudio

Ffyrdd o ddod o hyd i'r hanner oes o Ffig. 3.5.14:

Yn gyntaf, tynnwch gromlin ddadfeiliad ffit orau, yna:

1. Darganfyddwch ddau achlysur lle mae'r cyfrifon yn ffactor o 2^n ar wahân, e.e. 400 a 200, 500 a 125, neu

2. Dewiswch unrhyw ddau bwynt sy'n bell oddi wrth ei gilydd gyda chyfrifon C_0 ac C_1. Darganfyddwch x o $C_1 = C_0 2^{-x}$ a chyfrifwch yr hanner oes o'r gwahaniaeth amser, neu

3. Fel 2 ond defnyddiwch $C_1 = C_0 e^{-\lambda \Delta t}$ i ddarganfod λ a'i ddefnyddio i gyfrifo'r hanner oes.

3.5.18 Gwirio gwybodaeth

Darganfyddwch hanner oes ^{220}Rn gan ddefnyddio'r tri dull sydd yn y Pwynt astudio.

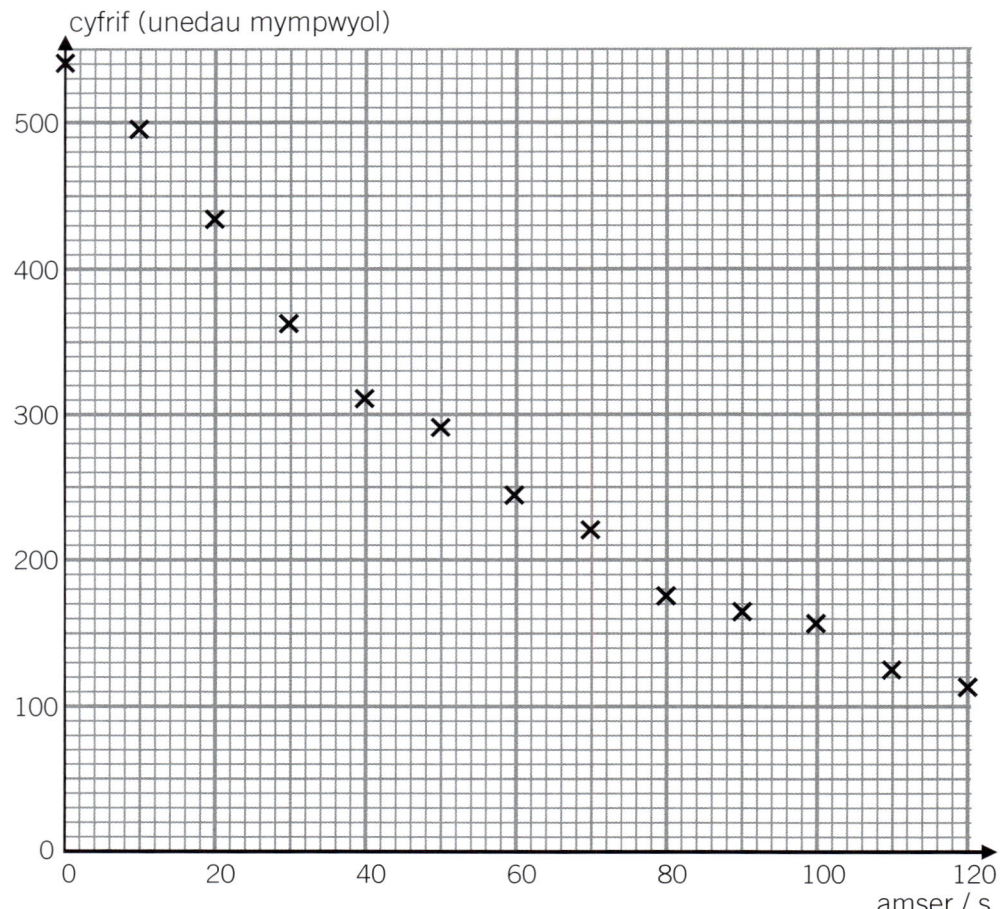

Ffig. 3.5.14 Dadfeiliad radon-220

Gallwn ni ddefnyddio'r graff hwn i ddarganfod hanner oes ^{220}Rn (gweler y Pwynt astudio). Ffordd well yw plotio $\ln C$ yn erbyn t, tynnu llinell syth ffit orau, darganfod λ o'r graddiant a chyfrifo $T_{\frac{1}{2}}$. Gweler Profwch eich hun 3.5 C1.

3.5.7 Cyfrifiadau gan ddefnyddio'r hafaliadau dadfeiliad

Ar gyfer y cyfrifiadau symlaf, mae angen darganfod yr actifedd, nifer yr atomau a'r màs sy'n weddill wedi amser penodol, o wybod yr hanner oes neu'r cysonyn dadfeiliad. Yr unig beth mae'n rhaid ei wneud yw mewnbynnu'r data i'r hafaliad perthnasol:

e.e. $N = N_0 2^{-x}$ neu $A = A_0 e^{-\lambda t}$

Enghraifft

Mae gan ïodin-131 hanner oes o 8.1 diwrnod. Mae gan sampl o ^{131}I actifedd o 3.0×10^6 Bq. Cyfrifwch yr actifedd ar ôl 21 diwrnod.

Ateb

Defnyddiwn ni hanner oesau i wneud hyn. Gweler GG 3.5.19 er mwyn gwneud yr un cwestiwn mewn ffordd wahanol.

Mae 21 diwrnod $= \dfrac{21}{8.1} = 2.59$ hanner oes.

$\therefore$ Gan ddefnyddio $A = A_0 2^{-x}$, mae'r actifedd ar ôl 21 diwrnod $= 3.0 \times 10^6 \times 2^{-2.59}$ Bq

$$= 500 \text{ kBq}$$

Mae cyfrifiadau sy'n gofyn i chi gyfrifo λ neu $T_{\frac{1}{2}}$ yn fwy cymhleth oherwydd bod angen defnyddio'r berthynas rhwng logiau ac esbonyddion (gweler y Cyngor mathemateg).

Enghraifft

Mae gan ïodin-128 hanner oes o 25 munud. Cyfrifwch yr amser mae'n ei gymryd i sampl 5.0 MBq ddadfeilio i 10 kBq.

Ateb

Y tro hwn, defnyddiwn ni'r cysonyn dadfeiliad, λ (mewn s^{-1}), wrth weithio.

$\lambda = \dfrac{\ln 2}{25 \times 60} = 4.62 \times 10^{-4}$ s^{-1}

$\therefore$ Gan ddefnyddio $A = A_0 e^{-\lambda t}$, $e^{-4.62 \times 10^{-4}t} = \dfrac{10 \times 10^3}{5 \times 10^6} = 0.002$

$\therefore$ Trwy gymryd logiau, mae: $-4.62 \times 10^{-4}t = \ln(0.002) = -6.21$

$$\therefore t = \dfrac{-6.21}{-4.62 \times 10^{-4}} = 13\,500 \text{ s (3 awr 44 munud)}$$

3.5.8 Gwaith ymarferol penodol

(a) Ymchwilio i hapddadfeiliad trwy ddefnyddio cydweddiad disiau

Nid oes gan lawer o ganolfannau'r cyfleusterau i gasglu ac arsylwi ar radioisotopau byrhoedlog, ond mae'n bosibl dangos natur hap dadfeiliad trwy ddefnyddio'r ffaith bod gan ddis ciwbig 1 siawns mewn 6 o lanio ar unrhyw ochr benodol.

Ffordd syml o ddefnyddio disiau i ddangos dadfeiliad ymbelydrol yw trwy ystyried eu bod yn niwclysau ymbelydrol, a bod unrhyw rai sy'n glanio ag 1 i fyny (er enghraifft) wedi 'dadfeilio'. Felly dyma'r dull:

1. Taflwch nifer mawr, hysbys (N_0) o ddisiau.
2. Tynnwch unrhyw rai sy'n dangos 1 oddi yno, a chyfrifwch y rhai sy'n weddill (N_1).
3. Taflwch weddill y disiau a thynnwch y rhai sydd ag 1 oddi yno.
4. Cyfrifwch y rhai sy'n weddill (N_2) ac ailadroddwch i gael $N_3, N_4 \ldots$

Pwynt astudio

Wrth ateb Gwirio gwybodaeth 3.5.19 does dim ots a ydyn ni'n defnyddio eiliadau, munudau, oriau neu ddiwrnodau fel yr uned amser, cyhyd â bod unedau λ a t yn gyson; e.e. λ mewn s^{-1} a t mewn s, neu λ mewn diwrnod^{-1} a t mewn diwrnodau. Bydd gwerth λt yn peth bob tro, felly bydd gan $e^{-\lambda t}$ yr un gwerth bob tro. Ailadroddwch Gwirio gwybodaeth 3.5.19 gan ddefnyddio uned amser wahanol.

Gwirio gwybodaeth 3.5.19

(a) Cyfrifwch gysonyn dadfeilio, λ, ^{131}I.

(b) Dangoswch, gan ddefnyddio $A = A_0 e^{-\lambda t}$, fod yr actifedd ar ôl 21 diwrnod yn 500 kBq.

Cyngor mathemateg

Sicrhewch eich bod yn gallu defnyddio'r perthnasoedd hyn:

$\ln(e^x) = x$; $e^{\ln x} = x$

$\ln(2^x) = x\ln 2$; $e^{x\ln 2} = 2^x$

Gwirio gwybodaeth 3.5.20

Atebwch yr enghraifft ^{128}I trwy ddefnyddio hanner oes ac $A = A_0 2^{-x}$.

Awgrym: Yn gyntaf, datryswch $A = A_0 2^{-x}$ ar gyfer x gan ddefnyddio'r A a'r A_0 sydd wedi'u rhoi.

Pwynt astudio

Fel yn achos y 'darlleniadau ailadrodd' yn Adran 3.5.4, does dim ots a yw'r holl ddisiau'n cael eu taflu ar yr un pryd ai peidio. Mae hefyd yn bosibl gwneud hyn trwy daflu a chyfrif nifer llai o ddisiau dro ar ôl tro.

Gwirio gwybodaeth 3.5.21

Gan ddefnyddio'r dull yn Adran 3.5.8(a) gyda $N_0 = 1000$, cyfrifwch N_1, N_2 ac N_{10}.

3.5.22 Gwirio gwybodaeth

Defnyddiodd myfyriwr nifer mawr o ddisiau dodecahedraidd (h.y. disiau 12 ochr) fel system ddadfeilio enghreifftiol gan ddefnyddio'r dull yn 3.5.8(a). Dangoswch fod yr 'hanner oes' disgwyliedig bron yn 8 tafliad yn union.

3.5.23 Gwirio gwybodaeth

Os yw unedau C a d yn s^{-1} a cm yn ôl eu trefn, nodwch unedau k ac ε.

◀Ymestyn a herio

Mewn ysgol yn Ne Cymru, y cyfrif cefndir cymedrig yw 21 y funud. Y cyfrif gyda ffynhonnell γ yn bresennol yw 760 dros gyfnod o 5 munud. Amcangyfrifwch:

(a) C a $\dfrac{1}{\sqrt{C}}$ mewn cyfrifon yr eiliad, a'r

(b) ansicrwydd yn C a $\dfrac{1}{\sqrt{C}}$.

3.5.24 Gwirio gwybodaeth

Esboniwch sut y gellir darganfod gwerth ar gyfer ε o'r graff $\dfrac{1}{\sqrt{C}}$ yn erbyn d.

Y theori

Mae gan bob dis siawns o 1 mewn 6 o ddadfeilio, felly ar gyfartaledd[5] y ffracsiwn sy'n dal yn 'fyw' ar ôl unrhyw dafliad yw $\frac{5}{6}$. Ar ôl dau dafliad mae'n $\frac{5}{6} \times \frac{5}{6} = \left(\frac{5}{6}\right)^2$ ac ar ôl n tafliad mae'n $\left(\frac{5}{6}\right)^n$.

Gallwn ni ddarganfod yr 'hanner oes', h.y. nifer y tafliadau sydd eu hangen i haneru nifer y disiau sydd heb ddadfeilio, trwy ddatrys yr hafaliad:

$$\left(\frac{5}{6}\right)^n = \frac{1}{2}$$

Trwy gymryd logiau a thrin yr hafaliad rhyw ychydig, cawn ni fod: $n = \dfrac{\ln 2}{\ln 1.2} = 3.8$ (2 ff.y.)

Mae'n bosibl amrywio'r model hwn, e.e. trwy ganiatáu i 1 neu 2 nodi dis sydd wedi dadfeilio, neu drwy ddefnyddio disiau 12 ochr neu 20 ochr.

(b) Ymchwilio i amrywiad arddwysedd pelydrau gama gyda phellter

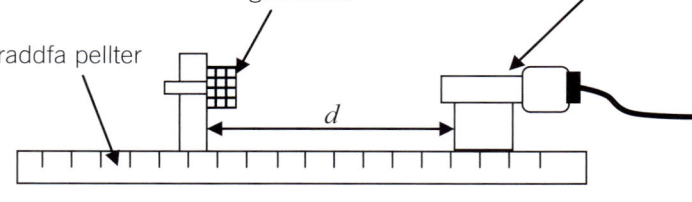

Ffig. 3.5.15 Deddf sgwâr gwrthdro ar gyfer pelydrau γ

Os yw gwahaniad y ffynhonnell a'r canfodydd yn fawr o'i gymharu â maint y ffynhonnell, rydyn ni'n disgwyl i arddwysedd y pelydrau gama fod mewn cyfrannedd â sgwâr gwrthdro'r gwahaniad. Yn anffodus, nid ydyn ni'n gwybod union safle'r ffynhonnell y tu mewn i'w gorchudd, na safle effeithiol y canfodydd yn y tiwb GM chwaith. Felly, gyda'r cyfarpar wedi'i osod fel yr uchod, rydyn ni'n disgwyl i gyfradd cyfrif C y ffynhonnell (h.y. wedi'i gywiro ar gyfer y cefndir) ddibynnu ar d yn ôl:

$$C = \frac{k}{(d - \varepsilon)^2}$$

lle mae k ac ε yn gysonion.

Os ydyn ni'n cymryd ail isradd yr hafaliad ac yn ei wrthdroi, cawn ni fod:

$$\frac{1}{\sqrt{C}} = \frac{d}{\sqrt{k}} - \frac{\varepsilon}{\sqrt{k}}.$$

Felly, os yw'r ddeddf sgwâr gwrthdro yn wir, dylai graff $\dfrac{1}{\sqrt{C}}$ yn erbyn d fod yn llinell syth.

Mae'r dull gweithredu yn weddol syml, a dyma destun Profwch eich hun 3.5 C4.

---

5   Mae'r 'ar gyfartaledd' yn bwysig yma. Os ydyn ni'n disgwyl i N_1 fod tua 900, bydd amrywiad o ±30 hefyd i'w ddisgwyl. Gweler Ymestyn a herio yn Adran 3.5.4.

Profwch eich hun 3.5

1. O'r graff $\ln C$ yn erbyn t ar gyfer canlyniadau dadfeiliad ^{220}Rn yn Ffig. 3.5.14 darganfyddwch:

   (a) Y graddiant a'r rhyngdoriad ar yr echelin $\ln C$.

   (b) Y cysonyn dadfeiliad, λ, a hanner oes y dadfeiliad.

2. Edrychwch ar Dabl Cyfnodol i'ch helpu i ysgrifennu hafaliadau dadfeiliad ar gyfer y prosesau dadfeilio canlynol:

   (a) Dadfeiliad α $^{192}_{78}$Pt

   (b) Dadfeiliad β^- $^{181}_{72}$Hf

   (c) Dadfeiliad β^+ $^{48}_{23}$V

   (ch) Dadfeiliad dal K $^{59}_{28}$Ni

   (d) Dadfeiliad $^{77}_{32}$Ge i $^{77}_{33}$As

   (dd) Dadfeiliad $^{65}_{30}$Zn trwy allyrru gronyn positif

   (e) Dadfeiliad $^{65}_{30}$Zn trwy amsugno gronyn negatif

   (f) Trawsffurfiad $^{239}_{92}$U i isotop plwtoniwm trwy ddau ddadfeiliad β^- olynol

   (ff) Dadfeiliad $^{17}_{7}$N trwy allyrru electron a niwtron.

3. Mae'r tabl yn dangos priodweddau rhai o isotopau neon:

Isotop	$^{18}_{10}$Ne	$^{19}_{10}$Ne	$^{20}_{10}$Ne	$^{21}_{10}$Ne	$^{22}_{10}$Ne	$^{23}_{10}$Ne	$^{24}_{10}$Ne
modd dadfeilio	β^+	β^+	sefydlog	sefydlog	sefydlog	β^-	β^-

   Awgrymwch resymau dros y patrwm yn y tabl.

4. Mae grŵp o fyfyrwyr yn ymchwilio i'r ddeddf sgwâr gwrthdro ar gyfer pelydriad gama. Maen nhw'n cael y mesuriadau canlynol:

   Cyfrif cefndir = 130 mewn 5 munud

Pellter, d / (cm	10	15	20	25	30	50	70
Cyfrif	755	282	155	230	275	240	365
Amser cyfrif / mun	1	1	1	2	3	5	10

   (a) Awgrymwch pam gwnaethon nhw fesur y cyfrifon dros amserau gwahanol.

   (b) Lluniwch dabl arall o gyfrifon am bob munud, C, wedi'u cywiro ar gyfer pelydriad cefndir.

   (c) Lluniadwch graff $\frac{1}{\sqrt{C}}$ yn erbyn d.

   (ch) Defnyddiwch eich graff i gadarnhau dilysrwydd y ddeddf sgwâr gwrthdro ac i gyfrifo gwerthoedd k ac ε (Gweler Adran 3.5.8(b)).

5. Mae gan isotopau wraniwm naturiol y digonedd cymharol (*relative abundance*) a'r hanner oesau canlynol:

Isotop	$^{234}_{92}$U	$^{235}_{92}$U	$^{238}_{92}$U
Digonedd cymharol	0.01%	0.72%	99.27%
Hanner oes/blynyddoedd	2.5×10^5	7.1×10^8	4.5×10^9

   Cyfrifwch:

   (a) Y cysonyn dadfeiliad ar gyfer pob isotop.

   (b) Ffracsiwn yr actifedd ar gyfer sampl o wraniwm naturiol y mae pob isotop yn gyfrifol amdano.

   (c) Actifedd $1\ \mathrm{kg}$ o wraniwm naturiol.

6. Mae pob un o'r tri isotop o wraniwm yng nghwestiwn 5 yn dadfeilio trwy allyriad α. Esboniwch pam byddai cyfanswm yr allyriadau canfyddadwy o $1\ \mathrm{kg}$ o wraniwm ar ffurf lwmp cryno yn llawer llai na'r ateb i 5(c), a pham byddai lwmp o'r fath yn teimlo ychydig yn gynnes o'i gyffwrdd.

7. Mae hanner oes byr ^{234}U o'i gymharu ag oed y Ddaear (2.56×10^9 o flynyddoedd) yn golygu bod unrhyw swm o'r isotop hwn a oedd yn y Ddaear yn wreiddiol wedi hen ddadfeilio i symiau bach iawn (h.y. sero).

(a) Dangoswch fod y gosodiad hwn yn gywir. [Awgrym: $2^{-10} \sim 10^{-3}$]

(b) Mae ^{234}U yn bodoli ar hyn o bryd, er mewn symiau bach, oherwydd ei fod yn cael ei gynhyrchu (yn anuniongyrchol) gan ddadfeiliad ^{238}U. Mae epil gynhyrchion dadfeiliad ^{238}U yn cynnwys allyrwyr α a β⁻ yn unig. Rhowch y dilyniant dadfeilio byrraf posibl ar gyfer cynhyrchu ^{234}U o ^{238}U. [Edrychwch ar Dabl Cyfnodol os oes angen.]

8. (a) Esboniwch pam nad yw'n bosibl cynhyrchu ^{235}U o ganlyniad i ddadfeiliad ^{238}U.

(b) Defnyddiwch wybodaeth o gwestiynau 5 a 7 i gyfrifo cyflenwadau isotopig ^{235}U ac ^{238}U ar yr adeg y cafodd y Ddaear ei ffurfio.

(c) Gan dybio bod tua'r un faint o ^{235}U a ^{238}U wedi cael eu ffurfio yn ffrwydrad yr uwchnofa wnaeth ddarparu'r elfennau trwm ar gyfer y nifwl y gwnaeth Cysawd yr Haul gyddwyso ohono, amcangyfrifwch pryd gwnaeth yr uwchnofa hon ddigwydd.

9. Mae daearegwyr yn darganfod oed creigiau igneaidd trwy ddefnyddio dyddio potasiwm-argon, sy'n cynnwys mesur y gymhareb o $^{40}_{19}$K i $^{40}_{18}$Ar yn y creigiau. Sail y dull yw fod ^{40}K yn ymbelydrol gyda hanner oes o 1.3×10^{10} o flynyddoedd, gyda 10% o'r dadfeiliadau i ^{40}Ar a'r gweddill i $^{40}_{20}$Ca (calsiwm-40). Un brif dybiaeth yw nad yw creigiau igneaidd yn cynnwys unrhyw argon i gychwyn.

(a) [Ar gyfer cemegwyr] Esboniwch pam mae'r dybiaeth yn debygol o fod yn ddilys.

(b) Mae dau fodd dadfeilio ar gyfer $^{40}_{19}$K i $^{40}_{18}$Ar. Ysgrifennwch hafaliadau dadfeiliad ar gyfer y ddau hyn ac ar gyfer dadfeiliad $^{40}_{19}$K i $^{40}_{20}$Ca.

(c) Esboniwch yn ansoddol sut mae'r gymhareb argon i botasiwm yn dibynnu ar oed y graig, a nodwch ail dybiaeth mae'n rhaid ei gwneud.

(ch) Cyfrifwch y cysonyn dadfeiliad ar gyfer dadfeiliad ^{40}K.

(d) Lluniwch dabl i ddangos cyflenwad y ^{40}K mewn camau o 100 miliwn o flynyddoedd hyd at 600 miliwn o flynyddoedd, a hynny o werth cychwynnol o 100. Dylech chi gynnwys colofn ar gyfer y cyflenwad o ^{40}Ar ac un arall ar gyfer y gymhareb Ar:K.

(dd) Defnyddiwch y tabl i amcangyfrif oed craig igneaidd sydd â chymhareb Ar:K o 0.020.

(e)

◀Ymestyn a herio▶

(i) Dangoswch fod, R, y gymhareb $\dfrac{\text{Ar}}{\text{K}}$ yn cael ei rhoi gan $R = \dfrac{1 - e^{-\lambda t}}{10 e^{-\lambda t}}$

(ii) Trwy hynny, dangoswch fod $t = \dfrac{1}{\lambda} \ln(1 + 10R)$

(iii) Defnyddiwch y canlyniad i ddilysu'r ateb i (dd)

10. Caiff tiwb GM ei ddefnyddio i ymchwilio i ffynhonnell ymbelydrol. Caiff y pelydriad cefndir ei fesur dros gyfnod o 10 munud. Yna, caiff y ffynhonnell ei gosod 2 cm oddi wrth y tiwb GM, cyn cymryd y cyfrifon dros 10 munud, unwaith gyda dalen o bapur rhwng y ffynhonnell a'r canfodydd, ac unwaith hebddi.

Canlyniadau:

Dim ffynhonnell yn bresennol:	250 cyfrif
Dim amsugnydd:	570 cyfrif
Amsugnydd papur:	525 cyfrif

Trafodwch a yw'r canlyniadau'n dangos bod y ffynhonnell yn allyrrydd α.

11. Roedd y platiau ffotograffig a ddefnyddiodd Becquerel wedi'u lapio mewn papur du; roedd y groes Malta wedi'i gwneud o ddur tenau. Beth gallwch chi ei gasglu am natur y pelydriad a wnaeth i'r plât gymylu?

12. Caiff tiwb GM ei osod yn agos at allyrrydd γ. Mae'r gyfradd cyfrif heb amsugnydd, wedi'i chywiro, yn 24.0 s⁻¹. Gydag amsugnydd plwm 5 mm o drwch wedi'i osod rhwng y ffynhonnell a'r canfodydd, mae'r gyfradd cyfrif wedi'i chywiro yn disgyn i 18.0 s⁻¹. Pa gyfradd cyfrif gallwn ni ei disgwyl (a) gydag amsugnydd plwm 10 mm a (b) gydag amsugnydd 15 mm ?

3.6 Egni niwclear

Mae astudiaethau mewn ymbelydredd, datblygiadau yn y wybodaeth am adeiledd atomig a niwclear, mesuriadau gofalus o fasau niwclear, a Damcaniaeth Perthnasedd Arbennig Einstein yn hanner cyntaf yr 20fed ganrif, i gyd wedi arwain at y gallu i ffrwyno'r ffynonellau egni mwyaf pwerus ar y Ddaear: yr egni mewn niwclysau sydd â masau bach iawn a masau mawr iawn. Ymasiad niwclear yw ffynhonnell egni sêr; mae ymholltiad niwclear yn bosibl oherwydd bodolaeth niwclysau ymholltog sydd i'w canfod ymhlith malurion sêr sy'n ffrwydro. Mae'r wybodaeth yn yr adran hon yn ychwanegu at eich dealltwriaeth o ffiseg gronynnau (yn y gwerslyfr UG) ac ymbelydredd. Rydyn ni'n dechrau gyda chysyniad sy'n cael ei gamddeall i raddau helaeth: $E = mc^2$ ac egni-màs.

Ffig. 3.6.1 Nifwl y Cranc – yn hadu'r gofod ag elfennau newydd

3.6.1 Egni-màs

Trwy arbrofion gofalus yn ystod y 18fed a'r 19eg ganrif, datblygodd cemegwyr ddeddf **cadwraeth màs**. Yn ôl y ddeddf hon, mae màs cynhyrchion adwaith yn hafal i fàs yr adweithyddion. Er enghraifft:

	C	+	O_2	→	CO_2
Màs /u	12.01	+	32.00	=	44.01

Ar yr un pryd, roedd ffisegwyr a chemegwyr yn datblygu deddf cadwraeth egni: os yw pêl sy'n disgyn yn colli 100 J o egni potensial disgyrchiant, ac yn ennill dim ond 20 J o egni cinetig, rhaid i'r gweddill (80 J) ymddangos ar ryw ffurf arall, e.e. cynnydd yn egni mewnol yr atmosffer a/neu'r bêl.

(a) $E = mc^2$

Wrth ddatblygu ei Ddamcaniaeth Perthnasedd Arbennig, daeth Einstein i'r casgliad bod màs ac egni yn ddwy agwedd ar yr un mesur, y gallwn ni ei alw'n egni-màs, a bod y mesur hwn yn cael ei gadw. Gallwn ni fynegi egni-màs mewn unedau màs (kg) neu mewn unedau egni (J), a'r gyfradd gyfnewid rhyngddynt yw c^2, lle c yw buanedd golau *in vacuo*,[1] h.y.

$$E = mc^2$$

Enghraifft

I ddeall pam na welodd cemegwyr hyn ynghynt, ystyriwch unwaith eto'r adwaith $C + O_2$. Mae'r egni sy'n cael ei ryddhau trwy losgi 1 **mol** o garbon yn 394 kJ (gweler y Pwynt astudio).

(a) Cyfrifwch fàs yr egni hwn, a
(b) mynegwch hyn fel ffracsiwn o'r masau sy'n adweithio.

Ateb

(a) Mae $m = \dfrac{E}{c^2} = \dfrac{394 \times 10^3 \text{ J}}{(3.00 \times 10^8 \text{ m s}^{-1})^2} = 4.38 \times 10^{-12}$ kg

(b) Mae cyfanswm y màs sy'n adweithio $= 12.01$ g $+ 32.00$ g $= 44.01$ g $= 0.004401$ kg.

$\therefore$ Mae ffracsiwn y masau sy'n adweithio $= \dfrac{4.38 \times 10^{-12} \text{ kg}}{44.01 \times 10^{-3} \text{ kg}} = 1.0 \times 10^{-10}$

>> Pwynt astudio

Yn yr adwaith rhwng carbon ac ocsigen, mae masau'r atomau a'r moleciwlau unigol yn cael eu rhoi, wedi'u mesur mewn **u**. (Gweler adran 3.3).

Gwirio gwybodaeth 3.6.1

Nodwch fasau'r adweithyddion a'r cynnyrch pan fydd 1.000 mol o garbon yn adweithio gydag ocsigen i ffurfio carbon deuocsid.

>> Termau Allweddol

Cadwraeth màs/egni: Ni all egni gael ei golli na'i ennill, dim ond ei drosglwyddo o un ffurf i ffurf arall. Gallwn ni fesur yr egni mewn gwrthrych trwy luosi ei fàs â c^2.

>> Pwynt astudio

Mewn iaith cemegwyr, mae'r newid *enthalpi*, ΔH, yn yr adwaith

$$C + O_2 \rightarrow CO_2$$

yn -394 kJ mol^{-1}.

Gwirio gwybodaeth 3.6.2

Cyfrifwch y cynnydd ym màs ciwb 1 kg o haearn sy'n cael ei wresogi (e.e. trwy ddefnyddio llosgydd Bunsen) o 20 °C i 520 °C. [Cynhwysedd gwres sbesiffig haearn $= 450$ J kg^{-1} K^{-1}].

---

1 *In vacuo* yw'r term Lladin am 'mewn gwactod'. Mae gwyddonwyr yn hoff o ddangos eu hunain weithiau!

Trafodaeth

1. Y peth cyntaf i'w nodi yw y byddai angen i gemegwyr wybod masau molar carbon, ocsigen a charbon deuocsid i 10 ffigur ystyrlon er mwyn sylwi ar yr effaith egni-màs hon. Sylwch fod yr effaith yn GG 3.6.2 (proses 'ffiseg' nodweddiadol) hyd yn oed yn llai.

2. Ble mae'r egni-màs hwn? Mae'r cyfan (h.y. 44.01 g) yn dechrau yn yr adweithyddion. Mae'r cyfan yno yn y cynnyrch 'poeth' (y CO_2) ond y 4.38 ng yw màs yr egni sy'n afradloni yn yr amgylchedd. Mae hyn yn golygu bod yr atmosffer 4.38 ng yn drymach o ganlyniad i'w egni mewnol ychwanegol; mae'r carbon deuocsid 4.38 ng yn ysgafnach oherwydd bod ei atomau wedi'u clymu'n dynnach wrth ei gilydd (h.y. mae ganddyn nhw egni potensial is) na'r adweithyddion.

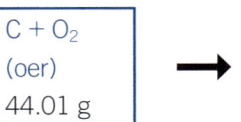 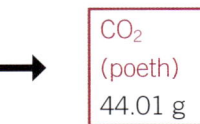 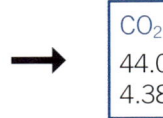 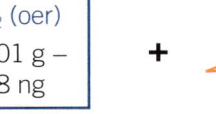

Ffig. 3.6.2 Màs ac egni mewn adwaith hylosgi

(b) Cywerthedd egni u

Gan fod ffisegwyr niwclear, fel arfer, yn mynegi masau atomig a niwclear mewn **u**, a'r egni mewn **eV**, bydd hi'n ddefnyddiol i chi allu trawsnewid rhwng y ddau. Dyma'r trawsnewidiad:

Mae cywerthedd egni $1\ u = 931\ MeV$ (i 3 ff.y.)

Dylech chi allu deillio'r berthynas hon trwy ddefnyddio'r data canlynol:

$$1\ u = 1.660\ 538\ 922 \times 10^{-27}\ kg \qquad c = 299\ 792\ 458\ m\ s^{-1} \qquad e = 1.602\ 176\ 62 \times 10^{-19}\ C$$

(c) $E = mc^2$ ac egni niwclear

Rydyn ni wedi gweld bod $E = mc^2$ yn gymwys yn gyffredinol; nid yw'n berthnasol i egni niwclear yn unig. Ac eto ystyriwn fel arfer fod $E = mc^2$ yn arwain y ffordd at ddatblygu egni niwclear ac, yn benodol, arfau niwclear. Pam hynny? Y rheswm am hyn yw fod yr egni sy'n ymwneud â newidiadau niwclear yn ffracsiwn llawer mwy o egni-màs y gronynnau. Byddwn ni'n dangos hyn trwy edrych ar y broses ymasiad niwclear sydd wrth wraidd yr Haul: ymasiad 4 **niwclews** hydrogen-1 (h.y. protonau) i niwclews heliwm-4. Mae sawl cam (a sawl llwybr) i'r broses hon ond gallwn ni ei chrynhoi fel hyn:

$$4\,^{1}_{1}H + 2\,^{0}_{-1}e \rightarrow\ ^{4}_{2}He + 2\nu_e$$

Mae'r enghraifft yn dangos sut i gyfrifo'r newid màs ymhlith y gronynnau yn yr adwaith.

Enghraifft

Defnyddiwch y data canlynol i gyfrifo canran y golled ym màs y gronynnau sy'n gysylltiedig ag ymasiad 4 proton i niwclews heliwm fel yn yr adwaith uchod.

$$m(^{1}_{1}H) = 1.007\ 276\ u; \qquad m(^{4}_{2}H) = 4.001\ 508\ u; \qquad m_e = 0.000\ 548\ u$$

Ateb

Mae'r màs cychwynnol $= 4m(^{1}_{1}H) + 2m_e = 4 \times 1.007\ 276\ u + 2 \times 0.000\ 548 = 4.030\ 200\ u$

$\therefore$ Mae % colled màs $= \dfrac{4.030\ 200\ u - 4.001\ 508\ u}{4.030\ 200\ u} \times 100\% = 0.71\%$

Mae'r golled màs yn yr adwaith hwn $= 4.030\ 200\ u - 4.001\ 276\ u = 0.015\ 12\ u$

I ble mae'r màs hwn wedi mynd? Dyma fàs yr egni sy'n cael ei ryddhau, y gallwn ni ei gyfrifo gan ddefnyddio $E = mc^2$ neu drwy ddefnyddio'r cywerthedd, $1\ u = 931\ MeV$. (Gweler GG 3.6.3)

3.6.3 Gwirio gwybodaeth

Mynegwch yr egni gaiff ei ryddhau yn yr adwaith $4H \rightarrow He$:

(a) mewn J   (b) mewn MeV

Cymharwch hyn â'r $13.6\ eV$ o egni sy'n cael ei ryddhau wrth ffurfio H-1 o broton ac electron.

3.6.4 Gwirio gwybodaeth

Ystyriwch ymasiad $1.0\ kg$ o hydrogen i heliwm.

(a) Defnyddiwch ganlyniad yr enghraifft i ddangos bod yr egni sy'n cael ei ryddhau yn $6.3 \times 10^{14}\ J$.

(b) Defnydd blynyddol nodweddiadol egni trydanol mewn cartref yw $3.0\ MW\ awr$ [data Cymru 2020]. Sawl defnydd blynyddol mewn cartref mae'r egni yn rhan (a) yn ei gynrychioli?

3.6.5 Gwirio gwybodaeth

Defnyddiwch werthoedd **u**, c ac e i ddeillio'r cywerthedd

$1\ u \equiv 931\ MeV$ (i 3 ff.y.)

▶▶▶ **Pwynt astudio**

Os byddwn ni'n ychwanegu 2 electron at ddwy ochr yr hafaliad, daw'r hafaliad yn:

$$4\,^{1}_{1}H \rightarrow\ ^{4}_{2}He + 2\nu_e,$$

lle mae'r symbolau, y tro hwn, yn cynrychioli atomau hydrogen a heliwm. Felly, gallwn ni gyfrifo'r cynnyrch egni trwy ddefnyddio *masau atomig*.

3.6.2 Egni clymu niwclear

Mae atom hydrogen-1 yn cynnwys proton ac electron. Os yw'r atom hydrogen yn ei gyflwr isaf, mae angen 13.6 eV i wahanu'r gronynnau hyn. Dywedwn ni fod **egni clymu** atom hydrogen yn 13.6 eV. Mae'n ffordd arall o ddweud bod swm egnïon potensial a chinetig y gronynnau atomig yn −13.6 eV (mewn perthynas â phroton ac electron sy'n ddisymud ar wahaniad anfeidraidd).

Mae angen egni hefyd i ddatgymalu niwclysau atomau trymach (h.y. rhai sy'n cynnwys mwy nag un proton yn unig). Yr enw ar yr egni hwn yw'r **egni clymu niwclear**. Gallwn ni ddefnyddio masau'r gronynnau, sydd wedi'u mesur, ynghyd ag $E = mc^2$ i'w gyfrifo ar gyfer unrhyw niwclews, fel hyn:

1. Rydyn ni'n cyfrifo **diffyg màs,** Δm y niwclews. Mae'r màs niwclear yn llai na swm masau'r protonau a'r niwtronau unigol. Y gwahaniaeth yw'r diffyg màs.
2. Rydyn ni'n cyfrifo'r **egni clymu** trwy ddefnyddio $E = \Delta mc^2$, neu $1\ u \equiv 931\ \text{MeV}$.

Enghraifft

Cyfrifwch egni clymu niwclews $^{12}_{6}\text{C}$ o'r data canlynol:

$m_{\text{p}} = 1.007\ 276\ u$, $m_{\text{n}} = 1.008\ 665\ u$, $m_{\text{e}} = 0.000\ 549\ u$

Ateb [Gweler Gwirio Gwybodaeth 3.6.6 am ffordd arall o gyfrifo hyn]
Trwy ddiffiniad, mae màs atom ^{12}C yn 12 u yn union.

Mae 6 electron mewn atom ^{12}C.

$\therefore$ Mae màs niwclear ^{12}C, $m_{^{12}\text{C}}$ $= (12 − 6 \times 0.000\ 549)\ u$

$= 11.996\ 706\ u$

Mae 6 proton a 6 niwtron mewn atom ^{12}C.

$$6m_{\text{p}} + 6m_{\text{n}} = 6 \times 1.007\ 276\ u + 6 \times 1.008\ 665\ u$$

$$= 12.095\ 646\ u$$

$\therefore$ Mae'r diffyg màs, $\qquad \Delta m = 12.095\ 646\ u − 11.996\ 706\ u$

$$= 0.098\ 940\ u$$

Gan arwain at: egni clymu niwclews ^{12}C = 92.1 MeV

>>> **Termau Allweddol**

Egni clymu niwclews yw'r egni sydd ei angen i ddatgymalu'r niwclews i'w brotonau a'i niwtronau cyfansoddol.

UNED: J neu MeV

◀ **Ymestyn a herio**

Rhoddir y data yn yr enghraifft ar egni clymu $^{12}_{6}\text{C}$ i 7 ff.y. Trwy edrych ar y cyfrifiad, trafodwch nifer y ffigurau sydd eu hangen, mewn gwirionedd, i gyfrifo'r egni clymu i 3 ff.y.

Gwirio gwybodaeth

Mae màs atom $^{12}_{6}\text{C}$ yn 12 u (yn union). Defnyddiwch y data canlynol i gyfrifo egni clymu niwclews $^{12}_{6}\text{C}$:

m atom $(^{1}_{1}\text{H}) = 1.007\ 825\ u$

$m_{\text{niwtron}} = 1.008\ 665\ u$

[Awgrym: Meddyliwch am yr atom ^{12}C fel 6 atom H1 a 6 niwtron]

Gwirio gwybodaeth

Ailadroddwch yr enghraifft ar egni clymu $^{12}_{6}\text{C}$ trwy drawsnewid y diffyg màs yn kg a defnyddio $E = \Delta mc^2$. Rhowch eich ateb mewn (a) J a (b) MeV.

Pwynt astudio

Mae **niwclid** yn fath arbennig o atom neu niwclews, ac mae ganddo symbol penodol, $^A_Z X$.

3.6.8 **Gwirio gwybodaeth**

Defnyddiwch y data yn y tabl o fasau atomig (Tabl 3.6.3, t89) i gyfrifo
(a) yr egni clymu niwclear a
(b) yr egni clymu fesul niwcleon ar gyfer $^{31}_{15}P$, gan roi eich ateb mewn MeV a MeV niwc^{-1} yn ôl eu trefn.

 Pwynt astudio

Mae'r **gromlin egni clymu niwclear** yn blot o'r egni clymu fesul niwcleon yn erbyn y rhif niwcleon ar gyfer niwclidau hysbys.

 Pwynt astudio

Cawn ni weld yn ddiweddarach bod sefydlogrwydd niwclidau sy'n uwch na $^{62}_{28}Ni$ yn lleihau gydag A.

3.6.9 **Gwirio gwybodaeth**

Yn Ffig. 3.6.3:

(a) Defnyddiwch y tabl o fasau atomig i nodi'r niwclidau sydd wedi'u marcio mewn coch.

(b) Esboniwch pam mae'r egni clymu fesul niwcleon yn sero ar gyfer $A = 1$.

 Pwynt astudio

Sylwch nad oes unrhyw niwclidau sefydlog gyda 5 neu 8 niwcleon. Mae'r bylchau sefydlogrwydd hyn (mae hanner oes ^8_4Be yn 10^{-16} s yn unig; mae ^5_2He yn $\sim10^{-20}$ s ac mae $^5_3Li \sim 10^{-24}$ s) yn rhoi terfyn pwysig ar ddatblygiad sêr y tu hwnt i'r cam llosgi hydrogen.

3.6.3 Yr egni clymu fesul niwcleon

(a) Cyfrifo'r egni clymu fesul niwcleon

Dychmygwch adeiladu niwclysau sefydlog trwy ychwanegu mwy a mwy o niwcleonau (h.y. protonau a niwtronau). Wrth i bob niwcleon ychwanegol gael ei ychwanegu, rhaid i'r egni clymu gynyddu. Pe na fyddai'n cynyddu, ni fyddai'r niwcleon ychwanegol hwnnw yn cael ei glymu wrth y lleill. Felly, bydden ni'n disgwyl i egni clymu niwclysau sefydlog gynyddu gyda'r rhif niwcleon, ac, yn gyffredinol, mae hynny'n wir. Fodd bynnag, er mwyn darganfod pa mor dynn mae'r niwcleonau *unigol* wedi'u clymu, mae'n rhaid i ni gyfrifo'r **egni clymu fesul niwcleon**:

$$\text{Egni clymu / niwcleon} = \frac{\text{egni clymu}}{\text{rhif niwcleon}}$$

Mae'r egni clymu fesul niwcleon $^{12}_6C = \dfrac{92.1 \text{ MeV}}{12} = 7.68 \text{ MeV niwc}^{-1}$

Cofiwch edrych ar y tabl o fasau atomig niwclidau (Tabl 3.6.3) ar ddiwedd Adran 3.6. Mae'n cynnwys yr holl niwclidau sefydlog hyd at $Z = 20$ (calsiwm), ynghyd â rhai eraill sy'n cael eu defnyddio fel enghreifftiau mewn cwestiynau Gwirio gwybodaeth a phroblemau yn Profwch eich hun 3.6.

(b) Sefydlogrwydd niwclysau â masau isel

Y **gromlin egni clymu niwclear** yw un o'r diagramau pwysicaf mewn ffiseg niwclear. Bydd Adran 3.6.5 yn ei ystyried mewn perthynas ag ymholltiad ac ymasiad niwclear. Ar hyn o bryd byddwn ni'n archwilio llethrau isaf y berthynas yn unig, sydd i'w gweld yn Ffig. 3.6.3, lle mae egnïon clymu fesul niwcleon yn yr 20 atom sefydlog ysgafnaf wedi'u plotio.

Sylwn fod yna gydberthyniad positif rhwng yr egni clymu fesul niwcleon a'r rhif niwcleon (A): wrth i ni symud i fyny ar hyd y Tabl Cyfnodol, daw'r niwclysau yn fwyfwy sefydlog yn y rhan hon (gweler y Pwynt astudio).

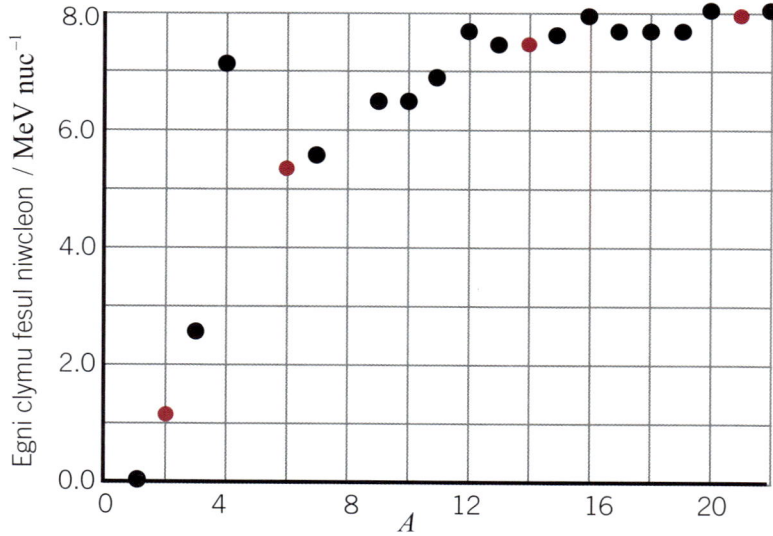

Ffig. 3.6.3 Plot o niwclidau sefydlog hyd at $A = 22$

Nodwedd amlwg nesaf y plot yw'r brig yn $A = 4$, sy'n cynrychioli ^4_2He. Mae'r niwclid hwn wedi'i glymu'n dynn iawn. Sylwch hefyd fod yna frigau llai yn $A = 12$, 16 a 20: y niwclidau $^{12}_6C$, $^{16}_8O$ a $^{20}_{10}Ne$ sy'n lluosrifau o'r adeiledd ^4_2He. Mae hyn, ynghyd â modd dadfeilio α y niwclysau, yn awgrymu'n gryf fod y cyfuniad 2p+2n yn bodoli o fewn niwclysau.

(c) Egnïeg dadfeiliad β⁻

Mae'r niwclid $^{27}_{12}\text{Mg}$ yn dadfeilio trwy ddadfeiliad β⁻ i $^{27}_{13}\text{Al}$.

$$^{27}_{12}\text{Mg} \rightarrow {}^{27}_{13}\text{Al} + {}^{0}_{-1}\text{e} + {}^{0}_{-1}\overline{\nu}_{\text{e}}$$

Pam hynny a faint o egni sy'n cael ei ryddhau?

Mae'r cliw ym masau'r gronynnau sy'n cymryd rhan. Yr unig beth mae'n rhaid i ni ei wneud yw cyfrifo'r newid màs, Δm, a thrawsnewid hyn yn unedau egni.

Enghraifft

Cyfrifwch yr egni sy'n cael ei ryddhau yn nadfeiliad β⁻ $^{27}_{12}\text{Mg}$.

Masau atomig: $^{27}_{12}\text{Mg}$ = 26.984 35 u; $^{27}_{13}\text{Al}$ = 26.981 535 u

Ateb

Mae'r diffyg màs = 26.984 35 u − 26.981 535 u

$\qquad\qquad$ = 0.002 815 u

∴ Mae'r egni sy'n cael ei ryddhau = 0.002 815 × 931 = 2.62 MeV (i 3 ff.y.)

Sylwch: Gallwn ni ddefnyddio masau atomig $^{27}_{12}\text{Mg}$ a $^{27}_{13}\text{Al}$ oherwydd mae angen electron arall ar yr $^{27}_{13}\text{Al}$ i wneud ei gyflenwad llawn o 13 – mae hyn (yn y bôn) yn cael ei ddarparu gan ddadfeiliad y $^{27}_{12}\text{Mg}$. Rhaid i ni beidio â gwneud y camgymeriad o adio màs yr electron ar y dde.

(ch) Egnïeg dadfeiliad β⁺

Mae'r niwclid $^{23}_{12}\text{Mg}$ (màs atomig 22.994 14 u) yn dadfeilio trwy allyriad β⁺ i roi $^{23}_{11}\text{Na}$ (màs atomig 22.989 773). Faint o egni gaiff ei ryddhau yn ystod y dadfeiliad? Gallwn ni wneud hyn yn yr un ffordd, ond nid yw mor daclus!

Mae Δm $\quad$ = (22.989 773 u − 11m_{e} + m_{e}) − (22.994 14 u − 12 m_{e})

$\qquad\qquad$ = −0.004 367 u + 2m_{e} $\qquad$ gydag m_{e} = 0.000 549 u

$\qquad\qquad$ = −0.003 269 u $\quad$ sy'n arwain at $\quad$ Yr egni sy'n cael ei ryddhau = 3.05 MeV

Fodd bynnag, nid dyma gyfanswm yr egni gaiff ei ryddhau yn y dadfeiliad, gan fod y gronyn β⁺ yn bositron, sef gwrthronyn yr electron. Bydd hwn yn gwrthdaro ag electron, a bydd y rhain yn difodi gan ryddhau 2m_{e} arall o egni (fel dau ffoton). Felly mae gan gyfanswm yr egni gaiff ei ryddhau fàs o 0.004 367 u, h.y. 4.06 MeV.

(d) Egnïeg dadfeiliad α

Mae'n bosibl cymhwyso'r un egwyddorion i ddadfeiliad α. Gan mai dau ronyn yn unig gaiff eu cynhyrchu (yr epil niwclews a'r gronyn α) gallwn ni ddefnyddio cadwraeth momentwm i ddarganfod yr egni a, thrwy hynny, fuanedd y gronynnau α.

Enghraifft

Gan ddefnyddio'r ateb i Gwirio gwybodaeth 3.6.12(b), cyfrifwch egni'r gronynnau α sy'n cael ei allyrru yn nadfeiliad $^{180}_{74}\text{W}$.

> **Pwynt astudio**

Wrth gyfrifo'r egni sy'n cael ei ryddhau mewn dadfeiliadau β⁻, gallwn ni anwybyddu masau'r electronau. Dilynwch y gwaith cyfrifo i weld pam. Maen nhw'n canslo. Gallwn ni ystyried yr electron sy'n cael ei allyrru yn y dadfeiliad fel un sy'n darparu'r electron ychwanegol sydd ei angen i ffurfio'r 13 yn yr atom alwminiwm.

Gwirio gwybodaeth **3.6.10**

Ailadroddwch gyfrifiad yr egni sy'n cael ei ryddhau yn nadfeiliad β⁻ $^{27}_{12}\text{Mg}$ trwy ddarganfod y golled màs mewn **kg** a defnyddio $E = mc^2$. Mynegwch eich ateb mewn J ac yna trawsnewidiwch hynny yn MeV.

> **Pwynt astudio**

Mae'r dull cyfrifo yn yr Enghraifft yn defnyddio'r un syniad â Gwirio Gwybodaeth 3.6.6.

Gwirio gwybodaeth **3.6.11**

Hanner oes ^{27}Mg yw 9.5 munud. Os oedd hi'n bosibl cynhyrchu sampl 1μg o ^{27}Mg

(a) dangoswch mai ei bŵer allbwn cychwynnol fyddai ~10 W, a

(b) cyfrifwch ei bŵer allbwn ar ôl 3 awr.

> **Pwynt astudio**

Caiff yr egni sy'n cael ei ryddhau mewn dadfeiliad β ei rannu rhwng 3 gronyn: y gronyn β, y niwtrino, ynghyd â ffracsiwn bach i'r epil niwclews. Oherwydd hyn, mae gan y gronynnau β amrediad o egnïon. Sbectrwm egni'r gronynnau β oedd y dystiolaeth dros fodolaeth y niwtrino (gweler y gwerslyfr UG, Adran 1.7.4).

Gwirio gwybodaeth **3.6.12**

Mae'r niwclid $^{180}_{74}\text{W}$ (179.946 70 u) yn dadfeilio trwy allyriad α i niwclid sydd â màs o 175.941 51 u.

(a) Ysgrifennwch yr hafaliad dadfeiliad.

(b) Dangoswch fod yr egni sy'n cael ei ryddhau yn 3.86×10^{-13} J.

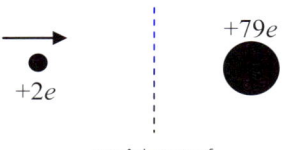

+2e   nesâd agosaf   +79e

Ffig. 3.6.4 Gwrthdrawiad gronyn α benben â niwclews aur

Niwc	r/fm	Niwc	r/fm
^{11}B	2.41	^{120}Sn	4.65
^{16}O	2.70	^{140}Ce	4.88
^{24}Mg	3.06	^{184}W	5.37
^{40}Ca	3.48	^{197}Au	5.43
^{56}Fe	3.74	^{208}Pb	5.50
^{80}Se	4.14	^{238}U	5.86

Tabl 3.6.1 Rhai radiysau niwclear

Ateb

Gadewch i v_α a v_{niwc} fod yn fuaneddau'r gronynnau α a'r niwclews.

Yna mae'r cyfanswm EC $= 3.86 \times 10^{-13} = \left(\frac{1}{2}4.00v_\alpha^2 + \frac{1}{2}176v_{niwc}^2\right) \times 1.66 \times 10^{-27}$

(Gweler y Pwynt astudio)

Trwy symleiddio, cawn ni fod: $4.00v_\alpha^2 + 176v_{niwc}^2 = 4.65 \times 10^{14}$ [1]

Trwy gadwraeth momentwm, mae: $4.00v_\alpha = 176v_{niwc}$ [2]

Mae dileu v_{niwc} yn [1] trwy amnewid o [2] yn arwain at

$$v_\alpha^2 = \frac{4.65 \times 10^{14}}{4.09} \text{ (dylech chi wirio hyn)}.$$

$$\therefore E_\alpha = \frac{1}{2}m_a v_\alpha^2 = \frac{1}{2}4.00 \times 1.66 \times 10^{-27} \times \frac{4.65 \times 10^{14}}{4.09} = 3.77 \times 10^{-13} \text{ J}$$

3.6.4 Priodweddau ffisegol niwclysau

Mae'r adran hon yn rhoi cipolwg ar rai agweddau pellach ar ffiseg niwclear. Mae'n ddiddorol iawn ond nid yw'n cael ei arholi.

(a) Radiws niwclear

Fe wnaeth Rutherford, Geiger a Marsden ddarganfod y niwclews atomig trwy wasgariad gronynnau α gan atomau aur. Roedd dosbarthiad y gronynnau α gwasgarog yn ôl y disgwyl ar gyfer gwefr bwynt, yn hytrach nag ar gyfer gwefr bositif fel y disgwylid pe bai'r wefr + ar yr atom wedi'i ddosbarthu drwyddo draw. Gallwn ni gyfrifo'r pellter nesáu agosaf y gallai gronynnau α 5 MeV ei wneud i niwclews â gwefr +79e (niwclews aur). Bydd angen i ni ddefnyddio syniadau o Uned 4 (gweler Adran 4.2.3). O hyn, gallwn ni gyfrifo terfyn uchaf ar gyfer maint niwclews aur trwy ystyried gwrthdrawiad benben gronyn alffa ($Z = 2$) gyda niwclews aur ($Z = 79$) (gweler y Pwynt astudio).

Ar gyfer gronyn alffa 5 MeV, mae'r egni potensial electrostatig ar y nesâd agosaf yn 5 MeV, h.y. 8.0×10^{-13} J.

Trwy gymhwyso fformiwla'r egni potensial[2]

$$8.0 \times 10^{-13} = \frac{2 \times 79 \times (1.6 \times 10^{-19})^2}{4\pi\varepsilon_0 d}$$

cawn ni 4.6×10^{-14} m. Felly rydyn ni'n dod i'r casgliad bod rhaid i radiws y niwclews aur fod yn llai na hyn. Caiff y mesuriadau mwyaf manwl gywir eu gwneud trwy ddefnyddio diffreithiant electronau egni uchel o niwclysau, ac mae rhai gwerthoedd i'w gweld yn Nhabl 3.6.1. Sylwch fod y ffigur ar gyfer aur tua degfed o'r hyn sy'n cael ei grybwyll uchod (gweler y Pwynt astudio).

(b) Dwysedd niwclear

Trwy ddadansoddi'r data yn Nhabl 3.6.1 (gweler Profwch eich hun 3.6 Cwestiwn 11) cawn ni'r berthynas r / fm $= kA^{1/3}$ ar gyfer y niwclidau trymach, gyda gwerth $k \sim 1.1$ fm. Mae hyn yn awgrymu bod dwysedd niwclysau fwy neu lai yn gyson, felly gallwn ni

---

2 Sylwch ein bod yn anwybyddu adlam y niwclews aur yma. Ychydig iawn o wahaniaeth mae'n ei wneud i'r canlyniad. Efallai yr hoffech chi wirio hyn – bydd angen tua thudalen o algebra!

ddychmygu'r protonau a'r niwtronau mewn niwclysau yn debyg i farblis mewn bagiau sfferig. Os ydyn ni'n lluosi radiws y bag ag 1.5, lluosir nifer y marblis ag $1.5^3 \sim 3.5$ (e.e. ^{56}Fe a ^{197}Au).

O hyn, gallwn ni gael ffigur ar gyfer dwysedd y defnydd niwclear o tua 3×10^{17} kg m^{-3}. Gallwch chi wneud hyn fel ymarfer (GG 3.6.13). Byddai gan wrthrych maint pysen o ddefnydd niwclear fàs o dros 30 miliwn o dunelli metrig.

(c) Cyfansoddiad a sefydlogrwydd niwclear

Dydyn ni ddim yn gallu rhoi darlun llawn o'r testun enfawr hwn, ond gallwn ni wneud rhai sylwadau rhagarweiniol. Mae'r plot sefydlogrwydd N-Z , Ffig. 3.6.5, yn cynnwys cyfoeth o fanylion sy'n dod yn fwy eglur ar raddfa fwy yn unig. Mae'n werth defnyddio peiriant chwilio i ddarganfod fersiwn ar raddfa fawr. Mae'r llinell ddu igam-ogam yn cynnwys yr holl niwclidau sefydlog sy'n bodoli (nodwch ychydig o fylchau). Dyma rai o'r nodweddion:

- Does dim niwclidau sefydlog sydd â mwy nag 83 proton.
- Mae cymhareb y niwtronau i'r protonau mewn niwclysau ysgafn sefydlog ($Z < 20$) yn agos iawn i 1, e.e. $^{4}_{2}$He, $^{16}_{8}$O, $^{24}_{12}$Mg. Ar gyfer niwclysau sefydlog trymach, mae'r gymhareb yn cynyddu gyda Z. Mae gan $^{209}_{83}$Bi 126 niwtron ac 83 proton: cymhareb o 1.5.
- Mae'r niwclidau sydd uwchben y llinell sefydlogrwydd (h.y. gormodedd o niwtronau) yn β^- ansefydlog; mae'r rhanbarth ansefydlogrwydd β^+ o dan y llinell.

Ac eithrio $^{1}_{1}$H, mae pob niwclews sefydlog yn cynnwys niwtronau; nid yw cyfuniadau o fwy nag un proton (heb niwtronau) byth yn sefydlog. Pam ddim? Mae protonau wedi'u gwefru'n bositif, felly maen nhw'n gwrthyrru ei gilydd yn ôl deddf Coulomb. Mae pob hadron yn atynnu ar bellterau byr (llai na 4–5 fm) gyda grym o'r enw **grym niwclear**. Ni all y grym cryf sefydlogi grwpiau o niwcleonau oni bai bod niwtronau heb wefr, yn ogystal â phrotonau, yn bresennol.

Fel y gwelon ni yn Ymestyn a herio yn Adran 3.5.1(b), gall dadfeiliad β^+ ddigwydd pan fydd lefel egni gwag ar gyfer niwtronau yn bodoli o leiaf 1.8 MeV islaw lefel egni llawn uchaf y protonau (mae dadfeiliad dal electronau hefyd yn bosibl). Yn yr un modd, mae dadfeiliad β^- yn digwydd os oes lefel egni gwag ar gyfer protonau ar gael, a hynny ar egni digon isel.

Oherwydd gwrthyriad Coulomb y protonau, mae eu lefelau egni ymhellach ar wahân na lefelau egni'r niwtronau. Er mwyn bod yn ddigon sefydlog i osgoi dadfeiliad β, rhaid i lefelau egni llawn uchaf y niwtronau a'r protonau fod fwy neu lai'r un peth, felly mae ar niwclews sefydlog angen mwy o niwtronau na phrotonau.

Fel enghraifft, ystyriwch isotopau niobiwm (Tabl 3.6.2). Rydyn ni'n dod i'r casgliad bod lefelau egni'r 41fed proton a'r 52fed niwtron mwy neu lai'r un fath, ond mae'r 53fed niwtron ar lefel egni uwch, a gall ddadfeilio'n broton sy'n llenwi'r 42fed safle. Yn yr un modd, os dim ond 51 niwtron sydd, rhaid bod lefel egni gwag ar gyfer niwtronau o leiaf 1.8 MeV islaw lefel egni uchaf y protonau, gan ganiatáu dadfeiliad β^+.

Ar gyfer niwclysau â mwy nag 83 proton, ni all y grym niwclear oresgyn gwrthyriad Coulomb, dim ots faint o niwtronau sy'n bresennol. Felly, does dim niwclysau sefydlog sydd â $Z > 83$.

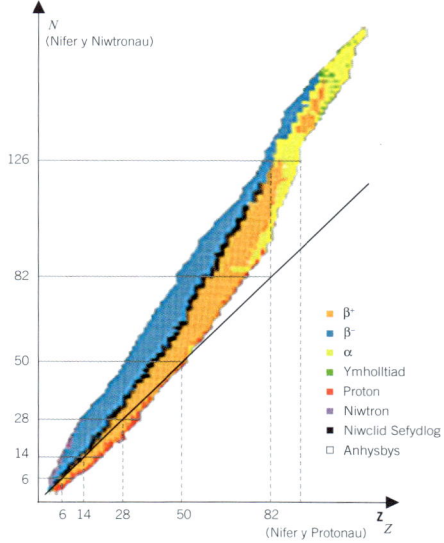

Ffig. 3.6.5 Plot sefydlogrwydd N-Z

▶▶ Pwynt astudio

Caiff cwarciau eu dal gyda'i gilydd mewn hadronau gan y grym cryf. Y tu allan i hadron mae rhyngweithiad amredaid byr gweddillol o'r enw **grym niwclear**, sy'n gywerth â'r grym van der Waal rhwng atomau niwtral.

Niwclid	dadfeiliad	½ oes
$^{97}_{41}$Nb	β^-	72 mun
$^{96}_{41}$Nb	β^-	23 awr
$^{95}_{41}$Nb	β^-	35 diwrnod
$^{94}_{41}$Nb	β^-	2.0×10^4 bl
$^{93}_{41}$Nb	sefydlog	–
$^{92}_{41}$Nb	β^+	3.5×10^6 bl
$^{91}_{41}$Nb	β^+	680 bl
$^{90}_{41}$Nb	β^+	14.6 awr
$^{89}_{41}$Nb	β^+	2.0 awr

Tabl 3.6.2 Dadfeiliad isotopau niobiwm

3.6.5 Ymholltiad ac ymasiad niwclear

(a) Cromlin egni clymu niwclear

Mae'r egni sy'n cael ei ryddhau trwy hollti neu asio niwclysau (h.y. ymholltiad neu ymasiad) yn bosibl oherwydd ffurf y gromlin egni clymu: plot egni clymu fesul niwcleon yn erbyn rhif niwcleon, Ffig. 3.6.6. Mae'r saethau coch yn dangos cyfeiriad y newidiadau niwclear yn y ddwy broses.

▶▶ Pwynt astudio

Sylwch nad yw egni clymu fesul niwcleon yn ffwythiant di-dor o A. Gall y rhif niwcleon gael gwerthoedd cyfanrifol yn unig, felly mae'r 'gromlin', mewn gwirionedd, yn set o bwyntiau sy'n agos iawn at ei gilydd. Yn ogystal, mae sawl niwclid gwahanol ar gyfer pob un o werthoedd A.

▶▶ Pwynt astudio

Nodweddion y gromlin egni clymu:

- Pan mae $A = 1$, mae **Egni clymu/niwc** = 0.
- Brig mawr o 7 MeV ar $^4_2$He.
- Brigau ar luosrifau o $^4_2$He.
- gwerth mwyaf o 8.8 MeV niwc^{-1} ar gyfer A rhwng 56 a 62.
- Mae gan isotopau wraniwm egni clymu o 7.6 MeV niwc^{-1}.
- Mae gan gynhyrchion ymholltiad wraniwm egni clymu o ~8.5 MeV niwc^{-1}.

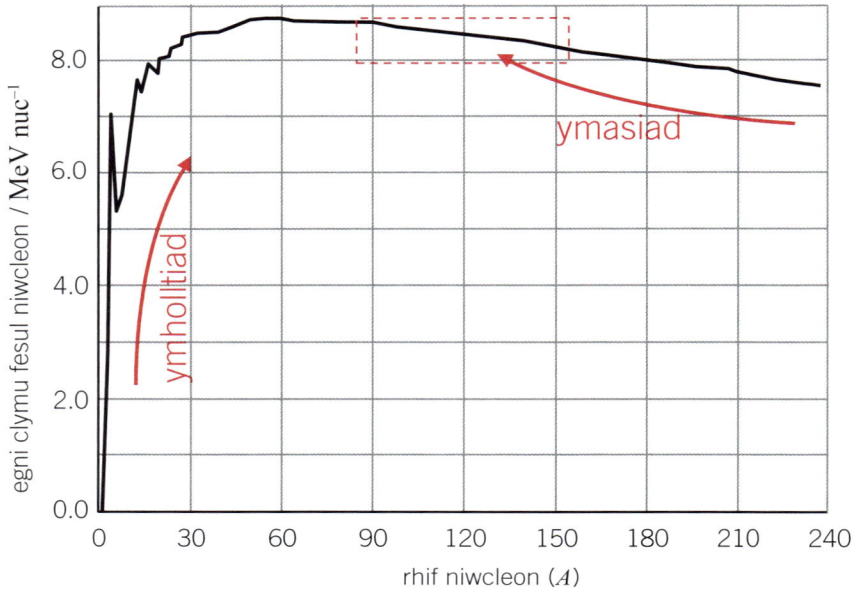

Ffig. 3.6.6 Cromlin egni clymu niwclear

Fe wnaethon ni archwilio pen màs isel y gromlin yn Adran 3.6.3(b), a dylech chi gymharu'r ddau blot ar gyfer cysondeb. Mae sawl nodwedd bwysig i'r gromlin y dylech chi ddod yn gyfarwydd â nhw: mae rhestr o'r prif nodweddion yn y Pwynt astudio.

3.6.14 Gwirio gwybodaeth

Dangoswch mai egni clymu fesul niwcleon $^{235}_{92}$U yw 7.6 MeV niwc^{-1} (i 2 ff.y.)

Màs atomig = 235.043 930 u

Enghraifft

Mae $^{62}_{28}$Ni â màs atomig o 61.928 345 u. Cyfrifwch ei egni clymu fesul niwcleon.

Ateb

Mae màs niwclear $^{62}_{28}$Ni = màs atomig − 28 × màs electronig

= 61.928 345 u − 28×0.000 549 u

= 61.912 973 u

∴ Mae'r diffyg màs = $28m_p + 34m_n$ − 61.912 973 = 0.585 365 u

∴ Mae'r egni clymu fesul niwcleon

$$= \frac{0.585\ 365\ \text{u} \times 931.5\ \text{MeV u}^{-1}}{62\ \text{niwc}} = 8.79\ \text{MeV niwc}^{-1}$$

(b) Ymholltiad niwclear

Mae'r adran hon yn rhoi darlun llawer mwy manwl ac ymarferol o ymholltiad niwclear nag sy'n ofynnol gan y fanyleb, sy'n canolbwyntio ar yr egni sy'n cael ei ryddhau yn y broses. Felly gall myfyrwyr anwybyddu popeth ar wahân i'r cyfrifiadau os dymunant.

Mae Ffig. 3.6.5 yn dangos ychydig o niwclidau â màs uchel iawn sy'n gallu mynd trwy **ymholltiad digymell**. Yr unig **niwclid primordaidd** a all ddadfeilio yn y modd hwn[3] yw $^{235}_{92}U$. Mae'r niwclid hwn yn dadfeilio bron 100% trwy allyriad α, ond mewn 2 o bob 10^9 o ddadfeiliadau ^{235}U, mae'r niwclews yn hollti'n ddau ddarn ymholltiad mawr (*cynhyrchion y dadfeiliad* neu *epil niwclysau*) yn ogystal â nifer o niwtronau, e.e.

$$^{235}_{92}U \rightarrow \,^{125}_{50}Sn + \,^{107}_{42}Mo + 3\,^{1}_{0}n$$

Mae'r ddau epil niwclews, ^{125}Sn ac ^{107}Mo, yn ymbelydrol ac yn allyrru β^-. Mae hyn yn wir oherwydd bod ganddyn nhw ormodedd o niwtronau: mae gan ^{235}U gymhareb niwtron i broton o 1.55 yn erbyn 1.3–1.4 sef yr amrediad ar gyfer niwclidau sefydlog, er enghraifft, tun a molybdenwm.

Os bydd niwclews ^{235}U yn amsugno niwtron, e.e. o ddigwyddiad ymholltiad, bydd y niwclews yn debygol o hollti mewn proses o'r enw **ymholltiad anwythol**. Mae hyn yn fwy tebygol o ddigwydd gyda **niwtronau thermol**. Mae niwtronau cyflym yn llawer llai tebygol o anwytho ymholltiad. Mae adwaith cadwynol yn bosibl, lle mae'r niwtronau o ddigwyddiadau ymholltiad yn mynd yn eu blaen i anwytho rhagor o ymholltiadau. Gall hyn fod yn un o'r canlynol:

- *Adwaith cadwynol dan reolaeth* mewn adweithydd niwclear, lle caiff gormodedd y niwtronau eu hamsugno gan rodenni rheoli, fel mai dim ond un o'r niwtronau sy'n cael ei allyrru, ar gyfartaledd, sy'n mynd yn ei flaen i anwytho ymholltiad pellach. Caiff y niwtronau eu harafu (*eu thermoli*) gan gymedrolydd, a chaiff yr egni ei ryddhau ar ffurf gwres.
- *Adwaith cadwynol afreolus* mewn arf niwclear.

Mae'n bosibl cyfrifo'r egni gaiff ei ryddhau mewn ymholltiad niwclear trwy'r gwahaniaeth rhwng egni clymu'r ^{235}U (7.6 MeV niwc^{-1}) a chynhyrchion yr ymholltiad (8.5 MeV niwc^{-1}).

Enghraifft

Amcangyfrifwch yr egni gaiff ei ryddhau yn ystod ymholltiad niwclews $^{235}_{92}U$.

Ateb

Mae'r gwahaniaeth yn yr egni clymu fesul niwcleon = 8.5 − 7.6 MeV niwc^{-1}

$$= 0.9 \text{ MeV niwc}^{-1} \text{ (1 ff.y.)}$$

Mae 235 o niwcleonau mewn $^{235}_{92}U$.

$\therefore$ Mae'r egni sy'n cael ei ryddhau = 0.9 MeV niwc$^{-1} \times 235 = 200$ MeV (1 ff.y.)

Mae'r egni sy'n cael ei ryddhau <u>ar unwaith</u> wedi'i rannu fel hyn:

- ~83% ar ffurf egni cinetig yr epil niwclysau (gweler Profwch eich hun 3.6 C8).
- ~2.5% ar ffurf egni cinetig niwtronau cyflym
- ~3.5% ar ffurf pelydrau gama.

Daw'r egni hwn (~89% o'r cyfanswm) yn egni mewnol y defnydd o'i amgylch (gweler y Pwynt astudio). Caiff yr 11% sy'n weddill ei allyrru dros amser trwy ddadfeiliad beta'r epil niwclidau sy'n gyfoethog o ran niwtronau; mae tua hanner yn y gronynnau beta, a hanner yn y gwrthniwtrinoeon electron. Mae amrediad enfawr o hanner oesau ymhlith

---

[3] Efallai nad yw hyn yn hollol wir. Mae mwynau $^{232}_{90}Th$ yn cynnwys rhywfaint o dystiolaeth o gynhyrchion ymholltiad digymell.

Pwynt astudio

Ystyr **ymholltiad digymell** yw niwclews yn hollti heb ei ysgogi gan niwtron trawol.

Ystyr **ymholltiad anwythol** yw niwclews yn hollti o ganlyniad i amsugno niwtron.

Mae **niwtronau thermol** yn symud yn gymharol araf. Mae ganddyn nhw egni cinetig o tua $\frac{1}{40}$eV, sy'n gywerth â kT ar dymheredd ystafell.

Niwclidau primordaidd yw'r rhai sydd wedi bodoli ers ffurfio'r Ddaear.

Gwirio gwybodaeth 3.6.15

Amcangyfrifwch yr egni sy'n cael ei ryddhau gan 1 kg o danwydd niwclear mewn adweithydd ymholltiad. Tybiwch fod egni clymu niwclear y tanwydd a chynhyrchion yr ymholltiad yn 7.6 MeV niwc^{-1} ac 8.5 MeV niwc^{-1} yn ôl eu trefn. Dangoswch eich gwaith cyfrifo.

Awgrym:

(a) Amcangyfrifwch nifer y niwcleonau mewn 1 kg o'r defnydd.

(b) Cyfrifwch y gwahaniaeth rhwng egni clymu 1 kg o danwydd ac 1 kg o gynhyrchion yr ymholltiad.

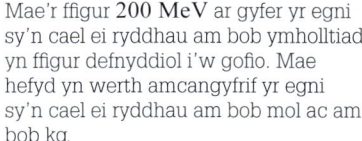

Pwynt astudio

Mae'r ffigur 200 MeV ar gyfer yr egni sy'n cael ei ryddhau am bob ymholltiad yn ffigur defnyddiol i'w gofio. Mae hefyd yn werth amcangyfrif yr egni sy'n cael ei ryddhau am bob mol ac am bob kg.

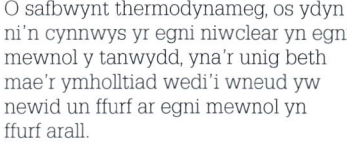

Pwynt astudio

O safbwynt thermodynameg, os ydyn ni'n cynnwys yr egni niwclear yn egni mewnol y tanwydd, yna'r unig beth mae'r ymholltiad wedi'i wneud yw newid un ffurf ar egni mewnol yn ffurf arall.

Pwynt astudio

Caiff tritiwm, ^3_1H, ei wneud trwy ddod â ^6_3Li i gysylltiad â niwtronau, e.e. mewn adweithydd ymholltiad:

$$^6_3\text{Li} + ^0_1\text{n} \rightarrow ^4_2\text{He} + ^3_1\text{H}$$

Gan fod ^4_2He yn cael ei gynhyrchu, mae hwn yn adwaith ecsothermig, gan ychwanegu at gynnyrch yr adweithydd ymholltiad.

3.6.16 Gwirio gwybodaeth

Cyfrifwch gynnyrch egni adwaith cynhyrchu tritiwm yn y Pwynt astudio.

Mae màs atomig ^3_1H = 3.016 049 u.

3.6.17 Gwirio gwybodaeth

Cafwyd y ffigur 3 fm o swm radiysau'r niwclysau dewteriwm a thritiwm. Dangoswch fod y ffigur hwn yn cyd-fynd â'r fformiwla kA^3.

Pwynt astudio

Mae gan yr Haul dymheredd craidd o tua 13 miliwn K. Fodd bynnag, mae nifer mawr iawn o niwclysau hydrogen yn bresennol, felly hyd yn oed gyda adwaith gwan, mae'r pŵer allbwn yn 6×10^{24} W!

cynhyrchion yr ymholltiad, gan amrywio o filieiliadau i sawl 10^5 o flynyddoedd. Rhaid cadw'r rhodenni tanwydd sydd wedi darfod mewn pyllau oeri nes bod cynhyrchion yr ymholltiad byrhoedlog wedi dadfeilio.

(c) Ymasiad niwclear

Fel yn achos ymholltiad niwclear, does dim angen manylion y broses ymasiad niwclear yn y fanyleb graidd. Mae Opsiwn CH, Egni a'r amgylchedd yn Uned 4 yn gofyn am ddealltwriaeth ddyfnach. Mae manyleb Uned 3 yn canolbwyntio ar gyfrifo'r egni sy'n cael ei ryddhau yn y broses. Mae'r tymheredd sydd ei angen er mwyn i ddau niwclews agosáu'n ddigon agos i ymasiad ddigwydd yn enghraifft dda o ddeunydd synoptig, gan ddefnyddio syniadau o Uned 4 yn ogystal â'r Ddamcaniaeth ginetig yn Uned 3.

Mae'r gromlin egni clymu – Ffig. 3.6.6 – yn dangos, os ydyn ni'n cyfuno niwclysau màs isel bod y niwclews sy'n deillio o hyn wedi'i rwymo'n dynnach, felly cawn ni egni allbwn. Mewn gwirionedd, mae brig lleol o ^4_2H yn caniatáu i egni gael ei ryddhau uwchlaw'r pwynt hwn hefyd (gweler yr adwaith ^6Li yn y Pwynt astudio). Yr adwaith symlaf posibl yw

$$^1_1\text{H} + ^1_1\text{H} \rightarrow ^2_1\text{H} + ^0_1\text{e}^+ + \nu_e.$$

Mae nifer o anfanteision i'r adwaith hwn: mae'r cynnyrch yn gymharol isel (2 MeV yn cynnwys y difodiant e^+e^- sy'n dilyn), caiff egni ei golli yn y niwtrino ac mae'n rhyngweithiad gwan (ac felly'n annhebygol o ddigwydd). Y pwynt olaf yw'r mwyaf difrifol. Yr adwaith hwn yw sail y gadwyn proton-proton yn yr Haul, lle mae hyd oes proton unigol yn y craidd tua 10^9 o flynyddoedd cyn iddo wrthdaro'n llwyddiannus!

Mae'r adwaith canlynol yn fwy addawol:

$$^2_1\text{H} + ^3_1\text{H} \rightarrow ^4_2\text{He} + ^0_1\text{n},$$

lle ^3_1H yw tritiwm, sy'n cynnwys proton a dau niwtron. Yn fras, mae 1.5 atom o bob 10^4 atom o hydrogen yn ddewteriwm (niwclid primordaidd, sy'n dyddio o'r Glec Fawr), felly mae'n bresennol mewn symiau mawr mewn dŵr môr. Rhaid cynhyrchu tritiwm yn artiffisial, ac mae'n bosibl gwneud hyn yn hawdd mewn adweithydd ymholltiad (gweler y Pwynt astudio).

Rheolir yr adwaith gan y rhyngweithiad cryf felly, os gallwn ni ddod â'r adweithyddion yn ddigon agos at ei gilydd (~ 3 fm), dylen nhw ymasu. Y broblem yw fod y ddau wedi'u gwefru'n bositif, felly mae'n rhaid i ni oresgyn gwrthyriad Coulomb. Mae hyn yn golygu gwresogi'r adweithyddion i dymheredd uchel. Gallwn ni amcangyfrif y tymheredd sydd ei angen fel hyn, gan ddefnyddio syniadau o Adran 4.2:

Tybiwch fod angen dod â'r niwclysau i 3 fm. Mae'r egni potensial yn:

$$E_\text{p} = \frac{1}{4\pi\varepsilon_0}\frac{Q_1Q_2}{r} = 9 \times 10^9 \frac{(1.6 \times 10^{-19})^2}{3 \times 10^{-15}} = 8 \times 10^{-14} \text{ J } [0.5 \text{ MeV}].$$

Er mwyn cyflawni hyn, rhaid i egni thermol pob un o'r adweithyddion fod yn hanner hyn. Felly, trwy ddefnyddio $E_\text{k} = \frac{3}{2}kT$, er mwyn i'r egni cinetig cymedrig fod mor uchel â hyn, mae angen:

$$T = \frac{2}{3}\frac{E_\text{k}}{k} = \frac{2}{3}\frac{4 \times 10^{-14} \text{ J}}{1.38 \times 10^{-23} \text{ J K}^{-1}} \sim 2 \times 10^9 \text{ K}$$

Ffig. 3.6.7 Ymasiad H-H

Mewn gwirionedd, nid oes arnon ni angen 2000 miliwn K, oherwydd nid oes angen i'r egni cinetig <u>cymedrig</u> fod mor uchel â hyn: dim ond ffracsiwn bach, ond arwyddocaol, sydd ei angen arnon ni i gael hyn. Mae peirianwyr wedi cyrraedd tymereddau o 10^8 K ac wedi arsylwi ymasiad yn digwydd; fodd bynnag, hyd yma, nid ydyn nhw wedi cynnal y dwysedd angenrheidiol am ddigon o amser i'r ymasiad fod yn hunangynhaliol.

Niwclid	màs / u	Niwclid	màs / u	Niwclid	màs / u
$^1_1$H	1.007825	$^{19}_9$F	18.9984	$^{34}_{16}$S	33.96786
$^2_1$H	2.014102	$^{20}_{10}$Ne	19.99244	$^{36}_{16}$S	35.96709
$^3_2$He	3.01603	$^{21}_{10}$Ne	20.993849	$^{35}_{17}$Cl	34.96885
$^4_2$He	4.002604	$^{22}_{10}$Ne	21.991384	$^{37}_{17}$Cl	36.9659
$^6_3$Li	6.015126	$^{23}_{11}$Na	22.989773	$^{36}_{18}$Ar	35.96755
$^7_3$Li	7.016005	$^{24}_{12}$Mg	23.985045	$^{38}_{18}$Ar	37.96572
$^9_4$Be	9.012186	$^{25}_{12}$Mg	24.98584	$^{40}_{18}$Ar	39.962384
$^{10}_5$B	10.012939	$^{26}_{12}$Mg	25.982591	$^{39}_{19}$K	38.96371
$^{11}_5$B	11.009305	$^{27}_{13}$Al	26.981535	$^{41}_{19}$K	40.96183
$^{12}_6$C	12.000000	$^{28}_{14}$Si	27.97693	$^{40}_{20}$Ca	39.96259
$^{13}_6$C	13.003354	$^{29}_{14}$Si	28.97649	$^{42}_{20}$Ca	41.95863
$^{14}_7$N	14.003074	$^{30}_{14}$Si	29.97376	$^{43}_{20}$Ca	42.95878
$^{15}_7$N	15.000108	$^{31}_{15}$P	30.973763	$^{44}_{20}$Ca	43.95549
$^{16}_8$O	15.994915	$^{32}_{16}$S	31.972074	$^{46}_{20}$Ca	45.95369
$^{17}_8$O	16.999133	$^{33}_{16}$S	32.97146	$^{48}_{20}$Ca	47.95236
$^{18}_8$O	17.99916				

Data ychwanegol: m_{proton} = 1.007 276 $m_{niwtron}$ = 1.008 665 u $m_{electron}$ = 0.000 549 u

Tabl 3.6.3 Masau atomig y niwclidau sefydlog ar gyfer Z = 1–20.

▶▶ Pwynt astudio

Yn ogystal â chyfrifo'r egni clymu, gallwch chi ddefnyddio'r tabl hwn i chwilio am batrymau diddorol, e.e. nifer y niwclysau sefydlog â gwerthoedd Z sy'n odrifau neu'n eilrifau, neu nifer y niwclysau â gwerthoedd Z ac N sy'n odrifau ac eilrifau. Sylwch mai'r rhif niwcleon lleiaf â dau niwclid sefydlog gwahanol yw $36 - {}^{36}_{16}$S a ${}^{36}_{18}$Ar.

Profwch eich hun 3.6

1. Mae gorsaf bŵer sy'n llosgi glo, ac sy'n rhedeg yn barhaus yn ystod misoedd y gaeaf, yn cynhyrchu trydan gydag effeithlonrwydd o 35%. Mae ei phŵer allbwn yn 2.0 GW. Cyfrifwch:

   (a) Yr egni thermol trwy losgi'r tanwydd dros gyfnod o ddau fis (60 diwrnod).

   (b) Y gwahaniaeth màs rhwng yr adweithyddion (glo + ocsigen) a chynhyrchion y broses losgi (carbon deuocsid ac anwedd dŵr).

2. Mae'r Haul yn colli 4.0 miliwn tunnell fetrig (1 **tunnell fetrig** $= 10^3$ **kg**) bob eiliad yn ei belydriad. Cyfrifwch:

   (a) Pŵer allbwn yr Haul.

   (b) Y pŵer sy'n taro'r Ddaear.

   [Mae radiws orbit y Ddaear $= 150$ miliwn km; radiws y Ddaear $= 6400$ km.]

3. Mae rhai niwclysau'n dadfeilio trwy ddal electronau, lle caiff electron mewnol (orbital 1s) ei amsugno. Mae $^{7}_{4}$Be (màs atomig $7.016\,930$ u) yn dadfeilio trwy ddal electron i niwclid â màs $7.016\,004$ u.

   (a) Ysgrifennwch yr hafaliad ar gyfer y dadfeiliad.

   (b) Esboniwch pa un o'r rhyngweithiadau niwclear (cryf, e.m., gwan) sy'n gyfrifol am y dadfeiliad.

   (c) Cyfrifwch yr egni gaiff ei ryddhau yn ystod y dadfeiliad, ac esboniwch pa ronyn sy'n cario'r egni hwn.

4. Mae'r niwclid $^{241}_{95}$Am (màs atomig $241.056\,69$ u) yn dadfeilio i isotop neptwniwm (Np) â màs $237.048\,173$ u, gyda hanner oes o 460 o flynyddoedd.

   (a) Ysgrifennwch yr hafaliad dadfeiliad.

   (b) Cyfrifwch yr egni, mewn **MeV**, sy'n cael ei ryddhau yn y dadfeiliad.

   (c) Defnyddiwch egwyddor cadwraeth momentwm i gyfrifo buanedd adlamu'r niwclews.

   (ch) Mae canfodydd mwg yn cynnwys 1 mg o $^{241}_{95}$Am. Cyfrifwch ei actifedd.

5. Mae gan y niwclid primordaidd $^{40}_{19}$K (màs atomig $39.963\,998$ u) dri modd o ddadfeilio: β^- (89.28%), dal electronau (10.72%) a dadfeiliad β^+ (0.001%), gyda hanner oes o 1.3×10^{-9} o flynyddoedd.

   (a) Nodwch yr epil niwclidau yn y tri dull o ddadfeilio, ac ysgrifennwch yr hafaliadau dadfeiliad.

   (b) Cyfrifwch yr egni gaiff ei ryddhau ym mhob un o'r moddau dadfeilio.

6. Mae'r tanwydd niwclear mewn adweithyddion ymholltiad gwraniwm yn cynnwys cyfran fawr o ^{238}U sydd ddim yn ymhollti. Mae niwclews ^{238}U yn amsugno niwtron ac mae'r niwclews sy'n cael ei ffurfio yn dadfeilio mewn dau gam i ffurfio isotop plwtoniwm ymholltog, $^{239}_{94}$Pu.

   $$^{238}_{92}\text{U} + {}^{1}_{0}\text{n} \rightarrow {}^{239}_{92}\text{U} \xrightarrow{\beta^-} {}^{239}_{93}\text{Np} \xrightarrow{\beta^-} {}^{239}_{94}\text{Pu}$$

   (a) Ysgrifennwch hafaliadau dadfeiliad ar gyfer dadfeiliad ^{239}U a ^{239}Np.

   (b) Defnyddiwch fasau atomig y niwclidau i gyfrifo'r egni sy'n cael ei ryddhau yn y ddau adwaith β^-.

   (c) Esboniwch yn fyr pam mai mymryn yn unig o'r egni hwn a gafodd ei ryddhau sy'n cael ei amsugno yn yr adweithydd.

   Masau: $^{239}_{92}$U $= 239.054\,293$ u; $^{239}_{93}$Np $= 239.052\,939$ u; $^{239}_{94}$Pu $= 239.052\,163$ u

7. Ar ôl tua 1 biliwn o flynyddoedd fel Cawr Coch, mae craidd seren fàs-solar, sy'n gyfoethog mewn heliwm, yn cyrraedd tymheredd a gwasgedd digon uchel i ddechrau 'llosgi' heliwm yn yr adwaith alffa triphlyg:

   $$^{4}_{2}\text{He} + {}^{4}_{2}\text{He} + {}^{4}_{2}\text{He} \rightarrow {}^{12}_{6}\text{C}$$ Cyfrifwch yr egni sy'n cael ei ryddhau yn yr adwaith hwn.

8. Dyma un o'r adweithiau ymholltiad posibl mewn adweithydd ^{235}U:

$$^{235}_{92}\text{U} + {}^{1}_{0}\text{n} \rightarrow {}^{140}_{55}\text{Cs} + {}^{92}_{37}\text{Rb} + 4{}^{1}_{0}\text{n}$$

Niwclid	màs atomig / u
${}^{92}_{37}$Rb	91.919 730
^{92}Zr	91.905 041
${}^{140}_{55}$Cs	139.917 282
^{140}Ce	139.905 439
^{235}U	235.043 9

Mae ^{92}Rb yn dadfeilio trwy allyriadau β^- olynol: Rb $\rightarrow$ Sr $\rightarrow$ Y $\rightarrow$ Zr (sefydlog)

Mae ^{140}Cs yn dadfeilio trwy allyriadau β^- olynol: Cs $\rightarrow$ Ba $\rightarrow$ La $\rightarrow$ Ce (sefydlog)

Defnyddiwch y tabl o fasau atomig i gyfrifo'r canlynol:

(a) Yr egni gaiff ei ryddhau yn yr ymholltiad cychwynnol.
(b) Yr egni gaiff ei ryddhau yn y dadfeiliadau β^- dilynol.
(c) Yr egni gaiff ei ryddhau gan ymholltiad 1 kg o ^{235}U.

9. Mae'r gadwyn ymasiad proton-proton yn yr Haul yn dechrau gyda'r ddau gam canlynol:

$$^{1}_{1}\text{H} + {}^{1}_{1}\text{H} \rightarrow {}^{2}_{1}\text{H} + {}^{0}_{1}\text{e}^{+} + \nu_{e} \qquad [1]$$

$$^{1}_{1}\text{H} + {}^{2}_{1}\text{H} \rightarrow {}^{3}_{2}\text{He} + \gamma \qquad [2]$$

Daw 69% o'r egni gaiff ei ryddhau wedyn o'r adwaith canlynol:

$$^{3}_{2}\text{He} + {}^{3}_{2}\text{He} \rightarrow {}^{4}_{2}\text{He} + 2{}^{1}_{1}\text{H} \qquad [3]$$

Cyfrifwch:

(a) Yr egni mewn MeV sy'n cael ei ryddhau ym mhob cam [yn cynnwys y difodiant e^+e^-].
(b) Cyfanswm yr egni gaiff ei ryddhau wrth i 1 kg o hydrogen ymasio.

10. Amcangyfrifwch yr egni gaiff ei ryddhau yn narnau ymholltiad adwaith ymholltiad niwclear trwy ystyried y newid yn eu hegni potensial trydanol wrth iddyn nhw wahanu. Mae hwn yn gwestiwn synoptig sy'n defnyddio'r hafaliad ar gyfer egni potensial trydanol dwy wefr yn Adran 4.2.

Ystyriwch y niwclysau tun a molybdenwm pan fo nhw ar fin gwahanu yn yr ymholltiad yn Adran 3.6.5 (b):

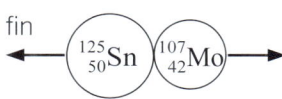

Cyfrifwch:

(a) Y wefr ar bob niwclews.
(b) Radiws pob niwclews (Awgrym: gweler Adran 3.6.4).
(c) Egni potensial y ddwy wefr a, thrwy hynny, yr egni sy'n cael ei ryddhau wrth iddyn nhw wahanu.
[Maen nhw'n gymesur yn sfferig, felly gallwch chi eu hystyried yn wefrau pwynt, wedi'u gwahanu gan swm eu radiysau.]
Dylech chi gael ateb sydd yn cyd-fynd (o leiaf i frasamcan teg) â'r cyfrifiad yn 3.6.5(b).

(ch)

◀Ymestyn a herio

Y buanedd terfynol mae pob un o'r darnau'n ei gyrraedd.

11. Defnyddiwch Dabl 3.6.2 i brofi'r berthynas $r = kA^{1/3}$ a darganfyddwch werth ar gyfer k. A yw'n fanteisiol llunio graff $\ln r - \ln A$, neu graff r yn erbyn $A^{1/3}$?

Hafaliadau Uned 3

Oherwydd yr angen i osod cwestiynau synoptig, mae Llyfryn Data CBAC ar gyfer Uned 3 yn cynnwys yr hafaliadau ar gyfer Unedau UG 1 a 2 yn ogystal â chynnwys craidd Uned 4. Yr hafaliadau isod yw'r rhai sy'n benodol i Uned 3. Ni roddir y disgrifiadau a roddir isod yn y Llyfryn Data – dim ond yr hafaliadau symbol.

Hafaliad	Disgrifiad
$\omega = \dfrac{v}{t}$	ω = cyflymder onglaidd, θ = ongl, t = amser
$v = \omega r$	v = cyflymder o amgylch y cylchedd; r = radiws
$a = \omega^2 r = \dfrac{v^2}{r}$	cyflymiad mewngyrchol
$F = m\omega^2 r = \dfrac{mv^2}{r}$	grym mewngyrchol
$a = -\omega^2 r$	diffiniad mudiant harmonig syml (MHS)
$x = A\cos(\omega t + \varepsilon)$	dadleoliad mewn MHS
$v = -A\sin(\omega t + \varepsilon)$	cyflymder mewn MHS
$T = \dfrac{2\pi}{\omega}$	T = cyfnod; ω = amledd onglaidd
$T = 2\pi\sqrt{\dfrac{m}{k}}$; $T = 2\pi\sqrt{\dfrac{l}{g}}$	cyfnod màs ar sbring; cyfnod pendil syml
$Pv = nRT$; $pV = NkT$	hafaliad nwy delfrydol yn nhermau molau / yn nhermau moleciwlau
$p = \dfrac{1}{3}\rho\overline{c^2} = \dfrac{Nm}{V}\overline{c^2}$	hafaliad damcaniaeth ginetig
$M/\text{kg} = \dfrac{M_r}{1000}$	M = màs molar; M_r = màs moleciwlaidd cymharol
$n = \dfrac{\text{cyfanswm màs}}{\text{màs molar}}$	n = swm y sylwedd wedi'i fynegi mewn molau
$k = \dfrac{R}{N_A}$	k = cysonyn Boltzmann; R = cysonyn nwy delfrydol; N_A = cysonyn Avogadro
$U = \dfrac{3}{2}nRT = \dfrac{3}{2}NkT$	U = egni mewnol nwy delfrydol monatomig
$W = p\Delta V$	W = gwaith sy'n cael ei wneud gan system wrth ehangu
$\Delta U = Q - W$	Deddf gyntaf thermodynameg; Q = gwres sy'n mynd i mewn i system
$Q = mc\Delta\theta$	c = cynhwysedd gwres sbesiffig; $\Delta\theta$ = newid yn y tymheredd
$A = \lambda N$	A = actifedd sampl ymbelydrol; λ = cysonyn dadfeiliad
$N = N_0 e^{-\lambda t} = \dfrac{N_0}{2^x}$	N_0 = nifer cychwynnol yr atomau ymbelydrol; x = nifer yr hanner oesau
$A = A_0 e^{-\lambda t} = \dfrac{A_0}{2^x}$	A_0 = actifedd cychwynnol
$\lambda = \dfrac{\ln 2}{T_{1/2}}$	$T_{1/2}$ = hanner oes
$E = mc^2$	hafaliad màs/egni Einstein; c = buanedd golau mewn gwactod

Uned 3

1 Mae reid mewn ffair yn cynnwys silindr gwag mawr sydd â radiws 2.80 m ac echelin gylchdro fertigol. Mae unigolyn sydd â màs 66.2 kg yn cerdded i mewn i'r silindr ac yn sefyll yn erbyn ei wal fewnol. Mae'r silindr yn cael ei gylchdroi o amgylch yr echelin. Pan mae'r gyfradd gylchdroi yn 36.0 cylchdro bob munud mae'r llawr yn cael ei ostwng, ond mae'r unigolyn yn aros yn sefydlog yn ei le yn erbyn y wal.

Dyma ddiagram gan fyfyriwr:

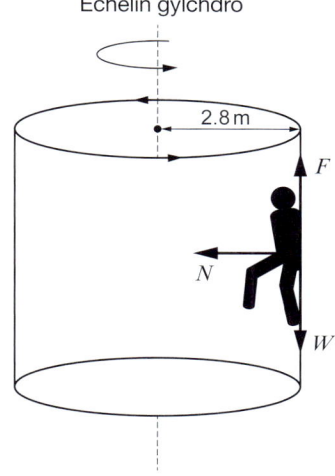

Echelin gylchdro

2.8 m

F

N

W

(a) Diffiniwch y *radian*. [1]

(b) Cyfrifwch:

    (i) y cyfnod cylchdroi, T; [2]

    (ii) buanedd, v, yr unigolyn yn y cylch. [2]

(c) Mae tri grym yn gweithredu ar yr unigolyn: y grym cyffwrdd normal o'r wal, N, pwysau, W, yr unigolyn, a'r grym ffrithiannol, F, o'r wal. Mae diagram y myfyriwr yn dangos y rhain.

Esboniwch pam mae gwerth N tua $2\,600\ N$ a gwerth F tua $650\ \text{N}$. [4]

(ch) Y gwerth mwyaf posibl i rym ffrithiannol yw μN lle mae μ yn gysonyn heb ddimensiwn (*dimensionless constant*).

    (i) Dangoswch nad yw'r unigolyn yn llithro i lawr y wal os yw μ yn fwy na tua 0.25. [2]

    (ii) Mae myfyriwr yn dweud y bydd angen codi'r llawr wrth i'r silindr arafu er mwyn cynnal yr unigolyn pan fydd y cyflymder onglaidd yn mynd yn llai na gwerth penodol. Cyfiawnhewch hyn a darganfyddwch y cyflymder onglaidd hwn os yw gwerth μ yn 0.45. [4]

(Cyfanswm 15 marc)

[*CBAC Ffiseg Safon Uwch 2019 Uned 3 C2*]

2. Gallwn ni gynrychioli mudiant harmonig syml (MHS) â'r hafaliad:

$$a = -\omega^2 x$$

(a) Nodwch pa fesurau mae'r canlynol yn eu cynrychioli: [1]

a

ω

x

(b) Os yw osgled osgiliad gwrthrych sy'n symud â MHS yn 0.012 m ac mae'r cyfnod yn 0.40 s:

   (i) darganfyddwch y cyflymiad mwyaf; [3]

   (ii) brasluniwch graff i ddangos amrywiad (*variation*) a gydag x. Rhowch werthoedd ar yr echelin a. Mae gwerthoedd wedi'u rhoi ar yr echelin x. [3]

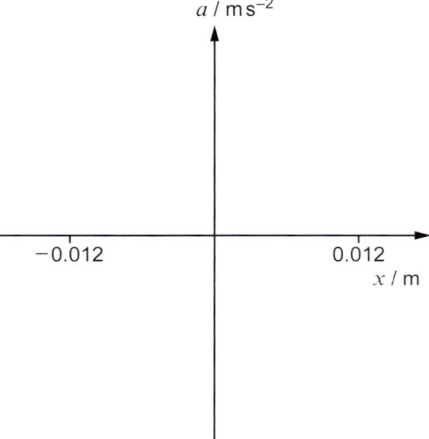

(c) Mae'r gwrthrych sy'n osgiliadu yn rhan (b) yn ei safle canol pan mae $t = 0$ ac mae'n symud i'r cyfeiriad x positif. Rhowch y gwerthoedd coll i mewn yn y mynegiad ar gyfer x mewn metrau. [3]

$$x = \boxed{} \cos\left(\boxed{} t + \boxed{}\right)$$

(ch) Mae system sy'n osgiliadu'n gallu cael ei gyrru gan rym allanol. Disgrifiwch ac esboniwch:

   (i) un defnydd (*application*) o osgiliadau gorfod sy'n ddefnyddiol; [2]

   (ii) un enghraifft o osgiliadau gorfod sydd angen eu hosgoi. [3]

(Cyfanswm 15 marc)

[*CBAC Ffiseg Safon Uwch 2019 Uned 3 C3*]

3. Disgrifiwch arbrawf sy'n defnyddio pendil i ganfod cyflymiad disgyrchiant, gan gynnwys dadansoddiad graffigol. [6]

(Cyfanswm 6 marc)

[*CBAC Ffiseg Safon Uwch 2019 Uned 3 C4*]

4. Ar un pen (*end*) i gynhwysydd wedi'i selio, mae piston sy'n gwrthsefyll gollyngiadau (*leakproof*) ag arwynebedd trawstoriadol o $0.040 \ \text{m}^2$. Cyfaint cychwynnol y cynhwysydd yw $8.5 \times 10^{-3} \ \text{m}^3$. Mae'n cynnwys nwy ocsigen ar wasgedd o $5.0 \times 10^5 \ \text{Pa}$ a thymheredd o $285 \ \text{K}$.

(Màs moleciwlaidd cymharol ocsigen $= 32$)

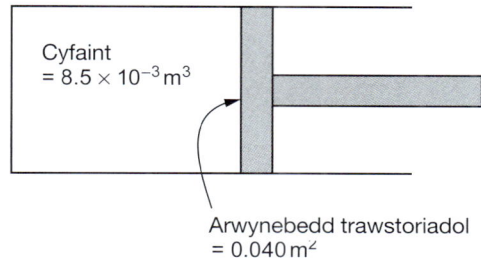

Cyfaint
$= 8.5 \times 10^{-3} \, \text{m}^3$

Arwynebedd trawstoriadol
$= 0.040 \, \text{m}^2$

(a) Cyfrifwch:

    (i)   nifer y molau o nwy ocsigen yn y cynhwysydd;   **[2]**

    (ii)   nifer y moleciwlau yn y cynhwysydd;   **[1]**

    (iii)   buanedd isc y moleciwlau;   **[3]**

    (iv)   y grym mae'r nwy'n ei roi ar y piston.   **[1]**

(b) Mae'r nwy yn ehangu ar dymheredd cyson o $285 \ \text{K}$ i gyfaint o $10.2 \times 10^{-3} \ \text{m}^3$.

    (i)   Cyfrifwch wasgedd terfynol y nwy.   **[2]**

    (ii)   Yn ystod y broses, mae'r nwy yn gwneud 773 J o waith. Darganfyddwch y gwres sy'n llifo i mewn i'r nwy, gan esbonio eich rhesymu.   **[2]**

    (iii)   Ar ôl ehangu, mae'r nwy yn mynd yn ôl i'w gyflwr cychwynnol mewn proses dau gam:

        – lleihad yn y cyfaint ar wasgedd cyson;

        – cynnydd yn y gwasgedd ar gyfaint cyson.

        Mae myfyriwr yn dweud bod tua 60 J o wres yn llifo i mewn i'r nwy yn ystod y gylchred gyflawn (ehangu'r nwy a'i ddychwelyd i'w gyflwr gwreiddiol). Cyfiawnhewch hyn. Dylech chi gynnwys braslun o'r llwybrau ar ddiagram p–V a rhoi gwerthoedd ar y ddwy echelin.   **[4]**

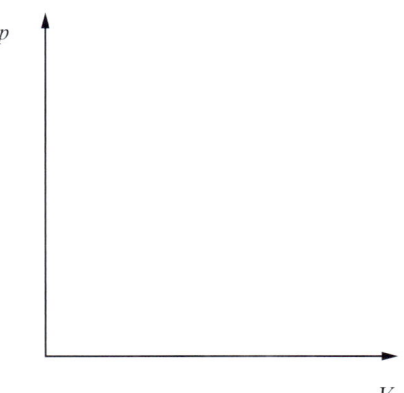

(Cyfanswm 15 marc)

[*CBAC Ffiseg Safon Uwch 2019 Uned 3 C5*]

5. (a) Cwblhewch yr hafaliadau dadfeiliad canlynol:

(i) $^{228}_{90}\text{Th} \rightarrow\, \underline{\ \ \ \ \ \ }\,\text{Ra} +\, \underline{\ \ \ \ \ \ }\,\alpha$ **[1]**

(ii) $^{90}_{38}\text{Sr} \rightarrow\, \underline{\ \ \ \ \ \ }\,\text{Y} +\, \underline{\ \ \ \ \ \ }\,\beta$ **[1]**

(b) Cyfrifwch yr egni clymu fesul niwcleon ar gyfer $^{90}_{38}\text{Sr}$. **[4]**

$m_{\text{proton}} = 1.007\ 276\ \text{u}$

$m_{\text{niwtron}} = 1.008\ 664\ \text{u}$

$m_{\text{electron}} = 0.000\ 549\ \text{u}$

màs atomig Sr = 89.907 738 u

1u = 931 MeV

(c) Gallwn ni ymchwilio i ddadfeiliad ymbelydrol yn y labordy trwy ddefnyddio cydweddiad dis (*dice analogy*).

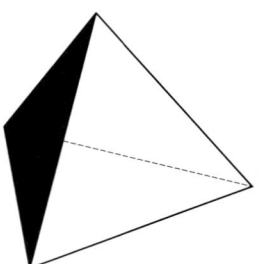

Mae gan fyfyriwr 564 dis pren unfath. Mae'r disiau hyn yn siâp tetrahedron, ac mae un wyneb wedi'i beintio'n ddu. Solid â phedwar wyneb unfath yw tetrahedron; mae pob wyneb yn driongl hafalochrog.

(i) Os yw'r myfyriwr yn taflu un dis, beth yw'r tebygolrwydd bod y tetrahedron yn glanio ar yr wyneb du? **[1]**

(ii) Yna mae'r myfyriwr yn taflu'r disiau i gyd ac yn cyfrif a chael gwared ar y rhai sy'n glanio ar yr wyneb du. Mae'n taflu'r disiau sydd ar ôl unwaith eto, ac yn ailadrodd y broses nifer o weithiau. Mae'n cofnodi nifer y disiau mae'n cael gwared arnynt ar ôl pob tafliad yn y tabl, ac yn cyfrifo'r nifer sy'n weddill ar ôl pob tafliad. Mae'r tab yn dangos y canlyniadau, a hefyd yn rhoi ffracsiwn y disiau sy'n weddill, lle mae:

Ffracsiwn y disiau sy'n weddill ar ôl tafliad = $\dfrac{\text{nifer y disiau sy'n weddill ar ôl y tafliad, } R}{\text{nifer y disiau a daflwyd yn y tafliad hwnnw, } T}$

Rhif y tafliad, n	Nifer y disiau sy'n cael eu taflu, T	Nifer y disiau mae'n cael gwared arnynt ar ôl y tafliad	Nifer y disiau sy'n weddill ar ôl y tafliad, R	Ffracsiwn sy'n weddill ar ôl y tafliad, R/T
1	564	138	426	0.76
2	426	116	310	0.73
3	310	87	223	0.72
4	223	52	171	0.77
5	171	39	132	0.77
6	132	34	98	0.74
7	98	10	88	0.90
8	88	27	61	0.69
9	61	18	43	0.70
10	43	8	35	0.81

I. Esboniwch pam mai'r ffracsiwn disgwyliedig sy'n weddill ar ôl n tafliad yw $(0.75)^n$. **[2]**

II. Felly, rhagfynegwch y nifer disgwyliedig sy'n weddill ar ôl 10 tafliad. **[1]**

III. Trafodwch i ba raddau mae'r arsylwadau'n cytuno â'r rhai y byddech chi'n eu disgwyl o'r ddamcaniaeth. **[3]**

(Cyfanswm 13 marc)

[*CBAC Ffiseg Safon Uwch 2019 Uned 3 C6*]

Un brif thema, sef meysydd, sydd gan yr uned hon, yn ogystal â set o bedwar opsiwn. Dylech chi astudio un o'r opsiynau hyn.

Mae astudio meysydd grym yn un o elfennau sylfaenol ffiseg. Rydyn ni'n defnyddio hyn i ddisgrifio effeithiau sy'n ymestyn trwy'r gofod, fel bod yr effaith yn digwydd ymhell i ffwrdd o'r hyn wnaeth ei achosi. Mae tri math o faes yn cael eu hastudio:

- **Maes disgyrchiant**. Mae holl ronynnau defnyddiau yn rhoi grymoedd ar ei gilydd sydd mewn cyfrannedd â'u masau. Rydyn ni'n disgrifio'r rhyngweithiadau hyn yn nhermau maes disgyrchiant sy'n amgylchynu pob gronyn. Yn hanesyddol, hwn oedd y maes cyntaf i gael ei ddisgrifio gan ddamcaniaeth disgyrchiant Newton.
- **Maes electrostatig**. Mae gronynnau sydd wedi'u gwefru hefyd yn rhoi grymoedd ar ei gilydd, mewn meysydd sy'n debyg iawn i feysydd disgyrchiant – mae'r ddau faes yn lleihau yn ôl sgwâr gwrthdro'r pellter. Daw'r grymoedd adlynol rhwng atomau a moleciwlau o'r maes trydanol.
- **Maes magnetig**. Mae hwn yn faes mwy cymhleth na'r ddau arall gan mai gronynnau symudol wedi'u gwefru sy'n ei achosi. Mae ei briodweddau'n ddefnyddiol mewn moduron a generaduron trydan.

Yn ogystal â'r meysydd astudio sylfaenol hyn, mae adrannau sy'n canolbwyntio ar gymhwyso'r meysydd:

- **Cynwysyddion** – dyfeisiau ar gyfer storio egni trydanol yw'r rhain, ac maen nhw'n gweithredu ar sail y meysydd electrostatig rhwng platiau metel.
- **Orbitau a'r bydysawd ehangach** – mae hyn yn disgrifio sut mae mudiant gwrthrychau seryddol, wedi'i gyfuno â'r wybodaeth am feysydd disgyrchiant, yn rhoi cipolwg i ni ar adeiledd y bydysawd.

Gwaith ymarferol

Mae gwaith ymarferol yn rhan annatod o unrhyw gwrs ffiseg. Mae Uned 4 yn darparu digonedd o gyfleoedd i fyfyrwyr fireinio eu sgiliau ymarferol, yn ogystal â datblygu eu dealltwriaeth o'r cynnws.

4.1 Cynhwysiant

Termau Allweddol

Mae **cynhwysydd** yn cynnwys dau ddargludydd (y 'platiau') wedi'u gwahanu gan ynysydd, sef y *deuelectryn*.

Mae **cynwysyddion** yn ddyfeisiau syml sy'n cael eu defnyddio yn helaeth ym maes electroneg. Byddwn ni'n dysgu am eu hymddygiad. Yna gallwn ni gyflwyno'r syniad sylfaenol o faes trydanol, ac esbonio sut gall maes trydanol unffurf gael ei gynhyrchu mewn cynhwysydd. Rydyn ni'n gorffen trwy astudio mudiant gronyn wedi'i wefru mewn maes trydanol unffurf.

4.1.1 Cynwysyddion a chynhwysiant

Beth yw cynhwysydd? Mae'n bosibl nodi hyn yn syml – gweler Termau allweddol. Beth mae cynhwysydd yn ei wneud? Mae'n storio gwefrau hafal a dirgroes ar ei blatiau pan fydd gp rhwng y platiau.

Yn ymarferol, mae bron pob cynhwysydd gaiff ei gynhyrchu yn gynhwysydd platiau paralel, gyda defnydd ynysu o drwch cyson (yn aml yn llai na 0.1 mm) rhwng y platiau. Y symbol cylched ar gyfer cynhwysydd yw'r un sydd i'w weld yn Ffig. 4.1.3 (ond heb arwyddion '+' a '−').

Pwynt astudio

Mae pob un o'r cynwysyddion silindrog yn Ffig. 4.1.1 yn electrolytig ac eithrio'r un lliw arian.

Mae gan *uwchgynwysyddion* (rhai sydd â chynhwysiant mwy nag 1 F fel arfer) ddeuelectrynnau sydd tua dau atom o drwch yn unig. Mae mwy nag un math, ac mae'r dechnoleg berthnasol yn defnyddio cymaint o gemeg ag y mae o ffiseg.

Mae cynwysyddion o bob ffurf a siâp i'w cael (Ffig. 4.1.1). Mae cas silindrog yn debygol o gynnwys dau stribed o ffoil metel (y platiau) a dau stribed o blastig tenau (y deuelectryn) wedi'u rholio fel Swis-rôl (Ffig. 4.1.2). Gweler y Pwynt astudio hefyd. Fel arfer, mae cynwysyddion wedi'u labelu â'r gp mwyaf mae'n bosibl ei roi yn ddiogel.

Mae'r cynwysyddion ar y dde yn Ffig. 4.1.1, sydd â phlatiau yn y golwg, yn rhai 'newidiol'. Mae'n bosibl symud un set o blatiau er mwyn newid yr arwynebedd sy'n gorgyffwrdd rhyngddynt a set arall. Aer yw'r deuelectryn.

4.1.1 Gwirio gwybodaeth

Pam mae angen *dau* stribed ynysu yn y cynhwysydd sydd wedi'i 'rolio' yn Ffig. 4.1.2?

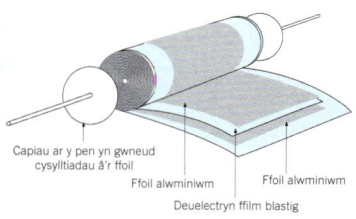

Capiau ar y pen yn gwneud cysylltiadau â'r ffoil

Ffoil alwminiwm

Ffoil alwminiwm

Deuelectryn ffilm blastig

Ffig. 4.1.2 Un math o gynhwysydd

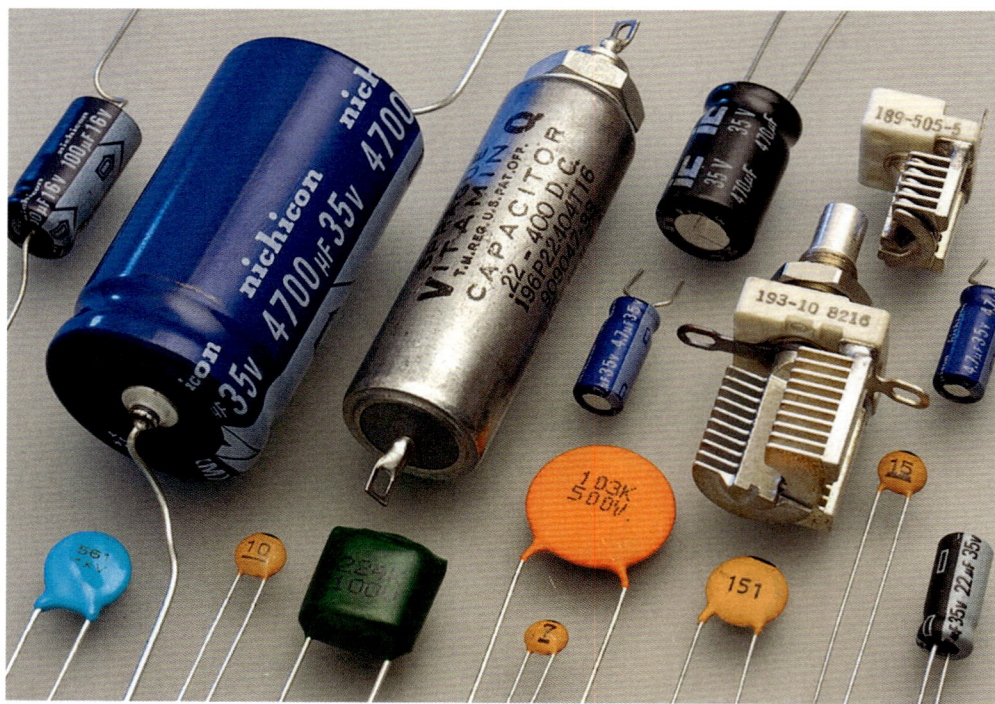

Ffig. 4.1.1 Casgliad amrywiol o gynwysyddion

Fel arfer, mae cynwysyddion sydd â chynhwysiant o fwy na tua $1\,\mu\text{F}$ (gweler Adran 4.1.2) a llai na tua $0.1\,\text{F}$ yn rhai *electrolytig*. Ffilm denau o ocsid ar un plât yw'r deuelectryn. Rhaid cysylltu'r cynhwysydd y ffordd gywir mewn cylched, fel bod y plât â'r haen ocsid ar botensial positif mewn perthynas â'r plât arall, neu caiff y ffilm ei difrodi.

Cynhwysiant

Os yw batri neu gyflenwad pŵer CU wedi'i gysylltu ar draws cynhwysydd, fel yn Ffig. 4.1.3(a), mae rhai electronau rhydd yn cael eu tynnu o un plât a'u trosglwyddo trwy'r batri i'r llall. Mae'r platiau'n ennill gwefrau hafal a dirgroes (ar arwynebau sy'n wynebu ei gilydd). Mae'r 'gwefru' hwn yn dod i ben pan fydd y gp rhwng y platiau yn hafal i g.e.m. y batri (Ffig. 4.1.3(b)). Fel arfer, mae'n cymryd ffracsiwn bach o eiliad, oni bai bod gwrthydd wedi'i gynnwys mewn cyfres, neu fod gan y batri wrthiant mewnol uchel.

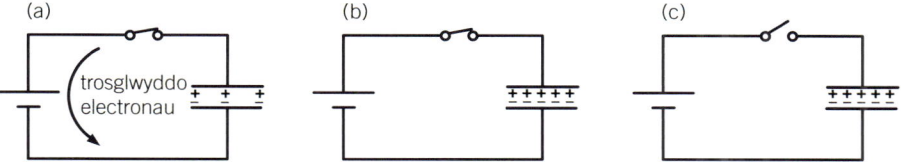

Ffig. 4.1.3 Gwefru ac arunigo cynhwysydd

Os byddwn ni wedyn yn datgysylltu'r batri, fel yn Ffig. 4.1.3(c), mae'r gwefrau yn cael eu harunigo ar y platiau, gan gynnal y gp rhwng y platiau.

Gallwn ni ymchwilio i sut mae'r wefr ($\pm Q$) ar blatiau'r cynhwysydd yn perthyn i'r gp, V, rhyngddyn nhw trwy ddefnyddio'r cyfarpar yn Ffig. 4.1.4(a). Rydyn ni'n gwefru'r cynhwysydd trwy symud y switsh dwyffordd i'r chwith am ychydig, ac yna i'r dde, fel bod y cynhwysydd yn dadwefru i'r mesurydd coulomb. Rydyn ni'n ailadrodd hyn ar gyfer gpau gwahanol, sy'n cael eu dewis trwy ddefnyddio'r cyflenwad pŵer CU newidiol. Mae Ffig. 4.1.4(b) yn graff nodweddiadol o'r canlyniadau.

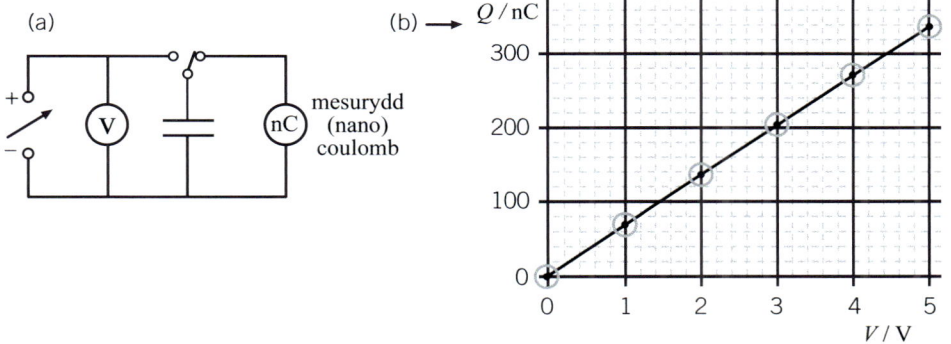

Ffig. 4.1.4 Q yn erbyn V ar gyfer cynhwysydd

Mae'r wefr gaiff ei storio ar y naill blât a'r llall mewn cyfrannedd â'r gp, V. Mae hyn yn wir ar gyfer unrhyw gynhwysydd normal. Felly gallwn ni ysgrifennu

$$Q = CV$$

lle mae C yn gysonyn ar gyfer y cynhwysydd, o'r enw **cynhwysiant**, ac mae'n raddiant graff Q yn erbyn V.

Caiff cynwysyddion eu gwneud gydag ystod enfawr o werthoedd. Maen nhw'n mynd o ychydig picoffaradau (pF), a ddefnyddir yn bennaf mewn cylchedau sy'n ymwneud â cheryntau eiledol amledd uchel, hyd at gannoedd o ffaradau, a ddefnyddir yn gyflenwad pŵer wrth gefn ar gyfer cof cyfrifiaduron, neu i helpu batrïau i ymdopi ag ymchwydd yn y galw am gerrynt. Gwell i chi ddechrau adolygu'ch rhagddodiaid ar gyfer pwerau deg!

>> **Pwynt astudio**

Peidiwch â chymysgu rhwng C (teip italig) sy'n cynrychioli'r mesur, cynhwysiant, ac C (teip plaen) sy'n cynrychioli uned y wefr, y coulomb.

Gwirio gwybodaeth 4.1.2

Mynegwch y ffarad yn nhermau'r unedau SI sylfaenol, **m**, **kg**, **s** ac **A**.

Awgrym: cofiwch fod $V = J\,C^{-1}$

Gwirio gwybodaeth 4.1.3

Cyfrifwch gynhwysiant y cynhwysydd sy'n perthyn i Ffig. 4.1.4. Rhowch eich ateb mewn **nF** ac mewn **µF**.

Gwirio gwybodaeth 4.1.4

Darganfyddwch y gp sydd ei angen i storio gwefr o **4.8 mC** ar gynhwysydd **160 µF**. Beth ddylai gael ei wirio cyn rhoi'r gp?

>> **Termau Allweddol**

Cynhwysiant, C, cynhwysydd yw'r gymhareb gyson

$$\frac{\text{y wefr ar y naill blât neu'r llall}}{\text{gp rhwng y platiau}}$$

Hynny yw $C = \dfrac{Q}{V}$

UNED: C V^{-1} = ffarad (F)

Cyfrifwch yr arwynebedd plât sydd ei angen ar gyfer cynhwysydd 150 pF ag aer rhwng y platiau a gyda bwlch o 1.5 mm rhyngddynt.

Pwynt astudio

Nid oes unrhyw syndod bod y cynhwysiant mewn cyfrannedd ag arwynebedd y plât, A, gan mai ar y platiau mae'r wefr. Mae'r Pwynt astudio yn Adran 4.1.6(ch) yn esbonio'r berthynas wrthdro rhwng C a d.

4.1.2 Cynhwysiant cynhwysydd platiau paralel

Sut rydyn ni'n dylunio cynhwysydd fel bod ganddo gynhwysiant penodol? Mae fformiwla dwt, y gallwn ni ei phrofi trwy arbrawf, ar gyfer cynhwysiant cynhwysydd platiau paralel (Ffig. 4.1.5) gyda gwactod neu aer rhwng ei blatiau (cyn belled â bod y gwahaniad, d, yn llawer llai na hyd eu hochrau, $\sqrt{A}$). Sef

$$C = \frac{\varepsilon_0 A}{d},$$

lle mae ε_0 yn gysonyn gydag enw gwirion o'r 19eg ganrif: *permitifedd gofod rhydd*. Mae'r rhan fwyaf ohonon ni'n ei alw'n 'epsilon sero'. Trwy arbrawf, mae

$$\varepsilon_0 = 8.85 \times 10^{-12} \text{ F m}^{-1}$$

Sylwch mai A yw arwynebedd un o arwynebau'r naill blât neu'r llall.

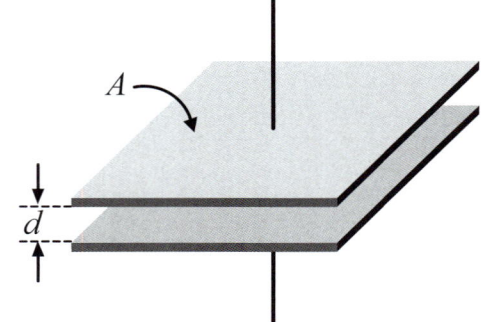

Ffig. 4.1.5 Cynhwysydd plât paralel

Y deuelectryn

Yn achos y rhan fwyaf o gynwysyddion a ddefnyddir ym maes electroneg, mae ganddyn nhw ddeuelectrynnau (solet), er enghraifft ffilmiau o dantalwm (V) ocsid, dalennau tenau o bolypropen, neu dafelli tenau o ddefnydd ceramig. Mae deuelectryn yn gwneud mwy na chynnal y bwlch ynysu rhwng y platiau: mae'n gwneud y cynhwysiant yn fwy nag y byddai heb unrhyw beth (neu gydag aer yn unig) yn y bwlch. Mewn geiriau eraill, mae'n gwneud y cynhwysiant yn fwy na $\frac{\varepsilon_0 A}{d}$; yn aml, sawl gwaith yn fwy. Gweler y Pwyntiau astudio.

4.1.3 Cyfuno cynwysyddion

Yn drydanol, mae cyfuniadau o gynwysyddion yn ymddwyn fel cynwysyddion unigol. Weithiau, gall hyn fod yn ddefnyddiol pan fydd angen gwerth cynhwysiant penodol, ond nid yw'n bosibl cael cynhwysydd unigol sydd â'r cynhwysiant hwn.

Pwynt astudio

Mae deuelectryn yn cynyddu cynhwysiant oherwydd effaith o'r enw 'polareiddiad deuelectrig': symudiad dros dro yn safleoedd y niwclysau a'r electronau ym moleciwlau'r deuelectryn yw hyn. Mae'n digwydd o ganlyniad i'r *maes trydanol* (Adran 4.1.5) a achosir gan y gwefrau ar y platiau. Bydd rhai deuelectrynnau ceramig yn cynyddu'r cynhwysiant gan ffactor o fwy na 1000.

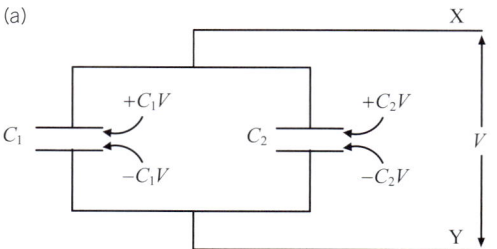
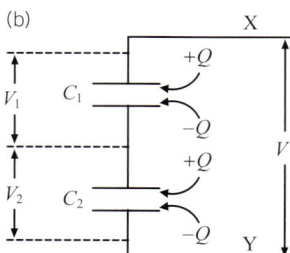

Ffig. 4.1.6 (a) Cynwysyddion mewn paralel (b) Cynwysyddion mewn cyfres

Byddwn ni'n cysylltu cynwysyddion â'i gilydd mewn paralel ac mewn cyfres, fel yn Ffig. 4.1.6(a) a (b), a darganfod fformiwla ar gyfer y cynhwysiant cywerth ym mhob achos, yn union fel y gwnaethon ni ar gyfer gwrthyddion mewn cyfres ac mewn paralel yn y gwerslyfr UG/Blwyddyn 12.

(a) Cynwysyddion mewn paralel

Gan gymryd Ffig. 4.1.6(a), mae gan bob cynhwysydd yr un gp, V, ar ei draws. Felly, mae'r gwefrau ar blatiau C_1 ac C_2 yn $\pm C_1V$ a $\pm C_2V$. O ganlyniad, mae'r wefr a lifodd trwy wifrau X ac Y yn

$$Q = C_1V + C_2V \qquad \text{h.y. } Q = (C_1 + C_2)V$$

Felly pe bydden ni eisiau rhoi cynhwysiant unigol cywerth, C, yn lle'r cyfuniad paralel, bydden ni'n dewis:

$$C = \frac{Q}{V} = \frac{(C_1 + C_2)V}{V}, \qquad \text{h.y. } C = C_1 + C_2$$

Hyd yn oed os oes mwy na dau gynhwysydd mewn paralel, rydyn ni'n adio cynwysiannau unigol, sy'n ddigon syml. Gweler y Pwynt astudio.

Sylwch fod y fformiwla ar gyfer **cynwysyddion mewn paralel** ar yr un ffurf â'r fformiwla ar gyfer **gwrthyddion mewn cyfres**.

Fel prawf cysondeb defnyddiol, ystyriwch ddau gynhwysydd plât paralel, ag aer rhwng y platiau, gyda'r un gwerth d, wedi'u cysylltu mewn paralel.

Yna, mae $\qquad C = C_1 + C_2$

Felly, mae $\qquad C = \dfrac{\varepsilon_0 A_1}{d} + \dfrac{\varepsilon_0 A_2}{d} = \dfrac{\varepsilon_0(A_1 + A_2)}{d}$

Felly, mae'r cynwysyddion yn ymddwyn fel cynhwysydd unigol gydag arwynebedd y plât yn $(A_1 + A_2)$, fel byddech chi'n ei ddisgwyl.

(b) Cynwysyddion mewn cyfres

Pan fydd gp, V, yn cael ei roi fel sydd i'w weld yn Ffig. 4.1.6(b), mae platiau'r ddau gynhwysydd yn ennill gwefrau hafal a dirgroes. Mae'r gwefrau hyn yr un peth ar gyfer y ddau gynhwysydd, gan fod y platiau 'ynys' (y platiau wedi'u cysylltu â'i gilydd) wedi'u hynysu rhag popeth arall, a rhaid bod *cyfanswm* y wefr arnyn nhw yn sero. Rydyn ni'n tybio bod y naill gynhwysydd a'r llall heb wefr cyn eu cysylltu.

Gan fod gpau mewn cyfres yn adio, mae

$$V = V_1 + V_2 = \frac{Q}{C_1} + \frac{Q}{C_2} \text{ felly mae} \qquad \frac{V}{Q} = \frac{1}{C_1} + \frac{1}{C_2}$$

Gan fod y wefr a lifodd trwy'r gwifrau X ac Y yn Q, cynhwysiant cywerth y cyfuniad yw $C = \dfrac{Q}{V}$.

Felly, mae $\qquad \dfrac{1}{C} = \dfrac{1}{C_1} + \dfrac{1}{C_2}$

Os oes mwy na dau gynhwysydd, yn syml iawn, rydyn ni'n parhau i adio cilyddion.

Unwaith eto, sylwn ni fod y fformiwla ar gyfer **cynwysyddion mewn cyfres** ar yr un ffurf â'r fformiwla ar gyfer **gwrthyddion mewn paralel**.

>> **Pwynt astudio**

Cofiwch ar gyfer cynwysyddion **mewn paralel**

$C = C_1 + C_2 + \ldots$

Ar gyfer cynwysyddion **mewn cyfres**

$\dfrac{1}{C} = \dfrac{1}{C_1} + \dfrac{1}{C_2} + \ldots$

◀ **Ymestyn a herio**

Gwnewch brawf cysondeb, wedi'i fodelu ar un o'r cynwysyddion mewn paralel, trwy ystyried dau gynhwysydd platiau paralel ag aer rhwng y platiau, gyda'r un arwynebedd plât, A, ac wedi'u cysylltu mewn cyfres.

Gwirio gwybodaeth `4.1.6`

Cyfrifwch gynhwysiant cywerth cynhwysydd 22 µF a chynhwysydd 33 µF wedi'u cysylltu (a) mewn paralel a (b) mewn cyfres.

Pwynt astudio

Ar cyfer dau gynhwysydd mewn cyfres, mae'n werth gwneud ychydig o algebra …

$$\frac{1}{C} = \frac{1}{C_1} + \frac{1}{C_2} = \frac{C_2}{C_1 C_2} + \frac{C_1}{C_2 C_1}$$

hynny yw $\frac{1}{C} = \frac{C_1 + C_2}{C_1 C_2}$

Nawr mae gennyn ni un ffracsiwn ar bob ochr yr hafaliad. Mae cilyddion y ffracsiynau hyn hefyd yn hafal, felly mae

$$C = \frac{C_1 C_2}{C_1 + C_2} = \frac{\text{lluoswm}}{\text{swm}}$$

RHYBUDD! Nid yw hyn yn gweithio ar gyfer mwy na dau gynhwysydd ar y tro.

Cyngor cyflym ⟫

Nid yw'r hafaliad defnyddiol

$$C = \frac{C_1 C_2}{C_1 + C_2}$$

yn Llyfryn Data CBAC.

Gwirio gwybodaeth

Tybiwch, yn Ffig. 4.1.7(c), fod gp o 10.0 V yn cael ei roi rhwng X ac Y.

Cyfrifwch y wefr a'r gp ar gyfer (a) y cynhwysydd 22 nF a (b) y cynhwysydd 47 nF.

◂ Ymestyn a herio

Lluniadwch gylched sy'n cynnwys dau gynhwysydd 100 µF ac un cynhwysydd 47 µF sydd â chynhwysiant cyfunol o 60 µF (i 2 ff. y).

Dangoswch mai dyma *yw* cynhwysiant eich cyfuniad.

Pwynt astudio

Does dim ffordd syml, gwbl foddhaol o drin ffigurau ystyrlon mewn achos fel hwn, felly rydyn ni wedi cadw 3 ac wedi talgrynnu i 2 ar y diwedd, gan fod y data i 2 ff.y. yn unig. Sylwch ar y ffordd mae'r atebion terfynol yn ymddangos yn gyson!

(c) Cyfrifiadau ar gyfer cyfuniadau o gynwysyddion

Fel enghreifftiau, rydyn ni'n darganfod y cynhwysiant cywerth ar gyfer (a) a (b) yn Ffig. 4.1.7.

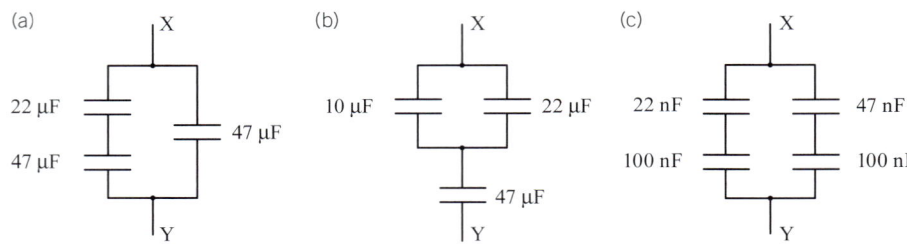

Ffig. 4.1.7 Tri chyfuniad o gynwysyddion

Y cynhwysiant cywerth yn Ffig. 4.1.7(a)

Yn gyntaf, rydyn ni'n delio â'r ochr chwith: 22 µF a 47 µF mewn cyfres. Fel yn achos dau wrthydd mewn paralel, felly hefyd ar gyfer dau gynhwysydd mewn cyfres, mae fersiwn symlach o'r fformiwla 'cilydd swm cilyddion' sy'n llai tebygol o fynd o chwith. Caiff hon ei deillio yn y Pwynt astudio. Defnyddiwn ni'r fformiwla nawr …

$$C = \frac{\text{lluoswm}}{\text{swm}} = \frac{22\ \mu\text{F} \times 47\ \mu\text{F}}{69\ \mu\text{F}} = 15\ \mu\text{F}$$

[Gofalwch eich bod chi'n deall sut mae'r unedau'n gweithio. Ysgrifennwch 22 µF fel 22×10^{-6} F ac yn y blaen os yw hyn yn helpu.]

Felly mae'r cyfuniad llawn yn 15 µF mewn paralel â 47 µF.

Felly, yn y diwedd, mae $C = 15\ \mu\text{F} + 47\ \mu\text{F} = 62\ \mu\text{F}$.

Y cynhwysiant cywerth yn Ffig. 4.1.7(b)

Ar gyfer y cynwysyddion mewn paralel, y cynhwysiant cyfunol yw 10 µF + 22 µF = 32 µF. Ond mae hyn mewn cyfres â 47 µF.

Felly, mae'r cynhwysiant cyfan yn $C = \frac{\text{lluoswm}}{\text{swm}} = \frac{32\ \mu\text{F} \times 47\ \mu\text{F}}{79\ \mu\text{F}} = 19\ \mu\text{F}$

Gwefrau a gpau ar gyfer pob cynhwysydd yn Ffig. 4.1.7(b)

Tybiwch fod gp o 12.0 V yn cael ei roi rhwng X ac Y. Os oes angen, gallwn ni gyfrifo'r gwefrau a'r gpau ar gyfer yr holl gynwysyddion, fel sy'n cael ei ddangos yma…

Ar gyfer y cyfuniad, mae $Q = CV = 19\ \mu\text{F} \times 12.0\ \text{V} = 228\ \mu\text{C}$.

Gan fod y cyfuniad yn ymddwyn fel cynhwysydd 32 µF mewn cyfres â chynhwysydd 47 µF, mae'r wefr ar y ddau yn ±228 µC.

Felly, mae'r gp ar draws y 47 µF yn

$$V = \frac{Q}{C} = \frac{228\ \mu\text{C}}{47\ \mu\text{F}} = 4.85\ \text{V}.$$

Mae hyn yn gadael 12.0 V − 4.85 V = 7.15 V ar draws y cyfuniad 32 µF.

Felly, mae'r wefr ar y cynhwysydd 10 µF = CV = 10 µF × 7.15 V = 71.5 µC, a'r wefr ar y cynhwysydd 22 µF = CV = 22 µF × 7.15 V = 157 µC.

Casgliad (gweler y Pwynt astudio):
10 µF: 7.2V, 72 µC; 22 µF: 7.2V, 160 µC; 47 µF: 4.9V, 230 µC.

4.1.4 Storio egni mewn cynhwysydd wedi'i wefru

Un ffordd o ddangos bod cynhwysydd wedi'i wefru yn storio egni yw trwy ddefnyddio'r egni i gynhyrchu golau (ac isgoch!), fel yn Ffig. 4.1.8. Ar ôl gwefru'r cynhwysydd (switsh i'r chwith), gallwn ni ei ddadwefru trwy'r lamp (symud y switsh i'r dde).

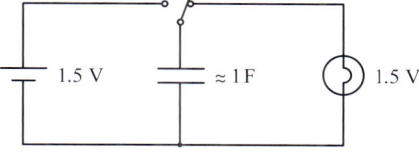

Ffig. 4.1.8 Dangos yr egni gaiff ei storio mewn cynhwysydd wedi'i wefru

Mae'n hawdd cyfrifo *faint* o egni sydd wedi'i storio. Rydyn ni'n ystyried cynhwysydd sy'n dadwefru trwy unrhyw ddyfais sy'n dargludo (Ffig. 4.1.9(a)). Rydyn ni wedi dangos gwrthydd, ond does dim angen i ddeddf Ohm fod yn berthnasol i'r hyn sy'n dilyn.

(a)
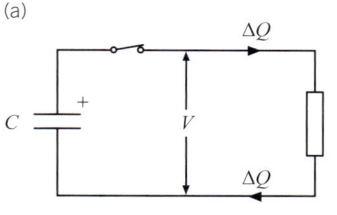
(b)
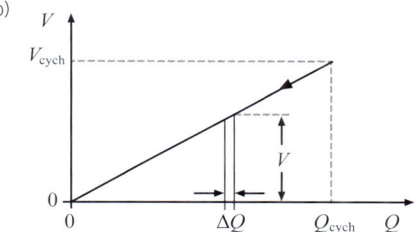

Ffig. 4.1.9 Cynhwysydd yn dadwefru trwy wrthydd

Mae electronau'n llifo oddi ar y plât negatif, trwy'r gwrthydd, at y plât positif. Wrth i'r wefr, Q, ar y platiau leihau, mae'r gp, V, rhyngddyn nhw yn disgyn, fel yn Ffig. 4.1.9(b). Yn syml, mae hyn o ganlyniad i $V = Q/C$.

Yr egni, ΔU, sy'n cael ei drosglwyddo o'r cynhwysydd a'i afradloni yn y gwrthydd pan fydd cyfran fach, ΔQ, o wefr yn llifo, yw

$$\Delta U = V \Delta Q$$

lle V yw'r gp (cymedrig) rhwng platiau'r cynhwysydd *tra bydd y gyfran fach honno o wefr yn llifo*. [Cofiwch mai ystyr gp, V, yw'r egni sy'n cael ei drawsnewid o EP trydanol am bob uned o wefr sy'n pasio.]

$V\Delta Q$ yw 'arwynebedd' y stribed fertigol cul sydd wedi'i luniadu o dan y graff, a chyfanswm yr egni sy'n cael ei ryddhau gan y cynhwysydd yw swm arwynebeddau'r stribedi hyn, sef yr arwynebedd o dan linell gyfan y graff, sef $\frac{1}{2} Q_{cych} V_{cych}$ (hynny yw $\frac{1}{2}$ sail × uchder ar gyfer y triongl, ond gyda'r unedau C × V = J).

Nawr ein bod ni wedi ystyried y wefr a'r gp newidiol, gallwn ni ollwng yr isysgrifau 'cych', ac ysgrifennu'r egni sy'n cael ei storio, yn syml, fel hyn:

$$U = \frac{1}{2}QV.$$

Gan ddefnyddio'r hafaliad sy'n diffinio cynhwysiant ($C = \frac{Q}{V}$) gallwn ni fynegi U yn nhermau un newidyn, naill ai Q neu V. Gweler y Pwynt astudio.

Gwirio gwybodaeth 4.1.8 ◀◀

Mae'r graff yn dangos sut mae'r egni sy'n cael ei storio mewn cynhwysydd yn dibynnu ar y gp.

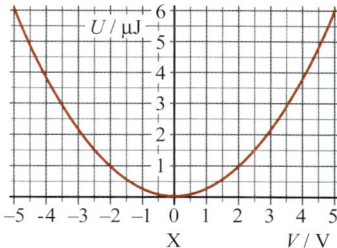

Ffig. 4.1.10 Egni mewn cynhwysydd

(a) Disgrifiwch siâp y gromlin.

(b) Darganfyddwch y cynhwysiant.

(c) Esboniwch yn fyr a yw'r cynhwysydd yn debygol o fod yn gynhwysydd electrolytig ai peidio.

⯈⯈ Pwynt astudio

Mae'r egni sy'n cael ei storio mewn cynhwysydd â chynhwysiant C pan fydd y gp yn V rhwng ei blatiau ac mae gwefr $\pm Q$ arnynt yn

$$U = \frac{1}{2}QV = \frac{1}{2}CV^2 = \frac{1}{2}\frac{Q^2}{C}$$

Mae'r rhain i gyd yn gywerth. Defnyddiwch pa un bynnag sy'n addas i'r achos dan sylw.

◀◀ Cyngor cyflym

Nid yw'r hafaliadau defnyddiol $U = \frac{1}{2}CV^2$ ac $U = \frac{1}{2}\frac{Q^2}{C}$ yn Llyfryn Data CBAC.

Gwirio gwybodaeth 4.1.9 ◀◀

Mewn tortsh prototeip, caiff 'uwch-gynhwysydd', 60 F, sydd wedi'i wefru i gp o 2.4 V, ei ddadwefru trwy LED (gyda gwrthydd sy'n cyfyngu ar y cerrynt mewn cyfres), nes bod y gp wedi gostwng i 1.8 V, pan fydd y golau'n cael ei ystyried yn rhy wan. Os yw'r pŵer cymedrig gaiff ei gyflenwi yn 0.30 W, cyfrifwch am faint o amser roedd yr LED ymlaen.

4.1.5 Gwefru a dadwefru cynhwysydd trwy wrthydd

Byddwn ni'n dangos bod cynwysyddion yn gwefru ac yn dadwefru yn unol â deddf dadfeiliad esbonyddol, h.y. mae'r ffurf fathemategol yr un fath â dadfeiliad ymbelydrol a mudiant osgiliadol gwanychol. Byddwn ni'n astudio dadwefru yn gyntaf. Efallai fod hyn yn teimlo fel petai o chwith, ond mae'r achos dadwefru yn symlach.

(a) Dadwefru

Ffig. 4.1.11 Dadwefriad RC

Mae'r cynhwysydd yn Ffig. 4.1.11 wedi'i wefru i ddechrau ac mae'n cael ei ddadwefru trwy'r gwrthydd trwy gau'r switsh ar $t = 0$. Ar unrhyw amser ar ôl hynny, mae'r gpau ar draws y cynhwysydd a'r gwrthydd yn hafal, felly

$$IR = \frac{Q}{C}.$$

Nawr am y cam allweddol. Y cerrynt, I, yw cyfradd llif y wefr, sy'n golygu yn yr achos hwn cyfradd colli'r gwefrau, $\pm Q$, ar blatiau'r cynhwysydd.

Mewn iaith fathemategol, mae $I = -\frac{\Delta Q}{\Delta t}$.

Mae amnewid ar gyfer I yn yr hafaliad blaenorol ac aildrefnu yn rhoi:

$$\frac{\Delta Q}{\Delta t} = -\frac{Q}{RC}.$$

Sylwch ar ddau beth am yr hafaliad hwn:
Mae gan y llinellau uchaf yr un uned (C), felly mae gan y llinellau ar y gwaelod yr un uned â'i gilydd, sy'n golygu mai uned RC yw s. Gallwn ni wirio hyn:

Uned $RC = \Omega\ \text{F} = \text{V A}^{-1} \times \text{C V}^{-1} = \text{A}^{-1}\ \text{C} = \text{A}^{-1} \times \text{A s} = \text{s}.$

Yr enw ar y lluoswm RC yw **cysonyn amser** gyda'r symbol τ (gweler isod).
- Mae R ac C yn gysonion, felly mae'r hafaliad yn dweud bod cyfradd newid Q mewn cyfrannedd â Q. O adran M3.3, gwelwn ni mai'r hafaliad dadwefru yw:

$$Q = Q_0 e^{-t/RC}.$$

lle Q_0 yw'r wefr gychwynnol ar y cynhwysydd ($+Q_0$ ar un plât, ac $-Q_0$ ar y llall).

Oherwydd bod $V \propto Q$ ac $I \propto V$, mae amrywiad V ac I gydag amser yr un peth,

h.y. $\qquad V = V_0 e^{-t/RC} \qquad$ ac $\qquad I = I_0 e^{-t/RC}$

Yr enw ar y math hwn o hafaliad yw hafaliad **dadfeiliad esbonyddol**.

- Yn yr hafaliad $Q = Q_0 e^{-t/RC}$, mae'r indecs, $-\frac{t}{RC}$, yn rhif negatif heb unedau, oherwydd bod uned RC, fel uned t, yn s.

- Gallwn ni ddarganfod gwerth rhifiadol $e^{-t/RC}$ trwy ddefnyddio'r botwm e^x ($\ln x$ gwrthdro) ar gyfrifiannell wyddonol.
  Er enghraifft, os yw $R = 680$ kΩ, $C = 4.7$ μF, $t = 9.6$ s, yna mae

  $$-\frac{t}{RC} = -\frac{9.6\ \text{s}}{4.7 \times 10^{-6}\ \text{F} \times 6.8 \times 10^5\ \Omega} = -3.00 \qquad \text{sy'n rhoi } e^{-t/RC} = 0.0496$$

- Q_0 yw gwerth cychwynnol Q. Gallwn ni gadarnhau hyn trwy gofio bod unrhyw beth sy'n cael ei godi i'r pŵer sero yn 1, felly pan mae $t = 0$,

  $$Q = Q_0 e^{-t/RC} = Q_0 \times 1 = Q_0.$$

> **Termau Allweddol**
>
> Y **cysonyn amser**, τ, ar gyfer system RC sy'n dadfeilio'n esbonyddol yw'r amser mae'n ei gymryd i'r wefr ostwng i $\frac{1}{e}$ (= 0.37) o'i gwefr wreiddiol. $\tau = RC$

Arwyddocâd y cysonyn amser, τ

Oherwydd bod gan RC unedau amser, mae'n gwneud synnwyr gofyn: pa werth sydd gan Q pan fydd $t = RC$, hynny yw, pan fydd y cynhwysydd wedi bod yn dadwefru am amser RC?

Trwy roi $t = RC$, cawn ni fod $\qquad Q = Q_0 e^{-t/RC} = Q_0 e^{-1} = 0.368\, Q_0.$

Mewn geiriau eraill, mae gan y cynhwysydd 37% o'i wefr gychwynnol.

Felly, mae'r cysonyn amser yn mesur pa mor gyflym (neu ba mor araf) mae'r wefr yn dadfeilio.

Darganfod t o wybod Q, Q_0, R ac C

Mae cymryd logiau o'r hafaliad $Q = Q_0 e^{-t/RC}$ yn rhoi:

$$-\frac{t}{RC} = \ln\left(\frac{Q}{Q_0}\right).$$

Enghraifft

Cyfrifwch yr amser mae'n ei gymryd i Q haneru.

Ateb

Trwy roi $Q = \tfrac{1}{2}Q_0$, $-\dfrac{t}{RC} = \ln\left(\dfrac{1}{2}\right) = -0.639$

$\therefore$ Mae'r amser i haneru $= 0.639\, RC$

Y gromlin ddadfeiliad esbonyddol

Mae Ffig. 4.1.12 yn graff nodweddiadol o Q yn erbyn t ar gyfer cynhwysydd sy'n dadwefru trwy wrthydd. (Anwybyddwch y llinell tangiad am y tro.)

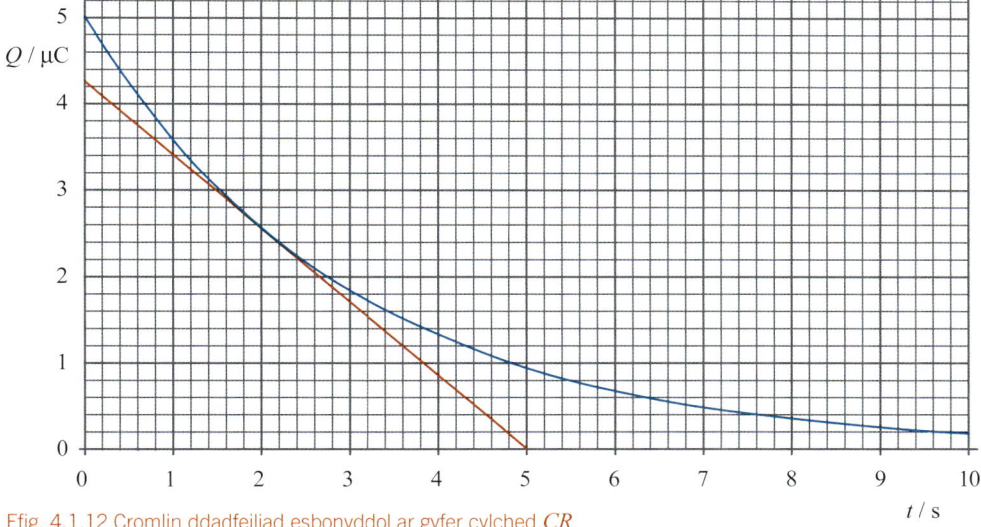

Ffig. 4.1.12 Cromlin ddadfeiliad esbonyddol ar gyfer cylched CR

Nodwedd y gromlin sy'n cadarnhau bod y dadfeiliad yn **esbonyddol** yw fod Q, mewn cyfyngau amser cyfartal, bob amser yn dadfeilio i'r un ffracsiwn o'i werth ar ddechrau'r cyfwng. Enghraifft bwysig yw cyfwng amser o τ, ac fel y gwelon ni, y ffracsiwn yw 0.368…

Ar $t = 0$, mae $Q = 5.00\ \mu\text{C}$, felly, ar amser $t = \tau$, mae $Q = 0.368 \times 5.00\ \mu\text{C}$ $= 1.84\ \mu\text{C}$

Mae'r graff yn dangos bod hyn ar amser 3.0 s. Felly mae $\tau = 3.0$ s.

Dros gyfwng o 3.0 s, *gan ddechrau ar unrhyw amser*, gwelwn ni fod y wefr ar ddiwedd y cyfwng yn 37% o'r wefr ar y dechrau. Gwiriwch hyn.

Pwynt astudio

Mae $\ln\left(\frac{1}{2}\right) = -\ln 2$ yn dilyn o ddiffiniad logarithm fel pŵer. Dylech chi ddweud wrthych eich hun, ar gyfer unrhyw werth positif o x, fod

$$\ln\left(\frac{1}{x}\right) = -\ln x.$$

[Mae hwn yn achos arbennig ($n = -1$) o'r rheol: $\ln(x^n) = n \ln x$.]

Gwirio gwybodaeth 4.1.10

Caiff cynhwysydd 15 μF ei wefru i 18 μC. Ar amser $t = 0$, mae gwrthydd 2.2 MΩ yn cael ei gysylltu ar ei draws. Cyfrifwch:

(a) Y cysonyn amser.

(b) Y wefr sy'n weddill ar ôl 5.0 s.

(c) Yr amser mae'n ei gymryd i'r wefr ostwng i 4.5 μC.

Gwirio gwybodaeth 4.1.11

Cafodd y graff yn Ffig. 4.1.12 ei blotio gan ddefnyddio cynhwysydd 0.50 μF.

(a) Nodwch y gp cychwynnol.

(b) Cyfrifwch y gwrthiant (o wybod τ).

Gwirio gwybodaeth 4.1.12

(a) Yn Ffig. 4.1.12 mae tangiad wedi'i luniadu i'r graff ar $t = 2.0$ s. Cyfrifwch ei raddiant.

(b) Nodwch pa fesur trydanol mae'r graddiant hwn yn ei gynrychioli.

(c) Darganfyddwch y mesur hwn trwy ddefnyddio dull arall… Darllenwch werth Q ar $t = 2.0$ s a defnyddiwch werth τ sydd wedi ei ddarganfod eisoes (gweler y prif destun.)

Gwirio gwybodaeth 4.1.13

Caiff gwrthydd 150 kΩ ei gysylltu ar draws cynhwysydd 6.8 μF wedi'i wefru.

(a) Cyfrifwch yr amser i'w wefr ddisgyn i hanner ei werth gwreiddiol.

(b) Cyfrifwch yr amser i'r egni ddisgyn i hanner ei werth gwreiddiol.

(c) Beth yw'r berthynas rhwng y ddau amser hyn?

Amrywiad y gp a'r cerrynt gydag amser

Wrth i'r wefr, Q, ddadfeilio'n esbonyddol gydag amser, felly hefyd y gp, V, a'r cerrynt, I, (gweler Ffig. 4.1.11). Yn fanwl…

Trwy roi $Q = CV$ a $Q_0 = CV_0$ i mewn i $Q = Q_0 e^{-t/RC}$ ac yna rhannu ag C, mae $V = V_0 e^{-t/RC}$ lle V_0 yw'r gp ar amser $t = 0$.

Trwy roi $V = IR$ a $V_0 = I_0 R$ i mewn i $V = V_0 e^{-t/RC}$ ac yna rhannu ag R, mae $I = I_0 e^{-t/RC}$ lle I_0 yw'r cerrynt ar amser $t = 0$.

(b) Gwefru

Mae hyn yn fwy cymhleth yn fathemategol na dadwefru'r cynhwysydd, felly byddwn ni'n defnyddio'r canlyniad dadwefru i'n helpu. Bydd y cynhwysydd yn cael ei wefru gan ddefnyddio'r gylched yn Ffig. 4.1.13. Ar amser $t = 0$, mae'r wefr ar y cynhwysydd yn sero. Ar unrhyw amser ar ôl $t = 0$, mae'r gpau ar draws R ac C yn adio i roi V_0.

Mewn symbolau, mae $V_R + V_R = V_0$ felly mae $\dfrac{Q}{C} + IR = V_0$ h.y. mae $\dfrac{Q}{C} + R\dfrac{\Delta Q}{\Delta t} = V_0$.

Sylwch, y tro hwn, fod $I = +\dfrac{\Delta Q}{\Delta t}$, gan fod y cynhwysydd yn gwefru.

Gallwn ni ddarganfod siâp cyffredinol graff Q yn erbyn t trwy ddulliau rhesymu syml iawn …

- Pan fydd $t = 0$, mae $Q = 0$. Felly mae $V_C = 0$. Felly mae $V_R = V_0 - V_C = V_0$. Mae gan y gwrthydd gp llawn y cyflenwad ar ei draws, felly mae $I = +\dfrac{V_0}{R}$. Dyma'r gyfradd gychwynnol lle mae Q yn cynyddu.
- Wrth i Q gynyddu, mae V_C yn cynyddu, felly mae V_R yn lleihau. Yn sgil hyn mae I yn lleihau, felly mae *cyfradd* cynnydd Q yn lleihau, gan agosáu at sero wrth i V_C agosáu at V_0. Y wefr fwyaf posibl, Q_0, yn syml, yw $Q_0 = CV_0$.

Felly mae'r gromlin wefru yn fersiwn wyneb i waered o'r gromlin ddadwefru, gyda'r hafaliad:

$$Q = Q_0\left(1 - e^{-t/RC}\right)$$

lle, y tro hwn, mae Q_0 yn cynrychioli gwerth **terfynol** y wefr, wedi iddo fod yn gwefru am lawer mwy o amser nag RC. Mae'r graff gwefru fel a ganlyn, lle rydyn ni wedi defnyddio'r un gwerthoedd o R, C a V_0 ag yn Ffig. 4.1.12.

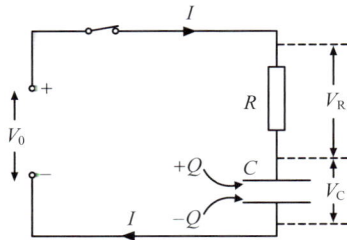

Ffig. 4.1.13 Cynhwysydd sy'n gwefru trwy wrthydd

 **4.1.14** **Gwirio gwybodaeth**

Pan fydd y cynhwysydd yn Ffig. 4.1.13 wedi'i wefru'n llawn mae'n storio egni $\frac{1}{2}Q_0 V_0$. Mae gwefr Q_0 wedi pasio trwy ffynhonnell V_0, ac mae'n rhaid felly fod y ffynhonnell wedi cyflenwi egni $Q_0 V_0$. Beth sydd wedi digwydd i'r $\frac{1}{2}Q_0 V_0$ arall?

4.1.15 **Gwirio gwybodaeth**

Caiff gp cyson o 9.0 V ei roi ar draws cynhwysydd 2.2 μF mewn cyfres â gwrthydd 1.5 MΩ. Cyfrifwch:

(a) Yr amser mae'n ei gymryd i'r gp ar draws y cynhwysydd gyrraedd 5.7 V.

(b) Y gp ar amser hafal wedi hynny.

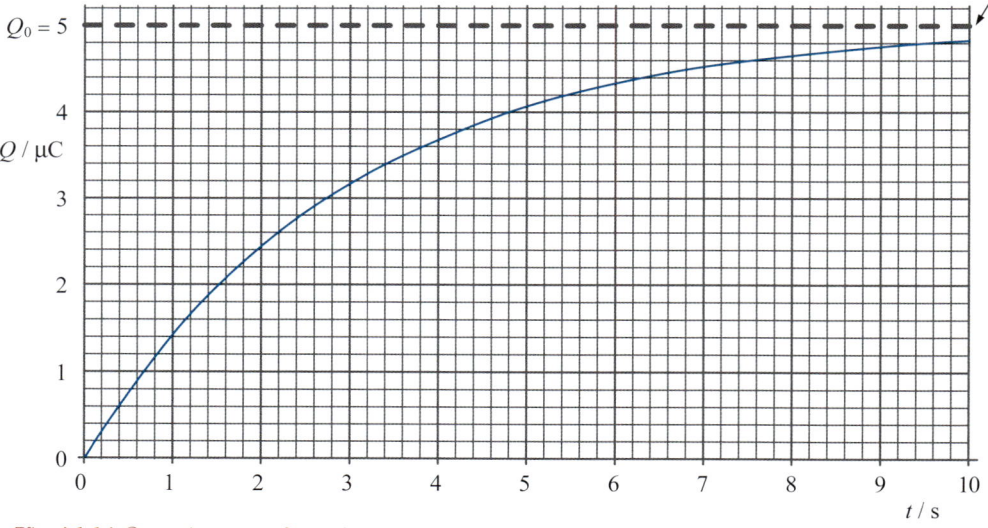

Ffig. 4.1.14 Q yn erbyn t ar gyfer cynhwysydd sy'n gwefru trwy wrthydd

Nawr mae'r **cysonyn amser** yn cynrychioli'r amser mae'n ei gymryd i'r wefr **gynyddu** i $(1 - 37\%) = 63\%$ o'i gwerth terfynol.

Amrywiad gp a cherrynt gydag amser

Mae'n hawdd dangos (yn y drefn a roddir), os yw $V_0 = \dfrac{Q_0}{C}$, $I_0 = \dfrac{V_0}{R}$, yna mae

$$V_C = V_0\left(1 - e^{-t/RC}\right) \qquad V_R = V_0 e^{-t/RC} \qquad I = I_0 e^{-t/RC}.$$

4.1.6 Meysydd trydanol

(a) Y syniad o faes trydanol

Mae yna faes trydanol rhwng platiau cynhwysydd wedi'i wefru, o amgylch crib blastig sydd wedi cael ei rhwbio, ac o amgylch sffêr uchaf generadur Van de Graaff. Maen nhw hefyd yn yr aer rhwng cymylau a'r ddaear (a rhwng y cymylau eu hunain) mewn storm o fellt a tharanau, yn y dŵr o amgylch pysgod arbennig wrth iddyn nhw anfon curiadau trydanol allan …

Dywedwn ni fod *maes trydanol wrth unrhyw bwynt, P, lle mae gwrthrych wedi'i wefru (yn ddisymud) yn profi grym mewn cyfrannedd â'i wefr.*

Byddwn ni'n galw gwrthrych wedi'i wefru, sy'n cael ei ddefnyddio i brofi am bresenoldeb maes trydanol, yn *wefr brawf*. Yn ddelfrydol, byddai ganddo wefr fach iawn (er mwyn peidio â dadleoli'r union wefrau hynny sy'n achosi'r maes!), a byddai'n llenwi gofod bach iawn, er mwyn ymateb i'r maes 'wrth bwynt'.

Yn Ffig. 4.1.16 mae'r wefr brawf (sydd heb fod yn ddelfrydol) yn sffêr bach, ysgafn, wedi'i araenu â graffit ac wedi cael gwefr bositif trwy gyffwrdd â'r plât positif (lle mae'n colli ychydig o electronau i'r plât). Yna, mae'n profi grym i'r dde pan gaiff ei hongian yn y bwlch – nes ei fod yn cyffwrdd â'r plât negatif. Mae'n amlwg felly fod yna faes trydanol rhwng y platiau!

(b) Cryfder maes trydanol

Ar ôl diffinio'r hyn rydyn ni'n ei *olygu* wrth faes trydanol yn nhermau gwefr brawf sy'n profi grym, gallwn ni estyn y syniad mewn ffordd naturiol iawn i ddiffinio fector **cryfder maes trydanol** – gweler Termau allweddol.

Sylwch, os ydyn ni'n dyblu'r wefr brawf, bydd y grym yn dyblu, felly cawn ni'r un gwerth ar gyfer E. Os newidiwn ni o wefr brawf bositif i un negatif, bydd cyfeiriad y grym yn gwrthdroi, ond mae rhannu F â mesur negatif (q) yn gwrthdroi'r cyfeiriad unwaith eto! Mewn geiriau eraill, mae E, wedi'i ddiffinio fel F/q, yn dweud wrthyn ni am y maes rydyn ni'n rhoi q ynddo, yn annibynnol ar faint neu arwydd q ei hun. Dyna'r union beth rydyn ni ei eisiau.

(c) Sefydlu maes trydanol unffurf

Nid yn unig mae gwefrau trydanol yn *ymateb* i feysydd trydanol, maen nhw hefyd yn *creu* meysydd trydanol o'u hamgylch. Rydyn ni'n astudio'r maes oherwydd gwefr 'bwynt' yn Adran 4.2. Erbyn hyn, fodd bynnag, rydyn ni'n ystyried y maes oherwydd trefniant arbennig o wefrau – y rhai ar blatiau metel cynhwysydd plât paralel, pan fydd batri wedi'i gysylltu â nhw (Ffig. 4.1.17).

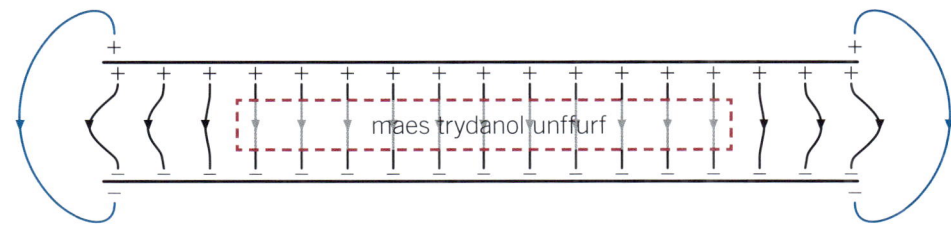

Ffig. 4.1.17 Maes trydanol rhwng platiau paralel wedi'u gwefru

Ffig. 4.1.15 'Llysywen drydanol'

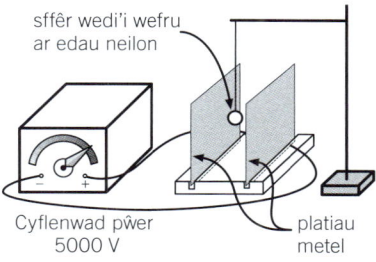

sffêr wedi'i wefru ar edau neilon

Cyflenwad pŵer 5000 V

platiau metel

Ffig. 4.1.16 Arddangos maes trydanol

➤➤ Termau Allweddol

Diffinnir y **cryfder maes trydanol**, E, wrth bwynt, P, fel

$$E = \frac{\text{grym ar wefr brawf, } q, \text{ ar P}}{q} = \frac{F}{q}$$

Mae'n fector, ac mae ei gyfeiriad yr un peth â chyfeiriad y grym ar wefr brawf bositif.

UNED: $N\,C^{-1} = V\,m^{-1}$
(gweler y Pwynt astudio).

➤➤ Pwynt astudio

Gwelwn ni yn fuan sut mae $V\,m^{-1}$ yn digwydd yn naturiol fel uned ar gyfer E. Yn y cyfamser, nodwch fod…

$$V\,m^{-1} = (J\,C^{-1})\,m^{-1} = (N\,m\,C^{-1})\,m^{-1} = N\,C^{-1}.$$

Gwirio gwybodaeth

Mae sffêr bach â gwefr o -1.2 nC yn cael ei roi ym mhwynt P uwchben generadur Van de Graaff. Mae'r sffêr yn profi grym o 1.8×10^{-3} N yn syth tuag i fyny. Darganfyddwch gryfder y maes trydanol ym mhwynt P.

Termau Allweddol

Mae **maes trydanol unffurf** mewn rhanbarth lle mae cryfder y maes yr un peth ar bob pwynt o ran maint a chyfeiriad.

Egni potensial trydanol gwefr yw'r gwaith mae'n gallu ei wneud o ganlyniad i'w safle mewn maes trydanol.

Y **gwahaniaeth potensial**, ΔV, rhwng dau bwynt, A a B, mewn maes trydanol yw'r gwaith gaiff ei wneud am bob uned gwefr (W/q) gan y maes ar y wefr brawf, q, wrth fynd o A i B. Os yw W/q yn bositif, mae A ar botensial uwch.

UNEDAU: $J\,C^{-1}$ = folt (V)

Mewn maes unffurf, mae $\Delta V = -E\,\Delta x$, hynny yw, mae $E = -\dfrac{\Delta V}{\Delta x}$.

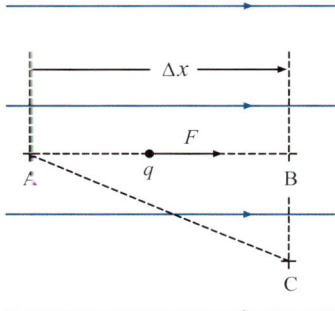

Ffig. 4.1.18 Gwaith sy'n cael ei wneud ar q

 Pwynt astudio

Rhwng platiau cynhwysydd platiau paralel, mae'n bosibl dangos bod cryfder y maes trydanol mewn cyfrannedd â 'dwysedd y wefr'. Hynny yw, mae: $E \propto \dfrac{Q}{A}$. Ond mae $E = \dfrac{V}{d}$, felly mae $\dfrac{Q}{A} \propto \dfrac{V}{d}$ ac felly mae $\dfrac{Q}{V} \propto \dfrac{A}{d}$.

... mewn cytundeb â $C = \dfrac{\varepsilon_0 A}{d}$.

4.1.17 Gwirio gwybodaeth

Rhoddir gp o 750 V rhwng platiau metel gwastad wedi'u gwahanu gan fwlch o 5.00 mm. Mae gronyn o lwch yn y bwlch yn cario gwefr o 18 pC. Cyfrifwch y grym arno.

Os yw'r bwlch rhwng y platiau'n fach o'i gymharu â hyd ochrau'r platiau (os ydyn nhw'n sgwâr) neu eu diamedr (os ydyn nhw'n ddisgiau), mae **maes trydanol unffurf** yn y bwlch, ac eithrio wrth yr ymylon. Mae'r unffurfiaeth hon yn cael ei chynrychioli yn Ffig. 4.1.17 gan *linellau maes trydanol* paralel a chytbell. Mae mwy am hyn yn Adran 4.2.

(ch) Gwahaniaeth potensial

Mae'r sffêr sydd wedi'i wefru yn Ffig. 4.1.16 yn cyflymu wrth iddo symud ar draws y bwlch. Wrth iddo ennill egni cinetig, rhaid ei fod yn colli rhyw fath arall o egni. **Egni potensial trydanol** yw'r egni hwn.

Tybiwch fod gwefr brawf, q, yn cael ei dadleoli Δx o **A** i **B** i gyfeiriad maes trydanol unffurf (Ffig. 4.1.18). Mae'n colli egni potensial trydanol (EPT) sy'n hafal i'r gwaith sy'n cael ei wneud arni gan y maes.

Felly mae $\quad$ Newid yn EPT $q = -(\text{grym ar } q) \times \Delta x$

$\therefore$ mae $\quad \dfrac{\text{newid yn EPT } q}{q} = -\dfrac{\text{grym ar } q}{q} \times \Delta x$

$\qquad$ Hynny yw: $\Delta V = -E\,\Delta x$

Mae'r cam olaf yn dilyn o'r diffiniadau o **wahaniaeth potensial**, ΔV, a'r **cryfder maes trydanol**, E (gweler y dudalen flaenorol).

Mae yna sawl pwynt i'w nodi:

- Rydyn ni'n diffinio ΔV, yn ogystal ag E, fel nad ydyn nhw'n dibynnu ar faint nac arwydd y wefr brawf, q, (cyn belled nad yw q yn rhy fawr).
- Bydden ni wedi cyrraedd yr un gwerth ar gyfer ΔV trwy gymryd q ar hyd unrhyw lwybr rhwng A a B. Er enghraifft, byddai'r gwaith sy'n cael ei wneud ar q, wedi'i rannu â q, wrth fynd o A i C hefyd yn $E\Delta x$, gan mai dim ond y cydran dadleoliad, Δx, i gyfeiriad E sy'n cyfrif. Ni chaiff unrhyw waith pellach ei wneud wrth fynd o C i B. Dywedwn ni fod y gp rhwng dau bwynt mewn maes trydanol o ganlyniad i wefrau statig yn *annibynnol ar y llwybr*.
- Mae'n bosibl aildrefnu'r hafaliad $\Delta V = -E\,\Delta x$ fel

$$E = -\dfrac{\Delta V}{\Delta x} = \textit{graddiant potensial}$$

Yn benodol, os ydyn ni'n rhoi gp V rhwng platiau paralel, sy'n bellter d ar wahân, mae maint, $|E|$, cryfder y maes yn y bwlch yn

$$|E| = \dfrac{V}{d}$$

Er enghraifft, ar gyfer y platiau yn Ffig. 4.1.17 os yw $V = 1500$ V, $d = 7.5$ mm:

mae $|E| = \dfrac{V}{d} = \dfrac{1500\,\text{V}}{7.5 \times 10^{-3}\text{m}} = 2.0 \times 10^5\,\text{V m}^{-1}$. [Mae'r maes tuag i lawr.]

Nodwch sut mae'r unedau V m^{-1} yn ymddangos yn naturiol, fel gwnaethon ni addo yn gynharach.

(d) Meysydd trydanol mewn dargludyddion

Yn yr adran ddiwethaf, aethon ni yn ôl at yr hanfodion i ddatblygu'r syniad o *wahaniaeth potensial* (gp) yng nghyd-destun maes trydanol. Ond dyma'n union y gp rydyn ni'n sôn amdano wrth astudio cylchedau trydanol, sy'n awgrymu bod maes trydanol mewn unrhyw ddargludydd sydd â gp ar ei draws. Mae hyn yn esbonio'r grymoedd mae'r cludyddion gwefr symudol sydd ynddo yn eu profi, sy'n peri iddyn nhw ddrifftio trwy'r dargludydd (er gwaethaf gwrthdrawiadau ag ïonau).

Os – fel yn y platiau yn Ffig. 4.1.17 – *nad* yw'r gwefrau mewn dargludydd yn symud, ni all fod yna unrhyw faes trydanol macrosgopig ynddo (hynny yw maes sy'n ymestyn dros ardaloedd sy'n fawr o'u cymharu â diamedr atomig) – neu byddai'r gwefrau rhydd *yn* symud! Gan fod $\Delta V = -E\Delta x$, a bod E yn sero trwy'r dargludydd i gyd, does dim gp rhwng unrhyw bwyntiau yn y dargludydd, hyd yn oed os oes gwefr statig arno. 'Statig' yw'r gair allweddol.

4.1.7 Mudiant gronyn wedi'i wefru mewn maes trydanol unffurf

Tybiwn ni fod y grymoedd ar y gronyn yn ddibwys, heblaw am y rhai o'r maes trydanol. Yn gyffredinol, mae hyn yn golygu bod rhaid i'r gronyn fod mewn gwactod, fel nad oes unrhyw rymoedd gwrthdaro (grymoedd gwrtheddol) arno. Fel arfer, does dim rhaid poeni am rymoedd disgyrchiant: gweler y Pwynt astudio.

Mae'r grym, qE, ar ronyn wedi'i wefru yr un peth o ran maint a chyfeiriad ble bynnag mae'r gronyn mewn maes E unffurf. Dyma mae hyn yn ei awgrymu:

- Nid yw ei gydran cyflymder ar ongl sgwâr i'r maes yn newid.
- Mae ei gydran cyflymder i gyfeiriad y maes yn newid ar gyfradd gyson, sy'n cael ei rhoi gan:

$$\text{cyflymiad} = \frac{\text{grym cydeffaith}}{\text{màs}} = \frac{qE}{m}.$$

Felly mae'r gronyn yn symud fel taflegryn heb wrthiant, ond bod y cyflymiad yn annhebygol o fod yn $9.8\ \text{m s}^{-2}$, ac nid tuag i lawr o reidrwydd. Mae llwybr y gronyn naill ai'n syth neu'n un parabolig.

(a) Mudiant llinell syth

Fel enghraifft, tybiwch fod gronyn, màs m a gwefr (bositif) q yn cael ei ryddhau o ddisymudedd yn agos at y plât positif yn y gylched yn Ffig. 4.1.19. Faint o amser bydd yn ei gymryd i gyrraedd y plât arall, a beth fydd ei fuanedd pan fydd yn cyrraedd?

I ddarganfod yr amser mae'n ei gymryd, rydyn ni'n defnyddio $x = ut + \frac{1}{2}at^2$

lle mae $x = d$, $u = 0$, $a = \dfrac{qE}{m} = \dfrac{qV}{md}$

Ar ôl amnewid, ac aildrefnu, cawn ni fod $t = \sqrt{2d \times \dfrac{md}{qV}} = \sqrt{\dfrac{2m}{qV}} \times d$.

Ar gyfer y buanedd terfynol, yn gyntaf defnyddiwn ni $v^2 = u^2 + 2ax$

Gan amnewid fel o'r blaen, cawn ni fod $v = \sqrt{2\dfrac{qV}{md}d}$, hynny yw mae $v = \sqrt{\dfrac{2qV}{m}}$

Ar gyfer gronyn penodol, rydyn ni'n sylwi bod y buanedd terfynol yn dibynnu ar V, nid ar d. Mewn gwirionedd, nid yw'n dibynnu ar faes unffurf hyd yn oed, fel gallwn ni ddangos trwy ddeillio'r hafaliad unwaith eto gyda *dadl ddefnyddiol iawn* …

(b) Newid buanedd mewn perthynas â gwahaniaeth potensial

Os nad yw'r gronyn yn profi unrhyw rymoedd heblaw am y rhai o'r maes trydanol, yna sut bynnag mae'n symud yn y maes (mewn llinell syth neu gromlin), mae'r

EC sy'n cael ei ennill gan y gronyn = EPT sy'n cael ei golli gan y gronyn

Felly, os bydd gronyn yn dechrau o ddisymudedd, mae $\frac{1}{2}mv^2 = qV$, felly mae $v = \sqrt{\dfrac{2qV}{m}}$

lle v yw'r buanedd mae'n ei gyrraedd o ganlyniad i symud trwy wahaniaeth potensial (gostyngiad) o V. Wrth gwrs, gallwn ni gymhwyso'r un egwyddor i ronyn sy'n ennill EPT ac yn colli EC. Gweler y Pwynt astudio am ddull cyffredinol mwy ffurfiol.

Pwynt astudio

Ystyriwch fod proton mewn maes trydanol (gwan) o $10\ \text{V m}^{-1}$ yn agos at arwyneb y Ddaear…

Mae'r grym o'r maes trydanol = qE
$= 1.60 \times 10^{-19}\ \text{C} \times 10\ \text{N C}^{-1}$
$= 1.6 \times 10^{-18}\ \text{N}$

Mae'r grym o'r maes disgyrchiant = mg
$= 1.67 \times 10^{-27}\ \text{kg} \times 9.81\ \text{N kg}^{-1}$
$= 1.6 \times 10^{-26}\ \text{N}\ (qE \times 10^{-8})$

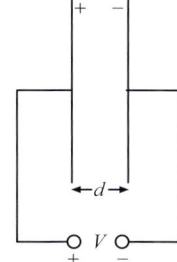

Ffig. 4.1.19 Y bwlch i'w groesi

Gwirio gwybodaeth

Esboniwch pam mae lluosi'r buanedd terfynol, v, ag amser y daith, t, ar gyfer enghraifft y mudiant mewn llinell syth mewn maes E, yn rhoi $2d$ yn hytrach na d.

Gwirio gwybodaeth

Mae electron yn mynd i mewn i faes trydanol unffurf, $750\ \text{V m}^{-1}$, wrth deithio ar gyflymder o $2.20 \times 10^7\ \text{m s}^{-1}$ i gyfeiriad y maes. Cyfrifwch faint o amser bydd yn ei gymryd i ddychwelyd at ei bwynt mynediad, yn ogystal â chyfanswm y pellter mae'n ei deithio.

Pwynt astudio

Yn gyffredinol, ar gyfer gronyn sy'n mynd o **A** i **B** mewn maes trydanol

$$\tfrac{1}{2}mv_B^2 - \tfrac{1}{2}mv_A^2 = -q\Delta V$$

lle ΔV yw'r gwahaniaeth potensial (cynnydd) wrth fynd o **A** i **B**. Rhaid mewnbynnu gwerth q (yn ogystal â gwerth ΔV) gyda'r arwydd cywir.

Pwynt astudio

Dim ond mewn ffordd fras iawn mae'r maes trydanol rhwng y platiau yn Ffig. 4.1.20 yn unffurf, ac mae'r maes yn ymestyn yn sylweddol y tu hwnt i ymylon y platiau. Mae hyn yn wir oherwydd, mewn gwirionedd, nad yw'r pellter rhwng y platiau yn fach o'i gymharu â'u hyd a'u lled.

4.1.20 Gwirio gwybodaeth

Mae'r cwestiwn hwn am y paladr electronau sydd i'w weld yn Ffig. 4.1.20. Tybiwch fod y maes E rhwng y platiau yn unffurf.

Mae'r electronau'n gadael y gwn ar fuanedd o 3.20×10^7 m s^{-1}.

Cyfrifwch:

(a) V_{cyf}.

(b) Yr amser mae'n ei gymryd i electron groesi'r sgrin (chwith i'r dde).

(c) Y cyflymiad yn y cyfeiriad-y sy'n gyfrifol am y dadleoliad-y (20mm) sydd i'w weld.

(ch) Y gp allwyriadol, V_y, o wybod bod gwahaniad, b, y platiau allwyriadol yn 45 mm.

(d) Cydran cyflymder y electron wrth iddo gyrraedd ymyl dde'r sgrin.

(dd) Maint a chyfeiriad cyflymder electron wrth iddo gyrraedd ymyl dde'r sgrin.

[$e = 1.60 \times 10^{-19}$ C

$m_e = 9.11 \times 10^{-31}$ kg]

(c) Mudiant mewn dau ddimensiwn

Mae un ffordd o ddangos hyn yn defnyddio cyfarpar Ffig. 4.1.20, a dyma fydd ein henghraifft ni.

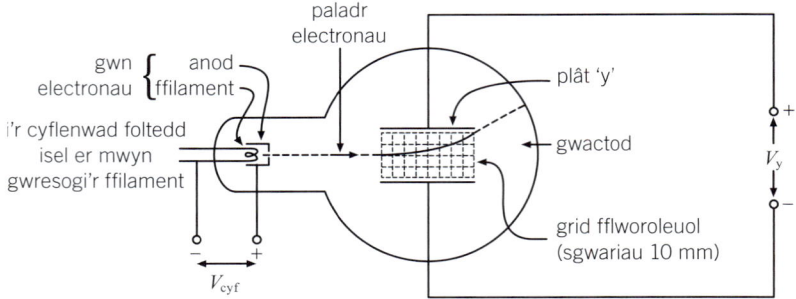

Ffig. 4.1.20 Allwyriad electronau mewn maes trydanol ardraws

Y gwn electronau

Mae hwn yn cynhyrchu paladr tenau o electronau cyflym. Caiff yr electronau eu hallyrru o ffilament metel sy'n cael ei wresogi i dymheredd uchel trwy basio cerrynt trwyddo. Maen nhw'n cael eu cyflymu tuag at 'anod' metel silindrog trwy gyfrwng gp, V_{cyf}, gaiff ei roi rhwng y ffilament a'r anod, fel sy'n cael ei ddangos. Caiff nifer o electronau eu dal gan yr anod a'u dychwelyd yn syth at y ffilament trwy'r cyflenwad pŵer V_{cyf}, ond mae rhai yn dianc, trwy dwll bach ym mhen yr anod, i ffurfio'r paladr. Gall buanedd, v, yr electronau sy'n dianc gael ei ddarganfod yn hawdd, trwy ddefnyddio $\frac{1}{2}mv^2 = qV_{cyf}$. Gweler (b) uchod. [Rydyn ni'n anwybyddu EC cymharol fach yr electronau wrth iddyn nhw gael eu hallyrru o'r ffilament.]

Llwybr parabolig

Mae'r paladr electronau'n mynd i mewn i faes trydanol ardraws rhwng platiau paralel sydd â gp, V_y, wedi'i roi rhyngddynt. Byddwn ni'n tybio bod y maes yn unffurf ac nad yw'n ymestyn y tu hwnt i ymylon y platiau – ond gweler y Pwynt astudio.

Yn y rhanbarth hwn, mae cydran cyflymder yr electron i'r cyfeiriad x, v_x ($= v$), yn aros heb newid, ac mae'n hafal i'w buanedd v wrth iddyn nhw ddod i mewn i'r maes. Felly, bydd cydran x eu dadleoliad ar amser t ar ôl mynd i mewn yn

$$x = v_x t \qquad \text{felly mae} \quad x = vt$$

Mae'r cyflymiad (i gyfeiriad y) yn $\dfrac{(-e)}{m} E_y = \dfrac{(-e)}{m}\left(-\dfrac{V_y}{b}\right) = \dfrac{eV_y}{mb}$

lle b yw'r pellter rhwng y platiau.

Trwy gymhwyso $x = ut + \frac{1}{2}at^2$ i gydran y y mudiant, cawn ni fod $y = \dfrac{eV_x}{2mb}t^2$

Y peth allweddol i'w ddeall yma, ar gyfer mudiant y, yw fod y cyflymder cychwynnol yn sero.

Mae'r paladr electronau (Ffig. 4.1.20) yn cyffwrdd sgrin fflworoleuol rhwng y platiau allwyro wrth basio, gan ddangos llwybr yr electronau. Yn ôl ein tybiaethau, rydyn ni'n gwybod bod y llwybr hwn yn rhan o barabola oherwydd gallwn ni ddileu t rhwng yr hafaliadau x ac y i roi

$$y = \frac{eV_y}{2mb}\left(\frac{x}{v}\right)^2 \qquad \text{hynny yw} \qquad y \propto x^2.$$

4.1.8 Gwaith ymarferol penodol

Yma rydyn ni'n amlinellu dau ymchwiliad 'clasurol' sy'n ymwneud ag ymddygiad cynwysyddion.

(a) Ymchwilio i ddadwefru cynhwysydd trwy wrthydd

Mae'n bosibl cadarnhau, yn syml a gydag argyhoeddiad, fod dadfeiliad gwefr yn esbonyddol. Ar ôl i ni wefru'r cynhwysydd (switsh i'r chwith yn Ffig. 4.1.21), rydyn ni'n ei adael i ddadwefru trwy'r gwrthydd (switsh i'r dde), gan gofnodi'r gp, V, (gweler y Pwynt astudio) ar gyfyngau amser sydd fwy neu lai yn gyfartal, t.

Cynllunio
Dyma rai pwyntiau i'w hystyried:

- Sut ydyn ni'n dewis gwerthoedd C ac R? Mae angen i'r cysonyn amser, RC, fod yn ddigon hir i ni allu cymryd tua deg pâr o ddarlleniadau (V, t) yn gyfforddus wrth i'r gp ddisgyn i ddegfed ei werth gwreiddiol (dyweder). Os ydyn ni'n defnyddio cofnodydd data, mae angen i ni wybod pa mor fanwl mae'n gallu mesur.
- Efallai na fydd hi'n bosibl darllen dangosydd y foltmedr os yw'r foltedd yn newid yn gyflym, yn enwedig os yw'r foltmedr yn un digidol. Mae'n werth ystyried cynnal y broses gwefru a dadwefru o'r newydd ar gyfer pob mesuriad, gan stopio'r dadwefru ar amser gwahanol (symud y switsh i'r canol) cyn darllen y gp. Byddai'n rhaid i safle'r foltmedr fod yn wahanol i'r hyn sydd i'w weld yn Ffig. 4.1.21!

Defnyddio'r canlyniadau
Os ydyn ni'n plotio V (neu CV) yn erbyn t, rydyn ni'n disgwyl graff tebyg i Ffig. 4.1.12. Mae'n bosibl darganfod y cysonyn amser, τ, fel sy'n cael ei esbonio yn Adran 4.1.5, gan ddechrau ar bwyntiau gwahanol ar y graff, i wirio bod y dadfeiliad yn esbonyddol.

Ffordd lai trafferthus, a mwy manwl gywir, o wirio'r berthynas a darganfod τ yw plotio $\ln (V/\text{folt})$ yn erbyn t. (Rhaid i ni rannu V â'i uned cyn cymryd y logarithm, gan mai dim ond rhifau sydd â logarithmau!) Mae hyn yn rhoi graff llinell syth, oherwydd, fel gwnaethon ni ddangos yn gynharach, mae

$$V = V_0 e^{-t/RC}.$$

Ar ffurf wrthdro $\ln \left(\dfrac{V}{V_0}\right) = -\dfrac{t}{RC}$ hynny yw $\ln \left(\dfrac{V/\text{folt}}{V_0/\text{folt}}\right) = -\dfrac{t}{RC}$.

Gan fod $\ln \dfrac{a}{b} = \ln a - \ln b$ mae $\ln (V/\text{folt}) = -\dfrac{t}{RC} + \ln (V_0/\text{folt})$.

Trwy gymharu hyn ag $y = mx + c$, bydden ni'n disgwyl y byddai plotio $\ln (V/\text{folt})$ fel y a t fel x yn rhoi llinell syth â graddiant $m = -\dfrac{1}{RC}$.

Darganfod C o raddiant y graff
R yw'r gwrthiant ar gyfer cyfuniad paralel y gwrthydd a'r foltmedr. Mae'n bosibl mesur gwrthiant y gwrthydd gyda amlfesurydd digidol. Gwrthiant nodweddiadol ar gyfer amlfesurydd digidol ar ei raddfa 'foltiau' yw $10\ \text{M}\Omega$. O wybod gwerth R, gallwn ni ddarganfod C, gan fod

$$C = -\frac{1}{R \times \text{graddiant}}$$

Gwefru cynhwysydd trwy wrthydd
Mae cylched bosibl i'w gweld yn Ffig. 4.1.22. Yn yr achos hwn, mae $V_R = V_0 e^{-t/RC}$. Dylai plotio $\ln (V_R/\text{folt})$ yn erbyn t roi graff llinell syth.

> **Pwynt astudio**

Pam mesur y gp, V, os yw ein diddordeb ni yn y wefr, Q? Mae'n hawdd cyfrifo Q o $Q = CV$, ac mae foltmedrau yn fwy cyfleus na mesuryddion coulomb.

Byddai defnyddio (micro)amedr mewn cyfres â'r gwrthydd yr un mor synhwyrol. Yna mae $Q = CV = CIR$.

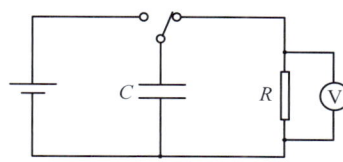

Ffig. 4.1.21 Cylched ar gyfer ymchwilio i ddadwefru

> **Pwynt astudio**

Dyma eich atgoffa o'r rheolau sy'n berthnasol i logarithmau i unrhyw fôn.

- $\log 1 = 0$
- $\log(ab) = \log a + \log b$
- $\log\left(\frac{a}{b}\right) = \log a - \log b$
- $\log(x^n) = n\log x$

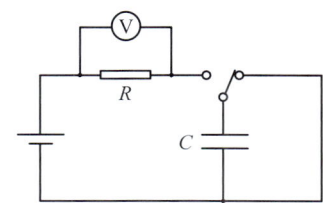

Ffig. 4.1.22 Cylched ar gyfer ymchwilio i wefru

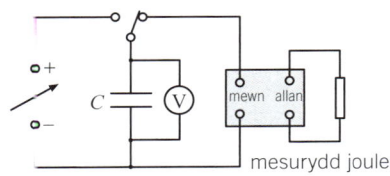

Ffig. 4.1.23 Mesur yr egni sy'n cael ei storio mewn cynhwysydd

(b) Ymchwilio i'r egni sy'n cael ei storio mewn cynhwysydd

Dull 1: Defnyddio mesurydd joule

Caiff y cynhwysydd ei wefru (switsh i'r chwith yn Ffig. 4.1.23) i gp sy'n cael ei fesur a'i ddadwefru trwy wrthydd (switsh i'r dde). Caiff yr egni, ΔU, sy'n cael ei gyflenwi i'r gwrthydd ei fesur gan y mesurydd joule, wedi'i osod rhwng y cynhwysydd a'r gwrthydd, fel sydd i'w weld.

Rhaid dewis gwerth y cynhwysydd, ynghyd â'r amrediad o gpau, fel bod yr egni gaiff ei storio o fewn gallu'r mesurydd joule. I wneud pethau'n haws, rhaid dewis gwerth y gwrthydd fel bod y cysonyn amser, RC, yn ddim mwy nag ychydig eiliadau.

Ni fydd y cynhwysydd yn dadwefru'n llwyr mewn amser meidraidd. Un ffordd o ddelio â hyn yw trwy stopio'r dadwefru'n fwriadol pan fydd y gp wedi gostwng i'r un gwerth bach mympwyol, V_{lleiaf}, bob tro. Yna, mae

$$\Delta U = \tfrac{1}{2}CV^2 - \tfrac{1}{2}CV_{\text{lleiaf}}^2$$

Felly, dylai graff ΔU yn erbyn V^2 fod yn llinell syth â graddiant $\tfrac{1}{2}C$ a rhyngdoriad $-\tfrac{1}{2}CV_{\text{lleiaf}}^2$.

Dull 2: Trwy fesur y cynnydd yn y tymheredd

Bydd mesurydd joule yn rhoi darlleniadau dibynadwy gydag ychydig iawn o ymdrech, ond dydyn ni ddim yn hollol siŵr sut mae'n gwneud hynny. Dull llai 'dirgel' yw dadwefru cynhwysydd trwy wrthydd ar ffurf coil o wifren a mesur faint mae'r tymheredd yn codi.

Enghraifft

Cafodd y coil sydd i'w weld yn Ffig. 4.1.24 ei greu o wifren gopr, cyfanswm màs 0.077 kg, a gwrthiant $2.35\ \Omega$. Caiff ei lapio mewn ynysiad thermol. Cafodd thermomedr digidol ei ddefnyddio i fesur y tymheredd yn ei ganol.

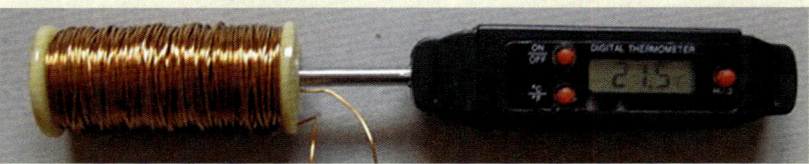

Ffig. 4.1.24 Coil (gyda'r ynysiad thermol wedi'i dynnu) a thermomedr

Rydyn ni'n cofnodi'r darlleniad tymheredd cychwynnol, θ_1. Yna, cysylltwn ni'r coil ar draws uwchgynhwysydd gyda gwerth enwol o 5.0 F (a gp mwyaf sy'n cael ei ganiatáu o 5.4 V), wedi'i wefru ymlaen llaw i gp o 3.00 V, nes bod y gp yn gostwng i 1.00 V. Gwnawn ni hyn 5 gwaith yn gyflym, gan gofnodi'r tymheredd uchaf, θ_2, ar y diwedd. Rydyn ni'n ailadrodd y dull gyda gpau cychwynnol o 4.00 V a 5.00 V. Dyma'r canlyniadau.

V/V	$(V/V)^2 - 1.00^2$	θ_1/°C	θ_2/°C	$(\theta_2 - \theta_1)$/°C	$\dfrac{(\theta_2 - \theta_1)}{V^2 - (1.00\ \text{V})^2}$ /°C V^{-2}
3.00	8.0	15.3	17.6	2.3	0.28
4.00	15.0	16.1	20.4	4.3	0.29
5.00	24.0	14.4	21.9	7.5	0.31

Os yw'r egni gaiff ei storio yn y cynhwysydd mewn cyfrannedd â sgwâr y gp, dylai'r gymhareb yn y golofn olaf fod yn gyson. Gweler y Pwynt astudio.

Ar gyfer dull 2

(a) Os yw colled gwres yn cael ei anwybyddu, dangoswch fod
$mc(\theta_2 - \theta_1)$
$= 5 \times \tfrac{1}{2}C[V^2 - (1.00\ \text{V})^2]$
lle m yw màs y copr ac c yw cynhwysedd gwres sbesiffig copr.

(b) Defnyddiwch y canlyniadau yn y tabl yn yr Enghraifft i ddarganfod gwerth ar gyfer C. Bydd angen y rhain arnoch chi hefyd:
$m = 0.077$ kg
$c = 385$ J kg^{-1} °C^{-1}.

Pwynt astudio

Mae Dull 2 yn ddewis amgen i'r dull yng nghanllaw arbrofol CBAC.

Pwynt astudio

Mae dadansoddiad anffurfiol yn awgrymu ansicrwydd yn y gymhareb yn y golofn olaf, ar gyfer $V = 3.00$ V, o tua 10%. Mae hyn oherwydd hapgyfeiliornad. Er bod y ffigur yn well, efallai, ar gyfer $V = 4.00$ V a 5.00 V, mae cyfeiliornadau systematig oherwydd colli gwres fwy na thebyg yn fwy ar gyfer gpau uwch.

Profwch eich hun 4.1

1. Mae cynhwysydd platiau paralel wedi'i wneud o ddau blât metel petryal, maint $1.0\ \text{m} \times 2.0\ \text{m}$, wedi'u dal ychydig ar wahân gan ddarnau bach o blastig, trwch $0.1\ \text{mm}$. Caiff y ddau blât eu cysylltu â chyflenwad CU $500\ \text{V}$. Gan anwybyddu effaith ddeuelectrig y darnau plastig, cyfrifwch:

   (a) y cynhwysiant   (b) y wefr ar bob llen o fetel
   (c) yr egni sydd wedi'i storio   (ch) cryfder y maes trydanol rhwng y platiau.

2. Caiff dau ddarn o ffoil alwminiwm, o'r un arwynebedd â'r platiau yng nghwestiwn 1, eu rholio gyda'i gilydd i wneud cynhwysydd, a'u gwahanu gan ddwy ddalen o ddefnydd lapio plastig (fel yn Ffig. 4.1.2), trwch $12.5\ \mu\text{m}$. Mae rholio'r platiau i bob pwrpas yn dyblu arwynebedd yr arwyneb, gan fod gwefr yn cael ei storio ar ddau wyneb y ddau blât. Amcangyfrifwch gynhwysiant y trefniant, gan anwybyddu effaith ddeuelectrig y plastig (sy'n cynyddu'r cynhwysiant yn ôl rhyw ffactor pellach).

3. Cyfrifwch gynhwysiant effeithiol dau gynhwysydd, gwerth C a $2C$, wedi'u cysylltu (a) mewn cyfres a (b) mewn paralel.

4. Caiff dau gynhwysydd, gwerth C a $2C$, sydd heb eu gwefru i gychwyn, a gwrthydd R eu cysylltu yn y gylched isod. Yna caiff y switsh ei gau. Mae gwrthiant mewnol y cyflenwad pŵer yn ddibwys.

   (a) Nodwch y gp ar draws pob cydran, a'r cerrynt, yn syth ar ôl cau'r switsh.
   (b) Nodwch yn nhermau V_s werthoedd y canlynol ar ôl i'r cerrynt gwefru ostwng i hanner ei werth cychwynnol:
       (i) y cerrynt
       (ii) y gp ar draws y gwrthydd
       (iii) y wefr ar bob un o bedwar plât y cynwysyddion
       (iv) y gp ar draws pob cynhwysydd
       (v) yr egni gaiff ei storio ym mhob cynhwysydd
       (vi) y pŵer sy'n cael ei afradloni yn y gwrthydd.
   (c) Nodwch werthoedd y mesurau yn rhan (b) ar ôl i'r wefr beidio â llifo.

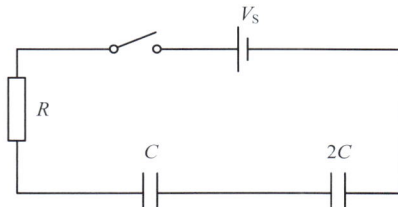

5. Pa werthoedd cynhwysiant gallwch chi eu cael trwy ddefnyddio tri chynhwysydd, â gwerthoedd $10\ \mu\text{F}$, $22\ \mu\text{F}$ a $33\ \mu\text{F}$?

6. Rydyn ni'n gadael i gynhwysydd ddadwefru trwy wrthydd $1.0\ \text{k}\Omega$. Mae'n cymryd $10\ \text{s}$ i'r gp ar draws y cynhwysydd ddisgyn o $15\ \text{V}$ i $6\ \text{V}$. Cyfrifwch y cynhwysiant.

7. Caiff cynhwysydd ei wefru i $25\ \text{V}$, ac yna mae'n cael ei adael i ddadwefru trwy wrthydd. Mesurir yr egni gaiff ei drosglwyddo gyda mesurydd egni, sy'n dangos egni o $35\ \text{mJ}$ pan fydd y cynhwysydd wedi'i ddadwefru'n llwyr. Cyfrifwch y cynhwysiant.

8. Mae cynhwysydd gwerth $220\ \mu\text{F}$ yn cael ei wefru i $10\ \text{V}$ cyn datgysylltu'r cyflenwad pŵer. Yna, caiff y cynhwysydd ei gysylltu ar draws cynhwysydd $100\ \mu\text{F}$. Cyfrifwch:

   (a) Y wefr gychwynnol ar y cynhwysydd $220\ \mu\text{F}$ a'r egni gaiff ei storio.
   (b) Y wefr derfynol ar bob cynhwysydd.   [Awgrym: mae'r gpau terfynol ar draws y cynwysyddion yr un faint.]
   (c) Yr egni terfynol gaiff ei storio.

9. Mae cynhwysydd wedi'i wneud o ddau blât metel sy'n cael eu dal ar ddolennau wedi'u hynysu, ar bellter d ar wahân fel sydd i'w weld. Caiff y cynhwysydd ei wefru trwy ei gysylltu â batri am ennyd. Y cynhwysiant, gp, gwefr ac egni'r cynhwysydd yw C, V, Q ac U yn ôl eu trefn. Caiff y platiau eu tynnu nes eu bod nhw'n $2d$ ar wahân. Nodwch werthoedd newydd y cynhwysiant, y gp, y wefr a'r egni, ac esboniwch y gwerthoedd hyn.

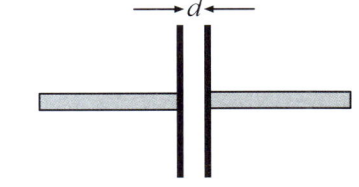

   Tybiwch fod hafaliad y cynhwysydd, $C = \dfrac{\varepsilon_0 A}{d}$ yn ddilys.

10. Caiff y dull yng nghwestiwn 9 ei ailadrodd, ond y tro hwn mae'r cynhwysydd yn dal i fod wedi'i gysylltu â'r batri. Nodwch werthoedd y cynhwysiant, y gp, y wefr a'r egni ar ôl i'r platiau gael eu gwahanu, ac esboniwch y gwerthoedd hyn.

11. Caiff cynhwysydd 4700 μF ei wefru i 12 V. Mae'n cael ei adael i ddadwefru trwy wrthydd 100 Ω.

(a) Cyfrifwch y wefr gychwynnol gaiff ei storio ar y platiau.

(b) Ysgrifennwch hafaliad ar gyfer y cerrynt dadwefru, I, fel ffwythiant o amser.

(c) Brasluniwch graff o I yn erbyn t, a dangoswch sut mae'r graff hwn yn berthnasol i'r ateb yn rhan (a).

(ch) Cyfrifwch yr egni cychwynnol gaiff ei storio yn y cynhwysydd.

(d) Ysgrifennwch hafaliad ar gyfer yr egni gaiff ei storio fel ffwythiant o amser, $U(t)$.
    [Awgrym: Yn gyntaf, ysgrifennwch $V(t)$.]

(dd) Ysgrifennwch hafaliad ar gyfer y pŵer sy'n cael ei afradloni yn y gwrthydd fel ffwythiant o amser, $P(t)$.

(e) Lluniadwch graff o P yn erbyn t, a nodwch sut mae'r graff hwn yn berthnasol i'r ateb yn rhan (ch).

12. (a) Mae ïon negatif â màs 4.65×10^{-26} kg a gwefr 3.20×10^{-19} C ym mhwynt P mewn maes trydanol. Ei gyflymiad yw 3.10×10^9 m s^{-2} tuag i fyny. Beth yw maint a chyfeiriad y maes ym mhwynt P.

(b) Mae pwynt P yn rhan (a) yn y bwlch rhwng dau blât metel llorweddol plân sy'n 15.0 mm ar wahân. Cyfrifwch y gwahaniaeth potensial sydd wedi'i roi rhwng y platiau i gynhyrchu'r maes trydanol.

13. Mae gan ddefnyn o ddŵr mewn cwmwl taranau fàs o 3.32×10^{-13} kg ac mae wedi cael gwefr drydanol (trwy golli electronau mewn gwrthdrawiadau â moleciwlau aer). Mae maes trydanol tuag i fyny â chryfder 1.70×10^6 N C^{-1} prin yn ddigon mawr i atal y defnyn rhag disgyn. Darganfyddwch faint o electronau mae'r defnyn wedi'u colli.

14. Mae gp o 1500 V yn cael ei osod rhwng dau blât metel sydd wedi'u gwahanu gan wactod. Mae'r plât negatif yn cael ei wresogi ac mae electronau'n cael eu hallyrru ohono (ar gyflymder dibwys).

(a) Defnyddiwch y cysyniad o egni i gyfrifo buanedd yr electronau pan fyddan nhw'n cyrraedd y plât positif, ar ôl cael eu cyflymu gan y maes trydanol.

(b) Mae myfyriwr yn dadlau bod yn rhaid i'r ateb i (a) ddibynnu ar y pellter rhwng y platiau, oherwydd bydd cynyddu'r pellter yn cynyddu'r gwaith sy'n cael ei wneud gan y grym cyflymu. Esboniwch yn fyr pam mae'r ddadl hon yn annilys.

15. Mae paladr o electronau sydd â chyflymder cychwynnol o 3.0×10^7 m s^{-1} i gyfeiriad x yn mynd i mewn i ardal ym mhwynt, E, lle mae maes trydanol unffurf â chryfder $12\ 000$ V m^{-1} i gyfeiriad y. Ym mhwynt P yn y paladr mae cyflymder yr electronau ar $45°$ i'r cyfeiriadau x ac y.

(a) Dangoswch mai'r amser mae electron yn ei gymryd i fynd o E i P yw tua 15 ns.

(b) Darganfyddwch gydran dadleoliad x P o E.

(c) Darganfyddwch gydran dadleoliad y P o E.

4.2 Meysydd grym electrostatig a meysydd grym disgyrchiant

Erbyn hyn, rydyn ni'n credu bod gwahaniaeth mawr rhwng tarddiad y grymoedd electrostatig sydd rhwng gwrthrychau wedi'u gwefru, a'r grymoedd disgyrchiant sydd rhwng pob gwrthrych â màs. Un arwydd o hyn yw nad oes gennyn ni fàs positif a màs negatif; mae grymoedd disgyrchiant bob amser yn atynnol. Ond yn gyfleus iawn, ar gyfer gwrthrychau sy'n gallu cael eu trin fel pwyntiau, mae cryfder y grym dros ystod eang o bellterau yn cael ei reoli gan hafaliad sydd yr un fath yn y ddau achos i bob pwrpas – *deddf sgwâr gwrthdro*. Dyna pam rydyn ni wedi cynnwys y ddau faes yn yr adran hon. Byddwn ni'n dechrau gyda grymoedd rhwng gwrthrychau disymud wedi'u gwefru, oherwydd gallwn ni wneud defnydd da o'r syniad o *gryfder maes trydanol*, gafodd ei gyflwyno yn yr adran ddiwethaf.

Ffig. 4.2.1 Charles-Augustin de Coulomb

4.2.1 Grymoedd rhwng gwefrau pwynt disymud: Deddf Coulomb

Ar ddechrau'r 1780au, mesurodd Charles-Augustin de Coulomb (Ffig. 4.2.1) y grymoedd rhwng sfferau dargludo bach oedd wedi'u gwefru. Defnyddiodd 'clorian ddirdro' (Ffig. 4.2.2), lle roedd moment y grym gwrthyrru ar un o'r sfferau yn cael ei gydbwyso gan y moment oherwydd bod ffibr yn troelli. Dyma beth gwnaeth ef ddarganfod:

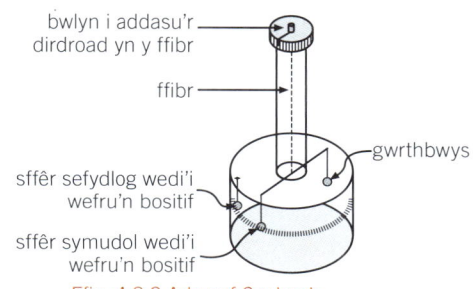

Ffig. 4.2.2 Arbrawf Coulomb

- Wrth ddyblu'r gwahaniad rhwng canolau'r sfferau lleihaodd y grym gan ffactor o tua 4. Wrth dreblu'r gwahaniad, leihaodd y grym gan ffactor o tua 9.
- Wrth haneru'r wefr ar y naill sffêr neu'r llall, hanerodd y grym, ac yn y blaen. [Hanerodd Coulomb y wefr ar sffêr trwy ei gyffwrdd â sffêr unfath nad oedd wedi ei wefru i gychwyn.]

Trwy gyffredinoli o'i ganlyniadau, awgrymodd Coulomb fod deddf 'sgwâr gwrthdro' union yn berthnasol i *wefrau pwynt*, hynny yw, gwrthrychau wedi'u gwefru sy'n fach iawn o ran maint o'i gymharu â'r gwahaniad rhyngddyn nhw. Caiff **deddf Coulomb** ei mynegi yn y Termau allweddol, gan ddefnyddio unedau SI (oedd ddim yn bodoli yn nyddiau Coulomb!). Mae'r ddeddf wedi cael ei chadarnhau'n ddigonol ers hynny trwy ddulliau mwy manwl gywir, ond llai uniongyrchol.

Defnyddio hafaliad deddf Coulomb

- Os yw'r ddwy wefr Q_1 a Q_2 yn bositif neu'r ddwy yn negatif, mae F yn amlwg yn bositif, felly gallwn ni ddehongli F positif fel grym gwrthyrru. Os oes gan y gwefrau arwyddion dirgroes, bydd F yn negatif: yn atynnol!
- Mae'r hafaliad yn sefyll bron yn union os yw'r gwefrau wedi'u gwahanu gan aer ar ddwyseddau arferol. Dim ond pan fydd y cyfrwng gwahanu yn ynysydd solet neu'n hylif y mae'r grym yn lleihau'n sylweddol (oherwydd bydd y gwefrau wedi'u hamgylchynu gan 'gylchoedd' o wefr ddirgroes oherwydd dadleoliad gwefrau ym moleciwlau'r cyfrwng). Mae hyn y tu hwnt i waith Safon Uwch.
- Gallwn ni ysgrifennu deddf Coulomb fel $F = \dfrac{1}{4\pi\varepsilon_0} \times \dfrac{Q_1 Q_2}{r^2}$. Yn amlwg mae $\dfrac{1}{4\pi\varepsilon_0}$ ei hun yn gysonyn.

Termau Allweddol

Deddf Coulomb

Mae'r grym rhwng dwy wefr bwynt, Q_1 a Q_2, mewn gwactod ac wedi'u gwahanu gan bellter r yn cael ei roi gan

$$F = \frac{Q_1 Q_2}{4\pi\varepsilon_0 r^2}$$

lle ε_0 yw'r *permitifedd gofod rhydd* $= 8.85 \times 10^{-12}\ \text{F m}^{-1}$

[D.S. $\dfrac{1}{4\pi\varepsilon_0} = 9.0 \times 10^9\ \text{F}^{-1}\ \text{m}$ (2 ff.y.)]

Gwirio gwybodaeth 4.2.1

Yn Adran 4.1.2, dangoswyd bod gan ε_0 yr unedau F m^{-1}. Ond yn achos hafaliad deddf Coulomb mae gofyn i'r unedau fod yn $\text{C}^2\ \text{N}^{-1}\ \text{m}^{-2}$. Dangoswch, gam wrth gam, fod $\text{F m}^{-1} = \text{C}^2\ \text{N}^{-1}\ \text{m}^{-2}$.

Gwirio gwybodaeth 4.2.2

(a) Mewn 'model' damcaniaethol syml o'r atom hydrogen, mae'r electron yn troi o amgylch y niwclews ar bellter o 5.29×10^{-11} m. Cyfrifwch y grym ar yr electron.

(b) Gan ddefnyddio model tebyg ar gyfer yr ïon heliwm He^+ (rhif proton = 2) mae'r grym ar un electron sy'n troi o amgylch y niwclews 8.00 gwaith y grym yn rhan (a). Cyfrifwch bellter yr electron o'r niwclews.

Gan ddefnyddio gwerthoedd ε_0 a π i bedwar ffigur ystyrlon, a thalgrynnu i dri, gwelwn ni fod

$$\frac{1}{4\pi\varepsilon_0} = 8.99 \times 10^9 \text{ F}^{-1} \text{ m}$$

Gan amlaf, mae'n iawn defnyddio 9×10^9 F^{-1} m, sy'n gofiadwy iawn ac yn gywir i 2 ff.y. Felly pam rydyn ni'n mynegi deddf Coulomb fel y gwelon ni'n gynharach, yn hytrach nag ysgrifennu $\frac{1}{4\pi\varepsilon_0}$ ar ffurf cysonyn sengl? Dylech chi gofio ein bod ni wedi dod ar draws ε_0 yn y lle cyntaf yn hafaliad cynhwysydd platiau paralel – sydd heb 4π ynddo (Adran 4.1.2). Trwy gynnwys 4π yn hafaliad deddf Coulomb rydyn ni'n osgoi gorfod ei gynnwys yn yr hafaliad y platiau paralel. Mae'r 4π yn fwy priodol yn hafaliad deddf Coulomb gan ei fod yn ymdrin â meysydd grym sfferig cymesur o amgylch gwefrau pwynt. Cwestiwn dyfnach yw pam mae'r ddau hafaliad yn perthyn i'w gilydd o gwbl. Byddwn ni'n rhoi awgrym o'r ateb yn Adran 4.2.6.

4.2.2 Cryfder maes trydanol oherwydd gwefr bwynt neu gywerth

Diffiniwyd cryfder maes trydanol, E (fel y grym am bob uned gwefr ar wefr brawf fach), yn Adran 4.1.6.

Yn hafaliad deddf Coulomb, gallwn ni ystyried un o'r gwefrau yn ffynhonnell maes trydanol, a'r llall yn wefr brawf. Trwy alw'r gwefrau hyn yn Q a q yn ôl eu trefn, yr hafaliad yw

$$F = \frac{Qq}{4\pi\varepsilon_0 r^2} \quad \text{hynny yw} \quad \frac{F}{q} = \frac{Q}{4\pi\varepsilon_0 r^2}$$

Ond $\frac{F}{q}$ yw, trwy ddiffiniad, maint y cryfder maes trydanol, E, ar bellter r o Q.

Felly mae maint cryfder y maes trydanol ar bellter r o wefr bwynt, Q, neu o ganol dosbarthiad gwefr sfferig gymesur, gyda chyfanswm gwefr Q, ac sydd y tu allan i ddosbarthiad y wefr, yn

$$E = \frac{Q}{4\pi\varepsilon_0 r^2}.$$

Mae cyfeiriad y maes yn rheiddiol tuag allan oddi wrth Q os yw Q yn bositif, ac yn rheiddiol tuag i mewn os yw Q yn negatif.

Mae Ffig. 4.2.3 yn dangos sut mae E yn amrywio gyda phellter, r, yn ôl yr hafaliad hwn. Cafodd gwerth Q ei ddewis er mwyn gwneud plotio'r graff yn haws – gweler GG 4.2.3. Mae'n werth nodi dau bwynt:

- Mae dyblu r yn arwain at chwarteru E ac yn y blaen. Dylai hyd yn oed graff bras o berthynas sgwâr gwrthdro ddefnyddio hyn fel sail.
- Mae E yn symud at anfeidredd wrth i r symud at sero. Yr enw gan ffisegwyr ar bwynt lle nad yw'n bosibl cyfrifo rhywbeth sydd o ddiddordeb yw 'hynodyn'. (Mae'n annhebygol bod unrhyw wefr bwynt yn bodoli lle mae'r ddeddf sgwâr gwrthdro yn dal yn wir yr holl ffordd i $r = 0$.)

Y tu allan i ddosbarthiad gwefr sfferig gymesur, er enghraifft sffêr dargludo sydd â gwefr wedi'i gwasgaru'n gyfartal ar ei arwyneb, mae cryfder y maes yr un fath â phe bai'r wefr gyfan wedi'i chrynhoi yn y canol. (Yn y lle gwag sydd *wedi'i amgáu gan* arwyneb sfferig wedi'i wefru, mae cryfder y maes o ganlyniad i'r wefr ar yr arwyneb yn sero!) Cymharwch Ffigurau 4.2.3 a 4.2.4.

Mewn gwirionedd, os ydyn ni'n rhoi gwefr i ddargludydd sfferig, bydd cludyddion gwefr rhydd yn symud yn y fath fodd fel bod y wefr *yn gwasgaru'n gyfartal* dros yr arwyneb

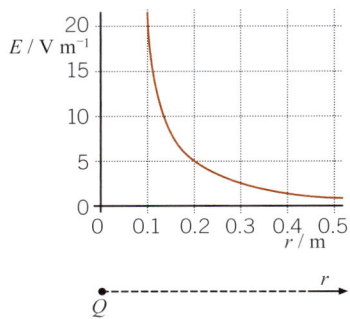

Ffig. 4.2.3 E yn erbyn r ar gyfer gwefr bwynt

4.2.3 Gwirio gwybodaeth

Cyfrifwch y wefr, Q, sydd â chryfder ei maes wedi'i blotio yn Ffig. 4.2.3.

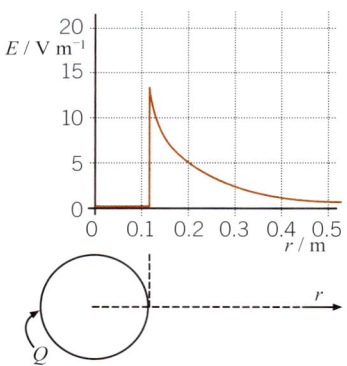

Ffig. 4.2.4 E yn erbyn r ar gyfer arwyneb sfferig wedi'i wefru

Pwynt astudio

Dylai gwefr brawf ar gyfer mesur cryfder maes trydanol fod yn wefr fach iawn. Pam? [Meddyliwch amdani'n cael ei defnyddio i fesur y maes o ganlyniad i sffêr dargludol wedi'i wefru.]

trwy gyd-wrthyriant. Fodd bynnag, bydd unrhyw wefrau allanol cyfagos yn amharu ar y cymesuredd. Er enghraifft, yn arbrawf Coulomb, nid y *sfferau* sy'n gwrthyrru yn y lle cyntaf ond y gwefrau arnyn nhw. Gan eu bod, i bob pwrpas, yn symudol, byddan nhw'n symud fel bod mwy o wefr ar ochrau pellaf y sfferau nag ar yr ochrau sy'n wynebu. Felly nid yw sfferau'n ymddwyn yn union fel gwefrau pwynt yn eu canolau! Gweler y Pwynt astudio.

4.2.3 Potensial trydanol, V

(a) Diffiniad

Pa mor agos gall gronyn α ag egni cinetig 7.7 MeV agosáu at wrthrych cryno â gwefr 1.26×10^{-17} C? Roedd hwn yn gyfrifiad allweddol wrth i Rutherford amcangyfrif maint niwclews atomig. Fel yn achos cyfrifiadau tebyg eraill, mae hwn yn llawer haws trwy ddefnyddio'r cysyniad o botensial y byddwn ni'n ei ddatblygu nawr...

Byddwn ni'n dechrau trwy ddiffinio **egni potensial** (EP) gwefr brawf, q, wrth bwynt P mewn maes trydanol.

Sut ydyn ni'n mynd ati i gyfrifo hwn pan fydd y maes yn ganlyniad i wefr bwynt, Q? Yn gyntaf, cofiwch mai ystyr *Gwaith* yw grym × pellter i gyfeiriad y grym. Mae'r grym ar q yn qE, yn rheiddiol tuag allan oddi wrth Q. Ond mae E yn lleihau wrth i ni fynd o P i anfeidredd (Ffig. 4.2.3), oherwydd bod $E = \dfrac{Q}{4\pi\varepsilon_0 \, r^2}$.

Felly, rhaid i ni gyfrifo'r gwaith sy'n cael ei wneud ar q mewn camau bach ar y tro (pellter Δr), *mor* fach fel nad yw E prin yn newid dros unrhyw un cam. Yna, ...

Mae'r gwaith sy'n cael ei wneud ar q wrth i q symud pellter Δr ymhellach o $Q = qE \, \Delta r$.

Fel sy'n cael ei ddangos yn Ffig. 4.2.5, mae $E\Delta r$ yn cael ei gynrychioli ar graff o E yn erbyn r gan arwynebedd stribed cul (wedi'i liwio) 'o dan' y gromlin ar yr r priodol. Mae *cyfanswm* y gwaith sy'n cael ei wneud ar q yn q wedi'i luosi â swm arwynebeddau'r holl stribedi cul o P i anfeidredd. Felly, mae

$$\begin{array}{l} \text{EP } q \text{ yn P} \\ \text{(oherwydd } Q\text{)} \end{array} = q \times \left(\begin{array}{c} \text{arwynebedd o dan graff } E \text{ yn erbyn } r \\ \text{o P i anfeidredd} \end{array} \right)$$

Mae techneg fathemategol (gweler y Cyngor mathemateg) ar gyfer cyfrifo'r arwynebedd.

Mae'r arwynebedd yn $\dfrac{Q}{4\pi\varepsilon_0 \, r_P}$.

Mae'r isysgrif 'P' bellach wedi cyflawni ei ddiben, felly gallwn ni ei adael allan a dweud:

Ar gyfer q ar bellter r oddi wrth Q mae:

$$\text{EP} = q \times \frac{Q}{4\pi\varepsilon_0 \, r}$$

Mae'r mesur $V = \dfrac{Q}{4\pi\varepsilon_0 \, r}$ ac mae'n cael ei alw'n **botensial** trydanol ar bellter r oddi wrth Q.

Yn wir, ar gyfer maes sydd o ganlyniad i unrhyw ddosbarthiad o wefrau disymud, caiff y potensial, V, ei ddiffinio ar unrhyw bwynt gan yr hafaliad

h.y. mae $V = \dfrac{\text{EP y wefr brawf } q}{q}$

Hynny yw, mae $\qquad$ EP y wefr brawf $= qV$.

Termau Allweddol

Egni potensial gwefr brawf, q, wrth bwynt P mewn maes trydanol yw'r gwaith sy'n cael ei wneud gan y maes ar q, wrth i q fynd o P i anfeidredd

Y **potensial**, V, wrth bwynt P mewn maes trydanol yw'r gwaith sy'n cael ei wneud gan y maes *am bob uned gwefr* ar wefr brawf wrth iddi fynd o P i anfeidredd.

UNED: J C^{-1} = folt (V)

Pwynt astudio

Ystyr 'anfeidredd' yw: mor bell o'r wefr/ gwefrau sy'n achosi'r maes nes bod cryfder y maes yn ddibwys.

Pwynt astudio

Mae rhai pobl yn diffinio egni potensial a photensial wrth bwynt P yn nhermau'r gwaith sy'n cael ei wneud gan ryw rym allanol (sy'n hafal ac yn ddirgroes i rym y maes trydanol ar q) wrth i q fynd *o* anfeidredd *i* P. Mae'r diffiniadau hyn yn gwbl gywerth â'n rhai ni.

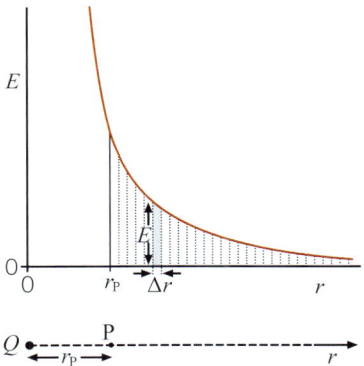

Ffig. 4.2.5 Arwynebedd o dan graff E yn erbyn r

Cyngor mathemateg

Os ydych chi wedi dod ar draws calcwlws integrol mae hyn ar eich cyfer chi...

Yr arwynebedd sydd wedi'i raddliwio yn Ffig. 4.2.5 yw:

$$\int_{r_P}^{\infty} E \, dr = \frac{Q}{4\pi\varepsilon_0} \int_{r_P}^{\infty} \frac{1}{r^2} dr$$

$$= \frac{Q}{4\pi\varepsilon_0} \left[-\frac{1}{r} \right]_{r_P}^{\infty} = \frac{Q}{4\pi\varepsilon_0} \left[0 - \left(-\frac{1}{r_P} \right) \right]$$

sy'n rhoi'r canlyniad sydd yn y prif destun.

4.2.4 Gwirio gwybodaeth

Yn Ffig. 4.2.6, mae tangiad wedi cael ei luniadu i'r graff V yn erbyn r ar $r = 0.20$ m.

(a) Darganfyddwch raddiant y tangiad hwn.

(b) Darllenwch werth E ar $r = 0.20$ m o Ffig. 4.2.3, a nodwch a yw'n cytuno ag

$E = -\dfrac{\Delta V}{\Delta x}$.

◀ Ymestyn a herio

Dangoswch mai'r *gwahaniaeth* yn y potensial rhwng B ac A ar bellterau $(r - \Delta r)$ ac r oddi wrth wefr Q yw

$\Delta V = V_B - V_A$

$= \dfrac{Q}{4\pi\varepsilon_0}\left\{\dfrac{-\Delta r}{r(r + \Delta r)}\right\}$

Dangoswch hefyd, os yw Δr yn fach iawn o'i gymharu ag r, mae'r hafaliad yn newid i $\Delta V = - E\Delta r$, lle E yw cryfder y maes ar bellter r oddi wrth Q.

4.2.5 Gwirio gwybodaeth

Mae gan sffêr uchaf (radiws 0.12 m) generadur Van de Graaff botensial o -80 kV. Cyfrifwch:

(a) y wefr ar y sffêr, gan nodi eich tybiaeth(au).

(b) cryfder y maes trydanol yn union y tu allan i'r sffêr.

Ffig. 4.2.7 Generadur Van de Graaff

(b) Graff V yn erbyn r ar gyfer gwefr bwynt

Mae Ffig. 4.2.6 yn enghraifft o'r math hwn o graff. Sylwch ar y cyfrannedd gwrthdro rhwng V ac r: pan gaiff r ei ddyblu, mae V yn haneru ac yn y blaen, yn unol â'r hafaliad

$V = \dfrac{Q}{4\pi\varepsilon_0 r}$. Dylech chi gymharu Ffig. 4.2.6 â

Ffig. 4.2.3, lle mae E yn cael ei blotio yn erbyn r ar gyfer yr un gwerth Q ac mae deddf *sgwâr gwrthdro* yn berthnasol.

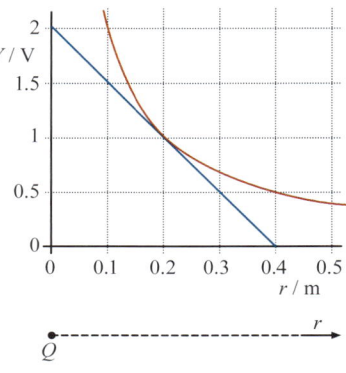

Ffig. 4.2.6 V yn erbyn r ar gyfer gwefr bwynt

(c) Graddiant potensial

Yn Adran 4.1.6(ch) fe wnaethon ni ddeillio'r hafaliad

$E = -\dfrac{\Delta V}{\Delta x} = -$ graddiant potensial

Ar y ffurf $\Delta V = -E\Delta x$ mae'n seiliedig ar y rheswm cyfarwydd bod

$\dfrac{\text{gwaith sy'n cael ei wneud ar } q}{q} = \dfrac{\text{grym ar } q \times \text{pellter (bach) a deithiwyd gan } q \text{ i gyfeiriad y grym}}{q}$.

Yn Adran 4.1.6, roedden ni'n ystyried meysydd unffurf, lle gall Δx fod ag unrhyw werth. Fodd bynnag, gallwn ni gymhwyso'r hafaliad graddiant potensial i feysydd nad ydynt yn unffurf, ar yr amod bod $\dfrac{\Delta V}{\Delta x}$ yn cael ei gymryd fel y gwerth mae'r ffracsiwn hwn yn agosáu ato wrth i Δx fynd yn llai ac yn llai. Mae hyn yn ei wneud yn hafal i raddiant y tangiad sy'n cael ei luniadu i'r graff V yn erbyn pellter i gyfeiriad E (h.y. y cyfeiriad r ar gyfer ein gwefr bwynt, Q).

Mae Gwirio gwybodaeth 4.2.4 yn argymell gwiriad cysondeb dylech chi ei wneud ar Ffigurau 4.2.6 a 4.2.3 gan ddefnyddio $E = -\dfrac{\Delta V}{\Delta x}$. Mae gwiriad mwy cyflawn, a hynny ar yr hafaliadau sylfaenol ar gyfer V ac E, yn cael ei awgrymu yn Ymestyn a herio.

(ch) Sero potensial

Yn ôl $V = \dfrac{Q}{4\pi\varepsilon_0 r}$, mae V yn agosáu at sero wrth i r fynd yn fawr iawn. Mae hyn oherwydd ein bod ni wedi diffinio potensial yn nhermau'r gwaith sy'n cael ei wneud ar wefr brawf sy'n mynd o bwynt *i anfeidredd*, yn hytrach nag i ryw bwynt arall ar bellter meidraidd (r_0, er enghraifft) oddi wrth Q. Pe bydden ni wedi dewis yr opsiwn r_0, byddai'r hafaliad ar gyfer potensial yn

$$V = \dfrac{Q}{4\pi\varepsilon_0 r} - \dfrac{Q}{4\pi\varepsilon_0 r_0}$$

lle mae'r ail derm yn gysonyn. Mewn gwirionedd, dim ond *gwahaniaethau* mewn potensial (gpau) sydd ag unrhyw arwyddocâd ffisegol, a byddai'r naill fformiwla neu'r llall ar gyfer potensial yn rhoi'r un gwerth ar gyfer y gp rhwng unrhyw ddau bwynt penodol. Rydyn ni'n dewis yr opsiwn sy'n rhoi'r hafaliad symlach i ni.

Rheswm sy'n cael ei roi weithiau dros gymryd bod y potensial yn sero ar anfeidredd yw: ar anfeidredd na all y maes (cryfder sero) wneud rhagor o waith ar wefr brawf bositif. Ond mae'r ddadl yn methu os yw Q yn negatif, fel bod ei faes yn cael ei gyfeirio tuag i mewn *tuag at Q*!

Sylwch, os yw Q *yn* negatif, yna, yn ôl $V = \dfrac{Q}{4\pi\varepsilon_0 r}$, mae V yn negatif ym mhob man ac yn agosáu at sero ar gyfer r mawr iawn.

(d) Defnyddio'r syniad o botensial: enghraifft

Pa mor agos gall gronyn α, ag egni cinetig 7.7 MeV, agosáu at wrthrych cryno (niwclews) â gwefr 1.26×10^{-17} C? Dyma'r cwestiwn gafodd ei ofyn ar ddechrau Adran 4.2.3. Nawr gallwn ni ei ateb.

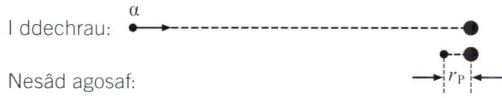

I ddechrau:

Nesâd agosaf: r_P

Ffig. 4.2.8 Gronyn α yn agosáu at niwclews (nid wrth raddfa!)

Bydd y pwynt agosaf pan fydd y gronyn α yn anelu'n syth at y niwclews ac yn stopio am ennyd (wrth y pwynt P, er enghraifft), ar ôl cael ei arafu'n barhaus gan y grym gwrthyrru o'r niwclews. Tybiwn ni fod y gronyn α yn anfeidraidd o bell oddi wrth y niwclews i gychwyn, a bod y niwclews yn ddisymud trwy gydol yr amser. Gan fod egni'n cael ei gadw, mae

EP trydanol cychwynnol + EC cychwynnol = EP trydanol yn P + EC yn P

Felly mae $\qquad 0 + 7.7 \times 10^6 \text{ eV} = 2e \times \dfrac{1.26 \times 10^{-17} \text{ C}}{4\pi\varepsilon_0 r_P} + 0$

Yma rydyn ni wedi cofio mai'r wefr ar y gronyn α yw $+ 2e$. Tric defnyddiol yw rhannu'r cyfan ag e, am fod 7.7×106 eV = 7.7×106 V × e. Trwy rannu ac aildrefnu, cawn ni fod

$$r_P = \frac{2}{7.7 \times 10^6 \text{ V}} \times \frac{1}{4\pi\varepsilon_0} \times 1.26 \times 10^{-17} \text{ C}$$

sy'n arwain at $r_P = 2.9 \times 10^{-14}$ m

Caiff arwyddocâd y canlyniad hwn ei esbonio'n fyr yn y Pwynt astudio uchaf.

4.2.4 E a V o ganlyniad i fwy nag un wefr bwynt

Mewn egwyddor, gallwn ni gyfrifo cryfder y maes trydanol yn P a hefyd y potensial o ganlyniad i unrhyw ddosbarthiad gofodol o wefrau. Dyma'r dull gweithredu:

- Ystyriwch ddosbarthiad y gwefrau fel casgliad o wefrau pwynt.
- Cyfrifwch E a V yn P o ganlyniad i bob gwefr bwynt.
- Adiwch gryfderau'r meysydd yn P fel *fectorau*, a'r potensialau yn P fel *sgalarau*.

Mewn gwirionedd, mae *dilyn* y dull gweithredu a sicrhau'r canlyniadau ar gyfer rhywbeth mor syml â gwefr sfferig, hyd yn oed (gweler y Pwynt astudio), fymryn y tu hwnt i waith Safon Uwch. Am y tro, byddwn ni'n bodloni ar ddarganfod cryfderau meysydd a photensialau o ganlyniad i ddwy neu dair gwefr bwynt yn unig.

Enghraifft

Cyfrifwch gryfder y maes a'r potensial yn **B** yn Ffig. 4.2.9 (a) o ganlyniad i'r gwefrau sy'n cael eu dangos yn **A** ac yn **C**.

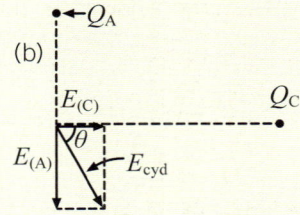

Ffig. 4.2.9 Adio E a V o ganlyniad i ddwy wefr bwynt

4.2 8 Gwirio gwybodaeth

Ar gyfer cryfder y maes trydanol yn C yn Ffig 4.2.10, cyfrifwch

(a) y gydran x, [Adiwch gydrannau x cryfderau'r maes oherwydd Q_A a Q_B.]

(b) y gydran y,

(c) maint a chyfeiriad y cydeffaith.

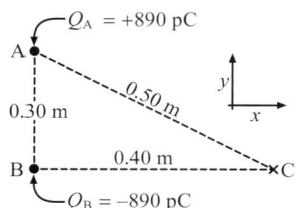

Ffig 4.2.10 Dwy wefr bwynt

4.2 9 Gwirio gwybodaeth

Gan gyfeirio at Ffig 4.2.10, cyfrifwch y newid yn egni potensial trydanol gwefr o +3.0 pC os caiff ei symud o C i anfeidredd. Esboniwch a fydd y newid hwn yn yr EP yn bositif neu'n negatif.

Termau Allweddol

Llinell maes trydanol yw llinell lle mae'i cyfeiriad ar bob pwynt ar ei hyd i gyfeiriad y maes trydanol ar y pwynt hwnnw.

Pwynt astudio

O'r diffiniad uchod, mae'n dilyn na all y llinellau maes trydanol groesi na chyfarfod. Pan fydd y maes yn cael ei achosi gan fwy nag un wefr, mae un maes *cydeffaith* ar bob pwynt.

Ateb

Mae cryfder y maes yn **B** oherwydd Q_A yn
$$E_{(A)} = \frac{445 \times 10^{-12}\ C}{4\pi\varepsilon_0 (0.10\ m)^2} = 400\ V\ m^{-1} \downarrow$$

Gan fod $Q_C = -2\ Q_A$, ond bod Q_C ddwywaith mor bell oddi wrth **B** â Q_A, mae cryfder y maes yn **B** oherwydd Q_C yn: $E_{(C)} = 200\ V\ m^{-1} \rightarrow$

Rydyn ni'n cyfrifo'r maes cydeffaith yn **B** trwy adio fectorau (Ffig. 4.2.9. (b)). Trwy gymhwyso theorem Pythagoras a defnyddio trigonometreg cawn ni fod $E_{cyd} = 447\ V\ m^{-1}$; $\theta = 63°$.

$$E_{cyd} = \sqrt{400^2 + 200^2}\ V\ m^{-1} = 447\ V\ m^{-1} \quad a \quad \theta = \tan^{-1}\frac{400}{200} = 63°.$$

Byddai'r potensial yn **B** o gymryd mai Q_A oedd yr unig wefr yn
$$V_{(A)} = \frac{445 \times 10^{-12}\ C}{4\pi\varepsilon_0 \times 0.10\ m} = 40\ V$$

Gan fod $Q_C = -2\ Q_A$, ond bod Q_C ddwywaith mor bell oddi wrth **B** â Q_A, mae $V_{(C)} = -40\ V$.

Y potensial yn **B** yw swm sgalar y potensialau oherwydd Q_A a Q_B.

Felly mae $V = V_{(A)} + V_{(C)} = 40\ V + (-40\ V) = 0$

Dyfalu ar sail yr enghraifft

Byddai gronyn wedi'i wefru'n bositif (gwefr q, màs m) a'i ryddhau o ddisymudedd yn B yn Ffig. 4.2.9, yn ennill cyflymder i ddechrau, ar gyfradd $\frac{qE}{m}$, i gyfeiriad y maes cydeffaith.

Mae hyn yn awgrymu ei fod yn ennill EC ac yn colli EP trydanol – i gychwyn.

Ond wrth i'r gronyn newid ei safle, mae cryfder y maes yn newid, ac nid peth hawdd yw darganfod y llwybr y bydd yn ei ddilyn. Er enghraifft, a fydd yn osgoi cael ei ddal gan Q_C? I ddarganfod yr ateb, gallen ni ddefnyddio dull rhifiadol cam wrth gam ar gyfrifiadur, gan gyfrifo'r cyflymiad, y cyflymder, a'r dadleoliad dro ar ôl tro ar gyfer cyfyngau amser byr iawn.

Pe bai taflwybr y gronyn yn mynd ag ef ymhell oddi wrth y gwefrau ar A ac C, byddai'r newid net yn ei EP trydanol ers gadael B yn agos at fod yn sero, gan fod $V = 0$ yn B a, thrwy ddiffiniad, ar anfeidredd. Felly, byddai egni cinetig y gronyn yn agosáu at ei werth yn B – sero! Beth fyddai'n digwydd wedyn?

4.2.5 Llinellau maes trydanol ac arwynebau unbotensial

Mae **llinellau maes trydanol** yn gymorth enfawr wrth geisio gweld sut mae cryfder maes trydanol a photensial yn amrywio o bwynt i bwynt mewn maes trydanol.

(a) Llinellau maes trydanol

Mewn egwyddor, gallen ni ddangos cyfeiriad y maes ar faint bynnag o bwyntiau ag y mynnwn trwy ddefnyddio saethau bach (Ffig. 4.2.11). Fel arfer, mae'n fwy clir dewis ychydig 'gadwyni' o saethau o'r fath, sy'n rhedeg o ben un i gynffon y nesaf. Dyma'r llinellau maes trydanol.

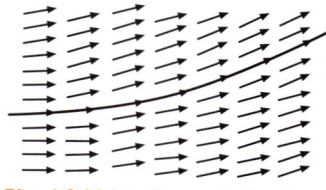

Ffig. 4.2.11 Llinell maes trydanol

Mae Ffigurau 4.2.12 (a) a (b) yn dangos rhai llinellau maes ar gyfer gwefrau pwynt positif a negatif 'arunig'. Mae'r llinellau yn rheiddiol tuag allan ar gyfer y wefr bositif, ac yn rheiddiol tuag i mewn ar gyfer y wefr negatif. Anwybyddwch y llinellau toredig am y tro.

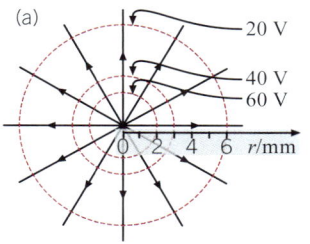
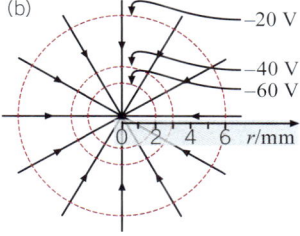

Ffig. 4.2.12 Llinellau maes trydanol ac arwynebau unbotensial oherwydd
(a) gwefr bositif arunig   (b) gwefr negatif arunig

Er bod llinellau maes trydanol, yn y lle cyntaf, yn dweud wrthyn ni beth yw cyfeiriad y maes, mae ganddyn nhw briodweddau eraill.

Lle mae'r llinellau maes yn nes at ei gilydd, mae'r maes yn gryfach. Mae'n amlwg bod hyn yn wir ar gyfer gwefrau pwynt arunig, ond mae hefyd yn wir ar gyfer y llinellau maes o unrhyw drefniant o wefrau, er enghraifft y gwefrau hafal a dirgroes yn Ffig. 4.2.13.

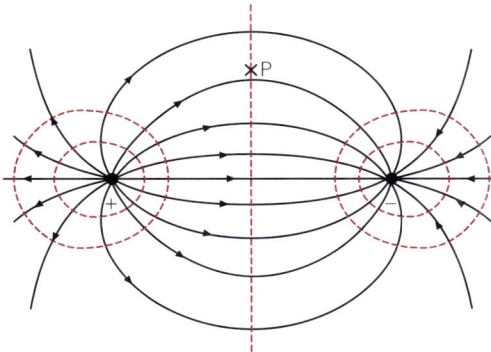

Ffig. 4.2.13 Llinellau maes trydanol oherwydd gwefrau hafal a dirgroes (*deupol* trydanol)

Pan fydd yr unig wefrau sy'n bresennol yn ddisymud, mae llinellau maes trydanol yn dechrau ar wefrau positif ac yn diweddu ar wefrau negatif, fel yn Ffig. 4.2.13. Mae hyn yn wir hyd yn oed ar gyfer gwefrau 'arunig'. Yn Ffig. 4.2.12 (a), bydd llinellau maes sy'n dechrau ar y wefr bositif yn diweddu ar wefrau negatif sy'n cael eu 'hanwytho' (trwy ddadleoliad electronau) ar wrthrychau o'u hamgylch, yn benodol ar arwynebau sy'n wynebu'r wefr. Os yw'r gwefrau anwythol hyn yn rhy bell i aflunio'r maes rheiddiol yn agos at y wefr 'wreiddiol', rydyn ni'n dweud ei bod yn 'arunig'. Mae'r wefr negatif yn Ffig. 4.2.12 (b) hefyd yn arunig yn yr ystyr hwn, ond mae'r llinellau maes sy'n diweddu arni yn dechrau ar wefrau positif anwythol yn rhywle arall!

(b) Arwynebau unbotensial

Mae'r enw'n dweud y cyfan: gweler Termau allweddol. Ar gyfer gwefr bwynt arunig, mae'r **arwynebau unbotensial** yn arwynebau sfferig sydd wedi'u canoli ar y wefr. Yn gonfensiynol, caiff yr arwynebau (sydd i'w gweld mewn trychiad fel llinellau toredig yn Ffigurau 4.2.12 a 4.2.13) eu lluniadu ar gyfyngau potensial cyfartal. Sylwch ar y priodweddau ychwanegol hyn:

- Mae'r arwynebau'n agosach at ei gilydd lle mae'r maes ar ei gryfaf. Mae hyn yn dilyn o'r hafaliad $\Delta V = -E\Delta x$. Trwy aildrefnu, cawn ni $\Delta x = \dfrac{\Delta V}{E}$, (*yn fanwl gywir* dim ond pan fydd ΔV a Δx yn fach iawn).
- Mae'r llinellau maes trydanol ar ongl sgwâr i'r arwynebau unbotensial wrth iddyn nhw basio trwyddynt. Gweler Ffigurau 4.2.12 a 4.2.13. Mae hyn yn debyg i pan fydd llinellau'r goledd mwyaf ar ochr bryn ar ongl sgwâr i'r cyfuchlinau (llinellau uchder cyson).

Gwirio gwybodaeth 4.2.10

Cyfrifwch gryfder y maes trydanol yn **P** yn Ffig. 4.2.13. Mae **P** 50 mm oddi wrth bob gwefr. Mae'r gwefrau yn ±0.15 nC, ac maen nhw'n 80 mm ar wahân.

Pwynt astudio

Mae maes trydanol yn amgylchynu ardal sydd â maes *magnetig* newidiol trwyddi, er enghraifft, craidd newidydd gweithredol. Yn yr achos hwn, mae'r llinellau maes trydanol yn ddolenni caeedig – heb ddechrau na diwedd. Mae hwn yn un math o anwythiad electromagnetig; gweler adran 4.4. Nodwch fod gwefrau *symudol* yn rhan o hyn (wrth sefydlu'r maes magnetig newidiol).

Gwirio gwybodaeth 4.2.11

Cyfrifwch y gwahaniaeth potensial rhwng yr arwynebau unbotensial sydd 1.0 mm a 10.0 mm oddi wrth y wefr yn Ffig. 4.2.12 (a).

Termau Allweddol

Mae **arwyneb unbotensial** mewn maes trydanol yn arwyneb dychmygol lle mae'r holl bwyntiau ar yr un potensial.

Gwirio gwybodaeth 4.2.12

Pam mae'r arwynebau unbotensial hirgrwn o gwmpas y naill wefr a'r llall yn Ffig. 4.2.13 yn nes at yr ochrau sy'n 'wynebu'r' gwefrau nag ar yr ochrau pellaf?

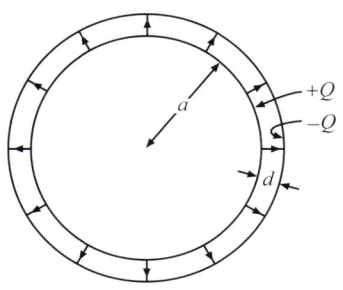

Ffig. 4.2.14 Cynhwysydd sffêr cydganol

▶▶▶ Pwynt astudio

Mae ein canlyniad ar gyfer cynhwysiant cynhwysydd sffêr cydganol yr un fath â'r hyn gaiff ei nodi ar gyfer cynhwysydd plât paralel yn 4.1.2. Efallai nad yw hyn yn syndod, oherwydd mae'n bosibl darllen yr angen am $d \ll a$ fel $a \gg d$ (radiws cymharol fawr), ond mae'r deilliant priodol ar gyfer cynhwysydd platiau paralel ychydig y tu hwnt i waith Safon Uwch.

▶▶▶ Termau Allweddol

Deddf disgyrchiant Newton
Mae pob gwrthrych â màs yn atynnu pob gwrthrych arall â màs. Ar gyfer dau 'fàs pwynt', m_1 ac m_2, sydd wedi'u gwahanu gan bellter r, rhoddir y grym gan $F = \dfrac{Gm_1m_2}{r^2}$ lle mae G yn gysonyn o'r enw *cysonyn disgyrchiant Newton* (neu G fawr).

$G = 6.67 \times 10^{-11}$ N m² kg⁻²

4.2.13 Gwirio gwybodaeth

Ar gyfer dau broton ar yr un gwahaniad, cyfrifwch y gymhareb

$$\dfrac{\text{grym gwrthyrru electrostatig}}{\text{grym atynnol disgyrchiant}}$$

[Os oes angen, chwiliwch am werthoedd m_P ac e – ceisiwch eu cofio!]

Enghraifft – y cynhwysydd sffêr cydganol

Bydd batri sydd wedi'i gysylltu am gyfnod byr rhwng dau blisgyn metel sfferig cydganol (sfferau gwag) yn trosglwyddo electronau o un plisgyn i'r llall. Felly, bydd gwefrau hafal a dirgroes yn gorchuddio arwynebau'r plisg sy'n wynebu ei gilydd, a bydd maes yn y bwlch, fel sydd i'w weld yn Ffig. 4.2.14.

Bydd cryfder y maes trydanol yn y bwlch, ar bellter r o ganol y sfferau yn $E = \dfrac{Q}{4\pi\varepsilon_0 a^2}$

yn rheiddiol tuag allan. Mae hyn yn gyfan gwbl oherwydd y sffêr mewnol sydd wedi'i wefru; nid yw'r sffêr allanol sydd wedi'i wefru yn cyfrannu unrhyw beth, gan fod y bwlch yn rhan o'r gofod *y tu mewn* iddo. (Gweler Ffig. 4.2.4.)

Nawr, tybiwch fod lled y bwlch, d, yn llawer llai na radiws y sffêr mewnol, hynny yw, bod $d \ll a$. Yna gallwn ni gymryd bod y maes ar draws y bwlch yn gyson mwy neu lai ac yn cael ei roi gan $E = \dfrac{Q}{4\pi\varepsilon_0 a^2}$. Trwy ddefnyddio $\Delta V = -E\Delta x$, mae'r gp rhwng y plisg yn:

$$\left| \Delta V \right| = \dfrac{Q}{4\pi\varepsilon_0 a^2} \, d = \dfrac{Q}{\varepsilon_0 A} \, d$$

lle rydyn ni wedi rhoi $4\pi a^2 = A$, gan mai dyma arwynebedd arwyneb y plisgyn mewnol, a'r plisgyn allanol bron.

O ddiffiniad *cynhwysiant* (Adran 4.1.1) $C = \dfrac{Q}{\left| \Delta V \right|} = \dfrac{\varepsilon_0 A}{d}$.

4.2.6 Deddf disgyrchiant Newton

Cyflwynodd Isaac Newton dystiolaeth bendant dros ddeddf sgwâr gwrthdro ar gyfer grymoedd rhwng gwrthrychau â màs (yr enw ar hyn yw grymoedd disgyrchiant), a hynny tua chanrif cyn i Coulomb ddarganfod deddf sgwâr gwrthdro grymoedd rhwng gwefrau. Mae **deddf disgyrchiant Newton** yn cael ei rhoi mewn iaith fodern yn y Termau allweddol.

- Dangosodd Newton mai un canlyniad i'r ddeddf sgwâr gwrthdro yw y byddai plisgyn sfferig â màs wedi'i ddosbarthu'n gyfartal yn rhoi'r un grym ar wrthrych allanol â phe bai ei holl fàs wedi'i grynhoi yn ei ganol. Ni fyddai'r plisgyn yn rhoi unrhyw rym ar wrthrych fyddai'n cael ei osod *y tu mewn* iddo. Rydyn ni wedi dod ar draws canlyniadau tebyg ar gyfer gwefrau yn barod yn Adran 4.2.4.

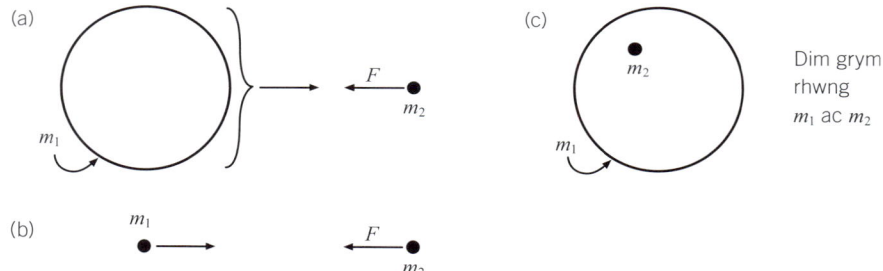

Ffig. 4.2.15 Effaith ddisgyrchol plisgyn sfferig – yn (a) a (b) mae'r grymoedd rhwng m_1 ac m_2 yr un peth

Mae'n bosibl ystyried unrhyw wrthrych sydd â'i fàs wedi'i ddosbarthu â chymesuredd sfferig o amgylch ei ganol fel 'nionyn' o blisg cydganol, felly gallwn ni weld o hynny fod *hwnnw*, hefyd, yn atynnu gwrthrych allanol fel pe bai ei holl fàs yn y canol. Mae hwn yn ganlyniad defnyddiol iawn, oherwydd y gwrthrychau sy'n rhoi grymoedd disgyrchiant sylweddol yw sêr a phlanedau, ac mae eu màs nhw *wedi* ei ddosbarthu â chymesuredd sydd bron yn sfferig.

- Daeth prif dystiolaeth Newton dros ddeddf sgwâr gwrthdro ar gyfer disgyrchiant o edrych i'r gofod. Dangosodd y byddai deddf sgwâr gwrthdro ar gyfer grym o'r Haul yn esbonio mudiant y planedau fel rydyn ni'n ei weld – mwy am hyn yn Adran 4.3.

- Gan fod Newton dim ond yn gallu dyfalu beth oedd masau cyrff seryddol fel yr Haul, ni fyddai wedi gallu darganfod gwerth dibynadwy ar gyfer y cysonyn cyfraneddol yn y ddeddf disgyrchiant, cysonyn rydyn ni nawr yn ei alw'n G. Cafodd y broblem ei datrys dros ganrif yn ddiweddarach (yn y 1790au) gan Henry Cavendish (Ffig. 4.2.16) a fesurodd y grym rhwng sfferau plwm yma ar y Ddaear. Defnyddiodd Cavendish glorian ddirdro a oedd, mewn egwyddor, yn debyg i'r un ddefnyddiodd Coulomb (Adran 4.2.1), ond yn llawer mwy. Roedd yr arbrawf yn gamp ryfeddol o ran dylunio a sgìl oherwydd y canran isel o ansicrwydd a gafwyd yn y canlyniad, er bod y grym oedd yn cael ei fesur yn hynod o wan.

Gwirio gwybodaeth 4.2.14

Cyfrifwch y grym rhwng sffêr symudol (màs 0.73 kg) a sffêr sefydlog (màs 158 kg) yn arbrawf Cavendish. Roedd y canolau 305 mm ar wahân. [Tybiwch werth ar gyfer G!]

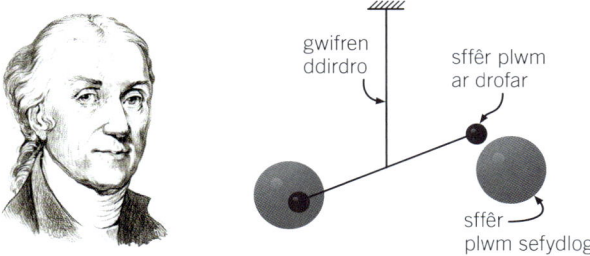

Ffig. . 4.2.16 Henry Cavendish a diagram syml o'i offer

gwifren ddirdro

sffêr plwm ar drofar

sffêr plwm sefydlog

4.2.7 Cryfder maes disgyrchiant, g a photensial, V

(a) Diffiniad g

Caiff **cryfder maes disgyrchiant** ei ddiffinio mewn ffordd debyg iawn i gryfder maes trydanol (gweler Adran 4.1.6), ond trwy ddefnyddio *màs* prawf yn hytrach na *gwefr* brawf.

Os yw'r unig rym sy'n gweithredu ar wrthrych yn rym disgyrchiant, yna, trwy ddefnyddio ail ddeddf mudiant Newton, ei gyflymiad yw

$$a_{\text{disg}} = \frac{F}{m} = \frac{mg}{m} = g$$

Mae hwn yn ganlyniad syml ond arwyddocaol (gweler y Pwynt astudio). Mae'n dweud hyn wrthyn ni:

- Mae mesur cyflymiad disgyrchiant gwrthrych mewn lleoliad yr un peth â mesur y cryfder maes disgyrchiant yno. Yn wir, o hyn ymlaen byddwn ni'n defnyddio g ar gyfer cryfder y maes yn ogystal â'r cyflymiad.
- Mae cyflymiad disgyrchiant gwrthrych yn annibynnol ar ei fàs; mae gan bob gwrthrych yr un cyflymiad disgyrchiant yn yr un lleoliad. Cadarnhaodd Galileo hyn trwy arbrawf, ond mae bron yn sicr na wnaeth ef ollwng peli canon oddi ar dŵr cam Pisa fel mae'r chwedl yn ei ddweud! Cafodd y canlyniad ei gadarnhau i radd uchel iawn o fanwl gywirdeb ers hynny.

Termau Allweddol

Diffinnir y **cryfder maes disgyrchiant**, g, ar bwynt fel $g = \dfrac{F}{m}$, hynny yw

$$g = \frac{\text{Grym ar fàs prawf, } m}{m}$$

ar y pwynt hwnnw. Mae'n fector.

UNEDAU: N kg^{-1}

Pwynt astudio

Mae a_{disg} yn annibynnol ar *fàs* y gwrthrych sy'n cyflymu oherwydd, yn ein deilliiant o $a_{\text{disg}} = g$, mae m wedi'i ganslo. Ar y llinell uchaf, mae rôl m yn ddisgyrchol: y mwyaf yw m, y mwyaf yw grym disgyrchiant; ar y llinell waelod, mae rôl m yn inertiaidd: y mwyaf yw m, y lleiaf yw'r cyflymiad. Mewn ffiseg Newtonaidd, mae'r rôl ddeuol hon sydd gan fàs yn ddirgelwch.

(b) g y tu allan i ddosbarthiad màs sfferig cymesur

Os yw màs sffêr yn M, ac mae m yn fàs prawf y tu allan i'r sffêr gallwn ni roi $m_1 = M$ ac $m_2 = m$ yn neddf disgyrchiant Newton, i roi

$$F = \frac{GMm}{r^2} \qquad \text{felly mae} \qquad \frac{F}{m} = \frac{GM}{r^2} \qquad \text{hynny yw mae} \qquad g = (-)\frac{GM}{r^2}$$

lle r yw'r pellter o'r màs prawf i ganol y sffêr.

Yn aml, caiff arwydd minws ei gynnwys, fel sydd i'w weld yma; mae'n dynodi bod g wedi'i gyfeirio *tuag i mewn* ar hyd radiws.

Ymestyn a herio

Dangoswch fod y cryfder maes disgyrchiant *y tu mewn i* sffêr â dwysedd unffurf ar bellter r o'i ganol yn cael ei roi gan

$$g = g_{\text{arwyneb}} \frac{r}{r_{\text{arwyneb}}}$$

4.2.15 Gwirio gwybodaeth

Radiws cymedrig y blaned Mawrth yw 3390 km, ac mae ei dwysedd cymedrig yn 3930 kg m^{-3}. Cyfrifwch werth ar gyfer y cryfder maes disgyrchiant ar ei harwyneb.

4.2.16 Gwirio gwybodaeth

Yn ôl pa ffactor byddai'n rhaid i hyd diwrnod ar y Ddaear leihau er mwyn i ni arsylwi bod cyflymiad disgyn yn rhydd yn sero ar y cyhydedd?

Enghraifft

Cyfrifwch werth ar gyfer màs y Ddaear o wybod bod ei radiws cymedrig yn 6370 km a'r cryfder maes cymedrig yn agos at ei harwyneb yn 9.81 N kg^{-1}.

Ateb

$$M = \frac{R_{\text{E}}^2 g}{G} = \frac{(6.37 \times 10^6 \text{ m})^2 \times 9.81 \text{ N kg}^{-1}}{6.67 \times 10^{-11} \text{ N kg}^{-2} \text{ m}^2} = 5.97 \times 10^{24} \text{ kg}$$

Trwy rannu'r màs â'r cyfaint $\frac{4}{3}\pi R_{\text{E}}^3$, cawn ni werth ar gyfer dwysedd cymedrig y Ddaear, sef tua 5.5×10^3 kg m^{-3}.

Nawr yw'r amser i gyfaddef na wnaeth Cavendish erioed gyhoeddi gwerth ar gyfer G yn union. Yn lle hynny, defnyddiodd ganlyniadau ei arbrawf i gyfrifo gwerth ar gyfer dwysedd cymedrig y Ddaear, yn debyg i'r hyn rydyn ni newydd ei wneud. Ond gall gwerth ar gyfer G gael ei ddeillio o ganlyniadau Cavendish.

Cyflymiad disgyn yn rhydd sy'n cael ei arsylwi ar y Ddaear

Ar y Ddaear, ar bob lledred heblaw $\pm 90°$ (y pegynau), mae gwerth cyflymiad disgyn yn rhydd *sy'n cael ei arsylwi*, g_{ars}, fymryn yn llai na chyflymiad disgyrchiant, g. Mae hyn yn wir oherwydd bod g yn cynnwys y cyflymiad mewngyrchol, $r\omega^2$, sydd ei angen i gadw'r gwrthrych yn cylchdroi o gwmpas echelin y Ddaear (ar bellter r oddi wrth yr echelin), yn ogystal â g_{ars}. Mae ein ffrâm gyfeirio ni (arwyneb y Ddaear) yn cylchdroi felly dydyn ni ddim yn arsylwi ar $r\omega^2$ yn uniongyrchol.

Mae Ffig. 4.2.17 yn dangos yr achos symlaf: pan fydd gwrthrych yn disgyn ar bwynt **P** ar y cyhydedd fel bod $r\omega^2$ fel g wedi'i gyfeirio tuag at ganol y Ddaear rhaid i g_{ars} fod yn y cyfeiriad hwn hefyd ac mae

$$g = g_{\text{ars}} + r\omega^2 \qquad \text{hynny yw mae} \qquad g_{\text{ars}} = g - r\omega^2$$

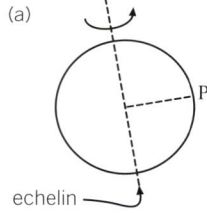 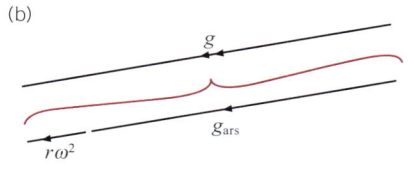

Ffig. 4.2.17 g ar bwynt P ar y cyhydedd

Ar y pegynau, mae $r\omega^2 = 0$ a $g_{\text{ars}} = 9.832$ m s^{-2}. Ar y cyhydedd, mae $r\omega^2 = 0.034$ m s^{-2} (gwiriwch hyn!), ond mae $g_{\text{ars}} = 9.780$ m s^{-2}. Mae'n amlwg nad yw gwerth gwahanol $r\omega^2$ yn esbonio anghysondeb o 0.052 m s^{-2} yn g_{ars} *yn llwyr*. Mae'r gweddill oherwydd nad yw'r Ddaear yn sffêr perffaith. Ar y cyhydedd, mae g ei hun ychydig yn llai nag ydyw ar y pegynau – mae'r pegynau yn nes at ganol y Ddaear.

Gan ein bod ni wedi trafod y gwahaniaeth rhwng y g real a'r un sy'n cael ei arsylwi, rhaid i ni gyfaddef yn awr *nad* ydyn ni'n gwahaniaethu at sawl pwrpas (gan gynnwys cwestiynau arholiad heblaw ei fod yn cael ei grybwyll yn benodol) – am y rheswm syml bod $r\omega^2 \ll g$.

Termau Allweddol

Egni potensial disgyrchiant màs prawf, m, wrth bwynt P mewn maes disgyrchiant yw'r gwaith sy'n cael ei wneud gan y maes ar m os yw m yn mynd o P i anfeidredd.

(c) Potensial disgyrchiant, V

Y cysyniad hwn yw fersiwn disgyrchol potensial *trydanol*, gafodd ei esbonio yn Adran 4.2.3(a), felly byddwn ni'n fwy cryno yma.

Dechreuwn ni gyda diffiniad **egni potensial disgyrchiant** yn y Termau allweddol. Yma, mae'r gwaith sy'n cael ei wneud gan y maes ar m yn negatif, gan y bydd y grym disgyrchiant ar m yn ôl tuag at y gwrthrych neu'r gwrthrychau sy'n gyfrifol am y maes, hynny yw, i bob pwrpas, i'r cyfeiriad dirgroes i daith m o P i anfeidredd. Mae hyn yn golygu bod EP disgyrchiant, E_P, yn fesur negatif, sy'n agosáu at sero wrth i P agosáu at anfeidredd. Mae sero E_P ar anfeidredd – yn ddigon pell i rym disgyrchiant fod yn ddibwys – wedi'i gynllunio i wneud pethau'n haws yn fathemategol.

Nawr, gallwn ni ganolbwyntio ar egni potensial m wrth bwynt P y tu allan i ddosbarthiad màs sfferig cymesur, M. Mae Ffig. 4.2.18 yn dangos sut mae g yn amrywio gyda'r pellter r oddi wrth ganol M.

Yna, gan ddilyn ein dull yn Adran 4.2.3, mae

$$E_P \ m \text{ wrth bwynt P} = m \times \text{arwynebedd 'o dan' graff } g\text{--}r \text{ o P i } \infty$$

$$= m \times \left(-\frac{GM}{r}\right) \quad \text{(gweler y Pwynt astudio)}$$

Gallwn ni fynegi hyn yn nhermau'r **potensial disgyrchiant**, V, o ganlyniad i M ar P (gweler Termau allweddol):

$$E_P \ m \text{ yn P} = mV \quad \text{lle mae} \quad V = -\frac{GM}{r}$$

Mae ffigurau 4.2.19 (a) a (b) yn dangos sut mae g a V yn amrywio gyda'r pellter, r, o ganol seren. Gweler GG 4.2.17. Sylwch ar effeithiau gwahanol dyblu r, yn unol â'r ddeddf sgwâr gwrthdro ar gyfer g a'r ddeddf wrthdro ar gyfer V.

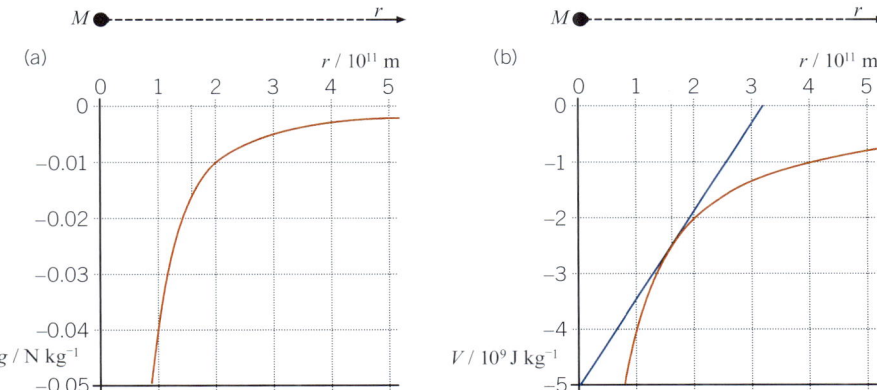

Ffig. 4.2.19 (a) g yn erbyn r (b) V yn erbyn r, ar gyfer yr un seren

(ch) Graddiant potensial disgyrchiant

Bydd màs prawf, m, sy'n symud pellter Δx i gyfeiriad maes disgyrchiant yn cael gwaith $mg \times \Delta x$ wedi'i wneud arno gan y maes,

felly mae   newid mewn EP disgyrchiant, $\Delta E_P = -mg\Delta x$ (Gweler y Pwynt astudio.)

ac mae   newid mewn potensial disgyrchiant, $\Delta V = -\dfrac{mg\Delta x}{m}$

Hynny yw, mae $\Delta V = -g\Delta x$ felly mae $g = -\dfrac{\Delta V}{\Delta x} = -$ graddiant potensial.

Ar gyfer y maes o ddosbarthiad màs sfferig cymesur, mae

$$g = -\frac{\Delta V}{\Delta r} = - \text{ graddiant y tangiad i'r graff } V \text{ yn erbyn } r$$

Gweler GG 4.2.18.

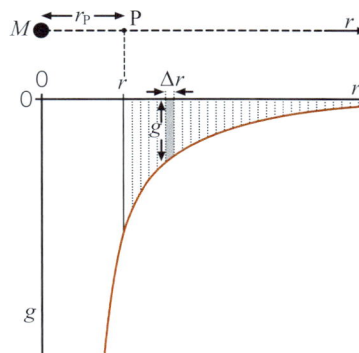

Ffig. 4.2.18 Yr arwynebedd o dan g yn erbyn r

>> Pwynt astudio

Yn yr un modd â'r pwynt Astudio yn Adran 4.2.3(a) …

Yr arwynebedd sydd wedi'i liwio yn Ffig. 4.2.18 yw

$$\int_{r_P}^{\infty} g \ dr = -GM \int_{r_P}^{\infty} \frac{1}{r^2} \ dr$$

$$= -GM\left[-\frac{1}{r}\right]_{r_P}^{\infty} = -GM\left[0 - \left(-\frac{1}{r_P}\right)\right]$$

sydd, ar ôl hepgor yr isysgrif 'P', yn rhoi'r canlyniad sydd i'w weld yn y prif destun

>> Termau Allweddol

Y **potensial disgyrchiant**, V, wrth bwynt P mewn maes disgyrchiant yw'r gwaith gaiff ei wneud gan y maes, *am bob uned màs*, ar fàs prawf os yw'n mynd o P i anfeidredd.

UNED: $J \ kg^{-1}$

Felly, ar gyfer màs prawf m, $E_P = mV$.

Ar bellter r o ganol M, mae:

$$V = -\frac{GM}{r}.$$

Gwirio gwybodaeth

Darganfyddwch fàs y seren y mae Ffig. 4.2.19 (a) a (b) wedi'u lluniadu ar ei chyfer.

>> Pwynt astudio

Gallwn ni gyfrifo ΔE_P o $\Delta E_P = -mg\Delta x$ dim ond pan mae Δx yn ddigon bach i g fod bron yn gyson. Rydyn ni'n ei ysgrifennu fel $\Delta E_P = mg\Delta h$ ar gyfer gwrthrych sy'n cael ei godi trwy uchder Δh yn agos at arwyneb y Ddaear ($\Delta h \ll R_E$). Fel arfer, ni fydd hwn yn berthnasol i lansio llong ofod ac ati.

4.2.18 Gwirio gwybodaeth

Darganfyddwch raddiant y tangiad a luniwyd i'r graff V yn erbyn r yn Ffig. 4.2.19 (b) a'i gymharu â gwerth g ar gyfer yr un gwerth r o Ffig. 4.2.19 (a).

4.2.19 Gwirio gwybodaeth

Cyfrifwch y buanedd y bydd ei angen i lansio roced oddi ar arwyneb y Lleuad er mwyn iddi gyrraedd uchder o 8.70×10^5 m uwchben yr arwyneb.

(Cymedr $R_{Lleuad} = = 1.74 \times 10^6$ m, g ar yr arwyneb = 1.62 m s^{-2}.)

▶▶ Pwynt astudio

Rhoddir gwerth g ar yr arwyneb, $g_{arwyneb}$ gan

$$g_{arwyneb} = \frac{GM}{r^2_{Mawrth}}$$

felly gallwn ni ysgrifennu $g_{arwyneb} r^2_{Mawrth}$ yn lle GM.

4.2.20 Gwirio gwybodaeth

Darganfyddwch y pwynt P rhwng yr Haul a'r blaned Iau lle mae eu g cydeffaith yn sero. (Gweler Ffig 4.2.21.)

Yn gyntaf, darganfyddwch y gymhareb $\frac{x}{y}$ a thrwy hynny gwerthoedd x ac y.

(Masau'r Haul a'r blaned Iau: 1.99×10^{30} kg, 1.90×10^{27} kg.)

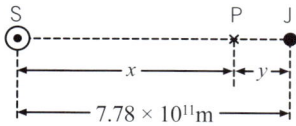

Ffig. 4.2.21 Yr Haul a'r blaned Iau

▶▶ Pwynt astudio

Ni fyddai gwrthrych sy'n cael ei osod ar P yn GG 4.2.20 yn aros yn ddisymud (os yw P yn bwynt sefydlog mewn perthynas â'r alaeth). Yn un peth, mae'r blaned Iau (a'r Haul) mewn orbit ar y cyd; nid ydyn nhw'n aros yn eu hunfan.

Enghraifft: defnyddio potensial disgyrchiant

Radiws cymedrig y blaned Mawrth yw 3.39×10^6 m a gwerth g ar ei arwyneb yw 3.71 N kg^{-1}. Gan anwybyddu unrhyw effeithiau gwrtheddol, cyfrifwch:

(a) y pellter y bydd roced yn codi os caiff ei lansio yn syth i fyny oddi ar arwyneb y blaned Mawrth ar fuanedd, u, o 3200 m s^{-1}.

(b) cyflymder dianc roced oddi ar arwyneb y blaned Mawrth.

Ateb

(a) Gan fod egni'n cael ei gadw, mae

E_k cychwynnol + E_P cychwynnol = E_k ar y pwynt uchaf + E_P ar y pwynt uchaf.

Felly mae $\frac{1}{2}mu^2 + \left(-\frac{GMm}{r_{Mawrth}}\right) = 0 + \left(-\frac{GMm}{r_{mwyaf}}\right)$

lle r_{mwyaf} yw'r pellter o ganol y blaned Mawrth pan fydd y taflegryn wedi colli ei holl EC. Trwy rannu'r cyfan â GMm ac aildrefnu:

$\frac{1}{r_{mwyaf}} = \frac{1}{r_{Mawrth}} - \frac{u^2}{2GM}$ felly mae $\frac{1}{r_{mwyaf}} = \frac{1}{r_{Mawrth}} - \frac{u^2}{2g_{arwyneb}r^2_{Mawrth}}$

Sylwch sut rydyn ni wedi goresgyn problem anodd: dydyn ni ddim yn gwybod beth yw màs, M, y blaned Mawrth! Gweler y Pwynt astudio.

Felly mae $\frac{1}{r_{mwyaf}} = \frac{1}{3.39 \times 10^6 \text{ m}} - \frac{(3200 \text{ m s}^{-1})^2}{2 \times 3.71 \text{ m s}^{-1} \times (3.39 \times 10^6 \text{ m})^2} = 1.75 \times 10^{-7} \text{ m}^{-1}$

Fel hyn mae $r_{mwyaf} = 5.72 \times 10^6$ m ac mae $r_{mwyaf} - r_{Mawrth} = 2.33 \times 10^6$ m

(b) Rydyn ni'n defnyddio cadwraeth egni, fel yn (a), ond gyda llai o ymdrech, oherwydd y tro hwn, nid yn unig mae'r EC 'terfynol' yn sero, ond mae'r EP 'terfynol' hefyd yn sero (pan mae $r = \infty$).

EC cychwynnol + EP cychwynnol = EC ar anfeidredd + EP ar anfeidredd.

Felly mae $\frac{1}{2}mu^2 + \left(-\frac{GMm}{r_{Mawrth}}\right) = 0 + 0$

Felly mae $u_{dianc} = \sqrt{\frac{2GM}{r_{Mawrth}}} = \sqrt{\frac{2g_{arwyneb} \times r^2_{Mawrth}}{r_{Mawrth}}}$

$= \sqrt{2g_{arwyneb} r_{Mawrth}} = 5020$ m s^{-1}

(d) g a V oherwydd mwy nag un gwrthrych

Pan fydd y maes ym mhwynt P yn cael ei achosi gan fwy nag un gwrthrych:

- Cryfder y maes, g, yw swm fectorau cryfderau'r meysydd yn P fyddai'n codi o bob gwrthrych ar ei ben ei hun.
- Y potensial, V, yw swm sgalar y potensialau fyddai'n codi o bob gwrthrych ar ei ben ei hun.

Enghraifft

Mae Ffig. 4.2.20 yn dangos aliniad yr Haul, y Lleuad a'r Ddaear yn ystod diffyg cyflawn ar yr Haul. Cyfrifwch gryfder cydeffaith y maes a'r potensial ar y Lleuad oherwydd y Ddaear a'r Haul.

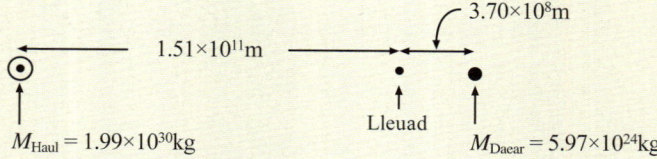

Ffig. 4.2.20 Yr Haul, y Lleuad a'r Ddaear yn ystod diffyg cyflawn ar yr Haul

Atebion

$$g = \frac{GM_E}{(3.7 \times 10^8\,\text{m})^2} - \frac{GM_S}{(1.51 \times 10^{11}\,\text{m})^2} \text{ tuag at y Ddaear}$$

$$= 6.67 \times 10^{-11}\text{N kg}^{-2}\text{m}^2\left\{\frac{5.97 \times 10^{24}\,\text{kg}}{(3.7 \times 10^8\,\text{m})^2} - \frac{1.99 \times 10^{30}\,\text{kg}}{(1.51 \times 10^{11}\,\text{m})^2}\right\}$$

$$= -2.91 \times 10^{-3}\text{ N kg}^{-1} \text{ tuag at y Ddaear}$$

h.y. 2.91×10^{-3} N kg^{-1} tuag at yr Haul.

ac mae $V = -\dfrac{GM_E}{3.7 \times 10^8\,\text{m}} + \left\{-\dfrac{GM_S}{1.51 \times 10^{11}\,\text{m}}\right\}$

sydd hefyd yn arwain at $V = -8.80 \times 10^8$ J kg^{-1}.

4.2.8 Llinellau maes disgyrchiant ac unbotensialau

Gan gofio bod hwn yn fath gwahanol o faes, mae gan **linellau maes disgyrchiant** yr un priodweddau â llinellau maes trydanol (Adran 4.2.5) ac eithrio eu bod yn dod o anfeidredd ac yn gorffen ar unrhyw beth â màs. Mae **arwynebau unbotensial** yn eithaf hunanesboniadol.

Sylwch yn Ffig. 4.2.22 fod yr arwynebau unbotensial yn sfferau o botensial llai a llai negatif wrth i'w radiysau gynyddu.

Mae Ffig. 4.2.23 (a) yn dangos patrwm llinellau maes ac unbotensialau ar gyfer dau wrthrych cymesur sydd â masau anghyfartal. Mae'n union yr un fath â'r patrwm maes trydanol ar gyfer dwy wefr bwynt negatif fel bod $\dfrac{Q_1}{Q_2} = \dfrac{M_1}{M_2}$.

Mae Ffigurau 4.2.23 (b) ac (c) yn frasluniau o gryfder maes a photensial ar hyd y llinell AB (y cyfeiriad x, dyweder). Sylwch yn benodol ar y pwynt rhwng M_1 ac M_2 lle mae cryfder y maes yn sero. Mae'n cyfateb i uchafswm lleol yn y potensial, yn unol â'r berthynas

$$g = -\frac{\Delta V}{\Delta x}$$

$$= -\text{ Graddiant tangiad y graff } V\!-\!x$$

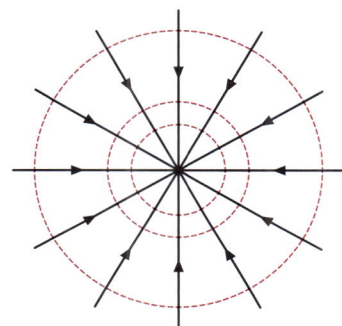

Ffig. 4.2.22 Llinellau maes ac unbotensialau ar gyfer corff bach â màs

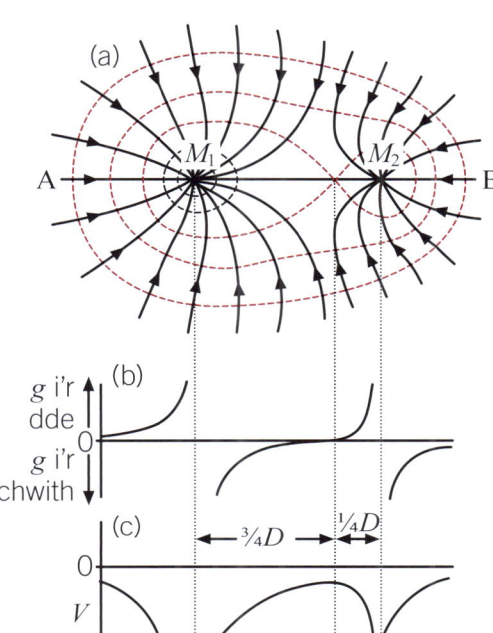

Ffig. 4.2.23 Maes a photensial oherwydd sfferau â masau anhafal

>> **Termau Allweddol**

Llinell maes disgyrchiant yw llinell lle mae'r cyfeiriad ar bob pwynt ar ei hyd yr un peth â chyfeiriad y maes disgyrchiant ar y pwynt hwnnw.

Mae **arwyneb unbotensial** mewn maes disgyrchiant yn arwyneb dychmygol lle mae'r holl bwyntiau ar yr un potensial.

Gwirio gwybodaeth  4.2.21

Yn Ffig. 4.2.23, mae canolau M_1 ac M_2 yn bellter D ar wahân. Cyfrifwch y gymhareb $\dfrac{M_1}{M_2}$ o'r data ychwanegol yn y ffigur.

Crynodeb o briodweddau meysydd trydanol a meysydd disgyrchiant

Meysydd trydanol	Meysydd disgyrchiant
Cryfder maes trydanol, E, wrth bwynt yw'r grym am bob uned gwefr ar wefr brawf bositif fach sy'n cael ei roi ar y pwynt hwnnw	Cryfder maes disgyrchiant, g, wrth bwynt yw'r grym am bob uned màs ar fàs prawf bach sy'n cael ei roi wrth y pwynt hwnnw.
Mae'r ddeddf sgwâr gwrthdro ar gyfer y grym rhwng dwy wefr bwynt trydanol ar y ffurf: $$F = \frac{1}{4\pi\varepsilon_0}\frac{Q_1 Q_2}{r^2}$$ sef deddf Coulomb.	Mae'r ddeddf sgwâr gwrthdro ar gyfer y grym rhwng dau fàs pwynt ar y ffurf: $$F = G\frac{M_1 M_2}{r^2}$$ sef deddf disgyrchiant Newton.
Gall F fod yn rym atynnu neu'n rym gwrthyrru	Mae F yn rym atynnu yn unig
$E = \dfrac{1}{4\pi\varepsilon_0}\dfrac{Q}{r^2}$ ar gyfer cryfder maes o ganlyniad i gwefr bwynt mewn gofod rhydd (gwactod) neu mewn aer	$g = G\dfrac{M}{r^2}$ ar gyfer cryfder maes o ganlyniad i fàs pwynt
Y potensial, V, wrth bwynt yw'r gwaith sy'n cael ei wneud am bob uned gwefr wrth ddod â gwefr bwynt fach bositif o anfeidredd i'r pwynt hwnnw.	Y potensial, V, wrth bwynt yw'r gwaith sy'n cael ei wneud am bob uned màs wrth ddod â màs prawf bach o anfeidredd i'r pwynt hwnnw.
Ar gyfer gwefr bwynt, mae: $\qquad V_E = \dfrac{1}{4\pi\varepsilon_0}\dfrac{Q}{r}$ ac ar gyfer dwy wefr bwynt, mae: $\qquad \text{EP} = \dfrac{1}{4\pi\varepsilon_0}\dfrac{Q_1 Q_2}{r}$	Ar gyfer màs pwynt, mae: $\qquad V_g = -G\dfrac{M}{r}$ ac ar gyfer dau fàs pwynt, mae: $\text{EP} = -G\dfrac{M_1 M_2}{r}$
Sylwch fod yr holl hafaliadau uchod hefyd yn berthnasol y tu allan i wefrau sfferig cymesur.	Sylwch fod yr holl hafaliadau uchod hefyd yn berthnasol y tu allan i fasau sfferig cymesur.
Rhoddir y newid yn egni potensial gwefr bwynt sy'n cael ei ddadleoli mewn maes trydanol gan $\Delta\text{EP} = q\Delta V_E$	Rhoddir y newid yn egni potensial màs pwynt sy'n cael ei ddadleoli mewn maes disgyrchiant gan: $\Delta\text{EP} = m\Delta V_g$
Rhoddir y cryfder maes wrth bwynt gan: $E = -$ graddiant y graff V_E–r ar y pwynt hwnnw	Rhoddir y cryfder maes wrth bwynt gan: $g = -$ graddiant y graff V_g–r ar y pwynt hwnnw
$\varepsilon_0 = 8.854 \times 10^{-12}$ F m^{-1} Ond mae $\dfrac{1}{4\pi\varepsilon_0} \approx 9.0 \times 10^9$ F^{-1} m yn frasamcan derbyniol	$G = 6.67 \times 10^{-11}$ N m^2 kg^{-2}

Profwch eich hun 4.2

1. Mae diagramau (a) a (b) yn dangos llinellau maes trydanol mewn rhanbarthau gwahanol o'r gofod.

   Ym mhob achos, lluniadwch arwyneb (llinell) unbotensial trwy'r pwynt P, ac ail linell unbotensial sydd ar botensial uwch.

   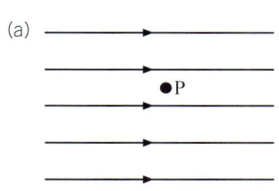

   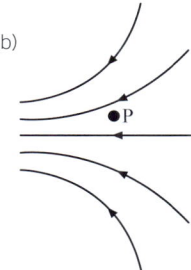

2. Mae dau bwynt, X ac Y, wedi'u lleoli fel sydd i'w weld mewn maes trydanol unffurf, cryfder 150 kV m^{-1}.

   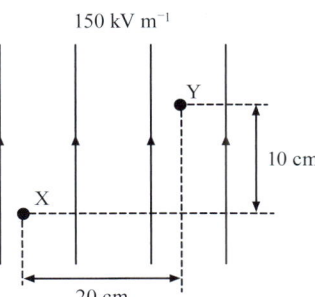

   (a) Esboniwch pa bwynt sydd ar y potensial uchaf.
   (b) Nodwch y gp rhwng X ac Y.
   (c) Caiff gronyn, gwefr $+10 \text{ μC}$, ei ryddhau ar fuanedd sero o X. Mae'n dilyn llwybr trwy Y (ar hyd tiwb diffrithiant yn ôl pob tebyg!). Gan dybio nad oes unrhyw ffrithiant, nodwch ei egni cinetig yn Y.
   (ch) Cyfrifwch y buanedd byddai proton yn ei gyrraedd wrth symud o X i Y.
   (d) Mae niwclews $^{7}_{3}\text{Li}$ yn symud ar hyd llwybr sy'n ei gario trwy Y ac X. Ei egni cinetig yn Y yw 100 keV. Cyfrifwch ei fuanedd yn X. [Efallai y bydd arnoch angen defnyddio llyfr data ar gyfer màs a gwefr niwclews $^{7}_{3}\text{Li}$.]

3. Mae sffêr dargludo gwag â radiws 10 cm yn cario gwefr bositif o 1.2 μC. Nid oes unrhyw wefrau eraill yn agos.

   (a) Disgrifiwch ddosbarthiad y wefr.
   (b) Cyfrifwch botensial trydanol y sffêr, a chryfder y maes trydanol ar ei arwyneb allanol.
   (c) Nodwch y potensial a chryfder y maes:
       (i)   ar bwynt 20 cm o ganol y sffêr,
       (ii) ar ganol y sffêr.
       [Mae angen cyfrifiad syml ar gyfer un o'r rhain.]

4. Mae sffêr dargludo bach, màs 10 mg, yn cyffwrdd ag wyneb allanol y sffêr sydd wedi'i wefru yng nghwestiwn 3 gan ennill gwefr o $+10 \text{ nC}$. Wrth arsylwi arno, caiff ei weld yn symud i ffwrdd yn gyflym.

   (a) Esboniwch y symudiad hwn.
   (b) Cyfrifwch ei gyflymiad cychwynnol.
   (c) Gan dybio nad oes unrhyw rymoedd arwyddocaol eraill yn gweithredu, cyfrifwch ei gyflymder terfynol.

5. Caiff tair gwefr eu gosod mewn triongl ongl sgwâr isosgeles. Mae gwahaniad y wefr -20 μC oddi wrth y ddwy wefr arall yn 10 cm. Nid yw'r gwefrau'n rhydd i symud.

   (a) Cyfrifwch egni potensial trydanol y trefniant.
   (b) Cyfrifwch y grym trydanol cydeffaith ar bob gwefr o ganlyniad i'r ddwy wefr arall.

6. Mae'r wefr -20 μC yng nghwestiwn 5 bellach yn rhydd i symud. Ei màs yw 1.00 g.

   (a) Cyfrifwch ei chyflymiad cychwynnol.
   (b) Disgrifiwch ei mudiant dilynol gan dybio nad oes unrhyw wrthiant i fudiant.
   (c) Cyfrifwch y buanedd uchaf.

Mae cwestiynau 7–11 yn trafod corblaned, radiws 1000 km. Y grym disgyrchiant ar wrthrych màs 1.00 kg, oherwydd y blaned, yw 1.00 N ar arwyneb y blaned. Mae Cwestiwn 10 yn cyflwyno lloeren (lleuad) y gorblaned. Mae gan y lloeren radiws o 100 km, yr un dwysedd â'r blaned, a radiws orbit y lloeren yw $20\ 000$ km.

7. Cyfrifwch:

(a) màs a dwysedd cymedrig y gorblaned
(b) y cyflymiad disgyrchiant ar yr arwyneb
(c) y potensial disgyrchiant ar yr arwyneb
(ch) egni potensial disgyrchiant gwrthrych 100 kg ar ei harwyneb.

8. Cyfrifwch y potensial disgyrchiant a'r cryfder maes:

(a) 5000 km o'r canol a
(b) 1000 km uwchben arwyneb y gorblaned.

9. Mae gwrthrych, màs 10 kg, yn cael ei godi 100 km oddi ar yr arwyneb.

(a) Cyfrifwch y cynnydd yn yr egni potensial disgyrchiant trwy ddefnyddio brasamcan y maes unffurf, $\Delta U = mg\Delta h$.
(b) Cyfrifwch y cynnydd yn yr egni potensial disgyrchiant trwy ddefnyddio'r hafaliad sy'n cael ei ddeillio o ddeddf disgyrchiant Newton.
(c) Cyfrifwch y cyfeiliornad canrannol sydd i'w gael trwy ddefnyddio brasamcan y maes unffurf.

10. Ar gyfer y lloeren:

(a) Cyfrifwch beth yw'r cryfder maes disgyrchiant ar ei harwyneb.
(b) Cyfrifwch y potensial disgyrchiant ar ei harwyneb oherwydd:
    (i) y lloeren yn unig, a
    (ii) y ddau wrthrych (h.y. y gorblaned a'r lloeren).
(c) Trafodwch yn fras i ba raddau mae safle'r lloeren yn effeithio ar yr ateb i (b)(ii).

11. Mae'r lloeren mewn orbit crwn o gwmpas y gorblaned.

(a) Darganfyddwch y cyflymiad disgyrchiant oherwydd y gorblaned ar safle'r lloeren.
(b) Trwy hafalu hyn â chyflymiad mewngyrchol y lloeren yn ystod yr orbit, darganfyddwch gyfnod yr orbit. Rhowch eich ateb mewn **diwrnodau** (1 diwrnod $= 86\ 400$ s).

4.3 Orbitau a'r bydysawd ehangach

Roedd Adran 4.2 yn trafod deddf disgyrchiant Newton. Mae'r ymchwil i briodweddau disgyrchiant a màs disgyrchiant, a mudiant gwrthrychau o dan eu dylanwad, wedi arwain at nifer o ddatblygiadau pwysig wrth i ni ddod i ddeall y bydysawd. Mae'n werth darllen hanes Johannes Kepler[1] yn datblygu'r deddfau chwyldroadol hyn, gan eu bod yn dryllio'r syniad bod cyrff wybrennol (ac felly perffaith) yn gallu teithio mewn llwybrau perffaith (h.y. crwn) yn unig. Roedden nhw hefyd yn symud y Ddaear o'i safle canolog yn y bydysawd. Yn y pen draw, byddai gwaith arsylwadol ac arbrofol Galileo, yn ogystal â gwaith mathemategol Newton, yn esbonio'r deddfau, ac yn cyfnerthu'r syniad bod yr un deddfau ffisegol yn wir trwy'r bydysawd.

4.3.1 Deddfau mudiant planedau Kepler

Gan ddefnyddio arsylwadau manwl gywir iawn y seryddwr o Ddenmarc, Tycho Brahe, roedd Kepler yn gallu mynegi tair deddf sy'n crynhoi sut mae planedau'n symud mewn perthynas â'r Haul. Roedd y rhain yn ddeddfau cwbl empirig, h.y. nid oedden nhw'n esbonio'r mudiant, ond roedden nhw'n ei ddisgrifio mewn llawer mwy o fanylder na Copernicus. Mewn gwirionedd, maen nhw hefyd yn berthnasol i gomedau, corblanedau, gwrthrychau sy'n fwy pell na Neifion o'r Haul (hynny yw gwrthrychau traws-Neifionaidd (TNOau)) ac asteroidau, etc, h.y. pob gwrthrych sydd mewn orbit o gwmpas yr Haul; Maen nhw hefyd yn berthnasol, ar wahân, i wrthrychau sy'n troi o gwmpas planedau.

Ffig. 4.3.1 Portread o Kepler ar stamp o'r Almaen

(a) Deddf 1af ac 2il ddeddf Kepler

Fel yn achos deddfau Newton, byddwn ni'n cyfeirio at ddeddfau Kepler fel K1, K2 ac (yn ddiweddarach) K3. Mae'n bosibl ysgrifennu'r ddwy ddeddf gyntaf fel hyn:

K1. Mae orbit planed yn elips, gyda'r Haul wedi'i leoli ar un ffocws.

K2. Mae'r llinell sy'n cysylltu'r blaned â'r Haul yn sgubo allan arwynebeddau hafal mewn cyfyngau amser hafal.

Ar gyfer y rhan fwyaf o blanedau, mae'n anodd dweud nad yw'r orbit yn grwn. Y blaned Mawrth sydd â'r orbit mwyaf echreiddig o bob un o'r planedau rydyn ni'n gallu eu gweld yn rhwydd; mae ei llwybr sydd i'w weld yn Ffig. 4.3.2, o fewn trwch llinell i fod yn gylch!

Yn Ffig. 4.3.2, mae'r disgiau melyn a du yn cynrychioli'r Haul a'r blaned Mawrth (ond ddim wrth raddfa), ac mae'r llinell goch doredig yn cynrychioli orbit y Ddaear. Mae'r Haul ar F_1, sef un o ffocysau'r elips – mae'r ffocws arall yn cael ei ddangos gan y cylch bach llwyd.

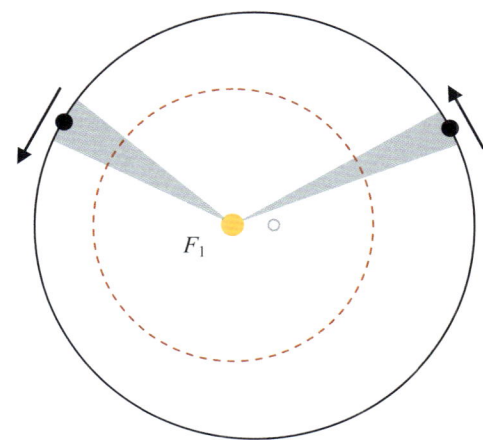

Ffig. 4.3.2 Orbit y blaned Mawrth

1 Roedd e'n fathemategydd, yn seryddwr ac yn astrolegydd a lwyddodd i amddiffyn ei fam yn erbyn cyhuddiad o ddewiniaeth.

Mae natur eliptigol orbitau comedau yn llawer mwy amlwg.

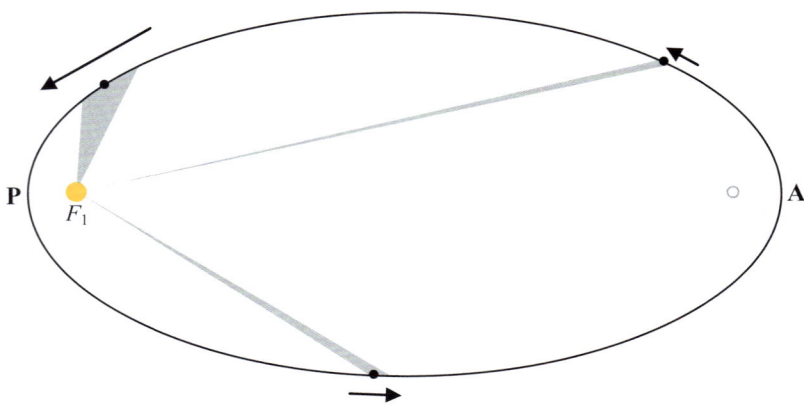

Ffig. 4.3.3 Orbit comed

Pwynt astudio

Echelin hwyaf elips yw'r diamedr hiraf, h.y. y llinell sy'n cysylltu **P** ac **A** yn Ffig. 4.3.3. Mae hyd yr hanner echelin hwyaf, $\frac{1}{2}$PA, yn chwarae rhan fawr yn theori orbit. Mae'n gywerth â radiws orbit crwn.

4.3.1 **Gwirio gwybodaeth**

Gan ddefnyddio eich pren mesur i fesur pellterau mwyaf a lleiaf y gomed o'r Haul, cymharwch egni potensial disgyrchiant y gomed yn **P** ac yn **A**.

Pwynt astudio

Caiff nifer o gyfrifiadau mewn seryddiaeth eu gwneud mewn **unedau seryddol** (AU).

1 AU = hanner echelin hwyaf orbit y Ddaear

= 1.496×10^{11} m

Yn aml, caiff y flwyddyn, 3.156×10^7 s, ei defnyddio fel uned amser.

Uned arall o bellter yw'r flwyddyn golau (ly) = 9.46×10^{15} m.

4.3.2 **Gwirio gwybodaeth**

Mae wedi cael ei amcangyfrif bod màs 67P/Churyumov-Gerasimenko yn 1.0×10^{13} kg. Defnyddiwch hyn i gyfrifo:

(a) yr egni potensial disgyrchiant

(b) yr egni cinetig

(c) cyfanswm egni mecanyddol y gomed ar y perihelion.

(Màs yr Haul= 1.99×10^{30} kg)

◀ **Ymestyn a herio**

Ystyriwch a yw'r data yn yr enghraifft yn gyson ag Egwyddor Cadwraeth Egni.

Mae'r ardaloedd llwyd yn y ddau ffigur yn dangos K2. Maen nhw'n cynrychioli cyfnodau amser hafal yn yr orbitau. Mae'r gomed yn Ffig. 4.3.3 yn teithio'n llawer cyflymach pan fydd yn agos at yr Haul, ger y **perihelion**), P, na phan fydd yn agos at yr **affelion**, A, ond mae'r arwynebeddau sy'n cael eu sgubo allan yr un fath.

Enghraifft

Mae gan gomed 67P/Churyumov-Gerasimenko fuanedd o 34.23 km s^{-1} ar y perihelion pan fydd ei phellter oddi wrth yr Haul yn 1.2432 AU. Mae hyd hanner echelin hwyaf ei horbit yn 3.4630 AU. Gan ddefnyddio 2il ddeddf Kepler, cyfrifwch:

(a) yr arwynebedd sy'n cael ei sgubo allan bob eiliad gan y llinell sy'n ei chysylltu â'r Haul

(b) ei buanedd ar affelion.

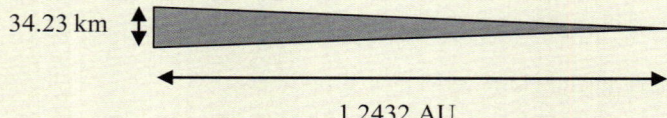

34.23 km

1.2432 AU

Ateb   (a) Mae'r diagram yn dangos yr arwynebedd sy'n cael ei sgubo allan bob eiliad ar berihelion.

1.2432 AU = $1.2432 \times 1.496 \times 10^8$ km = 1.86×10^8 km

∴ Mae'r arwynebedd sy'n cael ei sgubo allan bob eiliad

= $\frac{1}{2} \times 34.23 \times 1.86 \times 10^8 = 3.18 \times 10^9$ km^2 s^{-1}

(b) Pellter $\mathbf{AF_1}$ = AP − PF$_1$ (Gweler Ffig. 4.3.3)

= $2 \times 3.4630 − 1.2432$

= 5.6828 AU = 8.50×10^8 km

O K2: Mae'r arwynebedd bob eiliad yn gyson,

∴ $3.18 \times 10^9 = \frac{1}{2} \times 8.50 \times 10^8 \, v$

∴ Mae'r cyflymder ar affelion, $v = 8.3$ km s^{-1}

(b) 3edd ddeddf Kepler

Mae'r ddeddf hon yn cymharu mudiant cyrff gwahanol sydd mewn orbit o gwmpas yr un gwrthrych canolog.

K3. Mae cyfnod, T, orbit planed a hyd, a, ei hanner echelin hwyaf wedi'u cysylltu gan $T^2 \propto a^3$.

Mae'n bosibl defnyddio'r ddeddf hon i gymharu mudiant orbitol yr holl blanedau, corblanedau, asteroidau, comedau a TNOau sy'n troi o gwmpas yr Haul. Gallwn ni ei defnyddio hefyd ar gyfer teulu o blanedau o gwmpas seren unigol sydd y tu allan i Gysawd yr Haul, neu ar gyfer lloerenni planed debyg i'r blaned Iau. *Nid yw'n bosibl* ei defnyddio i gymharu cyrff sy'n troi o gwmpas cyrff eraill, e.e. lleuadau'r planedau Sadwrn ac Wranws, gan fod más y ddwy blaned yn wahanol.

Felly, ar gyfer unrhyw ddau wrthrych, 1 a 2, sy'n troi o gwmpas yr un gwrthrych canolog, gallwn ni ysgrifennu:

$$\frac{T_1^2}{T_2^2} = \frac{a_1^3}{a_2^3} \quad \text{neu} \quad \frac{T_1}{T_2} = \left(\frac{a_1}{a_2}\right)^{\frac{3}{2}}$$

Fel y gallen ni ei ddisgwyl, mae hyn yn dweud wrthyn ni fod y cyfnod yn cynyddu gyda'r pellter cymedrig o'r Haul (h.y. yr hanner echelin hwyaf), ond yn gyflymach na pherthynas gyfraneddol.

Enghraifft

Pellter cymedrig y Ddaear oddi wrth yr Haul (hanner echelin hwyaf ei horbit) yw 1.496×10^{11} m. Pellter orbitol y blaned Sadwrn yw 1.427×10^{12} m. Dangoswch fod cyfnod orbitol y blaned Sadwrn tua 30 mlynedd.

Ateb O K3, mae: $\dfrac{T^2}{a^3}$ = cysonyn. Mae cyfnod orbit y Ddaear yn 1 flwyddyn.

$$\therefore \frac{1^2}{(1.496 \times 10^{11})^3} = \frac{T_S^2}{(1.427 \times 10^{12})^3} \text{ , lle mae } T_S = \text{cyfnod Sadwrn}$$

(mewn blynyddoedd).

$$\therefore T_S = \left(\frac{14.27}{1.496}\right)^{\frac{3}{2}} = 29.46 \approx 30 \text{ mlynedd}$$

4.3.2 Deddfau Newton a mudiant orbitol

I frasamcan da iawn, mae cyrff neu wrthrychau sy'n troi o gwmpas yr Haul yn symud dan ddylanwad un grym yn unig; sef disgyrchiant yr Haul. Fel arfer, mae'n bosibl anwybyddu grym disgyrchiant gwrthrychau eraill Cysawd yr Haul gan fod eu masau gymaint yn llai na'r Haul; mae unrhyw fater rhyngblanedol yn rhoi llusgiad dibwys ac mae gwasgedd golau'r haul yn fach iawn.[2] O dan yr amgylchiadau hyn, fel y dangosodd Newton, mae gwrthrychau'n symud mewn llwybrau eliptigol, parabolig neu hyperbolig. Mae'r adran hon yn archwilio sut gwnaeth Newton esbonio deddfau Kepler yn nhermau ei egwyddorion grym, más a chyflymiad, yn ogystal â'i ddeddf disgyrchiant gyffredinol, sef yr un yn Adran 4.2. Byddwn ni'n dechrau gyda 3edd ddeddf Kepler.

(a) 3edd ddeddf Kepler – perthynas pellter / cyfnod

Mae prawf y ddeddf hon ar gyfer orbit eliptigol y tu hwnt i gwmpas ffiseg a mathemateg Safon Uwch. Fodd bynnag, ar gyfer orbit crwn, mae'n adeiladu ar y gwaith rydyn ni wedi'i wneud ar gyflymiad mewngyrchol (Adran 3.1.4) a deddf disgyrchiant Newton (Adran 4.2.6) a N2. **Mae angen i chi ddysgu'r deilliant hwn.**

---

2 Mewn gwirionedd, gall y tri grym hyn ddylanwadu mewn rhai amgylchiadau, e.e. wrth i gomed agosáu at blaned, llusgiad yng nghamau cynnar ffurfio Cysawd yr Haul, ac effeithiau golau haul yn achosi i gomedau allyrru nwyon.

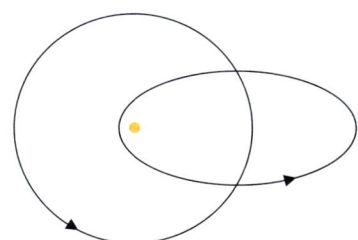
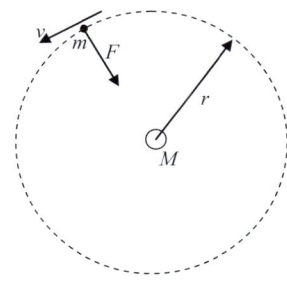

Ffig. 4.3.5 Y grym ar wrthrych sydd mewn orbit

Pwynt astudio

Mae deilliant arall yn defnyddio'r cyflymder onglaidd, $\omega = \frac{2\pi}{T}$.

O adran 3.1, y grym mewngyrchol yw $mr\omega^2$. Mae hafalu hyn â'r grym disgyrchiant yn rhoi

$mr\omega^2 = G\frac{Mm}{r^2}$, $\therefore \omega^2 = \frac{GM}{r^3}$.

Felly mae $T^2 = \frac{4\pi^2 r^3}{GM}$.

4.3.5 Gwirio gwybodaeth

Sut mae deilliant K2 yn dibynnu ar ddeddfau mudiant Newton?

4.3.6 Gwirio gwybodaeth

Hanner echelin hwyaf orbit Miranda o gwmpas Wranws yw 129 400 km a'r cyfnod yw 1.413 diwrnod. Cyfrifwch fàs y blaned Wranws.

$G = 6.67 \times 10^{-11}$ N m² kg⁻².

Mae Ffig. 4.3.5 yn dangos gwrthrych mewn orbit crwn ac yn cyflwyno'r symbolau ar gyfer y mesurau dan sylw.

Mae'r grym cydeffaith, F, ar wrthrych sy'n symud ar fuanedd cyson mewn cylch wedi'i gyfeirio tuag at ganol y cylch, a chaiff ei roi gan:

$$F = \frac{mv^2}{r} \qquad [1]$$

Yr unig rym ar y gwrthrych yw'r grym disgyrchiant $\frac{GMm}{r^2}$, felly gallwn ni ysgrifennu

$$\frac{mv^2}{r} = \frac{GMm}{r^2}$$

$\therefore$ Trwy symleiddio, cawn ni fod: $\qquad v^2 = \frac{GM}{r}$. $\qquad [2]$

Mae'r buanedd wedi'i gysylltu â chyfnod, T, yr orbit gan $v = \frac{2\pi r}{T}$.

Trwy amnewid ar gyfer v yn hafaliad [2] ac aildrefnu, cawn ni fod

$$T^2 = \frac{4\pi^2 r^3}{GM} \qquad [3]$$

Mewn gwirionedd, fel y soniwyd yn y Pwynt astudio yn Adran 4.3.1(b), nid yw cyfnod yr orbit yn dibynnu ar echreiddiad yr orbit eliptigol – dim ond hyd yr hanner echelin hwyaf. Mae hafaliadau [2] a [3] yn rhoi arfau pwerus iawn i ni ar gyfer ymchwilio i fàs gwrthrychau pell – trwy fesur cyfnodau orbitol gwrthrychau sy'n troi o'u cwmpas. Byddwn ni'n edrych ar hyn yn fwy manwl yn Adrannau 4.3.3 a 4.3.4. Gallwn ni hefyd ei ddefnyddio i gyfrifo'r egni orbitol mewn system, fel y mae'r enghraifft yn ei ddangos.

Enghraifft

Mae chwiliedydd gofod â màs m yn troi o gwmpas planed â màs M. Y radiws orbitol yw r. Dangoswch mai'r egni sydd ei angen ar y chwiliedydd gofod i ddianc rhag maes disgyrchiant y blaned yw $\frac{1}{2}\frac{GMm}{r}$

Ateb

Mae'r egni potensial disgyrchiant, $E_P = -\frac{GMm}{r}$.

Mae'r egni cinetig, $E_k = \frac{1}{2}mv^2$; ond mae $\frac{mv^2}{r} = \frac{GMm}{r^2}$, felly mae $E_k = \frac{1}{2}\frac{GMm}{r}$

$\therefore$ Mae'r cyfanswm egni $= E_k + E_P = \frac{1}{2}\frac{GMm}{r} - \frac{GMm}{r} = -\frac{1}{2}\frac{GMm}{r}$

$\therefore$ Mae'r egni sydd ei angen i ddianc $= \frac{1}{2}\frac{GMm}{r}$

Mae canlyniad yr enghraifft yn eithaf diddorol. Mae'n werth nodi hefyd bod egni gwrthrych mewn orbit eliptigol â hanner echelin hwyaf a yr un peth â phe bai mewn orbit crwn â radiws a. Gweler Ymestyn a herio.

(b) Deddf 1af ac 2il ddeddf Kepler

Mae deillio'r deddfau hyn gan ddefnyddio deddf mudiant Newton y tu hwnt i gwmpas y llyfr hwn ond byddwn ni'n nodi'r ffordd yr arferai Newton ei hun ddeillio K2, gan adael y manylion i Ymestyn a herio. Mae'r deilliant dim ond yn defnyddio'r ffaith bod y grym ar y blaned bob amser yn uniongyrchol tuag at y seren.

Mae Ffig. 4.3.6 yn dangos planed, **P**, yn symud yn agos at seren, **S**, gyda buanedd, u. Gan ddefnyddio'r fformiwla ar gyfer arwynebedd triongl, yn yr amser byr Δt, wrth iddi agosáu, mae'r blaned yn teithio pellter $u\Delta t$, felly mae'r fector radiws yn sgubo allan arwynebedd $\frac{1}{2}uh\Delta t$. Mae hyn yn golygu bod yr arwynebedd sy'n cael ei sgubo allan bob eiliad yn $\frac{1}{2}uh$. Nawr byddwn ni'n eich gadael i ddangos yn yr Ymestyn a herio fod yr arwynebedd bob eiliad yn aros yn gyson, gan ddefnyddio un o ddeddfau mudiant Newton yn unig:

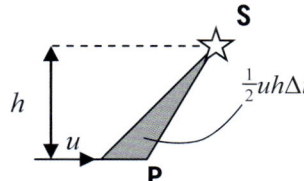

Ffig. 4.3.6 Deilliant K2

◀**Ymestyn a herio**

Dyma sut gwnaeth Newton ei ddeillio: Mae'r seren yn tynnu'r blaned tuag ati – ar hyd y llinell doredig **PS** – fel ei bod yn newid cyfeiriad a buanedd, fel sydd i'w weld yn Ffig. 4.3.7. Mae'r tyniad yn newid y buanedd trwy adio buanedd w i'r blaned tuag at **S**.

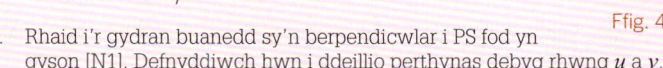

1. Defnyddiwch y trionglau sy'n cynnwys d i ddangos mai'r berthynas rhwng h ac l yw:

$$\frac{h}{\sin\theta} = \frac{l}{\sin\phi}$$

2. Rhaid i'r gydran buanedd sy'n berpendicwlar i PS fod yn gyson [N1]. Defnyddiwch hwn i ddeillio perthynas debyg rhwng u a v.

3. Defnyddiwch y ddau hafaliad i ddangos bod $\frac{1}{2}vl = \frac{1}{2}uh$, felly mae'r arwynebedd sy'n cael ei sgubo allan bob eiliad yr un fath.

Yna fe wnaeth Newton ddadlau y gellid ystyried grym cyson tuag at y seren fel llawer o ergydion bach, ac ar ôl pob un roedd yr arwynebedd bob eiliad yr un fath.

Ffig. 4.3.7 Deilliant K2

Mae deddf 1af Kepler y tu hwnt i gwmpas ffiseg a mathemateg Safon Uwch i'w phrofi. Mae angen deddf disgyrchiant Newton, ynghyd â gwybodaeth am hafaliadau differol. Mae'n werth nodi bod Newton wedi dangos bod y planedau'n symud mewn elipsau – gan fethu â rhoi cyfrif am wyriad bach yn achos Mercher yn unig, a gafodd ei ddatrys gan Einstein gyda'i Ddamcaniaeth Perthnasedd Gyffredinol. Mae gan wrthrychau sydd ag egni digon uchel i ddianc o'r system solar, orbitau parabolig neu hyperbolig.

(c) Egni cyrff neu wrthrychau sydd mewn orbit

Mae cyfanswm egni mecanyddol gwrthrychau sydd mewn orbit eliptigol caeedig yn negatif. Y rheswm am hyn yw fod egni potensial gwrthrych sydd ar bellter anfeidraidd oddi wrth wrthrych disgyrchol yn sero, a hynny trwy ddiffiniad. Felly, byddai gwrthrychau â chyfanswm egni mecanyddol positif yn gallu dianc i anfeidredd.

Yn gyntaf, edrychwn ni ar wrthrych mewn orbit crwn, fel yn Ffig. 4.3.5. Rhoddir cyfanswm yr egni mecanyddol, E, gan:

$$E = \text{egni cinetig} + \text{egni potensial disgyrchiant}$$
$$= \tfrac{1}{2}mv^2 - \frac{GMm}{r}$$

O hafaliad [2] yn Adran 4.3.2(a): $v^2 = \dfrac{GM}{r}$. Trwy amnewid v^2 cawn ni fod

$$E = \tfrac{1}{2}\frac{GMm}{r} - \frac{GMm}{r}$$

Felly, cyfanswm egni mecanyddol gwrthrych mewn orbit crwn yw $-\tfrac{1}{2}\dfrac{GMm}{r}$.

Nesaf, ystyriwn ni orbitau eliptigol. Gan gofio mai dim ond ar ei hanner echelin hwyaf y mae cyfnod orbit eliptigol yn dibynnu (h.y. mae'n annibynnol ar yr echreiddiad – gweler Ffig. 4.3.5 eto) ni ddylai fod yn syndod bod cyfanswm egni gwrthrych mewn orbit hefyd yn dibynnu ar yr hanner echelin hwyaf yn unig, a. Mae hyn yn golygu y gallwn ni ysgrifennu:

$$\text{Egni gwrthrych mewn orbit eliptigol} = -\tfrac{1}{2}\frac{GMm}{a}$$

Mae angen ychydig o algebra i brofi'r hafaliad hwn a does dim angen i chi ei wybod ar gyfer yr arholiad. Gweler Ymestyn a herio.

◀**Ymestyn a herio**

Mae'r diagram yn dangos gwrthrych mewn orbit eliptigol. Dangoswch fod cyfanswm ei egni yn cael ei roi gan

$$E = -\frac{1}{2}\frac{GMm}{a}.$$

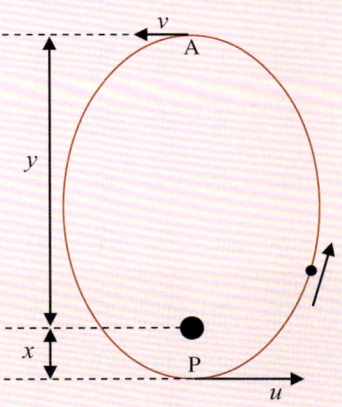

Awgrym: Mae'r egnïon yn **A** a **P** yn hafal. Mynegwch gyfanswm yr egni yn nhermau u ac x ac ar wahân yn nhermau v ac y. Defnyddiwch K2 i ddileu un o'r cyflymderau ac felly darganfyddwch gyfanswm yr egni yn nhermau $a = \dfrac{(x+y)}{2}$.

Gwirio gwybodaeth 4.3.7 ◀◀

Defnyddiwch y data yn Gwirio Gwybodaeth 4.3.2 a gwerth yr hanner echelin hwyaf i gyfrifo egni orbitol comed 67P/Churyumov-Gerasimenko Cymharwch y ddau ateb.

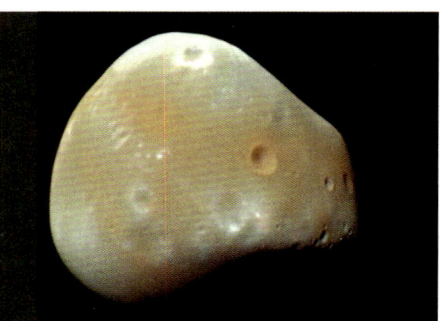

Ffig. 4.3.8 Deimos, un o leuadau'r blaned Mawrth

Ffig. 4.3.9 Y Saethydd A*

4.3.3 Defnyddio orbitau i ddarganfod màs gwrthrychau

Yn yr adran hon, byddwn ni'n dechrau trwy edrych ar orbitau o gwmpas cyrff cryno, e.e. planedau, sêr a thyllau duon. Yna, awn ni ati i archwilio orbitau sêr mewn galaethau.

(a) Orbitau o gwmpas cyrff cryno

Yn adran 4.3.2(b) cawson ni'r hafaliadau canlynol:

$$T^2 = \frac{4\pi^2 a^3}{GM} \quad [2] \qquad a \qquad v^2 = \frac{GM}{r} \quad [3]$$

Gallwn ni ddefnyddio hafaliad [2] gydag unrhyw orbit eliptigol. Mae hafaliad [3] yn berthnasol i orbitau crwn yn unig, ond bydd mewnosod yr hanner echelin hwyaf, a, yn lle r yn gadael i ni gyfrifo ffigur cyfartalog ar gyfer buanedd orbitol [yn fanwl gywir, y buanedd isc]. Felly, mae mesur radiws (neu hanner echelin hwyaf) orbit, a naill ai'r cyfnod neu'r buanedd orbitol, yn gadael i seryddwyr ddarganfod màs y seren neu'r blaned ganolog dan sylw. Os ydyn ni'n gwybod diamedr y corff canolog, mae'n bosibl cyfrifo ei ddwysedd cymedrig hefyd, fel yn yr enghraifft ganlynol. Mae hyn yn gadael i wyddonwyr planedau ddatblygu modelau o gyfansoddiad planedau.

Enghraifft

Mae gan Deimos, y lleiaf o ddwy leuad y blaned Mawrth, orbit sydd â hanner echelin hwyaf o 23 460 km a chyfnod o 30.35 awr. Diamedr y blaned Mawrth yw 6750 km. Cyfrifwch ddwysedd cymedrig y blaned Mawrth.

Ateb

Rhoddir màs, M, y blaned Mawrth gan $M = \dfrac{4\pi^2 a^3}{GT^2} = \dfrac{4\pi^2(23\,460 \times 10^3)^3}{6.67 \times 10^{-11} \times (30.35 \times 3600)^2}$

$$= 6.40 \times 10^{23} \text{ kg}$$

Mae'r dwysedd yn $\rho = \dfrac{M}{V} = \dfrac{M}{\frac{4}{3}\pi r^3} = \dfrac{3 \times 6.40 \times 10^{23}}{4\pi(3375 \times 10^3)^3} = 3970 \text{ kg m}^{-3}$

Mae'r ffigur hwn ar gyfer dwysedd y blaned Mawrth yn llawer is na dwysedd cymedrig y Ddaear, sef 5520 kg m^{-3}. Mae hyn yn awgrymu bod gan y blaned Mawrth lawer llai o haearn, yn ôl cyfran, na'r Ddaear. Hefyd, mae absenoldeb maes magnetig arwyddocaol yn awgrymu bod unrhyw graidd haearn sydd ganddi yn gwbl solet. Mae hyn yn cyd-fynd â'r ffaith bod gwrthrychau bach (mae diamedr y blaned Mawrth tua hanner diamedr y Ddaear) yn oeri'n gyflymach na rhai mawr.

Enghraifft fwy cyffrous o bŵer orbitau i ddatgelu màs yw natur y ffynhonnell radio bwerus, sef Y Saethydd A* (Sgr A*), yng nghanol ein galaeth – gweler Ffig. 4.3.9. Rydyn ni wedi dilyn amryw o sêr yng nghyffiniau Sgr A* yn ystod yr 20 mlynedd diwethaf. Mae safleoedd un ohonynt, o'r enw S2, wedi'u dangos ar ffurf diagram yn Ffig. 4.3.10. Barrau cyfeiliornad yw'r croesau; mae gan y cylchoedd farrau cyfeiliornad sy'n rhy fach i'w plotio. Mae dadansoddiad o'r data yn datgelu gwrthrych o sawl miliwn màs solar o fewn gofod sydd tua'r un maint â Chysawd yr Haul. Yr unig wrthrych posibl sydd â'r màs a'r maint hwn yw twll du uwchfasfawr. Yn ystod yr ychydig ddegawdau diwethaf mae wedi dod yn amlwg, bod gan bron pob galaeth droellog dyllau du uwchfasfawr yn eu creiddiau.

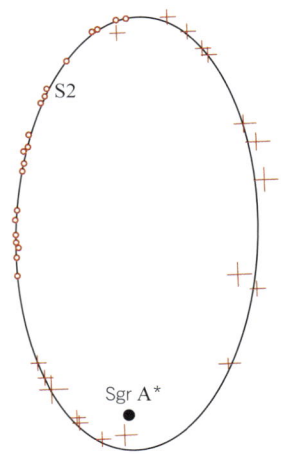

Ffig. 4.3.10 Orbit S2 o gwmpas Sgr A*

(b) Cromliniau cylchdro Cysawd yr Haul

Mae plot o fuanedd orbitol ar gyfer gwrthrychau sy'n troi o gwmpas yr Haul i'w weld yn Ffig. 4.3.11. Yr enw ar y math hwn o graff yw **cromlin gylchdro**. Hafaliad y gromlin yw

$$v = \sqrt{\frac{GM}{r}}$$

lle M yw màs yr Haul, 1.99×10^{30} kg

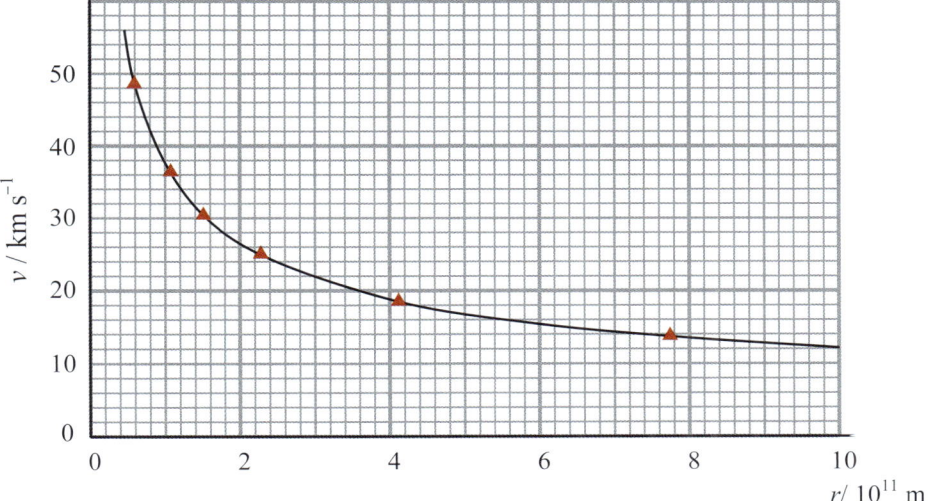

Ffig. 4.3.11 Cromlin gylchdro Cysawd yr Haul

Gwirio gwybodaeth 4.3.9

Ar gyfer data Cysawd yr Haul, beth fyddai graddiannau a rhyngdoriadau-y y plotiau canlynol?

(a) v yn erbyn $\frac{1}{\sqrt{r}}$

(b) v^2 yn erbyn $\frac{1}{r}$

(c) $\ln v$ yn erbyn $\ln r$.

Mae gan y gromlin gylchdro y ffurf syml hon, mewn cytundeb â hafaliad [3] am y rhesymau canlynol:

- mae'r Haul yn cynnwys y swmp mwyaf o'r màs yng Nghysawd yr Haul,
- mae gwrthrychau Cysawd yr Haul mewn orbit y tu allan i'r Haul ac
- mae'r Haul bron yn sffêr cymesur.

Mae'r nodweddion hyn sy'n perthyn i Gysawd yr Haul yn golygu y gallwn ni drin mudiant unrhyw gorff neu wrthrych sydd mewn orbit fel un sydd dim ond yn teimlo'r grym disgyrchiant o ganlyniad i fàs pwynt yng nghanol yr Haul.

(c) Cromlin gylchdro galaethau troellog

Mae'r sêr yn ein galaeth ni mewn orbit o gwmpas canol yr alaeth. Mae'r ddelwedd yn Ffig. 4.3.12 yn rhoi syniad o olwg ein galaeth fel mae i'w gweld o'r 'tu uchaf' i'r plân galaethol, a safle ac orbit crwn yr Haul: radiws ~2.7×10^{17} km, buanedd orbitol ~220 km s^{-1}. Mae'n anodd mesur buanedd orbitol sêr a chymylau nwy yn ein galaeth ein hunain oherwydd mae Cysawd yr Haul ei hun mewn orbit, ond mae wedi cael ei wneud ar gyfer nifer mawr o alaethau troellog eraill trwy ddefnyddio effaith Doppler (gweler Adran 4.3.4). Mae'r canlyniadau ar gyfer galaeth debyg iawn, o'r enw NGC 3198, i'w gweld yn Ffig. 4.3.13.

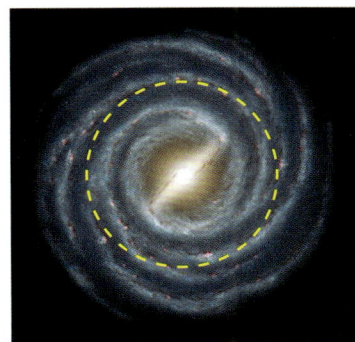

Ffig. 4.3.12 Orbit yr Haul o gwmpas canol yr alaeth

Pwynt astudio

Mae seryddwyr fel arfer yn mynegi pellter mewn *parsecau* (pc), yn hytrach nag mewn blynyddoedd golau, sy'n fwy cyfarwydd. Parsec yw'r pellter lle mae radiws orbit y Ddaear yn cynnal ongl o 1" $\left(\text{h.y.} \frac{1}{3600}°\right)$. Yn aml, caiff pellterau o fewn galaeth eu mynegi mewn kpc, a chaiff pellterau rhyngalaethog eu mynegi mewn Mpc neu Gpc.

1 pc = 3.09×10^{16} m

1 kpc = 3.09×10^{19} m, etc

 **4.3.10 Gwirio gwybodaeth**

(a) Mynegwch bellter yr Haul o ganol yr alaeth mewn blynyddoedd golau.

(b) Mynegwch bellter yr Haul o ganol yr alaeth mewn parsecau.

Pwynt astudio

A bod yn fanwl gywir, dim ond ar gyfer dosbarthiad màs sfferig cymesur y gallwn ni anwybyddu'r defnydd y tu allan i orbit crwn. Yn amlwg, mae màs gweladwy galaeth droellog wedi'i grynhoi mewn plân; er hynny, o anwybyddu màs allanol dylen ni gael canlyniad eithaf agos.

 4.3.11 Gwirio gwybodaeth

Gwiriwch y ffigur 160 km s⁻¹ ar gyfer buanedd orbitol yr Haul, ar gyfer màs o 1.0×10^{41} kg o fewn yr orbit.

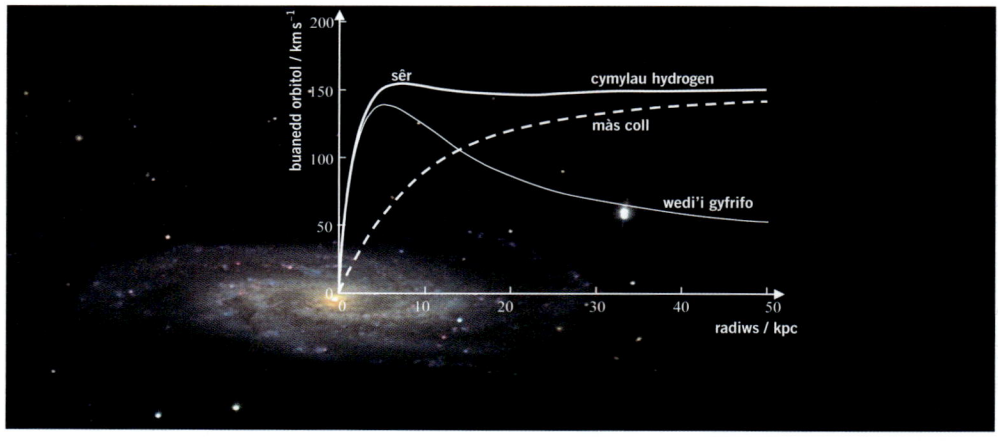

Ffig. 4.3.13 Cromlin gylchdro NGC 3198

Mae'r gromlin solet uchaf yn dangos buaneddau orbitol mesuredig gwrthrychau. Daw rhan fewnol y gromlin o fudiant sêr o fewn disg gweladwy'r alaeth, a daw'r rhannau allanol o fudiant cymylau hydrogen. Mae'r alaeth yn ymestyn ymhell y tu hwnt i'w disg gweladwy: mae nifer mawr o gymylau hydrogen sy'n anweladwy, ond sy'n allyrru pelydriad 21 cm nodweddiadol (gweler y Llyfr UG/ Blwyddyn 12, Adran 1.6.5). Gall radio-seryddwyr fesur eu buanedd, eto trwy ddefnyddio eu dadleoliadau Doppler.

Gwelon ni yn Adran 4.2.6 fod effaith ddisgyrchol màs sfferig cymesur yr un peth â'r effaith pe bai ei holl fàs wedi'i grynhoi yn ei ganol, cyn belled â'n bod ni y tu allan i'r màs (Ffig. 4.2.15). Felly mae'r Lleuad yn troi o gwmpas y Ddaear yn union fel y byddai'n troi o gwmpas twll du â'r un màs â'r Ddaear. Hefyd, nid yw gwrthrych y tu mewn i blisgyn sfferig unffurf o fàs yn teimlo effaith disgyrchiant oherwydd y plisgyn. Byddwn ni'n defnyddio nodweddion orbit yr Haul o gwmpas canol yr Alaeth (cyflymder 220 km⁻¹, radiws 2.7×10^{17} km) i bennu cyfanswm y màs o fewn yr orbit.

Trwy aildrefnu, mae $v^2 = \dfrac{GM}{r}$ yn rhoi $\qquad M = \dfrac{rv^2}{G}$

Felly, gyda'r data wedi'u trawsnewid yn m ac m s⁻¹:

Mae'r màs o fewn orbit yr Haul $= \dfrac{2.7 \times 10^{20}\,\text{m} \times (220 \times 10^3\,\text{m s}^{-1})^2}{6.67 \times 10^{-11}\text{kg}^{-1}\,\text{m}^3\,\text{s}^{-2}}$

$\qquad\qquad = 2.0 \times 10^{41}$ kg

Màs coll

Ers degawdau, mae seryddwyr wedi bod yn mesur masau'r holl wrthrychau y gallan nhw eu gweld o fewn yr alaeth – sêr, cymylau nwy rhyngserol, y twll du canolog. Y ffigur uchaf sydd ganddyn nhw ar gyfer màs y gwrthrychau hyn o fewn orbit yr Haul yw 1.0×10^{41} kg. Dim ond hanner y màs sydd ei angen i ddal yr Haul yn ei orbit maen nhw'n gallu ei weld. A'r pellaf i ffwrdd o'r canol maen nhw'n mynd, y mwyaf yw'r anghysondeb hwn. Os dyma oedd yr unig fater tua chanol yr alaeth, byddai'r Haul yn hedfan i ffwrdd i'r gofod rhyngalaethog, ynghyd â'r holl sêr eraill y tu allan i chwydd canolog yr alaeth. Mae'n ymddangos bod hyn yn wir am bob galaeth. Ymddengys hefyd nad yw clystyrau o alaethau yn cynnwys digon o fater i'w dal eu hunain gyda'i gilydd.

Gan fod galaethau'n sefydlog, rydyn ni'n gwybod bod yn rhaid i'r màs fod yno. Mae seryddwyr yn aml yn galw hwn yn *fàs coll*. Efallai y byddai *mater coll* yn enw gwell – mae'r màs yno ond ni allwn weld y mater!

Ond arhoswch funud: dydy ein cyfrifiad o fàs ddim yn ddilys oni bai bod yr alaeth yn sffêr cymesur. Yn sicr, nid yw'r disg gweladwy yn sfferig gymesur. Fodd bynnag, yn yr adran nesaf gwelwn ni fod y mater coll, sy'n cyfrif am y rhan fwyaf o fàs yr alaeth, yn wir wedi'i ddosbarthu ar ffurf sffêr.

Ffig. 4.3.14 Clwstwr galaeth Coma: mae'n ansefydlog o ran disgyrchiant heb fater tywyll

(ch) Mae mater tywyll yn dal galaethau gyda'i gilydd

Y mater mae'r seryddwyr yn ei ganfod a'i 'bwyso' yw'r defnydd pob dydd arferol rydyn ni'n gyfarwydd ag ef. Mae'n cynnwys cwarciau a leptonau (yn ogystal â chyfraniad bach iawn gan ffotonau). O bell ffordd, daw'r cyfraniad mwyaf at y màs hwn o brotonau a niwtronau, sy'n faryonau; felly rydyn ni'n galw'r mater hwn yn **fater baryonig**. Ar wahân i niwtrinos, mae mater baryonig yn rhyngweithio â phelydriad electromagnetig – naill ai'n ei allyrru neu'n ei amsugno – y gallwn ni ei ganfod trwy ddefnyddio seryddiaeth aml-donfedd.

Mae'r gromlin isaf yn Ffig. 4.3.13 yn cynrychioli'r gromlin gylchdro ddamcaniaethol wedi'i chyfrifo ar y sail mai'r unig fater yn yr alaeth yw'r mater baryonig sy'n cael ei arsylwi. Mae'r gromlin hon yn gostwng tua $r^{-0.5}$ y tu hwnt i'r alaeth weladwy. Ond mae'r gromlin gylchdro gaiff ei harsylwi yn dangos buanedd orbitol cyson bron yn yr ardal hon. Felly, gan dybio bod deddf disgyrchiant Newton yn gywir, mae swm mawr o fater coll. Faint? Ar **50 kpc** mae'r buanedd orbitol 'wedi'i gyfrifo' tuag un traean o'r buanedd gaiff ei arsylwi. Ond mae $M \propto v^2$, felly cyfanswm y màs o fewn **50 kpc** i'r canol yw tua 9 gwaith y màs sy'n cael ei arsylwi, h.y. rydyn ni'n colli bron 90% o fàs yr alaeth.

Mae'n ymddangos bod yr alaeth gyfan wedi'i mewnblannu mewn cwmwl sfferig enfawr o fater, sydd ond yn cael ei ganfod trwy ei effaith ddisgyrchol. Nid yw'n rhyngweithio trwy ryngweithiadau cryf, gwan nac electromagnetig. Rydyn ni'n cyfeirio at y mater hwn fel **mater tywyll**. Mae Ffig. 4.3.15 yn dangos hyn. Sylwch fod dwysedd y cwmwl mater tywyll yn lleihau gyda phellter.

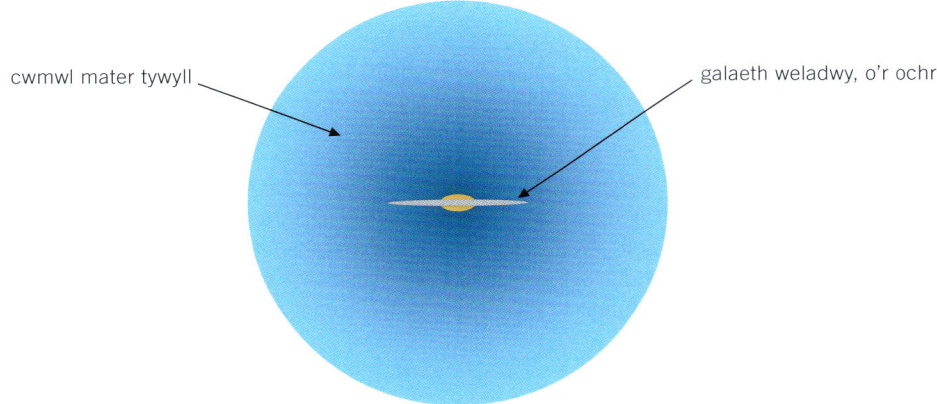

cwmwl mater tywyll

galaeth weladwy, o'r ochr

Ffig. 4.3.15 Galaeth wedi'i mewnblannu mewn cwmwl mater tywyll

Pwynt astudio

Ar yr adeg pan oedd manyleb CBAC yn cael ei hysgrifennu, roedd rhai'n awgrymu mai boson Higgs yw ffynhonnell mater tywyll. Fel arfer, mae'r Higgs yn dadfeilio i wneud bosonau (er enghraifft y gronynnau W neu Z) neu ffermionau (er enghraifft $\tau^+ + \tau^-$ neu $b + b^-$). Mae'r damcaniaethwr o Sweden, Christopher Petersson, wedi awgrymu hefyd y gallai ddadfeilio'n ffoton a gronyn o fater tywyll. Mae'r awgrym hwn bellach wedi'i ddiystyru i raddau helaeth.

Ymestyn a herio

1. Os $\rho(r)$ yw amrywiad y dwysedd gyda radiws, mae màs plisgyn sfferig â radiws r a thrwch δr yn $4\pi r^2 \rho(r) \delta r$.

2. $v^2(r) = \dfrac{GM(r)}{r}$

Ymestyn a herio

Y gromlin 'màs coll' yn Ffig. 4.3.15 yw'r buanedd cylchdro oherwydd y mater tywyll yn unig:

(a) Esboniwch pam nad yw'r buanedd gaiff ei arsylwi yn hafal i swm y ddau fuanedd, sef y buanedd sy'n cael ei gyfrifo a buanedd y mater tywyll.

(b) Pa ddosbarthiad o fater (tywyll + baryonaidd) fyddai'n gallu esbonio rhan buanedd cyson y gromlin gylchdro?

4.3.4 Mesur cyflymder rheiddiol trwy ddefnyddio effaith Doppler

Fe wnaeth y ffisegydd o Awstria, Christian Doppler (1803–1853), ragfynegi bod yr amleddau gaiff eu harsylwi ar gyfer tonnau sain yn dibynnu ar fudiannau'r ffynhonnell a'r sawl sy'n arsylwi.[3] Rhagfynegodd yr un effaith hefyd ar gyfer tonnau golau, ac mae'r effaith hon, ynghyd â dadansoddiad Newton o ddeddfau Kepler, yn cynnig arf pwerus iawn ar gyfer ymchwilio i'r bydysawd.

Ystyriwch y ffynhonnell sefydlog, **S**, o donnau golau yn Ffig. 4.3.16. Mae gan y tonnau golau amledd f_0 ac maen nhw'n lledaenu ar gyflymder golau, c, gan gynhyrchu set o flaendonnau sfferig wedi'u canoli ar **S**. Bydd arsylwr disymud mewn unrhyw safle yn darganfod yr amledd fel f_0 a'r donfedd fel λ_0, lle mae $c = \lambda_0 f_0$.

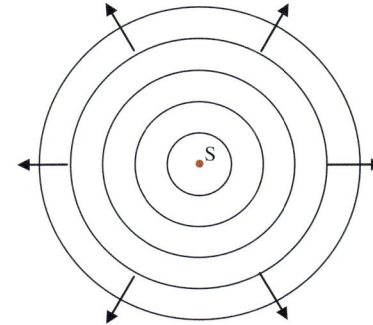

Ffig. 4.3.16 Tonnau o ffynhonnell sefydlog

Termau Allweddol

Cyflymder rheiddiol gwrthrych (e.e. seren) yw cydran ei gyflymder mewn perthynas ag arsylwr ar y Ddaear, i'r cyfeiriad oddi wrth y Ddaear tuag at y gwrthrych.

---

3 Cadarnhawyd hyn yn 1845 gan y meteorolegydd o'r Iseldiroedd Buys-Ballot mewn arbrawf yn cynnwys trên gwastad, band pres a grŵp o wrandawyr gyda thraw perffaith! Fel pob gwyddonydd, nid oedd Doppler yn cael pethau'n gywir bob tro – ceisiodd esbonio lliwiau gwahanol y sêr trwy dybio eu bod nhw'n symud tuag aton ni (sêr glas) neu i ffwrdd oddi wrthyn ni (sêr coch).

Mae Ffig. 4.3.17 yn dangos yr un ffynhonnell yn symud i ffwrdd oddi wrth yr arsylwr gyda chyflymder v. Yng nghyd-destun seryddiaeth, yr enw ar hyn yw'r **cyflymder rheiddiol**.

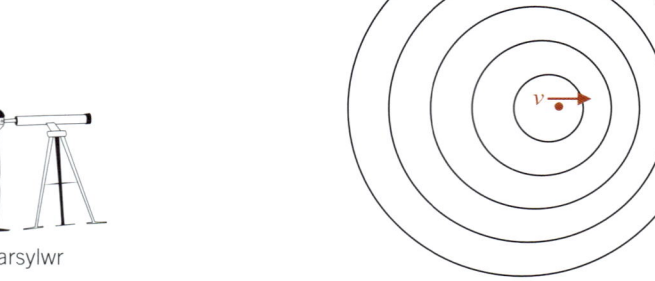

arsylwr

Ffig. 4.3.17 Ffynhonnell yn symud i ffwrdd oddi wrth arsylwr

Mae'r blaendonnau'n dal i fod yn sfferig, ond mae eu canolau nhw'n symud yn gynyddol i'r dde, fel bod gan y tonnau sy'n lledaenu tuag at yr arsylwr donfedd hirach, ac felly amledd is. Gallwn ni ddeillio maint yr effaith fel hyn:

Ystyriwch flaendonnau sydd un gylchred ar wahân. Mae'r amser, T, rhwng allyriad y blaendonnau'n cael ei roi gan $T = \frac{1}{f_0}$.

Yn yr amser hwn, mae'r ffynhonnell wedi symud pellter i'r dde sydd $= \frac{v}{f_0} = \frac{v}{c}\lambda_0$.

Felly, mae'r donfedd gaiff ei arsylwi, $\lambda = \lambda_0 + \frac{v}{c}\lambda_0$

$\therefore$ Mae'r newid ffracsiynol yn y donfedd, $\frac{\Delta\lambda}{\lambda_0} = \frac{\lambda - \lambda_0}{\lambda_0} = \frac{v}{c}$.

Yn yr un modd, mae'r hafaliad ar gyfer y newid amledd ffracsiynol, $\frac{\Delta f}{f_0} = -\frac{v}{c}$, sy'n ddilys cyn belled â bod $v \ll c$.

Mae gan nifer o wrthrychau seryddol sbectra llinell – naill ai sbectra allyru neu sbectra amsugno, ac mae tonfeddi'r llinellau wedi cael eu mesur yn fanwl gywir yn y labordy (gweler y Llyfr UG, Adran 1.6.4). Bydd mesur tonfeddi (neu amleddau) y llinellau hyn yn sbectra gwrthrychau seryddol, yn dweud wrthyn ni beth yw eu cyflymderau rheiddiol. Mewn sawl achos, bydd hyn yn ein helpu i ddarganfod maint defnydd sy'n disgyrchu.

Enghraifft

Mae cwmwl nwy hydrogen yn cael ei arsylwi 8.5×10^{17} km o ganol galaeth droellog wrth edrych o'r ochr. Arsylwir bod gan amledd y llinell hydrogen 21.1 cm ddadleoliad Doppler o -0.62 MHz. Amcangyfrifwch fàs yr alaeth o fewn radiws orbit y cwmwl nwy.

Ateb

Yn y labordy mae amledd llinell hydrogen 21.1 cm $= \frac{c}{\lambda} = \frac{3.00 \times 10^8}{0.211} = 1420$ MHz.

$\therefore$ Trwy ddefnyddio $\frac{\Delta f}{f_0} = -\frac{v}{c}$,

mae $v = \frac{-c\Delta f}{f_0} = \frac{3.00 \times 10^8 \text{ m s}^{-1} \times 0.62 \text{ MHz}}{1420 \text{ MHz}} = 131\,000$ m s^{-1}

Trwy ddefnyddio $v^2 = \frac{GM}{r}$,

mae $M = \frac{rv^2}{G} = \frac{8.5 \times 10^{20} \text{ m} \times (131\,000 \text{ m s}^{-1})^2}{6.67 \times 10^{-11} \text{ kg}^{-1}\text{m}^3\text{s}^{-2}} = 2.2 \times 10^{41}$ kg

4.3.5 Cyrff neu wrthrychau sydd mewn orbit ar y cyd

Mewn sawl achos, mae un corff mewn system yn llawer iawn mwy masfawr na'r holl gyrff neu wrthrychau eraill gyda'i gilydd. Yn yr achosion hyn, gallwn ni wneud yr hyn rydyn ni wedi'i wneud hyd yma, sef tybio bod y corff masfawr yn ddisymud, a bod y corff (neu'r gwrthrychau) ysgafn yn troi o'i gwmpas. Er enghraifft, gallwn ni ystyried bod y planedau Mercher a Gwener yn troi o gwmpas yr Haul sydd, mewn ffordd, wedi'i hoelio yn ei le. Nid yw'r sêr sy'n troi o gwmpas Sgr A* – gweler Adran 4.3.3(a) – yn tynnu'r twll du yn amlwg o'i safle. Ond mae sawl pâr o wrthrychau sydd â masau tebyg ac sy'n troi o gwmpas ei gilydd, er enghraifft y system Plwton/Charon a sêr dwbl. Er mwyn dadansoddi'r rhain, yn gyntaf rhaid i ni ddatblygu cysyniad y **craidd màs.**

(a) Craidd màs

Byddwn ni'n dechrau gydag arbrawf meddwl. Mae'r barbwysau yn Ffig. 4.3.18 yn arnofio yn y gofod, i ffwrdd oddi wrth ddylanwad disgyrchiant. Caiff ei daro, ar wahân, gan amrywiol ergydion, $I_1 - I_5$. Mae tri o'r rhain, I_2, I_4 ac I_5, yn peri i'r barbwysau gylchdroi, yn ogystal â symud. Mae dau ohonyn nhw, I_1 ac I_3, yn peri iddo symud mewn llinell syth yn unig: mae I_1 yn gwneud iddo symud i'r dde ac I_3 tuag i fyny. Mae hyn oherwydd bod llinellau gweithredu'r ddau rym hyn yn pasio trwy ganol y bar (y dot coch). Gyda barbwysau anghymesur, mae'r pwynt 'dim cylchdroi', sef y **craidd màs (C)**, yn cael ei ddadleoli tuag at y bêl fwy masfawr (Ffig. 4.3.19). Y tro hwn mae I_3 yn achosi cylchdroi ond dydy I_4 ddim.

Mae'n bosibl cyfrifo safle'r craidd màs ar gyfer dau wrthrych bach trwy ddefnyddio'r hafaliad:

$$m_1 r_1 = m_2 r_2$$

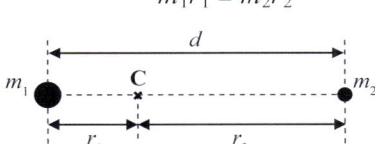

Ffig. 4.3.20 Craidd màs

Pan fyddwn ni'n ymchwilio i sêr dwbl neu blanedau dwbl, bydd angen i ni fynegi safle **C** yn nhermau gwahaniad y gwrthrychau. Dylech chi allu dangos (gweler GG 4.3.13) fod:

$$r_1 = \frac{m_2}{m_1 + m_2}d \quad \text{ac} \quad r_2 = \frac{m_1}{m_1 + m_2}d$$

Wrth i ni astudio mudiant systemau dwbl, e.e. orbit system seren ddwbl, gallwn ni ystyried y mudiant mewn dwy ran:

1 Ar gyfer y system gyfan, rydyn ni'n ystyried bod y màs cyfan wedi'i grynhoi yn y craidd màs.

2 Ar gyfer y mudiannau o fewn y system, rydyn ni'n ystyried y mudiannau mewn perthynas â'r craidd màs.

Felly: mae'r Ddaear a'r Lleuad yn troi o gwmpas eu craidd màs cyffredin (gweler GG 4.3.13), ac (yn fanwl gywir) y craidd màs hwn sy'n troi mewn orbit eliptigol o gwmpas craidd màs y system Daear–Lleuad–Haul, yn hytrach na'r Ddaear yn troi o gwmpas yr Haul. Nawr, cawn ni weld sut mae defnyddio hyn.

Ffig. 4.3.18 Ergydion ar farbwysau

Ffig. . 4.3.19 Barbwysau anghymesur

Gwirio gwybodaeth 4.3.13

Defnyddiwch yr hafaliadau

$m_1 r_1 = m_2 r_2$ ac $r_1 + r_2 = d$

i ddeillio'r hafaliad

$r_1 = \frac{m_2}{m_1 + m_2}d.$

Ymestyn a herio

Os oes gennyn ni N gwrthrych â màs, m_i, ar safleoedd (x_i, y_i), lle mae $i = 1, 2, ...N$, rhoddir safle'r craidd màs gan

$$(x, y) = \left(\frac{\sum\limits_{i=1}^{N} m_i x_i}{\sum\limits_{i=1}^{N} m_i}, \frac{\sum\limits_{i=1}^{N} m_i y_i}{\sum\limits_{i=1}^{N} m_i} \right).$$

Dangoswch fod yr hafaliadau yn y prif destun yn gyson â hyn.

Gwirio gwybodaeth 4.3.14

Mae gwahaniad y Ddaear a'r Lleuad yn 400 000 km. Mae màs y Ddaear 80 gwaith màs y lleuad. Darganfyddwch safle craidd màs y system Daear–Lleuad.

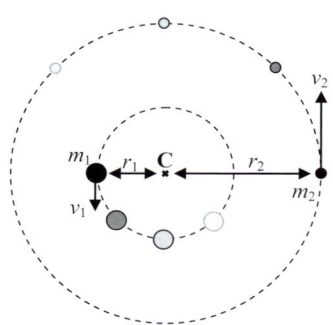

Ffig. 4.3.21 Orbit ar y cyd

(b) Orbitau gwrthrychau dwbl

Gadewch i ni ystyried orbitau crwn: fel arfer, mae'r canlyniadau hefyd yn berthnasol i orbitau eliptigol. Mae'r ddau wrthrych uchod mewn orbit ar y cyd – gweler Ffig. 4.3.21. Rydyn ni'n ystyried mudiant o fewn y system yn unig, felly mae'r craidd màs yn aros yn ddisymud. Gan ddechrau gyda'r gwrthrych yn y safle du, rhaid i'r cyflymderau v_1 a v_2 fodloni'r hafaliad $m_1 v_1 = m_2 v_2$, fel arall, byddai'r craidd màs yn symud. Felly, mae'r naill a'r llall yn troi o gwmpas y craidd màs gyda'r un cyfnod.

I gyfrifo cyfnod yr orbit, ystyriwch fudiant m_1:

Mae'r grym mewngyrchol ar m_1 yn cael ei ddarparu gan y grym disgyrchiant o'r màs arall, h.y.

$$m_1 r_1 \frac{4\pi^2}{T^2} = \frac{Gm_1 m_2}{d^2} \text{ lle rydyn ni wedi defnyddio } \omega = \frac{2\pi}{T}.$$

Trwy amnewid $r_1 = \dfrac{m_2}{m_1 + m_2} d, \rightarrow \dfrac{m_1 m_2}{m_1 + m_2} d \dfrac{4\pi^2}{T^2} = \dfrac{Gm_1 m_2}{d^2}$

Trwy rannu ag $m_1 m_2$ ac aildrefnu $\rightarrow T = 2\pi\sqrt{\dfrac{d^3}{G(m_1 + m_2)}} = 2\pi\sqrt{\dfrac{d^3}{GM_{cyf}}}$

Enghraifft

Mae pâr agos o sêr wedi'u gwahanu gan 5.0 miliwn km ac maen nhw mewn orbit ar y cyd gyda chyfnod o 2.5 diwrnod. Cyfrifwch gyfanswm màs y system.

Ateb

$$T^2 = \frac{4\pi^2 d^3}{GM_{cyf}}, \text{ felly } \quad M_{cyf} = \frac{4\pi^2 d^3}{GT^2} = \frac{4\pi^2 (5.0 \times 10^9 \text{ m})^3}{6.67 \times 10^{-11} \text{ kg}^{-1}\text{m}^3\text{s}^{-2} \times (2.5 \times 86\,400 \text{ s})^2}$$
$$= 1.6 \times 10^{30} \text{ kg}$$

Mae angen mwy o wybodaeth i ddarganfod masau cydrannau unigol y system ddwbl, e.e. buanedd orbitol un ohonynt (gweler GG 4.3.15).

Os nad ydyn ni'n gwybod beth yw'r pellter neu'r gwahaniad rhwng y ddau wrthrych, mae gwybodaeth arall, er enghraifft buaneddau orbitol y ddau wrthrych, hefyd yn caniatáu i'r system gael ei datrys. Caiff hyn ei archwilio isod.

4.3.6 Ecsoblanedau a sêr dwbl

Mae **ecsoblaned** yn blaned sy'n troi o gwmpas seren heblaw am yr Haul. Ni fyddai arsylwr ar ecsoblaned yn gallu gweld y Ddaear yn uniongyrchol gyda thechnoleg gyfredol y Ddaear, oherwydd byddai'n cael ei cholli yng ngolau llachar yr Haul. Fodd bynnag, mae dwy ffordd o ddangos bod y planedau neu'r cyd-deithwyr màs isel anweladwy, er enghraifft, corachod coch neu gorachod brown (gwrthrychau math serol gyda màs rhy isel ar gyfer ymasiad hydrogen), yn bodoli, ac o ymchwilio i'w priodweddau.

(a) Techneg Doppler

Mae'r seren a'r cyd-deithiwr anweladwy mewn orbit ar y cyd. Mae cyflymder rheiddiol y seren yn newid trwy gydol yr orbit; os yw ein llinell weld ym mhlân yr orbit, osgled amrywiad y cyflymder rheiddiol yw buanedd orbitol y seren. Mae'n bosibl canfod hwn trwy'r dadleoliad Doppler yn nhonfedd llinellau Fraunhofer y seren.

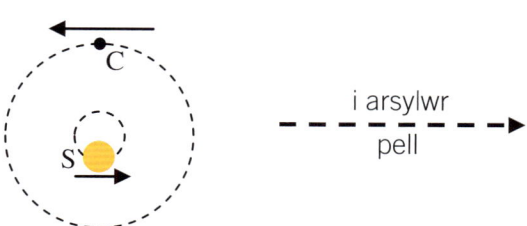

Ffig. 4.3.22 Dull Doppler

Yn Ffig. 4.3.22, mae cyflymder rheiddiol y seren, **S**, yn negatif, gan roi $\Delta\lambda$ negatif. Hanner orbit yn ddiweddarach, mae $\Delta\lambda$ yn bositif; rydyn ni'n canfod y cyd-deithiwr, **C**, trwy'r dadleoliad Doppler osgiliadol hwn yn unig.

Os caiff cyfnod ac osgled amrywiad y donfedd eu darganfod, gall màs y blaned gael ei amcangyfrif – hyd yn oed heb ddefnyddio fformiwla'r *orbit ar y cyd* yn Adran 4.3.5(b). Caiff hyn ei ddangos gan enghraifft – caiff manylion y cyfrifiadau eu gadael ar gyfer cwestiynau GG.

Enghraifft

Gwelwyd bod tonfedd llinell-D sodiwm (gwerth labordy 589 nm) mewn sbectrwm seren, **S**, â màs 1.0×10^{30} kg yn amrywio ± 0.20 pm gyda chyfnod o 1.0×10^6 s, oherwydd effaith cyd-deithiwr anweladwy, **C**, mewn orbit. Amcangyfrifwch bellter orbitol a màs y cyd-deithiwr.

Dull yr ateb

Dechreuwch trwy dybio bod màs y seren, **S**, yn llawer mwy na màs **C**, felly gallwn ni ddefnyddio'r hafaliadau yn Adran 4.3.3, yna:

1 Defnyddiwch $T^2 = \dfrac{4\pi^2 r^3}{GM}$ i ddarganfod pellter orbitol **C**, yna cyfrifwch ei fuanedd orbitol trwy ddefnyddio $v = \dfrac{2\pi r}{T}$.

2 Darganfyddwch fuanedd **S** trwy ddefnyddio'r dadleoliad Doppler.

3 Yn olaf, defnyddiwch $M_s v_s = m_c v_c$ i amcangyfrif màs y cyd-deithiwr anweladwy, **C**.

4 Gwiriwch y dybiaeth gychwynnol.

Nawr, gweithiwch trwy'r camau hyn – gweler Gwirio gwybodaeth 4.3.17.

Dylech chi fod wedi darganfod bod màs y cyd-deithiwr tua 1.4×10^{27} kg, sy'n gwneud y seren ~700× mor fasfawr. Mae hyn yn golygu bod y dybiaeth wreiddiol yn un rhesymol. Mae'n werth gwirio bod mewnbynnu'r gwerth hwn ar gyfer m_C a defnyddio'r gwerthoedd sy'n cael eu rhoi ar gyfer M_S a T yn rhoi gwerth o $\Delta\lambda$ sy'n union yr un fath â'r gwerth gaiff ei fesur.

Os oes gan y ddau wrthrych mewn system ddwbl, er enghraifft Plwton a Charon, fasau tebyg, mae'n ddefnyddiol cael gwybodaeth ychwanegol, er enghraifft cyflymder orbitol y ddau wrthrych. Mae'r graffiau yn Ffig. 4.3.23 yn nodweddiadol.

Mae'r system gyfan yn symud i ffwrdd oddi wrthyn ni ar gyflymder v, sydd wedi'i ddeillio o'r dadleoliad Doppler. Mae gan y ddwy gydran, **A** a **B**, gyflymderau orbitol sy'n cael eu rhoi gan $v_A = v_1 - v$ a $v_B = v_2 - v$ (gan dybio ein bod ym mhlân yr orbit). Mae'n bosibl cyfrifo masau'r ddwy gydran o'r gwerthoedd hyn a'r cyfnod orbitol, T – gweler y Pwynt astudio a GG 4.3.19

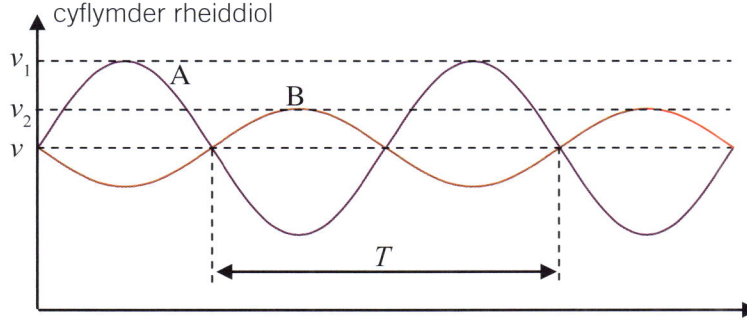

Gwirio gwybodaeth 4.3.17

(a) Dangoswch mai radiws orbitol a buanedd orbitol **C** yw 1.19×10^{10} m a 74.7 km s^{-1} yn ôl eu trefn.

(b) Cyfrifwch fuanedd orbitol **S**.

(c) Cyfrifwch fàs **C** a chymharwch hyn â màs **S**.

Gwirio gwybodaeth 4.3.18

Dull arall (tebyg iawn):

(a) Cyfrifwch radiws orbitol **C**.

(b) Defnyddiwch y dadleoliad Doppler i gyfrifo buanedd, v_s, **S** ac felly ei radiws orbitol.

(c) Cyfrifwch m_c trwy ddefnyddio $M_s r_s = m_c r_c$.

▶▶ Pwynt astudio

Mae'n bosibl darganfod radiysau orbitau cydrannau **A** a **B**, ac felly cyfanswm y pellter rhyngddyn nhw, d, trwy ddefnyddio

$v_A = \dfrac{2\pi r_A}{T}$ ac $v_B = \dfrac{2\pi r_B}{T}$.

Yna mae $T = 2\pi \sqrt{\dfrac{d^3}{GM_{cyf}}}$ yn rhoi cyfanswm màs y system; mae'n bosibl darganfod y masau unigol trwy gymharu'r buaneddau orbitol – gweler Gwirio gwybodaeth 4.3.18

Gwirio gwybodaeth 4.3.19

Cafwyd y data canlynol (gweler Ffig. 4.3.23) ar gyfer system sêr ddwbl.

$v = 110$ km s^{-1}; $v_1 = 150$ km s^{-1}
$v_2 = 135$ km s^{-1}; $T = 500$ diwrnod

Defnyddiwch y dull sydd yn y Pwynt astudio i ddarganfod masau'r ddwy seren yn y system.

Ffig. 4.3.23 Gwrthrychau sydd mewn orbit ar y cyd

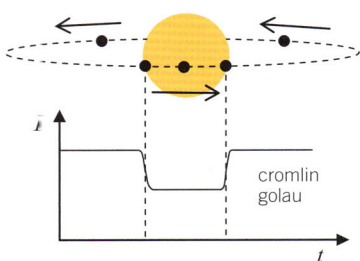

Ffig. 4.3.24 Y dull croesiad

Ymestyn a herio

Brasluniwch y gromlin disgleirdeb byddech chi'n ei disgwyl ar gyfer dwy seren fàs solar sydd mewn orbit gyda gwahaniad o **10 miliwn km**, o edrych arnyn nhw o'r ymyl. Ym mha ffordd byddai'r graff yn wahanol pe bai:

(a) yr orbit yn cael ei wyro ar 5° i'r plân arsylwi, neu

(b) un o'r sêr ddwywaith mor ddisglair â'r llall, ond gyda chyfanswm y màs yn aros yr un peth?

➤➤ Pwynt astudio

Mae **deddf Hubble** yn mynegi bod **cyflymder encilio**, v, gwrthrychau sydd yn nyfnder y gofod mewn cyfrannedd â'u pellter priodol.

➤➤ Pwynt astudio

Mae diffiniad cywir o **bellter priodol**, D, gwrthrych yn nyfnder y gofod y tu hwnt i waith y llyfr hwn ond, yn ei hanfod, gallwn ni ddweud mai dyma'r pellter oddi wrthyn ni i safle presennol y gwrthrych.

(b) Y dull croesiad

Os yw'r arsylwr fwy neu lai ym mhlân orbit y cyd-deithiwr, bydd golau'r seren yn pylu'n gyfnodol wrth i'r blaned basio o flaen y disg serol. Mae hyn i'w weld ar ffurf diagram yn Ffig. 4.3.24. Chwiliwch *Kepler mission* am fwy o wybodaeth. Mae hyd y diffyg ar yr Haul, yn ogystal â'i ddyfnder, yn rhoi gwybodaeth am fuanedd y cyd-deithiwr, a'i ddiamedr. Mae'r ddau fesur hyn yn dibynnu ar wybod diamedr y seren ei hun. Erbyn diwedd ei daith ar 30 Hydref 2018 roedd Telesgop Gofod Kepler wedi canfod dros 2600 o blanedau trwy ddefnyddio'r dechneg hon. Ar y cyd â mesuriadau Doppler, sy'n rhoi màs y blaned, mae'n bosibl ymchwilio i'r dwysedd cymedrig a, thrwy hynny, ei natur.

Os ydyn ni'n digwydd edrych o'r ymyl ar system seren ddwbl agos, er enghraifft MY Camelopardalis [MY Cam], rydyn ni'n ei galw hi yn *seren ddwbl achludol*. Mae gan ei chydrannau 31 a 38 màs solar, ac mae ganddyn nhw gyfnod orbitol o 1.17545 diwrnod. Mewn gwirionedd, maen nhw mor agos nes bod eu hatmosfferau allanol yn gorgyffwrdd. Mae parau o'r fath hefyd yn cael eu galw'n *sêr dwbl cyswllt*. Mae manylion y gromlin golau a'r mesuriadau Doppler yn datgelu cyfoeth o ddata. Mae'r amrywiad o ran disgleirdeb sydd i'w weld yn y gromlin golau yn Ffig. 4.3.25 yn deillio o'r ffaith bod un o'r cydrannau wedi'i chuddio gan y llall ar rai adegau yn ystod yr orbit.

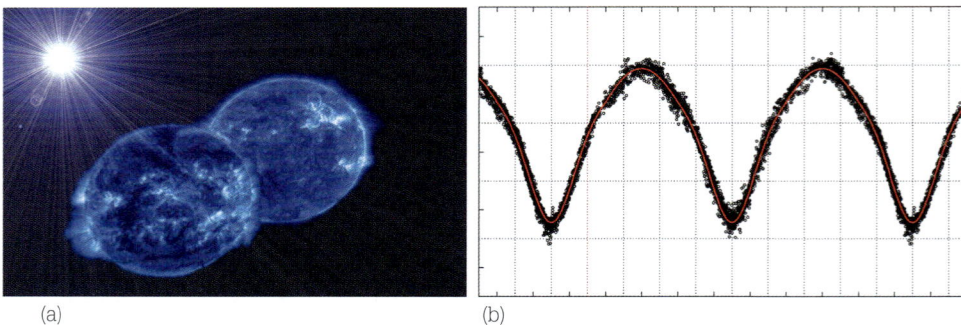

(a)   (b)

Ffig. 4.3.25 MY Cam: (a) argraff arlunydd a (b) cromlin golau

4.3.7 Ehangiad y bydysawd

(a) Deddf Hubble

Mae seryddwyr wedi darganfod bod gan bob gwrthrych y tu allan i'n clwstwr lleol ni o alaethau sbectrwm wedi rhuddio. Mae'n bosibl dehongli hyn fel dadleoliad Doppler sy'n dangos cyflymder cymedrig i ffwrdd oddi wrth ein galaeth ni. Mae'r cyflymder hwn, v, fwy neu lai mewn cyfrannedd â'u pellterau, hyd at bellter o sawl cant o fegaparsecau. Mae'n bosibl mynegi'r berthynas hon, o'r enw **deddf Hubble**[4], fel hyn:

$$v = H_0 D$$

lle H_0 yw cysonyn Hubble a D yw'r pellter (yn fanwl gywir **y pellter priodol**) i'r gwrthrych.

---

4 Yn 2018 pleidleisiodd aelodau o'r Uned Seryddol Ryngwladol dros ei alw'n **ddeddf Hubble-Lemaître**. Georges Lemaître, offeiriad catholig o Wlad Belg a seryddwr, oedd y cyntaf i briodoli enciliad y galaethau a welwyd i ehangiad y bydysawd.

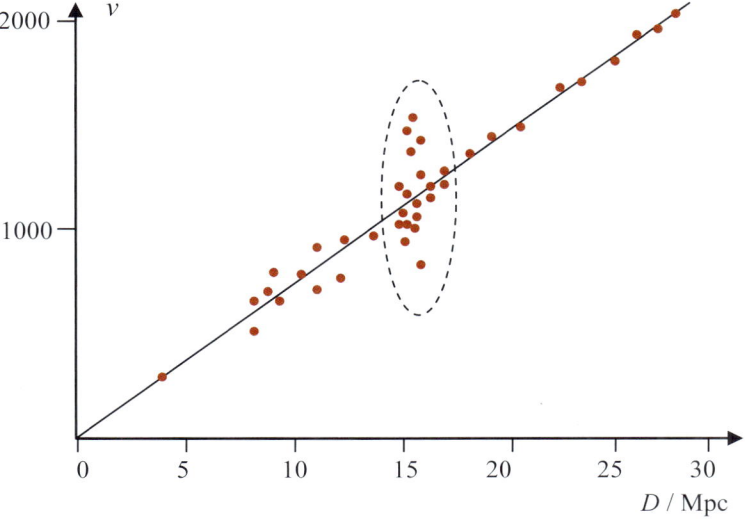

Ffig. 4.3.26 Y berthynas rhwng cyflymder encilio a phellter

Nid yw'n hawdd darganfod gwerth cysonyn Hubble. Daw'r cyflymder encilio o'r rhuddiad, ond nid yw'n bosibl darganfod pellter gwrthrychau sydd y tu hwnt i tua 100 kpc yn uniongyrchol trwy baralacs (gweler y Llyfr UG, t73). Dull cyffredin yw defnyddio disgleirdeb *ymddangosol* gwrthrychau sydd â'u disgleirdeb cynhenid yn hysbys, er enghraifft, sêr newidiol Cepheid ac uwchnofâu math 1a. Mae manylion y dull hwn y tu hwnt i waith y llyfr hwn, ond mae'n werth ymchwilio iddyn nhw.

Mae'r dotiau coch yn Ffig. 4.3.26 yn cynrychioli galaethau cyfagos. Mae'r gwasgariad o amgylch y llinell ffit orau yn ganlyniad i fudiant y galaethau <u>trwy'r</u> gofod. Mae'r llinell ffit orau ei hun yn cynrychioli ehangiad <u>y</u> gofod. Mae'r galaethau tu mewn i'r elips toredig yn aelodau o glwstwr galaethau Virgo

Ar adeg ysgrifennu'r llyfr hwn, gwerth consensws H_0 yw $67.9 \text{ km s}^{-1} \text{ Mpc}^{-1}$, sy'n golygu bod gan alaeth sydd â phellter priodol o 20 Mpc gyflymder encilio o $20 \times 67.9 = 1360 \text{ km s}^{-1}$.

Pam mae pob galaeth yn symud i ffwrdd oddi wrthyn ni? A ydyn ni 'yng nghanol y bydysawd'? Nac ydyn. Mae'r gofod cyfan yn ehangu, ac mae'r galaethau yn rhan o'r gofod hwn sy'n ehangu. Mae Ffig. 4.3.27 yn ddarlun sgematig o ranbarth o'r gofod, gyda'r dotiau'n glystyrau o alaethau. Wrth i'r gofod ehangu, mae'r clystyrau'n encilio oddi wrth ei gilydd: bydd arsylwr mewn *unrhyw* glwstwr o alaethau yn arsylwi ar yr holl glystyrau eraill yn encilio, gyda rhuddiad sydd mewn cyfrannedd â phellter.

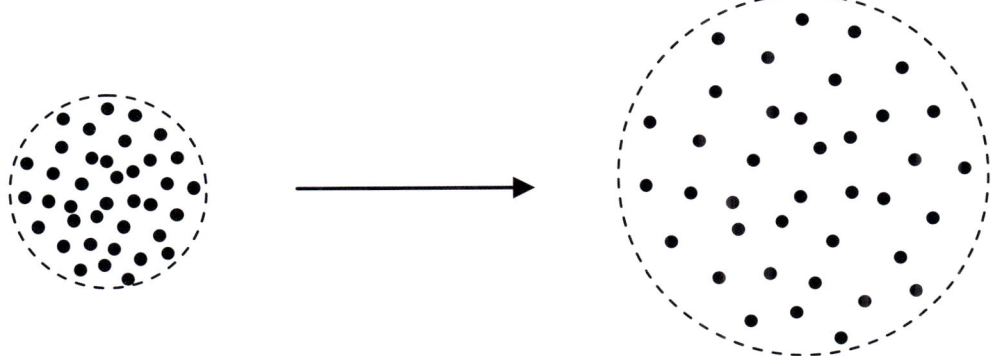

Ffig. 4.3.27 Ehangiad y bydysawd

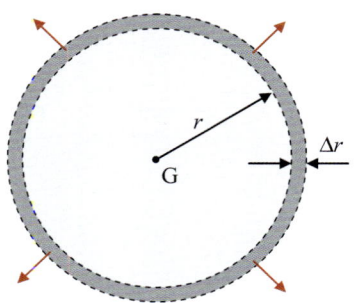

Ffig. 4.3.28 Plisgyn sy'n ehangu

(b) A fydd y bydysawd yn ehangu am byth?

Gan ystyried bod dadleoliad Doppler, am y tro, yn cynrychioli buanedd encilio galaethau *trwy'r gofod* yn hytrach na gyda'r gofod, gallwn ni ddefnyddio deddf disgyrchiant Newton i ymchwilio i'r cwestiwn hwn. Byddwn ni'n ystyried y mater mewn plisgyn o ofod ar radiws, r, o'n galaeth ni, G. Gan dybio bod y bydysawd yn homogenaidd:[5]

Gadewch i fàs y plisgyn rhwng radiysau r ac $(r + \Delta r)$ fod yn m_S

Mae'r màs o fewn y plisgyn, $M_S = \frac{4}{3}\pi r^3 \rho$

lle mae ρ = dwysedd cymedrig y bydysawd.

Mae buanedd encilio'r plisgyn, $v_S = H_0 r$.

Mae EC ac EP$_{\text{disg}}$ y plisgyn yn: $E_k = \frac{1}{2}m_S v_S^2$ ac $E_p = -\dfrac{GM_S m_S}{r}$.

Felly mae $E_{\text{Cyf}} = E_k + E_p = \frac{1}{2}m_S v_S^2 - \dfrac{Gm_S M_S}{r}$

$$= \tfrac{1}{2}m_S H_0^2 r^2 - Gm_S \tfrac{4}{3}\pi r^2 \rho.$$

Os yw $E_{\text{Cyf}} > 0$, bydd y plisgyn yn ehangu am byth; os yw $E_{\text{Cyf}} < 0$, bydd yn cyrraedd pellter mwyaf, ac yna'n dymchwel; os yw $E_{\text{Cyf}} = 0$ bydd yn dod i stop ar bellter anfeidraidd ac mae gan y bydysawd *geometreg fflat* (gweler y Pwynt astudio). Ar gyfer bydysawd fflat, felly, mae gosod y mynegiad ar gyfer E_{Cyf} yn sero, ac aildrefnu, yn arwain at y mynegiad canlynol ar gyfer dwysedd:

$$\rho_c = \frac{3H_0^2}{8\pi G}, \text{ lle mae } \rho_c \text{ yn cael ei alw'n } \textit{ddwysedd critigol.}$$

Mae mesuriadau cyfredol o fater baryonig yn dangos bod ei ddwysedd yn llawer llai na hyn. Ond mae'n ymddangos bod gan y bydysawd geometreg fflat – rhagor o dystiolaeth dros fodolaeth mater tywyll.

(c) Pa mor hen yw'r bydysawd?

Gwelon ni mai'r gwerth sy'n cael ei dderbyn ar gyfer cysonyn Hubble ar hyn o bryd yw 2.20×10^{-18} s^{-1} (gweler Adran 4.3.7(a) a GG 4.3.21). Mewn geiriau eraill, am bob metr mae gwrthrych i ffwrdd, mae ei fuanedd encilio yn 2.20×10^{-18} m s^{-1}. Pe bai'r gyfradd *ehangu hon yn gyson* yna yr amser, t_H, ers i'r holl fater fod gyda'i gilydd yn yr un man gorfychan yw:

$$t_H = \frac{1}{2.20 \times 10^{-18} \text{ s}^{-1}} = 4.55 \times 10^{17} \text{ s}.$$

Ac, yn fwy cyffredinol, mae: $t_H = \dfrac{1}{H_0}$, lle mae t_H yn cael ei alw'n **amser Hubble**.

---

5 .... hynny yw, bod mater wedi'i wasgaru'n gyfartal trwy'r gofod. Mae'n amlwg nad yw hyn yn wir ar raddfa fach [mae'r Ddaear yn llawer mwy dwys na'r gofod rhyngblanedol, heb sôn am sêr niwtron] ond mae'n frasamcan eithaf da ar raddfa cannoedd o Mpc.

Gallen ni ddisgwyl bod ehangiad y bydysawd yn arafu oherwydd effaith disgyrchiant. Os yw hyn yn wir, yna roedd yn ehangu'n gyflymach yn y gorffennol, ac felly mae'r amser ers y Glec Fawr yn llai nag amser Hubble. Caiff hyn ei ddangos yn Ffig. 4.3.29.

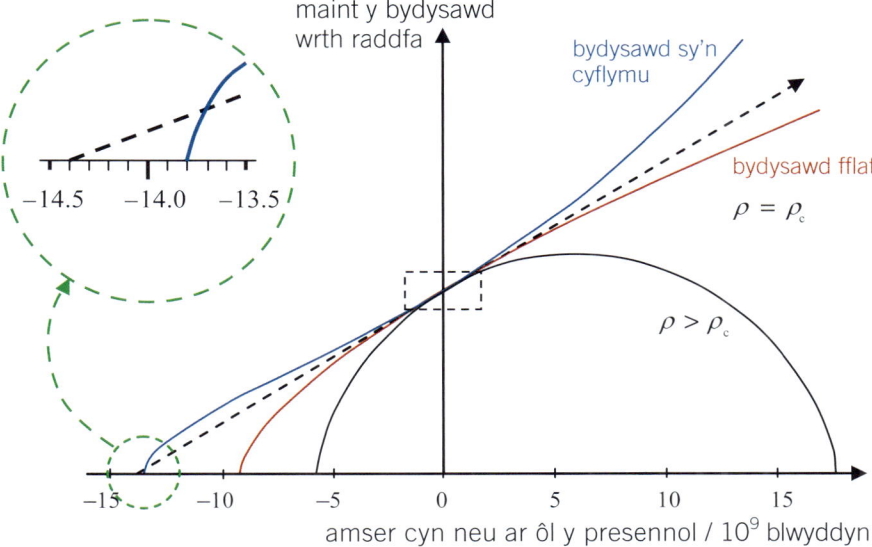

Ffig. 4.3.29 Modelau ehangu'r bydysawd

Mae'r saeth doredig ddu yn cynrychioli bydysawd sydd â chyfradd ehangu gyson. Mae hwn yn fydysawd heb unrhyw fater ynddo, felly does dim arafiad oherwydd disgyrchiant. Mae'r llinell goch yn dangos bydysawd 'fflat', gyda'r un gwerth wedi'i arsylwi ar gyfer cysonyn Hubble: mae'r graddiant yn y blwch toredig yr un peth. Sylwch mai 'dim ond' 9 biliwn o flynyddoedd yw oedran y bydysawd hwn. Byddai bydysawd 'caeedig', h.y. gyda digon o ddisgyrchiant i stopio a gwyrdroi'r ehangiad, hyd yn oed yn iau. Fodd bynnag, nid yw ein bydysawd ni yn un o'r rhain: mae mesuriadau diweddar yn dangos ei fod wedi bod yn *cyflymu* am y 5 biliwn o flynyddoedd diwethaf (y llinell las). Trwy gyd-ddigwyddiad, mae'r amcangyfrif gorau o oedran y bydysawd (13.8 biliwn o flynyddoedd) yn agos iawn i'r **amser Hubble** (14.4 biliwn o flynyddoedd).

 **Pwynt astudio**

'Maint y raddfa' sydd wedi'i blotio yn Ffig. 4.3.29 yw unrhyw hyd cynrychiadol sy'n ehangu gyda'r bydysawd, e.e. y pellter cymedrig rhwng clystyrau o alaethau.

Gwirio gwybodaeth 4.3.24

Mae tonfedd llinell **H** a gaiff ei mesur mewn laboratory yn **410 nm**. Mae tonfedd yr un llinell yn sbectrwm galaeth bell yn **820 nm**. Amcangyfrifwch bellter presennol yr alaeth hon. Defnyddiwch Ffig 4.3.29 gan dybio bod y bydysawd yn ehangu ar gyfradd gyson.

Ymestyn a herio

Daeth yr arwyddion cyntaf bod ehangiad y bydysawd yn cyflymu o fesuriadau disgleirdeb a rhuddiad uwchnofâu math 1a pell; ar gyfer rhuddiad penodol, mae'r uwchnofâu yn fwy gwan na'r disgwyl. Esboniwch hyn.

[Awgrym: Ystyriwch eich ateb i GG 4.3.24]

Profwch eich hun 4.3

1. Mae gan blaned ddwy leuad, **A** a **B**. Mae gan leuad **A** gyfnod o 15 diwrnod; cyfnod lleuad **B** yw 30 diwrnod. Darganfyddwch gymhareb eu radiysau orbitol.

2. Cymhareb radiysau orbitol dwy leuad planed mewn orbitau crwn yw 2.25. Cyfrifwch gymhareb y cyfnodau orbitol.

3. Radiws orbit Io o gwmpas Iau yw $421\,700$ km. Ei chyfnod yw 1.769 diwrnod.

   (a) Cyfrifwch fàs y blaned Iau.
   (b) Mae pellter orbitol Callisto (un arall o leuadau'r blaned Iau) tua 4.5 gwaith pellter orbitol Io. Amcangyfrifwch ei chyfnod orbitol.

4. Mae cyfnodau a radiysau orbitol pum prif loeren y blaned Wranws i'w gweld yn y tabl, a hynny i ddau ffigur ystyrlon. Byddwch chi'n defnyddio'r rhain i ymchwilio i 3edd ddeddf Kepler.

Enw'r lloeren	Miranda	Ariel	Umbriel	Titania	Oberon
Radiws orbitol / 10^3 km	130	190	270	440	580
Cyfnod orbitol / diwrnod	1.4	2.5	4.1	8.7	13.5

   (a) O ystyried gwasgariad y data, esboniwch pam mae plot o T^2 yn erbyn r^3 yn graff anaddas.
   (b) Beth ydyn ni'n disgwyl i raddiant a rhyngdoriad graff $\ln T$ yn erbyn $\ln r$ fod?
   (c) Mae Steve yn honni y dylai'r plotiau canlynol roi llinell syth trwy'r tarddbwynt:
   T yn erbyn $r^{3/2}$; $T^{1/3}$ yn erbyn $r^{1/2}$; $T^{2/3}$ yn erbyn r.
   (i) Esboniwch pam mae Steve yn gywir.
   (ii) O'r rhain, esboniwch pam mai $T^{2/3}$ yn erbyn r yw'r plot mwyaf addas gyda'r gwerthoedd data hyn
   [Awgrym: ystyriwch wasgariad gwerthoedd r yn y data]

5. Yn ôl gwefan, mae'r seren S2 mewn orbit o gwmpas y ffynhonnell radio Sgr A* gyda chyfnod o 15.8 ± 0.11 o flynyddoedd [gweler Adran 4.3.3(a)]. Mae gan hanner echelin hwyaf yr orbit faint onglaidd ymddangosol o $(5.832 \pm 0.13) \times 10^{-7}$ rad ac mae mesuriadau diweddar yn rhoi pellter Sgr A* oddi wrth y Ddaear fel 7.94 ± 0.42 kpc. Mae adroddiadau papur newydd yn nodi bod y ffynhonnell radio yn dwll du sydd â màs o 4 miliwn Haul ($M_{\text{Haul}} = 1.99 \times 10^{30}$ kg).

   (a) Gan anwybyddu'r gwerthoedd ansicrwydd, cyfrifwch hanner echelin hwyaf yr orbit a, thrwy hynny, fàs y ffynhonnell radio. A yw'n cyd-fynd ag adroddiadau'r papurau newydd?
   (b) Defnyddiwch y gwerthoedd ansicrwydd i amcangyfrif yr ansicrwydd yn eich gwerth ar gyfer màs Sgr A*.
   (c)

   ### ◀ Ymestyn a herio

   Yn ôl amcangyfrif, mae'r perinigron [y pwynt lle mae'r seren agosaf at y twll du] yn 17 awr golau. Cyfrifwch fuanedd S2 ar y pwynt hwn. [Awgrym: ystyriwch gyfanswm yr egni orbitol.] Pa ffracsiwn o fuanedd golau yw hyn?

6. Mae seren niwtron, màs $1.4M_\odot$, a chorrach gwyn, màs $0.6M_\odot$ mewn orbitau crwn o gwmpas eu craidd màs, gyda chyfnod o 15 awr. Mae $M_\odot$ = màs yr Haul = 1.99×10^{30} kg. Cyfrifwch:

   (a) y pellter rhwng y sêr a, thrwy hynny, radiysau eu horbitau
   (b) buanedd orbitol y naill wrthrych a'r llall
   (c) y dadleoliad Doppler gaiff ei arsylwi o linell sbectrol Hα (tonfedd labordy 656.281 nm) sy'n cael ei allyrru gan y corrach gwyn.

4.4 Y maes magnetig

Mae gwefrau'n profi grymoedd mewn **maes magnetig** neu faes trydanol (Adran 4.1.6). Y gwahaniaeth allweddol rhwng y meysydd yw fod meysydd magnetig dim ond yn effeithio ar wefrau sy'n symud. Gyda meysydd trydanol, mae gwefrau sy'n symud a rhai disymud yn profi grymoedd. Gweler y Pwynt astudio.

Byddwn ni'n ystyried y grymoedd magnetig (grymoedd oherwydd meysydd magnetig gweithredol) ar electronau rhydd sy'n symud mewn gwifrau sy'n cario ceryntau trydanol. Byddwn ni hefyd yn edrych ar ronynnau wedi'u gwefru yn symud mewn gofod gwag mewn cyflymyddion gronynnau. Yn ddiweddarach, byddwn ni'n astudio sut mae ceryntau mewn gwifrau syth neu goiliau o wifren yn gweithredu fel *ffynonellau* meysydd magnetig.

O ystyried yr enw 'maes magnetig', mae'n ddigon posibl y byddwch chi'n gofyn: ble mae magnetau'n ffitio i mewn i hyn i gyd? Mae'r gwefrau sy'n symud yn electronau sydd mewn orbit ac yn sbinio y tu mewn i atomau'r magnetau. Mae sbiniau electronau atomau cyfagos mewn ardaloedd o'r enw 'parthau' (Ffig 4.4.1) yn alinio fel bod eu heffaith yn cryfhau. Mewn magnetau, mae'r parthau eu hunain, gan fwyaf, wedi'u halinio'n fras mewn un cyfeiriad. Mae'n amlwg bod hyn oll yn eithaf cymhleth, neu, o leiaf, nid yw'n sylfaenol – a dyna pam nad ydyn ni'n astudio magnetau mewn manylder ar gyfer Safon Uwch. Fodd bynnag, gan eu bod mor gyfarwydd, mae magnetau'n cynnig ffordd hawdd o ddod at ein gwaith ar feysydd magnetig.

4.4.1 Cyfeiriad maes magnetig

Ffordd ddefnyddiol o archwilio meysydd magnetig yw trwy ddefnyddio magnet bach ar golyn, er mwyn iddo allu pwyntio i unrhyw gyfeiriad. Fel arfer, mae 'cwmpawd plotio' magnetig yn ddigon da, er mai dim ond i gyfeiriadau llorweddol gall ei fagnet bwyntio.

Os gwelwn ni fod magnet sy'n colynnu'n rhydd yn pwyntio i gyfeiriad penodol, rydyn ni'n gwybod ei fod mewn maes magnetig. Gallwn ni ddefnyddio hyn i ddiffinio **cyfeiriad maes magnetig**.

(a) Llinellau maes magnetig (llinellau fflwcs magnetig)

Trwy symud cwmpawd plotio sawl gwaith fel bod pôl y De yn y man lle roedd pôl y Gogledd o'r blaen, gallwn ni olrhain neu 'blotio' llinell maes magnetig. Os ydyn ni'n dechrau mewn mannau gwahanol gallwn ni blotio (mewn theori) cynifer o linellau ag y mynnwn mewn rhanbarth.

Mae Ffig. 4.4.2 yn dangos beth ddaw i'r golwg wrth i ni ymchwilio i'r ardal o gwmpas barfagnet fel hyn. Mae **pôl Gogledd** magnet y cwmpawd yn pwyntio i gyfeiriad y maes magnetig cydeffaith, sef, yn yr achos hwn, cydeffaith maes y magnet a maes y Ddaear. Cyn belled â'n bod ni'n aros yn agos at y magnet, mae ei faes yn llawer cryfach na maes y Ddaear, felly mae patrwm y llinellau maes bron yn gyfan gwbl o ganlyniad i'r magnet.

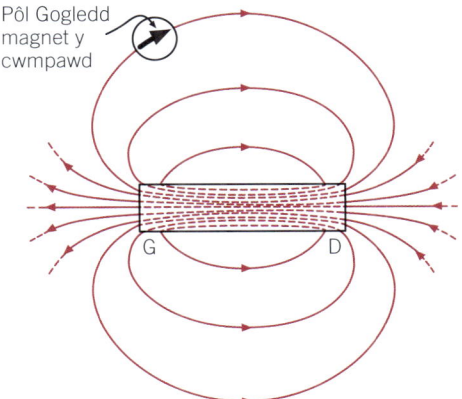

Pôl Gogledd
magnet y
cwmpawd

Ffig. 4.4.2 Llinellau maes magnetig barfagnet (trychiad llorweddol)

>> **Termau Allweddol**

Dywedwn ni fod **maes magnetig** yn bodoli mewn rhanbarth lle mae gwefr drydanol sy'n symud yn profi grym, ond lle nad yw gwefr ddisymud yn profi grym.

Cyfeiriad maes magnetig mewn lle penodol yw'r cyfeiriad mae pôl Gogledd magnet bach, sy'n colynnu'n rhydd, yn tueddu i bwyntio ato.

Pôl Gogledd (neu'r pôl sy'n cyrchu tua'r Gogledd) magnet yw'r pen sy'n tueddu i bwyntio'n fras tua'r Gogledd daearyddol pan fydd maes magnetig y Ddaear yn unig yn bresennol.

>> **Pwynt astudio**

Bydd gwefr sy'n ddisymud yn ein labordy yn symud os edrychwn ni arni o gerbyd sy'n mynd heibio iddi. A yw hynny'n golygu bod y paragraff cyntaf yn 4.4 yn nonsens llwyr? Nac ydy: mae'n dweud wrthyn ni fod meysydd magnetig (a thrydanol) yn dibynnu ar ein ffrâm gyfeirio. Ar gyfer Safon Uwch, byddwn ni'n cadw at un ffrâm. Ffiw!

Ffig. 4.4.1 Delwedd lliw ffug o barthau wedi'u magneteiddio'n ddirgroes – diamedr y ddelwedd ~ 0.2 mm

Gwirio gwybodaeth  4.4.1

Mae llinellau maes magnetig yn *dod allan* o bôl Gogledd y magnet. Diddwythwch hyn o'r rheol 'mae polau tebyg yn gwrthyrru, mae polau annhebyg yn atynnu' ar gyfer magnetau. [Cofiwch sut mae'r llinellau wedi'u plotio!]

>> Termau Allweddol

Mae **llinell maes magnetig** (neu **linell fflwcs magnetig**) yn llinell lle mae ei chyfeiriad ar bob pwynt yr un peth â chyfeiriad y maes magnetig ar y pwynt hwnnw.

>> Pwynt astudio

Mae priodweddau llinellau maes magnetig yn ddigon tebyg i briodweddau llinellau maes trydanol. Y gwahaniaeth yw nad yw llinellau maes trydanol oherwydd gwefrau disymud yn ddolenni caeedig. Yn lle hynny maen nhw'n dechrau ar wefrau positif ac yn diweddu ar wefrau negatif. Mae'n bosibl dadlau bod y cysyniad o wefr drydanol yn anhepgor, ond gallen ni wneud heb y cysyniad o bôl magnetig.

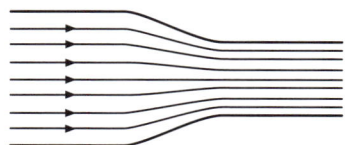

Ffig. 4.4.3 Lliliniau ar gyfer hylif sy'n llifo mewn pibell sy'n culhau

>> 4.4.2 Gwirio gwybodaeth

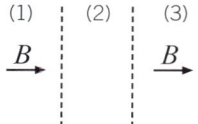

Mae'r saethau sydd wedi'u labelu '*B*' yn dynodi cyfeiriadau meysydd magnetig mewn dwy ardal, (1) a (3). Mae'r maes yn (3) yn gryfach. Defnyddiwch briodweddau llinellau maes magnetig i ddangos na all cyfeiriad y maes fod yr un fath dros y rhanbarth pontio (2) i gyd.

(b) Priodweddau llinellau maes magnetig

Felly beth *yw* **llinell maes magnetig**? Mae'r diffiniad yn syml iawn. Sylwch ar briodweddau canlynol y llinellau, gan ddefnyddio Ffig. 4.4.2 fel enghraifft:

1 Nid yw llinellau maes magnetig byth yn croesi nac yn cyfarfod. Pe baen nhw'n gallu gwneud hynny, i ba gyfeiriad byddai'r cwmpawd yn pwyntio wrth iddyn nhw groestorri? Mewn gwirionedd, mae'n pwyntio i gyfeiriad y maes *cydeffaith*, sydd wedi'i ddiffinio'n dda ym mhobman.

2 Mae llinellau maes magnetig yn ddolenni caeedig (diddiwedd). Er na allwn ni ddangos hyn gyda chwmpawd plotio, mae'r llinellau sy'n cyrraedd pôl De magnet yn parhau (o'r D i'r G) trwy'r magnet, gan ddod allan wrth bôl y Gogledd.

3 Pan ddaw llinellau maes yn nes at ei gilydd, mae'r maes yn dod yn gryfach – fel sy'n digwydd yn agos at bolau magnet.

Cymharwch y llinellau â lliliniau mewn hylif sy'n llifo'n esmwyth … Mae cyfeiriad llilin yn dangos cyfeiriad cyflymder yr hylif ar bwynt, ac wrth i'r lliliniau ddod yn nes at ei gilydd – er enghraifft wrth i'r bibell yn Ffig. 4.4.3 gulhau, mae maint y cyflymder yn dod yn fwy. Weithiau, mae llinellau maes magnetig yn cael eu galw'n *llinellau fflwcs magnetig*. Prif ystyr y gair 'fflwcs' yw 'llif'. Peidiwch â chymryd y gyfatebiaeth yn rhy bell: nid ydyn ni'n credu bod unrhyw beth yn llifo mewn gwirionedd ar hyd llinell maes magnetig.

4.4.2 Yr effaith modur: y grym ar ddargludydd sy'n cario cerrynt

Nawr, rydyn ni'n barod i symud ymlaen at destun canolog y bennod hon: y grymoedd sy'n gweithredu ar wefrau sy'n symud mewn meysydd magnetig.

Gwelwn ni fod gwifren sy'n cario cerrynt, o'i gosod mewn maes magnetig, ar ongl i'r maes, yn profi grym. Dyma'r 'effaith modur'. Mae Ffig. 4.4.4(a) yn dangos un ffordd o arddangos hyn.

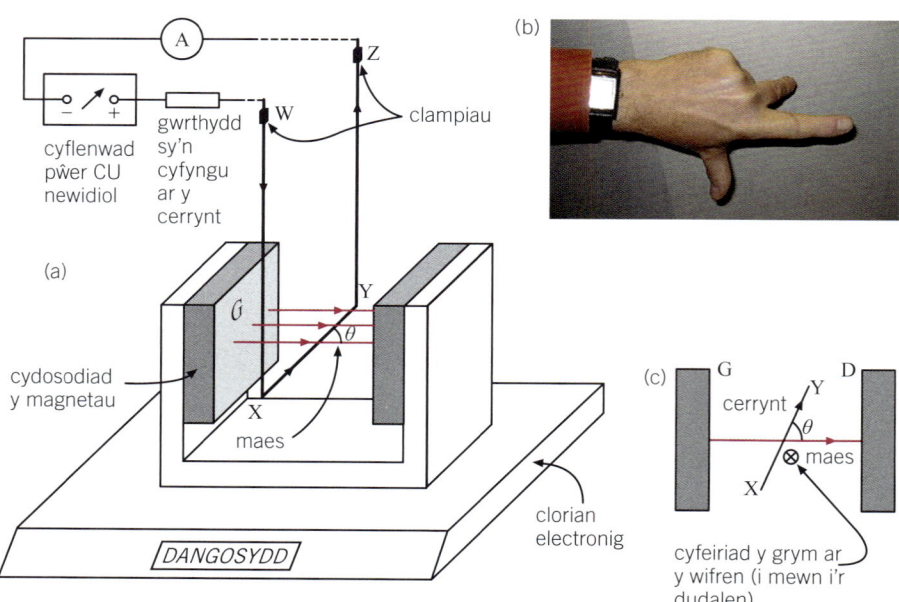

Ffig. 4.4.4 Yr effaith modur a rheol modur llaw chwith Fleming

(a) Cyfeiriad grym yr effaith modur

Yn y cyfarpar yn Ffig. 4.4.4 rydyn ni'n ystyried y grym ar ran lorweddol, XY, y wifren sy'n cario'r cerrynt, WXYZ. Sylwch ar safle XY, ar ongl i gyfeiriad y maes magnetig.

Gyda cherrynt o ychydig amperau i gyfeiriad XY, mae XY yn profi grym sylweddol i lawr. Mae cydosodiad y magnetau sy'n cynhyrchu'r maes yn profi grym i fyny o'r un maint. Mae hyn yn ymddangos ar y glorian electronig sy'n cynnal y cydosodiad.

Nid yw'r grym ar y wifren yn atyniad nac yn wrthyriad, gan ei fod ar ongl sgwâr i'r maes magnetig ac i'r cerrynt. Mae **rheol modur llaw chwith Fleming** wedi cael ei chadarnhau gan nifer mawr o arsylwadau, a byddwn ni'n ei defnyddio i *ragfynegi* cyfeiriad grymoedd yr effaith modur. Sylwch ar gydgysylltu cyflythrennol **M**ynegfys gyda **M**aes, ac yn y blaen. Mae Ffig. 4.4.4(b) yn dangos sut mae'r rheol yn gweithio ar gyfer XY yn Ffig. 4.4.4(a). Rhowch gynnig arni gyda'ch llaw chwith eich hun; mewn dros ganrif o ddefnyddio'r rheol does neb wedi cael ei anafu …

Felly, rhaid deall yr effaith modur mewn tri dimensiwn, ond yn aml, mae dewis arall yn lle llunio diagram sy'n ceisio cynnwys trydydd dimensiwn ar ddalen o bapur. Rydyn ni'n lluniadu trychiad, fel yn Ffig. 4.4.4(c), gan ychwanegu symbolau dot neu groes:

⊙ wedi'i seilio ar saeth sy'n dod tuag atom ni. Ystyr hwn yw cerrynt, maes neu rym – rhaid i ni ei labelu'n briodol – sy'n dod allan o'r dudalen;

⊗ wedi'i seilio ar blu cynffon saeth. Ystyr hwn yw rhywbeth sy'n mynd i mewn i'r dudalen. Unwaith eto, rhaid ei labelu.

Fel arfer, caiff cyfeiriad y maes magnetig ei labelu'n '*B*', y cerrynt, *I*, fel yn GG 4.4.3.

(b) Maint grym yr effaith modur

Unwaith eto, wrth ymchwilio i hyn gyda'r cyfarpar yn Ffig. 4.4.4, pan fydd y newidynnau eraill yn cael eu cadw'n gyson, gwelwn ni fod y grym mewn cyfrannedd â:

- hyd, ℓ, y wifren (XY),
- y cerrynt, I,
- $\sin \theta$, lle θ yw'r ongl rhwng y cerrynt a'r maes.

Mae'n rhaid bod y grym yn cynyddu gyda chryfder y maes hefyd. Ond dydyn ni ddim yn gallu hyd yn oed rhoi cynnig ar ddarganfod perthynas union trwy arbrawf, gan nad ydyn ni wedi diffinio *ystyr* cryfder y maes magnetig mewn ffordd fesuradwy! Rhaid i ni droi'r sefyllfa ar ei phen, a defnyddio'r effaith fodur ei hun i ddarparu diffiniad …

Rydyn ni'n diffinio maint, B, y **dwysedd fflwcs magnetig** (yr enw swyddogol ar gryfder maes magnetig) fel

$$B = \frac{F}{I\ell\sin\theta}$$

Lle F yw maint y grym ar wifren fer, hyd ℓ, sy'n cario cerrynt, I, ar ongl θ i gyfeiriad y maes.

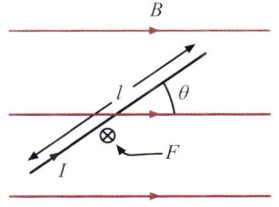

Ffig. 4.4.5 Yr effaith modur

[Sylwch sut, os defnyddiwn ni ddwbl y cerrynt, bydd y grym ddwywaith cymaint, felly bydd gennyn ni'r un gwerth ar gyfer B, yn union fel dylai fod, oherwydd nid yw'r maes yn gallu dibynnu ar yr hyn rydyn ni'n ei ddefnyddio i'w fesur. Gellir gwneud pwyntiau tebyg am $\sin \theta$ ac ℓ.]

Termau Allweddol

Rheol modur llaw chwith Fleming

Daliwch eich llaw chwith fel bod:

- y **M**ynegfys (bys cyntaf) yn pwyntio'n syth allan o'r gledr ac i gyfeiriad y **M**aes magnetig,
- y bys **C**anol yn pwyntio i gyfeiriad y **C**errynt confensiynol
- y **Bawd** ar ongl sgwâr i'r ddau fys hyn ac mae'n rhoi **cyfeiriad y grym** ar y wifren.

Gwirio gwybodaeth 4.4.3

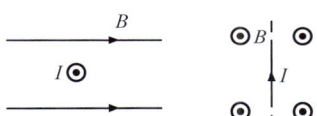

Darganfyddwch gyfeiriad y grymoedd ar y gwifrau yn y diagramau uchod.

Termau Allweddol

Mae **dwysedd fflwcs magnetig** (**cryfder maes magnetig**) yn fector â maint $B = \frac{F_{mwyaf}}{I\ell}$, lle F_{mwyaf} yw'r grym ar wifren fer â hyd ℓ, sy'n cario cerrynt I, ar 90° i gyfeiriad y maes.

UNED: N A^{-1} m^{-1} = tesla (T).

Rhoddir cyfeiriad y fector gan reol llaw chwith Fleming, o wybod cyfeiriadau'r grym a'r cerrynt.

4.4.4 Gwirio gwybodaeth

Yn Ffig. 4.4.5, os yw ℓ = 2.5 cm ac I = 3.5 A ac mae'r wifren yn profi grym mwyaf tuag i lawr o 0.0037 N, cyfrifwch y dwysedd fflwcs cymedrig yn rhanbarth y wifren.

4.4.5 Gwirio gwybodaeth

Caiff darn o wifren, hyd 0.020 m, sy'n cario cerrynt o 3.0 A, ei gosod yn llorweddol mewn maes llorweddol, 80 mT i'r Gogledd. Darganfyddwch y grymoedd ar y wifren os yw hi ar ongl fel bod y cerrynt:

(a) i'r Gogledd

(b) ar gyfeiriant o 30° i'r Dwyrain o'r Gogledd

(c) i'r Dwyrain

(ch) i'r De-orllewin.

▶▶▶ Pwynt astudio

Pan fydd ϕ = 90°, mae $\sin \phi$ = 1, felly mae'r trorym ar ei fwyaf, a dylai hyn fod yn amlwg o Ffig. 4.4.8(a). Pan fydd ϕ = 0, mae $\sin \phi$ = 0, ac mae'r trorym yn sero (Ffig. 4.4.8(b)).

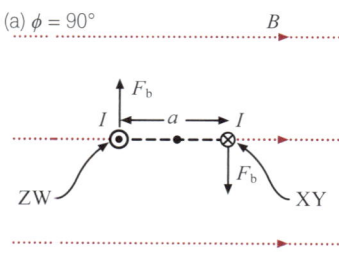

(a) ϕ = 90°

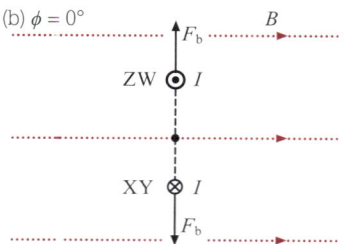

(b) ϕ = 0°

Ffig. 4.4.8 (a) trorym mwyaf a (b) trorym sero

Mae'r hafaliad yn dweud wrthyn ni fod yn rhaid i uned SI dwysedd fflwcs magnetig, B, fod yn N A^{-1} m^{-1}. Rhoddwn ni'r enw 'tesla' i'r cyfuniad hwn, wedi'i dalfyrru i 'T', felly mae N A^{-1} m^{-1} = T.

Roedd Nikola Tesla (1856–1943) yn Americanwr o dras Serbiaidd oedd yn arloesi ym maes technoleg ceryntau eiledol, ac roedd wrth ei fodd yn defnyddio folteddau ac amleddau uchel.

Trwy aildrefnu'r hafaliad diffiniol ar gyfer B,

$$F = BI\ell \sin \theta$$

Ffig. 4.4.6 Nikola Tesla

(c) Fector dwysedd fflwcs magnetig

Mae dwysedd fflwcs magnetig yn fector. Gallwn ni ddarganfod ei gyfeiriad, fel rydyn ni wedi esbonio'n barod, trwy ddefnyddio magnet ar golyn. Yn yr hafaliad $F = BI\ell \sin \theta$, $B \sin \theta$ yw cydran y fector sy'n berpendicwlar i'r wifren, ac mae'n cael ei ysgrifennu weithiau mewn un talp fel $B_\perp$. Gweler Ffig. 4.4.5.

Efallai fod diffinio cyfeiriad y fector yn nhermau magnet ar golyn, a'i faint yn nhermau gwifren sy'n cario cerrynt, yn edrych yn flêr. Mae'n iawn cadw at y diffiniadau hyn, ond efallai bydd yn well gennych chi'r dull un cam sydd i'w weld yn y Termau allweddol ar y dudalen flaenorol.

(ch) Enghraifft o'r effaith modur: y coil sy'n cario cerrynt

Rydyn ni'n archwilio'r grymoedd ar goil petryal (ag N troad ynddo) sy'n cario cerrynt ac wedi'i ogwyddo gyda'r normal i'w blân ar ongl ϕ i faes magnetig unffurf.

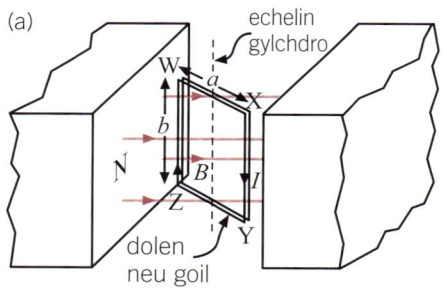
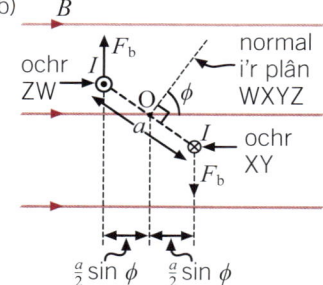

Ffig. 4.4.7 Trorym ar goil: (a) golwg cyffredinol (b) trychiad llorweddol

Yn gyntaf, yn ôl rheol modur llaw chwith Fleming, sylwn ni fod y grym ar ochr WX i fyny (tuag at frig y dudalen), a bod y grym ar YZ i lawr. Mae'r grymoedd hyn nid yn unig yn hafal ac yn ddirgroes, ond maen nhw yn yr un plân fertigol hefyd – sef plân y coil. Eu hunig effaith yw eu bod yn estyn y coil – dim digon i sylwi arno.

Mae'r grymoedd (o faint F_b) ar XY a ZW hefyd yn hafal a dirgroes (gweler Ffig. 4.4.7(b)), ond y tro hwn mae pellter $a \sin \phi$, rhyngddyn nhw sy'n golygu eu bod yn ffurfio 'cwpl'. Trwy adio momentau'r grymoedd hyn o amgylch yr 'echelin gylchdro' (sy'n mynd trwy bwynt O) ...

Mae cyfanswm y trorym, $\qquad \tau = 2F_b \times \dfrac{a}{2}\sin \phi = 2NBIb \sin 90° \times \dfrac{a}{2}\sin \phi$

Ar ôl tacluso ychydig, mae $\qquad \tau = NBIA \sin \phi$

Yma rydyn ni wedi rhoi $ab = A$, gan mai ab yw arwynebedd y coil. Mae mwy i'r gwaith amnewid hwn na llaw-fer fathemategol: mae'n ymddangos bod yr hafaliad olaf yn gymwys ar gyfer coil fflat o *unrhyw* siâp, gydag arwynebedd y coil yn A [Mae pwysigrwydd ymarferol mawr i'r enghraifft hon, ond does dim rhaid dysgu'r hafaliadau ynddi ar gyfer yr arholiad!]

Sylwch mai effaith cael N troad ar y coil yw gwneud y cerrynt effeithiol N gwaith yn fwy.

Mae modur trydan yn manteisio ar y trorym ar goil. Rhaid gwrthdroi'r cerrynt trwy'r coil wrth i'r coil droi trwy'r safleoedd lle mae'r maes trwyddo

Ffig. 4.4.9 Modur trydan syml: coiliau, creiddiau haearn (gwyrdd), magnetau (glas a gwyn)

yn newid cyfeiriad, er mwyn atal cyfeiriad y trorym rhag gwrthdroi. Mae'r rhan fwyaf o foduron yn cynnwys sawl coil ar onglau gwahanol fel nad yw cyfanswm y trorym byth yn disgyn i sero. Mae'n bosibl cynyddu'r trorym trwy ddirwyn y coiliau ar 'greiddiau' haearn Gweler Ffig. 4.4.9.

4.4.3 Effaith meysydd magnetig ar wefrau sy'n symud

(a) Y grym ar wefr sy'n symud

Gan fod cerrynt mewn gwifren fetel yn cynnwys electronau rhydd sy'n symud, mae'n debygol bod grym yr effaith modur ar wifren sy'n cario cerrynt, yn syml, yn hafal i swm y grymoedd sy'n gweithredu ar yr electronau unigol sy'n symud. Gweler yr ail Bwynt astudio. Os yw hyn yn wir, mae'n rhwydd i ni ddarganfod y grym magnetig ar electron â chyflymder drifft v:

Yn gyntaf, os oes gan y wifren arwynebedd trawstoriadol A, ac mae'n cynnwys n electron rhydd am bob uned cyfaint, yna bydd y cerrynt yn $I = nAve$.

Felly, gallwn ni ysgrifennu grym yr effaith modur ar hyd ℓ o'r wifren fel

$$F_{\text{gwifren}} = BI\ell \sin\theta = BnAve\ell \sin\theta$$

Ond cyfaint y wifren yw $A\ell$, felly mae $nA\ell$ o electronau rhydd ynddi.

Felly, mae'r grym ar bob electron rhydd $= \dfrac{BnAve\ell \sin\theta}{nA\ell} = Bev \sin\theta$.

Nawr, tybiwn ni fod hyn yn berthnasol i unrhyw ronyn sy'n cario gwefr q, cyn belled â'n bod ni yn rhoi q yn lle e. Gweler y Pwyntiau astudio.

(b) Llwybr gronyn wedi'i wefru sy'n symud mewn maes magnetig unffurf

Tybiwch fod gwefr, q, yn symud ar fuanedd v yn cael ei 'chwistrellu' i mewn i faes magnetig, B, gydag ongl θ rhwng cyfeiriadau'r maes a chyflymder y gronyn. Os nad oes unrhyw rymoedd heblaw am y grym magnetig yn gweithredu ar y gronyn, sut bydd y gronyn yn symud?

Yn gyntaf sylwch fod y grym magnetig ($F = Bqv \sin\theta$) bob amser ar ongl sgwâr i gyfeiriad mudiant y gronyn – gweler Ffig. 4.4.11. Felly, ni all y maes wneud gwaith ar y gronyn. Mae ei egni cinetig, ac felly ei fuanedd, yn aros yn gyson.

Yn lle hynny, mae'r grym yn gwneud i *gyfeiriad* mudiant y gronyn newid ar gyfradd gyson. Hynny yw, pan mae $\theta = 0°$, ni fydd unrhyw rym, felly bydd y gronyn yn dal i symud yn baralel â'r llinellau maes, ar fuanedd v.

Gwirio gwybodaeth 4.4.6

Caiff gwifren ynysedig ei dirwyn o amgylch ymylon drws i ffurfio coil fflat, 250-tro, 0.75 m × 2.00 m. Mae'r drws agored yn y plân Gogledd–De magnetig. Gan gymryd bod cydran lorweddol maes y Ddaear yn 20 µT, cyfrifwch y cerrynt sydd ei angen i wneud i'r drws ddechrau cau, yn erbyn trorym ffrithiannol o 1.2 N m.

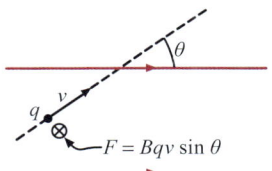

Ffig. 4.4.10 Cerrynt mewn gwifren

▶▶ Pwynt astudio

Mae gan y grym magnetig ar wefr, q, sy'n symud mewn maes magnetig fel sydd i'w weld, faint $F = Bqv \sin\theta$.

Ffig. 4.4.11 Gwefr sy'n symud mewn maes magnetig

Rhoddir cyfeiriad y grym gan reol modur llaw chwith Fleming.

▶▶ Pwynt astudio

Yn $F = Bqv \sin\theta$, os yw $q < 0$, yna mae $F < 0$, h.y. F yn gweithredu i'r cyfeiriad dirgroes.

▶▶ Pwynt astudio

Nid yw'r grymoedd magnetig yn gwthio electronau sy'n drifftio allan trwy ochrau'r wifren, oherwydd bod grymoedd maes trydanol gwrthwynebol yn chwarae eu rhan. (Yn fanwl gywir, mae gweddill y wifren yn profi grymoedd 'partner' Newton 3 y maes trydanol, yn hytrach na'r grymoedd magnetig eu hunain.)

Ffig. 4.4.13 Llwybr crwn electronau mewn maes magnetig unffurf

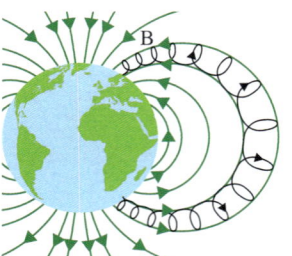

Ffig. 4.4.15 Gronynnau sydd wedi'u dal gan faes magnetig y Ddaear

Ffig. 4.4.16 Ffotograff o aurora borealis wedi'i dynnu yn Manitoba

4.4.7 Gwirio gwybodaeth

Caiff electronau sy'n cael eu cyflymu trwy gp o 970 V eu chwistrellu, ar ongl sgwâr i gyfeiriad y maes, i mewn i faes magnetig o gryfder 1.50 mT. Mesurir radiws y llwybr fel 71 ±2 mm. Dangoswch a yw hyn yn gyson â'r hafaliadau sydd newydd eu datblygu ai peidio.

[$e = 1.60 \times 10^{-19}$ C, $m_e = 9.11 \times 10^{-31}$ kg]

$\theta = 90°$

Os yw'r gronyn, i gychwyn, yn symud ar ongl sgwâr i'r maes, bydd yn parhau i wneud hynny – mewn llwybr crwn.

Mae'r grym magnetig yn darparu'r cyflymiad mewngyrchol, felly mae'n hawdd darganfod radiws y cylch, trwy ddefnyddio $F = ma$:

Mae'r grym ar ronyn = màs × cyflymiad

Felly mae $Bqv = \dfrac{mv^2}{r}$. Felly mae $r = \dfrac{mv}{Bq}$

Mae Ffig. 4.4.13 yn dangos electronau sy'n symud mewn llwybr crwn – y cylch disglair. Daw'r golau o foleciwlau nwy sy'n cael eu cynhyrfu gan drawiadau gydag electronau a'u datgynhyrfu trwy allyrru ffotonau. [Mae gwasgedd y nwy yn y llestr gwydr yn isel iawn fel y gall rhai electronau gwblhau cylch heb daro unrhyw foleciwlau!] Caiff yr electronau cyflym eu chwistrellu gan y gwn electronau ar waelod y cylch. Mae'r maes magnetig, sydd bron yn unffurf yn ardal y cylch, yn cael ei gynhyrchu trwy basio cerrynt trwy'r coiliau mawr (coch) o wifren.

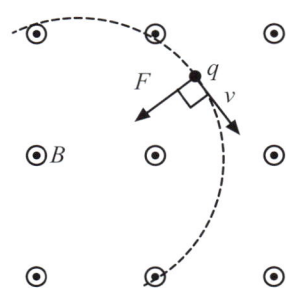

Ffig. 4.4.12 Y grym ar wefr + sy'n symud mewn maes magnetig unffurf

θ ddim yn 0° nac yn 90°

Gallwn ni gydrannu cyflymder y gronyn yn gydran $v_{\parallel} = v \cos \theta$ sy'n baralel â chyfeiriad y maes a chydran $v_{\perp} = v \sin \theta$ sydd ar ongl sgwâr iddo. Ar eu pen eu hunain, byddai $v_{\perp}$ yn achosi mudiant cylchol, a byddai $v_{\parallel}$, sydd ddim wedi cael ei effeithio gan y maes, yn rhoi mudiant llinell syth yn baralel â'r llinellau maes.

Y canlyniad yw cyfuniad o'r ddau fudiant hyn: mae'r gronynnau'n dilyn, ar fuanedd cyson, llwybr grisiau tro o'r enw helics (ansoddair: heligol). Gallai fod o gymorth os ydych chi'n dychmygu eich hun yn edrych ar y gronyn o lwyfan sy'n symud ar gyflymder v_2. O'r safbwynt hwn, byddai'r gronyn yn symud mewn cylch gyda chyflymder, $v_{\perp}$.

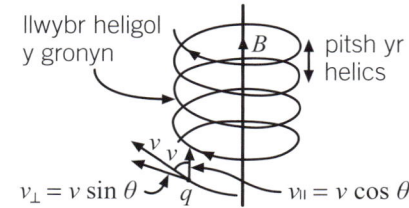

Ffig. 4.4.14 Llwybr heligol gronyn mewn maes magnetig unffurf

Mae gronynnau wedi'u gwefru, sef protonau ac electronau gaiff eu hallyrru gan yr Haul yn bennaf, yn dilyn llwybrau tebyg i helicsau, gan fod maes magnetig y Ddaear yn eu dal ac yn mynnu eu bod yn chwyrlio o amgylch llinellau maes.

Rydyn ni'n credu mai mudiant y defnydd tawdd sydd yng nghraidd y Ddaear, ac sy'n llawn haearn, sy'n gyfrifol am gynhyrchu maes magnetig y Ddaear. Ar raddfa fawr, mae patrwm llinellau maes y Ddaear yn debyg iawn i'r patrwm byddech chi'n ei gael gyda magnet bach ond cryf iawn yn agos at ganol y Ddaear, ac sydd wedi'i alinio ar ychydig raddau i echelin gylchdro'r Ddaear. Felly, yn amlwg, nid yw'r maes yn unffurf ar raddfa fawr, felly nid yw llwybrau gronynnau sy'n chwyrlio yn helicsau go iawn.

Mae Ffig. 4.4.15 yn dangos beth sy'n digwydd mewn ffordd syml. Ar ledredau sy'n agos i'r pegynau, mae'r llinellau maes yn agos at ei gilydd. Maen nhw hefyd yn pasio trwy'r uwchatmosffer, lle gall y gronynnau cyflym maen nhw wedi eu dal wrthdaro â moleciwlau gan eu cynhyrfu. Mae'r golau gaiff ei allyrru yn ystod y broses ddatgynhyrfu yn un o brif achosion y sioeau gwych o 'oleuni' sydd i'w gweld yn awyr y nos, sef 'goleuni'r' Gogledd a 'goleuni'r' De (aurora borealis ac aurora australis).

(c) Cyflymyddion gronynnau

Ers blynyddoedd cynnar yr ugeinfed ganrif, mae ffisegwyr wedi bod yn defnyddio gronynnau buanedd uchel fel taflegrau i'w 'tanio' at niwclysau ac, yn ddiweddarach, at dargedau llai, fel niwcleonau. Trwy edrych ar sut mae gronynnau gaiff eu tanio yn cael eu hallwyro, yn ogystal â'r hyn ddaw allan o ronynnau'r targed, ac i ba gyfeiriad(au), mae ffisegwyr wedi dysgu llawer iawn am adeiledd gronynnau isatomig.

Yn gyntaf, cafodd gronynnau α o ffynonellau ymbelydrol eu defnyddio fel gronynnau i gael eu tanio. Dyma sut cafodd bodolaeth y niwclews atomig ei ganfod. Ond, ar gyfer gwaith mwy manwl, mae gan ronynnau α (niwclysau heliwm) ormod o adeiledd mewnol eu hunain, a dim digon o EC (fel arfer, ychydig MeV).

Yn y 1920au, dechreuodd ffisegwyr ddatblygu ffyrdd o gyflymu gronynnau fel protonau ac electronau. Mae'r gwn electronau (Adran 4.1.7 (c)) yn ffurf syml ar gyflymydd – un lle mae'r cyflymiad yn digwydd mewn un cam. Byddai angen gpau anhygoel o fawr i roi digon o EC i'r gronynnau allu cael eu defnyddio fel taflegrau mewn ffiseg gronynnau fodern. Mae'n bosibl datrys y broblem trwy gyflymu'r gronyn dro ar ôl tro, a hynny trwy gp mawr (ond un mae modd ei reoli).

Y cyflymydd llinol

Mae Ffig 4.4.17 yn dangos cyflymydd llinol (neu linac) wedi'i symleiddio. Tybiwch fod y gronynnau gaiff eu cyflymu yn bositif. Maen nhw'n cael eu cyflymu ar draws y bwlch cyntaf i'r tiwb drifftio (1), pan fydd hwn ar botensial negatif mewn perthynas â'r siambr cynhyrchu gronynnau (0). Bydd y gronynnau'n teithio trwy'r tiwb drifftio cyntaf ar fuanedd cyson.

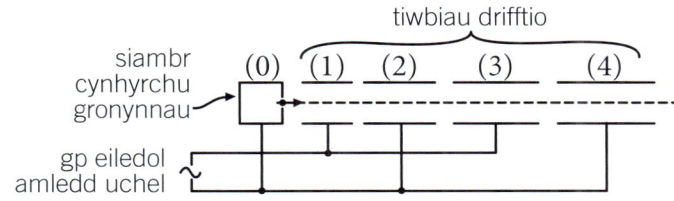

Ffig. 4.4.17 Cyflymydd llinol (wedi'i symleiddio)

Mae angen i'r gp eiledu ar y fath amledd fel bod (2) yn negatif mewn perthynas ag (1) pan fydd y gronynnau'n cyrraedd y bwlch rhwng (1) a (2), ond mae'r gp wedi gwrthdroi unwaith eto, fel bod (3) yn negatif mewn perthynas â (2) pan fydd y gronynnau'n cyrraedd y bwlch rhwng (2) a (3) – ac yn y blaen. Mae hyd cynyddol y tiwbiau drifftio wedi'u cynllunio i gyd-fynd â buanedd cynyddol y gronynnau, fel bod amledd y gp eiledol yn gallu bod fwy neu lai yn gyson.

Mae'r cyflymydd llinol hiraf yn y byd (3.2 km) yn un o brif rannau labordy SLAC yn California. Mae'n cyflymu electronau neu bositronau hyd at egni cinetig o 50 GeV.

Y cylchotron

Mae'r cylchotron yn gyflymydd gronynnau sy'n cymryd tipyn llai o le na'r cyflymydd llinol cyfatebol. Mae hyn yn wir oherwydd bod cylchotron yn defnyddio maes magnetig (ar ongl sgwâr i gyflymder y gronynnau) i gadw'r gronynnau wedi'u gwefru o fewn llwybrau (hanner) crwn rhwng yr amserau pan fyddan nhw'n ennill egni cinetig.

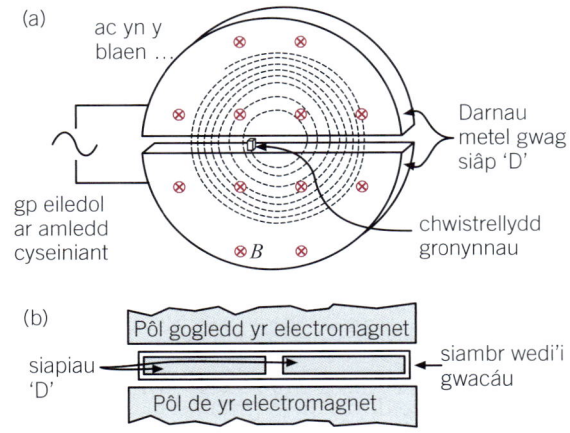

Ffig. 4.4.18 Cylchotron: (a) llwybr y gronynnau (b) trychiad fertigol

> **Pwynt astudio**

Pan ydyn ni'n sôn am *gyflymiad* yng nghyd-destun cyflymyddion gronynnau, rydyn ni'n golygu bod y gronynnau yn mynd yn gyflymach. Mae hwn yn fath arbennig o gyflymiad. Mewn cylchotron neu syncrotron, mae yna hefyd gyflymiad trwy newid cyfeiriad y gronyn yn gyflym, er nad yw hyn yn ychwanegu at egni cinetig y gronynnau.

> **Pwynt astudio**

Gall gronynnau sydd bron â chyrraedd buanedd golau yn barod barhau i ennill egni cinetig mewn cyflymyddion, er bod eu buanedd ddim ond yn cynyddu ychydig. Dyma pam mae ffisegwyr fel arfer yn cyfeirio at egni gronynnau o'r fath, yn hytrach na'u buanedd.

Gwirio gwybodaeth

Gan dybio, ar bob bwlch, fod gwerth y gp yn V, dangoswch mai buanedd y gronynnau (gwefr q, màs m) mewn tiwbiau drifftio olynol, (1), (2), (3) …

yw w, $w\sqrt{2}$, $w\sqrt{3}$, … lle mae

$$w = \sqrt{\frac{2qV}{m}}$$

Gwirio gwybodaeth

Rydyn ni'n cyflymu diwteronau (niwclysau hydrogen, màs 3.343×10^{-27} kg), i fuanedd uchel mewn cylchotron sy'n defnyddio dwysedd fflwcs magnetig o 0.60 T. Mae'r gp rhwng y ddau D yn ±12 kV. Cyfrifwch:

(a) yr amledd sydd ei angen ar gyfer y gp eiledol,

(b) radiws y llwybr ar ôl i'r gronyn wneud 300 cylchdro. [Anwybyddwch y cyflymder cychwynnol.]

[$e = 1.60 \times 10^{-19}$ C.]

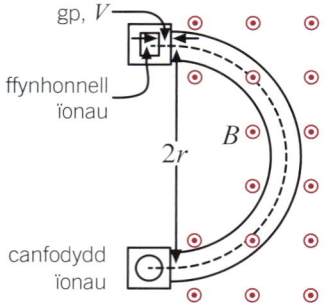 4.4.10 Gwirio gwybodaeth

Mae sbectromedr màs yn gadael i ni ddarganfod masau ïonau. Caiff ïonau positif eu cyflymu gan gp hysbys, a chaiff maes magnetig ei addasu nes bod yr ïonau yn cyrraedd canfodydd trwy deithio o amgylch arc sydd â radiws hysbys.

Mae maes o 0.296 T yn galluogi ïonau Mg^+, sydd wedi'u cyflymu trwy 4500 V, i fynd ar hyd hanner cylch â diamedr 0.320 m. Nodwch rif niwcleon yr isotop magnesiwm.

[$e = 1.60 \times 10^{-19}$ C, 1 kg = 6.02×10^{26} u]

▶▶▶ Pwynt astudio

Fel arfer, mewn syncrotron, rydyn ni'n delio â gronynnau sy'n agos at fuanedd golau, lle mae'n rhaid addasu fformiwlâu Newtonaidd ar gyfer momentwm ac EC. Gall gronynnau barhau i ennill EC o'r meysydd trydanol o hyd, er mai ychydig iawn mae eu buaneddau'n cynyddu!

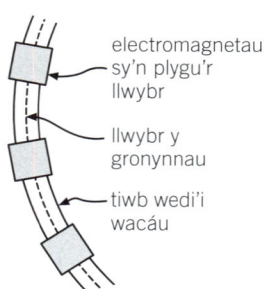

Ffig. 4.4.19 Llwybr gronyn mewn syncrotron

Ffig. 4.4.20 Rhan o'r Uwch Syncrotron Protonau yn CERN

Mae gronyn sy'n cael ei anfon allan o'r chwistrellydd yn cyflymu bob tro mae'n croesi'r bylchau rhwng y ddau electrod metel siâp 'D', gan fod foltedd uchel yn cael ei roi rhyngddyn nhw. Yn Ffig. 4.4.18, bydd gronyn positif yn teithio'n wrthglocwedd – defnyddiwch y rheol llaw chwith! – felly rhaid i'r D uchaf fod yn negatif a'r D isaf yn bositif wrth i'r gronyn groesi'r bwlch ar y dde, ond fel arall wrth i'r gronyn gyrraedd y bwlch ar y chwith. Felly, rhaid i'r gp eiledu gydag amser cyfnodol sy'n hafal i'r amser, T_C, mae'n ei gymryd i'r gronyn wneud un cylchdro.

Nawr rydyn ni'n cyfrifo T_C pan fydd y gronyn wedi cyrraedd buanedd v ac mae radiws y llwybr yn r:

$$T_C = \frac{2\pi r}{v} = \frac{2\pi}{v} \times \frac{mv}{Bq} = \frac{2\pi m}{Bq}$$

Mae cilydd T_C yn rhoi'r amledd cylchdro, sef nifer y cylchredau yr eiliad! Weithiau caiff hyn ei alw'n *amledd cyseiniant cylchotron*, f_C, ond mae'n gymwys i unrhyw ronyn sydd wedi'i wefru ac sy'n symud ar ongl sgwâr i faes magnetig unffurf, ar yr amod bod $v \ll c$ (buanedd golau).

Felly, mae: $f_C = \dfrac{Bq}{2\pi m}$

Yn gyfleus iawn, mae T_C ac f_C yn annibynnol ar v ac r! Y cyflymaf mae'r gronyn yn teithio, y mwyaf llydan yw ei lwybr crwn, ac mae'r ffactorau hyn yn canslo.

Felly, dylen ni allu cadw at foltedd eiledol ag un amledd ar gyfer pob gronyn o'r un fath, yn unrhyw le yn y cylchotron…

… O na fyddai bywyd mor syml â hynny. Dyfeisiwyd y cylchotron yn 1932, ac roedd yn wych o ran cynhyrchu protonau cyflym i'w defnyddio fel gronynnau i'w tanio mewn ymchwil niwclear. Mae cylchotronau'n dal i gael eu defnyddio mewn ysbytai i gynhyrchu paladrau protonau ar gyfer therapi canser, ac ar gyfer peledu niwclysau i gynhyrchu isotopau byrhoedlog. Yn anffodus, ar gyfer yr arbrofion diweddaraf ym maes Ffiseg Gronynnau, ni all y cylchotron roi digon o egni cinetig i ronynnau.

Yn un peth, wrth i fuanedd gronyn nesáu at fuanedd golau, mae radiws ei lwybr yn cynyddu'n gyflymach na'i fuanedd, ac mae'r amser am bob cylchdro yn cynyddu. Mae'n bosibl addasu cylchotron i ddelio â hyn, ond mater mwy difrifol yw radiws enfawr llwybrau'r gronynnau egni uchel. Gyda'r rhain byddai angen gweithredu'r maes magnetig dros ardal siâp disg eang iawn. Byddai'n rhaid i'r electromagnet fod yn enfawr.

Y syncrotron

Mewn syncrotron, mae'r gronynnau'n teithio o amgylch un llwybr crwn. Felly, does dim angen maes magnetig ar radiysau eraill. Yn well fyth, mae'n bosibl gweithredu'r maes mewn mannau rheolaidd ar hyd y llwybr (Ffig. 4.4.19) yn hytrach na'r holl ffordd ar ei hyd. At hynny, mae gan yr Uwch Syncrotron Protonau (SPS) yn CERN (Ffig. 4.4.20) 744 o electromagnetau plygu llwybr ar hyd ei gylchyn 7 km! Yn yr SPS, rhoddir egni cinetig i'r gronynnau gan feysydd trydanol mewn 'ceudodau amledd radio' ar ddau bwynt ar y llwybr crwn, a hynny bob tro maen nhw'n teithio o'i amgylch.

Yr hyn sy'n cael ei aberthu mewn syncrotron yw'r gallu i gynhyrchu gronynnau egni uchel mewn llif di-dor. Er mwyn i'r gronynnau barhau yn yr un llwybr crwn wrth iddyn nhw ennill EC, rhaid cynyddu'r maes magnetig drwy'r amser. Byddai'r dwysedd fflwcs magnetig sydd ei angen ar ronynnau sydd wedi cwblhau sawl cylchdaith o'r syncrotron yn rhy fawr i'r gronynnau ar gamau cynnar y daith. Yr unig beth i'w wneud yw chwistrellu gronynnau i'r cylch fesul swp; yn yr SPS, fel arfer mae tua 10^{13} am bob swp, yn llenwi llai na chylchedd y cylch.

Sgil gynnyrch gwaith y syncrotron yw 'pelydriad syncrotron': ffotonau hyd at amleddau pelydr X sy'n cael eu hallyrru gan y gronynnau wedi'u gwefru wrth iddyn nhw gael eu hallwyro gan yr electromagnetau a mynd trwy gyflymiad rheiddiol. Er bod rhaid i'r meysydd trydanol roi pŵer ychwanegol i'r paladr er mwyn gwneud iawn am y golled egni hon, gellir defnyddio'r pelydriad syncrotron ar gyfer arbrofion eraill.

4.4.4 Meysydd trydanol a magnetig 'wedi'u croesi'

(a) Mewn gwactod

Mae gronyn wedi'i wefru mewn maes trydanol unffurf yn symud ar hyd llwybr syth neu un parabolig gyda buanedd sy'n newid (gweler Adran 4.1.7), ond, mae gronyn wedi'i wefru sy'n cael ei chwistrellu i faes magnetig unffurf yn symud ar hyd llwybr syth, heligol neu grwn ar fuanedd cyson. Os ydyn ni'n rhoi'r *ddau faes*, E a hefyd B dros yr un rhanbarth, mae taflwybr gronyn yn debygol o fod yn gymhleth, ond rydyn ni nawr yn mynd i ystyried un achos syml, defnyddiol:

Tybiwch fod y meysydd E a B ar ongl sgwâr i'w gilydd. Mae cynllun ar gyfer cynhyrchu meysydd o'r fath i'w weld yn Ffig. 4.4.21. Mae gronyn wedi'i wefru yn cael ei anfon i ranbarth y 'meysydd croes', gan deithio ar fuanedd v i gyfeiriad sydd ar ongl sgwâr i'r ddau faes hyn (ar hyd y llinell doredig). Os yw'r meysydd fel maen nhw yma (neu os yw'r *ddau* faes yn cael eu gwrthdroi!) bydd y grym trydanol a'r grym magnetig ar y gronyn i gyfeiriadau dirgroes. Ar gyfer cydeffaith sero, rhaid i'w meintiau fod yn hafal.

Hynny yw mae $\quad Bqv = Eq \quad$ felly mae $\quad Bv = E$

Felly, dyma'r amod – hynod o syml – i gael y gronynnau i barhau i symud mewn llinell syth ar fuanedd cyson, hyd yn oed os oes meysydd yn bresennol.

Mae hyn yn rhoi ffordd dwt i ni o fesur buanedd y gronynnau mewn paladr o ronynnau wedi'u gwefru: anfon y paladr yn normal trwy feysydd wedi'u croesi, ac addasu cryfderau'r meysydd nes bod y paladr yn syth. Yna, mae $v = E/B$. Mae 'hidlydd cyflymder' yn ddull tebyg iawn: rydyn ni'n gosod y gymhareb E/B ar werth dymunol, felly os caiff gronynnau eu hanfon ar fuaneddau amrywiol yn normal trwy'r meysydd wedi'u croesi, dim ond y rhai â buanedd E/B fydd yn mynd yn syth trwodd. [Mewn un trefniant, gall y rhain basio trwy dwll mewn electrod metel, tra caiff y lleill, ar y buanedd 'anghywir', eu rhwystro.]

Yn yr adran nesaf, byddwn ni'n cwrdd â meysydd wedi'u croesi mewn solid.

Gwirio gwybodaeth  **4.4.11**

Beth sy'n digwydd i ronyn sy'n ddisymud i ddechrau mewn:

(a) maes E unffurf,

(b) maes B unffurf?

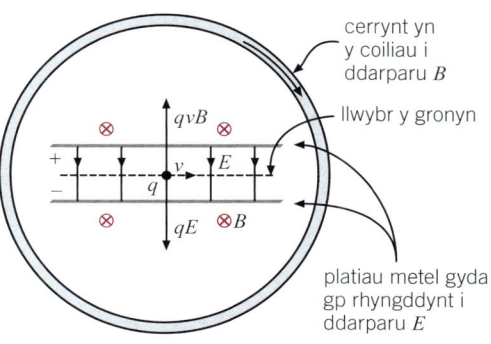

Ffig. 4.4.21 Gronyn yn symud mewn meysydd E a B wedi'u croesi

Gwirio gwybodaeth  **4.4.12**

Cyfrifwch fuanedd gronyn sy'n pasio, heb allwyro, trwy feysydd E a B wedi'u croesi, os yw $B = 0.37$ T ac mae E yn cael ei ddarparu trwy roi gp o 3300 V rhwng platiau sydd 8.0 mm ar wahân.

(b) Mewn dargludydd – effaith Hall

Cafodd effaith Hall ei darganfod gan Edwin Hall yn 1879 – cyn i'r electron gael ei ddarganfod. Dyma roddodd yr arwydd cyntaf bod grym yr effaith modur ar ddargludydd metel sy'n cario cerrynt yn codi o rymoedd ar gludyddion gwefrau negatif sy'n symud y tu mewn iddo. Mae effaith Hall yn ganlyniad i'r maes magnetig sy'n rhoi grym ar y cludyddion tuag at un ochr o'r dargludydd.

Er bod yr effaith yn digwydd mewn metelau, mae'n llawer mwy mewn lled-ddargludyddion, er enghraifft, silicon. Y mwyaf tenau yw'r sbesimen, y mwyaf yw'r effaith. Yn aml, yr enw ar y darnau tenau o led-ddargludydd sy'n cael eu defnyddio i ddangos effaith Hall yw 'wafferi Hall'. Yn gyntaf, ystyriwn ni waffer wedi'i gwneud o silicon wedi'i amhureddu (i ffurfio aloi) gyda swm bach o ffosfforws. Rydyn ni'n galw'r defnydd hwn yn lled-ddargludydd 'math-n' am resymau y byddwn ni'n eu gweld.

Pwynt astudio

Mae'r cysylltiadau â'r gylched allanol sy'n cyflenwi cerrynt yn cael eu gwneud ar hyd wynebau bach dau ben y dafell, yn hytrach nag ar bwyntiau unigol.

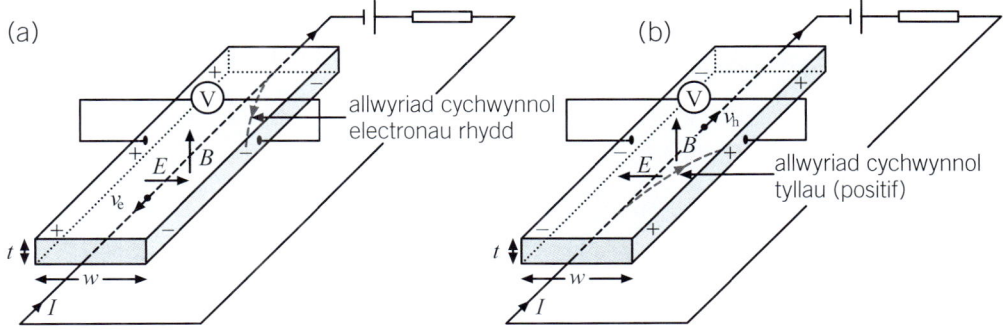

Ffig. 4.4.22 Effaith Hall mewn: (a) defnydd math-n (b) defnydd math-p

Pwynt astudio

Mae maes trydanol arhydol yn y waffer, sy'n achosi'r cerrynt. Mae hyn yn golygu y bydd y foltmedr yn dangos gp hyd yn oed yn absenoldeb maes magnetig, os nad yw'r pwyntiau codi yn union gyferbyn â'i gilydd. Mae'n bosibl gwneud iawn am y cyfeiliornad sero hwn.

Pwynt astudio

Mae gan silicon pur niferoedd hafal o electronau a thyllau, ond mae buanedd drifft y tyllau yn is, felly mae yna foltedd Hall cydeffaith o hyd.

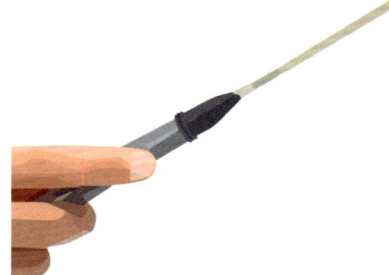

Ffig. 4.4.23 Chwiliedydd llaw Hall (mae'r waffer ger pen y ffon)

4.4.13 Gwirio gwybodaeth

Mewn copr, mae, $n = 8.5 \times 10^{28}$ m^{-3}; mewn silicon sydd wedi'i amhureddu'n eithaf trwm, mae n fel arfer ~ 1×10^{22} m^{-3}.

Esboniwch, yn nhermau ffiseg, pam mae effaith Hall yn llawer mwy mewn silicon nag mewn copr.

Ymestyn a herio

Trafodwch sut y byddech chi'n ceisio gwneud y foltedd Hall ar draws sbesimen copr mor fawr â phosibl. Ystyriwch faint a siâp y sbesimen, a'r gylched y mae wedi'i gynnwys ynddi.

Caiff cylched ei chydosod i anfon cerrynt (ychydig o mA fel arfer) ar ei hyd trwy'r waffer (Ffig. 4.4.22(a)). Gweler y Pwynt astudio. Heb unrhyw faes magnetig yn gweithredu, ni ddylai fod gp rhwng y pwyntiau sydd union gyferbyn â'i gilydd ar yr wynebau ochr, felly dylai'r foltmedr ddarllen sero.

Pan gaiff maes magnetig ei roi i'r cyfeiriad sydd i'w weld, ar draws y waffer gyfan – nid yw hyn yn anodd, gan ei bod yn debygol y byddai arwynebedd ei hwyneb mwyaf yn llai na'r arwynebedd y tu mewn i'r llythyren 'O' hon – mae'r foltmedr yn dangos gp bach, V_H, gyda'r wyneb llaw chwith ar y potensial uwch.

Dyma'n union beth y bydden ni'n ei ddisgwyl pe bai electronau rhydd yn y waffer wedi'u hallwyro, fel sydd i'w weld yn Ffig. 4.4.22 (a), yn unol â rheol modur llaw chwith Fleming, gan gofio eu gwefr **n**egatif! [Felly math-n.]

Mae silicon wedi'i amhureddu ag indiwm yn enghraifft o ddefnydd 'math-p'. Mewn defnydd o'r fath, mae'r prif gludyddion gwefr symudol wedi'u gwefru'n bositif; yr enw arnynt yw **tyllau**. [Maen nhw'n deillio o fondiau cofalent sy'n brin o electron.] Os ydyn ni'n ailadrodd yr arbrawf blaenorol gyda waffer wedi'i gwneud o ddefnydd math-p, gwelwn ni fod y foltedd Hall y ffordd arall; mae'r wyneb llaw dde ar botensial mwy positif na'r un llaw chwith. Rydyn ni'n casglu bod y prif gludyddion gwefrau symudol yn bositif, a'u bod yn cael eu hallwyro fel sydd i'w weld yn Ffig. 4.4.22(b), unwaith eto yn unol â rheol modur llaw chwith Fleming.

Maint y foltedd Hall

Oherwydd allwyriad magnetig y cludyddion gwefr (electronau neu dyllau) mae wynebau ochr y waffer yn ennill gwefrau fel sydd i'w weld yn Ffig. 4.4.22 (a) neu (b). Mae'r rhain yn sefydlu maes *trydanol* ardraws (ar ei led). O fewn ffracsiwn o eiliad o weithredu B, mae'r grym ar y cludyddion gwefr oherwydd y maes trydanol yn hafal a dirgroes i'r grym magnetig, felly nid yw'r wefr yn cynyddu ymhellach.

Yna, mae $\qquad (\pm e)E = (\pm e)vB \qquad$ hynny yw, mae $\qquad E = Bv$

Dyma amod y 'meysydd wedi'u croesi' er mwyn i'r cludyddion gwefr, gyda buanedd drifft v, basio trwy'r waffer heb gael eu hallwyro. Maint y foltedd Hall, V_H, wedi'i fesur rhwng pwyntiau wedi'u gwahanu gan led, w, y waffer gyda chryfder maes ardraws, E, yw (gweler Adran 4.1.6)

$$V_H = Ew \qquad \text{felly mae} \qquad V_H = Bvw$$

Mae'n help ailfynegi v yn nhermau'r cerrynt I trwy'r waffer, gan ddefnyddio ein hen ffrind $I = nAve$. A yw arwynebedd trawstoriadol y dargludydd yn normal i gyfeiriad y cerrynt, hynny yw, arwynebedd, wt, yr wyneb bach.

Felly, mae $\quad v = \dfrac{I}{nwte}$

Ac mae $\quad V_H = \dfrac{BIw}{nwte} \quad$ hynny yw, mae $\quad V_H = \dfrac{BI}{nte}$

lle n yw crynodiad yr electronau rhydd neu'r tyllau (y nifer am bob uned cyfaint) a t yw trwch y waffer (Ffig. 4.4.22).

Sylwch ar nodweddion canlynol yr hafaliad:

- Mae V_H mewn cyfrannedd â B, y dwysedd fflwcs magnetig. Mae waffer Hall, wedi'i mowntio mewn 'chwiliedydd' (Ffig. 4.4.23), gyda chebl sy'n cysylltu â chyflenwad cerrynt allanol a foltmedr (wedi'i raddnodi'n uniongyrchol mewn mT weithiau), yn ffordd ymarferol o fesur B. Mae hyn yn wir hyd yn oed os yw'n amrywio dros bellterau o ychydig mm. Mewn achosion o'r fath, nid yw'n ymarferol mesur y grym ar wifren sy'n cario cerrynt (nac mewn achosion eraill chwaith, erbyn meddwl!)
- Y lleiaf yw trwch, t, y waffer, a'r lleiaf yw crynodiad yr electronau rhydd, n, y mwyaf yw V_H. Mae hyn yn wir oherwydd bod lleihau'r naill neu'r llall o'r ffactorau hyn, ar gyfer cerrynt penodol, I, yn cynyddu'r buanedd drifft, v, ac felly'n cynyddu'r grym magnetig ar bob cludydd gwefr.
- Yr enw ar y ffactor $\dfrac{1}{ne}$ yn yr hafaliad ar gyfer V_H yw'r 'cyfernod Hall'. Mae'n cynnwys y mesurau gaiff eu pennu gan *ddefnydd* y waffer. Weithiau, caiff arwydd minws ei roi o'i flaen os yw'r prif gludyddion gwefr yn negatif.

4.4.5 Y maes magnetig oherwydd cerrynt cyson

Hyd yma, mae'r bennod hon bron i gyd wedi ymwneud ag *effeithiau* meysydd magnetig. Nid ydyn ni wedi trafod, mewn unrhyw ffordd systematig, sut mae'r meysydd wedi'u cysylltu â'u *ffynonellau*, er ein bod wedi disgrifio'r maes o amgylch barfagnet, ac wedi trafod y coiliau sy'n cario cerrynt i ddarparu meysydd magnetig. Nawr yw'r amser felly i edrych yn fwy manwl ar y meysydd magnetig o ganlyniad i geryntau cyson.

(a) Y maes magnetig oherwydd cerrynt mewn cylched

Mae cerrynt cyson yn gofyn am gylched ddargludo gyflawn (yn cynnwys cell neu gyflenwad pŵer). Gwelwn ni fod y gylched yn cynhyrchu maes magnetig, a bod y llinellau fflwcs wedi'u cysylltu â'r gylched mewn ffordd debyg i sut mae dolenni allweddi wedi'u cysylltu â chylch allweddi.

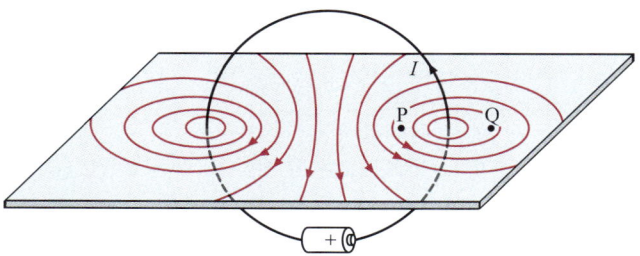

Ffig. 4.4.24 Maes magnetig o ganlyniad i gerrynt mewn cylched

Caiff cyfeiriad y maes ei roi gan y **rheol gafael â'r llaw dde**, fel gallwn ni ei ddangos gyda chwmpawd. Bydd angen i chi wybod sut i'w ddefnyddio'n hyderus.

Mae'r rheol yn berthnasol yr holl ffordd o amgylch y gylched; mae'n naturiol tybio bod pob rhan o'r gylched yn cyfrannu at y maes magnetig. Y dwysedd fflwcs ar unrhyw bwynt yng nghyffiniau'r gylched yw swm fector y dwyseddau fflwcs oherwydd holl rannau bach y gylched.

(b) Y maes magnetig oherwydd cerrynt mewn gwifren hir syth

Wrth gwrs, bydd rhaid i'r wifren fod yn rhan o gylched, ond byddwn ni'n ystyried y maes yn unig mewn ardal sy'n agos i'r wifren ac yn bell oddi wrth (i) **dau ben** y rhan syth, a (ii) gweddill y gylched.

Gallwn ni blotio'r maes gyda chwmpawd (os yw'r wifren yn fertigol). Rhaid i'r cerrynt, I, fod yn ddigon mawr fel bod maes y wifren yn llawer mwy na maes y Ddaear. Mae'r llinellau maes yn gylchoedd o amgylch y wifren (Ffig. 4.4.26).

Mae'n bosibl ymchwilio i faint cryfder y maes (dwysedd fflwcs), B, gyda chwiliedydd Hall, wedi'i gyfeirio ar bob pwynt i roi'r foltedd Hall mwyaf (gweler Adran 4.4.4 (b)). Rydyn ni'n darganfod bod $B \propto \dfrac{1}{r}$ ar gyfer pwyntiau ar bellterau amrywiol, r, o ganol y wifren, felly mae dyblu r yn haneru B, ac yn y blaen: cyfrannedd gwrthdro. Rydyn ni'n gweld hefyd, ar unrhyw bwynt, fod $B \propto I$.

Gwirio gwybodaeth 4.4.14

Rhowch un enghraifft o gylched sy'n cario cerrynt, ond nid cerrynt cyson.

>> **Termau Allweddol**

Y **rheol gafael â'r llaw dde**:
Gafaelwch yn y dargludydd â'ch llaw dde, gyda'ch bawd yn pwyntio tuag allan i gyfeiriad y cerrynt. Bydd eich bysedd yn cyrlio o gwmpas i gyfeiriad y maes. Gweler Ffig. 4.4.25.

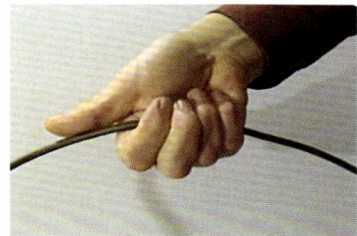

Ffig. 4.4.25 Y rheol gafael â'r llaw dde

Gwirio gwybodaeth 4.4.15

Gan gofio bod dwysedd fflwcs magnetig yn fector, esboniwch pam rydyn ni'n disgwyl i'r llinellau maes fod yn nes ger P na ger Q yn Ffig. 4.4.24.

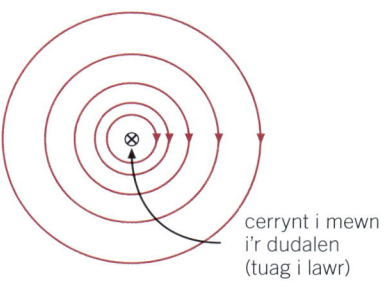

cerrynt i mewn i'r dudalen (tuag i lawr)

Ffig. 4.4.26 Llinellau maes dewisol o ganlyniad i gerrynt mewn gwifren hir syth

4.4.16 Gwirio gwybodaeth

Gan ddefnyddio'r data yn yr enghraifft:

(a) darganfyddwch y dwysedd fflwcs magnetig ym mhwynt Y, 35 mm i'r Gogledd o'r wifren yn Ffig. 4.4.27,

(b) darganfyddwch y grym ar 0.20 m o'r wifren oherwydd maes llorweddol y Ddaear.

Pwynt astudio

Mae rhai pobl yn hoffi dychmygu bod y llinellau maes sydd i'r chwith o'r wifren yn Ffig. 4.4.27 yn gweithredu fel llinynnau catapwlt tyn yn gwthio ar y wifren. Gallwch chi ddefnyddio'r gymhariaeth hon os yw'n apelio atoch, ond mae rheol modur llaw chwith Fleming a $F = BI\ell \sin\theta$ yn dweud popeth wrthyn ni am y grym ar y wifren

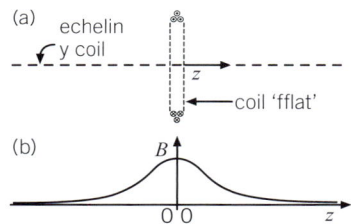

Ffig. 4.4.28 (a) Trychiad trwy goil
(b) Maint B ar hyd echelin y coil

Pwynt astudio

Mae patrwm maes y solenoid yn gwneud synnwyr os ydych chi'n dychmygu bod y solenoid wedi'i dorri (fel baguette) yn goiliau fflat, pob un yn cynhyrchu meysydd ar hyd yr echelin, fel sydd i'w weld yn Ffig. 4.4.28(b). Maes y solenoid yw swm y meysydd 'alldro' (*staggered*) oherwydd y tafelli.

Mae dibyniaeth B ar r ac I wedi'i chynnwys yn yr hafaliad

$$B = \frac{\mu_0 I}{2\pi r} \text{ lle } \frac{\mu_0}{2\pi} \text{ yw'r cysonyn cyfraneddol.}$$

Mae μ_0 yn gysonyn arbrofol a'r enw swyddogol arno yw *athreiddedd gofod rhydd*. Arloeswyr y 19eg ganrif sydd ar fai! Mae'r mwyafrif ohonon ni'n ei alw'n 'miw sero'. Mae ei werth bron yn union

$$\mu_0 = 4\pi \times 10^{-7} \text{ T m A}^{-1} = 4\pi \times 10^{-7} \text{ H m}^{-1} \text{ (henry metr}^{-1})$$

Yr henry (H), yw uned hunananwythiant sy'n cael ei chyflwyno yn Adran 4.5.6.

Enghraifft

Os oes cerrynt bach yn unig mewn gwifren fertigol, bydd yn bosibl cymharu cryfder ei maes ychydig gentimetrau i ffwrdd â chydran lorweddol, B_{EH}, maes magnetig y Ddaear. Mae B_{EH} yn amrywio o le i le a dros amser, ond tybiwch werth o 20 µT i'r Gogledd. Mae'r maes magnetig cydeffaith i'w weld yn Ffig. 4.4.27. Mae pwynt X (i'r Dwyrain o'r wifren) yn nwlbwynt – lle mae cryfder y maes (llorweddol) yn sero.

Pa mor fawr mae'n rhaid i'r cerrynt yn y wifren fod er mwyn i X fod 35 mm o'r wifren?

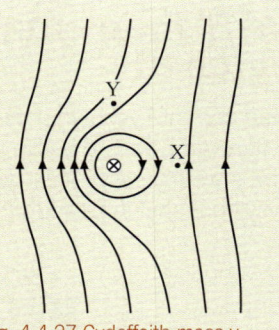

Ffig. 4.4.27 Cydeffaith maes y Ddaear a'r maes oherwydd y wifren

Ateb

Mae maint maes y wifren ym mhwynt X yn hafal i faint maes llorweddol y Ddaear.

$$\frac{\mu_0 I}{2\pi r} = B_{EH}, \text{ felly mae } I = \frac{2\pi r \, B_{EH}}{\mu_0} = \frac{2\pi \times 0.035 \text{ m} \times 20 \times 10^{-6} \text{ T}}{4\pi \times 10^{-7} \text{ H m}^{-1}} = 3.5 \text{ A}.$$

(c) Y maes magnetig oherwydd cerrynt mewn coil

Pan fydd y llinellau maes yn pasio trwy blân y ddolen yn Ffig. 4.4.24 mae'r meysydd oherwydd pob rhan o'r ddolen yn pwyntio i'r un cyfeiriad, ac mae adio fectorau yn arwain at atgyfnerthu. Gallwn ni wneud i'r maes yma (ac ar bob pwynt) fod N gwaith yn gryfach, trwy roi coil gydag N troad o wifren ynysedig yn lle'r ddolen. Bydd hyn, i bob pwrpas, yn rhoi N gwaith cerrynt y ddolen.

Os defnyddiwn ni chwiliedydd Hall i fesur y maes ar hyd echelin coil crwn 'gwastad' sy'n cario cerrynt (Ffig. 4.4.28(a)) rydyn ni'n gweld ei fod yn amrywio gyda'r pellter z o ganol y coil fel sydd i'w weld yn Ffig. 4.4.28(b).

Rydyn ni'n canolbwyntio yn awr ar y **solenoid**, coil sydd â'i droadau wedi'u dirwyn ar ffurf helics tyn, fel arfer o amgylch 'ffurfydd' ar ffurf tiwb. [Mae'r gair 'solenoid' yn golygu 'fel tiwb'.] Mae llinellau maes o ganlyniad i gerrynt mewn **solenoid hir** (hyd >> diamedr) i'w weld yn Ffig. 4.4.29. Sylwch ar y pwyntiau hyn:

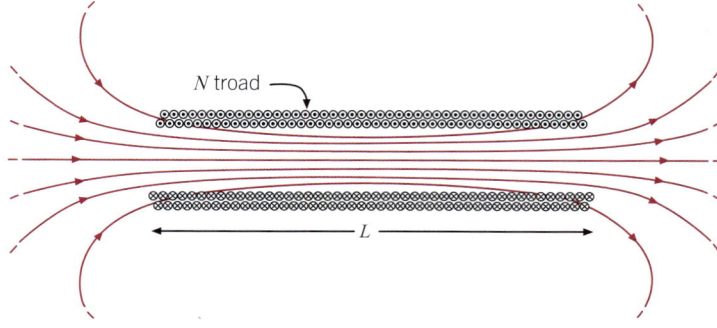

Ffig. 4.4.29 Y maes o ganlyniad i gerrynt mewn solenoid hir

- Mae'r llinellau maes yn ddolenni caeedig, ac mae'r patrwm yn debyg i batrwm barfagnet gyda phôl y Gogledd yn agos at ben ochr dde'r solenoid. Y Gogledd oherwydd bod y llinellau maes, gyda'r cerrynt fel mae i'w weld yma, yn dod allan o'r ochr dde, yn ôl y rheol gafael â'r llaw dde.

- Y tu mewn i'r solenoid hir, ac eithrio wrth y ddau ben, mae'r maes bron yn unffurf ar draws y trawstoriad ac ar hyd y solenoid. Gweler y **Pwynt astudio** cyntaf. Caiff ei faint ei roi gan

$$B = \mu_0 nI \quad \text{lle mae} \quad n = \frac{\text{nifer y troadau}}{\text{hyd echelinol}} = \frac{N}{L}$$

- Mae'r un hafaliad yn rhoi'r dwysedd fflwcs y tu mewn i goil toroidaidd (Ffig. 4.4.30), ar yr amod bod radiws y 'tiwb' yn llawer llai na radiws cyffredinol y torws. (Gwrthrych yw torws sydd â siâp fel tiwb mewnol teiar ag aer ynddo.) Mae'n bosibl meddwl am goil toroidaidd fel solenoid heb unrhyw ben – a dim polau.

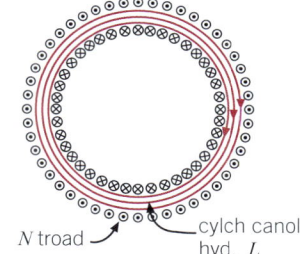

N troad   cylch canol hyd, L

Ffig. 4.4.30 Coil toroidaidd

4.4.6 Fflwcs magnetig, Φ

Un o nodweddion trawiadol y dwysedd fflwcs y tu mewn i solenoid hir, ar gyfer n ac I penodol, yw nad yw'n dibynnu ar yr arwynebedd trawstoriadol, A. Ond, mewn ffordd, gydag A mwy, mae gennych chi faes mwy, hyd yn oed os nad yw'r maes yn gryfach! Gallwn ni wneud y syniad hwn yn drachywir trwy ddiffinio mesur 'newydd', y **fflwcs magnetig**, Φ.

Caiff mwy o fflwcs ei gynhyrchu gan y solenoid sydd â'r A mwyaf.

Nawr gallwn ni weld y synnwyr mewn galw B yn 'dwysedd fflwcs', oherwydd, trwy ysgrifennu $B_\perp = B\cos\theta$ ar gyfer cydran y dwysedd fflwcs sy'n normal i'r arwynebedd, mae

$$B_\perp = \frac{\Phi}{A} = \text{y fflwcs normal am bob uned arwynebedd}$$

Mae priodweddau llinellau maes magnetig (Adran 4.4.1) yn gysylltiedig â rhai fflwcs magnetig. Er enghraifft, yn Ffig. 4.4.32 mae'r holl fflwcs sy'n pasio i'r dde trwy'r arwynebedd siâp disg A_mewnol yn 'dychwelyd' i'r chwith trwy arwynebedd A_allanol, sef anwlws (siâp wasier) dychmygol sy'n amgylchynu'r solenoid ac sy'n ymestyn yn ddiderfyn.

arwynebedd A_allanol

arwynebedd A_mewnol

Ffig. 4.4.32 Fflwcs solenoid

Defnyddio craidd haearn mewn coil

(a) Gallwn ni gynyddu'r dwysedd fflwcs (a'r fflwcs ei hun) yn sylweddol, efallai gan ffactor o gannoedd, mewn solenoid neu goil toroidaidd trwy gynnwys craidd haearn meddal (Ffig. 4.4.34(a)).

Mae haearn meddal yn haearn sy'n gymharol bur. Fel arfer, mae ei barthau magnetig (gweler dechrau Adran 4.4) wedi'u cyfeirio fel bod eu heffeithiau'n canslo, ond mae'r maes magnetig gaiff ei gynhyrchu gan y cerrynt yn ehangu'r parthau sy'n atgyfnerthu'r maes, ac yn lleihau'r rhai sy'n ei wrthwynebu. Pan gaiff y cerrynt ei ddiffodd, mae'r haearn yn colli ei fagnetedd bron i gyd. (Nid yw'r parthau wedi'u halinio mwyach.)

(a)

(b)

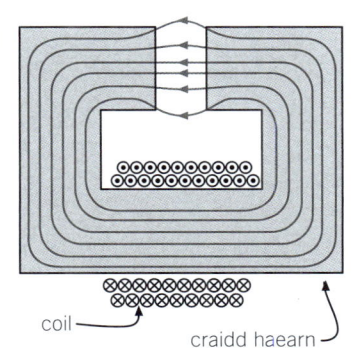

coil   craidd haearn

coil   craidd haearn

Ffig. 4.4.34(a) Trychiadau trwy (a) coil â chraidd haearn a (b) electromagnet (un math)

Gwirio gwybodaeth 4.4.17

Cyfrifwch y cerrynt sydd ei angen i gynhyrchu dwysedd fflwcs o 0.0050 T ymhell y tu mewn i solenoid 450-troad â hyd o 0.60 m.

> **Termau Allweddol**

Rydyn ni'n diffinio'r **fflwcs magnetig**, Φ, trwy arwynebedd, A, fel $\Phi = BA\cos\theta$, lle θ yw'r ongl rhwng y normal i'r arwynebedd a'r dwysedd fflwcs (Ffig. 4.4.31). Mae'n sgalar.

UNED $\text{T m}^2 = \text{Wb}$ (weber)

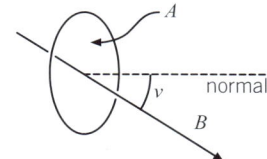

Ffig. 4.4.31 Fflwcs magnetig,

Gwirio gwybodaeth 4.4.18

Cyfrifwch y fflwcs sy'n pasio trwy drawstoriad canolog y solenoid hir yn Ffig. 4.4.33 pan fydd y cerrynt yn 3.5 A.

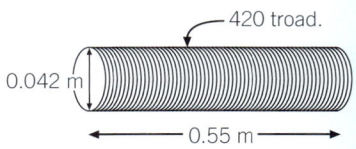

420 troad.

0.042 m

0.55 m

Ffig. 4.4.33 Solenoid

Gwirio gwybodaeth 4.4.19

Esboniwch yn nhermau fflwcs ac arwynebeddau sut y byddech chi'n disgwyl i faint dwysedd y fflwcs yn y bwlch aer yn yr electromagnet yn Ffig. 4.4.34 gymharu â'r dwysedd fflwcs yn ei graidd.

Mae **electromagnet** yn goil â chraidd haearn sydd wedi'i gynllunio i gynhyrchu maes cryf y tu hwnt i bennau'r craidd (y polau). Yn yr electromagnet yn Ffig. 4.4.34(b), bydd y maes yn fras yn unffurf yn y bwlch rhwng y polau, er bod y llinellau maes yn ymchwyddo allan ychydig wrth yr ymylon. Bydd y fflwcs sy'n croesi'r bwlch yr un fath â'r fflwcs sy'n pasio trwy drawstoriad o'r craidd.

▶**4.4.20** **Gwirio gwybodaeth**

Cyfrifwch y grym cydeffaith ar y ddolen gwifren sgwâr WXYZ yn Ffig. 4.4.36 oherwydd y cerrynt yn y wifren syth hir, a nodwch gyfeiriad y grym.
Sylwch: does dim angen ceisio cyfrifo'r grymoedd ar XY a ZW, gan eu bod nhw'n canslo.

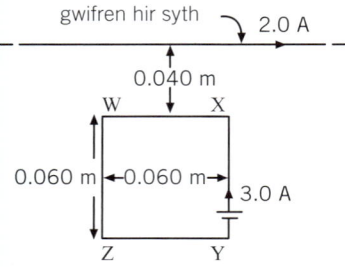

Ffig. 4.4.36 Gwifren syth a dolen sgwâr

▶▶ **Pwynt astudio**

Nid yw'r hafaliad $F = \dfrac{\mu_0 I_1 I_2 \ell}{2\pi d}$ yn y llyfryn Data, ond does dim angen dysgu'r hafaliad ei hun.

◀ **Ymestyn a herio**

Ar gyfer y ddwy wifren baralel hir yn Ffig. 4.4.35(a), mae'r grym ar hyd ℓ o'r wifren I_1 yn hafal a dirgroes i'r grym ar hyd ℓ o'r wifren I_2.

(a) Pam nad yw trydedd ddeddf Newton yn berthnasol yma?

(b) Rhowch ddadl *ddilys* dros y ffaith bod y grymoedd hyn yn hafal a dirgroes.

▶**4.4.21** **Gwirio gwybodaeth**

Bydd dargludydd gwag ar ffurf tiwb disylwedd wedi'i wneud o ffoil alwminiwm yn mewnffrwydro pan gaiff cerrynt mawr iawn ei anfon trwyddo o un pen i'r llall. Esboniwch pam mae hyn yn digwydd.

4.4.7 Grymoedd rhwng gwifrau sy'n cario cerrynt

O wybod y dwysedd fflwcs magnetig o amgylch gwifren hir syth sy'n cario cerrynt I_1, gallwn ni gyfrifo grym yr effaith modur ar hyd ℓ o wifren baralel gyfagos, sy'n cario cerrynt I_2.

Bydd y grym ar ℓ yr un peth dim ots os yw'r gwifrau wedi'u trefnu fel sydd i'w weld yn Ffig. 4.4.35 (a) neu (b); nid ydyn ni'n ystyried y grymoedd ar weddill y gylched sy'n cario I_2.

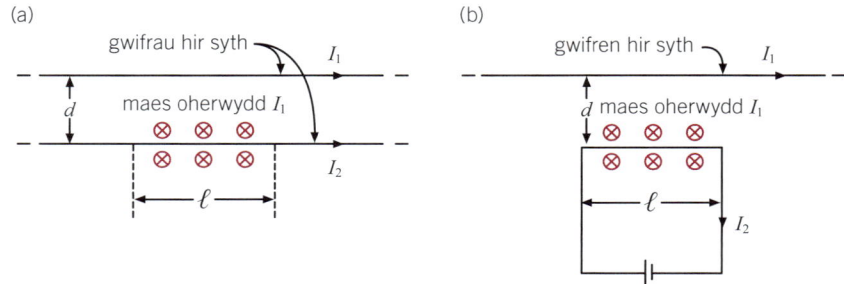

Ffig. 4.4.35 Gwifrau sy'n cario cerrynt ac sy'n rhoi grymoedd ar ei gilydd

Yng nghyffiniau ℓ, mae'r maes oherwydd I_1 i mewn i'r dudalen, fel sydd i'w weld (gan ddefnyddio'r rheol gafael â'r llaw dde). Felly, mae ℓ yn profi grym tuag at I_1 (gan ddefnyddio rheol modur llaw chwith Fleming). Mae maint y grym ar ℓ yn

$$F = BI_2\ell \quad \text{felly mae} \quad F = \frac{\mu_0 I_1}{2\pi d} \times I_2\ell \quad \text{hynny yw mae} \quad F = \frac{\mu_0 I_1 I_2 \ell}{2\pi d}$$

Mae trydedd ddeddf Newton yn dweud wrthyn ni fod ℓ yn rhoi grym hafal a dirgroes ar y wifren I_1 *gyfan* (gan fod y maes mae ℓ yn eistedd ynddo wedi'i achosi gan y cerrynt yn y wifren gyfan).

Gwelwn ni fod 'ceryntau tebyg yn atynnu'. Gwiriwch fod ceryntau annhebyg yn gwrthyrru.

Yr amper a μ_0

Tan fis Mai 2019 diffiniwyd yr amper fel a ganlyn:

'Yr amper yw'r cerrynt hwnnw, mewn dwy wifren baralel hir sydd union 1 metr ar wahân mewn gwactod, fyddai'n cynhyrchu grym rhwng y gwifrau o 2×10^{-7} newton yn union am bob metr o'u hyd.'

Trwy roi'r gwerthoedd o'r diffiniad hwn yn yr hafaliad rydyn ni newydd ei ddeillio

$$2 \times 10^{-7} \text{ N} = \frac{\mu_0 \times 1\text{ A} \times 1\text{ A} \times 1\text{ m}}{2\pi \times 1\text{ m}} \quad \text{felly mae} \quad \mu_0 = 4\pi \times 10^{-7} \text{ N A}^{-2} \ (\equiv \text{H m}^{-1})$$

Mae'r amper bellach (ers mis Mai 2019) wedi'i ddiffinio fel cerrynt 1 coulomb am bob eiliad yn union, a'r coulomb fel cyfanswm gwefr o $6.241\ 509\ 074 \times 10^{18}$ proton. Dewiswyd y rhif hwn fel bod yr amper newydd mor agos â phosibl i'r un cerrynt â'r hen ddiffiniad. Felly mae μ_0 yn dal i fod yn $4\pi \times 10^{-7}$ N A^{-2} yn union bron, ond gall y gwerth gael ei wirio ac, os oes angen, ei gywiro trwy arbrawf. Pa drefniant gellid ei ddefnyddio, a beth fyddai'n cael ei fesur?

4.4.8 Gwaith ymarferol penodol

(a) Ymchwilio i ddwysedd fflwcs magnetig gan ddefnyddio chwiliedydd Hall

Mae chwiliedydd Hall yn cynnwys waffer wedi'i chysylltu fel yn Ffig. 4.4.22 ac yn aml wedi'i mowntio a'i hamgáu ar ben ffon gyda dolen. Mae'r gp Hall (efallai gyda chyfleuster addasu sero) yn cael ei fwydo i fesurydd a all ddarllen mV neu μV neu a allai fod wedi'i raddnodi'n uniongyrchol mewn mT neu μT.

Dyma ddau ymchwiliad posibl …

Y maes y tu mewn i solenoid hir

Mae'r solenoid yn cael ei gynnwys mewn cylched i ddarparu cerrynt hysbys. Mae angen i'r chwiliedydd fod o fath sydd â'r waffer wedi'i chyfeirio i fesur meysydd sy'n *baralel* i'w ffon. Dylai'r rheswm fod yn amlwg o edrych ar Ffigurau 4.4.29 a 4.4.37.

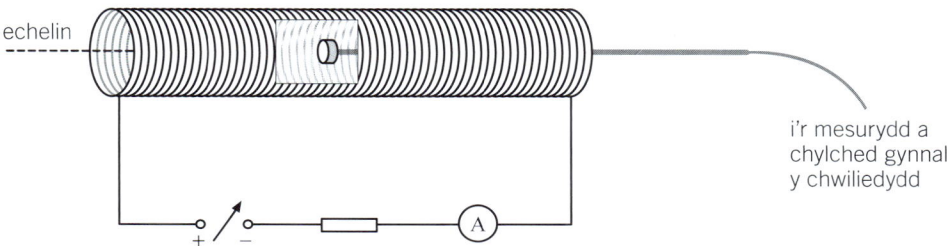

echelin

i'r mesurydd a chylched gynnal y chwiliedydd

Ffig. 4.4.37 Ymchwilio i *B* mewn solenoid hir gyda chwiliedydd Hall

(a) Rhoddir y dwysedd flwcs yng nghanol solenoid sydd â'i hyd yn sawl gwaith ei ddiamedr – gweler Adran 4.4.5(c) – gan

$$B = \mu_0 nI$$

O wybod n, ac wedi darllen y cerrynt I, gallwn ni gyfrifo B. Mae hyn yn ein galluogi ni i wirio graddnodiad chwiliedydd sy'n rhoi darlleniad uniongyrchol o B, neu i raddnodi foltmedr wedi'i wifro i 'sglodyn Hall' arbennig. Rhaid i ni wirio ar gyfer cyfeiliornad sero ac, ar ôl dileu neu ganiatáu am hyn, bydd angen profi am linoledd: dylai dyblu cerrynt y solenoid roi dwbl y darlleniad.

(b) Gyda'r chwiliedydd yn agos at ganol y solenoid, ar ei hyd, rydyn ni'n mesur y maes mewn tri neu bedwar pwynt ar draws y diamedr, i weld a yw'r maes yn unffurf dros drawstoriad o'r tu mewn.

(c) Byddai'r prif ymchwiliad yn cael ei wneud i'r dwysedd fflwcs, B, ar wahanol bellterau, z, ar hyd echelin y solenoid o'r canol ($z = 0$) hyd at bwynt ychydig y tu hwnt i un pen i'r solenoid. Y nod fyddai plotio graff B yn erbyn z. Yn agos at y pen, mae B yn lleihau'n gyflym gyda z, felly mae angen i'r darlleniadau fod ar gyfyngau z agosach nag sydd eu hangen pan fydd z yn llai. Wrth gwrs, mae hefyd yn bosibl cymryd darlleniadau ar gyfer gwerthoedd z negatif.

Gwirio gwybodaeth

Daw'r darlleniadau canlynol o foltmedr wedi'i gysylltu â chwiliedydd Hall sydd wedi'i gyfeirio'n gywir yng nghanol solenoid hir, a chanddo 2200 troad am bob metr o'i hyd.

I_{sol} / A	0	0.50	1.00
V_{Hall} / mV	8.2	49.8	91.0

(a) Darganfyddwch y cyfeiliornad sero, sydd heb gael ei gywiro.

(b) Dangoswch ei bod hi'n ymddangos bod ymateb y chwiliedydd yn llinol, neu'n agos at fod yn llinol, a chyfrifwch werth ar gyfer sensitifedd y chwiliedydd mewn $V\ T^{-1}$.

◀ **Ymestyn a herio**

Ar gyfer solenoid gwirioneddol hir (hyd >> diamedr), mae disgwyl i'r maes ar y pwynt ar yr echelin sydd ar ben eithaf y solenoid fod yn

$$B_{pen} = \frac{1}{2}B_{canol}.$$

Profwch hyn heb fathemateg gymhleth trwy ddefnyddio cymesuredd. Awgrym: mae hanner solenoid hir yn dal i fod yn solenoid hir!

Beth yw graddiant damcaniaethol graff B yn erbyn $\frac{1}{r}$ ar gyfer gwifren hir syth?

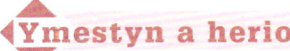 **Pwynt astudio**

'Yn rhanbarth y chwiliedydd, nid yw tair ochr arall y coil yn cynhyrchu dim maes, bron, *i'r cyfeiriad hwn.*' (pedwerydd pwynt bwled yn y prif destun). Gwiriwch yr honiad hwn trwy ddefnyddio'r *rheol gafael â'r llaw dde.*

Ymestyn a herio

Oherwydd trwch y sypyn o wifrau sy'n ffurfio'r coil, gall fod yn anodd penderfynu ble i roi sero'r raddfa gaiff ei defnyddio i fesur r. Ar gyfer cyfeiliornad sero yn r, er mwyn cynhyrchu rhyngdoriad ansero, mae angen i ni blotio graff llinell syth gwahanol i'r un gaiff ei argymell yn y prif destun. Beth ddylai gael ei blotio yn erbyn beth?

 **4.4.24** **Gwirio gwybodaeth**

Mae rhannau isaf darnau fertigol, WX ac YZ, y wifren sydd i'w gweld yn Ffig. 4.4.4 yn profi grymoedd magnetig. Pam nad yw'r grymoedd hyn yn effeithio ar ddarlleniad y glorian?

 Pwynt astudio

Er mwyn cynyddu'r grymoedd rydyn ni'n ceisio eu mesur, gallen ni fynd â'r wifren o amgylch y llwybr WXYZW sawl gwaith. Bydd hyn yn gywerth â chyr\ddu'r cerrynt mewn gwifren sengl y nifer hwnnw o weithiau.

 4.4.25 **Gwirio gwybodaeth**

Os yw graddiant graff F yn erbyn I ar gyfer $\theta = 90°$ yn $(4.2 \pm 0.1) \times 10^{-4}$ N A^{-1}, ac os yw ℓ yn cael ei fesur yn 20 ± 1 mm, cyfrifwch werth ar gyfer B yng nghyfiniau'r wifren, yn ogystal â'i ansicrwydd absoliwt.

Y maes o ganlyniad i wifren syth hir

Mae Ffig. 4.4.38 yn dangos dull ymarferol (nid yr unig un posibl) ar gyfer cynnal yr ymchwiliad. Y brif broblem gaiff ei hystyried yw na all gwifren hir, syth, sy'n cario cerrynt, fodoli ar ei phen ei hun!

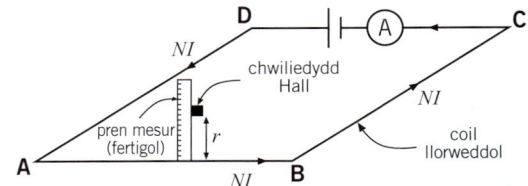

Ffig. 4.4.38 Trefniant ar gyfer ymchwilio i B oherwydd gwifren hir syth

Mae Ffig. 4.4.38 yn dangos coil sgwâr plân mawr, **ABCD**, sy'n cynnwys N troad o wifren, sy'n cario cerrynt, I. [Mae 80 cm × 80 cm yn ffitio'n daclus ar fainc labordy.]

- Rydyn ni'n ymchwilio i'r maes o ganlyniad i un ochr, **AB**, o'r coil, ar hyd llinell fertigol o ganol **AB**.
- Rydyn ni'n defnyddio'r pren mesur i fesur pellter, r, ein chwiliedydd Hall o'r wifren.
- Mae'r chwiliedydd wedi'i gyfeiriadu i fesur meysydd magnetig i'r cyfeiriad sy'n baralel ag **AD** neu **BC**. I weld pam, defnyddiwch y rheol gafael â'r llaw dde ar **AB**.
- Yn agos at **AB**, mae'r meysydd i'r cyfeiriad hwn o ganlyniad i dair ochr arall y coil yn ddibwys.
- Ni ddylai r fod yn fwy na tua 50 mm. Os yw r yn rhy fawr mae'r maes yn mynd yn rhy wan i'w fesur yn fanwl gywir, ac ni fydd **AB** yn 'hir iawn' o'i gymharu ag r.

Cymerir darlleniadau o B, gan ddefnyddio chwiliedydd Hall ar gyfer gwerthoedd r hyd at tua 50 mm. Mae graff B yn erbyn $\frac{1}{r}$ yn cael ei blotio (gweler Ymestyn a herio). Dylai fod yn llinell syth a gellid cymharu'r graddiant â'i werth damcaniaethol (gweler Gwirio Gwybodaeth 4.4.23).

(b) Ymchwilio i'r grym ar ddargludydd sy'n cario cerrynt

Mae'r cyfarpar i'w weld yn Ffig. 4.4.4, ac mae'r ymchwiliad ei hun wedi'i amlinellu yn Adran 4.4.2. Dyma rai pwyntiau ymarferol:

- Mae'n siŵr bydd y glorian ddigidol wedi cael ei raddnodi mewn gramau, ond mewn gwirionedd mae'n ymateb i rym. Mae clorian sydd wedi'i gwneud ar gyfer ei defnyddio yn y DU yn cofnodi 1.000 gram ar gyfer grym o 9.81×10^{-3} N arni.
- Y prif ymchwiliad yw sut mae'r grym, F, yn amrywio gyda'r cerrynt, I, ar gyfer hyd sefydlog, ℓ, o wifren (hyd y rhan lorweddol, XY) ar ongl sefydlog θ (90° yw'r dewis amlwg). Mae'n debyg y bydd angen ceryntau hyd at ychydig amperau i gynhyrchu grymoedd digon mawr i'w mesur yn ddibynadwy (gweler y Pwynt astudio).
  Rydyn ni'n plotio F yn erbyn I. Mae'n bosibl darganfod gwerth ar gyfer B o'r graddiant, os yw ℓ wedi cael ei fesur â phren mesur. Gweler GG 4.4.24. Sylwch fod gwerth B sy'n dod i'r amlwg yn gyfartaledd dros XY; dydy'r maes yn y bwlch ddim yn debygol o fod yn unffurf iawn.
- Byddai'n bosibl gwneud ymchwiliad arall i ddibyniaeth F ar θ. Mae angen ychydig o ddyfeisgarwch i fesur θ yn ddibynadwy gydag onglydd. Dylai F gael ei blotio yn erbyn $\sin \theta$, gan obeithio am linell syth trwy'r tarddbwynt.
- Dylai hi fod yn bosibl gwirio dibyniaeth F ar ℓ ar gyfer I a θ cyson, ond efallai na fydd hyn yn hawdd.

Profwch eich hun 4.4

1. Nodwch gyfeiriad y grym ar gyfer y gwifrau coch yn y diagramau a roddir yn (a)-(d). Mae'r symbolau dot a chroes yn ymwneud â chyfeiriad y cerrynt neu'r maes magnetig. Mae'r cylch yn rhan (d) yn goil plân sy'n cario cerrynt.

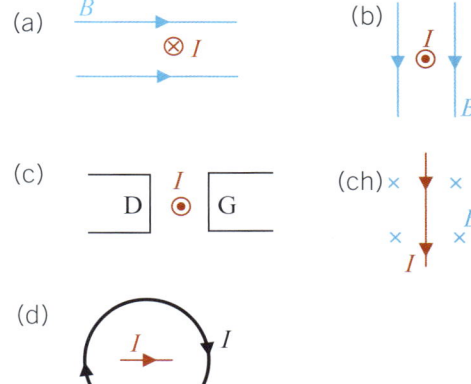

2. Mae gwifren lorweddol, hyd 10 m, wedi'i chyfeirio **Gn–Dn**, ac mae'n cario cerrynt cyson o 25 A i gyfeiriad y dwyrain. Dwysedd fflwcs maes magnetig y Ddaear ar safle'r wifren yw 50 µT, ac mae ei gyfeiriad tuag i lawr ar ongl o $70°$ i'r llorwedd mewn plân G–D. Cyfrifwch:

   (a) maint a chyfeiriad y grym ar y wifren o ganlyniad i faes magnetig y Ddaear;
   (b) cydrannau llorweddol a fertigol y grym ar y wifren.

3. Mae'r wifren yng nghwestiwn 2 nawr yn cario cerrynt eiledol, a roddir gan $I = 50 \cos 100\pi t$, lle mae I mewn A a t mewn s. Brasluniwch graff i ddangos amrywiad cydran lorweddol y grym ar y wifren dros gyfnod o 40 ms. [Awgrym: yn gyntaf, darganfyddwch gyfnod y CE.]

4. Mae coil sgwâr â 500 troad yn mesur 7.07 cm x 70.7 cm ac mae'n cario cerrynt o 3.00 A. Caiff ei osod mewn maes magnetig o 0.200 T fel bod yr ochrau XY a ZW bob amser ar ongl sgwâr i'r maes (Ffig. 4.4.7). Trwy gyfrifo'r grymoedd ar XY a ZW yn gyntaf, darganfyddwch y trorym ar y coil pan mae ei blân (a) yn baralel â'r maes magnetig (b) ar $60°$ i'r maes magnetig.

5. Mae electronau, gydag egni cinetig 1.0 keV, yn teithio ar ongl sgwâr i faes magnetig unffurf. Maen nhw'n cael eu harsylwi yn teithio ar hyd llwybrau crwn, radiws 5.0 cm. Cyfrifwch:

   (a) momentwm yr electronau,
   (b) dwysedd fflwcs y maes magnetig ac
   (c) amledd chwyrlio'r electronau (h.y. nifer yr orbitau am bob uned amser).
   [Data angenrheidiol: gwefr a màs electron]

6. Mae gan electronau yn yr uwchatmosffer amledd chwyrlio o 1.7 MHz. Mae hyn yn arwain at amsugno tonnau radio o ganlyniad i gyseiniant. Cyfrifwch:

   (a) dwysedd fflwcs maes magnetig y Ddaear a
   (b) amledd chwyrlio'r protonau.
   [Data angenrheidiol: gwefr a màs electron a phroton]

7. Mae cylchotron yn gweithio gyda dwysedd fflwcs magnetig o 0.50 T. Caiff ei ddefnyddio i gyflymu protonau. Pan fydd y protonau'n croesi'r bwlch rhwng y ddau D, mae'r gp yn 1000 V.

   (a) Cyfrifwch amledd y gp sydd ei angen.
   (b) Nodwch egni'r protonau ar ôl 2000 o orbitau cyflawn.
   (c) Cyfrifwch radiws llwybr y protonau ar ôl 2000 o orbitau cyflawn.
   (ch) Nodwch pam na fyddai cylchotron yn gallu cael ei ddefnyddio fel hyn i gyflymu electronau i'r egni hwn.

8. Caiff ïonau metel monoegnïol wedi'u gwefru eu pasio trwy ddetholydd cyflymder. Mae gan y maes magnetig ddwysedd fflwcs o 0.10 T. Caiff y maes trydanol ei ddarparu gan bâr o blatiau paralel 4.0 cm ar wahân. Rydyn ni'n arsylwi ar yr ïonau yn pasio trwy'r detholydd heb wyro pan fydd y gp rhyngddyn nhw yn 116 V.

   (a) Cyfrifwch fuanedd yr ïonau.
   (b) Caiff yr ïonau (tybiwn eu bod wedi'u hïoneiddio'n sengl) eu cynhyrchu gan gyflymiad trwy gp o 100 V. Enwch nhw trwy gyfrifo eu màs.
   [Data angenrheidiol: masau atomig]

9. Mae'r diagram yn dangos egwyddor sbectromedr màs syml, sef dyfais ar gyfer gwahanu atomau sydd â masau gwahanol. Caiff atomau sydd wedi'u hïoneiddio'n sengl, ac sy'n meddu ar egni dibwys i gychwyn, eu cyflymu trwy gp, V, cyn pasio trwy hollt, S, a mynd i mewn i faes magnetig unffurf.

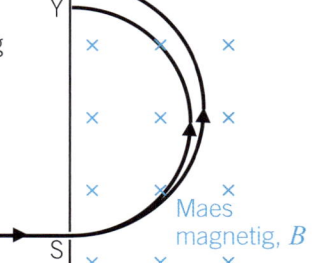

Maes magnetig, B

Bydd yr ïonau yn teithio ar hyd llwybrau crwn, a chaiff y rhai sydd â masau gwahanol eu canfod mewn safleoedd gwahanol, **X** ac **Y**.

(a) Nodwch gyfeiriad y maes magnetig.
(b) Mae yna ddau isotop, masau m_X ac m_Y.
   Rhowch fynegiadau ar gyfer cyflymderau'r ddau isotop wrth iddyn nhw fynd i mewn i'r maes magnetig.
(c) Defnyddiwch eich ateb i ran (b) i ddeillio mynegiadau ar gyfer radiysau'r llwybrau crwn, r_X ac r_Y.
(ch) Mae sbectromedr màs yn defnyddio maes magnetig, dwysedd fflwcs 0.050 T. Caiff ei ddefnyddio i wahanu isotopau o gopr. Cafodd yr ïonau $^{63}Cu^+$ eu canfod ar bellter o 25.0 cm o S.
   (i) Cyfrifwch y potensial, V.
   (ii) Cyfrifwch wahaniad (**YX** ar y diagram) ïonau $^{63}Cu^+$ a $^{65}Cu^+$.

10. Mae chwiliedydd Hall yn defnyddio sglodyn silicon math-p gyda chrynodiad cludyddion gwefr o $1.0 \times 10^{15} cm^{-3}$. Mae ganddo wrthedd o 13.5 Ω cm. Dimensiynau, $w \times t \times l$, y sglodyn yw 2 mm $\times$ 0.1 mm $\times$ 5 mm. Caiff ei gyflenwi â cherrynt o 5.0 mA.

(a) Cyfrifwch wrthiant y sglodyn.
(b) Cyfrifwch y gp arhydol sydd ei angen.
(c) Cyfrifwch gymhareb y foltedd Hall, V_H, i'r dwysedd fflwcs magnetig, B, pan mae'r sglodyn yn cael ei osod ar ongl sgwâr i'r maes magnetig. [Gofal gyda'r unedau]
(ch) Nid yw'r pwyntiau cyffwrdd ar gyfer mesur y foltedd Hall yn union gyferbyn â'i gilydd ar y sglodyn. Y gwahaniaeth yw 0.01 cm. Amcangyfrifwch y gp rhwng y pwyntiau hyn gyda maes magnetig sero.

◀ **Ymestyn a herio**

Er mwyn cynhyrchu'r maes magnetig unffurf (bron) yn y tiwb allwyro sydd i'w weld yn Ffig. 4.4.13 rydyn ni'n defnyddio trefniant coil Helmholtz. Mae hwn yn ddau goil plân o'r un radiws, a, a'r un nifer o ddroadau, N, wedi'u trefnu ar yr un echelin a'u gwahanu gan a. Mae angen cysylltu'r coiliau mewn cyfres, gyda'r ceryntau i'r un cyfeiriad. Ar gyfer coil plân sengl, mae gan amrywiad y dwysedd fflwcs echelinol gyda'r safle, fel sydd i'w weld yn Ffig. 4.4.27 y fformiwla:

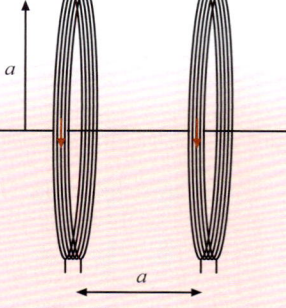

$$B = \frac{\mu_0}{2} \frac{NIa^2}{(a^2 + x^2)^{3/2}}$$

1. Plotiwch graff o'r ffwythiant hwn o $x = -2a$ i $x = 2a$. Ffurf y graff yn unig sydd o ddiddordeb i ni felly gallwch chi osod μ_0 ar 2 ac N, I ac a ar 1. Felly dylech chi blotio'r ffwythiant $\frac{1}{(1 + x^2)^{3/2}}$ rhwng $x = -1$ ac $x = 2$. [Awgrym: Defnyddiwch daenlen]

2. Mae angen arosod ail graff wedi'i symud a [h.y. 1], i'r dde i gynrychioli maes yr ail goil.

3. Adiwch ddau faes y ddau goil gyda'i gilydd, a rhowch sylw ar werth y maes rhwng y coiliau.

4. Mae'r maes fwy neu lai yn gyson oherwydd, yn y rhan ganol, mae'r maes o un coil yn lleihau ar yr un gyfradd ag y mae'r llall yn cynyddu. Mae hyn yn digwydd pan fydd pwyntiau ffurfdro'r ddau graff yn cyd-daro. Trwy ddifferu fformiwla'r dwysedd fflwcs ddwywaith, dangoswch fod y pwyntiau ffurfdro ar $x = \pm \frac{1}{2} a$.

4.5 Anwythiad electromagnetig

Anwythiad electromagnetig yw'r effaith ffisegol sy'n cael ei ddefnyddio mewn generaduron trydanol (er enghraifft, mewn gorsafoedd pŵer ac mewn ceir – i wefru eu batrïau). Mae newidyddion (fel sy'n cael eu defnyddio wrth ddosbarthu egni trydanol ac i gynhyrchu folteddau isel o'r 'prif' gyflenwad) hefyd yn dibynnu ar anwythiad electromagnetig i weithio, ond, mewn gwirionedd, mae'r effaith yn yr achos hwnnw yn eithaf gwahanol. Byddwn ni'n esbonio sut mae un hafaliad yn berthnasol i'r ddau achos.

4.5.1 Y g.e.m. sy'n cael ei anwytho mewn dargludydd sy'n symud

Caiff g.e.m. ei 'anwytho' mewn dargludydd wrth iddo symud mewn ffordd sy'n gwneud iddo dorri (symud ar draws) llinellau fflwcs magnetig. Mae Ffig. 4.5.1 yn un ffordd o ddangos hyn: rydyn ni'n tynnu'r wifren lorweddol XY i fyny'n sydyn ac yn arsylwi bod y foltmedr yn rhoi darlleniad (ychydig milifoltiau fel arfer) wrth i'r wifren yn symud.

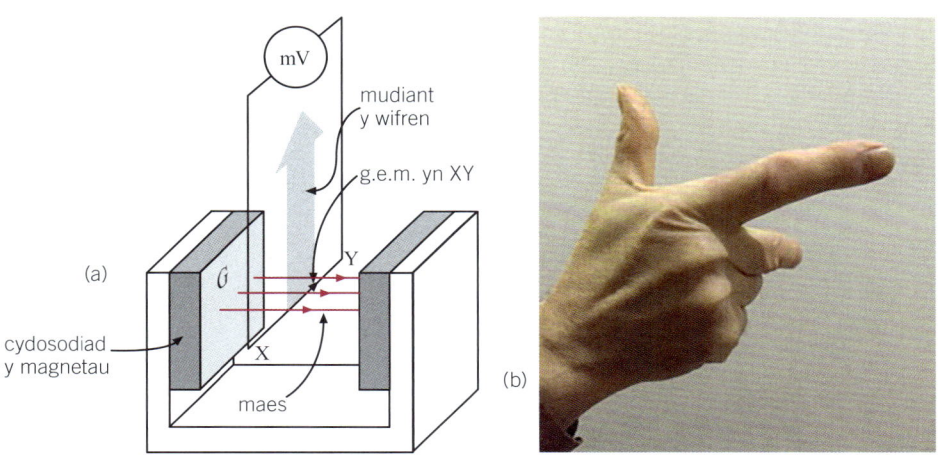

Ffig. 4.5.1 (a) Gwifren yn torri fflwcs (b) Rheol generadur llaw dde Fleming

Sylwch ar y pwyntiau hyn:

- Does dim darlleniad os ydyn ni'n symud y wifren XY yn Ffig. 4.5.1(a) o'r chwith i'r dde. nid yw'n *torri* llinellau fflwcs, ond yn lle hynny mae'n llithro rhyngddynt.
- Os yw'r dargludydd sy'n symud yn rhan o gylched gyflawn, bydd y g.e.m. yn achosi cerrynt. Mae g.e.m. i'r cyfeiriad X i Y yng ngwifren XY yn annog cerrynt o X i Y yn y wifren, ac felly o Y i X yng ngweddill y gylched! O safbwynt y foltmedr, mae Y yn gweithredu fel terfynell bositif batri. Os *nad* yw'r gylched yn gyflawn, bydd gp yn dal i fod rhwng X ac Y sy'n hafal o ran maint i'r g.e.m. Gweler y Pwynt astudio.
- Rhoddir cyfeiriad y g.e.m. gan **reol generadur llaw dde Fleming**. Dyma'r drydedd 'rheol llaw', a'r olaf!
- Mae cryfhau'r maes magnetig, gwneud y wifren yn y maes yn hirach, a symud y wifren yn gyflymach, i gyd yn cynyddu'r g.e.m. Mae'n bosibl darganfod hyn trwy ddefnyddio'r cyfarpar yn Ffig. 4.5.1 (a). Gallwn ni ddeillio hafaliad syml ar gyfer y g.e.m. trwy ddefnyddio arbrawf meddwl.

Termau Allweddol

Rheol generadur llaw dde Fleming

Daliwch eich llaw dde fel bod:

- y **M**ynegfys yn pwyntio'n syth allan o gledr eich llaw ac i gyfeiriad y **M**aes magnetig,
- y Bawd yn pwyntio i gyfeiriad Mudiant y wifren
- Y bys **C**anol yn cael ei ddal i mewn tuag at gledr y llaw…

Mae'r bys **C**anol yn pwyntio i gyfeiriad y **C**errynt confensiynol yn y dargludydd (ac felly i gyfeiriad y g.e.m).

Gwirio gwybodaeth 4.5.1

Mae'r ddolen betryal, PQRS yn Ffig. 4.5.2, yn cael ei symud yn raddol i'r dde. Mae'r ddolen yn rhannol mewn maes magnetig sy'n ddibwys y tu hwnt i'r ffin doredig.

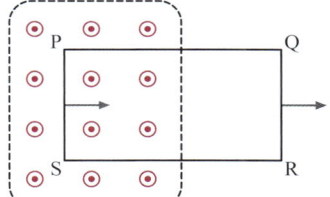

Ffig. 4.5.2 Torri fflwcs

(a) Esboniwch, yn nhermau torri fflwcs, pam na chaiff unrhyw g.e.m. ei anwytho yn ochrau PQ, QR nac RS.

(b) Nodwch gyfeiriad y g.e.m. gaiff ei anwytho yn SP.

(c) Nodwch gyfeiriad y cerrynt yn QR.

Pwynt astudio

Os nad yw'r gylched yn gyflawn, bydd electronau sy'n cael eu hannog tuag at X yn cronni yno, a bydd diffyg electronau ar Y. Mae'r broses yn ei chyfyngu ei hun yn gyflym, gan stopio pan fydd y gp oherwydd gwahaniad y gwefrau yn hafal i'r g.e.m.

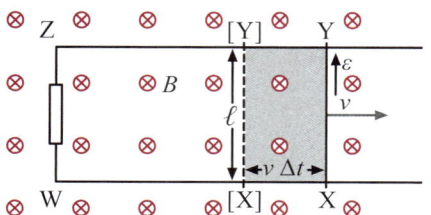

Ffig. 4.5.4 Rhoden ar reiliau eto

Sut mae'r g.e.m. yn codi wrth i ddargludydd dorri fflwcs magnetig?

Yma rydyn ni'n ystyried rhoden fetel, hyd ℓ, sy'n symud ar gyflymder cyson, v, ac sy'n torri maes magnetig unffurf, B. Mae'r trefniant i'w weld yn Ffig. 4.5.3.

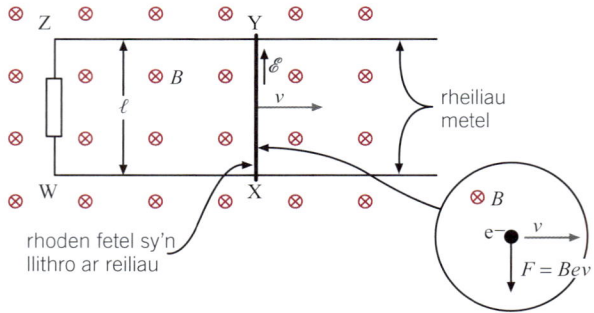

Ffig. 4.5.3 Rhoden ar reiliau: arbrawf meddwl

Caiff pob electron rhydd yn y rhoden ei gario gyda'r rhoden, ac felly mae gan bob un ohonyn nhw gyflymder y rhoden, v. Felly, mae pob un yn profi grym magnetig Bev fel sydd i'w weld yn y swigen. Gweler Adran 4.4.3. Yna, caiff electronau rhydd yn y rhoden eu hannog i ddrifftio i gyfeiriad YX, gan gynhyrchu cerrynt confensiynol i gyfeiriad XY (felly XYZWX o amgylch y gylched). Dyma'n union sy'n cael ei ragweld gan reol generadur llaw dde Fleming.

Gallwn ni fynd ymhellach… Y g.e.m, $\mathcal{E}$, yw'r egni am bob uned gwefr gaiff ei roi i electronau sy'n pasio trwy'r rhoden, hynny yw o Y i X. Felly, mae

$$\mathcal{E} = \frac{\text{gwaith sy'n cael ei wneud ar electron}}{d}$$

$$= \frac{\text{grym ar electron} \times \text{pellter a symudwyd i gyfeiriad y grym}}{d}$$

Felly mae $\qquad \mathcal{E} = \dfrac{Bev \times \ell}{d} \qquad$ hynny yw, mae $\qquad \mathcal{E} = B\ell v$

Mae'r hafaliad yn gymwys yn achos gwifren syth (sy'n cyfyngu tipyn arnon ni), pan fydd y wifren, y maes, a chyflymder y wifren i gyd ar ongl sgwâr i'w gilydd.

4.5.2 Deddf Faraday

Mae **deddf Faraday** yn rhoi'r g.e.m. sy'n cael ei anwytho mewn cylched mewn achos *cyffredinol*. Cafodd cysyniad y fflwcs magnetig, sy'n angenrheidiol i allu gwneud synnwyr o'r ddeddf, ei gyflwyno yn Adran 4.4.6, lle caiff yr hafaliad diffiniol, $\Phi = BA\cos\theta$, ei esbonio.

Sut mae'r ddeddf yn gweithio ar gyfer y rhoden ar reiliau? Mewn amser Δt mae'r rhoden yn sgubo ar draws arwynebedd $\ell \times v\Delta t$ (wedi'i raddliwio yn Ffig. 4.5.4), felly, oherwydd bod y dwysedd fflwcs yn normal i'r arwynebedd ($\theta = 0$) mae'r fflwcs sy'n gysylltiedig â'r gylched wedi cynyddu yn ôl maint

$$\Delta\Phi = B \times \ell \times v\Delta t.$$

Felly, mae hyn yn fwy o fflwcs yn mynd *trwy* WXYZ na phan oedd yn W[X][Y]Z. Gan fod $N = 1$, mae deddf Faraday yn rhoi maint y g.e.m. anwythol fel

$$\mathcal{E} = \frac{\Delta\Phi}{\Delta t} = \frac{B\ell v\Delta t}{\Delta t} = B\ell v$$

Nesaf, byddwn ni'n cymhwyso deddf Faraday i rai achosion lle nad yw defnyddio $\mathcal{E} = B\ell v$ yn gwbl syml – neu lle mae'n amhosibl.

Achos 1: G.e.m. mewn dolen sy'n symud mewn maes magnetig unffurf

Yn Ffig. 4.5.5, mae gan ochr ZW y ddolen wifren WXYZ g.e.m. anwythol, Bbv, i gyfeiriad WZ ac mae gan XY g.e.m., Bbv, i gyfeiriad XY. Mae'r g.e.m.au hyn mewn 'cyfeiriadau' dirgroes, sy'n golygu bod y g.e.m.au rydyn ni'n dod ar eu traws wrth i ni fynd o amgylch y gylched (y naill ffordd neu'r llall) yn hafal ac yn ddirgroes. Mae'r g.e.m. cydeffaith yn sero.

Mae deddf Faraday yn gwneud hyn hyd yn oed yn hawsach:

Gan fod y ddolen gyfan yn symud, ac mae'r maes yn unffurf, mae'r un faint o fflwcs yn pasio trwyddo bob amser, felly mae

$$\mathcal{E} = \frac{\Delta\Phi}{\Delta t} = 0$$

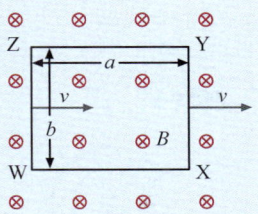

Ffig. 4.5.5 Dolen drawsfudol mewn B unffurf

Pwynt astudio

Mae $\frac{\Delta(N\Phi)}{\Delta t}$ mewn gwirionedd yn rhoi'r g.e.m cymedrig gafodd ei anwytho dros y cyfwng amser Δt. Os yw'r cysylltedd fflwcs yn newid ar gyfradd gyson (fel yn achos y rhoden ar reiliau), mae'r g.e.m. yn gyson, a gallwn ni anghofio am y gair 'cymedrig'. Nid yw'n rhy gamarweiniol gwneud hyn hyd yn oed pan nad yw'r gyfradd newid yn gyson, cyn belled â'n bod ni yn deall bod $\frac{\Delta(N\Phi)}{\Delta t}$ yn cael ei gymhwyso i gyfwng amser digon bach Δt.

Achos 2: Band sy'n crebachu yn torri'r fflwcs

Tybiwch fod balŵn crwn gyda band o baent metelig o amgylch ei gyhydedd yn dadchwythu o radiws o 0.16 m i radiws o 0.11 m mewn amser o 0.18 s. Beth fyddai'r g.e.m. cymedrig gafodd ei anwytho yn y band os yw cydran maes y Ddaear ar ongl sgwâr i blân cyhydeddol y balŵn yn 30 µT?

Mae'r arwynebedd y tu mewn i'r band yn lleihau, felly mae'r fflwcs sy'n gysylltiedig ag ef yn lleihau. Mae $N = 1$ ac mae'r dwysedd fflwcs bob amser yn normal i'r arwynebedd, felly mae $\theta = 0$. Felly, mae gennyn ni

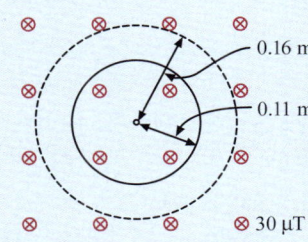

Ffig. 4.5.6 Balŵn yn dadchwythu mewn B unffurf

$$\mathcal{E} = \frac{\Delta\Phi}{\Delta t} = \frac{\Delta(BA)}{\Delta t} = \frac{B\Delta A}{\Delta t} = \frac{30 \times 10^{-6}\,\text{T} \times \pi((0.16\,\text{m})^2 - (0.11\,\text{m})^2)}{0.18\,\text{s}} = 7.1\ \mu\text{V}$$

Sylwch mai dyma'r g.e.m. cymedrig. Gweler y Pwynt astudio.

Gwirio gwybodaeth 4.5.4

Lled adenydd yr Airbus A380 yw 80 m.

(a) Cyfrifwch y g.e.m. gaiff ei gynhyrchu rhwng blaenau'r adenydd pan fydd yr awyren yn hedfan yn llorweddol ar 260 m s^{-1} mewn maes magnetig fertigol, 45 µT.

(b) Esboniwch pam na fyddech chi'n disgwyl darllen y foltedd hwn ar foltmedr yn y caban, sydd wedi'i gysylltu â blaenau'r adenydd trwy wifrau.

Achos 3: G.e.m. cymedrig mewn dolen sy'n troi mewn maes unffurf

Tybiwch, mewn amser Δt, ein bod yn troi dolen fetel trwy $180°$ mewn maes magnetig fel bod y normal i'w blân, sydd i'w weld yn Ffig. 4.5.7(b), yn newid o fod yn baralel â maes magnetig unffurf fel yn Ffig. 4.5.7(a) i fod yn 'wrth-baralel' fel yn Ffig. 4.5.7(c).

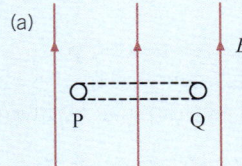
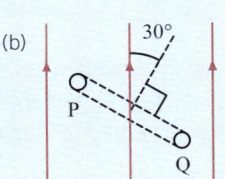
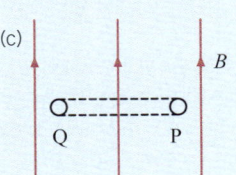

Ffig. 4.5.7 Dolen yn cael ei throi trwy $180°$ mewn maes B unffurf (trychiad)

I ddechrau, mae'r fflwcs trwy'r ddolen yn BA, lle A yw'r arwynebedd y tu mewn i'r cylch. Yn y diwedd, mae fflwcs o'r un maint, BA, yn treiddio trwy'r cylch i'r cyfeiriad dirgroes. Mae hyn yn cyfrif fel newid fflwcs o $2BA$.

Felly y g.e.m. cymedrig yw...... $\mathcal{E} = \frac{\Delta\Phi}{\Delta t} = \frac{2BA}{\Delta t}$

Gwirio gwybodaeth 4.5.5

Dychmygwch fod y 'ddolen' yn Ffig 4.5.7 yn gylch â *diamedr* 30.0 cm, sydd, ar y dechrau, gyda'r normal i'w blân yn baralel â maes B o 25 µT (Ffig. 4.5.7(a)). Cyfrifwch y g.e.m. cymedrig gaiff ei anwytho yn y cylch pan gaiff ei droi trwy $30°$ (gweler Ffig. 4.5.7(b)) mewn amser o 0.24 s.

4.5.6 **Gwirio gwybodaeth**

Cyfrifwch y g.e.m. gaiff ei anwytho mewn coil â 75 troad wedi'u dirwyn yn dynn o amgylch y tu allan i ganol y solenoid yn Achos, 4, ar gyfer yr un newid yng nghherrynt y solenoid.

Pwynt astudio

Mae cydanwythiad yn enghraifft o adeg pan *nad* yw'r g.e.m. anwythol yn cael ei achosi gan rymoedd magnetig ar electronau rhydd mewn dargludydd sy'n symud. *Does dim* dargludydd yn symud! Yn yr achos hwn, mae'r g.e.m. yn codi o rymoedd ar yr electronau oherwydd maes *trydanol* o amgylch llwybr caeedig sydd â fflwcs magnetig newidiol yn mynd trwyddo. Mae deddf Faraday yn cwmpasu'r ddau fath o anwythiad e.m!

Termau Allweddol

Deddf Lenz = Mae cyfeiriad effeithiau unrhyw g.e.m. wedi'i anwytho'n gwrthwynebu'r newid sy'n ei gynhyrchu.

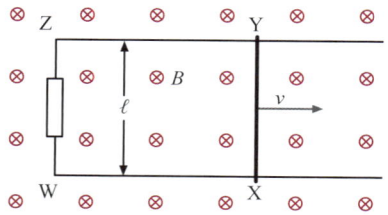

Ffig. 4.5.9 Rhoden ar reiliau (am y tro olaf!)

Pwynt astudio

Os oes toriad yn y gylched WXYZ, mae g.e.m. anwythol yn dal i fodoli yn XY ac nad yw'n gallu gyrru cerrynt o amgylch. Rydyn ni'n defnyddio deddf Lenz i ddarganfod cyfeiriad y g.e.m. trwy *ddychmygu* bod y gylched yn gaeedig!

Achos 4: Cydanwythiad

Mae hyn yn digwydd pan fydd cerrynt newidiol mewn un gylched yn gwneud i g.e.m. gael ei anwytho mewn cylched arall, oherwydd bod fflwcs magnetig (newidiol) gaiff ei gynhyrchu gan y gylched gyntaf yn gysylltiedig â'r ail.

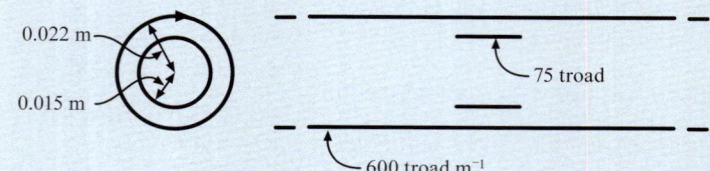

Ffig. 4.5.8 Coil 'bach' y tu mewn i solenoid hir. Diagramau trychiadol.

Yn Ffig. 4.5.8, tybiwch (trwy ryw weithred fedrus gyda chyflenwad pŵer newidiol neu drwy ddefnyddio ton llifddant o eneradur signalau) bod y cerrynt yn y solenoid hir yn cael ei leihau ar gyfradd gyson o 3.0 A i sero mewn 0.25 s. Pa g.e.m. fyddai'n cael ei anwytho o ganlyniad i hyn yn y coil 75 troad y tu mewn i'r solenoid?

Yn rhan ganolog y solenoid, mae'r dwysedd fflwcs yn unffurf ac yn baralel ag echelin y solenoid. Ei faint yw $B = \mu_0 n I_\text{sol}$.

Felly'r cysylltedd fflwcs cychwynnol ar gyfer y coil 75 troad yw
$75\Phi = 75\,BA = 75\,(\mu_0 n I_\text{sol})A$ lle mae A = arwynebedd y coil bach = $\pi(0.015\text{ m})^2$

Felly, y g.e.m. yn y coil 75 troad yw
$$\mathcal{E} = \frac{\Delta(N\Phi)}{\Delta t} = \frac{75 \times (4\pi \times 10^{-7} \times 600 \times 3.0\text{ T}) \times \pi(0.015\text{m})^2 - 0}{0.25\text{ s}} = 0.48\text{ mV}$$

4.5.3 Deddf Lenz

Mae **deddf Lenz** yn rhoi cyfeiriad y g.e.m. anwythol mewn achos cyffredinol. Mae geiriad y ddeddf braidd yn benagored yn fwriadol, oherwydd mae'n bosibl ei defnyddio mewn mwy nag un ffordd. Bydd enghreifftiau yn dangos hyn. Yn gyntaf, dewch i ni ailymweld â hen gyfaill (Adrannau 4.5.1, 4.5.2)…

(a) Deddf Lenz wedi'i chymhwyso i'r rhoden ar reiliau

Beth sy'n cyfrif, yn yr achos hwn, fel y *newid* sy'n cynhyrchu'r g.e.m.? Ai'r rhoden yn symud i'r dde (oherwydd rhyw gyfrwng allanol sy'n ei gwthio)? Neu ai'r cynnydd o ganlyniad i hyn yn y fflwcs sy'n gysylltiedig â'r gylched sy'n gyfrifol? Does dim ots: bydd y naill neu'r llall yn gwneud y tro.

Beth yw *effeithiau* y g.e.m.? Mae'r g.e.m. yn gyrru cerrynt o amgylch cylched, ac mae hyn, yn ei dro, yn cael dwy effaith ddiddorol:

1. Bydd grym effaith modur ar y rhoden XY. Mae deddf Lenz yn mynnu bod hwn i'r chwith er mwyn gwrthwynebu mudiant y rhoden. Trwy ddefnyddio rheol modur llaw chwith Fleming, gwelwn ni fod y cerrynt yn y rhoden i gyfeiriad XY, felly rhaid bod y g.e.m. i gyfeiriad XY (gweler Ffig. 4.5.9).
2. Bydd y cerrynt yn y ddolen yn sefydlu ei faes magnetig ei hun. Ar draws arwynebedd WXYZ, rhaid bod hyn tuag allan o'r dudalen, gan wrthwynebu cynnydd y fflwcs 'gwreiddiol' i mewn i'r dudalen oherwydd yr arwynebedd cynyddol. Yn ôl y rheol gafael â'r llaw dde, i gynhyrchu fflwcs tuag allan o'r dudalen, rhaid i gerrynt y ddolen fod i gyfeiriad WXYZW, felly mae'r g.e.m. yn y rhoden i gyfeiriad XY. Yr un casgliad ag o'r blaen! Dewiswch pa ddull bynnag sydd orau gennych.

(b) Deddf Lenz a chadwraeth egni

Pam *dylai* effeithiau'r g.e.m. wrthwynebu'r newid sy'n ei gynhyrchu? Tybiwch fod y g.e.m. yn y rhoden XY i'r cyfeiriad arall: yna, unwaith byddai'r rhoden yn cael gwthiad cychwynnol i'r dde, byddai grym yr effaith modur, nawr i'r dde, bellach yn gyfrifol am symud y rhoden ac, ar yr un pryd, bydden ni'n cael gwres am ddim o'r gwrthydd! Gwych, ond mae'n torri Egwyddor Cadwraeth Egni.

Yn y byd go iawn, gyda chyfeiriad y g.e.m. sy'n ofynnol gan ddeddf Lenz, rhaid i'r cyfrwng allanol wneud gwaith yn erbyn grym gwrthwynebol yr effaith modur. Y gwaith mewnbwn hwn sy'n cyflenwi egni thermol y gwrthydd (trwy weithrediad y cerrynt trydanol). Mewn geiriau eraill, mae deddf Lenz yn ofynnol gan yr Egwyddor Cadwraeth Egni.

(c) Enghreifftiau eraill o gymhwyso deddf Lenz

Awn ni yn ôl at Achos 2 yn Adran 4.5.2. Rhaid bod y g.e.m. yn y band i'r cyfeiriad clocwedd yn Ffig. 4.5.6 fel bod y cerrynt i'r cyfeiriad hwn ac – yn ôl y rheol gafael â'r llaw dde – yn cynhyrchu fflwcs wedi'i gyfeirio i mewn i'r dudalen trwy'r arwynebedd sydd tu mewn i ffiniau'r band. Mae hyn yn gwrthwynebu'r lleihad yn y fflwcs gwreiddiol oherwydd bod yr arwynebedd dan sylw yn lleihau.

Yn Achos 4 yn Adran 4.5.2 (Ffig. 4.5.8) gallwn ni yn yr un modd ddiddwytho y bydd gostyngiad yn y cerrynt 'clocwedd' yn y solenoid yn anwytho g.e.m. i'r cyfeiriad clocwedd yn y coil 75-troad. Gwiriwch hyn!

Nesaf, edrychwn ni ar ffordd boblogaidd o ddangos anwythiad electromagnetig: plymio barfagnet i mewn i goil sydd wedi'i gysylltu â foltmedr. Mae Ffig. 4.5.10 (a) – (c) yn 'gipluniau' o fagnet sy'n symud ar fuanedd cyson trwy goil.

Yn (a), mae cyfeiriad y g.e.m. a'r cerrynt yn y coil yn golygu bod fflwcs gaiff ei gynhyrchu gan y coil yn mynd o'r dde i'r chwith trwy'r coil, gan wrthwynebu'r cynnydd yn y fflwcs sy'n mynd o'r chwith i'r dde o'r magnet. Ac mae pen llaw chwith y coil yn gweithredu fel pôl y Gogledd, gan wrthyrru'r magnet sy'n agosáu!

Gwiriwch eich bod chi'n deall y g.e.m. yn (c), yn ogystal â'r diffyg g.e.m. yn (b).

Trwy astudio llinellau maes y magnet mewn perthynas â'r coil yn (a) – (c), sylwch sut mae'r graff bras yn (ch) yn dangos amrywiad amser y cysylltedd fflwcs ($N\Phi$). Mae graddiant y graff hwn yn rhoi (minws) y g.e.m. anwythol, gan gytuno â deddf Faraday. Gweler graff (d) a'r Pwynt astudio.

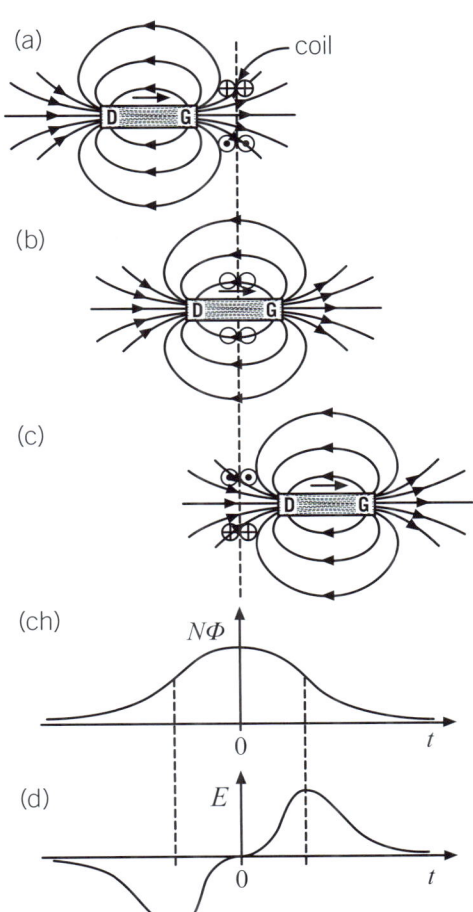

Ffig. 4.5.10 Magnet yn pasio trwy goil

Gwirio gwybodaeth 4.5.7

Yn arbrawf meddwl y rhoden ar reiliau, gadewch i'r cerrynt anwythol fod yn I.

(a) Mynegwch yr afradlonedd pŵer trydanol yn y gwrthydd yn nhermau B, ℓ, v, I.

(b) Dangoswch fod y pŵer mewnbwn i'r system yr un fath, trwy gyfrifo'r gwaith sy'n cael ei wneud bob eiliad wrth wthio'r rhoden yn erbyn y grym effaith modur arno.

◀ Ymestyn a herio

Esboniwch, mewn camau clir, sut gallech chi ddiddwytho cyfeiriad (clocwedd) y g.e.m. yn y band yn Achos 2 yn Adran 4.5.2 trwy gymhwyso deddf Lenz i fudiant unrhyw ran fach o'r band.

Gwirio gwybodaeth 4.5.8

Beth yw cyfeiriad y cerrynt yn y ddolen yn Ffig. 4.5.7 wrth iddo droi trwy'r safle yn (b). A ddylai P ddangos cerrynt i mewn i'r dudalen neu tuag allan ohoni?

⟫ Pwynt astudio

Gallwn ni yn awr gyfiawnhau'r arwydd minws yn $\mathscr{E} = -\dfrac{\Delta(N\Phi)}{\Delta t}$. Yn ôl confensiwn byddai gan $\mathscr{E}$ a $\Delta\Phi$ yr un arwydd pe bai'r cerrynt sy'n cael ei annog gan $\mathscr{E}$ yn cynhyrchu fflwcs i gyfeiriad $\Delta\Phi$. Ond, yn ôl deddf Lenz, mae'r fflwcs o ganlyniad i'r cerrynt gaiff ei annog gan $\mathscr{E}$ i gyfeiriad dirgroes i $\Delta\Phi$!

Os yw hyn yn cymhlethu pethau i chi, cadwch at y dulliau o gymhwyso deddf Lenz sy'n cael eu hesbonio yn y prif destun. Maen nhw'n iawn ar gyfer Safon Uwch.

Pwynt astudio

Sut rydyn ni'n cysylltu coil sy'n cylchdroi â 'llwyth' allanol disymud heb droelli'r gwifrau cysylltu nes eu bod nhw'n torri? Un ateb, sydd i'w weld yn Ffig. 4.5.11 (a), yw cysylltu'r coil â 'modrwyau llithro' sy'n cylchdroi gyda'r coil, a chysylltu'r llwyth â brwshys carbon sy'n gwasgu yn erbyn y modrwyau llithro, ond yn gadael iddyn nhw lithro.

Mewn generadur CE go iawn (neu 'eiliadur'), caiff brwshys a modrwyau llithro eu defnyddio i ddarparu electromagnet sy'n cylchdroi. Mae'r coil lle caiff y g.e.m. ei gynhyrchu (y *stator*) yn ddisymud ac wedi'i ddirwyn o amgylch craidd haearn meddal.

Pwynt astudio

Dewis ar hap oedd bod ein normal yn pwyntio fel sydd i'w weld, yn hytrach nag i'r cyfeiriad dirgroes. Ond rydyn ni'n aros gyda'r dewis hwn. Wrth i'r coil gylchdroi, mae'r normal yn cylchdroi gydag ef.

Pwynt astudio

Gyda'r coil fel sydd i'w weld yn Ffig. 4.5.11, ac yn troi fel bod θ yn cynyddu, mae $N\Phi$ i gyfeiriad y normal gafodd ei ddewis yn lleihau. Yn ôl deddf Lenz, cyfeiriad y g.e.m. yw'r hyn mae $\odot$ a $\otimes$ yn ei ddangos, felly bydd unrhyw gerrynt yn cynhyrchu fflwcs trwy'r coil i gyfeiriad y normal hwn, gan wrthwynebu newid yn y fflwcs.

Pwynt astudio

Cofiwch o Adran 3.2.3 fod amser cyfnodol, T, ac amledd, f, yn gysylltiedig ag ω trwy:

$$T = \frac{2\pi}{\omega} \text{ ac } f = \frac{1}{T} = \frac{\omega}{2\pi}$$

Cofiwch, rhaid i ω fod mewn radianau yr eiliad.

4.5.4 Y generadur cerrynt eiledol syml

Mae hwn yn goil 'fflat' sy'n cael ei droi gan ryw ddull allanol mewn maes magnetig unffurf. Wrth iddo gylchdroi, mae'r cysylltedd fflwcs yn newid, felly caiff g.e.m. ei anwytho. I wneud pethau'n syml, byddwn ni'n ystyried coil petryal, WXYZ, wedi'i gynrychioli fel un troad yn Ffig. 4.5.11. Mae'r Pwynt astudio cyntaf yn delio yn fras â mater ymarferol.

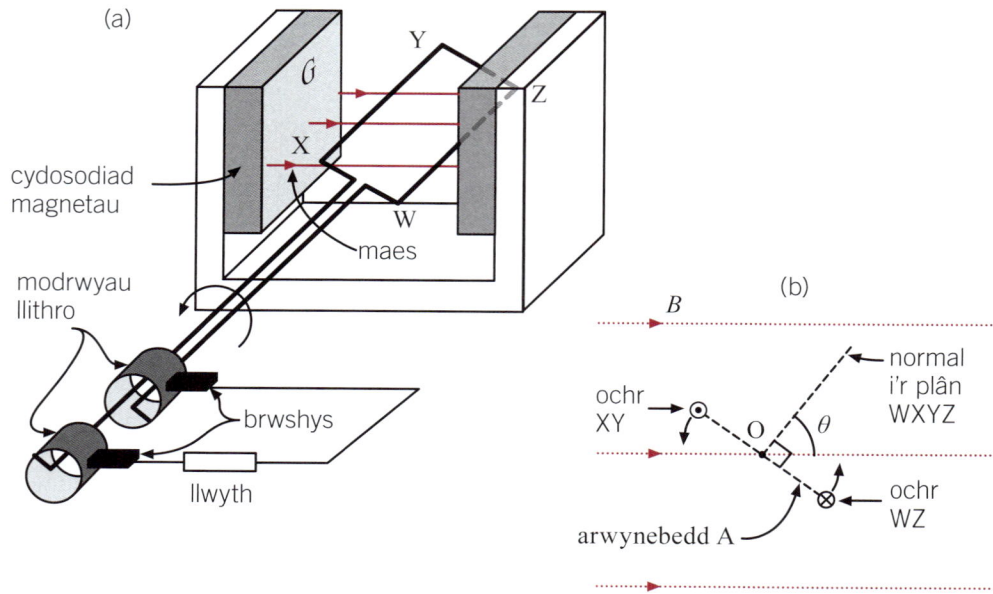

Ffig. 4.5.11 (a) Generadur c.e. syml (b) Trychiad trwy ei goil

Pan fydd y normal i'r coil (gweler yr ail Bwynt astudio) ar ongl θ i'r maes, y fflwcs magnetig, Φ, (Adran 4.4.5) trwy'r coil yw

$$\Phi = BA \cos \theta \qquad [A = \text{hyd ochr } XY \times \text{hyd ochr } YZ]$$

Ar gyfer coil ag N troad, y *cysylltedd* fflwcs yw

$$N\Phi = NBA \cos \theta$$

$A \cos \theta$ yw'r arwynebedd mae'r coil yn ei gyflwyno yn normal i'r fflwcs. (Er enghraifft, pan mae $\theta = 0$, mae'r coil yn cyflwyno ei hun 'o'r tu blaen' ac mae $A \cos \theta = A$, ond pan mae $\theta = 90°$, mae'r coil yn cyflwyno ei hun 'o'r ochr' ac mae $A \cos \theta = 0$.)

Tybiwch ein bod ni'n cylchdroi'r coil ar gyflymder onglaidd cyson, ω. Yn Ffig. 4.5.12 mae'r graff uchaf yn dangos sut mae $N\Phi$ yn amrywio dros un cylchdro. Rydyn ni'n dangos cyfeiriadau cyfatebol y coil bob chwarter cylchdro i'ch helpu i wneud synnwyr o'r graff. Rydyn ni wedi dewis $t = 0$ i fod pan fydd y normal i blân y coil yn baralel â'r maes. Caiff y raddfa amser ar y graffiau ei rhoi yn nhermau T, yr amser ar gyfer un cylchdro.

Yn ôl deddf Faraday, y g.e.m. ar unrhyw ennyd yw minws graddiant y graff $N\Phi$ yn erbyn amser ar yr ennyd honno. Mae hyn yn esbonio'r graff gwaelod. Gwiriwch ei siâp!

Fe welwch chi fod y g.e.m. mwyaf, $\mathcal{E}_{\text{mwyaf}}$, yn ystod y gylchred wedi'i labelu ar yr echelin $\mathcal{E}$ fel $BAN\omega$. Mae hyn yn dilyn o driniaeth fathemategol (gweler Adran A.1 yn yr opsiwn Ceryntau eiledol). Ar gyfer yr arholiad, does dim angen i chi wybod y driniaeth honno – oni bai eich bod yn gwneud yr opsiwn hwnnw! Does dim angen i chi wybod ychwaith fod $\mathcal{E}_{\text{mwyaf}} = BAN\omega$. Fodd bynnag, dylech chi werthfawrogi bod cyfradd newid y cysylltedd fflwcs mewn cyfrannedd â phob un o blith B, A, N a ω. Felly, yn ôl deddf Faraday, mae $\mathcal{E}_{\text{mwyaf}}$ mewn cyfrannedd â phob un o'r rhain – a dylech chi wybod hynny.

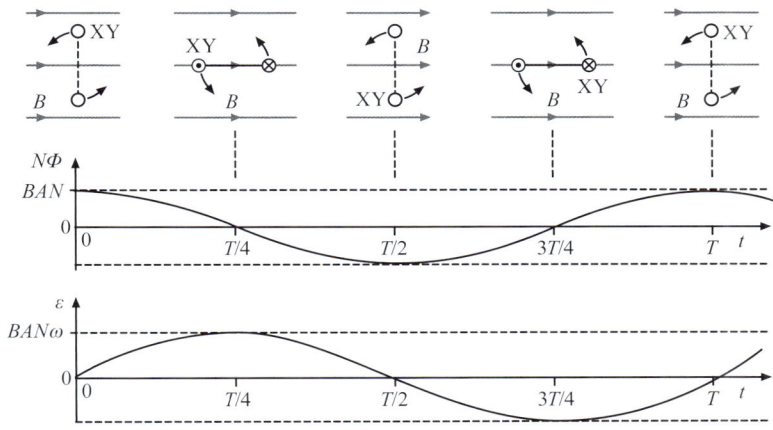

Gwirio gwybodaeth 4.5.9

Cyfeiriwch at yr ennyd sydd i'w gweld yn Ffig. 4.5.11.

(a) Trwy ystyried cyfradd torri'r fflwcs gan XY ac WZ, esboniwch a yw $|E|$ yn cynyddu neu'n lleihau.

(b) Trwy ystyried cyfeiriadau'r grymoedd ar XY ac WZ, sy'n cael eu rheoli gan ddeddf Lenz, esboniwch gyfeiriad y g.e.m. yn y coil.

Ffig. 4.5.12 Cysylltedd fflwcs a g.e.m. ar gyfer coil sy'n troi mewn maes unffurf

G.e.m. a roddir gan eneradur C.E. syml: crynodeb

Mae'r g.e.m yn amrywio'n sinwsoidaidd gydag amser, a bydd yn sero pan fydd y normal i'r coil yn baralel â'r maes magnetig (cysylltedd fflwcs mwyaf). Mae gan y g.e.m. ei frigwerth (positif neu negatif pan mae'r normal i'r coil ar ongl sgwâr i'r maes – cysylltedd fflwcs sero).

Yn ogystal â'i ddibyniaeth ar ongl, ar unrhyw ennyd mae'r g.e.m. mewn cyfrannedd â phob un o'r ffactorau hyn:

- nifer y troadau, N, ar y coil
- arwynebedd, A, y coil
- y dwysedd fflwcs magnetig, B, mae'r coil yn cylchdroi ynddo
- cyflymder onglaidd, ω, y coil.

Gwirio gwybodaeth 4.5.10

Mae gan goil sy'n cylchdroi mewn maes magnetig unffurf o 0.060 T g.e.m. brig o 9.0 V wedi'i anwytho ynddo pan gaiff ei gylchdroi gydag amser am bob cylchdro o 0.020 s.

(a) Darganfyddwch y g.e.m. gaiff ei anwytho yn yr un coil os yw'n cael ei gylchdroi mewn maes o 0.040 T, gydag amser am bob cylchdro o 0.015 s.

(b) Nodwch y ddeddf Ffiseg y mae eich ateb yn dibynnu arni.

◄◄Cyngor cyflym

Nid yw'r termau 'Cerrynt trolif a Gwanychiad electromagnetig' ym manyleb CBAC. Fodd bynnag, mae'r cysyniadau yn yr adran hon yn y fanyleb a gallent fod yn rhan o gwestiynau arholiad.

4.5.5 Ceryntau trolif

Mae Ffig. 4.5.13 (a) yn dangos magnet yn symud tuag at gylch alwminiwm sy'n hongian. Caiff g.e.m. ei anwytho yn y cylch, fel yn y coil yn Ffig. 4.5.10(a). Mae'r cylch, i bob pwrpas, yn goil un troad gyda'i ddau ben wedi'u cysylltu â'i gilydd (cylched fer) fel bod y g.e.m. yn gyrru'r cerrynt o'i amgylch. Mae'r cylch yn cael ei wrthyrru gan y magnet, yn unol â deddf Lenz.

Mae'r plât yn Ffig. 4.5.13 (b) hefyd yn cael ei wrthyrru. Gallwn ni feddwl am

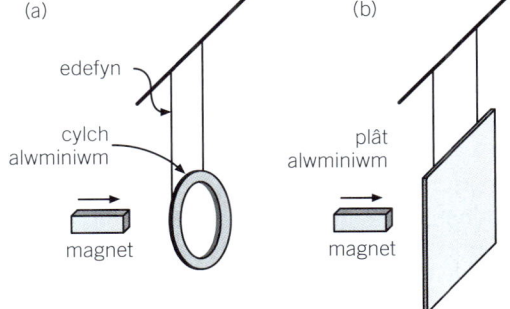

Ffig. 4.5.13 Gwrthyriad cylch a phlât gan fagnet sy'n agosáu

y plât fel un sy'n *cynnwys* cylch fel yr un yn (a) – a chylchoedd eraill yn ogystal. Does dim angen cylch neu ddolen *go iawn* er mwyn i'r cerrynt ddilyn llwybr o'r fath. Yr enw ar geryntau sy'n dilyn dolenni caeedig mewn swmp o ddefnydd dargludo yw **ceryntau trolif** (ar ôl y trolifau a all ddigwydd mewn hylifau).

Mae enghraifft drawiadol o effaith ceryntau trolif i'w gweld gyda'r cyfarpar yn Ffig. 4.5.14(a).

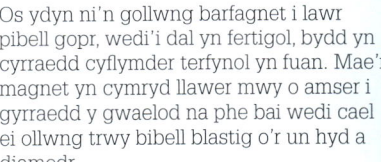

Gwirio gwybodaeth 4.5.11

Os ydyn ni'n gollwng barfagnet i lawr pibell gopr, wedi'i dal yn fertigol, bydd yn cyrraedd cyflymder terfynol yn fuan. Mae'r magnet yn cymryd llawer mwy o amser i gyrraedd y gwaelod na phe bai wedi cael ei ollwng trwy bibell blastig o'r un hyd a diamedr.

Esboniwch sut mae grym electromagnetig yn digwydd i wrthwynebu mudiant y magnet.

▶▶ Termau Allweddol

Mae **ceryntau trolif** yn geryntau sy'n dilyn dolenni caeedig mewn swmp o ddefnydd dargludo. Maen nhw'n digwydd o ganlyniad i anwythiad electromagnetig.

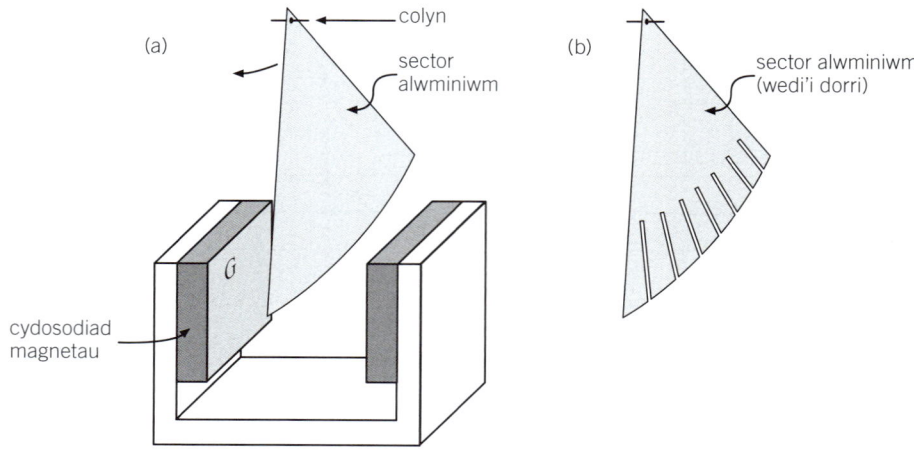

Ffig. 4.5.14 Sector alwminiwm yn siglo mewn maes magnetig

Termau Allweddol

Gwanychiad electromagnetig yw arafiad mudiant oherwydd grymoedd mae ceryntau anwythol yn eu profi, yn unol â deddf Lenz.

Rydyn ni'n dadleoli'r sector trwy ongl o'i safle isaf, ac yn ei ryddhau. Wrth iddo siglo trwy'r maes magnetig, caiff ei fudiant ei wanychu yn sylweddol. Mae ceryntau trolif yn y metel yn profi grymoedd yr effaith modur sy'n gwrthwynebu'r mudiant: **gwanychiad electromagnetig**. Arbrawf gyda rheolydd da fyddai amnewid y sector am un â slotiau rheiddiol (Ffig. 4.5.14(b)). Mae'r gwanychiad electromagnetig yn cael ei leihau'n sylweddol, gan na all dolenni cerynt trolif mawr fodoli bellach.

Afradloni egni trwy geryntau trolif

Mae ceryntau trolif yn gwresogi defnydd dargludol, yn union fel mae cerrynt yn gwresogi gwifren. Mae atomau'r defnydd yn ennill egni dirgrynu ychwanegol ar hap – ac mae'r tymheredd yn codi. Dywedwn ni fod egni'n cael ei *afradloni*.

Mae 'hobiau anwythiad' yn defnyddio ceryntau trolif yng ngwaelod sosbenni addas i'w gwresogi ac felly, trwy ddargludiad thermol, yn ogystal â darfudiad (fel arfer), mae cynnwys y sosban yn cael ei wresogi. Mae'r ceryntau trolif yn digwydd o g.e.m.au gaiff eu cynhyrchu gan geryntau eiledol (ac felly newidiol) cyflym mewn coiliau o dan y sosbenni. Gweler y Pwynt astudio.

Yn aml, dydyn ni ddim eisiau ceryntau trolif. Er enghraifft, pe bai creiddiau coiliau (Adran 4.4.5) yn dalpiau o haearn solet, bydden nhw'n gwresogi pan fyddai'r coiliau'n cario ceryntau eiledol. Byddai fflwcs magnetig newidiol yn y craidd wedi'i gysylltu â llwybrau caeedig yn y craidd (fel yn Ffig. 4.5.15).

Caiff afradlonedd egni yng nghreiddiau haearn newidyddion a moduron C.E. ei leihau'n sylweddol trwy *laminiadu'r* creiddiau, h.y. eu gwneud o lenni tenau o haearn, wedi'u hynysu rhag ei gilydd, gan atal dolenni mawr o geryntau trolif.

Pwynt astudio

Caiff egni ei afradloni hefyd (trwy adlinio parthau) mewn haearn os yw ei fagneteiddiad yn newid yn gyson. Yr enw ar hyn yw 'colled hysteresis'. Mae'n cyfrannu at wresogi sosbenni addas ar hob anwythiad. Byddai hyn yn niwsans yng nghreiddiau newidyddion, felly maen nhw'n cael eu gwneud o haearn 'meddal' (hysteresis isel).

4.5.12 Gwirio gwybodaeth

Rhoddir afradlonedd pŵer *am bob uned cyfaint, Π,* ger pwynt P mewn solid dargludol gan $\Pi = J^2\rho$ lle ρ yw'r gwrthedd a *J* yw *dwysedd y cerrynt* ger P, hynny yw, y cerrynt am bob uned arwynebedd. Dangoswch fod yr hafaliad hwn yn homogenaidd yn nhermau unedau.

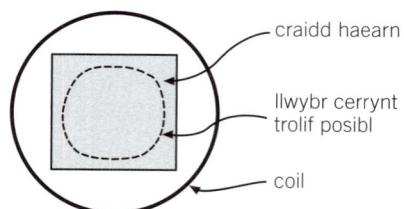

Ffig. 4.5.15 Ceryntau trolif mewn craidd haearn

4.5.6 Hunananwythiad

Mae cerrynt sy'n newid mewn un coil yn anwytho g.e.m. mewn coil arall, os oes fflwcs o'r cyntaf wedi'i gysylltu â'r ail. Gweler **Achos 4**, Adran 4.5.2. Ond mae'r fflwcs gaiff ei gynhyrchu gan unrhyw goil yn gysylltiedig â'r union goil sy'n ei gynhyrchu (Ffig. 4.4.28). Felly mae'n rhaid i ni gael **hunananwythiad**.

Mae enghraifft drawiadol yn defnyddio *anwythydd* wedi'i wneud o lawer o droadau o wifren wedi'u dirwyn o amgylch craidd haearn. (Yn Ffig. 4.5.16 (a) mae'n bosibl cysylltu'r ddau goil mewn cyfres fel bod eu meysydd i'r un cyfeiriad o amgylch y craidd.) Mae'r anwythydd yn cael ei gynnwys yn y gylched yn Ffig. 4.5.16 (b), sy'n cynnwys y symbol cylched ar gyfer anwythydd. (Mae'r llinell syth wrth ymyl symbol y coil yn cynrychioli craidd haearn.)

⪡ Cyngor cyflym

Nid yw'r termau Hunananwythiad a Hunananwythiant yn ymddangos ym manyleb CBAC, ond gallech chi ddod ar draws y cysyniadau mewn rhannau o gwestiynau arholiad. Os ydych chi wedi dewis yr opsiwn CE, mae'r adran hon yn cynnwys deunydd rhagarweiniol defnyddiol.

⪢ Pwynt astudio

Hunananwythiad yw anwythiad g.e.m. mewn coil (neu gylched) o ganlyniad i gerrynt newidiol yn y coil hwnnw (neu'r gylched honno).

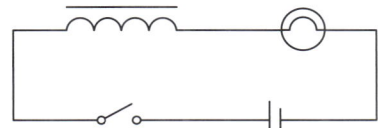

Ffig. 4.5.16 (a) Anwythydd   (b) Cylched i arddangos effeithiau hunananwythiad

Pan gaiff y switsh ei gau, mae'r lamp yn goleuo'n araf, gan fod y g.e.m. yn yr anwythydd (sy'n aml yn cael ei alw yn *ôl-g.e.m.*) yn gwrthwynebu g.e.m. y batri, yn unol â deddf Lenz. **Pan gaiff y switsh ei agor, mae'n bwysig bod neb yn cyffwrdd ag unrhyw ran o'r gylched**. Mae hyn oherwydd bod y cerrynt, ac felly'r fflwcs magnetig, yn lleihau i sero mewn amser byr iawn, a chaiff g.e.m. mawr (cannoedd o foltiau o bosibl) ei anwytho yn y coil. Mae hyn yn cynhyrchu gwreichionen drwchus neu 'arc' ar gysylltiadau'r switsh (gan estyn oes y cerrynt trwy fudiant ïonau yn yr arc, a gwrthwynebu, dros dro, y gostyngiad yn y cerrynt!).

Mae arbrawf rheolydd da iawn yn bosibl gyda'r anwythydd dau goil yn Ffig. 4.5.16 (a). Yn syml, rydyn ni'n gwrthdroi'r cysylltiadau ag un o'r coiliau fel bod meysydd y coiliau'n gwrthwynebu, ond bod y gwrthiant yn aros yr un fath. Yn awr, mae'r lamp yn cynnau heb lawer o oedi pan gaiff y switsh ei gau, ac mae'r wreichionen yn llawer llai amlwg pan gaiff y switsh ei agor.

4.5.13 Gwirio gwybodaeth

Cyfrifwch yr amser sydd ei angen i gerrynt o 2.0 A trwy anwythydd 4.2 H ddisgyn i sero er mwyn anwytho g.e.m. o 280 V.

◄ Ymestyn a herio

Mae gan solenoid hir â chraidd aer N o droadau, hyd, l ac arwynebedd trawstoriadol mewnol A.

(a) Dangoswch fod y cysylltedd fflwcs ar gyfer cerrynt, I, tua

$$N\Phi = \frac{\mu_0 N^2 A\, I}{l}.$$

(b) Felly ysgrifennwch fynegiad ar gyfer anwythiant, L y solenoid.

4.5.14 Gwirio gwybodaeth

Caiff gp o 3.0 V ei roi ar anwythydd 2.0 H (rydyn ni'n tybio bod ganddo wrthiant sero). Beth sy'n digwydd i'r cerrynt?

Hunananwythiant

Gallwn ni gyfrifo maint y g.e.m. sy'n cael ei anwytho mewn coil ag N o droadau trwy hunananwythiad, hynny yw, trwy gerrynt newidiol I, yn y coil.

O ddeddf Faraday, mae $\quad \mathscr{E} = -N\frac{\Delta \Phi}{\Delta t}$

Ond mae $\quad\quad\quad\quad N\Phi \propto I$

Felly mae $\quad\quad \mathscr{E} \propto -\frac{\Delta I}{\Delta t} \quad$ y gallwn ni ei ysgrifennu fel $\quad \mathscr{E} = -L\frac{\Delta I}{\Delta t}$

lle mae L yn gysonyn ar gyfer y coil, sy'n cael ei alw'n **hunananwythiant** y coil. Yn wir, yng nghyd-destun cylchedau trydan, bydd coil, yn aml, yn cael ei alw'n *anwythydd*.

Gallwn ni ysgrifennu'r hafaliad olaf hefyd fel $\quad V = L\frac{\Delta I}{\Delta t}$

Un ffordd o weld cywerthedd y ddau hafaliad diwethaf yw cymharu anwythydd â chell neu fatri (Ffig. 4.5.17).

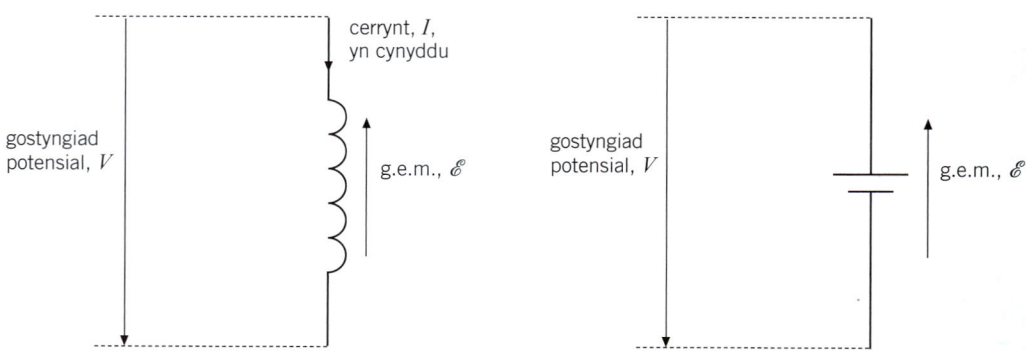

Ffig. 4.5.17 V ac $\mathscr{E}$ ar gyfer anwythydd a batri

Mae'r Ymestyn a herio yn eich gwahodd i ddeillio fformiwla ar gyfer anwythiant solenoid hir yn nhermau ei ddimensiynau a nifer y troadau. Mae craidd haearn yn cynyddu anwythiant coil (gan ffactor o gannoedd efallai os yw'r craidd yn ddolen gaeedig) oherwydd y fflwcs ychwanegol o ganlyniad i aliniad parthau magnetig – gweler Adran 4.4.6. Nid yw'r fflwcs ychwanegol hwn mewn cyfrannedd â'r cerrynt yn hollol, felly nid yw anwythiant coil â chraidd haearn yn gyson mewn gwirionedd. Fel arfer, bydd rhyw fath o werth cymedrig yn gwneud y tro.

Profwch eich hun 4.5

Mae cwestiynau 1–4 yn gysylltiedig â'r diagram o'r magnet a'r ddolen gopr. Mae'r magnet yn symud i'r **chwith**. Byddwn ni'n defnyddio deddf Lenz mewn dwy ffordd i ragfynegi cyfeiriad y cerrynt anwythol yn y ddolen.

1. Yn nhermau deddf Faraday, pam mae cerrynt anwythol yn y ddolen?

2. (a) Beth sy'n digwydd i ddwysedd fflwcs y maes magnetig yn y ddolen?
   (b) Beth sy'n digwydd i'r cysylltedd fflwcs yn y ddolen?
   (c) Pa gyfeiriad mae deddf Lenz yn ei ragfynegi ar gyfer cyfeiriad y fflwcs magnetig sy'n cael ei gynhyrchu gan y cerrynt anwythol? Esboniwch eich ateb.
   (ch) Defnyddiwch y Rheol gafael â'r llaw dde i ragfynegi cyfeiriad y cerrynt anwythol yn y ddolen.

3. O wybod bod cerrynt anwythol yn y ddolen:

   (a) Beth mae deddf Lenz yn ei ragfynegi am gyfeiriad y grym effaith modur ar y coil oherwydd y rhyngweithiad rhwng maes y magnet a'r cerrynt anwythol? Esboniwch eich ateb.
   (b) Defnyddiwch reol modur llaw chwith Fleming i ragfynegi cyfeiriad y cerrynt ym mhen uchaf y ddolen, fel bod cydran o'r grym i'r cyfeiriad gafodd ei ragfynegi gennych yn rhan (a).
   (c) Sut mae cymhwyso hyn i'r ddolen gyfan?

4. Esboniwch pam byddai cyfeiriad y cerrynt anwythol yr un peth â'r un gafodd ei ragfynegi gennych yng nghwestiynau 2 a 3 pe bai'r magnet y ffordd arall o gwmpas **ac** yn symud tuag at y ddolen.

5. Caiff magnet bach unionsyth ei ollwng trwy goil llorweddol o wifren, sydd wedi'i gysylltu â chofnodydd data. Mae graff o'r g.e.m. anwythol gydag amser i'w weld.

   (a) Yn gryno, esboniwch siâp cyffredinol y graff.
   (b) Rhowch reswm pam mae rhan negatif y graff yn fyrrach ac yn dalach.
   (c)

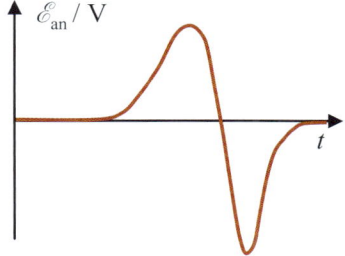

   ◀ **Ymestyn a herio**

   Cymharwch yr arwynebeddau rhwng rhannau positif a negatif y graff, ac esboniwch eich ateb

6. Mae Boeing 787 Dreamliner, â lled adenydd 60 m yn hedfan ar 250 m s^{-1} trwy faes magnetig y Ddaear sy'n 60 µT ar ongl o $70°$ i'r llorwedd.

   (a) Cyfrifwch y gp rhwng blaenau'r adenydd oherwydd y g.e.m. anwythol.
   (b) Rhowch reswm pam nad yw'r gp hwn yn achosi cerrynt.

Mae cwestiynau 7–10 yn gysylltiedig â choil petryal o wifren gopr â 100 troad, sy'n mesur 50 cm $× 40$ cm ac sy'n cylchdroi ar gyfradd gyson o 2.0 cylchdro yr eiliad o amgylch echelin ym mhlân y coil, yn baralel â'r ochr hir. Ar amser $t = 0$ mae normal y coil yn baralel â maes unffurf sydd â dwysedd fflwcs 0.050 T.

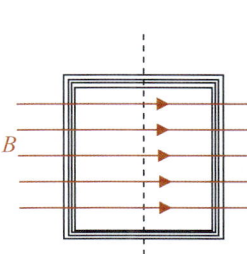

7. Cyfrifwch y cysylltedd fflwcs pan fydd yr ongl, θ, rhwng y normal i'r coil a'r maes magnetig yn:

   (a) $0°$ (b) $60°$ (c) $90°$

8. Cyfrifwch y g.e.m. cymedrig gaiff ei anwytho yn y coil wrth iddo droi o $\theta = 0°$ i $\theta = 90°$.

9. (a) Dangoswch mai buanedd mudiant ochrau hir y coil yw 2.5 m s^{-1} (2 ff.y.).
   (b) Nodwch werth θ pan fydd ochrau hir y coil yn torri fflwcs ar y gyfradd uchaf.
   (c) Gan ddefnyddio'r hafaliad $E = Blv$, cyfrifwch y g.e.m. mwyaf sy'n cael ei anwytho yn y coil.
   (ch) Esboniwch pam nad oes rhaid i ni gynnwys g.e.m.au gafodd eu hanwytho yn ochrau byr y coil.

10. Mae'r graff yn dangos gp allbwn generadur, sy'n cynnwys coil plân yn cylchdroi mewn maes magnetig unffurf.

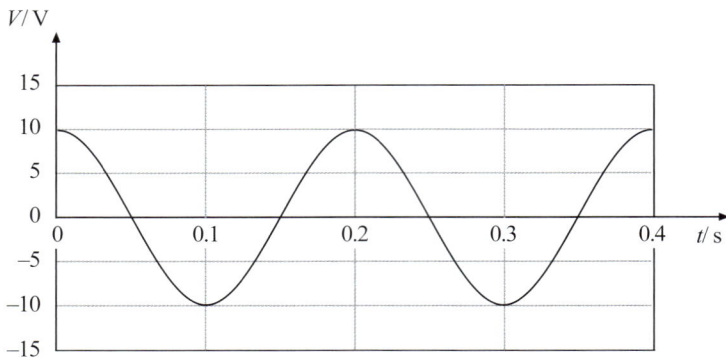

(a) Nodwch, gan roi rhesymau, yr amserau mae coil y generadur (i) ar ongl sgwâr i a (ii) yn baralel â'r maes magnetig.

(b) Gyda chyfrifiadau hawdd yn unig, brasluniwch graff i ddangos amrywiad allbwn yr un generadur gydag amledd cylchdroi 1.5× mor uchel. Esboniwch eich ateb heb ddefnyddio algebra.

Ymestyn a herio

Ni fydd cwestiynau sy'n ymwneud ag anwythiant, L, yn ymddangos yn yr arholiad, heblaw yn yr opsiwn CE.

Mae gan anwythydd anwythiant a gwrthiant. Mae'n bosibl ei ystyried yn gyfuniad cyfres o anwythydd pur (h.y. un sydd â gwrthiant sero) a gwrthydd. Mae hyn yn debyg i'r g.e.m. a gwrthiant mewnol mewn cyflenwad pŵer.

Rydyn ni'n mynd i ddefnyddio'r syniad hwn i ddeillio'r berthynas I-t pan gaiff anwythydd ei switsio i mewn i gylched CU. Byddwn ni'n dechrau trwy ystyried anwythydd 10 mH sydd â gwrthiant o 2Ω. Mae gwrthiant mewnol y gell yn ddibwys.

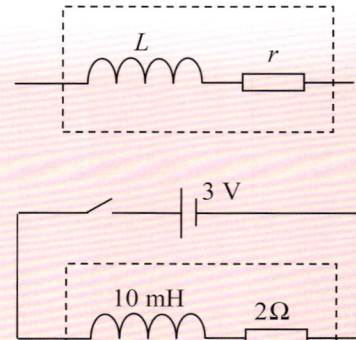

1 Ar yr ennyd y caiff y switsh ei gau, mae'r cerrynt yn sero, felly mae'r gp ar draws y 'gwrthydd' 2Ω yn sero, ac mae'r gp ar draws yr anwythiant 'pur' o 10 H yn 3 V.

Defnyddiwch $V = L \frac{dI}{dt}$ i gyfrifo cyfradd newid y cerrynt.

2 Yn fuan (iawn) wedyn, mae'r cerrynt yn 0.1 A. Cyfrifwch gyfradd newid newydd y cerrynt.

3 Ailadroddwch ran 2 ar gyfer ceryntau o 0.2 A, 0.3 A, 0.4.A a 0.5 A

4 Beth gallwch chi ei ddweud am y cyfyngau amser rhwng y ceryntau 0, 0.1, 0.2, 0.3, 0.4 a 0.5 A?

5 Pan fydd y cerrynt yn 1.5 A, nodwch y gp ar draws yr anwythydd. Beth yw cyfradd newid y cerrynt?

6 Amcangyfrifwch yr amser mae'n ei gymryd i'r cerrynt gynyddu o 0 i 0.5 A.

7 Brasluniwch graff I yn erbyn t.

Yn awr, byddwn ni'n symud ymlaen i'r achos cyffredinol, gyda chyflenwad pŵer V_0, anwythiant L a gwrthiant R.

8 Pan fydd y cerrynt yn I, dangoswch fod $\frac{dI}{dt} = \frac{1}{L}(V_0 - IR)$

9 Trwy aildrefnu i roi $\int \frac{dI}{V_0 - IR} = \int \frac{dt}{L}$, integrwch a chymhwyso'r amod cychwynnol fod $I(0) = 0$ i ddangos mai'r berthynas rhwng

I a t yw $I = \frac{V_0}{R}\left(1 - e^{-(R/L)t}\right)$.

10 Dangoswch fod gan y gymhareb $\frac{L}{R}$ unedau amser, a chyfrifwch werth y 'cysonyn amser' hwn ar gyfer yr anwythydd 10 mH, 2Ω.

Trafodwch sut mae hyn yn ymwneud â'ch atebion i 6 a 7.

Opsiwn A: Ceryntau eiledol

Yn aml iawn, mae ceryntau trydanol a gwahaniaethau potensial mewn cylchedau yn rhai eiledol. Yn gyffredinol rydyn ni'n cyfeirio atyn nhw fel CE [neu c.e.] sy'n sefyll am *cerrynt eiledol*, hyd yn oed wrth gyfeirio at folteddau! Caiff egni ei drawsyrru o orsafoedd pŵer i gartrefi trwy geryntau eiledol oherwydd ei bod yn bosibl defnyddio newidyddion i gynyddu a lleihau folteddau yn hawdd ac yn effeithlon i arbed egni ac am resymau diogelwch. Mae erialau radio yn trawsnewid pelydriad e-m yn signalau trydanol amledd uchel iawn, sy'n cael eu rheoli trwy ddefnyddio gwrthyddion, cynwysyddion ac anwythyddion. Mae'r uned ddewisol hon yn ymchwilio i ddulliau o gynhyrchu a rheoli osgiliadau trydanol sinwsoidaidd, a'u priodweddau.

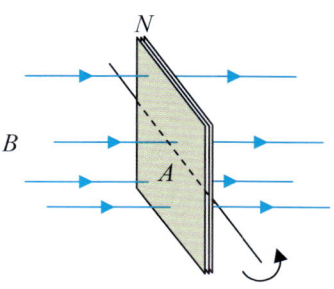

Ffig. A.1 Coil plân mewn maes magnetig

A.1 Cynhyrchu folteddau a cheryntau sinwsoidaidd

Mae Ffig. A.1 yn dangos coil petryal gydag N troad ac arwynebedd A, wedi'i osod ar ongl sgwâr i faes magnetig â dwysedd fflwcs B. Caiff y cysylltedd fflwcs, $N\Phi$, ei ddiffinio gan:

$$N\Phi = BAN$$

Os ydyn ni'n gwneud i'r coil gylchdroi o amgylch yr echelin, fel sydd i'w weld, yna mae'r arwynebedd mae'r coil yn ei gyflwyno i'r maes yn newid, felly mae'r cysylltedd fflwcs yn newid, sy'n anwytho g.e.m. yn y coil.

Mae'r coil yn Ffig. A.2 yn cael ei ddangos o'r ymyl. Mae'n cylchdroi gyda chyflymder onglaidd ω.

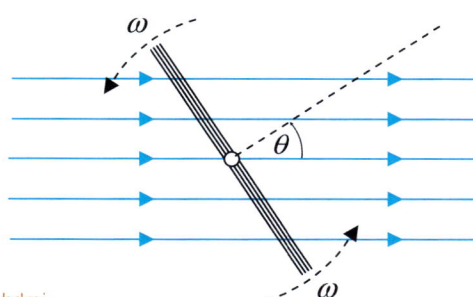

Ffig. A.2 Coil yn cylchdroi

Mae'r arwynebedd mae'r coil yn ei gyflwyno i'r maes magnetig yn lleihau yn ôl ffactor o $\cos\theta$.
$$\therefore N\Phi = BAN\cos\theta$$

Os yw $\theta = 0$ pan mae $t = 0$, yna mae $\theta = \omega t$
$$\therefore N\Phi = BAN\cos\omega t$$

Mae deddfau Faraday a Lenz yn mynegi bod y g.e.m. anwythol, $\mathcal{E}_{AN}$, yn hafal i ac yn gwrthwynebu cyfradd newid y cysylltedd fflwcs.

$$\mathcal{E}_{AN} = -\frac{\Delta(N\Phi)}{t} = -\frac{d}{dt}(N\Phi)$$

Gwelon ni yn Adran 3.2, Dirgryniadau: os yw $x = A\cos\omega t$ yna $v = -A\omega\sin\omega t$. Gan gofio mai v yw cyfradd newid x rydyn ni'n dod i'r casgliad bod y g.e.m. anwythol yn

$$\mathcal{E}_{AN} = \omega BAN\sin\omega t.$$

Os ydyn ni'n gwneud agoriad yn y coil, mae'r g.e.m. anwythol hwn yn arwain at gp allbwn ar draws yr agoriad. Os na chaiff unrhyw gerrynt ei gymryd, neu os yw gwrthiant y coil yn ddibwys, mae'r gp allbwn, $V_{ALLAN} = \mathcal{E}_{AN}$, felly, gallwn ni ysgrifennu:

$$V_{ALLAN} = \omega BAN\sin\omega t.$$

Gwirio gwybodaeth

Ar gyfer y coil yn Ffig. A.1, nodwch y cysylltedd fflwcs os yw:

$B = 2.0$ T; $A = 150$ cm²;

$N = 1000$ troad.

Pwynt astudio

Deddf Lenz: mae cyfeiriad y g.e.m. anwythol yn tueddu i wrthwynebu'r newid sy'n ei gynhyrchu.

Dyma'r arwydd '−' yn $\mathcal{E}_{AN} = -\frac{\Delta(N\Phi)}{t}$.

Pwynt astudio

Sylwch fod $\mathcal{E}_{AN}$, V_{ALLAN} ac I mewn cyfrannedd â'r holl fesurau arwyddocaol: B, A, N ac ω (a chofiwch fod $\omega = 2\pi f$).

A2 Gwirio gwybodaeth

Pa g.e.m. gaiff ei gynhyrchu gan goil 100 troad ac arwynebedd 10 cm^2 yn cylchdroi ar 3000 cyf mewn maes magnetig â dwysedd fflwcs 1.5 T?

A3 Gwirio gwybodaeth

Brasuniwch graff wedi'i labelu o $\mathscr{E}_{AN}(t)$ o Gwirio gwybodaeth A2. Ychwanegwch ail gromlin ar gyfer $\mathscr{E}_{AN}(t)$ os yw'r amledd cylchdroi yn cael ei haneru.

Pwynt astudio

Mae gan lawer o generaduron masnachol goil disymud a magnetau sy'n cylchdroi. Mae hyn yn caniatáu cysylltiadau sefydlog â'r coil (yn hytrach na modrwyau llithro).

A4 Gwirio gwybodaeth

O Ffig. A.4, darganfyddwch yr amser cyntaf pan fydd y gp yn 0 ac yn cynyddu.

A5 Gwirio gwybodaeth

Nodwch 3 gwerth ar gyfer θ pan fydd $\sin \theta = 0$ [ac yn cynyddu wrth i θ fynd yn fwy].

Pwynt astudio

Fel arfer gallwn ni gymryd bod yr ongl wedd ϑ yn 0 neu $\pm \frac{\pi}{2}$, felly bydd y sinwsoidau ar y ffurf

$V = V_0 \cos \omega t,$

$V = V_0 \cos (\omega t \pm \frac{\pi}{2}),$

$V = V_0 \sin \omega t.$

Pwynt astudio

Yn aml, wrth gymryd mesuriadau osgilosgop, mae'n ddefnyddiol mesur y foltedd brig i frig, sy'n mynd o dop i waelod y graff, h.y. $2V_0$.

Gan gofio'r hyn a ddysgon ni yn Adran 4.5, edrychwn ni nawr ar y berthynas rhwng cyfeiriadaeth y coil, $N\Phi$ ac $\mathscr{E}_{AN}$ yn Ffig. A.3 lle mae'r maes magnetig yn llorweddol a'r bariau du trwchus yn cynrychioli'r coil, sy'n cael ei ddangos o'r ymyl.

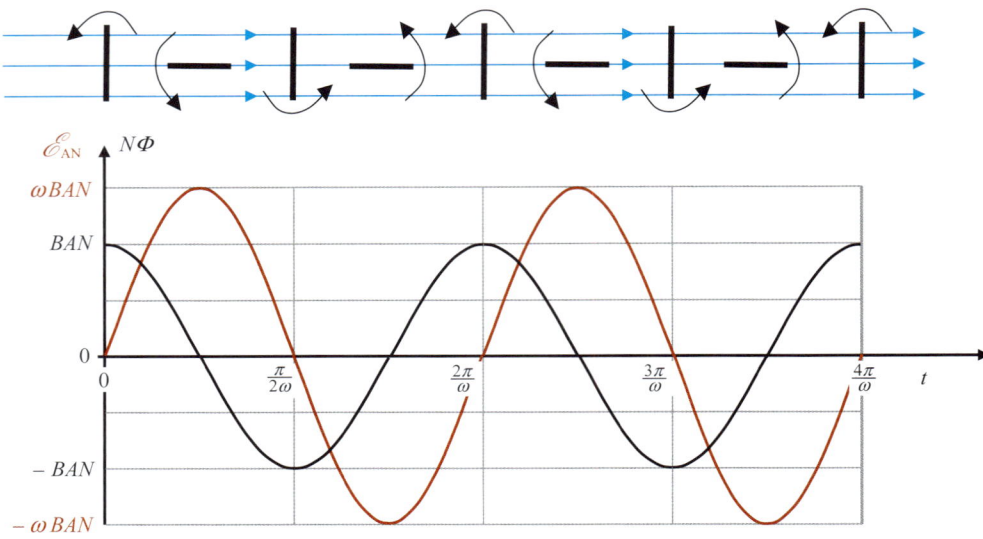

Ffig. A.3 Safle'r coil a g.e.m.

A.2 Termau CE sylfaenol

Os ydych chi'n cysylltu cyflenwad 12 V CE i osgilosgop[1] byddwch chi'n gweld olin debyg i'r un sydd i'w weld yn Ffig. A.4 [ond heb yr echelinau a'r graddfeydd!]. Mae hwn yn graff foltedd–amser nodweddiadol ar gyfer CE.

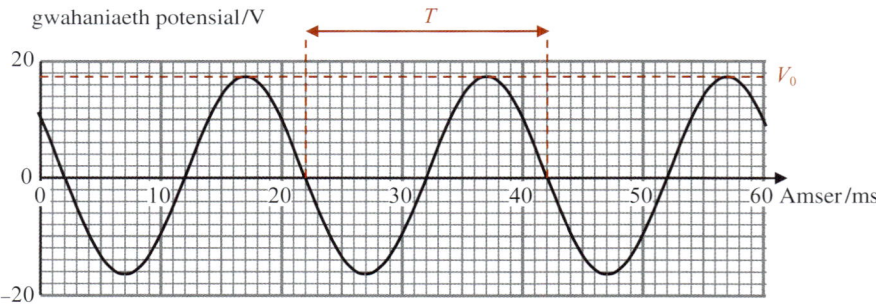

Ffig. A.4 Graff V–t CE

Mae gan y graff hwn yr un ffurf â'r graffiau ar gyfer mudiant harmonig syml. Mae'n sinwsoid. Mewn geiriau eraill, gallwn ni ei gynrychioli gyda hafaliad ar y ffurf:

$$V = V_0 \cos (\omega t + \phi)$$

lle V_0 yw'r foltedd mwyaf, sy'n cael ei alw'n *foltedd brig*.

Yn yr un modd, caiff y berthynas rhwng cerrynt, I, ac amser ei fynegi fel:

$$I = I_0 \cos (\omega t + \phi)$$

ac mae I_0 yn cael ei alw'n *gerrynt brig*.

---

1 Gweler Adran A9 i ddysgu am osgilosgopau.

Rydyn ni'n galw'r mesur ω yn *amledd onglaidd* (neu *bylsadedd (pulsatance)*) a rhoddir y berthynas rhyngddo a'r *amledd*, f, a'r *cyfnod*, T, gan yr hafaliadau:

$$\omega = 2\pi f = \frac{2\pi}{T}.$$

Mae'r ongl ϕ yn *ongl wedd*. Mae'r graff yn Ffig. A.4 yn cyfateb i'r hafaliad:

$$V = 17.0 \cos (100\pi t + 0.3\pi).$$

Enghraifft

Darganfyddwch yr hafaliad ar gyfer y graff yn Ffig. A.4 ar y ffurf
$$V = V_0 \cos (\omega t + \phi).$$

Ateb

1   Mae'r foltedd brig = 17.0 V, $\therefore V_0 = 17.0$ V

2   Mae **2 gylchred** o'r graff yn cymryd 42.0 − 2.0 ms = 40.0 ms. $\therefore$ Mae $T = 20$ ms

$\therefore$ Mae $\omega = \dfrac{2\pi}{20 \times 10^{-3}} = 100\pi$ s^{-1} [= 314 s^{-1}]

3   Mae V_{mwyaf} yn digwydd pan mae $t = -3$ ms. Mae hyn yn $\frac{3}{20}$ o gylchred.

$\therefore \phi = \dfrac{3}{20} \times 2\pi = 0.3\pi$

$\therefore V = 17.0 \cos (100\pi t + 0.3\pi)$

A.3 Gwerthoedd isc

Ar ddechrau Adran A.2, fe wnaethon ni ddweud bod y graff ar gyfer cyflenwad 12 V. Ond mae brigwerth y foltedd yn 17 V. Felly, beth sy'n digwydd?

Mae'r ateb yn ymwneud ag afradlonedd pŵer. Y ffigur 12 V yw foltedd y cyflenwad pŵer CU foltedd cyson fyddai'n afradloni'r un pŵer trwy wrthydd. Dewch i ni wneud y fathemateg. Ystyriwch y gylched yn Ffig. A.5:

Y pŵer sy'n cael ei afradloni yn y gwrthydd ar unrhyw ennyd yw:

$$P = \frac{V^2}{R}$$

Os yw V yn amrywio gydag amser mae gwerth cymedrig y pŵer, $\langle P \rangle$, yn cael ei roi gan

$$\langle P \rangle = \frac{\langle V^2 \rangle}{R}.$$

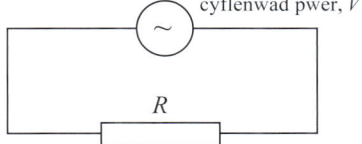

Ffig. A.5 Cyflenwad pŵer CE

Rydyn ni'n **diffinio'r foltedd isradd sgwâr cymedrig** V_{isc} fel $\sqrt{\langle V^2 \rangle}$.

Yna'r pŵer cymedrig sy'n cael ei afradloni yw: $\langle P \rangle = \dfrac{V_{\text{isc}}^2}{R}$

Felly y foltedd isc V_{isc} yw foltedd cyflenwad CU llyfn a fyddai'n cynhyrchu'r un afradlonedd pŵer. Yn achos amrywiad sinwsoidaidd, mae $V = V_0 \cos \omega t$, felly mae $V_{\text{isc}} = V_0 \sqrt{\langle \cos^2 \omega t \rangle}$.

Gwirio gwybodaeth   A6

Defnyddiwch yr atebion i Gwirio gwybodaeth A4 ac A5 i ysgrifennu hafaliad y graff yn Ffig. A.4 fel:
$V = V_0 \sin(\omega t + \varepsilon)$.

⫷ Cyngor mathemateg

$\langle \cos^2 \omega t \rangle = \frac{1}{2}$. Pam?

Graffiau $\cos \omega t$ a $\cos^2 \omega t$:

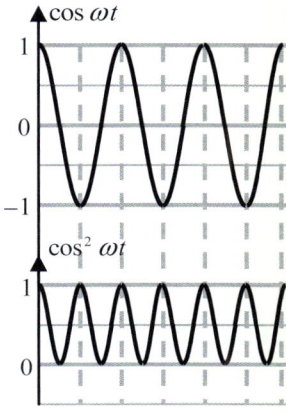

Trwy ddefnyddio'r berthynas trig

$$\cos 2\theta = 2 \cos^2 \theta - 1$$

dylech chi allu dangos bod graff $\cos^2 \omega t$ fel sydd i'w weld yma. Bydd angen i chi allu braslunio'r graff hwn.

Ond mae $\langle \cos 2\theta \rangle = 0$

$\therefore \qquad 2\langle \cos^2 \theta \rangle - 1 = 0$

$\therefore \qquad \langle \cos^2 \theta \rangle = \frac{1}{2}$.

⫸ Termau Allweddol

gp ISC, V_{isc}: ail isradd gwerth cymedrig y gp (wedi'i gymryd dros nifer gyfan o gylchredau), h.y.

$V = \sqrt{\langle V^2 \rangle}$

Felly hefyd: $I_{\text{isc}} = \sqrt{\langle I^2 \rangle}$

Gwirio gwybodaeth   A7

Dangoswch fod foltedd isc y graff ar gyfer y cyflenwad sy'n cael ei ddangos yn Ffig. A.5 yn 12.0 V.

A8   Gwirio gwybodaeth

(a) Brasluniwch graffiau $\sin \omega t$ a $\sin^2 \omega t$.

(b) Esboniwch pam mae $\langle \sin^2 \omega t \rangle = \frac{1}{2}$.

Awgrym: Gweler y Cyngor mathemateg ar y dudalen flaenorol.

A9   Gwirio gwybodaeth

Mae cyflenwad CE yn darparu cerrynt isc o 0.2 A trwy wrthydd $47 \,\Omega$. Cyfrifwch:

(a) gp isc y cyflenwad

(b) y pŵer cymedrig gaiff ei afradloni.

A10   Gwirio gwybodaeth

Ar gyfer y graffiau yn Ffig. A.6 cyfrifwch:

(a) gwerth y gwrthiant

(b) yr amledd a'r amledd onglaidd

(c) y foltedd a'r cerrynt isc

(ch) y pŵer cymedrig sy'n cael ei afradloni.

Pwynt astudio

Yr afradlonedd pŵer ar unrhyw ennyd yw'r lluoswm IV ar y foment honno.

Mae gwerth $\cos \omega t$ yn osgiliadu rhwng -1 a $+1$ felly ei werth cymedrig yw 0, ond mae gwerth $\cos^2 \omega t$ yn bositif bob amser ac mae'n osgiliadu rhwng 0 a 1. Mae cymesuredd y graff yn dangos mai ei werth cymedrig yw $\frac{1}{2}$.

$$\therefore V_{\text{isc}} = \frac{V_0}{\sqrt{2}}$$

Enghraifft

Mae myfyriwr ym Mhrydain yn defnyddio CRO i fesur foltedd brig y prif gyflenwad, V_0 fel 340 V. Cyfrifwch werth V_{isc}.

Ateb

$$V_{\text{isc}} = \frac{V_0}{\sqrt{2}} = \frac{340}{\sqrt{2}} = 240 \text{ V}.$$

Sylwch: Yn hanesyddol, roedd foltedd (isc) enwol y prif gyflenwad domestig yn 240 V ym Mhrydain ac yn 220 V ar gyfandir Ewrop. Yn 1995 cafodd hyn ei 'gysoni' i 230 V gyda goddefiant o $+10\% / -6\%$. Felly mae 220 V a 240 V o fewn yr ystod sy'n cael ei ganiatáu ac, yn dilyn y cysoni, mae'r gwir folteddau domestig felly heb newid!

Yn yr un modd, gellir defnyddio'r cerrynt isc, I_{isc}, sy'n cael ei ddiffinio fel $\sqrt{\langle I^2 \rangle}$ i gyfrifo'r pŵer cymedrig sy'n cael ei afradloni trwy ddefnyddio:

$$\langle P \rangle = I^2_{\text{isc}} R = I_{\text{isc}} V_{\text{isc}} = \frac{V^2_{\text{isc}}}{R}$$

Y gwerth gaiff ei ddyfynnu ar gyfer y foltedd neu'r cerrynt yw'r gwerth isc bron bob tro, os nad yw'n cael ei nodi fel arall. Ar gyfer cyfrifiadau pŵer a cherrynt, mewn cylchedau sy'n cynnwys gwrthyddion yn unig (h.y. dim cynwysyddion neu anwythyddion), gellir defnyddio'r gwerthoedd isc yn yr un modd â gwerthoedd foltedd a cherrynt CU.

Enghraifft

Mae gwrthydd $15 \,\Omega$ yn cael ei gysylltu ar draws cyflenwad pŵer 6.0 V (isc). Cyfrifwch: (a) y cerrynt isc, (b) y cerrynt brig ac (c) y pŵer cymedrig sy'n cael ei afradloni.

Ateb

(a) $I_{\text{isc}} = \dfrac{V_{\text{isc}}}{R} = \dfrac{6.0}{15} = 0.40 \,\text{A}$

(b) $I_0 = \sqrt{2} I_{\text{isc}} = \sqrt{2} \times 0.40 = 0.57 \,\text{A}$

(c) $\langle P \rangle = I^2_{\text{isc}} R = 0.40^2 \times 15 = 2.4 \,\text{W}$

Sylwch: ar gyfer rhan (c) gallen ni hefyd ddefnyddio $\langle P \rangle = I_{\text{isc}} V_{\text{isc}}, \dfrac{V^2_{\text{isc}}}{R}$

neu hyd yn oed $\langle P \rangle = \dfrac{I_0^2 R}{2}, \dfrac{I_0 V_0}{2}$, neu $\dfrac{V_0^2}{2R}$.

A.4 Ceryntau eiledol trwy wrthyddion, anwythyddion a chynwysyddion[2]

(a) Gwrthyddion

Mae'r cerrynt trwy **wrthydd** ar unrhyw ennyd mewn cyfrannedd union â'r gwahaniaeth potensial ar yr ennyd hwnnw. Oherwydd hyn, mae'r cerrynt a'r foltedd yn osgiliadu **yn gydwedd** â'i gilydd. Mae Ffig. A.6 yn rhoi enghraifft o hyn.

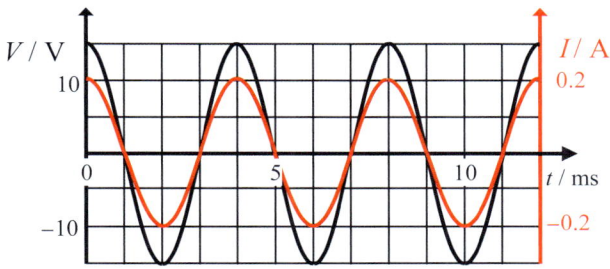

Ffig. A.6 Amrywiad y cerrynt a'r gp ar gyfer gwrthydd

Ar gyfer anwythyddion a chynwysyddion, mae gwahaniaeth gwedd rhwng V ac I, felly mae'r sefyllfa'n fwy cymhleth. Byddwn ni'n archwilio'r gwahaniaeth gwedd hwn yn ansoddol cyn ystyried y broblem yn fathemategol.

(b) Cynwysyddion

Ystyriwch **gynhwysydd**, C, sydd heb ei wefru i gychwyn. Tybiwch ei fod yn cael ei wefru gan gerrynt, fel sydd i'w weld yn Ffig. A.7.

Mae gwefr bositif yn cronni ar y plât llaw chwith, ac mae gwefr negatif yn cronni ar y plât llaw dde, felly caiff gp ei sefydlu.

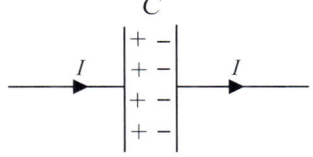

Ffig. A.7 Cynhwysydd yn gwefru

Ar gyfer cynhwysydd, gwelwn ni o'r disgrifiad hwn fod y cerrynt yn achosi newid yn y foltedd – mae'r cerrynt yn arwain y foltedd.

Gan gymryd y casgliadau o'r blwch Ymestyn a herio, mae'r graffiau cerrynt a foltedd ar gyfer cynhwysydd mewn cylched CE fel sydd i'w gweld yn yr enghraifft yn Ffig. A.8. Mae graff y cerrynt $\frac{1}{4}$ cylchred o flaen graff y foltedd, h.y. mae'r wedd yn arwain o $\frac{\pi}{2}$.

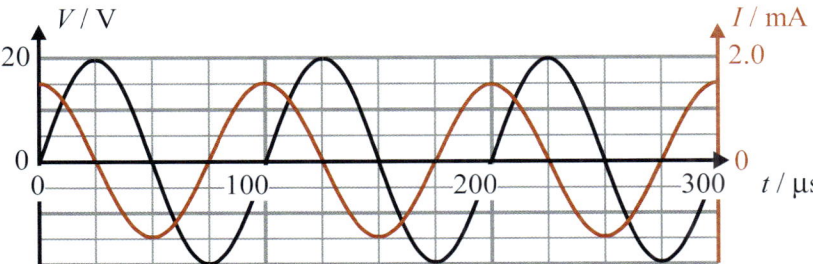

Ffig. A.8 Amrywiad y cerrynt a'r gp ar gyfer cynhwysydd

Gwirio gwybodaeth  A11

Ar gyfer y graffiau yn Ffig. A.6 cyfrifwch y pŵer ar:

(a) $t = 0$

(b) $t = 2$ ms

(c) $t = 5$ ms.

Gwirio gwybodaeth A12

Brasluniwch graff o amrywiad pŵer gydag amser rhwng 0 a 6 ms ar gyfer y graffiau yn Ffig. A.6 a nodwch y pŵer cymedrig.

◀ Ymestyn a herio

Ar gyfer cynhwysydd, mae $Q = CV$.

Y cerrynt, I, yw cyfradd newid y wefr, $I = \frac{dQ}{dt}$.

(a) Trwy ddifferu'r hafaliad cyntaf, ysgrifennwch I yn nhermau V.

(b) Gadewch i $V = V_0\sin \omega t$. Defnyddiwch eich ateb i (a) i ddangos bod:

$I = \omega CV_0\cos \omega t$

$I = \omega CV_0\sin (\omega t + \frac{\pi}{2})$.

Casgliadau

(1) Mae'r cerrynt $\frac{\pi}{2}$ **yn arwain** y foltedd ac

(2) mae'r cerrynt brig a'r foltedd wedi'u cysylltu trwy $I_0 = \omega CV_0$.

Gwirio gwybodaeth A13

Ar gyfer y graffiau yn Ffig. A.8:

(a) Darganfyddwch werthoedd V_0, I_0, V_{isc}, I_{isc}, T, f ac ω.

(b) Defnyddiwch yr hafaliad $I_0 = \omega CV_0$ i gyfrifo'r cynhwysiant, C.

(c) Cadarnhewch fod y gp a'r cerrynt isc wedi'u cysylltu trwy $I = \omega CV$.

---

2 Mae ychydig yn rhyfedd sôn am y cerrynt **trwy** gynhwysydd – dydy gwefr ddim yn gallu llifo trwy'r deuelectryn, sy'n ynysydd. Mae'r cerrynt yn y gwifrau bob ochr i'r cynhwysydd!

>> **Pwynt astudio**

Caiff **anwythiant** anwythydd ei ddiffinio gan yr hafaliad:

$V = L\frac{\Delta I}{\Delta t}$ neu, mewn

calcwlws, $V = L\frac{\mathrm{d}I}{\mathrm{d}t}$.

Yr uned yw'r **henry** (H).

◀**Ymestyn a herio**

Ar gyfer anwythydd $V = L\frac{\mathrm{d}I}{\mathrm{d}t}$.

Gadewch i $I = I_0\cos \omega t$.

Trwy ddifferu'r hafaliad hwn, dangoswch fod:

$V = \omega L I_0 \cos (\omega t + \frac{\pi}{2})$

ac felly bod:

(1) y foltedd $\frac{\pi}{2}$ **o flaen** y cerrynt ac

(2) mai'r cysylltiad rhwng y cerrynt brig a'r foltedd brig yw

$V_0 = I_0 \omega L$.

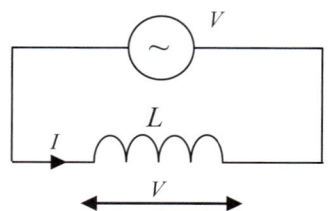

Ffig. A.10 Anwythydd mewn cylched

 **A14** **Gwirio gwybodaeth**

Ar gyfer y graffiau yn Ffig. A.11:

(a) Darganfyddwch werthoedd V_0, I_0, $V_{\mathrm{isc}}, I_{\mathrm{isc}}, T, f$ ac ω.

(b) Defnyddiwch yr hafaliad $V_0 = I_0\omega L$ i gyfrifo'r anwythiant L.

(c) Anwythyddion

Cydran arall sydd i'w gweld yn aml mewn cylched CE yw **anwythydd**. Mae'n cynnwys coil o wifren, yn aml wedi'i ddirwyn ar graidd haearn meddal. Mae Ffig. A.9 yn dangos delweddau o anwythyddion, a'r symbol cylched. L yw **anwythiant** yr anwythydd, sy'n cael ei ddiffinio yn y blwch.

Ffig. A.9 Anwythyddion

Fel arfer, mae gwrthiant isel iawn gan y coil o wifren, ac mae ei effaith ar y gylched o ganlyniad i'w briodweddau magnetig. Mae cerrynt mewn anwythydd yn cynhyrchu maes magnetig, ac felly mae fflwcs magnetig yn cysylltu â'r gylched. Os caiff gp ei roi ar draws yr anwythydd fel bod y cerrynt yn dechrau tyfu, mae hyn yn cynhyrchu newid yn y cysylltedd fflwcs sy'n cynhyrchu g.e.m. sydd, yn ôl deddf Lenz, yn gwrthwynebu'r cynnydd yn y cerrynt. Felly, mae'r anwythydd yn gweithredu fel brêc ar newid yn y cerrynt: mae gostyngiad yn y cerrynt yn anwytho g.e.m. cynhaliol, sy'n arafu'r gostyngiad yn y cerrynt.

Felly, ar gyfer anwythydd pur (h.y. un sydd â gwrthiant sero) mae **cyfradd newid y cerrynt** mewn cyfrannedd â'r foltedd ar ei draws. Er enghraifft, os rhoddir foltedd o 10 V ar draws anwythydd 2 H, mae'r cerrynt yn tyfu ar gyfradd o 5 A s^{-1}.

O'r drafodaeth uchod, dylai hi fod yn amlwg bod anwythydd yn ymddwyn mewn ffordd groes i gynhwysydd. Mae gp ar draws anwythydd yn cynhyrchu cerrynt newidiol, felly, mewn cylched CE, mae'r foltedd yn arwain y cerrynt ar gyfer anwythydd – o $\frac{\pi}{2}$ ar gyfer anwythydd pur (gweler Ymestyn a herio).

Ystyriwch anwythydd sydd wedi'i gysylltu ar draws cyflenwad pŵer CE fel sydd i'w weld yn Ffig. A.10. Os yw'r cerrynt yn amrywio yn ôl $I = I_0\cos \omega t$, h.y. mae ar ei fwyaf pan mae $t = 0$, mae gwerth mwyaf y foltedd ¼ cylchred cyn hyn, h.y. ar $-\frac{T}{4}$. Mae enghraifft o hyn i'w weld yn Ffig. A.11.

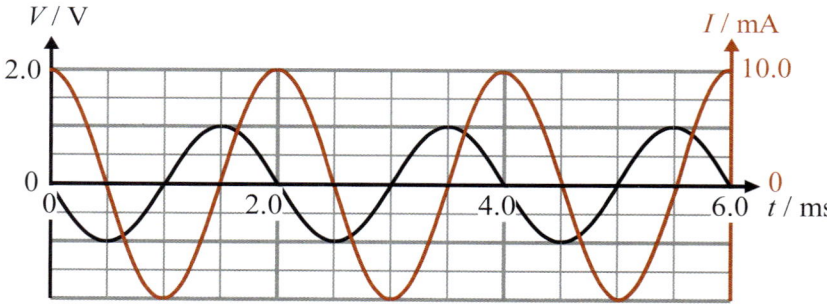

Ffig. A.11 Amrywiad y cerrynt a'r gp ar gyfer anwythydd

Ffordd hawdd o gofio

CIVIL: Mewn **C**ynhwysydd, mae'r cerrynt (**I**) yn arwain y **F**oltedd (**V**); mae'r **F**oltedd (**V**) yn arwain y cerrynt (**I**) mewn anwythydd (**L**).

A.5 Nid yw cynwysyddion nac anwythyddion yn afradloni pŵer

Rydyn ni wedi gweld bod **gwrthyddion** mewn cylchedau CE yn afradloni pŵer cymedrig, $\langle P \rangle$, sy'n cael ei roi gan

$$\langle P \rangle = IV = I^2R = \frac{V^2}{R}$$

lle V ac I yw'r gwerthoedd isc. Gadewch i ni edrych ar y graffiau $V(t)$ ac $I(t)$ dros un gylchred gyfan i esbonio pam nad yw hyn yn wir ar gyfer cynwysyddion ac anwythyddion. Y graffiau yn Ffig. A.12 yw'r graffiau cerrynt (coch) a foltedd ar gyfer cynhwysydd.

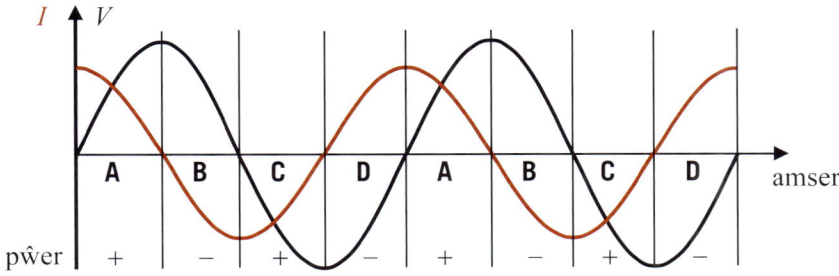

Ffig. A.12 Graffiau $I(t)$ a $V(t)$ ar gyfer cynhwysydd

Ystyriwch yr egni gaiff ei gyfnewid rhwng y cyflenwad pŵer a'r cynhwysydd.
Yr egni sy'n cael ei drosglwyddo'n enydaidd, P, **o'r** cyflenwad pŵer yw $P = IV$.

Yn y cyfyngau chwarter cylchred sydd â'r label **A**, mae'r cerrynt a'r gp yn bositif, felly mae P yn bositif ac mae'r cynhwysydd yn cymryd egni o'r cyflenwad pŵer. Yn y cyfyngau sydd â'r label **C**, mae I a V yn negatif, felly, unwaith eto, mae P yn bositif. Yn **B** a **D**, mae un o I a V yn bositif a'r llall yn negatif felly, yn y ddau gyfwng hyn, mae P yn negatif, h.y. mae'r cynhwysydd yn dychwelyd egni i'r cyflenwad. O weld cymesuredd y cromliniau, mae'r egni syn cael ei roi gan y cyflenwad pŵer yn **A** ac **C** yr un faint â'r egni sy'n cael ei ddychwelyd yn **B** a **D**. Felly, dros gylchred gyfan, mae'r egni cymedrig yn sero.

Nawr, gadewch i ni ystyried y cydbwysedd egni dros 1 gylchred ar gyfer **anwythydd**. Oherwydd y gwahaniaeth gwedd $\frac{\pi}{2}$ rhwng I a V, dylai fod yn glir o'r drafodaeth flaenorol fod y pŵer cymedrig gaiff ei gymryd o'r cyflenwad pŵer dros gylchred gyfan yn sero. Does dim gwahaniaeth ai'r foltedd neu'r cerrynt sy'n arwain, bydd y pŵer enydaidd weithiau'n bositif ac weithiau'n negatif.

Er mwyn gweithio fel hyn, rhaid i'r anwythydd storio egni yn ei faes magnetig. Gellir dangos bod y dwysedd egni $\frac{B^2}{2\mu_0}$ mewn gwactod ond does dim angen i chi wybod na chofio hyn.

◀ Ymestyn a herio

Defnyddiwch yr unfathiant trigonometrig

$$2\sin\theta\cos\theta = \sin 2\theta$$

i ysgrifennu mynegiant ar gyfer y pŵer enydaidd sy'n cael ei gymryd o'r cyflenwad gan gynhwysydd neu anwythydd, yn nhermau $\sin 2\omega t$. Diddwythwch mai sero yw'r pŵer cymedrig dros gylchred.

⟫ Pwynt astudio

Sut mae'r cynhwysydd yn rhoi egni'n ôl i'r cyflenwad pŵer?

Yn wahanol i wrthydd, mae cynhwysydd wedi'i wefru yn meddu ar egni ar ffurf egni potensial trydanol. Mae hyn yn wir oherwydd bod y gwefrau + a − wedi eu gwahanu. Yn rhannau B a D y gylchred, mae'r gwefrau hyn yn ailgyfuno â'i gilydd – gan ryddhau eu hegni potensial.

Ffordd wahanol, ond cywerth, o ystyried hyn yw fod egni wedi'i storio yn y maes trydanol rhwng platiau cynhwysydd wedi'i wefru.

◀ Ymestyn a herio

Dwysedd egni maes trydanol, h.y. yr egni am bob uned cyfaint, yw $\frac{1}{2}\varepsilon_0 E^2$. Defnyddiwch hwn i ddeillio'r fformiwla ar gyfer yr egni sy'n cael ei storio gan gynhwysydd, $W = \frac{1}{2}CV^2$.

Pa dybiaeth mae'n rhaid i chi ei gwneud?

Gwirio gwybodaeth

Dangoswch fod y mynegiadau ar gyfer dwysedd egni mewn meysydd trydanol a magnetig yn gywir o ran dimensiynau.

A.6 Gwrthiant ac adweithedd

Ar gyfer gwrthyddion, cynwysyddion ac anwythyddion, rydyn ni wedi gweld bod y folteddau a'r ceryntau isc (a brig) mewn cyfrannedd. Rydyn ni hefyd wedi gweld er bod y cerrynt yn gydwedd â'r foltedd ar gyfer gwrthydd, nid yw hyn yn wir ar gyfer cynwysyddion ac anwythyddion.

Ar gyfer y cydrannau hyn, neu gyfuniad ohonyn nhw, rydyn ni'n cyfeirio at y gymhareb $\frac{V_{isc}}{I_{isc}} \left(= \frac{V_0}{I_0} \right)$ fel y **rhwystriant**, gyda'r symbol Z. Os yw'r cerrynt a'r foltedd yn gydwedd, yr enw ar y gymhareb hon yw'r **gwrthiant**, R. Os yw anghydwedd y cerrynt a'r foltedd yn $\frac{\pi}{2}$, yr enw ar y gymhareb yw'r **adweithedd**, X. Fel y gwrthiant, caiff y rhwystriant a'r adweithedd eu mynegi mewn ohmau (Ω). Mae Tabl A1 yn crynhoi gwerthoedd Z, R a X.

Cydran	R	X	Z	Nodiadau
Gwrthydd, R	R	–	R	I a V yn gydwedd
Cynhwysydd, C	–	$X_C = \dfrac{1}{\omega C}$	$\dfrac{1}{\omega C}$	Mae'r cerrynt yn arwain o $\dfrac{\pi}{2}$
Anwythydd, L	–	$X_L = \omega L$	ωL	Mae'r foltedd yn arwain o $\dfrac{\pi}{2}$

Tabl A1 Gwrthiant, adweithedd a rhwystriant

Ar gyfer cydrannau unigol, gallwn ni ddefnyddio gwerthoedd adweithedd i gysylltu I a V (isc neu frig) yn union fel y gwrthiannau mewn cylched CU.

Enghraifft

Mae gan gynhwysydd, sydd wedi'i gysylltu â chyflenwad 6 V, 50 Hz adweithedd o 80 Ω.

(a) Cyfrifwch y cerrynt.

(b) Pe bai amledd y cyflenwad yn newid i 100 Hz, beth fyddai'r cerrynt?

Ateb

(a) Mae $I = \dfrac{V}{X_C} = \dfrac{6}{80} = 0.075$ A

(b) Mae adweithedd cynhwysydd mewn cyfrannedd gwrthdro â'r amledd. Felly, mae'r adweithedd ar 100 Hz yn hanner yr adweithedd ar 50 Hz [40 Ω] felly mae'r cerrynt yn dyblu i 0.15 A.

Nawr gallwn ni drin cydrannau *unigol* mewn cylched. Y broblem nesaf yw sut i gysylltu cerrynt a foltedd mewn cylched sy'n cynnwys cydrannau gwrthiannol ac adweithiol. Er enghraifft, ystyriwch y trefniant yn Ffig. A.13.

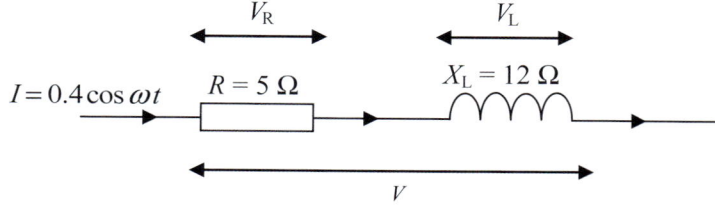

Ffig. A.13 Cyfuniad cyfres RL

O'r wybodaeth uchod, dylech chi allu dangos bod V_R a V_L yn cael eu rhoi gan:

$$V_R = 2.0 \cos \omega t \qquad \text{a} \qquad V_L = -4.8 \sin \omega t \quad [\text{neu } 4.8 \cos (\omega t + \tfrac{\pi}{2})].$$

Byddwn ni nawr yn gweld sut i gyfrifo V, y gp ar draws y cyfuniad.

A.7 Datrys cylchedau RCL

(a) Cyflwyniad i ffasorau

Dyma'r dechneg sy'n cael ei defnyddio amlaf i ddatrys cylchedau CE yn Ffiseg Safon Uwch. Ystyriwch fector ag osgled I_0 yn cylchdroi'n **wrthglocwedd** o amgylch tarddbwynt, **O** fel yn Ffig. A.14. Tafluniad x y fector yw:

$$x = I_0 \cos \theta$$

Os yw'r fector yn cylchdroi gyda chyflymder onglaidd ω, yna

$$\theta = \omega t + \varepsilon,$$

lle ε yw gwerth θ pan mae $t = 0$. Felly mae $x = I_0 \cos(\omega t + \varepsilon)$.

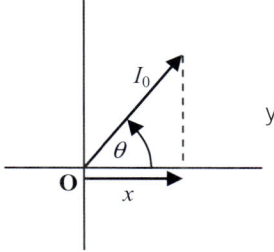

Ffig. A.14 Fector sy'n cylchdroi

Mae hyn yn golygu bod x yn amrywio yn union fel y cerrynt mewn cylched: un sydd â brigwerth o I_0 ac amledd onglaidd o ω. Mae hyn yn awgrymu y dylen ni drin y fector I_0 fel pe bai'n *cynrychioli'r* cerrynt o ran maint a gwedd – ac mai gwerthoedd enydaidd I rydyn ni'n eu mesur **yw** tafluniad y fector hwn – sydd hefyd yn cael ei alw'n **ffasor**.

Mae'r diagram uchaf yn Ffig. A.15 yn dangos ffasorau'r foltedd a'r cerrynt ar gyfer gwrthydd ar ennyd penodol (mae ffasor y cerrynt mewn coch). Mae cyfeiriadau'r ddau ffasor yr un fath gan fod y foltedd a'r cerrynt yn gydwedd ar gyfer gwrthydd. Gwerthoedd V ac I ar ennyd y diagram yw'r tafluniadau ar yr echelin x.[3] Yn y diagram cyntaf mae gwerthoedd V ac I yn bositif ac yn lleihau. Chwarter cylchred yn ddiweddarach, mae'r ffasorau wedi symud o amgylch $\frac{\pi}{2}$ yn wrthglocwedd. Mae gwerthoedd V ac I bellach yn negatif ac yn lleihau. Cofiwch fod swm negatif sy'n dod yn fwy negatif yn lleihau er bod ei faint yn cynyddu.

Mewn diagramau ffasor I–V ar gyfer cynwysyddion ac anwythyddion, mae'r cerrynt a'r foltedd $\frac{\pi}{2}$ ($90°$) ar wahân. Gallwn ni luniadu'r diagramau, gyda'r gwahaniaeth gwedd cywir, trwy ddefnyddio CIVIL. Cofiwch fod y ffasorau yn cylchdroi'n wrthglocwedd. Mae Ffig. A.16 yn dangos dilyniant o ddiagramau ffasor ar gyfer cynhwysydd. Sylwch sut mae'r diagramau'n dangos bod y **cerrynt yn arwain y foltedd**.

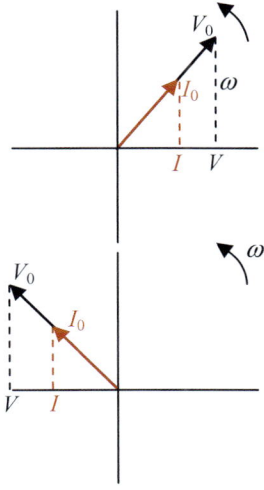

Ffig. A.15 Ffasorau I a V ar gyfer gwrthydd

>> Pwynt astudio

Yn Ffig. A.16(a), wrth i ffasor y foltedd gylchdroi'n wrthglocwedd, mae ei dafluniad ar yr echelin x, h.y. y foltedd gaiff ei fesur, V, yn bositif ac yn cynyddu i'w werth mwyaf; ar yr un pryd, mae I yn bositif ac yn lleihau tuag at 0.

>> Termau Allweddol

Ffasor: Fector yw hwn sy'n cylchdroi ar amledd y cerrynt eiledol. Mae'n cynrychioli foltedd neu gerrynt (isc neu frig) o ran maint a gwedd.

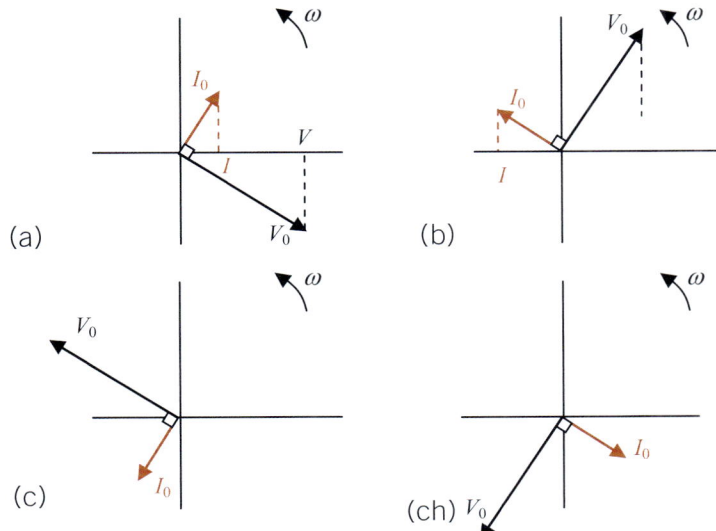

(a) (b) (c) (ch)

Ffig. A.16 Diagramau ffasor ar gyfer cynhwysydd

Gwirio gwybodaeth **A17**

Yn yr un modd â'r pwynt Astudio uchod, nodwch a yw gwerthoedd I a V yn Ffig. A.16(b) – (ch) yn bositif neu'n negatif ac yn cynyddu neu'n lleihau.

---

3 Sylwch nad yw hydoedd ymddangosol ffasorau y cerrynt a'r foltedd yn arwyddocaol – mae'r hydoedd yn dibynnu ar y graddfeydd gwahanol.

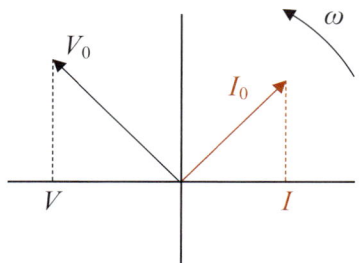

Ffig. A.17 Ffasorau I a V ar gyfer anwythydd

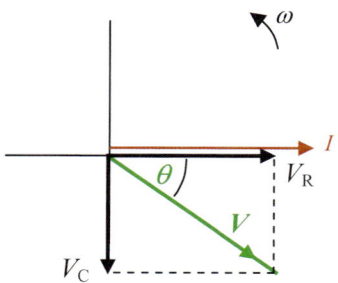

Ffig. A.19 Ffasorau V_R a V_C

 A18 Gwirio gwybodaeth

Nodwch y foltedd ar draws y cynhwysydd ar ennyd Ffig. A.19.

 A19 Gwirio gwybodaeth

Yn nhermau V_R a V_C, nodwch werth V:

(a) ar ennyd Ffig. A.19;

(b) $\frac{1}{4}$ cylchred ar ôl Ffig. A.19.

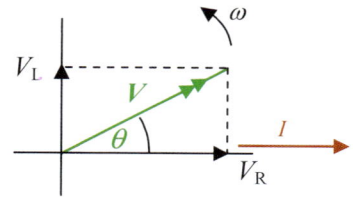

Ffig. A.21 Ffasorau V_R a V_L

A20 Gwirio gwybodaeth

Cyfrifwch rwystriant cyfuniad RC gyda $R = 100\ \Omega$ ac $X_C = 100\ \Omega$.

Mae Ffig. A.17 yn ddiagram ffasor ar gyfer anwythydd, ar bwynt penodol yn y gylchred. Mae'r foltedd yn arwain y cerrynt.

(b) Defnyddio ffasorau mewn cylchedau CE

Cylchedau RC ac RL

Mae ffasorau yn ddefnyddiol wrth ddatrys cylchedau CE sy'n cynnwys cyfuniadau o wrthyddion, cynwysyddion ac anwythyddion. Byddwn ni'n cyfyngu ein hunain i gylchedau cyfres, fel y cyfuniad RC yn Ffig. A.18. **Nid** yw'r ceryntau a'r folteddau sydd i'w gweld yma yn werthoedd enydaidd. Am y tro, cymerwn ni eu bod nhw'n frigwerthoedd.

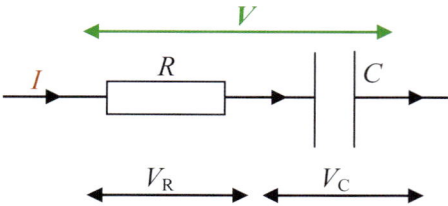

Ffig. A.18 Cyfuniad RC

Mae'r ddwy gydran mewn cyfres, felly mae'r un cerrynt ynddyn nhw. Pan fyddwn ni'n dadansoddi'r cylchedau cyfres hyn, byddwn ni bob amser yn lluniadu'r diagram ffasor gyda ffasor y cerrynt, I, ar hyd yr echelin x. Rydyn ni'n mynd i ddefnyddio'r diagram ffasor yn Ffig. A.19 i ddarganfod cyfanswm y foltedd, V, yn nhermau V_R a V_C. Mae'r ffasor V_R yn gydwedd ag I; mae'r ffasor V_C yn $90°$ y tu ôl.

Mae'r ffasorau'n fectorau, felly gallwn ni adio'r ddau ffasor foltedd, V_R a V_C, yn ôl y ddeddf paralelogram i roi cyfanswm ffasor y foltedd, V, fel sydd i'w weld.

Felly mae: $V = \sqrt{V_R^2 + V_C^2}$ ac mae'r ongl wedd, $\theta = \tan^{-1}\left(\dfrac{V_C}{V_R}\right)$.

Gallwn ni ddefnyddio'r un dechneg gyda chylchedau RL:

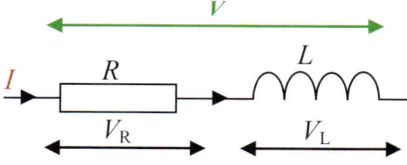

Ffig. A.20 Cyfuniad RL

Sylwer, unwaith eto, fod y diagram (Ffig. A.21) yn cael ei luniadu ar gyfer yr ennyd pan fydd I ar hyd yr echelin x. Gan ddefnyddio'r ddeddf paralelogram eto:

Cyfanswm y foltedd, $V = \sqrt{V_R^2 + V_L^2}$ ac mae'r ongl wedd, $\theta = \tan^{-1}\left(\dfrac{V_L}{V_R}\right)$.

Rhwystriant cylchedau RC ac RL

Yn yr hafaliadau uchod, mae $V_R = IR$, $V_C = IX_C$ a $V_L = IX_L$. Felly gallwn ni ysgrifennu'r perthnasoedd uchod fel hyn:

$$V = I\sqrt{R^2 + X^2} \text{ a } \theta = \tan^{-1}\left(\frac{X}{R}\right).$$

lle X yw'r adweithedd, naill ai $X_C = \dfrac{1}{\omega C}$ neu $X_L = \omega L$.

Diffinnir y rhwystriant, Z, gan $V = IZ$, felly mae $Z = \sqrt{R^2 + X^2}$

Felly mae $Z_{RC} = \sqrt{R^2 + \dfrac{1}{\omega^2 C^2}}$ ac mae $Z_{RL} = \sqrt{R^2 + \omega^2 L^2}$

Enghraifft

Mae cyflenwad pŵer CE ag amledd newidiol a rhwystriant mewnol dibwys wedi'i gysylltu ar draws: (a) cyfuniad cyfres RL a (b) cyfuniad cyfres RC. Brasluniwch graffiau o I yn erbyn ω.

Ateb

(a) Cyfuniad RL: $I = \dfrac{V}{\sqrt{R^2 + \omega^2 L^2}}$.

Pan mae $\omega = 0$, mae $I = \dfrac{V}{R}$. Wrth i ω gynyddu,

mae I yn lleihau ac mae'n tueddu tuag at 0 wrth i $\omega \to \infty$.

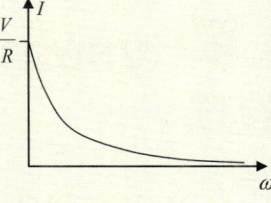

(b) Cyfuniad RC: $I = \dfrac{V}{\sqrt{R^2 + \dfrac{1}{\omega^2 C^2}}}$

Wrth i $\omega \to 0$, mae $\dfrac{1}{\omega} \to \infty$, $\therefore I \to 0$.

Wrth i $\omega \to \infty$, mae $\dfrac{1}{\omega} \to 0$, $\therefore I \to \dfrac{V}{R}$

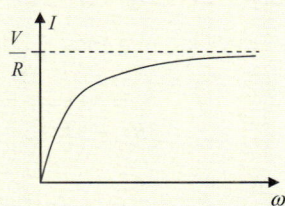

Cylchedau RCL

Rydyn ni bellach mewn sefyllfa i ddefnyddio ffasorau i ddatrys problem cylchedau cyfres sy'n cynnwys pob un o'r tair cydran – gwrthyddion, cynwysyddion ac anwythyddion.

Ystyriwch Ffig. A.22.

Yn ôl yr arfer, byddwn ni'n lluniadu'r diagram ffasor ar gyfer y foment pan fydd ffasor y cerrynt ar hyd yr echelin x. Bellach, mae yna dri ffasor foltedd:

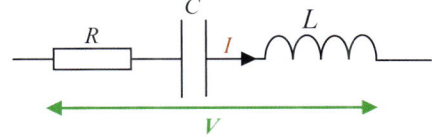

Ffig. A.22 Cyfuniad cyfres RCL

V_R yn gydwedd ag I, $\therefore$ ar hyd yr echelin x

V_C $\frac{\pi}{2}$ y tu ôl i I, $\therefore$ ar hyd yr echelin y negatif

V_L $\frac{\pi}{2}$ o flaen I, $\therefore$ ar hyd yr echelin y positif.

Mae'r ffasorau hyn i'w gweld yn Ffig. A.23. Ar gyfer y diagram, rydyn ni wedi tybio, am y tro, fod $V_L > V_C$. Mewn gwirionedd, mae hyd cymharol y ffasorau yn dibynnu ar yr amledd.

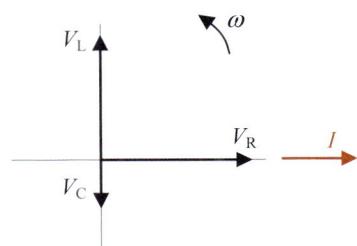

Ffig. A.23 Ffasorau foltedd RCL

Er mwyn adio'r ffasorau hyn, yn gyntaf, rydyn ni'n cyfuno V_L a V_C, h.y. rydyn ni'n darganfod $V_L - V_C$ ac yna'n defnyddio theorem Pythagoras i adio'r ffasor hwn at V_R. Mae hyn i'w weld yn Ffig. A.24.

O'r diagram, mae:
$V = \sqrt{V_R^2 + (V_L - V_C)^2}$

O hyn, fel o'r blaen mae, $V = I\sqrt{R^2 + \left(\omega L - \dfrac{1}{\omega C}\right)^2}$.

Felly rhwystriant, Z, y gylched yw:

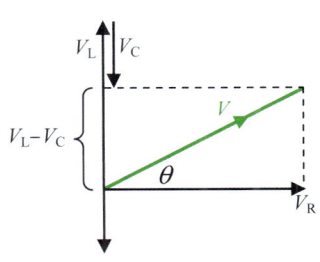

Ffig. A.24 Dadansoddiad ffasorau RCL

$Z = \sqrt{R^2 + \left(\omega L - \dfrac{1}{\omega C}\right)^2}$ sydd, unwaith eto, ar y ffurf $Z = \sqrt{R^2 + X^2}$ ond $X = X_L - X_C$.

Dylai'r rheswm dros yr arwydd '−' fod yn amlwg. Mae anghydwedd π rhwng y foltedd ar draws yr anwythydd a'r cynhwysydd, h.y. mae'n *wrthwedd*.

Ffurf ddefnyddiol arall ar yr hafaliad hwn ar gyfer Z yw

$Z = \sqrt{R^2 + (X_L - X_C)^2}$ sydd hefyd yn gallu cael ei ysgrifennu fel $Z = \sqrt{R^2 + (X_C - X_L)^2}$

Gwirio gwybodaeth   A21

Cyfrifwch yr ongl wedd rhwng y cerrynt a'r foltedd ar gyfer y cyfuniad yn Gwirio gwybodaeth A20.

Gwirio gwybodaeth   A22

Beth fyddai gwerth cynhwysydd gyda $X_C = 100\ \Omega$ ar amledd (f) o 1 kHz?

Gwirio gwybodaeth   A23

Cadarnhewch fod $V_0 = 5.2$ V a $\theta = 1.18$ rad ar gyfer y cyfuniad RL yn Ffig. A.13. Felly, ysgrifennwch V fel ffwythiant amser.

Gwirio gwybodaeth   A24

Mae anwythydd 0.127 H a gwrthydd 30 Ω yn cael eu cysylltu mewn cyfres ar draws cyflenwad 12 V, 50 Hz. Cyfrifwch:

(a)   adweithedd yr anwythydd

(b)   rhwystriant y cyfuniad

(c)   y cerrynt

(ch)   yr ongl wedd rhwng y cerrynt a'r foltedd.

Gwirio gwybodaeth   A25

Brasluniwch ddiagram ffasor ar gyfer y gylched yn Gwirio gwybodaeth A24 gyda gwerthoedd o V, V_L a V_R i'w gweld.

▶▶ Pwynt astudio

Rhaid i wifren anwythydd go iawn feddu ar wrthiant (oni bai ei fod yn uwchddargludydd). Gallwn ni ystyried anwythydd go iawn i fod yn cynnwys gwrthydd ac anwythydd mewn cyfres. Mae'r graff I–ω ar gyfer anwythydd go iawn felly fel sydd i'w weld yn yr **Enghraifft** gydag R yn wrthiant gwifren yr anwythydd.

Caiff gwrthydd â gwrthiant $10\ \Omega$ ei gysylltu ar draws cyflenwad pŵer mewn cyfres ag anwythydd a chynhwysydd ag adweitheddau $50\ \Omega$ a $30\ \Omega$ yn ôl eu trefn.

Cyfrifwch:

(a) cyfanswm y rhwystriant

(b) yr ongl wedd rhwng foltedd y cyflenwad a'r cerrynt.

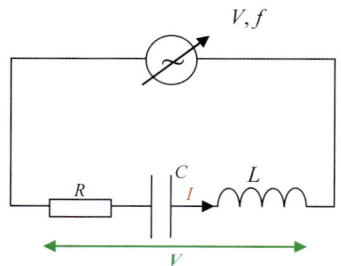

Ffig. A.25 Cylched gyseiniant mewn cyfres

Ymestyn a herio

Atgynhyrchwch Ffig. A.26 trwy ddefnyddio rhaglen daenlenni, ac yna ymchwiliwch i effeithiau amrywio R, C ac L.

▶▶ Pwynt astudio

Y lleiaf yw gwerth R, y mwyaf llym yw'r gromlin gyseiniant. Yn wahanol i gyseiniant mecanyddol, nid yw'r amledd, f_0, ar gyfer y cerrynt brig yn newid gyda'r gwrthiant.

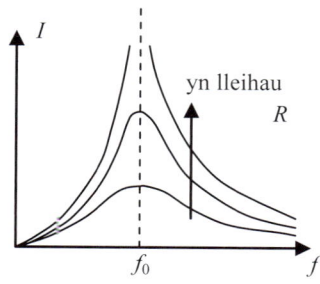

Ffig. A.27 Effaith R ar y gromlin gyseiniant

Gallwn ni hefyd gyfrifo'r ongl wedd, θ fel hyn:

$$\theta = \tan^{-1}\frac{V_L - V_C}{V_R}, \text{ sy'n arwain at } \theta = \tan^{-1}\frac{X_L - X_C}{R} \text{ ac felly at } \theta = \tan^{-1}\frac{\omega L - \frac{1}{\omega C}}{R}.$$

A.8 Cyseiniant mewn cylchedau *RCL*

(a) Amrywiad y cerrynt gydag amledd

Fel y gwelon ni eisoes, y berthynas rhwng V ac I ar gyfer y gylched yn Ffig. A.25 yw:

$$I = \frac{V}{\sqrt{R^2 + \left(2\pi fL - \frac{1}{2\pi fC}\right)^2}}$$

Mae graff I yn erbyn f wedi'i blotio yn Ffig. A.26 ar gyfer gwerthoedd cydrannau 12 V, $100\ \Omega$, 0.10 H ac 1.0 μF.

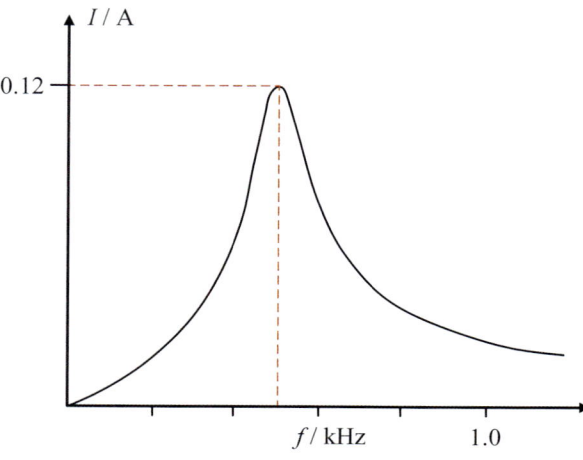

Ffig. A.26 Cromlin gyseiniant ar gyfer cylched gyfres *RCL*

Mae gan y gromlin – sy'n cael ei galw yn **gromlin gyseiniant** – y priodweddau canlynol:

1 Mae'r cerrynt $I \rightarrow 0$ wrth i $f \rightarrow 0$ neu $f \rightarrow \infty$.

2 Mae'r cerrynt yn codi i frigwerth, ar gyfer $f \sim 500$ Hz yn yr achos hwn. Yr enw ar y gwerth f hwn yw'r amledd cyseiniant, gyda'r symbol f_0.

3 Mae gan y cerrynt frigwerth V/R sydd, yn yr achos hwn, yn 0.12 A.

Pam mae I yn amrywio fel hyn? Am y rhesymau canlynol:

1 Os ydyn ni'n ceisio mewnosod $f = 0$ neu'n gadael i $f \rightarrow \infty$ yn yr hafaliad ar gyfer I, mae'r enwadur yn mynd yn anfeidraidd ac felly mae I yn sero.

2 Mae gan y mynegiad $\left(2\pi fL - \frac{1}{2\pi fC}\right)^2$ ar y llinell waelod werth lleiaf o sero.
   Os yw $\left(2\pi fL - \frac{1}{2\pi fC}\right)^2 = 0$, yna mae $f_0 = \frac{1}{2\pi\sqrt{LC}}$, sydd, yn yr achos hwn, yn 503 Hz.

3 Pan fydd $\left(2\pi fL - \frac{1}{2\pi fC}\right)^2 = 0$ mae'r hafaliad yn symleiddio i $I = \frac{V}{R}$, sydd, yn yr achos hwn, yn $I = \frac{12\ \text{V}}{100\ \Omega}$, h.y. 0.12 A.

(b) Y ffactor Q

Mae'r gromlin gyseiniant yn Ffig. A.26 yn eithaf llym (serth). Os ydych chi wedi gwneud y dasg Ymestyn a herio uchod, byddwch chi wedi canfod bod y llymder yn dibynnu ar werth y gwrthiant yn y gylched gyseiniant, fel sydd i'w weld yn Ffig. A.27. Mae gwerthoedd is o R yn rhoi cromliniau cyseiniant mwy llym.

Mae angen i beirianwyr trydanol ac electronig ystyried pa mor llym yw cromliniau cyseiniant wrth ddylunio systemau. Mewn derbynyddion radio, er enghraifft, mae angen i'r brig fod yn ddigon llydan i ddal yr holl amleddau pwysig mewn signal gorsaf ond nid mor llydan fel ei fod yn codi gorsafoedd cyfagos. Mae pa mor serth yw'r gromlin yn cael ei fynegi gan y ffactor Q.

> Mae'r **ffactor Q** yn fesur o lymder y gromlin gyseiniant – y mwyaf yw Q y mwyaf llym yw'r gromlin.
>
> Diffinnir y ffactor Q gan $Q = \dfrac{\omega_0 L}{R}$, lle ω_0 yw'r amledd onglaidd mewn cyseiniant.

Mewn gwirionedd, mae sawl fformiwla arall ar gyfer cyfrifo Q, gyda phob un yn rhoi'r un ateb, ond dyma'r un yn Llyfryn Data CBAC. Fformiwlâu eraill yw:

$$Q = \frac{1}{R}\sqrt{\frac{L}{C}} \qquad Q = \frac{V_C}{V_R} \qquad \text{a} \qquad Q = \frac{V_L}{V_R},$$

lle V_C, V_L a V_R yw'r gpau isc mewn cyseiniant ar draws y cydrannau.

(c) Deall y gylched gyseiniant

Mae'r ongl wedd, θ, rhwng y foltedd a'r cerrynt hefyd yn amrywio gydag f, fel sydd i'w weld yn Ffig. A.28. Pam? Er mwyn deall y gylched yn fwy cyflawn, gallai fod yn werth camu'n ôl oddi wrth y manylion mathemategol a gwerthfawrogi'r ffiseg yn ansoddol. Wrth i'r amledd amrywio, gofynnwch beth yw'r prif ddylanwad ar y gylched mewn amrediadau amledd gwahanol.

1. Ar gyfer **amleddau isel iawn** gallwn ni anghofio am yr anwythydd – mae ei adweithedd yn nesáu at sero wrth i ni ostwng f i sero. Mae adweithedd y cynhwysydd yn cynyddu wrth i'r amledd leihau, felly, ar amleddau isel iawn, hwn sydd fwyaf pwysig yn y gylched. Ar gyfer cynhwysydd, mae'r foltedd $\frac{\pi}{2}$ y tu ôl i'r cerrynt ac, ar amleddau isel, mae'r cerrynt yn fach iawn.

2. Ar gyfer **amleddau uchel iawn** mae'r ddadl i'r gwrthwyneb: yr anwythydd sydd fwyaf pwysig, felly mae V $\frac{\pi}{2}$ o flaen y cerrynt ac, unwaith eto, mae I yn fach iawn.

3. Pan fydd $f \sim f_0$, mae effeithiau'r cynhwysydd a'r anwythydd yn canslo'i gilydd gan fod y folteddau ar draws y cydrannau hyn yn hafal o ran maint, ond yn ddirgroes o ran gwedd. Mae hyn yn gadael cylched gyda'r gwrthydd yn fwyaf pwysig. Felly mae $I \sim V/R$ a $\theta \sim 0$.

A.9 Defnyddio osgilosgopau

(a) Cyflwyno rheolyddion ac olinau osgilosgop

Mae osgilosgop yn ddyfais ar gyfer lluniadu graff foltedd–amser signal trydanol. Yn draddodiadol, mae'n seiliedig ar diwb pelydrau catod, fel hen setiau teledu, ond gall cyfrifiaduron hefyd ganfod a dangos signalau trydanol trwy fwrdd dal signal sy'n bwydo i gerdyn sain y cyfrifiadur trwy borth USB.

Mae'r lluniau yn Ffig. A.29 yn dangos (a) CRO (Osgilosgop Pelydrau Catod) syml a (b) sgrinlun nodweddiadol o osgilosgop sy'n seiliedig ar gyfrifiadur.

Cyngor cyflym

Wrth fraslunio cromliniau cyseiniant ar gyfer cylchedau RCL gyda'r un C ac L cofiwch, ar gyfer gwerthoedd gwahanol o R, fod:

1. Yr amleddau cyseiniant i gyd yr un fath.
2. Nid yw'r graffiau byth yn croesi [maen nhw'n cwrdd ar $(0,0)$].
3. Mae'r graffiau i gyd yn tueddu at yr un graddiant wrth i $f \to 0$.

Gwirio gwybodaeth A27

Dangoswch fod y fformiwlâu:

$$Q = \frac{1}{R}\sqrt{\frac{L}{C}}, \quad Q = \frac{V_C}{V_R} \text{ a } Q = \frac{V_L}{V_R},$$

i gyd yn gywerth â $Q = \dfrac{\omega_0 L}{R}$

Gwirio gwybodaeth A28

Nodwch pam gallai V_C a V_R yn yr hafaliad

$$Q = \frac{V_C}{V_R}$$

fod yn folteddau brig ond na allen nhw fod yn folteddau enydaidd.

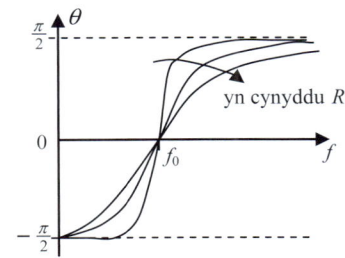

Ffig. A.28 Amrywiad ongl wedd gydag amledd

Gwirio gwybodaeth A29

Cyfrifwch y ffactor Q ar gyfer y gylched sy'n cyfateb i Ffig A.26.

Gwirio gwybodaeth A30

Beth fyddai'r effaith ar y graff yn Ffig. A.26 pe bai **gwrthiant CU** yr anwythydd yn 20 Ω?

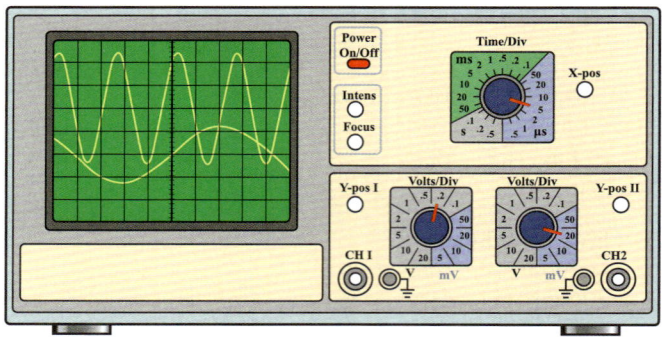 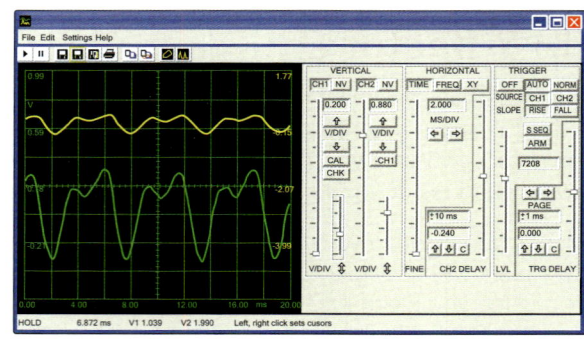

Ffig. A.29(a) CRO a (b) Rhaglen CRO gyfrifiadurol ar waith

Mae gan osgilosgop, os yw'n seiliedig ar ddarn o galedwedd neu ar raglen feddalwedd, un neu fwy o sianeli mewnbwn, sy'n gweithio yn yr un ffordd â therfynellau foltmedr. Mae gan y ddwy ddyfais yn Ffig. A.29 ddwy sianel fewnbwn wedi'u labelu CH1 a CH2; mae pob sianel fewnbwn yn cynhyrchu un o'r olinau tonnau. Mae gan y grid-graff ar y sgrin raddfa fertigol a graddfa lorweddol.

- Yr enw ar y raddfa fertigol yw'r cynnydd-Y: ar gyfer CH1, mae hwn wedi'i osod ar 0.2 V am bob rhaniad ar y ddau beiriant. Mae'n bosibl addasu cynnydd-Y y ddwy sianel mewnbwn ar wahân.
- Mae'r raddfa lorweddol yn cael ei rheoli gan yr **amserlin**. Mae'r gosodiad ar gyfer hwn ar y CRO wedi'i farcio gyda 'Amser/Rhaniad', ac mae'n bosibl ei addasu rhwng 0.5 s/r rhaniad a 0.5 μs / rhaniad. Rhaid i osodiad yr amserlin ar gyfer y ddau olin ar osgilosgop fod yr un fath – mae hyn yn gadael i ni gymharu'r ddau signal.

Mae'n bosibl addasu safleoedd fertigol a llorweddol pob olin [Y-pos ac X-pos]. Mae hyn yn helpu i fesur yr osgled a'r cyfnod yn erbyn rhaniadau'r raddfa derfynol. Mae **triger** gan yr osgilosgop. Mae hwn yn dechrau pob cylch o'r olin ar yr un pwynt yng nghylchred un o'r mewnbynnau [fel arfer, CH1] i gadw'r dangosydd yn sefydlog.

A31 Gwirio gwybodaeth

Nodwch raddfa fertigol CH2 ar y CRO yn Ffig. A.29.

A32 Gwirio gwybodaeth

Nodwch y raddfa lorweddol ar y CRO.

A33 Gwirio gwybodaeth

Darganfyddwch amledd a foltedd brig y signal amledd uchel (CH2) ar y CRO yn Ffig. A.29.

▶▶▶ Pwynt astudio

Mae symudydd X a symudydd Y yn enwau eraill ar X-pos a Y-pos.

A34 Gwirio gwybodaeth

Defnyddiwch y safleoedd sydd wedi'u marcio yn Ffig. A.30 gan y **cylchoedd coch** i fesur y foltedd brig.

Defnyddiwch y safleoedd wedi'u marcio gan y **cylchoedd melyn** i fesur cyfnod yr osgiliadau.

Cynnydd-Y = 0.5 mV / rhaniad

Amserlin = 1 ms / rhaniad

Enghraifft

Gan dybio bod y signal amledd is ar y CRO yn Ffig. A.29 ar CH1, rhowch amledd a foltedd brig y signal hwn.

Ateb

Mae'r cyfnod ~ 8.4 rhaniad (â'r llygad); mae'r amserlin = 5 μs / rhaniad, o Ffig. A.29 (a)

$\therefore$ Cyfnod = $8.4 \times 5 = 42$ μs

$\therefore$ amledd = $\dfrac{1}{42\mu s} = 0.024$ MHz = 24 kHz

Mae uchder fertigol y don [o frig i frig] = 2.4 rhaniad (â'r llygad). Mae'r cynnydd-Y = 0.2 V/rhaniad

$\therefore$ mae'r foltedd brig = $\dfrac{1}{2} \times 2.4 \times 0.2$ V = 0.24 V $[V_{isc} = \dfrac{0.24}{\sqrt{2}} = 0.17$ V$]$

Mae Ffig. A.30 yn dangos sut mae'n bosibl defnyddio rheolyddion y cynnydd-Y, yr X-pos a'r Y-pos i'n helpu ni i fesur foltedd a chyfnod osgiliad [gweler y Pwynt astudio].

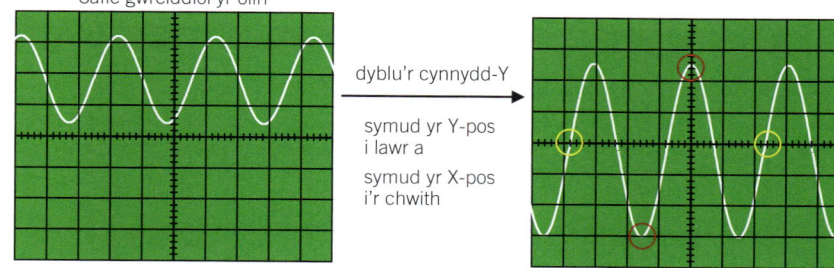

Ffig. A.30 Addasu'r olin i'n helpu i gymryd darlleniadau

Safle gwreiddiol yr olin

dyblu'r cynnydd-Y

symud yr Y-pos i lawr a

symud yr X-pos i'r chwith

- Mae newid y cynnydd-Y yn rhoi mwy o raniadau gan leihau'r ansicrwydd ffracsiynol yn y pellter fertigol.
- Mae symud y Y-pos i lawr yn lleoli gwaelod yr olin ar linell grid.
- Mae symud yr X-pos i'r chwith yn rhoi brig yr olin ar y raddfa fertigol. Mae'n bosibl mesur y cyfnod o'r pwyntiau lle mae'r olin yn croesi'r raddfa ganolog (unwaith eto, dylai'r pellter fod mor fawr â phosibl – felly mesurwch fwy nag un gylchred, neu addaswch yr amserlin).

(b) Defnyddio osgilosgopau i ymchwilio i gylchedau CE

Mae osgilosgop paladr dwbl yn ddefnyddiol iawn ar gyfer ymchwilio i gylchedau CE, ond mae dau beth yn cyfyngu ar ei ddefnydd:

1 Ni all fesur cerrynt yn uniongyrchol. Fodd bynnag, gall fesur y gp ar draws gwrthydd hysbys, sy'n gadael i'r cerrynt gael ei gyfrifo. Cofiwch fod I a V ar gyfer gwrthydd ohmig yn gydwedd ac wedi'u cysylltu trwy $V = IR$.

2 Mae'r ddwy sianel fewnbwn wedi'u daearu. Mae hyn yn golygu bod rhaid cysylltu'r ochrau sydd wedi'u daearu â'r un pwynt yn y gylched. Pe bai'r gylched yn Ffig. A.31 yn cael ei chydosod, byddai gan y gwrthydd R gylched fer oherwydd y ddwy wifren ddaearu.

Mae problem ychwanegol fod allbwn generaduron signalau hefyd, yn aml, wedi'i ddaearu ar un ochr – rhaid cysylltu'r tair gwifren ddaearu â'r un pwynt yn y gylched. Mae Ffig. A.32 yn dangos sut dylai cylched gael ei chydosod er mwyn ymchwilio i gyfuniad cyfres RC.

Y ffordd orau o ddangos sut caiff yr osgilosgop ei ddefnyddio mewn cylched o'r fath yw gweithio trwy enghraifft.

Enghraifft

Gosodir gwrthydd $10\ \Omega$ mewn cyfres â chynhwysydd o werth enwol, $C = 33$ nF, mewn cylched CE. Mae'r osgilosgop wedi'i gysylltu fel yn Ffig. A.32 a'r canlyniad i'w weld yn Ffig. A.33. Darganfyddwch werth manwl gywir ar gyfer C.

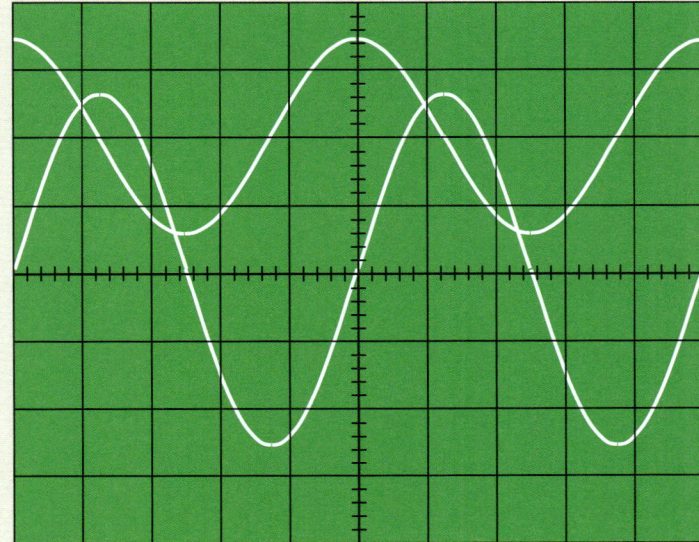

Cynnydd-Y:
Y1: 2 mV / rhaniad
Y2: 5 V / rhaniad

Amserlin
2 ms / rhaniad

Ffig. A.33 Olinau cylched RC

Gwirio gwybodaeth A35

Defnyddiwch yr atebion i Gwirio gwybodaeth A31 ac A32 i ddarganfod foltedd isc ac amledd yr osgiliadau.

Pwynt astudio

Symbol cylched ar gyfer osgilosgop.

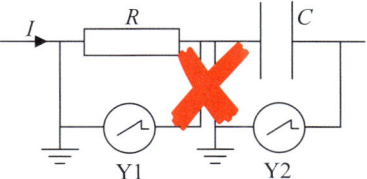

Ffig. A.31 Cysylltiadau anghywir

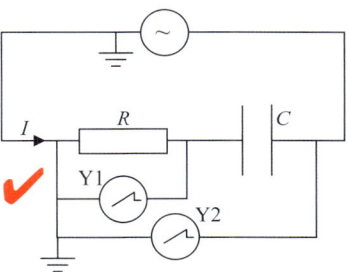

Ffig. A.32 Cysylltiadau daearu cywir

Gwirio gwybodaeth A36

Ar gyfer Ffig. A.33, cyfrifwch werthoedd isc y folteddau a'r cerrynt. Cyfrifwch y cynhwysiant gan ddefnyddio gwerthoedd isc yn
$V_C = \dfrac{I}{2\pi f C}$. Dylai'r ateb fod yr un fath.

Pwynt astudio

Mae'r gp ar draws y gwrthydd yn arwain y gp ar draws y cynhwysydd, felly'r olin uchaf yw'r gp ar draws y gwrthydd (Y1).

▶▶ Pwynt astudio

▶▶ Pwynt astudio

Sylwch fod gwerth y gwrthydd yn yr enghraifft wedi cael ei ddewis fel bod $R \ll X_L$. Roedd hyn yn ein galluogi ni i ysgrifennu $V_C = V_{RC}$ fel brasamcan da iawn.

▶▶ Pwynt astudio

Mewn cylched RC os yw V_{RC} a V_R yn debyg o ran maint, yna gallwn ni ddefnyddio $V_{RC}^2 = V_R^2 + V_C^2$ i gyfrifo V_C.

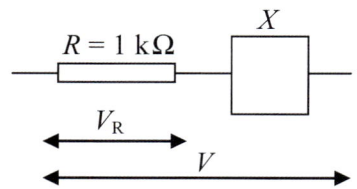

$R = 1\ \text{k}\Omega$ X

V_R

V

Ffig. A.34 Cyfuniad RX

A37 Gwirio gwybodaeth

Gadewch i werth V_R yn yr enghraifft fod yn 1.5 V.

Cyfrifwch V_L a V.

---

1   Amledd: 2 gylchred = 10 rhaniad = 20 ms. ∴ Cyfnod = 10 ms
   ∴ Amledd = 100 Hz.

2   V_R = foltedd brig y gwrthydd = $\frac{1}{2} \times 2.9$ rhaniad × 2 mV/ rhaniad = 2.9 mV

3   I = cerrynt brig = $\frac{V_R}{R} = \frac{2.9\ \text{mV}}{10\ \Omega} = 0.29$ mA

4   V_{RC} = foltedd brig ar draws y cyfuniad RC

   $= \frac{1}{2} \times 5.2$ rhaniad × 5V/ rhaniad = 13.0 V

5   Gan fod $V_R \ll V_{RC}$ [3mV yn erbyn 13 V], gallwn ni ysgrifennu $V_C = 13.0$ V.

6   X_C = adweithedd y cynhwysydd = $\frac{V_C}{I} = \frac{13.0\ \text{V}}{0.29\ \text{mA}} = 44.8$ kΩ

7   Felly mae'r cynhwysiant, $C = \frac{1}{2\pi f X_C} = \frac{1}{2\pi \times 100 \times 44.8 \times 10^3} = 36$ nF

Mae'r enghraifft ddiwethaf yn rhoi dull o gyfrifo'r adweithedd (ac felly'r cynhwysiant a'r anwythiant) trwy ddefnyddio'r gwahaniaeth gwedd rhwng y signalau V_R a V_{cyfanswm}. Mae'n ddefnyddiol pan fydd V_X a V_R yn debyg o ran maint. Fel arall, gweler y Pwynt astudio gyferbyn.

Enghraifft

Cafodd olinau CRO ar gyfer V_R a V eu harchwilio am y cyfuniad sy'n cael ei ddangos yn Ffig. A.34. Roedden ni'n gwybod bod X yn gynhwysydd, yn wrthydd neu'n anwythydd.

Cyfnod y foltedd CE oedd 10 ms, ac roedd olin V 1 ms o flaen yr olin V_R. Darganfyddwch natur a gwerth cydran X.

Ateb

Mae 1 ms = $\frac{1}{10}$ = 0.1 cylchred. ∴ Mae'r gwahaniaeth gwedd, $\theta = 0.1 \times 2\pi = 0.628$ rad.

$\tan\theta = \frac{X}{R}$. ∴ Mae $X = R \tan\theta = 1 \times 10^3 \tan 0.628 = 726\ \Omega$.

Gan fod V yn arwain I [sydd yn gydwedd â V_R] yna mae'n rhaid i X fod yn anwythol.

∴ Mae $2\pi fL = 726$. Ond mae $f = \frac{1}{T} = \frac{1}{0.01\ \text{s}} = 100$ Hz ∴ $L = \frac{726}{2\pi \times 100} = 1.2$ H

Profwch eich hun Opsiwn A

1. Mae gan y coil mewn generadur N troad ac arwynebedd A. Mae'n cael ei gylchdroi mewn maes magnetig, B, gyda chyflymder onglaidd ω. Esboniwch, yn nhermau deddf Faraday, pam mae'r foltedd allbwn mewn cyfrannedd â'r holl werthoedd, N, A, B ac ω.

2. Mae'r graff yn dangos amrywiad y cysylltedd fflwcs gydag amser ar gyfer coil generadur sy'n cylchdroi mewn maes magnetig.

   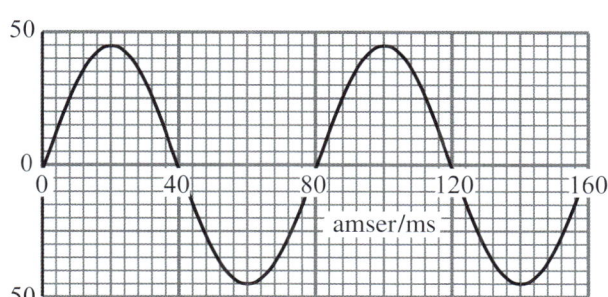

   (a) Darganfyddwch amledd onglaidd y coil a'r foltedd allbwn brig.
   (b) Brasluniwch graff o'r foltedd allbwn gydag amser, dros yr un cyfnod amser.

3. Caiff gp eiledol gyda $V_{\text{isc}} = 9.0$ V ac $f = 50$ Hz ei roi ar draws gwrthydd $10\ \Omega$.

   (a) Cyfrifwch (i) y cerrynt isc a (ii) y pŵer cymedrig sy'n cael ei afradloni.
   (b) Os yw'r gp ar ei fwyaf ar $t = 0$, ysgrifennwch amrywiad y gp gydag amser ar y ffurf $V = V_0\cos(\omega t + \varepsilon)$.
   (c) Ysgrifennwch amrywiad y cerrynt gydag amser ar y ffurf $I = I_0\cos(\omega t + \phi)$.
   (ch) Brasluniwch graffiau o amrywiad V, I a'r pŵer P gydag amser rhwng $t = 0$ a $t = 50$ ms.

4. Mae cyflenwad pŵer 12 V (isc), 1 kHz yn cael ei gysylltu ar draws (a) cynhwysydd $1\ \mu$F a (b) anwythydd 100 mH ar wahân. Cyfrifwch y cerrynt isc yn y ddau achos. [Awgrym: gweler GG A8(c) ac A9(c).]

5. Caiff tair cydran, **A**, **B** ac **C**, eu cysylltu mewn cyfres. Mae'r graff yn dangos y cerrynt (coch) trwy'r cydrannau, a'r gp ar draws pob un. Enwch y cydrannau mor fanwl â phosibl.

   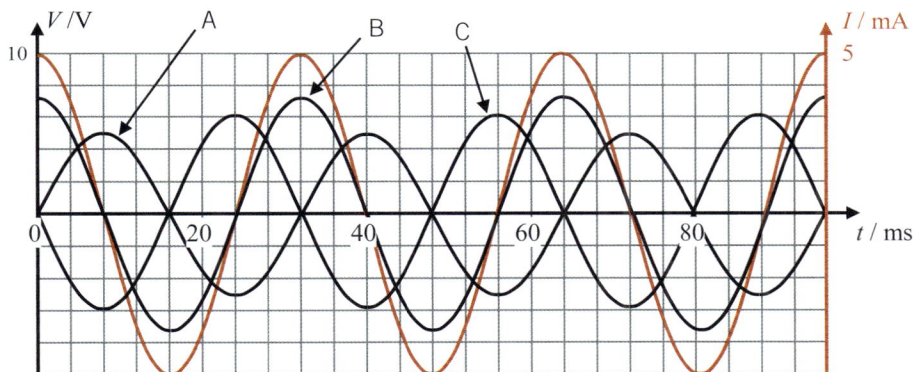

6. Caiff gwrthydd, cynhwysydd ac anwythydd eu cysylltu mewn cyfres ar draws cyflenwad pŵer, amledd 50 Hz. Y gpau isc ar draws y cydrannau yw 5.0 V, 20.0 V a 10.0 V yn ôl eu trefn, ac mae'r cerrynt trwy'r cydrannau yn 2.0 A.

   (a) Gyda chymorth diagram ffasor, darganfyddwch gp isc y cyflenwad ac felly rhwystriant y cyfuniad.
   (b) Darganfyddwch wrthiant ac adweithedd pob cydran ac felly gwerth pob cydran.
   (c) Darganfyddwch (i) y gwahaniaeth gwedd rhwng y cerrynt a'r foltedd a (ii) y pŵer cymedrig sy'n cael ei afradloni.

7. Mae amledd y cyflenwad pŵer yng nghwestiwn 6 yn cael ei ddyblu ond nid yw'r foltedd isc yn cael ei newid. Esboniwch, gan ddefnyddio diagram ffasor, pam nad yw'r cerrynt isc yn newid a (heb gyfrifiad pellach) nodwch y gwahaniaeth gwedd rhwng y cerrynt a'r foltedd.

8. Rhoddir gp cyflenwad pŵer, mewn foltiau, gan $V = 24\cos 400\pi t$, lle t yw'r amser mewn s. Mae'r cyflenwad yn cael ei gysylltu ar draws gwrthydd 47 Ω a chynhwysydd 12 μF sydd wedi'u cysylltu mewn cyfres. Dangoswch mai tua 0.2 A yw'r cerrynt isc a darganfyddwch y gwahaniaeth gwedd rhwng y gp a'r cerrynt.

9. Mae sgrin yr osgilosgop yn dangos dwy olin, A a B. Cynnydd-Y A yw 2.0 V/rhaniad a chynnydd-Y B yw 1.0 mV/rhaniad. Yr amserlin yw 20 μs /rhaniad.

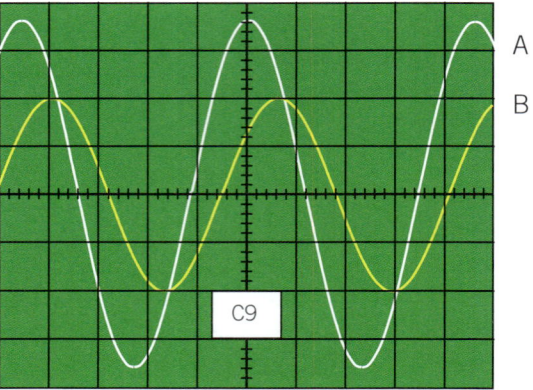

(a) Darganfyddwch:
(i) amledd y folteddau
(ii) gwerthoedd isc V_A a V_B
(iii) y gwahaniaeth gwedd rhwng V_A a V_B.

(b) Mae Damian yn awgrymu y gallai V_B fod yr olin foltedd ar draws y gwrthydd os oedd V_A yn cael ei roi ar draws cyfuniad cyfres o wrthydd ac anwythydd. Gwerthuswch yr honiad hwn.

10. Mae myfyriwr electroneg yn dylunio cylched gyfres RCL i gael amledd cyseiniant o 100 kHz a ffactor Q o 10. Mae anwythydd 1.0 mH ar gael.

(a) Cyfrifwch werthoedd y cynhwysydd a'r gwrthydd y dylai'r myfyriwr eu defnyddio.
(b) Mae'r gylched wedi'i chysylltu ar draws cyflenwad 10 V isc. Cyfrifwch:
(i) y pŵer sy'n cael ei afradloni yn y gylched mewn cyseiniant
(ii) y pŵer sy'n cael ei afradloni yn y gylched ar 95 kHz
(c) Mae'r myfyriwr yn darllen mai perthynas arall ar gyfer Q yw $Q = \dfrac{f_0}{\Delta f}$, lle Δf yw'r lled band hanner pŵer, h.y. yr amrediad amleddau lle mae'r pŵer o leiaf yn hafal i'r pŵer mewn cyseiniant. Rhowch sylwadau ynghylch a yw eich atebion i ran (b) yn cytuno â hyn.

Opsiwn B: Ffiseg feddygol

Mae diagnosis a thriniaeth feddygol yn dibynnu fwyfwy ar ffiseg ac ar dechnoleg sy'n cael ei galluogi oherwydd ein gwybodaeth am ffiseg. Er mai technegwyr sy'n trin y dechnoleg, rhaid i ffisegwyr meddygol ei gydosod a'i raddnodi, e.e. rhaid gwirio'n ofalus y dos sy'n cael ei roi gan ffynonellau ymbelydrol.

Mae'r testun hwn yn trafod pedwar maes amlwg o ran ffiseg feddygol:

- Pelydrau X
- Uwchsain
- Delweddu cyseiniant magnetig (MRI: *Magnetic resonance imaging*)
- Meddygaeth niwclear.

Byddwn ni'n astudio pob un o'r rhain yn ei adran ei hun.

B.1 Meddygaeth pelydr X

Hwn yw'r testun mwyaf, ac mae'n cynnwys cynhyrchu pelydrau X yn ogystal â'u defnydd mewn diagnosis a thriniaeth.

(a) Natur a phriodweddau pelydrau X

Ac eithrio golau gweladwy, o bosibl, nid yw rhannu'r sbectrwm electromagnetig yn rhanbarthau gwahanol (isgoch, gweladwy, pelydr X, ac ati) yn broses wrthrychol ar y cyfan. Mae sbectrwm allyrru pelydrydd cyflawn (gweler y gwerslyfr UG, Adran 1.6.1) gwrthrych 2000 K yn digwydd yn yr isgoch yn bennaf, gydag ychydig bach o olau gweladwy. Wrth godi ei dymheredd i 6000 K (tymheredd ffotosffer yr Haul, mwy neu lai) mae cyfran yr isgoch yn gostwng ac mae mwy o olau gweladwy, a meintiau sylweddol o uwchfioled. Nid oes consenws gwyddonol chwaith o ran sut i wahaniaethu rhwng pelydrau X a phelydrau γ. Yn y llyfr hwn, byddwn ni'n defnyddio'r diffiniad bod pelydrau X yn cael eu cynhyrchu gan electronau a bod pelydrau γ yn cael eu cynhyrchu gan drosiadau niwclear, a bod eu hamrediadau yn gorgyffwrdd.

Mae tonfedd ffotonau'r pelydrau X caled sy'n cael eu defnyddio mewn meddygaeth mor fach (gweler GG B1), fel bod eu natur ronynnol yn llawer mwy arwyddocaol na'u priodweddau tonnau. Mae egni ïoneiddio atomau a moleciwlau yn yr amrediad eV, felly gall pelydrau X meddygol ïoneiddio moleciwlau biolegol yn hawdd. Gall hyn arwain at ganlyniadau difrifol, e.e. achosi niwed i gelloedd trwy fwtaniadau DNA.

(b) Cynhyrchu pelydrau X

Caiff pelydrau X eu cynhyrchu mewn ysbytai trwy danio paladrau o electronau egni uchel (hyd at ~100 keV) at dargedau metel trwm – twngsten neu aloi twngsten-molybdenwm fel arfer.

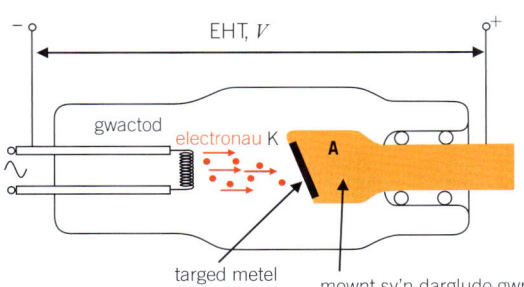

Ffig. B.1 Diagram cynllunio o diwb gwactod pelydr X

>> **Pwynt astudio**

Mae **pelydrau X** yn belydriad electromagnetig egni uchel sy'n ïoneiddio, ac sy'n cael eu cynhyrchu trwy gyflymu electronau neu drwy drosiadau atomig egni uchel.

Mae gan **belydrau X meddal** egnïon ffoton o ~100 eV i ~10 keV.

Mae gan **belydrau X caled** egnïon ffoton rhwng ~10 keV ac ychydig gannoedd o keV.

Gwirio gwybodaeth **B1**

(a) Dangoswch fod tonfedd ffoton 100 keV tua 10 pm.

(b) Rhowch donfeddi bras ffoton 10 keV a ffoton 1 keV.

>> **Pwynt astudio**

Diagram cynllunio yn unig yw Ffig. B.1. Yn y tiwbiau modern mewn ysbytai, mae'r anodau yn cylchdroi, ac maen nhw'n ffocysu'r paladr electronau ar ardal fach o'r targed.

Dyma'r egwyddorion dan sylw:

1. Mae'r catod poeth (K) yn allyrru electronau. Mae'r broses hon, sy'n cael ei galw yn allyriad thermol, yn cyfateb i ffoto-allyriant: mae'r electronau'n gallu goresgyn y ffwythiant gwaith oherwydd mudiant thermol.
2. Caiff yr electronau thermol eu cyflymu gan y gp rhwng yr anod (A) a'r catod (K).
3. Caiff yr electronau sy'n taro'r targed eu harafu'n gyflym gan allyrru ymbelydredd wrth wneud hynny. Rydyn ni'n galw'r broses hon yn Bremmstrahlung [Almaeneg: brecio pelydriad] ac mae'n digwydd pryd bynnag y bydd gronynnau wedi'u gwefru'n cael eu cyflymu (neu eu harafu). Gweler y Pwynt astudio.

Yn achos rhai o'r electronau, mae colli egni cinetig yn digwydd dros lawer o wrthdrawiadau ac i eraill mewn ychydig o wrthdrawiadau yn unig. Oherwydd yr amrywiad hwn, caiff sbectrwm di-dor ei ffurfio.

Mae ail broses yn digwydd pan fydd electron egnïol yn gwrthdaro ag electron mewnol yn atomau'r targed metel, gan ei fwrw allan o'r atom, a gadael lefel egni fewnol wag. Mae electron o lefel egni uwch yn disgyn i'r lefel wag gan ryddhau'r gwahaniaeth egni ar ffurf ffoton. Mae hyn yn cynhyrchu sbectrwm llinell sy'n nodweddiadol o'r elfen neu'r elfennau targed.

Mae Ffig. B.2 yn dangos y sbectra ar gyfer dau foltedd cyflymu gwahanol, $V_1 > V_2$, gyda'r un elfen darged.

Pwynt astudio

Mae pelydriad syncrotron yn ffurf ar Bremmstrahlung: caiff ei allyrru pan fydd electronau yn dilyn llwybrau crwm mewn meysydd magnetig. Mae'r Diamond Light Source yn Swydd Rydychen yn defnyddio hyn i gynhyrchu paladrau pelydr X disglair iawn ar gyfer ymchwil. Gweler adran 4.4.3(c).

Pwynt astudio

Weithiau, caiff arddwysedd y pelydr X ei blocio yn erbyn egni ffoton yn lle'r donfedd. Yn yr achos hwn, mae'r graff fel sydd i'w weld yn Ffig. B.3. Nodwch y gwahaniaeth yng ngolwg y sbectrwm di-dor.

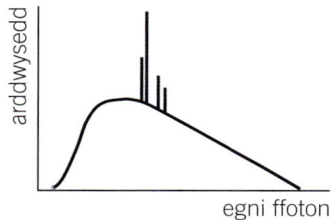

Ffig. E.3 Arddwysedd yn erbyn egni ffoton

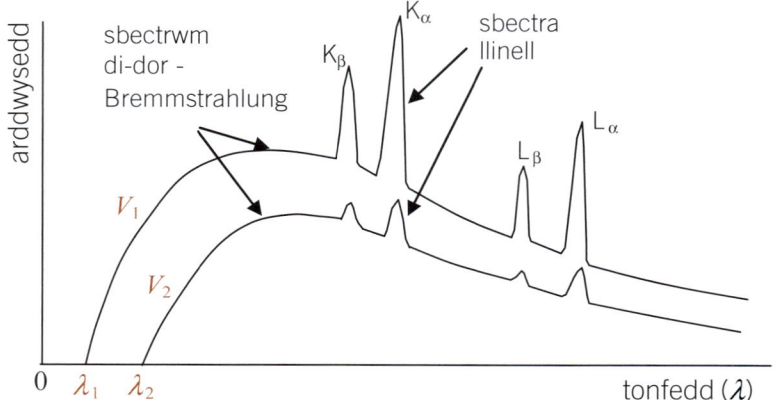

Ffig. B.2 Spectra pelydr X ar gyfer dau foltedd gwahanol

Mae'n bosibl defnyddio'r diagram syml o lefel egni atomig twngsten yn Ffig. B.4 i ddangos y broses o gynhyrchu'r sbectrwm nodweddiadol. Os yw electron trawol yn ïoneiddio atom twngsten trwy fwrw un o'r electronau allan o'i blisgyn K, gall un o'r electronau L gymryd ei le trwy allyrru ffoton 59.3 eV (y gwahaniaeth rhwng y lefelau).

Pwynt astudio

Mae'r llinellau yn y sbectrwm llinell pelydr X wedi'u labelu K, L, ... gydag isysgrifau α a β. Mae'r priflythrennau'n cyfeirio at y plisgyn electronau mae'r electronau'n disgyn iddo – ac mae'r α a'r β yn cyfeirio at lefelau egni yn y plisgyn.

> **Enghraifft**
>
> Pa ffotonau eraill allai fod yn ganlyniad i fwrw electron K allan o atom twngsten?
>
> **Ateb**
>
> Ar ôl i'r electron L gymryd lle'r electron K, gallai electron M gymryd ei le gan allyrru ffoton $10.2 - 2.5 = 7.7$ keV.
>
> Hefyd, gallai electron M ddisodli electron K yn uniongyrchol gan allyrru ffoton $69.5 - 2.5 = 67.0$ keV.

M ---------- 0
M ————— – 2.5 keV

L ————— – 10.2 keV

(c) Effeithlonrwydd cynhyrchu pelydrau X

K ————— – 69.5 keV

Ffig. B 4 Lefelau egni atomig twngsten

O'i ystyried yn nhermau egni yn unig, mae'r tiwb pelydr X yn aneffeithlon iawn. Fel arfer, dim ond ffracsiwn bach o egni'r paladr electronau sy'n cael ei drawsnewid yn egni pelydr X. Mae hyn yn wir oherwydd bod y rhan fwyaf o'r electronau'n colli egni'n raddol, gan gynhyrchu niferoedd mawr o ffotonau isgoch. Mae'r effeithlonrwydd yn cynyddu gyda'r foltedd cyflymu: ar 50 keV mae'r effeithlonrwydd yn ~0.5%; ar 100 keV mae'n ~1%.

Enghraifft

Amcangyfrifwch nifer y ffotonau pelydr X sy'n cael eu cynhyrchu bob eiliad gan diwb 100 kV sy'n gweithredu gyda cherrynt anod o 10 mA. Nodwch eich tybiaethau.

Ateb

Gan dybio effeithlonrwydd o 1% ac egni ffoton cymedrig o 50 keV:

Mae $P_{ALLAN} = 0.01 \times P_{MEWN} = 0.01 \; VI = 0.01 \times 100\,kV \times 0.01\,A = 10\,W$

$\therefore$ Mae nifer y ffotonau bob eiliad $= \dfrac{P_{ALLAN}}{E_{ff}}$

$$= \frac{10\,W}{50\,keV \times 1.60 \times 10^{-16}\,J\,keV^{-1}} \sim 1 \times 10^{15}\,s^{-1}$$

Mae'r effeithlonrwydd isel yn golygu bod angen dargludo llawer o wres i ffwrdd oddi wrth yr anod – sy'n esbonio'r mownt dargludo yn Ffig. B.1.

(ch) Egni ffoton ac arddwysedd y paladr

Sylwch fod gan y sbectrwm di-dor donfedd leiaf. Mae hyn oherwydd nad yw'n bosibl allyrru unrhyw belydriad gydag egni ffoton sy'n fwy nag egni'r electronau trawol. Ar gyfer foltedd EHT, V, mae egni cinetig yr electronau mewn eV, felly y donfedd leiaf, λ_{lleiaf}, yw

$$eV = \frac{hc}{\lambda_{lleiaf}},$$

ac o hyn gallwn ni weld bod λ_{lleiaf} mewn cyfrannedd gwrthdro â'r foltedd cyflymu.

Ar gyfer gp cyflymu penodol, mae arddwysedd y paladr mewn cyfrannedd â nifer yr electronau sy'n taro'r targed metel bob eiliad. Mae hyn yn ffwythiant o dymheredd y gwresogydd: yr uchaf yw'r tymheredd, y mwyaf o electronau sy'n cael eu hallyrru bob eiliad, ac felly y mwyaf yw arddwysedd y paladr. I gael delweddau pelydr X diffiniad uchel, mae angen cyfuniad o baladr arddwysedd uchel a smotyn ffynhonnell fach ar yr anod. Cafodd y tiwb gydag anod sy'n cylchdroi ei ddatblygu i ganiatáu hyn (Ffig. B.5). Caiff y pelydrau X eu cynhyrchu o smotyn bach ar yr anod. Byddai tymheredd anod disymud yn rhy uchel, felly caiff yr anod ei gylchdroi gan roi amser i'r gwres gael ei ddargludo i ffwrdd.

(d) Gwanhad pelydrau X

Roedd Adran 3.5.2 yn ymwneud ag amsugniad pelydriad niwclear. Caiff pelydrau X eu hamsugno yn yr un modd â phelydrau γ. Os yw paladr monoegnïol o belydrau X yn pasio trwy ddefnydd, mae'r tebygolrwydd y bydd ffoton yn cael ei amsugno ar unrhyw bellter yn gyson. Felly mae arddwysedd, I, y pelydrau X yn lleihau yn ôl deddf dadfeiliad esbonyddol: $I = I_0 e^{-\mu x}$, lle mae μ yn cael ei alw'n **gyfernod gwanhad** (neu amsugniad) neu **gysonyn gwanhad** (neu amsugniad). Mae gan ddefnyddiau gwahanol gyfernodau gwanhad gwahanol, ac mae'r rhain hefyd yn dibynnu ar yr egni ffoton.

Gwirio gwybodaeth B2

Mae tiwb pelydr X 100kV yn gweithio gyda cherrynt anod o 10 mA. Amcangyfrifwch y gyfradd sydd ei hangen i ddargludo gwres i ffwrdd oddi wrth yr anod.

Gwirio gwybodaeth B3

(a) Cyfrifwch λ_{lleiaf} ar gyfer tiwb pelydr X sy'n gweithio ar 40 keV.

(b) Beth gallwch chi ei ddweud am y gp sydd ei angen i gynhyrchu ffotonau L o diwb gyda tharged twngsten? Gweler Ffig. B.4.

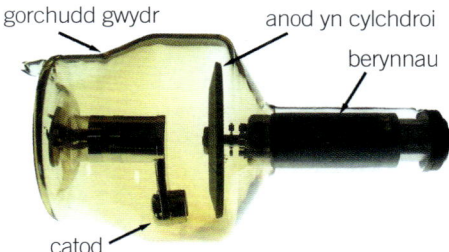

gorchudd gwydr   anod yn cylchdroi   berynnau   catod

Ffig. B.5 Tiwb pelydr X gydag anod sy'n cylchdroi

⟫ Pwynt astudio

Os oes ffracsiwn pelydr X f_1 yn pasio trwy wrthrych 1 a ffracsiwn f_2 yn pasio trwy wrthrych 2, y ffracsiwn sy'n pasio trwy'r ddau yw $f_1 f_2$.

Gwirio gwybodaeth

Mewn ymchwiliad i wanhad pelydrau X, mae 60% o baladr o ffotonau monoegnïol yn treiddio defnydd â thrwch 2.0 cm. Cyfrifwch:

(a) y canran sy'n mynd trwy 4.0 cm o'r defnydd

(b) cyfernod gwanhad y defnydd.

Pwynt astudio

Yn yr enghraifft, sylwch fod yr ymennydd yn amsugno'r rhan fwyaf o'r pelydrau X, er bod μ yn is ar gyfer yr ymennydd. Mae hyn yn wir oherwydd bod meinwe'r ymennydd yn llawer mwy trwchus na'r ddwy haen o asgwrn.

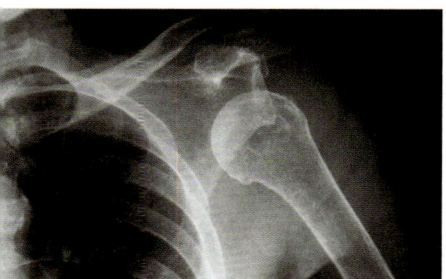

Ffig. B.6 Pont yr ysgwydd (claficwla) chwith wedi torri

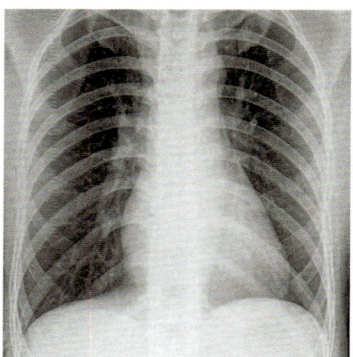

Ffig. B.7 Llun pelydr X o'r ceudod thorasig

Termau Allweddol

Fflworosgopeg pelydr X: delweddau digidol amser real o feinweoedd meddal wedi'u cynhyrchu trwy ddefnyddio dwysäwr delweddau.

Cyfrwng cyferbynnu: sylwedd sy'n cael ei gyflwyno i ran o'r corff (e.e. coludd, pibellau gwaed) i roi mwy o gyferbyniad â meinweoedd cyfagos.

E_{ffot}/ keV	Cyfernod gwanhad / cm^{-1}					
	asgwrn	cyhyr	braster	gwaed	meinwe meddal	ymennydd
10	18	5	3	6	7	5
30	1.6	0.40	0.38	0.50	0.30	0.40
60	0.45	0.20	0.19	0.21	0.21	0.18

Tabl B1 Cyfernodau gwanhad defnyddiau gwahanol

Enghraifft

Ar gyfartaledd, trwch y penglog dynol yw 6.3 mm. Lled yr ymennydd yw 140 mm. Defnyddiwch y data yn Nhabl B1 i gyfrifo pa ffracsiwn o baladr o ffotonau pelydr X 60 keV sy'n pasio trwy'r pen dynol.

Ateb

Cyfanswm trwch yr asgwrn = 12.6 mm = 1.26 cm

$\therefore$ Mae'r ffracsiwn sy'n treiddio'r asgwrn = $\frac{I}{I_0} = e^{-\mu x} = e^{-0.45 \times 1.26} = 0.57$

Ac mae'r ffracsiwn sy'n treiddio'r ymennydd = $e^{-0.18 \times 14} = 0.080$

$\therefore$ Mae cyfanswm y ffracsiwn sy'n treiddio = $0.57 \times 0.080 = 0.046$.

Mae'r gwahaniaethau mewn cyfernodau gwanhad yn bwysig o ran archwiliadau pelydr X meddygol.

(dd) Pelydrau X egni isel mewn radiograffeg

Mae esgyrn yn gwanhau pelydrau X egni isel yn llawer mwy nag y mae meinwe feddal yn eu gwanhau oherwydd bod yr esgyrn yn fwy dwys; yn benodol, oherwydd crynodiadau eu cyfansoddion calsiwm mwynol. Mae Ffig. B.6 yn dangos delwedd pelydr X nodweddiadol o bont yr ysgwydd wedi torri, sef y math o ddelwedd sy'n helpu meddygon i benderfynu ar driniaeth – yn yr achos hwn, pìn mewnfedwlaidd i ddal dau hanner yr asgwrn gyda'i gilydd, efallai, er mwyn iddyn nhw asio i'w gilydd.

Gall pelydrau X hefyd ddangos meinweoedd meddal, fel mae'r ddelwedd pelydr X o'r frest (Ffig. B7) yn ei ddangos. Er bod gan gyhyrau'r galon gyfernod gwanhad is na'r asennau, mae'r galon wedi amsugno mwy o belydrau X gan ei bod yn fwy trwchus. Mae pibellau gwaed, hyd yn oed, i'w gweld ar y ddelwedd.

Mewn mamograffeg, caiff pelydrau X egni isel eu defnyddio i fanteisio ar amsugniad gwahaniaethol meinweoedd gwahanol. Caiff y mamogram ei archwilio am ardaloedd o ddwysedd annormal, sy'n gallu bod yn arwydd o bresenoldeb canser.

Os oes angen delweddau 'amser real', e.e. o bibellau gwaed calon sy'n curo (cardiogram), mae'n bosibl defnyddio **fflworosgopeg** gyda **chyfrwng cyferbynnu** a *dwysäwr delweddau*. Caiff bariwm sylffad ei ddefnyddio yn aml wrth ddelweddu'r llwybr ymborth; a chyfansoddion ïodin mewn angiogramau. Mae nifer o luniau i'w gweld ar y we, sy'n dangos delweddau fflworosgopig o'r llwybr ymborth a'r galon.

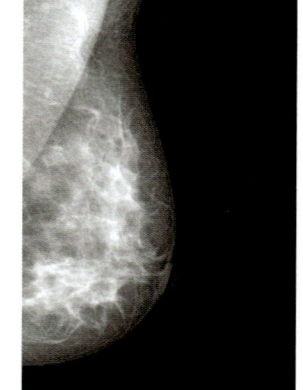

Ffig. Ffig.B.8 Meinwe arferol y fron

Caiff y delweddau eu cynhyrchu trwy ddefnyddio derbynyddion delweddau digidol: synwyryddion bach, wedi'u hintegreiddio mewn arae, y mae pob un ohonynt yn ymateb i belydrau X trwy roi allbwn digidol sy'n cynrychioli arddwysedd pelydr X ar gyfer y picsel hwnnw. Mae manteision delwedd ddigidol yn cynnwys gallu cynhyrchu delweddau yn gyflym, sensitifedd uwch, y posibilrwydd o wella delweddau, a gallu trosglwyddo a storio'r ddelwedd.

(e) Tomograffeg gyfrifiadurol pelydr X (sgan CT: *Computed Tomography*)

Yn y dechneg ddelweddu hon, rhaid cymryd nifer o ddelweddau pelydr X o'r claf, a hynny o onglau gwahanol wrth iddo basio trwy'r peiriant crwn, fel sydd i'w weld yn Ffig. B.9. Mae'r tiwb pelydr X a'r camera yn cylchdroi o amgylch y claf i adeiladu'r delweddau.

Mae'r delweddau trawstoriadol gaiff eu cynhyrchu yn rhith-dafelli o'r corff, ac mae defnyddio technegau digidol yn gadael i feddygon adnabod adeileddau aneglur yn gliriach. Yn y trychiad o ran uchaf yr abdomen yn Ffig. B.10, mae'n siŵr y gallwch chi adnabod asennau, fertebra, yr afu/iau a dwy aren – yr adeileddau eraill yn y ddelwedd yw'r stumog a'r dwodenwm.

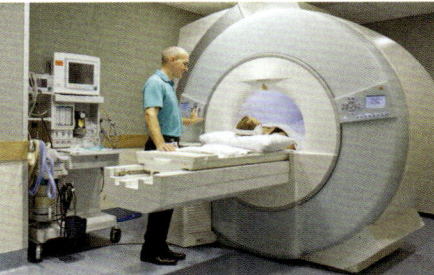

Ffig. B.9 Sganiwr CT ar waith

(f) Radiotherapi pelydr X

Mae pelydrau X hefyd yn cael eu defnyddio i drin canserau. Mae DNA celloedd sy'n rhannu yn fwy sensitif i belydriad sy'n ïoneiddio na chelloedd eraill. Felly, er bod pelydrau X eu hunain yn garsinogenaidd, mae'n bosibl eu defnyddio i ladd celloedd canser. Er mwyn crynodi'r dos ar y tyfiant, a lleihau'r niwed i feinwe iach, defnyddir sawl paladr o belydrau X. Caiff y rhain eu hanelu at y tyfiant o sawl cyfeiriad gwahanol, a chaiff y cyfarpar pelydr X ei gylchdroi o amgylch y tyfiant (neu caiff y claf ei gylchdroi).

Defnyddir pelydrau X egni uchel yn y driniaeth hon: ar gyfer canserau bas (e.e. yn y croen), defnyddir beth sy'n cael eu galw'n belydrau X *arwynebol* (50–200 keV), a defnyddir pelydrau X *megafoltedd* (1–20 MeV) ar gyfer canserau dwfn. Fel arfer, caiff y pelydrau X megafolt hyn eu cynhyrchu trwy ddefnyddio cyflymyddion gronynnau, yn hytrach na thiwbiau pelydr X safonol. Yn aml, pelydriad o gobalt-60 gaiff ei ddefnyddio (yn yr achos hwn, dylech chi ei alw'n radiotherapi pelydr γ).

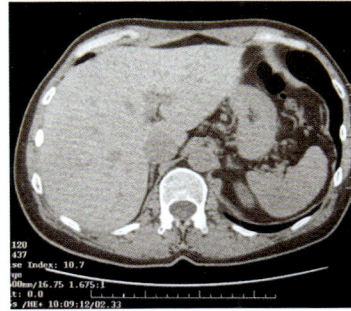

Ffig. B.10 – Trychiad CT o ran uchaf yr abdomen

Gwirio gwybodaeth B5

Awgrymwch pam nad yw radiotherapi yn cael ei ddefnyddio ar gyfer canserau gwasgaredig, er enghraifft lewcemia, nac ar gyfer canserau sydd wedi metastaseiddio, hynny yw canserau eilaidd sydd wedi ffurfio mewn rhannau eraill o'r corff.

B.2 Meddygaeth uwchsain

Yr enw ar sain ag amleddau uwchlaw 20 kHz, sef terfyn uchaf clyw dynol, yw uwchsain. Mae dulliau gweithredu diagnostig a thriniaeth uwchsain fel arfer yn defnyddio uwchsain yn yr amrediad 500 kHz–5 MHz. Fel yn achos pelydrau X, rydyn ni'n dechrau trwy ystyried sut caiff uwchsain ei gynhyrchu a'i ganfod.

(a) Cynhyrchu a chanfod uwchsain

Mae rhai grisialau, e.e. plwm sirconad titanad, yn cynhyrchu gwefr drydanol pan fyddan nhw'n cael eu rhoi dan ddiriant. Yr enw ar y ffenomen hon yw *piesodrydan*. I'r gwrthwyneb, maen nhw'n anffurfio pan gaiff maes trydanol ei roi arnynt. Caiff y grisialau piesodrydanol hyn eu defnyddio i gynhyrchu a chanfod uwchsain. Mae egwyddor generadur/canfodydd uwchsain yn eithaf syml. Mae Ffig. B.11 yn dangos adeiledd trawsddygiadur uwchsain.

Caiff gp osgiliadol amledd uchel o ffynhonnell allanol ei fwydo trwy'r cebl cysylltu i'r grisial, sy'n cynhyrchu'r tonnau uwchsain (o'r un amledd). Caiff y rhain eu hallyrru i'r dde: mae'r defnydd cefnu yn amsugno tonnau sain sy'n lledaenu i'r chwith, ac felly'n osgoi tonnau adlewyrchol a allai gynhyrchu signalau annilys. Wrth ganfod uwchsain caiff tonnau sy'n dod i mewn o'r dde eu hamsugno gan y grisial gan ei anffurfio; mae hyn yn gwneud iddo gynhyrchu gp osgiliadol sy'n cael ei fwydo allan trwy'r un cebl i'w ddadansoddi.

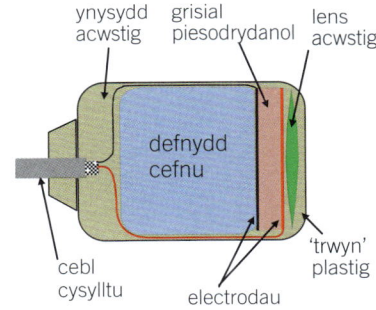

Ffig. B.11 Trawsddygiadur uwchsain

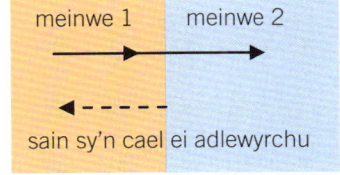

Ffig. B.12 Adlewyrchiad uwchsain

Mae **rhwystriant acwstig**, Z, defnydd yn cael ei ddiffinio gan

$$Z = c\rho$$

lle ρ yw ei ddwysedd ac c yw buanedd sain yn y defnydd.

Meinwe	c	ρ	Z
Aer	340	1.3	0.44
Ysgyfaint	650	400	260
Braster	1470	920	1350
Dŵr	1520	1000	1520
Ymennydd	1560*	1030	1600*
Aren	1558	1040	1620
Iau/afu	1570	1060	1660
Cyhyr	1600*	1070	1700*
Asgwrn	3400*	1600*	5400*

Tabl B2 Rhwystriannau acwstig

Unedau yn y tabl:

c m s^{-1}; ρ kg m^{-3}; Z 10^3 kg m^{-2} s^{-1}

* Mae'r gwerthoedd hyn yn amrywio llawer o fewn meinweoedd a rhyngddyn nhw

B6   Gwirio gwybodaeth

Yn ôl geiriadur meddygol mae rhwystriant acwstig croen dynol yn 1.6×10^6 kg m^{-2} s^{-1}. Cyfrifwch y ffracsiwn o don uwchsain fyddai'n cael ei adlewyrchu rhwng croen ac aer.

B7   Gwirio gwybodaeth

Cyfrifwch amledd ton sain gyda thonfedd o 1.0 mm mewn dŵr. Am ddata cyfeiriwch at Dabl B2.

B8   Gwirio gwybodaeth

Cyfrifwch yr amser mae'n ei gymryd i don sain deithio 15 cm mewn dŵr.

(b) Adlewyrchu uwchsain

Mae sganiau uwchsain yn gweithio mewn ffordd sy'n debyg i adlais leoli. Mae'r generadur yn anfon pwls o donnau allan ac yn derbyn atsain oddi ar wrthrych – yn yr achos hwn, y ffin rhwng dwy feinwe wahanol. Mae'r oediad amser rhwng y trawsyriant a phryd daw'r atsain yn ôl yn dweud wrthyn ni beth yw dwywaith y pellter i'r ffin.

Priodwedd bwysig y meinweoedd, sy'n pennu'r ffracsiwn o'r sain trawol sy'n cael ei adlewyrchu, yw **rhwystriant acwstig**, Z, y ddwy feinwe. Y mwyaf yw'r gwahaniaeth rhwng Z ar gyfer y ddau ddefnydd, y mwyaf yw'r ffracsiwn gaiff ei adlewyrchu. Dyma'r hafaliad:

$$\frac{I_r}{I_i} = \frac{(Z_2 - Z_1)^2}{(Z_2 + Z_1)^2}$$

lle I_i yw'r arddwysedd trawol ac I_r yw'r arddwysedd adlewyrchol.

Enghraifft

Defnyddiwch werthoedd Z yn Nhabl B2 i gyfrifo ffracsiwn yr uwchsain sy'n cael ei adlewyrchu ar y ffin rhwng cyhyr y cefn a'r aren.

Ateb

Ffracsiwn a adlewyrchwyd $= \dfrac{(1700 - 1620)^2}{(1700 + 1620)^2} = 0.00058 \ (0.058\%)$

Sylwch nad oes gwahaniaeth pa ffordd mae'r don sain yn teithio gan fod $(1700 - 1620)^2$ yr un peth â $(1620 - 1700)^2$.

Sylwch ar rwystriant acwstig isel aer. Dylech chi allu dangos (Gwirio gwybodaeth B6) fod dros 99% o'r sain yn cael ei adlewyrchu ar y ffin rhwng aer a meinwe. Os caiff trawsddygiadur uwchsain ei roi mewn cysylltiad â chroen sych, bydd haen (denau iawn) o aer rhwng y ddau bob tro, h.y. bydd **dwy** ffin aer i'w croesi, ac ni fydd unrhyw signal, bron, yn pasio i mewn i'r corff. Felly, mae archwilwyr yn defnyddio **cyfrwng cyplysu** – jeli sydd â rhwystriant acwstig tebyg iawn i rwystriant acwstig y corff – i drawsyrru'r signal cryfaf posibl.

(c) Amledd, pylsiau ac amledd ailadrodd

Nid yw'n bosibl dadansoddi adlewyrchiadau tonnau sain di-dor, felly caiff y don ei thorri'n gyfres o bylsiau.

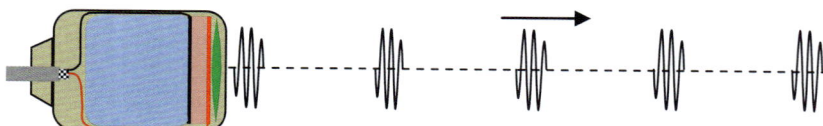

Ffig. B.13 Dilyniant o bylsiau tonnau uwchsain

Mae cydraniad y system wedi'i gyfyngu gan donfedd y don sain. Ar gyfer cydraniad o 1 mm, ni all y donfedd fod yn fwy na hyn, felly rhaid defnyddio amleddau yn yr amrediad **MHz** (Gwirio gwybodaeth B7). Mae'n rhaid i bob pwls deithio trwy'r corff ac yn ôl i'r canfodydd cyn i'r nesaf gael ei anfon allan. Mae hyn yn cymryd tua 0.1 ms (Gwirio gwybodaeth B8), felly rhaid i'r bwlch rhwng pylsiau fod o leiaf gymaint â hyn – ac felly mae'n rhaid i'r amledd ailadrodd (neu amledd y pylsiau) fod yn is na 10 kHz.

(ch) Sganiau uwchsain A (Sganiau osgled)

Dyma'r math mwyaf syml o sganiau. Maen nhw'n cael eu defnyddio'n aml gan optometryddion i wneud mesuriadau o'r llygad, yn enwedig hyd pelen y llygad. Mae'n bosibl eu defnyddio hefyd i fesur safle gwrthrych hysbys yn y corff, e.e. canser, ond nid ydyn nhw'n cynhyrchu delwedd.

Caiff allbwn y sgan ei gysylltu â CRO (gweler Opsiwn A) sy'n dangos amser cyrraedd y pylsiau adlewyrchol. Yn Ffig. B.14 gwelwn ni'r pylsiau sydd wedi dychwelyd o'r cornbilen, o arwynebau blaen a chefn y lens grisialog, ac o'r retina yng nghefn y llygad. Mae'n bosibl cyfrifo pellter yr adeileddau hyn trwy edrych ar oediad amser y pylsiau.

(d) Sganiau uwchsain B (Sganiau disgleirdeb)

Y sganiau hyn sy'n rhoi'r delweddau cyfarwydd o ffoetysau yn y groth i ni. Maen nhw'n cael eu cynhyrchu trwy symud trawsddygiadur y sganiwr dros yr ardal. Mae'r signalau sy'n dychwelyd o'r cyfeiriadau gwahanol yn cael eu cyfuno'n electronig i greu'r ddelwedd ar y dangosydd (Ffig. B.15).

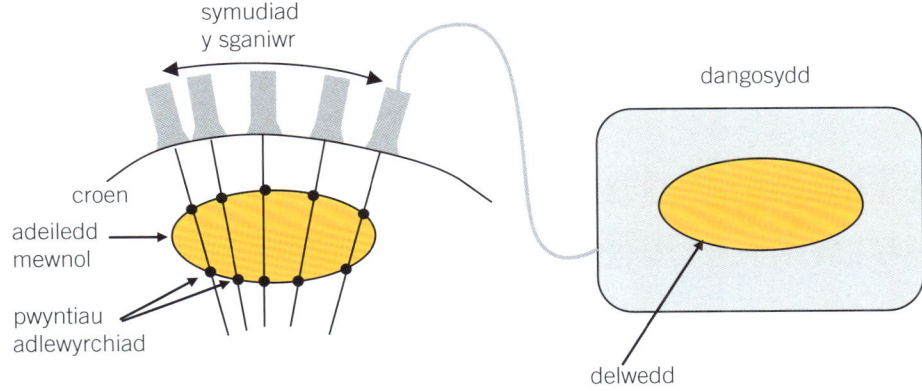

Ffig. B.15 Sgan uwchsain B o adeiledd mewnol

Ar gyfer sganiau calon, fel yn Ffig. B.16, mae angen cyfryngau cyferbynnu gan nad yw'r ffin rhwng y gwaed a'r feinwe yn adlewyrchu'n dda. Mae hylif sy'n cynnwys microswigod yn gyfrwng cyffredin; caiff hwn ei chwistrellu i mewn i wythïen.

(dd) Sganiau Doppler

Caiff uwchsain ei ddefnyddio ar y cyd ag effaith Doppler, sy'n gyfarwydd i ni o Adran 4.3.4, i astudio buanedd llif celloedd y gwaed. Mae'r egwyddor sylfaenol i'w gweld yn Ffig. B.17.

Ar gyfer y cymhwysiad hwn, rhaid addasu hafaliad sylfaenol Doppler

$$\frac{\Delta f}{f} = \frac{v}{c}$$

mewn dwy ffordd.

1 Mae **dau** ddadleoliad Doppler yma. Mae celloedd coch y gwaed yn 'gweld' y don sain sy'n dod o'r trawsddygiadur,

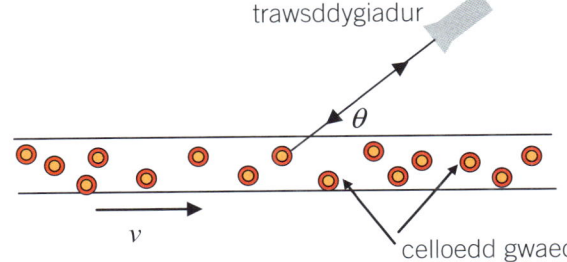

Ffig. B.17 Sgan Doppler

ac sydd wedi bod trwy ddadleoliad Doppler, yn dod tuag atyn nhw. Mae dadleoliad Doppler pellach yn digwydd i'r don adlewyrchol gan fod ffynhonnell y tonnau (y celloedd) yn symud tuag at y trawsddygiadur (sydd yn y modd derbyn).

>> **Pwynt astudio**

Mae tonnau uwchsain hefyd yn gwanhau. Mae hyn yn cyfyngu ar y dyfnder treiddio, yn enwedig ar amleddau uchel. Mae treiddiad tonnau $10-15$ MHz wedi'i gyfyngu i $2-3$ cm.

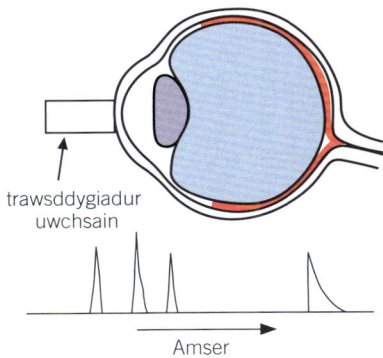

Ffig. B.14 Sgan o'r llygad

Gwirio gwybodaeth B9

Yn y sgan o belen y llygad, digwyddodd yr adlewyrchiad o gefn y llygad ar ôl 32 μs. Gan dybio bod buanedd sain yn y llygad yn 1550 m s^{-1}, beth yw diamedr pelen y llygad?

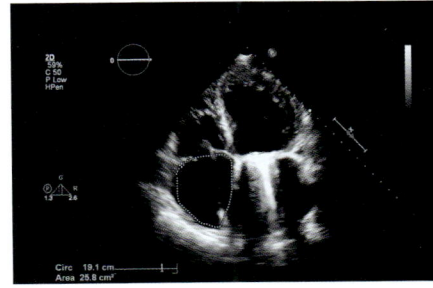

Ffig. B.16 Sgan o'r galon

Gwirio gwybodaeth B10

Esboniwch pam mae swigod o aer yn y gwaed yn adlewyrchu uwchsain yn dda.

>> **Pwynt astudio**

Mae trapiau buanedd radar yr heddlu yn gweithio ar yr un egwyddor â sganiau Doppler ond maen nhw'n defnyddio tonnau electromagnetig yn hytrach nag uwchsain.

B11 **Gwirio gwybodaeth**

Amcangyfrifwch ddadleoliad Doppler ton uwchsain 1 MHz o waed mewn gwythïen. Tybiwch fod yr ongl θ yn fach a defnyddiwch y data canlynol:

Buanedd y llif 10 cm s⁻¹

Buanedd sain mewn gwaed 1550 m s⁻¹

2 Dim ond cydran reiddiol cyflymder y celloedd sy'n berthnasol.

Felly'r hafaliad perthnasol yw: $\dfrac{\Delta f}{f} = \dfrac{2v\cos\theta}{c}$,

lle mae θ i'w gweld yn Ffig. B.17 ac mae c yw buanedd sain yn y feinwe.

Ar gyfer θ bach, daw'r hafaliad yn $\dfrac{\Delta f}{f} = \dfrac{2v}{c}$

◄ **Ymestyn a herio**

Defnyddio uwchsain at bwrpasau therapiwtig

Rydyn ni wedi nodi bod uwchsain yn cael ei wanhau mewn meinweoedd. Mae hyn yn golygu bod ychydig o egni yn cael ei drosglwyddo, a bod yna effeithiau biolegol – ac felly effeithiau meddygol – posibl. Mae'r rhain yn ddibwys ar yr arddwyseddau sy'n cael eu defnyddio ar gyfer delweddu, ond mae'n bosibl defnyddio paladrau uwchsain pŵer uchel mewn triniaeth feddygol. Dyma ddetholiad o ddefnyddiau meddygol:

- Cynhesu cyhyrau a chymalau cyn i ffisiotherapydd eu trin, neu hybu iachâd trwy'r effaith gynhesu.
- Gall glanweithydd dannedd ddefnyddio uwchsain i dynnu plac oddi ar ddannedd.
- Torri cerrig ar yr aren a cherrig bustl ('lithotripseg').
- Abladu tyfiannau yn y corff trwy ddefnyddio uwchsain wedi'i ffocysu'n ddwys (HIFU: *High Intensity Focused Ultrasound*).
- Cynorthwyo liposugno.
- Atffurfio dannedd ac esgyrn trwy ddefnyddio pylsiau o uwchsain arddwysedd isel.

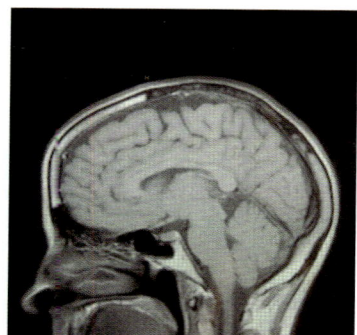

Ffig. B.18 Sgan MRI o'r pen

 **Pwynt astudio**

Cofiwch fod protonau a niwtronau yn ronynnau cyfansawdd, sy'n cynnwys cwarciau wedi'u gwefru. Felly, mae niwcleon sy'n troelli yn cynnwys gwefrau sy'n cylchdroi, ac felly mae'n ymddwyn fel magnet bach.

B12 **Gwirio gwybodaeth**

Cyfrifwch ΔE ar gyfer maes magnetig 2.5 T (dwysedd fflwcs nodweddiadol MRI). Mynegwch eich ateb mewn (a) J a (b) eV.

B.3 Delweddu cyseiniant magnetig (MRI)[1]

Mae'r dechneg hon, sy'n cynhyrchu delweddau hynod o fanwl o feinweoedd mewnol y corff, yn defnyddio ffiseg gymhleth, ac offer drud iawn.

Mae'n rhaid gorwedd yn llonydd cyn cael eich pasio trwy faes magnetig anunffurf dwys (Ffig. B19), a chael tonnau radio wedi'u tanio atoch. Fodd bynnag, hyd y gwyddom ni, ychydig iawn o risg sydd i'r dull gweithredu (oni bai bod gennych reoliadur y galon, neu eich bod yn anghofio tynnu eich gemwaith!).

Felly, beth sy'n digwydd?

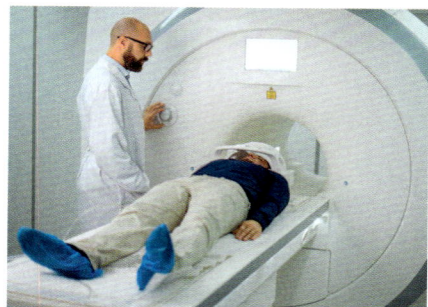

Ffig. B.19 Paratoi ar gyfer sgan MRI

(a) Niwclysau magnetig

Mae pob niwclews yn troelli. Ar gyfer niwclysau fel $^1_1$H, sydd ag odrif o brotonau neu niwtronau (gweler y Pwynt astudio), canlyniad hyn yw fod y niwclews yn ymddwyn fel magnet bach. Yn absenoldeb maes magnetig, mae niwclysau hydrogen mewn defnydd (er enghraifft dŵr) yn troelli i gyfeiriadau hap. Ond mewn maes magnetig, mae'r niwclysau'n alinio'n fras gyda'r llinellau maes magnetig. Mewn gwirionedd, gallwn ni eu dychmygu fel gyrosgopau, gyda chyfeiriad y cylchdroi yn presesu o amgylch y llinellau maes (Ffig. B.21). Mae dau gyflwr egni ar gael i'r niwclysau: paralel (egni isel) a gwrthbaralel (egni uchel) i'r maes magnetig.

Ffig. B.20 Niwclews sy'n troelli

---

1 Yr hen enw ar sganiau MRI oedd sganiau NMR (*nuclear magnetic resonance* sef cyseiniant magnetig niwclear). Yn ôl pob sôn, newidiwyd yr enw gan fod 'NMR' yn swnio'n debyg i 'enema', sy'n driniaeth feddygol hollol wahanol!

Mae'r gwahaniaeth egni, ΔE, rhwng y ddau gyflwr yn fach iawn, hyd yn oed mewn cyd-destun atomig: mae mewn cyfrannedd â'r maes magnetig:

$$\frac{\Delta E}{B} = 2.821 \times 10^{-26} \text{ J T}^{-1}$$

Ar gyfer maes 1 T, mae ΔE sawl trefn maint yn llai na'r egni Boltzmann, kT, ar dymheredd ystafell (gweler Gwirio gwybodaeth B13), felly mae nifer y niwclysau yn y ddau gyflwr bron iawn yn hafal.

Bron iawn – ond nid yn union. Ar gyfer maes 1 T mae gormodedd o tua 4×10^{-6} o niwclysau yn y cyflwr egni isaf, h.y. am bob miliwn o niwclysau, bydd tua 500 002 yn y cyflwr is a 499 998 yn y cyflwr uwch! Felly, mewn maes magnetig, bydd dŵr (am ei fod yn cynnwys hydrogen) yn ymddwyn fel magnet gwan iawn. Mae hyn yn wir ar gyfer nifer o ddefnyddiau.[2]

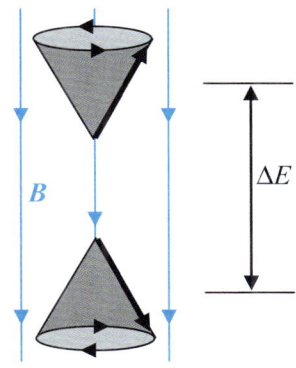

Ffig. B.21 Niwclysau'n presesu

(b) Cyseiniant magnetig niwclear – amledd Larmor

Tybiwch ein bod ni'n rhoi defnydd sy'n gyfoethog mewn hydrogen (e.e. celloedd byw) mewn maes magnetig, dwysedd fflwcs 1 T. Ystyriwch effaith llenwi'r defnydd hwn â phaladr o ffotonau, egni 2.821×10^{-26} J. Ar ôl astudio laserau (gweler y llyfr UG, Adran 2.8.1) rydyn ni'n disgwyl gweld amsugniad, allyriad digymell ac allyriad ysgogol ffotonau â'r egni hwn. Gan fod y cyflwr egni is yn fwy poblog, bydd amsugno'n digwydd yn bennaf, gan gynyddu poblogaeth y cyflwr uwch (i fyny). Wrth i ni ddiffodd y paladr ffotonau, bydd yr atomau hydrogen yn 'ymlacio' yn ôl i'w cyflwr blaenorol, gydag ychydig mwy o niwclysau yn y cyflwr 'i lawr' nag yn y cyflwr 'i fyny', h.y. trwy allyrru cawod fach o belydriad. Mae'r pelydriad allyrru hwn yn arwydd o bresenoldeb hydrogen.

Os ydych chi wedi cwblhau Gwirio gwybodaeth B14, byddwch chi'n gwybod bod angen amledd ffoton o 42.6 MHz i ddarparu'r egni cywir i godi electronau o'r cyflwr is i'r cyflwr uwch. Mae manwl gywirdeb yr amledd sydd ei angen yn gwneud yr amsugno'n debyg i gyseiniant llym iawn, effaith sy'n cael ei alw'n gyseiniant magnetig niwclear. Rydyn ni'n galw'r amledd sydd ei angen yn **amledd Larmor** neu weithiau'n amledd cyseiniant. Amledd Larmor hefyd yw amledd presesu niwclysau o amgylch cyfeiriad y maes magnetig. Yn gyffredinol, ar gyfer hydrogen mewn maes magnetig gyda dwysedd fflwcs B (mewn tesla), amledd Larmor yw:

$$f_{\text{Larmor}} = 42.6 \times 10^6 \ B \text{ Hz}$$

Felly, amledd Larmor ar gyfer hydrogen mewn maes magnetig pan fydd $B = 1.5$ T yw $1.5 \text{ T} \times 42.6 \text{ MHz T}^{-1} = 63.9 \text{ MHz}$.

(c) Ymlacio

Yr enw ar y weithred o ddychwelyd y niwclysau i'r cyflwr roedden nhw ynddo cyn cynhyrfu yw *ymlacio*. Mae hyn yn digwydd fel cawod o belydriad sy'n dadfeilio'n esbonyddol, gydag **amser ymlacio** nodweddiadol, T, o ychydig gannoedd o filieiliadau. Mae gwerth T yn dibynnu ar grynodiad y niwclysau hydrogen yn y defnydd. Mae hyn yn wir oherwydd bod cysylltiad gwan rhwng meysydd magnetig y niwclysau hydrogen – y mwyaf yw crynodiad y niwclysau hydrogen, yr hiraf yw'r amser ymlacio. Mae hyn i'w weld yn Nhabl B3: y mwyaf yw crynodiad y dŵr, yr hiraf yw'r amser ymlacio.

Meinwe	T / ms
Braster	180
Iau/afu	270
Gwynnin	390
Dueg	480
Breithell	520
Cyhyr	600
Gwaed	800
Hylif yr ymennydd	2000
Dŵr	2500

Tabl B3 Amser ymlacio ar gyfer meinweoedd y corff mewn maes 1 T

---

2 Gweler darlith rhif 6 y Sefydliad Ffiseg i ysgolion yn 2011 i weld hyn yn cael ei arddangos ar gyfer grawnwinen a darn o Blu-tak.

Pwynt astudio

Er nad yw'r manylion yn wych, mae gronyniad yr iau/afu sy'n dangos sirosis i'w weld yn glir yn Fig. B.22. Mae'r màs gwyn yn isel ar y dde yn dangos dueg chwyddedig oherwydd gorbwysedd portal.

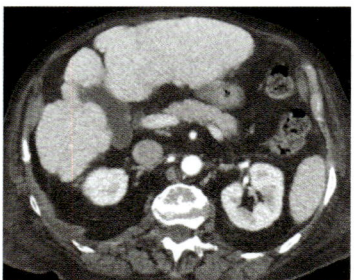

Ffig. B.22 Afu/lau gyda sirosis (top), a dueg wedi'i ehangu (de isaf)

(ch) Defnyddio MRI i ddelweddu

Mae dau beth yn angenrheidiol ar gyfer ffurfio delwedd o organau mewnol y corff:

1 Rhaid i'r sganiwr MRI 'wybod' o ble mae'r signal yn dod. Os yw pob niwclews hydrogen yn pelydru gyda'r un amledd, allwn ni ddim dweud o ble mae ffoton penodol yn dod.

2 Rhaid i'r sganiwr MRI allu gwahaniaethu rhwng mathau gwahanol o feinwe.

Rydyn ni'n datrys y broblem 'ble' trwy drefnu bod y maes magnetig yn anunffurf. Os yw'r maes yn cynyddu o ran cryfder ar hyd yr echelin, bydd amledd Larmor hefyd yn cynyddu. Yna caiff band o amleddau radio, yn cynnwys yr holl amleddau Larmor, ei belydru ar y corff. Felly, rhaid i'r ffotonau sy'n cael eu derbyn ddod o'r dafell o'r corff sydd â'r cryfder maes priodol. Ar ben hyn, caiff maes cylchdroi bach, anunffurf ei roi ar draws y claf. Mae hyn yn gadael i ni wybod tarddbwynt y ffotonau ar draws y dafell.

Rydyn ni'n datrys problem y 'feinwe' trwy fanteisio ar amserau ymlacio gwahanol y meinweoedd. Os caiff y signal ei ddarllen a'i integreiddio dros (er enghraifft) y 300 ms cyntaf, ni fydd y gwaed wedi rhyddhau llawer o'i egni, ond bydd y braster a'r afu/iau wedi rhyddhau'r rhan fwyaf o'u hegni nhw. Trwy hynny, bydd gan feinweoedd gwahanol ddwyseddau gwahanol o ran delwedd. Yn Ffig. B.22, mae'r ddueg chwyddedig yn oleuach na'r afu/iau am fod ei hamser ymlacio yn hirach.

Ymestyn a herio

MRI gweithredol (fMRI)

Dyma un o'r datblygiadau diweddar mwyaf cyffrous ym maes delweddu magnetig niwclear. Trwy ddefnyddio'r dechneg hon, gall niwrolegwyr nodi gweithgaredd ardaloedd gwahanol o'r ymennydd.

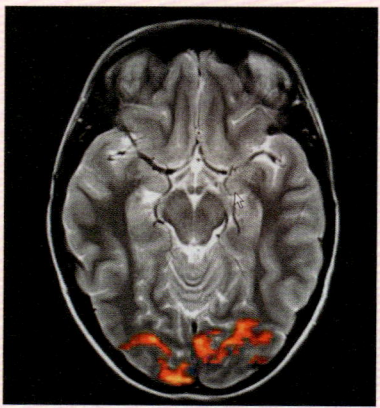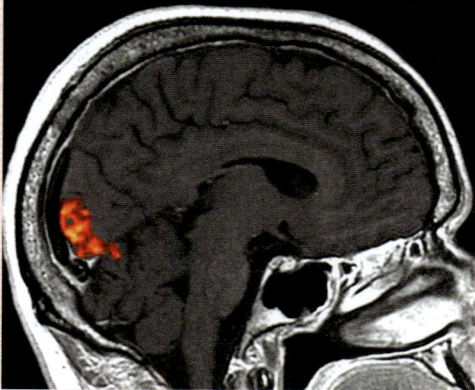

Ffig. B.23 fMRI yn dangos yr ymateb i ysgogiad gweledol

Sail y dechneg yw fod gan ardaloedd gweithredol yr ymennydd gyflenwad mwy o waed ocsigenedig, sydd â phriodweddau MRI gwahanol i waed dadocsigenedig. Mae Ffig. B.23 yn dangos ardaloedd y cortecs gweledol sy'n weithredol.

B.4 Cymharu delweddu uwchsain, pelydr X, sganio CT ac MRI

Mae pob un o'r pedair techneg ddelweddu hyn yn dibynnu ar anfon tonnau (sain neu electromagnetig) i mewn i berson, ac archwilio'r pelydriad sy'n cael ei adlewyrchu, ei drawsyrru neu ei allyrru. Ar ôl ystyried y pedair techneg, mae angen eu cymharu'n fras.

Priodwedd	Uwchsain	Pelydr X safonol	Sgan CT	MRI
Aramlygiad (*exposure*) i belydriad	Dim pelydriad sy'n ïoneiddio	Aramlygiad i belydriad sy'n ïoneiddio	Aramlygiad arwyddocaol i belydriad sy'n ïoneiddio (2–10 mSv) sy'n gywerth â hyd at 5 mlynedd o belydriad cefndir	Dim pelydriad sy'n ïoneiddio
Defnydd	Meinweoedd meddal yn gyffredinol, gan gynnwys meinwe'r ffoetws; cymalau'r sgerbwd	Esgyrn wedi torri yn bennaf; gyda chyfrwng cyferbynnu o bosibl yn cael ei ddefnyddio ar gyfer meinwe feddal hefyd	Anafiadau i esgyrn, delweddu'r ysgyfaint a'r frest, canfod canser, ymchwiliadau damweiniau brys	Delweddu mathau gwahanol o feinweoedd meddal, e.e. anafiadau, tyfiannau
Effeithiau biolegol	Dim peryglon hysbys o ran delweddu	Effeithiau carsinogenaidd a namau datblygiadol mewn embryonau	Fel effeithiau pelydr X	Dim peryglon ymbelydredd hysbys; ymateb alergaidd i'r cyfrwng cyferbynnu
Cost	Cost isel	Cost isel	Tua hanner cost MRI	Cost uchel
Cyflyrau	Amser byr; cymharol ddi-boen (efallai y bydd angen chwiliedydd, e.e. chwiliedydd rhefrol)	Amser byr iawn	Amser gweddol fyr (5 mun), yn ddelfrydol ni ddylech chi symud, ond llai o broblem nag MRI	Amser hir; anghyfforddus (dim modd symud o gwbl); swnllyd; clawstroffobia
Delweddu 3D	Ddim yn bosibl	Ddim heb symud y claf	Yn bosibl trwy ddefnyddio sgan heligol	Posibl
Eglurder	Nid yw'n uchel – mae'n dibynnu ar sgìl yr ymarferwr	Eglurder uchel o adeileddau esgyrnog	Eglurder uchel o adeileddau esgyrnog; eglurder cymedrol o adeileddau meddal (yn enwedig gyda chyfrwng cyferbynnu)	Eglurder uchel (ond rhaid i'r claf fod yn llonydd)
Cyfyngiadau ar ddefnydd	Dim o ran delweddu	Beichiogrwydd	Cyfyngiad pwysau o ~200 kg oherwydd diffyg lle, a chryfder y bwrdd symudol	Rhai mewnblaniadau metel; rheoliadur y galon; terfyn pwysau ~ 150 kg (gofod / cryfder y bwrdd)

B.5 Meddygaeth niwclear

Mae testun meddygaeth niwclear yn cynnwys defnyddio olinyddion ymbelydrol i archwilio gweithgaredd organau ac wrth sganio'r corff, yn ogystal â thrin cyflyrau meddygol – canser yn bennaf. Byddwn ni'n dechrau trwy drafod sut mae ymbelydredd niwclear yn effeithio ar y corff dynol.

(a) Effaith ymbelydredd niwclear ar ddefnydd byw

Fel y gwelon ni yn Adran 3.5, mae ymbelydredd niwclear (α, β a γ) yn ïoneiddio. Wrth iddo basio trwy ddefnydd byw, mae'n bwrw electronau allan o foleciwlau, sy'n gallu cynnwys moleciwlau adeileddol a moleciwlau rheoli celloedd, yn ogystal â defnyddiau genetig. Gall hyn niweidio celloedd neu (mewn achosion eithafol) eu lladd. Mae celloedd sy'n mynd trwy fitosis (cellraniad) yn arbennig o agored i niwed. Felly, bydd dos mawr o ymbelydredd yn cael effaith ar y system imiwnedd, yr organau atgenhedlu a'r epithelia (y croen, leinin yr ysgyfaint, y llwybr ymborth, y wain…).

I raddau helaeth, mae'r **effeithiau difrifol** yn cael eu hachosi gan fethiant y system imiwnedd i ddelio â chanlyniadau marwolaeth celloedd o achos effaith wresogi dos mawr o belydriad. Mae'r **effeithiau tymor byr** i'w gweld yn ystod dos uchel o radiotherapi, ac maen nhw'n cynnwys colli gwallt fel y gwelwn ni yn aml. Mae leinin yr ysgyfaint yn arbennig o agored i niwed ymbelydrol, a all arwain at lid ac anhawster o ran cyfnewid nwyon.

Mae'r effeithiau hyn yn dibynnu'n gryf iawn ar faint o belydriad sy'n dod i gysylltiad â'r claf.

(b) Lefel aramlygiad i belydriad

Mae yna sawl uned sy'n disgrifio lefel aramlygiad i belydriad, a phob un yn mynegi agwedd wahanol. Yn anffodus, mae unedau hynafol sy'n dal i gael eu defnyddio hefyd. Y mesur sylfaenol yw'r **dos sy'n cael ei amsugno**, D, sef yr egni sy'n cael ei ddyddodi am bob cilogram o feinwe. Yr uned yw'r gray (**Gy**), sy'n gywerth â J kg^{-1}. (Gweler y Pwynt astudio ar gyfer y rad.)

Gwelon ni yn Adran 3.5 fod ymbelydredd α yn ïoneiddio'n llawer cryfach nag ymbelydredd β a phelydriad γ, felly mae ei gyrhaeddiad yn fyrrach. Mae hyn yn arwain at fwy o niwed i gelloedd, h.y. mae'r niwed mewn 1 kg o ddefnydd o ganlyniad i amsugno 1 mJ o ronynnau α yn llawer mwy na'r niwed o ganlyniad i'r un swm egni o β a γ. Caiff hyn ei fynegi gan y *ffactor pwysoli ymbelydredd*, W_R – gweler Tabl B4 – a'r **dos cyfatebol**, H.

Mae'r dos cyfatebol, $H = DW_R$.

Uned dos cyfatebol yw'r sievert, **Sv**.

Nid dyma ddiwedd y stori, oherwydd mae rhai meinweoedd (e.e. leinin yr ysgyfaint, mêr yr esgyrn) yn fwy sensitif i niwed ymbelydrol nag eraill. Er mwyn amcangyfrif cyfanswm yr **effaith stocastig** ar y corff, mynegir cyfraniad yr ymbelydredd gaiff ei amsugno gan feinweoedd gwahanol y corff gan y *ffactor pwysoli'r feinwe*, W_T – gweler Tabl B5.

▶▶▶ Termau Allweddol

Mae'n bosibl rhannu effeithiau ymbelydredd niwclear fel hyn:

Effeithiau difrifol (gwenwyn ymbelydredd) – salwch a marwolaeth o ganlyniad i ddos mawr sydyn o ymbelydredd.

Effeithiau tymor byr – y niwed yn amlwg yn yr ychydig wythnosau'n dilyn aramlygiad, yn bennaf i'r croen, yr ysgyfaint, yr ofarïau a'r ceilliau.

Effeithiau tymor hir (neu effeithiau stocastig) – canseraur, cataractau, problemau datblygu (e.e. mewn ffoetws).

▶▶▶ Pwynt astudio

Mae'n bwysig gwahaniaethu rhwng actifedd ffynhonnell ymbelydrol, sef nifer yr allyriadau bob eiliad, a dos o ymbelydredd, sy'n fesur o'r pelydriad mae'r corff wedi'i dderbyn.

Ymbelydredd	Ffactor pwysoli, W_R
X, γ	1
β	1
n	5–20
p	5
α	20
niwclysau trwm	20

Tabl B4 Ffactorau pwysoli ymbelydredd

▶▶▶ Pwynt astudio

Efallai y byddwch chi'n dod ar draws y rad fel uned ar gyfer y dos sy'n cael ei amsugno.

1 rad = 0.01 Gy

B15 Gwirio gwybodaeth

Ar gyfer pob llinell o Dabl B5, cyfrifwch $W_T \times$ nifer y meinweoedd a restrir. Felly dangoswch mai swm y lluosymiau yw 1.0.

Tabl B5 – Ffactorau pwysoli meinweoedd

Meinwe/organ	Ffactor pwysoli'r feinwe, W_T
y stumog, y colon, yr ysgyfaint, mêr coch yr esgyrn, y frest, gweddill y meinweoedd*	0.12
y gonadau	0.08
y bledren, yr oesoffagws, yr afu/iau, y thyroid	0.04
arwyneb yr esgyrn, yr ymennydd, y croen, y chwarennau poer	0.01

* Ystyr 'gweddill y meinweoedd' yw holl feinweoedd y corff sydd ddim wedi'u henwi yn y tabl, e.e. cyhyrau sgerbydol, cyhyrau'r galon.

Y dull gweithredu ar gyfer cyfrifo'r **dos effeithiol**, E, yw lluosi'r dos cyfatebol, H, mae pob meinwe yn ei gael â ffactor pwysoli'r meinweoedd perthnasol, W_T, ac yna adio'r rhain i gyd. Uned y dos effeithiol yw'r sievert, Sv. Mae'r canlyniad yn rhoi ffordd o gymharu'r tebygolrwydd y bydd canser (neu gyflwr stocastig arall) yn codi o'r dos o ymbelydredd sy'n cael ei roi.

Enghraifft

Caiff claf ei arbelydru yn ystod triniaeth. Mae ei ysgyfaint yn cael dos cyfatebol o 4 mSv; mae'r thyroid yn cael 3 mSv; ac mae gweddill y meinweoedd yn cael 2 mSv. Cyfrifwch gyfanswm y dos effeithiol, ac esboniwch beth mae'n ei olygu.

Ateb

$E = 0.12 \times 4 \text{ mSv} + 0.04 \times 3 \text{ mSv} + 0.12 \times 2 \text{ mSv}$

$\quad = 0.84 \text{ mSv}$

Mae hyn yn golygu bod y tebygolrwydd y bydd y claf yn cael canser o'r driniaeth yr un peth â phe bai'r corff cyfan yn cael ei arbelydru'n unffurf gyda dos cyfatebol o 0.84 mSv, h.y. dos wedi'i amsugno o 0.84 Gy (J kg^{-1}), gan dybio mai β neu γ oedd y pelydriad.

(c) Olinyddion radio sy'n allyrru gama

Mae olinyddion radio yn gyfansoddion cemegol lle mae un o'r atomau yn cael ei amnewid am isotop ymbelydrol. Mae olinyddion o'r fath yn cael eu defnyddio'n eang mewn diwydiant, e.e. i ddarganfod lleoliad craciau mewn pibellau nwy tanddaearol. Maen nhw'n cael eu defnyddio hefyd mewn meddygaeth i ddod o hyd i broblemau meddygol, yn ogystal ag i ddelweddu. Un o'r olinyddion radio mwyaf cyffredin i gael ei ddefnyddio yw isotop metasefydlog technetiwm, ^{99m}Tc, sy'n allyrru gama.

Nid yw technetiwm yn bodoli mewn natur am nad oes ganddo unrhyw isotopau sefydlog. Mae gan ^{99m}Tc hanner oes o 30 munud yn unig, felly nid yw'n bosibl i ysbytai gael gafael arno'n uniongyrchol. Yn lle hynny, caiff ei echdynnu mewn ysbytai o'r generadur molybdenwm (ar lafar caiff ei alw yn 'moly cow') sy'n cynnwys yr isotop molybdenwm ymbelydrol, ^{99}Mo, sydd â hanner oes o 67 awr ac sy'n dadfeilio trwy allyriad β^-.

$$^{99}_{42}\text{Mo} \rightarrow {}^{99m}_{43}\text{Tc} + {}^{0}_{-1}\beta$$

Mae'r m yn niwclid ^{99m}Tc yn dangos bod y niwclid hwn mewn cyflwr cynhyrfol. Mae'n dadfeilio i ^{99}Tc gan allyrru ffoton 0.14 MeV (γ), sy'n gallu cael ei ddefnyddio ar gyfer delweddu.

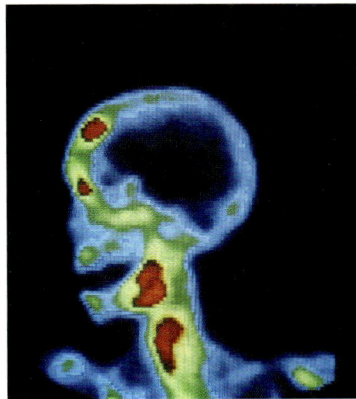

Ffig. B.24 Delwedd camera gama o glaf sy'n dangos canserau esgyrn eilaidd (mewn coch).

Mae'r ddelwedd yn Ffig. B.24 wedi cael ei thynnu gan gamera gama (gweler isod). Mae hydoddiant o sodiwm pertechnad ($\text{Na}^+ \text{TcO}_4^-$) wedi cael ei roi i'r claf trwy bigiad. Mae'r hydoddiant hwn yn cael ei amsugno'n gryfach gan dyfiannau na gan y meinweoedd normal oherwydd eu cyfraddau metabolig uwch. Caiff ^{99m}Tc ei ddefnyddio'n aml hefyd mewn sganiau darlifiad myocardiaidd, sy'n archwilio gweithgaredd y galon a llif y gwaed.

Defnyddir ïodin-123 ($^{123}_{53}$I – hanner oes 13 awr) hefyd fel olinydd meddygol i ymchwilio i weithgaredd y chwarren thyroid. Unwaith eto, mae'n arwain at allyriad γ (gweler Gwirio gwybodaeth B17) ac, yn ogystal â'r hanner oes byr, mae ganddo'r fantais dros ïodin-131 (oedd yn arfer cael ei ddefnyddio) gan nad yw'n allyrru unrhyw beta.

Pwynt astudio

Mae'r rem yn uned hynafol y dos cyfatebol a'r dos effeithiol. Mae'n dal i gael ei defnyddio yn UDA.

1 rem $= 0.01$ Sv.

Gwirio gwybodaeth B16

Fel rhan o driniaeth ar gyfer canser y stumog gyda phelydrau γ, cafodd organau claf y dosau canlynol:

Stumog	3 mGy
Afu/Iau	2 mGy
Ysgyfaint	2 mGy
Colon	0.5 mGy
Oesoffagws	0.5 mGy

Cyfrifwch gyfanswm y dos effeithiol.

Pwynt astudio

Caiff ^{99}Mo ei baratoi naill ai trwy beledu ^{98}Mo â niwtronau neu trwy ei echdynnu o gynhyrchion ymholltiad adweithydd niwclear ^{235}U.

Gwirio gwybodaeth B17

(a) Enwch y gronyn coll yn yr hafaliad ar gyfer dadfeiliad ^{99}Mo.

(b) Ysgrifennwch yr hafaliad ar gyfer dadfeiliad ^{99m}Tc.

(c) Cyfrifwch y gwahaniaeth ym màs ^{99m}Tc a ^{99}Tc. Mynegwch eich ateb mewn u.

Gwirio gwybodaeth B18

Caiff ^{123}I ei baratoi trwy beledu ^{124}Te â phrotonau. Mae'r niwclews cynhyrfol sy'n cael ei gynhyrchu yn allyrru dau ffoton ar unwaith. Mae ^{123}I yn dadfeilio trwy'r broses dal electronau i ^{123m}Te, sy'n dadfeilio ar unwaith bron i ^{123}Te trwy allyrru ffoton 157 keV, sy'n gallu cael ei ganfod gan gamera gama. Ysgrifennwch hafaliadau ar gyfer yr adweithiau hyn.

Gwirio gwybodaeth

Esboniwch, gan ddefnyddio deddf gadwraeth berthnasol, pam mae dau ffoton yn cael eu cynhyrchu o ddifodiant electron a phositron.

(ch) Tomograffeg allyrru positronau (sgan PET: *positron emission tomography*)

Mewn sganiau PET, caiff moleciwl sy'n actif yn fiolegol ei dagio gydag atom sy'n allyrru positronau, er enghraifft fflworin-18. Enghraifft o'r math hwn o foleciwl yw fflworodeuocsiglwcos, sy'n foleciwl glwcos gydag atom ^{18}F yn lle grŵp hydrocsyl. Mae'r ddau ffoton gama sy'n cael eu cynhyrchu pan fydd y positron a'r electron yn difodi ei gilydd yn gallu cael eu canfod y tu allan i'r corff trwy ddefnyddio camera gama.

Mae canserau'n cynnwys celloedd sydd wrthi'n rhannu ac felly mae ganddyn nhw ofynion egni uchel ac maen nhw'n tueddu i gronni glwcos. Felly, mae sganiau PET yn ddefnyddiol ar gyfer delweddu canser.

Mae gan y claf yn Ffig. B.25 ganser y ceilliau sydd wedi metastaseiddio (lledaenu) i'r ysgyfaint. Mae'r ardaloedd disglair yn y ddelwedd chwith yn dangos crynodiadau o glwcos sy'n dangos presenoldeb y canserau eilaidd. Mae'r ddelwedd ar y dde yn dangos yr un claf ar ôl cwrs 6 mis o gemotherapi, a arweiniodd at atchweliad llwyr.

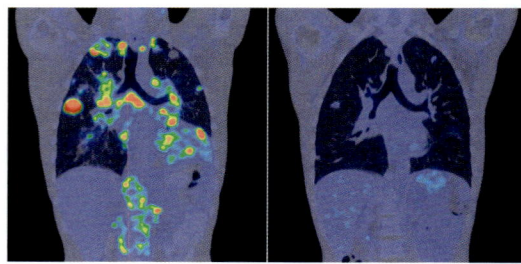

Ffig. B.25. Sganiau PET yn ystod triniaeth ar gyfer canser

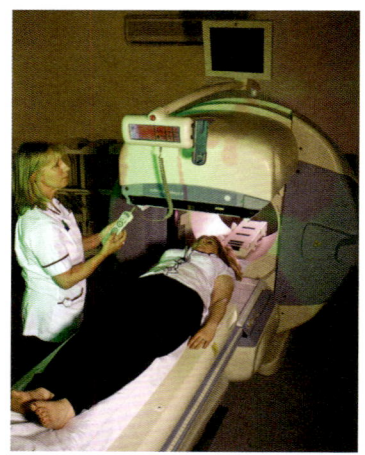

Ffig. B.26 Defnyddio camera gama

(d) Camera gama

Mae'r ddau ddull gweithredu olinyddion uchod yn cynnwys canfod pelydrau gama, yn ogystal â chynhyrchu delweddau trwy ddefnyddio camera gama. Mae Ffig. B.26 yn dangos camera gama yn cael ei ddefnyddio, ac mae'r egwyddorion yn cael eu dangos yn Ffig. B.27.

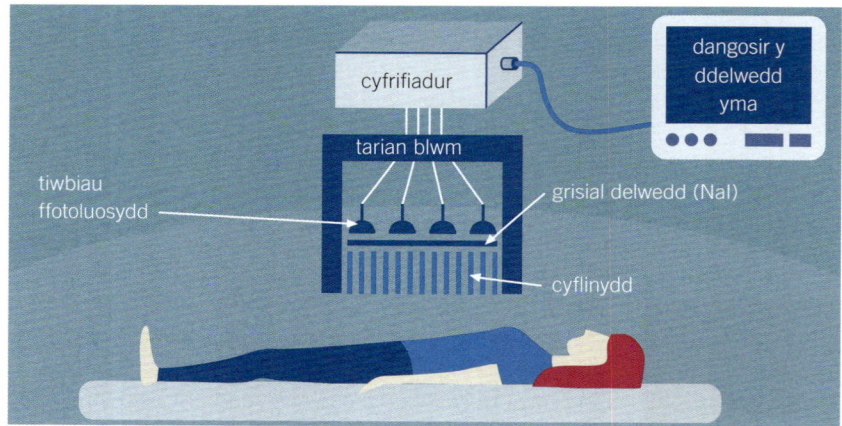

Ffig. B.27 Egwyddorion gweithredu camera gama

Pwynt astudio

Mae llygaid cyfansawdd pryfed yn gweithio ar yr un egwyddor â'r cyflinydd mewn camera gama. Dydyn nhw ddim yn cynnwys lensiau, ond maen nhw'n gadael i belydrau golau daro'r retina os ydyn nhw'n teithio'n baralel yn unig i echelin pob llygad bach. Yna, mae'r ymennydd yn adeiladu'r ddelwedd. Mae mantis gweddïol hyd yn oed yn llwyddo i greu delweddau 3 dimensiwn gyda'r llygaid hyn.

Does dim ffordd o ffocysu pelydrau γ, felly caiff cyflinydd plwm ei ddefnyddio i sicrhau mai dim ond y pelydrau γ sy'n teithio'n fertigol tuag i fyny (yn Ffig. B27) fydd yn taro'r grisial.

Mae'r grisial sodiwm ïodid yn fflachio bob tro mae ffoton yn ei daro, caiff y golau pŵl ei chwyddo gan diwbiau'r ffotoluosydd, a chaiff nifer y fflachiadau ym mhob picsel ei gofnodi ar rifydd fflachiadau (nid yw hwn yn y llun). Caiff y signal ei fwydo i'r cyfrifiadur, sy'n cynhyrchu'r ddelwedd. Mewn sganiau PET, mae'r claf wedi'i amgylchynu gan y canfodydd (fel yn Ffig. B.26) a dim ond pan fydd yn canfod dau ffoton ar ochrau cyferbyn tua'r un pryd y mae'r cyfrifiadur yn cofnodi. Mae hyn yn gadael iddo wrthod ffotonau pelydriad cefndir achlysurol. Defnyddir y gwahaniaeth amser bach iawn yn nyfodiad y ddau ffoton i bennu safle eu ffynhonnell.

Profwch eich hun Opsiwn B

1. Mae tonfeddi'r llinellau K_α a K_β yn sbectrwm pelydr X copr yn 154 pm a 139 pm yn ôl eu trefn.

   (a) Cyfrifwch y gwahaniaethau yn lefelau'r egni atomig sy'n achosi ffotonau gyda'r tonfeddi hyn. Mynegwch eich atebion mewn eV.

   (b) Rhowch sylwadau ar gp lleiaf y tiwb y byddai ei angen i gynhyrchu ffotonau K_α a K_β.

2. Mae'r sbectrwm hwn ar gyfer tiwb pelydr X masnachol sydd â tharged arian, heb hidlydd (y gromlin ddu) a gyda hidlydd alwminiwm tenau (y gromlin goch). Sylwch fod yr echelin lorweddol yn dangos egni ffoton, nid y donfedd.

   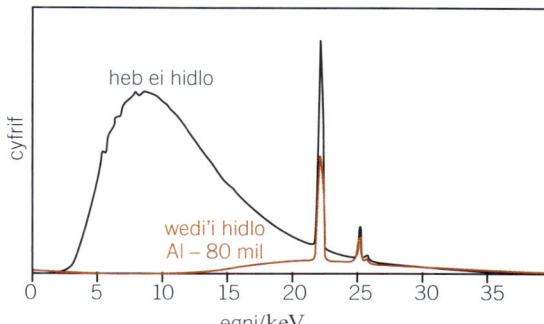

   Sbectrwm Allbwn Mini-X-Ag gyda hidlydd Alwminiwm (Al) 80 mil (2mm) a hebddo

   (a) Disgrifiwch effaith yr hidlo ar gyfer egnïon ffoton gwahanol. Rhowch reswm am hyn.

   (b) Nodwch fantais hidlo fel hyn, yn nhermau'r defnydd meddygol o belydrau X.

   (c) Amcangyfrifwch gp gweithredol y tiwb.

   (ch) Y brigau yn y graff yw'r llinellau K_α a K_β. Cyfrifwch donfeddi'r llinellau hyn.

   (d) Brasluniwch graffiau wedi'u hidlo a heb eu hidlo ar gyfer allbwn y tiwb hwn ar y gp hwn, gyda thonfedd pelydr X ar yr echelin lorweddol.

3. Mae gwefan yn nodi'r canrannau canlynol ar gyfer treiddiad ffotonau pelydr X gydag egnïon amrywiol trwy 10 cm o feinwe feddal:

Egni/keV	50	60	70	90	100	120	130	150
% treiddiad	3.6	5.3	6.7	9.5	10.2	11.5	12.0	13.0

   Defnyddiwch y wybodaeth yn y tabl:

   (a) i gyfrifo % y ffotonau 100 keV sy'n pasio trwy (i) 20 cm, (ii) 5 cm a (iii) 15 cm o feinwe feddal

   (b) i amcangyfrif cyfernod gwanhad pelydrau X 80 keV mewn meinwe feddal.

4. Mae cyhyr gyda rhwystriant acwstig 1.7×10^6 kg m^{-2} s^{-1} yn cynnwys coden wedi'i mewnblannu sy'n cynnwys hylif â dwysedd 1030 kg m^{-3} lle mae sain yn teithio ar 1530 m s^{-1}. Cyfrifwch ganran ton uwchsain (a) sy'n cael ei hadlewyrchu wrth y ffin gyntaf a (b) sy'n dod allan o'r ochr arall i'r goden. Cewch chi anwybyddu'r gwanhad yn y meinweoedd.

5. Mewn sgan Doppler, y dadleoliad amledd mewn tonnau 2 MHz yw 346 Hz ar gyfer gwaed sy'n llifo ar $30°$ i gyfeiriad y tonnau. Gan gymryd bod buanedd sain mewn gwaed yn 1550 m s^{-1}, cyfrifwch fuanedd llif y gwaed.

6. Mae gan brif faes sganiwr MRI ddwysedd fflwcs o 1.60 T. Mae gan faes eilaidd raddiant o 40 mT m^{-1}.

   (a) Cyfrifwch amledd Larmor niwclysau hydrogen (protonau) oherwydd y prif faes.

   (b) Cyfrifwch y gwahaniaeth yn yr amledd Larmor rhwng dau safle sydd 5.00 mm ar wahân i gyfeiriad y maes eilaidd (anunffurf).

   (c) Nodwch arwyddocâd y maes anunffurf ar gyfer lleoli rhanbarth yn y corff.

   (ch) Gall y sganiwr gyrraedd cydraniad o 1 mm. Tonnau radio o ba amleddau sy'n rhaid iddo allu eu gwahaniaethu?

7. Yn ystod triniaeth ar gyfer tyfiant ar yr ymennydd, caiff paladr o belydriad ei gyfeirio at y tiwmor o gyfeiriadau gwahanol. Esboniwch yn fyr:

   (a) Sut mae anelu'r pelydriad o onglau gwahanol yn lleihau'r effaith ar y meinweoedd amgylchynol.

   (b) Sut mae therapi gronynnau wedi'u gwefru (paladr protonau) yn lleihau'r effaith ar y meinweoedd o amgylch y tyfiant. [Awgrym: caiff protonau eu hamsugno mewn ffordd debyg i ronynnau α.]

8. Mae'r chwarren thyroid yn amsugno ïodin. Felly, mae'n bosibl defnyddio'r elfen hon fel olinydd a hefyd ar gyfer radiotherapi (arbelydru'r thyroid o'r tu mewn). Mae gan ïodin sawl isotop ymbelydrol gyda moddau dadfeilio gwahanol:

Mae $^{123}_{53}\text{I}$ yn dadfeilio trwy allyriad γ gyda hanner oes o 13 awr

Mae $^{131}_{53}\text{I}$ yn dadfeilio trwy allyriad β^-, gyda hanner oes o 8.0 diwrnod, i gyflwr cynhyrfol o senon (Xe^*) sy'n dadfeilio'n gyflym trwy allyriad γ.

(a) Cymharwch y ddau isotop ïodin hyn o ran eu defnydd fel olinydd ac ar gyfer therapi.

(b) Ysgrifennwch hafaliadau dadfeiliad ar gyfer dadfeiliad dau-gam $^{131}_{53}\text{I}$.

9. Mae'n bosibl defnyddio sganiau uwchsain A a sganiau uwchsain B i ymchwilio i'r llygad. Cymharwch yn fyr y wybodaeth y gallwn ni ei chael gan y ddau fath hyn o sgan.

10. Mae pelydriad sy'n ïoneiddio, fel pelydrau X a phelydrau γ, yn achosi niwed genetig mewn celloedd sy''n gallu arwain at ganser. Mae pelydrau X a phelydrau γ yn cael eu defnyddio hefyd mewn radiotherapi i drin canser.

(a) Awgrymwch reswm dros y gwrthddywediad ymddangosiadol hwn.

(b) Esboniwch sut mae'r niwed a achosir gan radiotherapi yn cael ei gadw mor isel â phosibl.

(c) Nid yw pobl mae eu canser wedi metastaseiddio (h.y. sawl canser eilaidd wedi ffurfio mewn gwahanol rannau o'r corff) fel arfer yn cael eu trin â radiotherapi. Awgrymwch pam mae hyn yn digwydd.

11. (a) Y ffracsiwn o'r pŵer uwchsain a adlewyrchir ar y ffin rhwng dau ddeunydd, 1 a 2, gyda rhwystriannau acwstig Z_1 a Z_2 yw:

$$\frac{(Z_1 - Z_2)^2}{(Z_1 + Z_2)^2}$$

Esboniwch, yn nhermau'r fformiwla, pam mae'r ffracsiwn sy'n cael ei adlewyrchu yr un fath os yw'r don drawol yn teithio yng nghyfrwng 1 neu yng nghyfrwng 2.

(b) Mae'r tibia (asgwrn y forddwyd) yn cynnwys mêr sy'n cynnwys braster yn bennaf. Mae meinwe cyhyrau yn amgylchynu'r asgwrn. Mae'r tabl yn dangos rhwystriannau acwstig y tair meinwe:

Meinwe	Cyhyr	Asgwrn	Mêr
Rhwystriant acwstig / 10^6 kg m^2 s^{-1}	1.70	5.40	1.35

(i) Cyfrifwch ffracsiwn yr uwchsain sy'n cael ei adlewyrchu ar y ffin rhwng cyhyr ac asgwrn.

(ii) Mae'r uwchsain sy'n treiddio i'r asgwrn yn cael ei adlewyrchu'n rhannol ar y ffin asgwrn/mêr ac eto ar y ffin mêr/asgwrn. Gan anwybyddu adlewyrchiadau lluosog cyfrifwch ffracsiwn y pŵer gwreiddiol sy'n dod yn ôl i'r cyhyr yn dilyn adlewyrchiadau ar y ddwy ffin hyn. [Cadwch o leiaf 3 ff.y. mewn cyfrifiadau rhyngol.]

12. Yn dilyn triniaeth ar gyfer canser, mae meddyg yn awgrymu sgan PET corff cyfan i ganfod tyfiannau eilaidd posibl. Disgrifiwch y broses hon yn fyr ac esboniwch pam mae'n canfod tyfiannau.

13. Mae chwaraewr rygbi yn mynd i'r ysbyty yn amau ei fod wedi torri pont ei ysgwydd. Pam mae'r meddyg yn defnyddio archwiliad pelydr X yn hytrach na sgan MRI i ymchwilio?

Opsiwn C: Ffiseg chwaraeon

Mae'r uned ddewisol hon yn cynnwys cysyniadau ffiseg sylfaenol. Gall yr arholwr ofyn cwestiynau yn seiliedig ar y cysyniadau hyn yng nghyd-destun unrhyw chwaraeon. Er enghraifft, byddai'n bosibl asesu dynameg cylchdroi yng nghyd-destun ceir F1 neu daflu morthwyl. Mae'r enghreifftiau chwaraeon yn y llyfr hwn wedi'u dewis gan yr awduron, ac ni ddylech chi ystyried y rhain yn awgrym o'r cyd-destunau y byddwch chi'n dod ar eu traws mewn gwirionedd yn yr arholiad.

Ffig. C.1 Sefydlog neu beidio?

C.1 Egwyddor momentau

Mae moment grym yn fesur o'i effaith troi. Cafodd diffiniad moment grym o amgylch pwynt ei gynnwys yn y gwerslyfr UG – gweler Adrannau 1.1.6 ac 1.1.7. Mae'r adrannau hyn yn ymwneud â gwrthrychau mewn ecwilibriwm, sy'n berthnasol i nifer o gyd-destunau mewn chwaraeon. Mewn nifer o gampau, mae gwrthrychau sy'n cylchdroi ymhell o fod mewn ecwilibriwm.

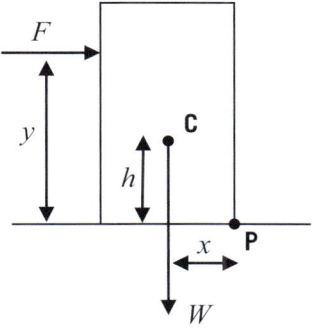
Ffig. C.2 A fydd F yn dymchwel y blwch?

(a) Sefydlogrwydd a dymchwel

Er ei holl ymdrechion, mae cwch bach Laser Wendy (Ffig. C1), ar fin dymchwel. Mae hyn yn digwydd yn aml wrth rasio cychod bach, ond mae'n ddigwyddiad prin iawn mewn rasys F1 (a hefyd rasys cychod hwylio ar y môr). Yn Adran 1.1.6(c), gwelon ni sut i ragfynegi sefydlogrwydd mewn sefyllfaoedd lle mai'r unig rymoedd arwyddocaol ar wrthrych yw ei bwysau ei hun a'r grym cyffwrdd â'r ddaear. Anaml iawn mae hyn yn wir mewn chwaraeon – mae rhywbeth fel arfer yn dymchwel pan fydd grym yn gweithredu o'r ochr.

A fydd y blwch yn Ffig. C.2 yn dymchwel neu beidio? Gallwn ni ddefnyddio momentau i ddarganfod yr ateb.

Os yw'n dymchwel, bydd yn cylchdroi'n glocwedd o amgylch **P**. Mae'r moment clocwedd cydeffaith, M, yn cael ei roi gan: $M = Fy - Wx$

Os yw $M > 0$, h.y. mae $F > \dfrac{Wx}{y}$

bydd y blwch yn dymchwel. O hyn, gallwn ni gasglu y mwyaf yw lled y blwch, y lleiaf tebygol yw hi y bydd yn dymchwel. Felly, bydd chwaraewyr rygbi sy'n taclo neu'n gwthio yn angori gydag un droed ymhell o flaen y llall – i wella eu sefydlogrwydd.

Gwirio gwybodaeth C1

Sut gallwch chi ddweud nad oes gan y blwch yn Ffig. C.2 gyfansoddiad unffurf?

Ffig. C.3 Cwch bach sefydlog

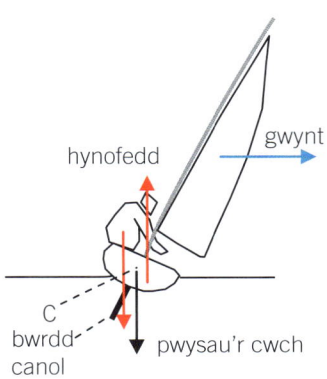
Ffig. C.4 Grymoedd ar y cwch bach

Beth am Wendy yn Ffig. C.1 a'r morwr mwy llonydd yn Ffig. C.3. Pa rymoedd sy'n cymryd rhan?

Mae'r lluniad yn Ffig. C.4 yn helpu i esbonio. Mae grym y gwynt sy'n gweithredu ar yr hwyl yn rhoi **moment clocwedd** o amgylch y craidd disgyrchiant, C. Mae'r grym hynofedd (grym cydeffaith y dŵr tuag i fyny ar gorff y cwch) a phwysau peilot y cwch yn darparu moment gwrthglocwedd.

Ond beth os yw'r gwynt yn chwythu ychydig yn gryfach? Bydd y cwch yn gogwyddo mwy, a bydd hyn (a) yn lleihau arwynebedd gwynt yr hwyl a (b) yn gostwng uchder y grym gwynt uwchben y craidd disgyrchiant, C – ac felly'n sefydlogi'r cwch. Hefyd, efallai y bydd y morwr yn gwyro allan ychydig yn fwy: pa effaith gaiff hynny?

Gwirio gwybodaeth C2

Fel arfer, nid yw cychod hwylio bach yn symud wysg eu hochrau trwy'r dŵr. Pa rym ddylai gael ei ychwanegu at Ffig. C.4?

C3 Gwirio gwybodaeth

Os yw'r cwch bach yn gogwyddo ychydig ymhellach (e.e. oherwydd ton) esboniwch pam bydd y moment cydeffaith yn gwneud iddo ddychwelyd i'w safle blaenorol (h.y. pam mae'n sefydlog).

Ffig. C.5 Safle taclo delfrydol

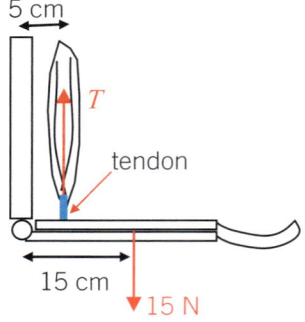

Ffig. C.7 Tyniant yn nhendon distal y cyhyr deuben

C4 Gwirio gwybodaeth

Cyfrifwch y tyniant yn nhendon y cyhyr deuben os yw'r llaw yn Ffig. C.7 yn dal bag 2 kg o datws (ar bellter o 35 cm o'r penelin).

C5 Gwirio gwybodaeth

Esboniwch pam nad yw'r tyniant yn nhendon y cyhyr deuben yn newid os yw'r elin yn Ffig. C7 10° uwchben (neu o dan) y llorwedd.

Ffig. C.8 Pâr gwrthweithiol o gyhyrau yn y fforddwyd

Sylwch ar ddwy nodwedd o ddyluniad y cwch:

1 Siâp ei gorff. Wrth i'r cwch ogwyddo, mae'r grym hynofedd (fwy neu lai yng nghanol y darn sydd o dan y dŵr) yn symud i'r dde.
2 Y bwrdd canol, sydd weithiau'n blât dur trwm. Mae rhai cychod bach hefyd â balast yng ngwaelod y corff. Effaith y rhain yw gostwng y craidd disgyrchiant.

Mae gan y cwch yn Ffig. C.3 nodwedd sefydlogrwydd ychwanegol. Mae'r tiwbiau bob ochr i'r *gynwal* (sef ymyl y cwch) yn ddyfeisiau arnofio. Os yw'r cwch yn gogwyddo fel bod un tiwb yn rhannol o dan y dŵr (fel sydd i'w weld), mae'r grym hynofedd arno'n darparu moment adfer ychwanegol.

Yn gyffredinol, yr isaf yw craidd disgyrchiant gwrthrych, a'r mwyaf llydan yw'r sail, y mwyaf sefydlog yw'r gwrthrych. Gall y blwch yn Ffig. C.2 gylchdroi trwy $\tan^{-1}\frac{x}{h}$, lle h yw uchder y craidd disgyrchiant cyn iddo ddymchwel.

Mae chwaraewr rygbi sydd ar fin gwneud tacl yn manteisio ar hyn trwy gadw craidd disgyrchiant isel, yn ogystal ag angori eu traed ar wahân i'r cyfeiriad blaen-cefn.

Nid yw grym yr ardrawiad, F, wrth ddod i gyswllt â'r chwaraewr mewn coch ymhell uwchben y craidd disgyrchiant, felly moment bach yn unig sydd ganddo. Mae'r chwaraewr sy'n cael ei daclo yn llawer llai sefydlog – craidd disgyrchiant uchel – a gall gael ei ddymchwel yn haws.

(b) Momentau yn y system sgerbydol-gyhyrol ddynol

Mae cyhyrau sgerbydol (yn hytrach na chyhyrau'r galon a'r perfedd) yn rhoi grymoedd tynnol ar esgyrn trwy adeiladwau o'r enw tendonau. Nid yw cyhyrau byth yn gwthio – maen nhw'n tynnu yn unig. Maen nhw'n gweithio mewn parau gwrthweithiol (croes), e.e. cyhyrau deuben a thriphen y fraich uchaf.

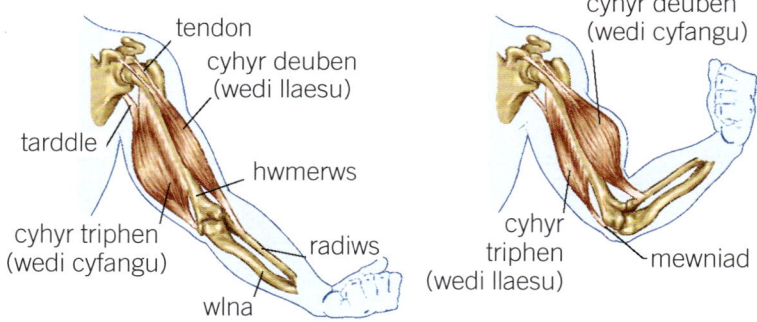

Ffig. C.6 Cyhyrau'r fraich uchaf yn gweithio yn erbyn ei gilydd

Caiff y fraich ei phlygu trwy dynhau'r cyhyr deuben ac, yn ystod y broses, mae'r cyhyr triphen yn cael ei laesu. Mae'r broses ddirgroes yn sythu'r fraich.

Enghraifft

Defnyddiwch Ffig. C.7 i amcangyfrif y tyniant yn nhendon distal y cyhyr deuben pan gaiff yr elin ei dal yn y safle llorweddol.

Ateb

Trwy gymryd momentau o amgylch cymal y penelin: $T \times 5 \text{ cm} = 15 \text{ N} \times 15 \text{ cm}$

$$\therefore T = \frac{225 \text{ N cm}}{5 \text{ cm}} = 45 \text{ N}$$

Pâr arall o gyhyrau gwrthweithiol yw'r pâr cwadriceps/llinyn y gar yn y forddwyd (thigh). Wrth redeg, mae'r cyhyrau hyn yn cyfangu bob yn ail, a gall gorymarfer arwain at tendonitis (llid y tendonau) difrifol, yn enwedig yn nhendonau'r cwadriceps.

(c) Mwy o fomentau wrth hwylio

Un o'r ffeithiau sy'n creu'r syndod mwyaf wrth sôn am hwylio yw y gallwch chi hwylio yn erbyn y gwynt. Mae'r diagram syml o gwch hwylio, Ffig. C.9, yn dangos y ddau rym llorweddol ar gwch gyda'r gwynt yn dod o'r tu blaen i'r *trawst* (o'r ochr). Mae'r gwynt sy'n llifo dros yr hwyl yn creu grym codi, fel sydd i'w weld. Efallai fod 'grym codi' yn ymddangos yn rhyfedd, ond rydyn ni'n defnyddio'r ymadrodd *grym codi* i ddisgrifio'r grym ar ongl sgwâr i arwyneb sy'n deillio o lif yr aer dros yr arwyneb. Mae hwn yr un peth â'r grym codi gan adain awyren (gweler Adran C7). Mae cilbren y cwch yn cynhyrchu grym ochrol cydbwysol sy'n atal y cwch rhag cael ei lusgo i'r ochr (er bod pob cwch yn symud rhywfaint tua'r *ochr gysgodol*), ac mae'r grym cydeffaith yn rym tuag ymlaen.

Os ystyriwn ni fomentau'r grymoedd o amgylch craidd disgyrchiant y cwch, mae'n rhaid bod rhywbeth arall yn digwydd hefyd. Mae grym y cilbren yn pasio fwy neu lai trwy'r canol ond, fel mae'r llun yn ei ddangos, mae grym codi'r hwyl yn pasio y tu ôl i'r canol ac felly mae ganddo foment gwrthglocwedd – felly byddai blaen y cwch yn troi i mewn i'r gwynt. Un ffordd o wrthwynebu hyn yw trwy ddefnyddio ail hwyl o flaen y mast, sef jib: Ffig. C.10. Mae hwn yn cynhyrchu moment clocwedd, gan gydbwyso'r brif hwyl. Mae hefyd yn bosibl llywio oddi wrth y gwynt trwy ddefnyddio'r llyw, ond mae hyn yn cynhyrchu llusgiad annymunol.

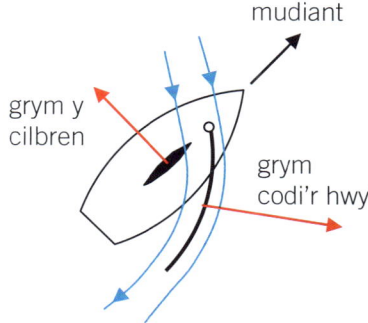

Ffig. C.9 Hwylio i mewn i'r gwynt

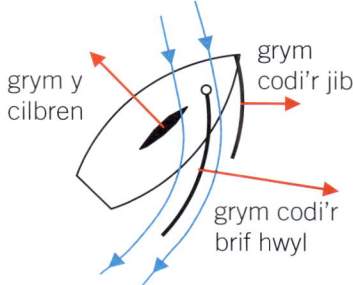

Ffig. C.10 Tynnu'n agos gyda'r jib

C.2 Gwrthdrawiadau

(a) Cyfernod adfer

Pan fydd dau wrthrych elastig yn gwrthdaro, bydd eu buanedd gwahanu yn llai na'u buanedd gwrthdaro. I bob pwrpas, mae cymhareb meintiau eu cyflymderau cymharol cyn ac ar ôl gwrthdrawiad yn gysonyn, o'r enw **cyfernod adfer**, e. Caiff hyn ei esbonio yn Ffig. C.11.

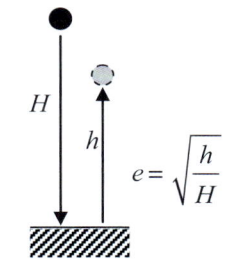

Ffig. C.12 Pêl yn bownsio

Ffig. C.11 Sfferau'n gwrthdaro

Felly
$$e = \frac{\text{cyflymder cymharol ar ôl y gwrthdrawiad}}{\text{cyflymder cymharol cyn y gwrthdrawiad}} = \left| \frac{v_2 - v_1}{u_2 - u_1} \right|$$

Gallwn ni gysylltu hyn ag uchder bownsio cymharol pêl, sy'n cael ei gollwng i'r ddaear: Gweler Ffig. C.12.

O uchder cychwynnol, H, mae buanedd yr ardrawiad $= \sqrt{2gH}$.

Os yw'n bownsio i uchder h mae'r buanedd yn union ar ôl yr ardrawiad $= \sqrt{2gh}$.

Gan nad yw'r llawr yn symud, gallwn ni ysgrifennu bod: $e = \dfrac{\sqrt{2gh}}{\sqrt{2gH}} = \sqrt{\dfrac{h}{H}}$.

Sylwch: O hyn, mae'n demtasiwn dod i'r casgliad mai e^2 yw effeithlonrwydd egni'r bowns, h.y. y ffracsiwn o'r egni cinetig gwreiddiol sy'n parhau ar ôl y gwrthdrawiad.
Mae hyn yn wir ar gyfer gwrthrych sy'n bownsio oddi ar wrthrych disymud, masfawr iawn (e.e. y Ddaear), ond nid yw'n wir yn gyffredinol (gweler Ymestyn a herio).

Gwirio gwybodaeth C6

Mae dyfarnwr pêl fasged yn taflu pêl i fyny 3.0 m. Os yw'r ddau chwaraewr yn methu â dal y bêl, pa mor uchel bydd hi'n bownsio?

$[e = 0.85]$

◀Ymestyn a herio

Mae sffêr â màs m_1 sy'n symud â buanedd u yn gwrthdaro benben â sffêr disymud â màs m_2. Dangoswch fod:

(a) yr egni cinetig ar ôl y gwrthdrawiad yn cael ei roi gan

$$\frac{1}{2}m_1 u^2 \left[\frac{m_1 + e^2 m_2}{m_1 + m_2} \right]$$

(b) a bod hyn yn tueddu at $\frac{1}{2}m_1 u^2$ wrth i $m_2 \rightarrow \infty$.

C7 **Gwirio gwybodaeth**

Cyfrifwch fuanedd yr ardrawiad a'r buanedd bownsio ar gyfer pêl dennis yn y prawf gollwng os yw'r cyfernod adfer yn 0.75.

Enghraifft

Mae rheolau'r Ffederasiwn Tennis Rhyngwladol yn nodi y dylai pêl dennis sy'n cael ei gollwng o uchder o 254 cm fownsio rhwng 135 cm a 147 cm pan gaiff ei gollwng ar lawr concrit.

Cyfrifwch amrediad y cyfernod adfer sydd wedi'i nodi.

Ateb

$$e_{\text{lleiaf}} = \sqrt{\frac{135}{254}} = 0.73 \ (73\%) \qquad e_{\text{mwyaf}} = \sqrt{\frac{147}{254}} = 0.76 \ (76\%) \ [\text{2 ff.y.}]$$

Mae'r rheolau ar gyfer pêl fasged ychydig yn fwy cymhleth (gweler C5 yn Profwch eich hun 4C).

(b) Grymoedd mewn gwrthdrawiadau

Gallwn ni amcangyfrif y grym cymedrig sy'n gweithredu mewn gwrthdrawiad trwy ddefnyddio N2, sy'n cael ei ysgrifennu'n gyfleus fel

$$F\Delta t = mv - mu$$

Yma, F yw'r grym cymedrig a Δt yw'r amser mae'r grym yn gweithredu. Rydyn ni'n galw'r mesur $F\Delta t$ yn ergyd y grym, sydd, fel mae'r hafaliad yn ei ddangos, hefyd yn hafal i'r newid momentwm.

Ystyriwch bêl dennis yn bownsio.

Enghraifft

Mae'r diagram yn dangos pêl dennis, màs 58 g, yn y cyfwng amser rhwng ei chyswllt cyntaf a'i chyswllt olaf â'r ddaear yn ystod prawf gollwng. Mae'r diagram canol yn dangos y bêl yng nghanol gwrthdrawiad, pan fydd y craidd màs, **C**, ar ei bwynt isaf.

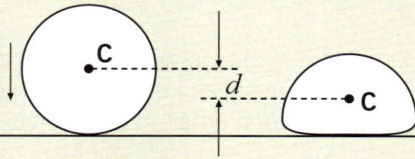 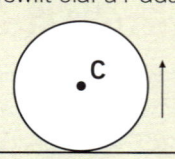

cyflymder ardrawiad — — cyflymder bownsio

Gan dybio bod y bêl yn disgyn o uchder o 254 cm, y pellter d yw 1.0 cm ac os yw e yn 0.75, amcangyfrifwch y grym cymedrig mae'r bêl dennis yn ei roi ar y llawr concrit.

Ateb

Defnyddiwch yr ateb i Gwirio gwybodaeth C7, a'r hafaliad $F\Delta t = m(v - u)$ gan gymryd y cyfeiriad tuag i fyny fel y cyfeiriad positif:

$$F\Delta t = 0.058 \text{ kg} \left(5.295 - (-7.059)\right) \text{ m s}^{-1} = 0.717 \text{ N s}$$

I amcangyfrif hyd y gwrthdrawiad, byddwn ni'n tybio bod yr arafiad i ddisymudedd yn unffurf.

Felly, yr amser i arafu i ddisymudedd $= \dfrac{0.010 \text{ m}}{\frac{1}{2} 7.059 \text{ m s}^{-1}} = 2.83 \times 10^{-3} \text{ s}$

Yn yr un modd, rydyn ni'n cyfrifo'r amser i gyflymu tuag i fyny o'r ddaear.

Mae'r amser i gyflymu o ddisymudedd $= \dfrac{0.010 \text{ m}}{\frac{1}{2} 5.295 \text{ m s}^{-1}} = 3.78 \times 10^{-3} \text{ s}$

Yr amser Δt yw swm y ddau amser hyn.

$\therefore \Delta t = (2.83 + 3.78) \times 10^{-3} \text{ s} = 6.61 \times 10^{-3} \text{ s}$

$\therefore$ Mae'r grym cymedrig a roddir ar y bêl gan y ddaear, $F = \dfrac{0.717 \text{ N s}}{6.61 \times 10^{-3} \text{ s}} = 110 \text{ N}$

Felly, yn ôl N3, y grym cymedrig sy'n cael ei roi gan y bêl ar y ddaear yw −110 N, h.y. 110 N tuag i lawr.

C.3 Cysyniadau a hafaliadau mudiant cylchdro

Mae cylchdroi yn nodwedd mewn nifer o gampau. Cyn i ni ei ddadansoddi, rhaid i ni ddatblygu rhai cysyniadau. I wneud hyn, rhaid i ni alw i gof ein bod ni'n defnyddio'r mesurau canlynol wrth ddadansoddi mudiant llinol:

dadleoliad   cyflymder   cyflymiad   grym

momentwm   egni cinetig   màs   amser

Ac eithrio amser, byddwn ni'n chwilio am gywerthyddion cylchdro pob un o'r mesurau hyn. Rydyn ni wedi dod ar draws rhai ohonyn nhw yn rhannau cynharach y cwrs Ffiseg Safon Uwch. Am y tro, byddwn ni'n ystyried gwrthrychau anhyblyg yn unig.

Ystyriwch y gwrthrych yn Ffig. C.13 yn cylchdroi o amgylch y pwynt **P**. Gallwn ni ddisgrifio ei gyfeiriadaeth a'i fudiant onglaidd trwy ei safle onglaidd, θ, yn ogystal â'i gyflymder onglaidd, ω. Os yw ω yn gysonyn, caiff ei ddiffinio gan

$$\omega = \frac{\Delta\theta}{t} \qquad \text{h.y. mae} \qquad \omega = \frac{\theta_2 - \theta_1}{t}.$$

Yn yr un modd, gallwn ni ddiffinio'r cyflymiad onglaidd, α, trwy gydweddiad â chyflymiad llinol gan:

$$\alpha = \frac{\Delta\omega}{t} \qquad \text{h.y. mae} \qquad \alpha = \frac{\omega_2 - \omega_1}{t}$$

Gallwn ni ddefnyddio hafaliadau llinol i ysgrifennu hafaliadau mudiant ar gyfer cylchdroi:

Hafaliad llinol	Amod	Hafaliad cylchdro
$x = vt$	Cyflymder cyson	$\theta = \omega t$
$v = u + \alpha t$		$\omega_2 = \omega_1 + \alpha t$
$x = \frac{u + v}{2}t$	Cyflymiad cyson	$\theta = \frac{\omega_1 + \omega_2}{2}t$
$x = ut + \frac{1}{2}\alpha t^2$		$\theta = \omega_1 t + \frac{1}{2}\alpha t^2$
$v^2 = u^2 + 2\alpha x$		$\omega_2^2 = \omega_1^2 + 2\alpha\theta$

Tabl C1 Hafaliadau llinol a chylchdro

Gan edrych eto ar Ffig. C.13, er nad oes gan y gwrthrych unrhyw fudiant llinol (na *thrawsfudol*), rydyn ni'n gweld bod rhaid iddo feddu ar egni cinetig oherwydd bod ei holl ronynnau'n symud.

C.4 Egni cinetig cylchdroi

(a) Moment inertia

Yn Ffig. C.14, mae'r sfferau wedi'u cysylltu â bar anhyblyg o fàs dibwys ac maen nhw'n cylchdroi o amgylch y pwynt **C**. Beth yw egni cinetig y system?

$$E_k = \frac{1}{2}m_1 v_1^2 + \frac{1}{2}m_2 v_2^2$$

Gan fynegi hyn yn nhermau'r buanedd onglaidd, ω, trwy ddefnyddio'r berthynas, $v = r\omega$,

$$E_k = \frac{1}{2}m_1(r_1\omega)^2 + \frac{1}{2}m_2(r_2\omega)^2$$

Mae'n bosibl ailysgrifennu hyn ar y ffurf: $E_k = \frac{1}{2}(m_1 r_1^2 + m_2 r_2^2)\omega^2$

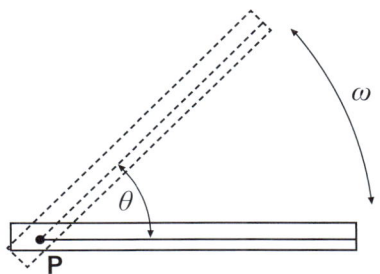

Ffig. C.13 Gwrthrych yn cylchdroi

> **Pwynt astudio**
>
> Peidiwch â phoeni am ddysgu'r hafaliadau cylchdroi yn Nhabl C1. Dysgwch sut i'w 'deillio' trwy ddefnyddio'r rhai llinol.

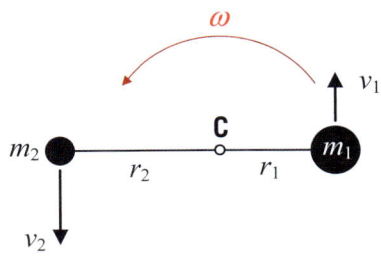

Ffig. C.14 Sfferau'n cylchdroi

Termau Allweddol

Rydyn ni'n diffinio **moment inertia**, I, gwrthrych sy'n cynnwys n o ronynnau gan:

$$I = \sum_{i=1}^{n} m_i r_i^2$$

lle m_i ac r_i yw màs a phellter o echelin gylchdro'r i^{fed} gronyn.

Pwynt astudio

Sylwch ar uned moment inertia: kg m^2.

Pwynt astudio

Rhybudd: Yn wahanol i fàs, nid yw moment inertia gwrthrych bob amser yr un fath. Mae'n dibynnu ar yr echelin gylchdro.

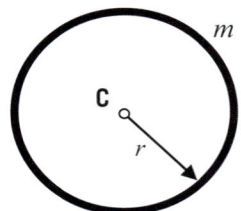

Ffig. C.15 Cylch silindrog

Gwrthrych	I
Cylch unffurf	mr^2
Disg neu silindr unffurf	$\frac{1}{2}mr^2$
Sffêr solet	$\frac{2}{5}mr^2$
Plisgyn sfferig	$\frac{2}{3}mr^2$
Rhoden unffurf	$\frac{1}{12}ml^2$

Tabl C2 Rhai momentau inertia

Ymestyn a herio

Mae'r barbwysau isod yn cylchdroi o amgylch ei ganol ac yn symud yn ei flaen. Dangoswch fod ei egni cinetig yn cael ei roi gan:

$$E_k = \frac{1}{2}mv^2 + \frac{1}{2}I\omega^2$$

Awgrym: Cyfrifwch fuanedd pob sffêr ar ennyd y diagram.

Mae hyn ar yr un ffurf â'r hafaliad $E_k = \frac{1}{2}mv^2$ ar gyfer mudiant llinol, gyda ω yn cymryd lle v a'r mesur $m_1r_1^2 + m_2r_2^2$ yn cymryd lle m. $m_1r_1^2 + m_2r_2^2$ yw'r **moment inertia** ac mae ganddo'r symbol I. Os oes mwy na dau ronyn, yna rydyn ni'n adio rhagor o dermau i'r swm, ac mae'r egni cinetig cylchdroi yn cael ei roi gan:

$$E_{\text{k cylch}} = \frac{1}{2}I\omega^2$$

Mae'r moment inertia yn cyfuno màs y gwrthrych â phellter ei ronynnau o ganol y cylchdro. Y pellaf allan yw'r gronynnau, y mwyaf maen nhw'n ei gyfrannu at y moment inertia.

Enghraifft

Mae rheolydd buanedd ar injan stêm yn cynnwys dau sffêr metel bach, pob un â màs 0.15 kg. Cyfrifwch egni cylchdroi'r pâr o amgylch y canolbwynt pan fyddan nhw'n cylchdroi ar 150 cyf ac wedi'u gwahanu gan bellter (rhwng canol y ddau) o 20 cm.

Ateb

Mae pellter canol pob sffêr o'r canolbwynt = 10 cm = 0.10 m.

$\therefore$ Mae'r moment inertia = $m_1r_1^2 + m_2r_2^2 = 0.15 \times 0.10^2 + 0.15 \times 0.10^2$
$$= 0.003 \text{ kg m}^2$$

Mae'r buanedd onglaidd, $\omega = \dfrac{150 \times 2\pi}{60 \text{ s}} = 15.7 \text{ rad s}^{-1}$

$\therefore$ Mae'r egni cinetig = $\frac{1}{2}I\omega^2 = \frac{1}{2} \times 0.003 \text{ kg m}^2 \times (15.7 \text{ rad s}^{-1})^2 = 0.37$ J

(b) Fformiwlâu ar gyfer moment inertia

Gall fod yn anodd cyfrifo moment inertia gwrthrych solet estynedig, oni bai bod ganddo siâp cymesur syml. Hyd yn oed wedyn, mae'n debyg y bydd angen calcwlws arnoch chi. Mae cylch silindrog unffurf tenau yn un eithriad i hyn (Ffig. C.15).

Mae hyn yn hawdd gan fod yr holl ronynnau ar yr un pellter, r, oddi wrth yr echelin gylchdro, **C**. Felly mae $I = mr^2$.

Ni fydd rhaid i chi gofio fformiwlâu ar gyfer momentau inertia – byddwch chi'n eu cael yn yr arholiad – ond mae rhai y byddwch chi'n dod ar eu traws, o bosibl, i'w gweld yn Nhabl C2. Mae pob un o'r fformiwlâu hyn ar gyfer cylchdroeon o amgylch y craidd màs (craidd disgyrchiant). Mae'r echelin yn berpendicwlar i blân y disg ac yn berpendicwlar i'r rhoden unffurf.

Beth os yw rhoden, er enghraifft, yn cylchdroi o amgylch ei phen (fel braich bowliwr wrth iddo fowlio'r bêl)? Yna mae'r fformiwla yn $I = \frac{1}{3}ml^2$. Pam mae hyn yn fwy? Rydyn ni am adael hyn fel problem i chi ond, fel awgrym, ystyriwch y diagram canlynol:

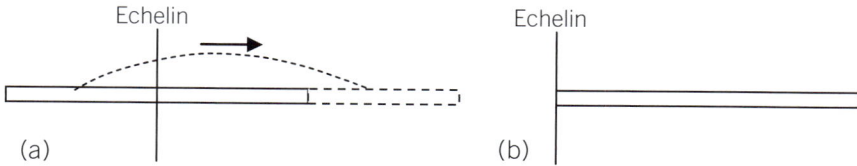

Ffig. C.16 Pam mae'r moment inertia yn (b) yn fwy nag yn (a)?

(c) Gwrthrychau sy'n rholio

Beth os yw gwrthrych yn troelli ac yn symud yn ei flaen? Beth yw cyfanswm ei egni cinetig?

Yn gyfleus, yr ateb yw swm yr EC trawsfudol a'r EC cylchdroi, h.y.

$$E_k = \tfrac{1}{2}mv^2 + \tfrac{1}{2}I\omega^2,$$

lle v yw buanedd y craidd disgyrchiant ac ω yw'r buanedd onglaidd o amgylch y craidd màs (gweler Ymestyn a herio).

Ar gyfer gwrthrych crwn sy'n rholio, e.e. olwyn beic, mae'r buanedd a'r buanedd onglaidd wedi'u cysylltu gan $v = r\omega$. Rhaid bod hyn yn wir gan fod cyflymder yr ymyl yn sero ar y pwynt cyswllt â'r ddaear (Ffig. C.17).

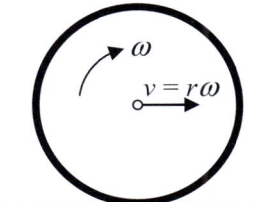

Ffig. C.17 Olwyn yn rholio

Enghraifft

Amcangyfrifwch egni cinetig olwyn ffordd car, sy'n rholio ar 30 m s^{-1}, gan ddefnyddio'r meintiau amcangyfrifol hyn:

Màs yr olwyn, 16 kg; radiws, 30 cm; moment inertia, 1 kg m^2

Ateb

$$E_k = \tfrac{1}{2}mv^2 + \tfrac{1}{2}I\omega^2 = \tfrac{1}{2}16 \text{ kg} \times (30 \text{ m s}^{-1})^2 + \tfrac{1}{2}1 \text{ kg m}^2 \times \left(\frac{30 \text{ m s}^{-1}}{0.3 \text{ m}}\right)^2$$
$$= 7200 + 5000 = 12\,200 \text{ J}$$

Gwirio gwybodaeth C8

Dangoswch mai cyfanswm egni cinetig cylch sy'n rholio yw mv^2.

Enghraifft

Caiff *pelen* (h.y. ar gyfer chwarae bowls) ei lansio trwy adael iddi rolio i lawr llethr, uchder 1.5m Gan frasamcanu bod y belen yn sffêr unffurf, amcangyfrifwch ei buanedd pan gaiff ei lansio.

Ateb

Mae'r egni potensial sy'n cael ei golli $= mg\Delta h = 1.5 \times 9.81m = 14.7m$

Gyda buanedd v, mae $E_k = \tfrac{1}{2}mv^2 + \tfrac{1}{2}I\omega^2$

Ond pan mae'r belen yn rholio, mae $\omega = \frac{v}{r}$, ac $I = \tfrac{2}{5}mr^2$

$$\therefore E_k = \tfrac{1}{2}mv^2 + \tfrac{1}{2}\tfrac{2}{5}mr^2\left(\frac{v}{r}\right)^2 = \tfrac{7}{10}mv^2$$

$$\therefore \tfrac{7}{10}mv^2 = 14.7m, \therefore v = \sqrt{\frac{10 \times 14.7}{7}} = 4.6 \text{ m s}^{-1}$$

Gwirio gwybodaeth C9

Cyfrifwch egni cinetig silindr unffurf, màs 5 kg, sy'n rholio ar fuanedd o 4 m s^{-1}.

C.5 Dynameg cylchdroi

(a) Trorym a chyflymiad onglaidd

Er mwyn cynhyrchu cyflymiad onglaidd, heb gyflymiad trawsfudol, mae angen cwpl arnon ni – sef, dau rym hafal a dirgroes gyda gwahanol linellau gweithredu (gweler Ffig. C.18).

Yr enw ar effaith troi cwpl yw moment neu **trorym**, τ. Mae moment grym sengl o amgylch pwynt penodol yn dibynnu ar y pellter perpendicwlar o'r pwynt i linell weithredu'r grym. Ond dylai ychydig o feddwl eich argyhoeddi mai moment y cwpl yw $\tau = Fd$ o amgylch unrhyw bwynt.

Effaith y cwpl yw achosi **cyflymiad onglaidd**, α, sy'n cael ei roi gan

$$\tau = I\alpha$$

Gallwn ni gymryd yr hafaliad hwn fel diffiniad trorym ac mae'n amlwg yn cyfateb i $F = ma$.

Termau Allweddol

Trorym, τ: Mae'r trorym cydeffaith, τ, ar wrthrych â moment inertia I a chyflymiad onglaidd α yn hafal i $\tau = I\alpha$.

UNED: N m $[= \text{kg m}^2 \text{ s}^{-2}]$

Cyflymiad onglaidd, α; Cyfradd newid cyflymder onglaidd

UNED: rad s^{-2}

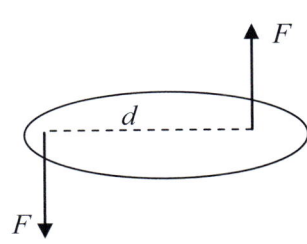

Ffig. C.18 Cwpl

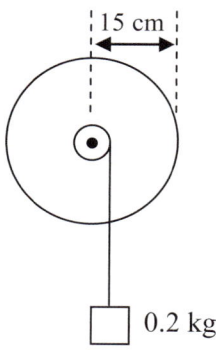

15 cm

0.2 kg

Ffig. C.19 Olwyn ac echel

Pwynt astudio

Beth yw'r brasamcanion yma (ar wahân i'r mownt diffrithiant)?

- Rydyn ni'n anwybyddu moment inertia'r echel (pwynt dibwys).
- Mae'r màs yn cyflymu, felly mae grym cydeffaith arno, felly mae'r tyniant yn y llinyn yn llai nag mg (ond nid yn llawer llai – gweler y Gwirio gwybodaeth).

C10 Gwirio gwybodaeth

Defnyddiwch y gwerth sydd wedi'i gyfrifo ar gyfer α yn yr enghraifft i ddarganfod gwerth bras ar gyfer cyflymiad y llwyth 0.20 kg a thrwy hynny ganran y lleihad yn y tyniant gafodd ei gyfrifo yn yr enghraifft.

C11 Gwirio gwybodaeth

Rhowch uned ar gyfer momentwm onglaidd.

C12 Gwirio gwybodaeth

Mae'r sglefrwraig iâ yn yr enghraifft yn dechrau gyda'i breichiau ar led, ac mae hi'n cylchdroi ar 1 cylchdro yr eiliad. Defnyddiwch yr amcangyfrifon yn yr enghraifft i gyfrifo (a) ei momentwm onglaidd a (b) ei buanedd cylchdro wrth iddi dynnu ei breichiau i mewn.

Enghraifft

Mae chwylrod (sef disg silindrog) wedi'i mowntio, gyda màs 10 kg a radiws 15 cm, sy'n gallu cylchdroi yn llyfn, yn cael ei chyflymu gan fàs 200 g ynghlwm wrth gortyn sydd wedi'i lapio o amgylch yr echel, radiws 2 cm. Amcangyfrifwch gyflymiad onglaidd y chwylrod [gweler y Pwynt astudio].

Ateb

Mae moment inertia'r chwylrod, $I = \frac{1}{2}mr^2 = 0.5 \times 10 \text{ kg} \times (0.15 \text{ m})^2 = 0.1125 \text{ kg m}^2$.

Mae'r trorym gaiff ei gynhyrchu gan y pwysau a roddir,
$$\tau = Fd = mgd = 0.2 \text{ kg} \times 9.81 \text{ m s}^{-1} \times 0.02 \text{ m}$$
$$= 0.3924 \text{ N m}$$

∴ Mae'r cyflymiad onglaidd $\alpha = \dfrac{\tau}{I} = \dfrac{0.3924 \text{ N m}}{0.1125 \text{ kg m}^2} = 3.5 \text{ rad s}^{-2}$.

(b) Momentwm onglaidd

Mae **momentwm onglaidd**, L, gwrthrych yn cael ei ddiffinio gan

$$L = I\omega \qquad\qquad \text{UNED: kg m}^2 \text{ s}^{-1}$$

O ran cylchdro mae'n cyfateb i fomentwm llinol, $p = mv$. Yn ôl **deddf cadwraeth momentwm onglaidd**: Yn absenoldeb trorym cydeffaith allanol, mae momentwm onglaidd unrhyw wrthrych neu system o ronynnau yn gyson. Mae'r egwyddor hon i'w gweld mewn sawl cyd-destun, o falerinas yn gwneud pirwét i ddeifwyr Olympaidd ac ail ddeddf Kepler.

Gall y sglefrwraig iâ yn Ffig. C.20 ddechrau ei hun yn troelli (a) gyda'i breichiau ar led. Mae'n tynnu ei breichiau i mewn (b), gan leihau ei moment inertia.

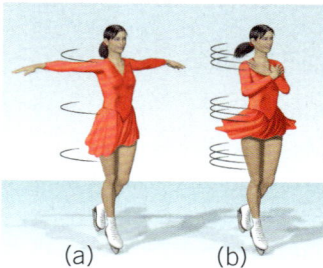

(a)   (b)

Ffig. C.20 Sglefriwr iâ yn troelli

Mae momentwm onglaidd yn cael ei gadw, felly mae $I_1\omega_1 = I_2\omega_2$.

Ond mae $I_2 < I_1$, felly mae $\omega_2 > \omega_1$, h.y. mae'r sglefrwraig yn cyflymu. Yr un yw'r egwyddor ar gyfer plymiwr sy'n mynd i mewn i naid gwrcwd (*tuck*). Gall balerina ddefnyddio'r tric hwn i gyflymu hyd at 400 cyf yn ystod naid! Mae cyfrifo moment inertia'r corff dynol yn eithaf anodd gan fod ei siâp a'i ddwysedd yn anunffurf, felly bydd rhaid i ni wneud rhai brasamcanion:

Enghraifft

Amcangyfrifwch foment inertia sglefrwraig iâ unionsyth (a) gyda'i breichiau i lawr a (b) gyda'i breichiau wedi'u hestyn allan. Modelwch ei breichiau estynedig gyda rhoden sengl, â chyfanswm hyd 1.5 m a màs 6 kg. Modelwch weddill ei chorff gyda silindr, màs 44 kg, a radiws 0.10 m.

Ateb

(a) Mae I ar gyfer y silindr $= \frac{1}{2} \times 44 \text{ kg} \times (0.10 \text{ m})^2 = 0.22 \text{ kg m}^2$

Beth am ei breichiau'n hongian wrth ei hochrau? Gallen ni fodelu'r rhain yn fras fel dau fàs 3 kg wedi'u canoli 0.16 m o'r echelin gylchdro, felly:

Mae I ar gyfer breichiau sy'n hongian $= 2 \times 3 \text{ kg} \times (0.16 \text{ m})^2 = 0.15 \text{ kg m}^2$

Felly cyfanswm I ar gyfer y sglefrwraig $= 0.37 \text{ kg m}^2$ [Amcangyfrif mwy diogel fyddai 0.4 kg m^2 (1 ff.y.).]

(b) At I ar gyfer y silindr mae angen i ni adio I ar gyfer y rhoden.

I ar gyfer y rhoden $= \frac{1}{12} \times 6 \text{ kg} \times (1.5 \text{ m})^2 = 1.1 \text{ kg m}^2$.

Felly mae cyfanswm I ar gyfer y sglefrwraig $= 0.22 \text{ kg m}^2 + 1.1 \text{ kg m}^2 = 1.3 \text{ kg m}^2$

C.6 Chwaraeon sy'n cynnwys taflegrau

Mae nifer o chwaraeon yn cynnwys mudiant taflegrau: taflu gwaywffon, rygbi, golff, a phob math o bêl-droed. Roedd y cwrs UG yn cynnwys dadansoddiad o fudiant gwrthrychau sy'n symud dan effaith disgyrchiant, gan dybio nad oedd unrhyw rymoedd arwyddocaol eraill yn gweithredu. Nid yw hon yn dybiaeth dda iawn yn achos y rhan fwyaf o gampau. Mae gwrthiant aer a grym codi aerodynamig yn chwarae rhan mewn hediad gwaywffon; gall chwaraewr tennis achosi i bêl wyro trwy beri iddi droelli, mewn ffordd debyg i bêl-droediwr yn cymryd cic gornel; mae gan saethau a dartiau blu hedfan sy'n rheoli mudiant y taflegryn trwy'r awyr.

Ffig. C.21 Jessica Ennis yn paratoi i daflu'r pwysau

(a) Taflu pwysau

Efallai mai taflu pwysau yw'r unig gamp sy'n cynnwys taflegrau lle nad yw'r aer yn chwarae rhan bwysig (ac eithrio caniatáu i'r athletwr aros yn fyw). Màs y pwysau yw 4 kg (menywod) a 7.26 kg (dynion) ac mae buanedd y tafliad tua 12 m s^{-1}. Gyda'r ffigurau hyn, mae gwrthiant aer yn ddibwys.

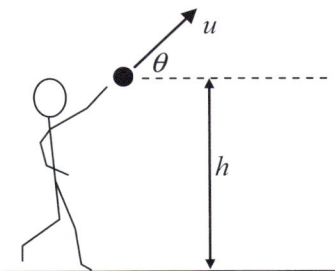

Ffig. Ffig. C.22 Taflu o uchder y pen

Os caiff gwrthrych ei daflu o lefel y ddaear gyda buanedd u ar ongl θ i'r llorwedd, mae'n bosibl cyfrifo ei gyrhaeddiad, R, yn hawdd fel hyn

Mae'r amser yn yr awyr $= \dfrac{2u \sin \theta}{g}$, $\therefore R = u \cos \theta \times \dfrac{2u \sin \theta}{g} = \dfrac{u^2 \sin 2\theta}{g}$.

Yma, rydyn ni wedi defnyddio'r unfathiant trig: $\sin 2\theta = 2 \sin \theta \cos \theta$. Gwerth mwyaf $\sin 2\theta$ yw 1 (pan mae $\theta = 45°$), felly, gyda v ar 12 m s^{-1}, dylai'r cyrhaeddiad mwyaf fod yn $12^2/9.81 = 14.7$ m.

Ond record y byd (ar adeg ysgrifennu'r llyfr) yw 23.12 m ac mae'r rhan fwyaf o athletwyr yn tueddu i lansio'r pwysau ar tua 35°, felly beth sy'n digwydd? Mae un cliw i'w weld yn Ffig. C.22. Mae'n amlwg nad yw'r lansiad o lefel y ddaear ond o uchder, h, sydd tua 2 m yn achos y rhan fwyaf o athletwyr. Felly bellach mae'r fformiwla ar gyfer cyrhaeddiad neu bellter ychydig yn fwy cymhleth, ond mae ychydig llinellau o algebra yn rhoi:

$$R = \frac{u^2 \sin 2\theta}{2g} \left[1 + \sqrt{1 + \frac{2gh}{u^2 \sin^2 \theta}} \right].$$

Mae'r deilliad wedi'i roi ar ffurf ymarfer (gweler Ymestyn a herio).

Mae plotio R yn erbyn θ ar gyfer cyflymderau rhyddhau gwahanol yn ymarfer da i'w wneud ar daenlen. Mae Grŵp Ymchwil Biomecaneg Athletau'r Brifysgol wedi cynhyrchu Ffig. C.23 sy'n dangos yr amrywiad hwn. Sylwch fod brig y pellter yn digwydd ar tua 42° bellach – llai na 45°, ond yn dal i fod yn fwy na'r 35° sydd i'w weld mewn cystadlaethau. Mae'r ateb yn y ffaith nad yw'r buanedd taflu mae athletwyr yn gallu ei gyrraedd yn gyson – mae'n ffwythiant o'r ongl daflu. Mae'r grŵp yn Brunel wedi cymryd mesuriadau gydag athletwyr, ac mae'r graff yn Ffig. C.24 yn nodweddiadol:

Pam y dylai cyflymder y lansiad leihau gyda θ? Yn un peth, rhaid i'r athletwr pwysau gyflymu'r pwysau yn erbyn disgyrchiant ar gyfer onglau tuag i fyny. Yn ail, mae'r corff dynol yn ei chael hi'n haws taflu'n llorweddol. Effaith yr amrywiad hwn yw lleihau'r ongl daflu optimwm i tua 35° ar gyfer y rhan fwyaf o athletwyr, fel sy'n digwydd mewn cystadlaethau rhyngwladol.

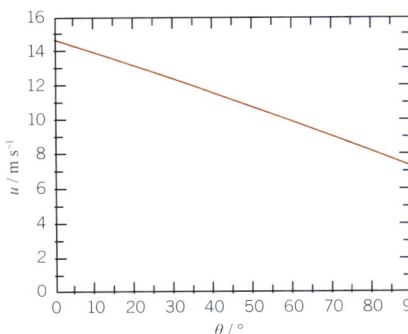

Ffig. C.24 Amrywiad u gyda θ.

▼Ymestyn a herio

Deilliwch y fformiwla ar gyfer cyrhaeddiad taflegryn sy'n cael ei ryddhau ar uchder h, ongl θ a chyflymder u.

Awgrym: Dechreuwch trwy gyfrifo amser yr hediad.

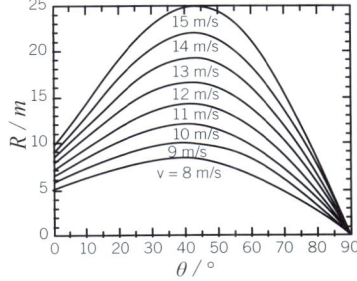

Ffig. C.23 Amrywiad R gyda θ ac u

Gwirio gwybodaeth  C13

Defnyddiwch y fformiwla i gyfrifo pellter pwysau sy'n cael ei daflu ar 40° gyda buanedd o 12 m s^{-1} o uchder o 2.0 m ac yna ei gymharu â'r graff priodol yn Ffig. C.23.

Gwirio gwybodaeth  C14

Ystyriwch yr athletwr sydd â chanlyniadau fel y rhai yn Ffig. C.24. Cyfrifwch y pellterau y dylai'r athletwr eu disgwyl os yw'n lansio'r pwysau ar (a) 45°, (b) 35°. [Cymerwch $h = 2.0$ m]

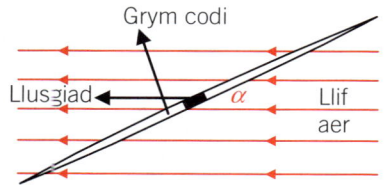

Ffig C.25 Grym codi a llusgiad gwaywffon

Mae Ffig. C.25 yn dangos mudiant yr aer mewn perthynas â'r waywffon. Sylwch fod canol y grym codi y tu ôl i'r craidd màs, sydd ar y pwynt lle mae'r llaw yn gafael yn y waywffon.

Yr **ongl ymosod** yw'r ongl rhwng llif yr aer a chyfeiriadaeth y waywffon (neu ddisgen).

Esboniwch y llusgiad aerodynamig a'r grym codi yn nhermau deddf mudiant gyntaf ac ail ddeddf mudiant Newton.

Esboniwch pam mae'r gwyriad oddi ar gromlin barabolig yn amlwg ar gyfer yr ail ran yn unig. (Awgrym: Gweler Ffig. C.26.)

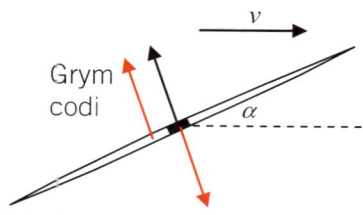

Ffig. C.27 Effaith troi grym codi

Tybiwch mai pellter canol y grym codi o'r craidd màs yn enghraifft y waywffon yw 0.11 m.

(a) Darganfyddwch werth cymedrig y grym codi.

(b) Mewn dyluniad newydd ar gyfer gwaywffon, sydd â grym codi sy'n hafal i'r grym codi yn rhan (a), mae canol y grym codi 0.22 m y tu ôl i'r craidd màs. Awgrymwch pam nad yw'r dyluniad yn debygol o fod yn ddyluniad llwyddiannus.

(b) Taflegrau gyda grymoedd di-ddisgyrchiant

Fel rydyn ni wedi crybwyll eisoes, mae'r rhan fwyaf o wrthrychau sy'n symud trwy'r aer yn profi grymoedd eraill. Yn yr adran hon byddwn ni'n canolbwyntio ar ddau o'r rhain, llusgiad aerodynamig a grym codi (Ffig. C.25), yng nghyd-destun hediad gwaywffon.

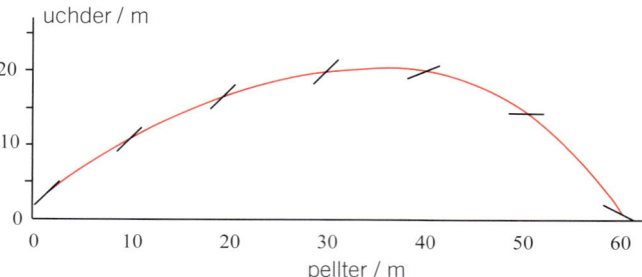

Ffig. C.26 Llwybr hedfan ac osgo gwaywffon

Mae Ffig. C.26 yn dangos llwybr hedfan nodweddiadol ar gyfer gwaywffon.

Mae'n amlwg bod y llwybr hedfan yn dargyfeirio fwyfwy oddi ar gromlin barabolig wrth i'r waywffon deithio. Cydeffeithiau llusgiad a grym codi sy'n gyfrifol am hyn. Mae llusgiad yn digwydd yn bennaf oherwydd bod rhaid i'r waywffon wneud gwaith yn erbyn y gormodedd gwasgedd sydd o'i blaen; mae grym codi yn digwydd oherwydd bod rhai o'r moleciwlau aer yn cael eu hallwyro tuag i lawr gan y waywffon. Mae'r ddau rym hyn yn cynyddu gyda'r **ongl ymosod** (Ffig. C.25) ac, fel mae'n digwydd, mae'r ddau tua'r un maint ar gyfer y waywffon (yn wahanol i'r ddisgen, sydd â chymhareb grym codi-i-lusgiad o tua 3).

Fel gwnaethon ni drafod yn Adran 1.3.5(c) y gwerslyfr UG, mae llusgiad mewn cyfrannedd â sgwâr buanedd y gwynt. Caiff ei roi gan $F_D = \frac{1}{2}\rho v^2 A C_D$ lle ρ yw dwysedd yr aer, A yw arwynebedd effeithiol y gwrthrych (sy'n cynyddu gyda'r ongl ymosod, α) ac mae C_D yn gysonyn o'r enw cyfernod llusgiad, sydd tuag un (mae taflenni data yn rhoi gwerth $1.2-1.4$). Yn ystod hanner cyntaf hediad y waywffon, mae'r gwrthiant aer a'r grym codi yn fach iawn (gweler Gwirio gwybodaeth C16) ond, oherwydd cyfeiriadaeth y waywffon, daw'r rhain yn fwyfwy pwysig tuag at ddiwedd yr hediad.

Sylwch fod cyfeiriadaeth y waywffon yn newid trwy'r hediad.[1] Yn absenoldeb grym codi, ni fyddai hyn yn digwydd. Ystyriwch y waywffon ar frig ei hediad. Gan fod yr hediad wedi dipio tuag i lawr, mae'r ongl ymosod fel arfer tua 30–40° ar y pwynt hwn. O edrych ar Ffig. C.25 unwaith eto, mae'r llusgiad yn digwydd trwy'r craidd màs, fel y mae'r pwysau (trwy ddiffiniad), felly nid yw'r ddau rym hyn yn achosi cylchdro. Ar y llaw arall, mae'r grym codi yn achosi cylchdro: oherwydd bod canol y grym codi y tu ôl i'r craidd màs ac felly gallwn ni ei ystyried yn rym trwy'r craidd màs + cwpl clocwedd (Ffig. C.27), sy'n rhoi cyflymiad onglaidd clocwedd i'r waywffon, sy'n cynyddu wrth i'r ongl ymosod gynyddu ar y daith tuag i lawr.

Caiff gwaywffon ei thaflu ar 25 m s⁻¹ ar ongl o 45°, gydag ongl ymosod gychwynnol o 0. Y pellter taflu yw 60 m ac mae'n ffurfio ongl o 45° wrth lanio. Amcangyfrifwch (a) amser yr hediad a (b) y trorym cymedrig sy'n cael ei roi gan y grym codi.

Moment inertia'r waywffon = 0.42 kg m².

Ateb

(a) Mae cydran lorweddol gychwynnol y cyflymder $= 25 \cos 45° = 17.7$ m s⁻¹

Gan dybio cyflymder cyson, mae amser yr hediad $= \dfrac{60\text{m}}{17.7 \text{ m s}^{-1}} = 3.4$ s

(b) Mae $\Delta\theta = 90° = 1.57$ rad. Gan ddefnyddio $\Delta\theta = \omega_1 t + \frac{1}{2}\alpha t^2$, gyda $\omega_1 = 0$

$\alpha = \dfrac{2\Delta\theta}{t^2} = \dfrac{2 \times 1.57 \text{ rad}}{(3.4 \text{ s})^2} = 0.27$ rad s⁻².

Yna mae'r trorym, $\tau = I\alpha = 0.42$ kg m² $\times 0.27$ rad s⁻² $= 0.11$ N m.

---

[1] Fel arf milwrol (yng Ngwlad Groeg ers talwm), byddai hyn wedi bod yn ddiwerth os na fyddai'r pwynt yn troi tuag i lawr ar ddiwedd yr hediad.

C.7 Llusgiad a grym codi mewn chwaraeon

Mae'r grymoedd hyn ar wrthrychau sy'n symud trwy'r aer yn bwysig mewn gemau pêl, chwaraeon maes athletau, a chwaraeon awyrennau a moduron. Nid yw ffiseg y testun hwn yn hawdd, ac mae sawl camsyniad yn bodoli: mae'r uned hon yn rhoi cyflwyniad sylfaenol yn unig.

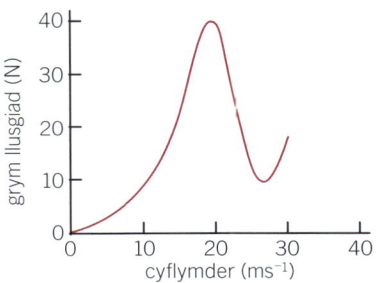

Ffig. C.28 Aerffoil yn dangos llif tyrfol

(a) Llusgiad aerodynamig (gwrthiant aer)

Mae llif yr aer o amgylch yr aerffoil yn Ffig. C.28 yn llif *tyrfol*. Mae'r diagram isod yn dangos yr un aerffoil gyda *llif laminaidd* (llif llyfn) ac mae'n cyflwyno rhai termau.

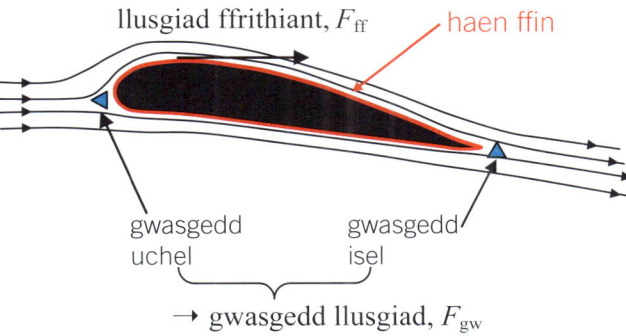

llusgiad ffrithiant, F_{ff}

haen ffin

gwasgedd uchel

gwasgedd isel

$\rightarrow$ gwasgedd llusgiad, F_{gw}

Ffig. C.29 Aerffoil gyda llif laminaidd

Mae dwy brif gydran llusgiad:

- Mae'r *llusgiad ffrithiant* yn digwydd oherwydd rhyngweithiad yr aer sy'n symud gyda'r *haen ffin*, sef haen denau o aer disymud sydd mewn cysylltiad â'r gwrthrych.
- Mae *llusgiad gwasgedd* yn digwydd oherwydd y gwahaniaeth yn y gwasgedd rhwng blaen y gwrthrych a'r cefn.

Ar y buaneddau y dewch ar eu traws mewn chwaraeon fel arfer, mae'r ddwy gydran hyn yn amrywio fel v^2, arwynebedd benben, A, y gwrthrych a dwysedd, ρ, yr aer, felly gellir mynegi cyfanswm y grym llusgiad, F_D, fel $F_D = \frac{1}{2}\rho v^2 A C_D$. Yr enw ar y cysonyn C_D yw'r cyfernod llusgiad, ond, yn anffodus, nid yw'n gyson mewn gwirionedd. Mae amrywiad F_D gyda v ar gyfer pêl-droed yn Ffig. C.30 yn dangos bod y gwrthiant aer, yn fras, mewn cyfrannedd â v^2 hyd at 20 m s^{-1}, lle mae llif yr aer yn laminaidd. Yna, mae'r llif yn dod yn llif tyrfol, ac mae'r gwrthiant aer yn lleihau'n gyflym gyda'r buanedd cyn dechrau cynyddu unwaith eto. Mae'r rhanbarth buanedd isel dan ddylanwad llusgiad ffrithiant yn bennaf – ond ar fuaneddau uwch, llusgiad gwasgedd sydd fwyaf pwysig. Y gwahaniaeth hwn sy'n rheoli'r ffordd mae pêl-droedwyr yn crymu'r bêl i mewn i'r rhwyd (gweler yn nes ymlaen).

(gweler yn nes ymlaen)

Enghraifft

Gan dybio bod C_D yn yr hafaliad llusgiad, $F_D = \frac{1}{2}\rho v^2 A C_D$, yn gyson, sut byddech chi'n disgwyl i draul tanwydd car F1 amrywio gyda v?

Ateb

Gan dybio mai'r gwrthiant aer sydd fwyaf pwysig wrth ystyried amrywiaeth yn y defnydd o danwydd, mae'r pŵer mewn cyfrannedd â v^3, oherwydd bod $P = Fv$. Mae hyn yn awgrymu bod y tanwydd gaiff ei ddefnyddio am bob uned amser mewn cyfrannedd â v^3. Ond mae'r pellter sy'n cael ei deithio mewn cyfrannedd â v, felly dylai'r tanwydd gaiff ei ddefnyddio am bob uned pellter fod mewn cyfrannedd â v^2 (gweler y Pwynt astudio).

Cwestiwn: Sut ydyn ni'n lleihau gwrthiant yr aer?

Ateb: Trwy wneud y gwrthrych yn fwy llyfn.

Anghywir! Yn gynnar yn yr ugeinfed ganrif, sylwodd chwaraewyr golff eu bod yn gallu taro eu hen beli, oedd wedi'u crafu ac wedi cracio, ymhellach na'u peli newydd, llyfn. Felly, beth sy'n digwydd?

Ffig. C.30 Amrywiad grym llusgiad gyda chyflymder ar gyfer pêl droed

Ffig. C.31 Pêl golff gyda phantiau

Ffig. C.33 Arafwr aerodynamig

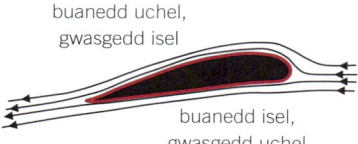

buanedd uchel, gwasgedd isel

buanedd isel, gwasgedd uchel

Ffig. C.34 Esboniad Bernoulli ar gyfer grym codi

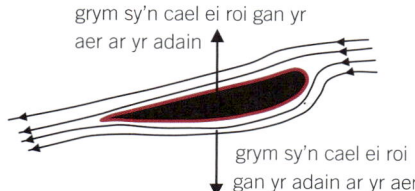

grym sy'n cael ei roi gan yr aer ar yr adain

grym sy'n cael ei roi gan yr adain ar yr aer

Ffig. C.36 Hedfan wyneb i waered

Mae hyn oll oherwydd yr haen ffin. Mae'r pantiau (*dimples*) yn dal haen o aer tyrfol nesaf at y bêl golff, ac mae'r aer yn llithro'n llyfn heibio i hon ac o amgylch y bêl. Mae'r llif laminaidd hwn yn gwahanu oddi wrth y bêl yn llawer diweddarach, gan adael ôl (*wake*) tyrfol llai na'r bêl golff llyfn. Y gwahaniaeth yn y gwasgedd rhwng y blaen a'r cefn sy'n cynhyrchu'r rhan fwyaf o'r llusgiad. Gan fod gwasgedd isel y tu ôl yn gweithredu dros arwynebedd llai yn y bêl bantiog, mae'r llusgiad yn is. Mae Ffig. C.32. yn crynhoi hyn.

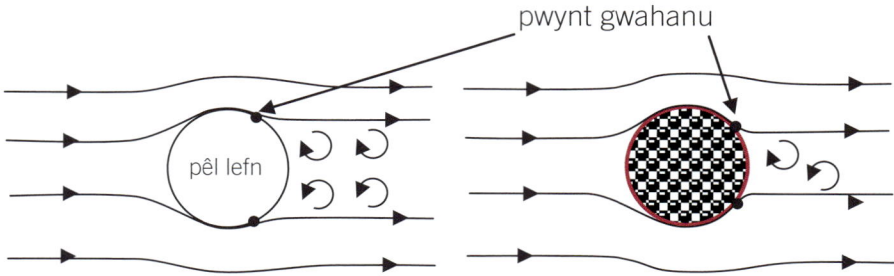

Ffig. C.32 Mae gan beli golff pantiog ôl cul, ac felly llusgiad is

(b) Grym codi aerodynamig – esboniad 1

Mae'r aerffoil yn Ffig. C.29 yn profi grym tuag i fyny rydyn ni'n ei alw'n rym codi. Mae'r arafwyr (*spoilers*) ar gefn ceir cyflym (Ffig. C.33) yno i greu grym tuag i lawr i gadw cefn y car ar y ffordd – mae hwn yn cael ei alw'n rym codi hefyd, sydd braidd yn ddryslyd. Felly sut mae'n digwydd? Tan yn ddiweddar, yr esboniad safonol oedd *effaith Bernoulli* (sy'n cael ei ynganu byrn-w-i). Os yw nwy disymud ar wasgedd p_0 yn cyflymu i gyflymder v, mae'r gwasgedd yn disgyn i p, sy'n cael ei roi gan:

$$p = p_0 - \tfrac{1}{2}\rho v^2.$$

Ffordd arall o ysgrifennu'r berthynas rhwng gwasgedd a chyflymder yw

$$p + \tfrac{1}{2}\rho v^2 = \text{cysonyn}.$$

Yn ôl hafaliad Bernoulli, os bydd cyflymder nwy sy'n llifo'n cynyddu, bydd ei wasgedd yn gostwng.

Ffig. C.35 Awyren yn hedfan wyneb i waered

Gan gymhwyso hyn i'r aerffoil, cawn ni'r ddadl hon: mae gan yr aer sy'n llifo dros arwyneb crwm uchaf yr adain lwybr hirach nag o dan yr adain, felly mae ei fuanedd yn uwch ac mae ei wasgedd yn is. Mae'r gwahaniaeth yn y gwasgedd yn cynhyrchu'r grym codi.

Felly, sut mae'r awyren yn hedfan wyneb i waered?

(c) Grym codi aerodynamig – esboniad 2

Mae'r ail esboniad yn defnyddio 2il a 3edd ddeddf Newton (N2 ac N3) yn unig. Edrychwch eto ar Ffig. C.34. Mae cyflymder cychwynnol yr aer yn llorweddol i'r chwith; mae'n gadael yr adain tuag i lawr i'r chwith. Mae'r adain yn gwthio'r aer tuag i lawr, h.y. mae wedi rhoi grym tuag i lawr ar yr aer (N2); mae'r aer yn rhoi grym hafal a dirgroes ar yr adain (N3), h.y. grym tuag i fyny.

Er mwyn hedfan wyneb i waered, mae'n rhaid i'r peilot yn Ffig. C.35 ongli'r adenydd tuag i fyny yn erbyn dyluniad yr adain a'r awyren, fel sydd i'w weld yn Ffig. C.36. Mae hyn yn defnyddio mwy o egni na hedfan gydag ochr grom yr adain i fyny.

(ch) Plygu'r bêl fel Bale – effaith Magnus[2]

Boed hynny mewn tennis, pêl-droed (e.e. cic rydd chwedlonol Robert Carlos yn 2009 – gweler Profwch eich hun C8) neu golff, mae'n hysbys y bydd pêl sy'n troelli yn gwyro i ffwrdd o'r ochr flaen sy'n troelli. Pam? Mae Ffig. C.37 yn dangos y sefyllfa ar gyfer pêl sy'n troelli ac yn symud tuag i fyny ar y dudalen. Yn ôl yr arfer, mae'r diagram wedi'i luniadu o chwith: mae'r bêl yn sefydlog (ond yn dal i droelli) ac mae'r aer yn symud tuag i lawr ar y dudalen. Fe welwn ni fod y bêl yn gwyro i'r chwith – pam mae'n gwneud hyn?

Mae'r aer sy'n llifo dros ochr chwith y bêl yn gwahanu'n hwyrach na'r aer sy'n llifo dros yr ochr dde. Effaith hyn yw crymu llif yr aer tua'r dde.

Esboniad Bernoulli

Gan fod yr aer yn cael ei lusgo dros ochr chwith y bêl (yn Ffig. C.37), mae'n cyflymu ac yn symud yn gyflymach na'r aer ar y dde. Felly, yn ôl Bernoulli, mae'r gwasgedd yn is ar y chwith. Mae'r gwahaniaeth yn y gwasgedd yn achosi i'r bêl wyro i'r chwith.

Esboniad Newton

Mae'n debyg bod Newton wedi esbonio'r effaith fel hyn wrth wylio tennis yng Ngholeg y Drindod bron ddwy ganrif cyn i Magnus ei ddisgrifio. Rhoddir momentwm i'r dde i'r aer wrth iddo gael ei allwyro, felly mae'r bêl yn ennill momentwm hafal a dirgroes.

Pa esboniad sy'n gywir?

Yr ateb diflas yw 'y ddau'. Fodd bynnag, rydyn ni'n derbyn yn gyffredinol bod effaith N2/3 (neu gadwraeth momentwm) yn fwy nag effaith Bernoulli (o drefn maint).

Ond sut ydych chi'n gwneud i'r bêl droelli?

Mae Ffig. C.38 yn ymgais i ddangos pen raced dennis yn rhoi sleis ar bêl dennis. Mae'r ddau rym yn digwydd o ganlyniad i fudiant cymharol pen y raced a'r bêl. Bydd y grymoedd hyn yn bodoli am amser byr, Δt, ac felly mae pob un yn cynhyrchu ergyd. Beth yw eu heffaith gyfunol?

- Mae'r grym normal yn pasio trwy'r craidd disgyrchiant ac felly dim ond ergyd, $N\Delta t$, tuag i fyny ac i'r chwith mae'n ei gynhyrchu, a dim cylchdroi.
- Fel y gwelon ni yn Adran C5(a), gallwn ni ystyried bod y grym ffrithiant yn cynnwys grym, F, trwy'r craidd màs, yn ogystal â chwpl gwrthglocwedd, Fr, lle r yw radiws y bêl. Felly, mae hyn yn cynhyrchu ergyd $F\Delta t$ tuag i fyny ac i'r dde, yn ogystal ag ergyd onglaidd gwrthglocwedd (gweler y Pwynt astudio) $Fr\Delta t$.

Canlyniad y rhain yw:

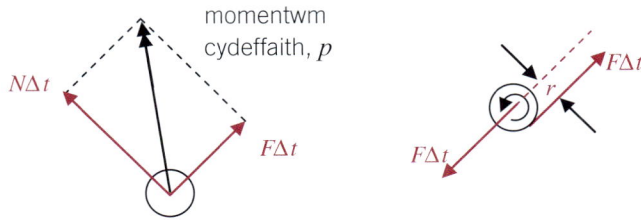

Ffig. C.39 Momentwm llinol ac onglaidd sy'n cael eu cynhyrchu gan y sleis

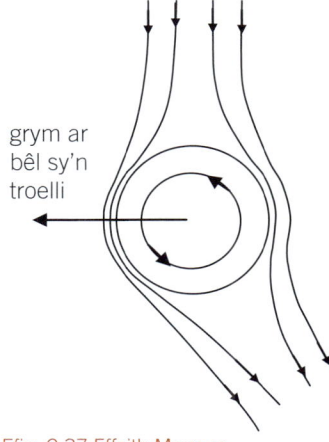

Ffig. C.37 Effaith Magnus

grym ar bêl sy'n troelli

⟫ Pwynt astudio

Mae'r esboniad yn nhermau cadwraeth momentwm yn cyfateb i ddefnyddio N2 ac N3: gweler y gwerslyfr UG, Adran 1.3.4.

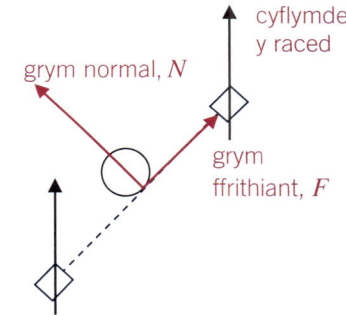

Ffig. C.38 Sleisio pêl dennis

⟫ Pwynt astudio

Yn yr un modd ag y mae **ergyd** yn hafal i newid momentwm, $m(v - u)$ mae *ergyd onglaidd* yn hafal i'r newid momentwm onglaidd $I(\omega_2 - \omega_1)$.

---

2 Wedi'i enwi ar ôl y ffisegydd Heinrich Gustav Magnus a ddisgrifiodd hyn yn 1852.

Profwch eich hun Opsiwn C

1. Wrth hwylio i mewn i'r gwynt, yr agosaf yw'r cwch at fod yn unionsyth, y cyflymaf mae'n symud (ar gyfer ongl benodol i'r gwynt). Esboniwch hyn, a nodwch hefyd sut gall y morwr yn Ffig. C4 gyflawni hyn.

2. Mae'r diagram yn dangos y cyfeiriadau gwahanol y gall y llyw, **R**, eu cymryd wrth hwylio. Copïwch Ffig. C.9, ac ychwanegwch y llyw yn y cyfeiriad priodol i 'gydbwyso' y cwch, h.y. ei atal rhag troi i mewn i'r gwynt. Esboniwch eich ateb, a hefyd esboniwch pam bydd hyn yn arafu'r cwch.

3. Ystyriwch y cwch bach yn Ffig. C.4. Mae gan gwch bach sydd heb ei ddylunio cystal graidd disgyrchiant uwch. Mae'r craidd disgyrchiant (ar y diagram) yn union lle mae'r mast yn diflannu y tu ôl i starn y cwch. Esboniwch yn fyr, trwy ddefnyddio momentau, pam mae'r cwch hwn yn llai sefydlog.

4. Mae'n anodd cael mesur cywir o uchder bowns, felly mae clwb tennis wedi penderfynu profi'r peli sy'n cael eu defnyddio mewn gemau trwy eu gollwng o'r uchder rheoleiddiol, ac amseru'r cyfwng rhwng y bowns cyntaf a'r ail fowns gan ddefnyddio meicroffon a chofnodydd data. [Gweler yr enghraifft yn adran C.2(a).]

    (a) Cyfrifwch y cyfyngau amser sydd i'w disgwyl ar gyfer y bownsiau isaf ac uchaf gaiff eu caniatáu.
    (b) Awgrymwch pa mor fanwl gywir mae'n rhaid i'r amseriadau fod i ganfod pêl sy'n bownsio 1 cm yn is neu 1 cm yn uwch na'r amrediad sy'n cael ei ganiatáu.

5. Mae'r rheolau ar gyfer faint caiff pêl-fasged fownsio yn golygu bod rhaid mesur hyd at dop y bêl yn hytrach nag at ei gwaelod. Pan gaiff ei gollwng o uchder o **6 troedfedd** (h.y. **72 modfedd**) dylai fownsio rhwng **49 a 54 modfedd**. O wybod bod cylchedd pêl-fasged yn **30 modfedd**, cyfrifwch yr amrediad sy'n cael ei ganiatáu ar gyfer y cyfernod adfer.

6. Mae gan awyren chwaraeon ddwy adain, hyd 4.5 m yr un. Wrth hedfan yn llorweddol, maen nhw'n allwyro'r aer o fewn 1 m o arwyneb yr adain trwy ongl o 20° tuag i lawr. Cyfrifwch y grym codi mae'r adenydd yn ei gyrraedd os yw buanedd yr aer yn 60 m s^{-1}. Mae dwysedd aer = 1.3 kg m^{-3}.

7. Mae taflwr pwysau'n rhyddhau'r pwysau ar uchder o 2.05 m, ar fuanedd o 13.5 m s^{-1} ac ar ongl o 35° i'r llorwedd.

    (a) Cyfrifwch amser hediad y pwysau a, thrwy hynny, y pellter mae'n ei gyrraedd.
    (b) Ymchwiliwch a ddylai'r athletwr ystyried newid yr ongl ryddhau i 40°, o wybod ei bod hi'n gallu rhyddhau'r pwysau ar 13.0 m s^{-1} **yn unig** ar yr ongl hon.

8. (a) Defnyddiwch Ffig. C.32 a'r ateb i Gwirio gwybodaeth C17 i fraslunio graff o amrywiad y cyfernod llusgiad gyda chyflymder ar gyfer pêl-droed.

    (b) Trwy ystyried y grym Magnus ar wrthrych sy'n troelli, mae un ddamcaniaeth yn awgrymu bod ongl allwyriad yr aer wedi'i chysylltu'n bositif â'r cyfernod llusgiad – y mwyaf yw'r llusgiad, y mwyaf mae'r bêl sy'n troelli yn allwyro'r aer.

    Sut mae'r ddamcaniaeth hon yn esbonio taflwybr cic rydd Roberto Carlos dros Brasil yn erbyn Ffrainc yn 1997?

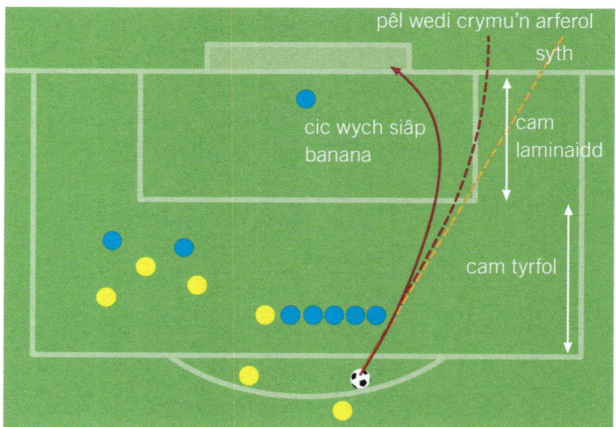

Opsiwn CH: Egni a'r amgylchedd

Yn wahanol i rai o'r opsiynau eraill, ychydig iawn o ffiseg ychwanegol sydd yn Opsiwn CH. Caiff y cysyniadau rydych chi eisoes wedi dod ar eu traws, er enghraifft y deddfau pelydriad (Wien, Stefan-Boltzmann, sgwâr gwrthdro), eu defnyddio yng nghyd-destun ein hangen ni am egni a chynaliadwyedd. Mae eithriadau yn cynnwys egwyddor Archimedes a hafaliadau dargludiad thermol. Ein man cychwyn yw tymheredd y Ddaear.

CH.1 Tymheredd cynyddol y Ddaear

Mae'r mwyafrif helaeth o wyddonwyr yr atmosffer wedi'u hargyhoeddi gan y dystiolaeth fod cynhesu byd-eang anthropogenig (h.y. yn cael ei achosi gan fodau dynol) yn ffaith. Mae'r data cyhoeddedig yn cynnwys graffiau 'ffon hoci' o grynodiadau cynyddol y nwyon tŷ gwydr, a'r amrywiadau yn nhymheredd y Ddaear (Ffigurau CH.1 ac CH.2).

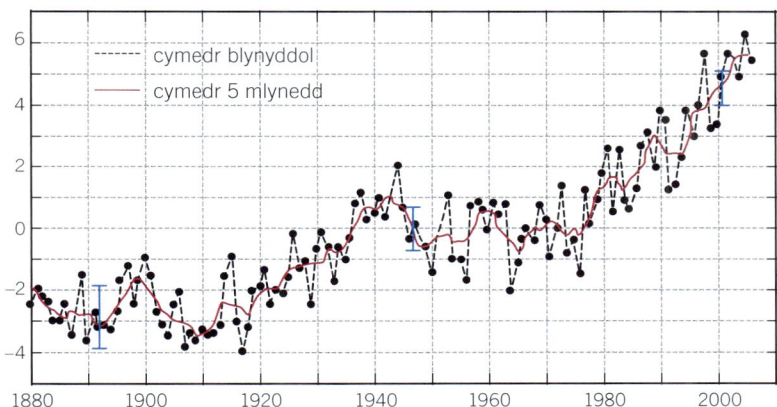

Ffig. CH.2 Anomaledd tymheredd arwyneb cymedrig byd-eang (°C) 1880–2005

Cyn i ni archwilio effaith nwyon tŷ gwydr, bydd rhaid i ni edrych ar y pelydriad sy'n cael ei gyfnewid rhwng y Ddaear a'r gofod.

(a) Tymheredd y Ddaear heb atmosffer

Byddwn ni'n dechrau trwy ystyried sut mae tymheredd y Ddaear yn cael ei sefydlu mewn cyfnod sefydlog. Rydyn ni'n gwybod bod yr atmosffer yn ein helpu i gadw'n gynnes. Beth fyddai tymheredd cymedrig y Ddaear heb atmosffer? Fel mae Ffig. CH.3 yn ei ddangos, byddai cydbwysedd rhwng y pŵer mewnbwn o'r Haul a'r pŵer sy'n cael ei allyrru gan y Ddaear. Rydyn ni'n derbyn 1.36 kW m⁻² o belydriad (yn bennaf yn yr uwchfioled agos, y gweladwy a'r isgoch agos). Dyma werth y **cysonyn solar**, G.

∴ Cyfanswm y pŵer rydyn ni'n ei dderbyn yw $P = \pi R^2 G$

Oherwydd bod y Ddaear yn cylchdroi, bydd yn pelydru o bob cyfeiriad o'i hamgylch. Os oes gan y Ddaear dymheredd cymedrig, T, mae'n pelydru pŵer a roddir gan ddeddf Stefan-Boltzmann

$$P = 4\pi R^2 \sigma T^4$$

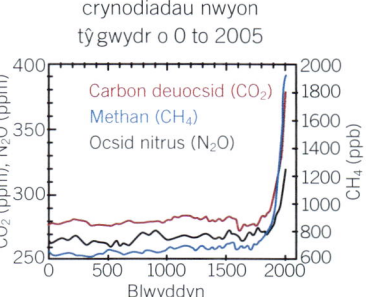

Ffig. D.1 Crynodiadau cynyddol nwyon tŷ gwydr

>> **Pwynt astudio**

Sylwch fod graddfeydd amser gwahanol ar y ddau graff – mae graffiau cymharu dros y ddau fileniwm diwethaf ar gael. Ystyr y gair *anomaledd* yw'r gwahaniaeth rhwng y gwir dymheredd a'r gwerth gwaelodlin. Yn aml caiff 1960 ei ddefnyddio, fel yn Ffig. CH.2.

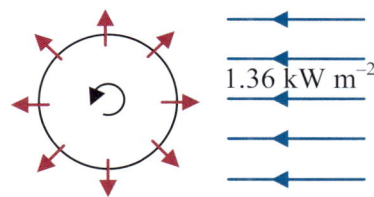

Ffig. D.3 Cydbwysedd pelydriad

>> **Termau Allweddol**

Y **cysonyn solar**, G, yw'r pŵer pelydrol o'r Haul am bob uned arwynebedd sy'n taro arwyneb ar ongl sgwâr i'r pelydriad solar. Mae ei werth ar radiws y Ddaear yn 1.36 kW m⁻².

>> **Pwynt astudio**

Mae'r Ddaear yn cylchdroi, felly bydd tymheredd hemisfferau'r dydd a'r nos yn debyg.

CH1 Gwirio gwybodaeth

Mae'r data canlynol yn rhoi'r gwerthoedd cymedrig ar gyfer y blaned Mawrth:

Tymheredd yr arwyneb: 218 K

Pellter orbitol: 1.524 AU

[D.S. deddf sgwâr gwrthdro]

Albedo: 0.15 (sy'n golygu bod y blaned Mawrth yn adlewyrchu 15% o'r pelydriad solar sy'n dod i mewn)

Esboniwch a yw'r data hyn yn gyson â'r model yn Adran CH.1(a).

CH2 Gwirio gwybodaeth

Mae'r Ddaear yn adlewyrchu 30% o'r pelydriad solar sy'n dod i mewn. Cyfrifwch ei thymheredd gan ddefnyddio'r model yn Adran CH.1(a)

Er mwyn cyfrifo gwerth damcaniaethol ar gyfer tymheredd y Ddaear, byddwn ni'n dechrau trwy wneud dwy dybiaeth sylfaenol:

- Mae'r pŵer sy'n cael ei dderbyn a'r pŵer sy'n cael ei belydru yn hafal
- Mae'r Ddaear yn ymddwyn fel pelydrydd cyflawn.

Gyda'r tybiaethau hyn, mae: $4\pi R^2 \sigma T^4 = \pi R^2 G$

Mae symleiddio a mewnosod gwerthoedd hysbys yn rhoi:

$$T^4 = \frac{1360 \text{ W m}^{-2}}{4 \times 5.67 \times 10^{-8} \text{ W m}^{-2}\text{ K}^{-4}}$$

sy'n arwain at werth ar gyfer T o 278 K, h.y. 5 °C. Nawr rhowch gynnig ar Gwirio gwybodaeth CH1, sy'n ailadrodd y cyfrifiad hwn ar gyfer y blaned Mawrth.

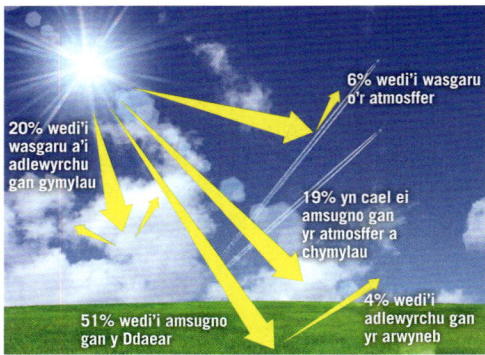

Ffig. CH.4 Adlewyrchiad pelydriad solar

Nid yw'r gwerth 5°C yn edrych yn bell iawn i ffwrdd o 15°C, sef tymheredd cymedrig arsylwi'r Ddaear. Mae hyn yn swnio'n dda ar gyfer ein damcaniaeth ond rydyn ni wedi hepgor ffaith bwysig:

Mae'r Ddaear yn adlewyrchu tua 30% o'r pelydriad trawol yn ôl allan i'r gofod.

Mae'r adlewyrchiad hwn yn digwydd o'r ddaear (yn enwedig yr iâ ar eira ger y pegynau), o'r awyr ac o gopaon cymylau. Gweler Ffig. CH.4 am ddadansoddiad o'r niferoedd. Pam mae hyn yn broblem i'n damcaniaeth? Oherwydd, os yw'r Ddaear (a'r atmosffer) yn amsugno 70% o'r pelydriad solar trawol yn unig, maen nhw'n pelydru llai, sy'n golygu bod eu tymheredd hyd yn oed yn is. Felly bydd ein hafaliad cydbwysedd egni yn newid i:

$$4\pi R^2 \sigma T^4 = 0.7 \times \pi R^2 G$$

Nawr, gwnewch Gwirio gwybodaeth CH2 a dangos bod tymheredd cymedrig y Ddaear sy'n cael ei ragfynegi yn dod allan yn −18°C, ateb llawer gwaeth ac yn sicr yn bell oddi ar y marc!

Sylwch. Yn ôl deddf pelydriad Kirchhoff, os yw'r Ddaear yn amsugno dim ond 70% o'r pelydriad trawol, dylai allyrredd y Ddaear hefyd fod yn 70% o'r gwerth ar gyfer pelydrydd cyflawn. Fodd bynnag, dim ond y ffigur ar gyfer rhannau gweledol, isgoch agos ac uwchfioled agos y sbectrwm e-m yw'r albedo 30%, dyma brif gydrannau'r pelydriad solar sy'n dod i mewn. Yn yr isgoch thermol, mae'r Ddaear yn ymddwyn yn debycach i belydrydd cyflawn perffaith. Mae hyn yn debyg i reiddiadur domestig sydd wedi cael ei beintio'n wyn – mae'n ymddwyn fel pelydrydd cyflawn yn yr isgoch thermol.

(b) Effaith yr atmosffer

Mae'n ymddangos bod tymheredd y blaned Mawrth (Gwirio gwybodaeth CH1) yn cytuno â'r cyfrifiad uchod. Pam y gwahaniaeth? Y ffactor fwyaf yw dwysedd atmosffer y blaned Mawrth ar yr arwyneb, sef 0.020 kg m⁻³, sy'n llai nag un rhan o chwe deg o'r dwysedd ar y Ddaear. Mae angen i ni edrych ar rai o briodweddau atmosffer y Ddaear.

Cyfansoddiad (atmosffer sych): nitrogen (78.08%), ocsigen (20.95%), argon (0.93%), carbon deuocsid (0.04%) + nwyon hybrin, e.e. methan. Mae aer hefyd yn cynnwys swm amrywiol o anwedd dŵr – yn nodweddiadol tua 1% ar lefel y môr.

Tryloywder: Mae Ffig. CH.5 yn cynnwys cyfoeth o wybodaeth. Beth am ei astudio'n fanwl:

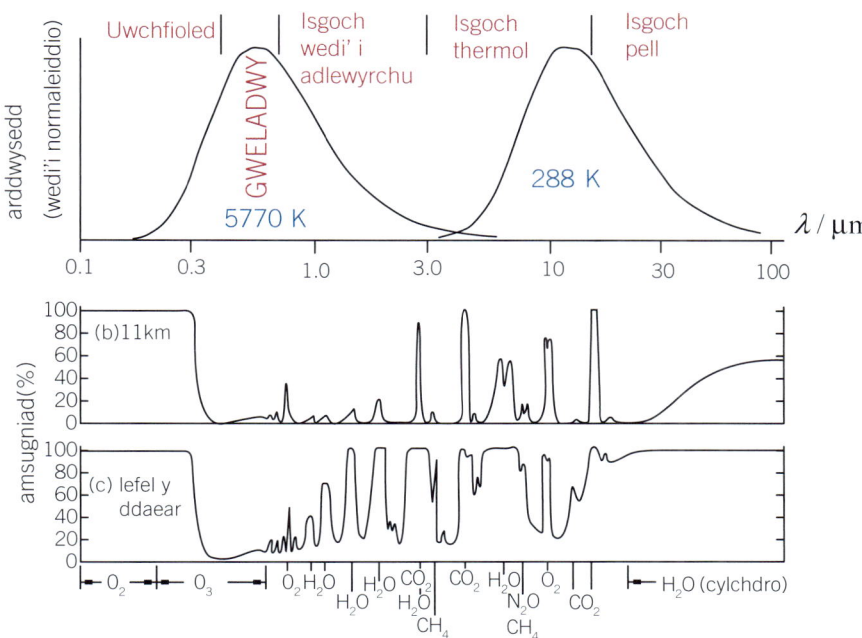

Ffig. CH.5 Amsugniad pelydriad gan foleciwlau atmosfferig

- Mae'r aer ar lefel y ddaear yn ddi-draidd i belydriad sydd â thonfeddi byrrach na $0.3\ \mu m$ (yn yr uwchfioled) a hirach na $20\ \mu m$ (yn yr isgoch pell).
- Mae pelydriad o'r Haul, sy'n $0.3\text{-}2\ \mu m$ yn bennaf, yn treiddio'r atmosffer (gydag amsugniad mewn bandiau rhwng 1 a $2\ \mu m$).
- Mae llawer o'r pelydriad o'r ddaear, $5\text{–}50\ \mu m$ yn bennaf, yn cael ei amsugno gan yr atmosffer.
- Mae pelydriad solar sy'n cael ei adlewyrchu o'r ddaear (uwchfioled agos, gweladwy ac isgoch agos) yn dianc i raddau helaeth i'r gofod.
- Mae bandiau amrywiol o donfeddi yn cael eu hamsugno'n gyfan gwbl neu'n rhannol gan H_2O, CO_2, CH_4, O_3 a N_2O (gweler y Pwynt astudio).

Er enghraifft, mae'n eithaf tebygol y caiff ffoton $6.5\ \mu m$ sy'n cael ei allyrru o'r ddaear ei amsugno gan foleciwl dŵr, gan ei godi i lefel egni dirgrynol uwch. Gall y moleciwl ddatgynhyrfu mewn dwy ffordd:

1 Gwrthdrawiad gyda moleciwl arall – gan gynyddu egni cinetig trawsfudol ac/neu egni cylchdroi'r moleciwlau.

2 Ailbelydru. Gall hyn ddigwydd i unrhyw gyfeiriad, felly bydd tua 50% o'r ffotonau hyn yn cael eu hamsugno'n ôl gan y ddaear.

Effaith y ddwy broses hyn yw codi tymheredd yr atmosffer a'r ddaear – yr **effaith tŷ gwydr**. Mae'r tymheredd ecwilibriwm yn uwch nag y byddai heb atmosffer – ond mae'r gyfradd colli egni i'r gofod (allyrru + adlewyrchu) yn dal i fod yn hafal i'r pŵer net sy'n dod i mewn oddi wrth yr Haul.

Dylid nodi bod yr atmosffer hefyd yn cael ei wresogi'n uniongyrchol gan yr Haul: trwy amsugno pelydriad solar yn un o'r bandiau moleciwlaidd rhwng 1 a $3\mu m$.
Bydd yr atmosffer sy'n cael ei wresogi yn colli'r egni hwn fel yn y disgrifiad uchod – gyda rhywfaint ohono'n arwain at godi tymheredd y ddaear, a rhywfaint yn dianc i'r gofod, gan leihau maint yr effaith tŷ gwydr.

Gwirio gwybodaeth CH3

Defnyddiwch ddeddf Wien i gadarnhau safle tonfeddi brig y pelydriad solar a phelydriad y ddaear yn Ffig CH.5.

▶▶ **Pwynt astudio**

Mae'r amsugniad *rhannol* gan y moleciwlau polyatomig yn arwyddocaol:

Os yw crynodiad y nwyon hyn yn cynyddu, felly hefyd y bydd ffracsiwn y pelydriad sy'n cael ei amsugno.

▶▶ **Pwynt astudio**

Nid yw moleciwlau deuatomig yn amsugno ffotonau yn rhannau uwchfioled agos, gweladwy nac isgoch y sbectrwm e-m. Mae hyn oherwydd nad yw'r cynnydd yn y lefelau egni cylchdroi a dirgrynol, nac yn lefelau egni'r electronau, yn cyfateb i'r egnïon ffoton. Mae gan foleciwlau gyda mwy na dau atom foddau egni dirgrynol ychwanegol (Ffig. CH.6) sy'n amsugno ffotonau yn yr isgoch agos a thermol.

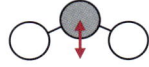
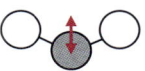

Ffig. CH.6 Moleciwlau CO_2 dirgrynol

Gwirio gwybodaeth CH4

Mae N_2O yn amsugno pelydriad gyda thonfedd o $7.5\ \mu m$. Esboniwch hyn yn nhermau lefelau egni moleciwl N_2O.

▶▶ **Termau Allweddol**

Yr **effaith tŷ gwydr** yw'r enw ar y broses o gynhesu planed trwy belydriad o'i atmosffer, a hynny i dymheredd uwch na'r tymheredd heb atmosffer.

CH5 **Gwirio gwybodaeth**

Mae'r raddfa crynodiad (fertigol) yn Ffig. CH.7 mewn ppm (rhan am bob miliwn). Beth fyddai'r labeli mewn %?

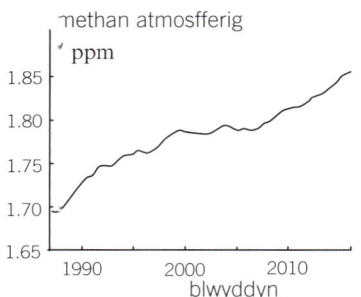

Ffig. CH.8 Lefelau methan cynyddol

▶▶ **Pwynt astudio**

Cofnodwyd lefel o **400 ppm** ar gyfer CO_2 am y tro cyntaf ym Mauna Loa ym mis Mai 2013.

▶▶ **Termau Allweddol**

Egwyddor Archimedes: Mae gwrthrych wedi'i drochi'n llwyr neu'n rhannol mewn hylif, yn profi brigwth, U, sy'n hafal i bwysau'r hylif gaiff ei ddadleoli gan y gwrthrych.

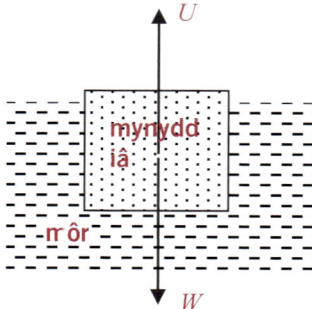

Ffig. CH.9 Iâ yn arnofio

CH6 **Gwirio gwybodaeth**

Cyfrifwch gyfaint:

(a) mynydd iâ, màs 10^6 tunnell fetrig
(b) cyfaint dŵr y môr, màs 10^6 tunnell fetrig.

(c) Cynhesu byd-eang anthropogenig – gydag adborth positif

Er gwaethaf ei grynodiad isel yn yr atmosffer, mae carbon deuocsid yn cyfrannu'n helaeth at yr effaith tŷ gwydr. Mae ei grynodiad naturiol wedi amrywio'n eang dros amser daearegol, fel sydd i'w weld yn Ffig. CH.7. [Uned y crynodiad: ppm – rhannau am bob miliwn]

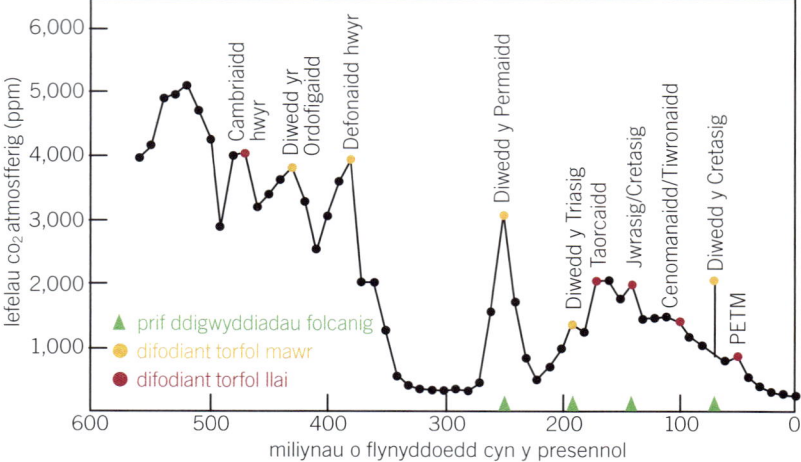

Ffig. CH.7 Amrywiad crynodiad CO_2 yn yr aeon fffanerosöig

Crynodiad cynddiwydiannol y CO_2 oedd **280 ppm**. Mae llosgi tanwyddau ffosil wedi cynyddu hyn i **400 ppm**, sydd wedi cynyddu amsugniad pelydriad isgoch thermol. Mae methan yn nwy tŷ gwydr mwy grymus. Mae amaethyddiaeth fwy dwys, yn enwedig magu anifeiliaid, wedi cynyddu lefelau methan (Ffig. CH.8). Yr enw ar wresogi cynyddol y ddaear a'r atmosffer sy'n cael ei gynhyrchu gan weithgarwch dynol yw **cynhesu byd-eang anthropogenig**.

Mae mecanweithiau adborth sy'n mwyhau'r effaith gynhesu:

- Os yw'r gorchudd iâ yn ymdoddi, mae hynny'n lleihau ffracsiwn y pelydriad sy'n cael ei adlewyrchu yn ôl i'r gofod.
- Mae rhew parhaol sy'n ymdoddi yng Nghanada a Siberia yn rhyddhau methan.

Rydyn ni'n galw adborth o'r fath yn *adborth positif* gan fod yr effaith i'r un cyfeiriad â'r hyn sy'n ei achosi.

(ch) Iâ sy'n ymdoddi a lefelau'r môr yn codi

Rydyn ni'n amcangyfrif bod lefel y môr yn codi ar gyfradd o 2.9 ± 0.4 mm blwyddyn^{-1} ar hyn o bryd ac mae'n ymddangos bod hyn yn cyflymu 0.013 mm blwyddyn^{-2} o gyfartaledd yr 20fed ganrif o 1.7 mm blwyddyn^{-1}. Mae'n ymddangos mai iâ yn ymdoddi sy'n bennaf cyfrifol am hyn. Fodd bynnag, nid yw'r ffaith bod iâ sy'n arnofio yn ymdoddi (yng nghefnfor yr Arctig yn bennaf) yn cyfrannu'n uniongyrchol at hyn. Pam ddim?

Mae **egwyddor Archimedes** yn mynegi, 'Pan fydd gwrthrych wedi'i drochi'n llwyr neu'n rhannol mewn hylif, mae'n profi brigwth, U, sy'n hafal i bwysau'r hylif gaiff ei ddadleoli gan y gwrthrych.' Trwy gymhwyso hyn i wrthrych sy'n arnofio, e.e. y mynydd iâ yn Ffig. CH.9, mae hyn yn golygu bod pwysau, W, y mynydd yn hafal i bwysau'r dŵr môr fyddai'n llenwi cyfaint y mynydd iâ islaw llinell y dŵr. Gan fod iâ yn llai dwys na dŵr môr Gogledd yr Iwerydd (930 kg m^{-3} v 1030 kg m^{-3}) mae'n arnofio gyda thua **10%** uwchben llinell y dŵr. Ar ôl iddo ymdoddi mae ei gyfaint ychydig yn fwy na dŵr y môr, felly prin ei fod yn achosi i lefel y môr godi o gwbl.

Enghraifft

Mae gan fynydd iâ arwynebedd arwyneb o 1.0 km^2 ac uchder o 100 m. Cyfrifwch, (a) màs y mynydd iâ a (b) uchder y mynydd iâ uwchben y dŵr.

Ateb

(a) Gan ddefnyddio'r gwerthoedd uchod ar gyfer y dwysedd:

$$M_{\text{iâ}} = \rho V = 930 \text{ kg m}^{-3} \times 1.0 \times 10^6 \text{ m}^2 \times 100 \text{ m}$$
$$= 9.30 \times 10^{10} \text{ kg}$$

(b) Yn ôl egwyddor Archimedes, mae'r mynydd iâ yn dadleoli ei fàs ei hun o ddŵr y môr, sydd â chyfaint sy'n cael ei roi gan:

$$V = \frac{M_{\text{iâ}}}{\rho_{\text{dŵr y môr}}} = \frac{9.30 \times 10^{10} \text{ m}^3}{1030 \text{ kg m}^{-3}} = 9.03 \times 10^7 \text{ m}^3$$

$\therefore$ Mae'r ffracsiwn o dan y dŵr $= \dfrac{9.03 \times 10^7 \text{ m}^3}{(1.0 \times 10^3 \text{ m})^2 \times 100 \text{ m}} = 0.903.$

$\therefore$ Mae'r ffracsiwn uwchben y dŵr $= 0.097.$

$\therefore$ Mae'r uchder uwchben y dŵr $= 0.097 \times 100 \text{ m} = 9.7 \text{ m}$

Pwynt astudio

Pan fydd y mynydd iâ yn yr enghraifft yn ymdoddi, bydd yn llenwi cyfaint o 9.03×10^7 m^3 pan fydd wedi cymysgu gyda dŵr y môr ac wedi cyrraedd yr un dwysedd. Mae effaith trefn dau yn bosibl oherwydd gostyngiad yn halwynedd dŵr y môr.

CH.2 Ffynonellau egni

Dyma adolygiad byr o ffynonellau egni **adnewyddadwy** ac **anadnewyddadwy** sy'n gallu cael eu defnyddio ar gyfer cludiant, i gynhyrchu trydan, i wresogi ac i oeri. Mae'r mwyafrif o ffynonellau egni adnewyddadwy yn egni solar, naill ai'n uniongyrchol neu'n anuniongyrchol. Yn ogystal â phŵer thermol a phŵer ffotofoltaidd yr Haul, mae hyn yn cynnwys gwynt, tonnau, trydan dŵr a biomas. Mae egni geothermol yn dibynnu ar wres o'r tu mewn i'r Ddaear; mae'n tarddu o ddadfeiliad radioisotopau yn y craidd (wedi'i ategu gan wres cudd sy'n cael ei ryddhau wrth i'r craidd mewnol dyfu). Mae adrannau (a) – (c) yn ymwneud yn uniongyrchol â phŵer yr Haul.

(a) Tarddiad pŵer yr Haul

Heb gael pelydriad oddi wrth yr Haul, byddai'r Ddaear yn graig ddifywyd, gyda thymheredd yr arwyneb yn ychydig ddegau kelvin. Tarddiad y pelydriad hwn yw'r egni sy'n cael ei ryddhau trwy ymasiad niwclear niwclysau ^{1}H (protonau) i niwclysau ^{4}He:

- Mae'r *gadwyn proton-proton* yn cynhyrchu 98.3% o'r niwclysau ^{4}He. Dyma'r prif lwybr ymasiad ar gyfer sêr y **prif ddilyniant** sydd â màs llai nag 1.3 gwaith màs yr Haul.
- Mae sêr prif ddilyniant mwy masfawr yn cynhyrchu'r rhan fwyaf o'u hegni trwy'r gylchred CNO (carbon-nitrogen-ocsigen). Mae hyn yn gyfrifol am 1.7% yn unig o egni allbwn yr Haul.

Cam cyntaf y gadwyn proton-proton yw ymasiad dau broton i gynhyrchu dewteriwm:

$$^1_1\text{H} + ^1_1\text{H} \rightarrow ^2_1\text{H} + ^0_1\text{e}^+ + \nu_e$$

gyda'r positron wedyn yn difodi gydag electron:

$$\text{e}^+ + \text{e}^- \rightarrow 2\gamma$$

Gallwn ni ddweud o'r newid blas cwarc ($\text{u} \rightarrow \text{d}$), yn ogystal â'r ffaith bod niwtrino yn cymryd rhan, mai'r rhyngweithiad gwan sy'n rheoli hyn. O ganlyniad i hyn, hyd yn oed dan yr amodau gwasgedd a thymheredd, mae hyd oes proton yng nghanol yr Haul o'r drefn 10^9 o flynyddoedd. Mae'r cam nesaf yn gyflymach – yr amcangyfrif yw fod hyd oes cymedrig yr ^{2}H yn 4 eiliad!

Termau Allweddol

Rydyn ni'n ystyried bod ffynhonnell egni yn **adnewyddadwy** os caiff ei hailgyflenwi'n naturiol o fewn hyd oes ddynol (mae rhai sefydliadau'n defnyddio graddfa amser o 50 mlynedd). Ffynonellau **anadnewyddadwy** yw rhai sydd i bob pwrpas ddim yn gallu ailgyflenwi eu hunain.

Mae seren **prif ddilyniant** yn un sy'n cynhyrchu'r rhan fwyaf o'i hegni trwy broses ymasiad hydrogen i ffurfio heliwm yn ei chraidd.

Gwybodaeth am yr Haul

Mae'r tymheredd, y gwasgedd a'r dwysedd yng nghanol y craidd yn 15 MK, 26.5 PPa a 150 g cm^{-3} yn ôl eu trefn.

Daw 99% o'r pŵer sy'n cael ei gynhyrchu o'r $0.24R$ (1.4% o'r cyfaint) canolog sydd hefyd yn cynnwys 40% o'r màs.

Dim ond 280 W m^{-3} yw'r dwysedd cynhyrchu pŵer, sy'n llai na chynhyrchiad metabolig bod dynol – Ond mae'r Haul dipyn yn fwy.

Gwirio gwybodaeth

Yn ôl gwefan, mae ail gam y gadwyn proton-proton yn cael ei reoli gan y rhyngweithiad cryf. Gwnewch sylwadau ar hyn.

$$^2_1H + {}^1_1H \rightarrow {}^3_2H + {}^0_1e^+ + \gamma$$

Mae'r rhan fwyaf (83%) o'r ^3He yn cael ei drawsnewid yn ^4He gan yr adwaith canlynol:

$$^3_2H + {}^3_2He \rightarrow {}^4_2He + 2{}^1_1H$$

Gallwn ni grynhoi'r gadwyn proton-proton fel hyn:

$$4{}^1_1H + 2{}^{0}_{-1}e^- \rightarrow {}^4_2He.$$

CH8 **Gwirio gwybodaeth**

Profwch y gwerth **26.73 MeV** ar gyfer y gadwyn proton-proton trwy ddefnyddio'r data canlynol:

$m_p = 1.007\ 276\ 47\ u$

$m_{He4} = 4.001\ 506\ 47\ u$

$m_e = 0.000\ 548\ 60\ u$

$1\ u \equiv 931\ MeV$

CH9 **Gwirio gwybodaeth**

Mae pellter orbitol y blaned Iau tua 5 AU. Amcangyfrifwch werth y cysonyn solar ar y blaned Iau.

(b) Y cysonyn solar

Cyfanswm pŵer yr Haul sy'n cyrraedd arwyneb am bob uned arwynebedd ar ongl sgwâr i'r cyfeiriad teithio (y **cysonyn solar**) yw 1360 W m^{-2} ar bellter o 1 AU o'r Haul. Yr egni sy'n cael ei ryddhau y tu mewn i'r Haul wrth gynhyrchu niwclews ^4He o bedwar proton yw 26.73 MeV (Gwirio gwybodaeth CH8) ac mae 2.3% yn cael ei gario i ffwrdd gan y niwtrinoeon. Y gweddill yw egni'r pelydriad e-m, γ yn y craidd i gychwyn, ond caiff ei allyrru'n bennaf ar ffurf pelydriad uwchfioled agos, gweladwy ac isgoch o'r ffotosffer. Cyfanswm y pŵer sy'n cael ei allyrru ar ffurf pelydriad e-m gan yr Haul yw 3.83×10^{26} W, a gallwn ni gysylltu hwn â'r cysonyn solar trwy ddefnyddio'r ddeddf sgwâr gwrthdro.

Enghraifft

Defnyddiwch oleuedd yr Haul i gyfrifo'r cysonyn solar, G. [1 AU = 1.50×10^{11} m]

Ateb

Goleuedd yr Haul, $L_\odot = 3.83 \times 10^{26}$ W.

Ar radiws orbit y Ddaear, caiff y pelydriad hwn ei wasgaru dros sffêr ag arwynebedd arwyneb A, a roddir gan $4\pi r^2$.

$$\therefore G = \frac{L_\odot}{4\pi r^2} = \frac{3.83 \times 10^{26}\ W}{4\pi \times (1.50 \times 10^{11}\ m)^2} = 1350\ W\ m^{-2}$$

Sylwch: Mae hyn yn dangos bod y data a roddir yn weddol gyson!

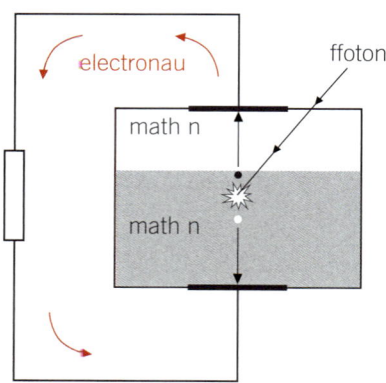

Ffig. CH.10 Diagram cynllunio o gell PV

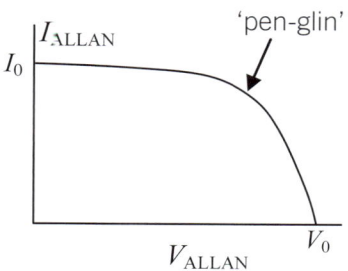

Ffig. CH.11 Graff nodweddiadol cell PV

(c) Celloedd ffotofoltaidd (PV)

Mae cell PV yn lled-ddargludydd (silicon fel arfer) gydag amhureddu math-n ar un pen ac amhureddu math-p ar y pen arall [gweler Adran 4.4.4(b) ar yr effaith Hall]. Mae ffoton trawol ag egni mwy na tua 0.7 eV yn rhyddhau electronau a thyllau o fewn y gell, ac maen nhw'n cynhyrchu cerrynt trydan yn y gylched gysylltiedig. Mae manylion y broses hon y tu hwnt i'r cwrs hwn.

Mae'r graff yn Ffig. CH.11 yn graff cerrynt–foltedd nodweddiadol ar gyfer cell ffotofoltaidd. Mae'n dangos sut mae cerrynt a foltedd allbwn yn gysylltiedig o dan amodau goleuo cyson. Mae'n debyg i gromliniau nodweddiadol batrïau y daethon ni ar eu traws yn Uned 2 y cwrs UG – ond sylwch ar ddau wahaniaeth:

- Mae'r echelinau'r ffordd arall o gwmpas – mae hyn yn gonfensiynol ar gyfer celloedd PV.
- Nid yw'r graff yn syth, sy'n dangos na allwn ni siarad am gell PV fel un sydd â gwrthiant mewnol cyson bras hyd yn oed.

Gadewch i ni weld beth mae'r gromlin nodweddiadol yn ei ddweud wrthyn ni. Gallwn ni nodi'r pwyntiau canlynol:

1. Os byddwn ni'n creu cylched fer ar draws y terfynellau gyda darn o wifren (â gwrthiant sero), mae'r gp yn sero ac mae'r cerrynt ar ei fwyaf, ac wedi'i labelu I_0, sydd fel arfer yn ychydig o **mA**. Mae'r pŵer allbwn, P_{ALLAN}, o dan yr amodau hyn yn sero, oherwydd bod $P = IV$.

2. Os nad ydyn ni'n tynnu unrhyw gerrynt a dim ond yn rhoi foltmedr ar draws y terfynellau, rydyn ni'n cael y gp mwyaf, V_0, sydd tua 0.6 V (ar gyfer cell PV silicon). Yma hefyd mae, $P_{ALLAN} = 0$.

3. Os byddwn ni'n yn rhoi llwyth ar draws yr allbwn, e.e. gwrthydd newidiol, ac yn cynyddu ei wrthiant yn raddol o sero, mae'r V_{ALLAN} yn cynyddu'n sylweddol i ddechrau ond mae'r cerrynt I_{ALLAN} yn gostwng ychydig yn unig i ddechrau, felly mae P_{ALLAN} yn cynyddu. Uwchben foltedd penodol (yn agos i'r 'pen-glin' ar y gromlin nodweddiadol) mae'r sefyllfa'n cael ei gwrthdroi gyda newidiadau bach yn V_{ALLAN} a newidiadau llawer mwy yn y cerrynt.

Er mwyn gwneud panel solar ymarferol, caiff y celloedd PV eu trefnu, fel arfer, mewn cyfuniad cyfres / paralel. Mae Ffig. CH.12 yn dangos yr egwyddor y tu ôl i hyn. Yn yr achos hwn, byddai'r gp mwyaf posibl tua $3V_0$, a byddai'r cerrynt mwyaf yn $2I_0$ (o ddilyn y rheolau arferol ar gyfer cyfuno gp a cherrynt mewn cyfres ac mewn paralel).

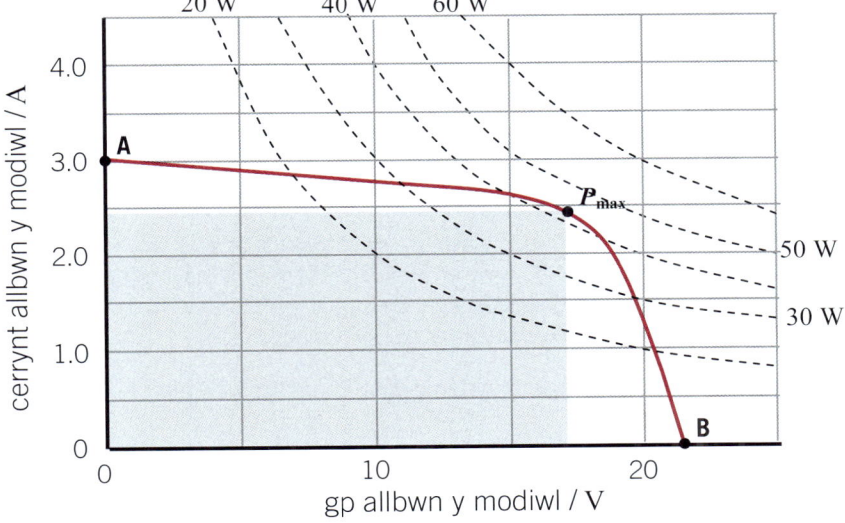

Ffig. CH.12 celloedd PV

Mae'r graff coch yn Ffig. CH.13 yn dangos allbwn nodweddiadol ar gyfer modiwl PV sy'n cynnwys nifer mawr o gelloedd PV. Sut mae'n cael ei ddefnyddio i gael y pŵer allbwn mwyaf? Un peth i'w sylweddoli yw nad yw'r allbwn yn cyrraedd llwyth gwrtheddol. Mae'r rhan fwyaf o osodiadau PV yn bwydo pŵer i mewn i'r Grid Cenedlaethol, sy'n debyg i wefru batri ailwefradwy – mae'r foltedd allbwn yn sefydlog (ac yna'n cael ei droi'n CE gan ddyfais electroneg glyfar o'r enw *gwrthdröydd* nad oes angen i ni boeni amdano). Ble ar y graff y dylai'r blwch rheoli ddewis roi'r P_{ALLAN} mwyaf? Mae'r llinellau toredig ar y grid yn dangos gwerthoedd I a V sy'n rhoi pwerau penodol (20 W, 30 W ....). Mae V_{ALLAN} o tua 7 V yn rhoi P_{ALLAN} o 20 W; 11 V yn rhoi 30 W etc. Gallwch chi gadarnhau hyn trwy ddefnyddio $P_{ALLAN} = I_{ALLAN}V_{ALLAN}$.

Y pwynt P_{mwyaf} ar y gromlin nodweddiadol yw amcangyfrif yr awdur o'r pŵer allbwn mwyaf, h.y. gwerth mwyaf IV.

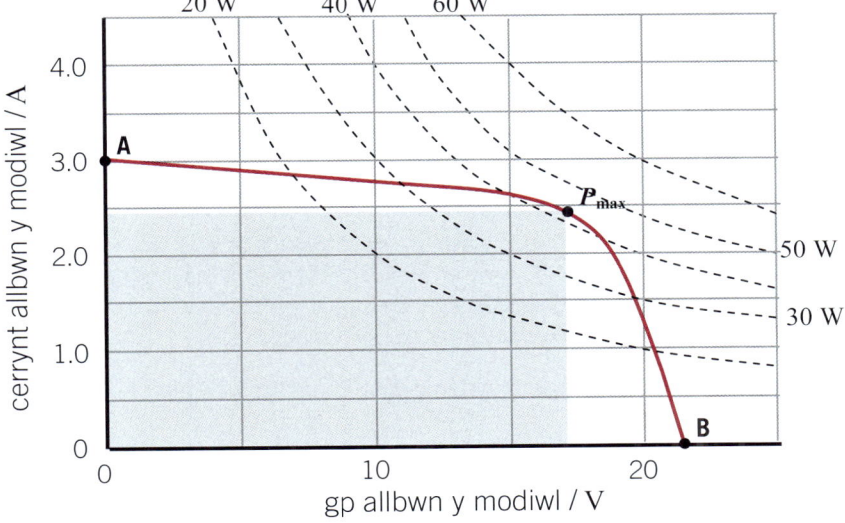

Ffig. CH.13 Allbwn modiwl PV

Y pŵer allbwn yw lluoswm y gp a'r cerrynt: $P_{ALLAN} = V_{ALLAN}I_{ALLAN}$.

Ym mhwynt **A** (cylched fer), mae $V = 0$, felly mae $P = 0$. Yn yr un modd, mae $P = 0$ ym mhwynt **B**.

Mae'r petryal llwyd yn dangos amcangyfrif yr awdur o'r pŵer o dan y graff sydd â'r arwynebedd mwyaf, h.y. gwerth mwyaf $V \times I$ (gweler Gwirio gwybodaeth CH12).

Mae cell ffotofoltaidd silicon 1 cm² yn cyflenwi 35 mA ar 0.50 V pan gaiff ei rhoi ar ongl sgwâr i baladr golau, arddwysedd 500 W m⁻². Cyfrifwch:

(a) y pŵer allbwn ac
(b) effeithlonrwydd y gell.

▶▶ **Pwynt astudio**

Mae'r cromliniau toredig yn Ffig. CH.13 yn dangos $VI = 20\ W, 30\ W..., 60\ W$. Er enghraifft, mae'r allbwn yn 20 W ar 7.0 V, 2.86 A, a tua 20 V, 1.0 A.

O dan yr un amodau goleuo â'r rhai a gynhyrchodd y graff coch yn Ffig. D.13, mae gan bob cell PV werthoedd I_0 a V_0 o 30 mA a 0.60 V. Cyfrifwch nifer y celloedd yn y modiwl, ac awgrymwch sut maen nhw wedi'u cysylltu.

Amcangyfrifwch P_{mwyaf} ar gyfer y modiwl PV yn Ffig. CH.13.

Ffig. CH.14 Fferm wynt alltraeth Gwynt y Môr

(ch) Pŵer o'r gwynt

Mae'r graff coch yn Ffig. CH.15 yn gromlin pŵer nodweddiadol ar gyfer tyrbin gwynt.

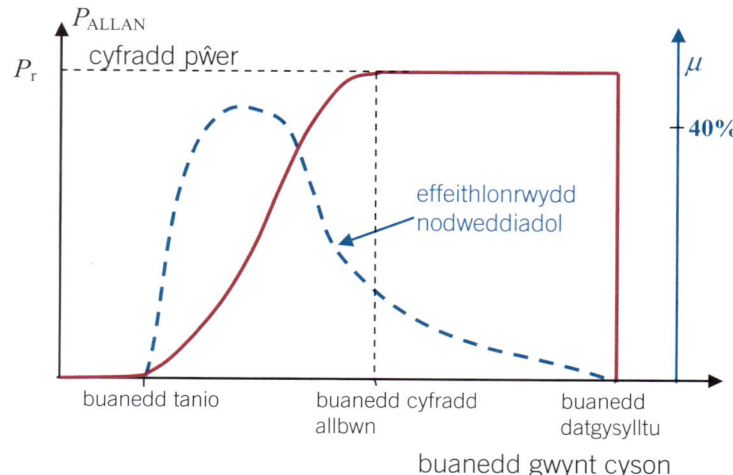

Ffig. CH.15 Cromlin nodweddiadol ar gyfer tyrbin gwynt

O dan y **buanedd tanio** (fel arfer 3–4 m s⁻¹) nid yw llafnau'r tyrbin yn cynhyrchu digon o drorym i gylchdroi yn erbyn ffrithiant. Uwchben y **buanedd cyfradd allbwn** (fel arfer tua 12 m s⁻¹) mae'r tyrbin wedi'i gynllunio i echdynnu pŵer cyson o'r gwynt, yn aml trwy leihau'r ongl rhwng y llafnau a'r gwynt (gweler Opsiwn C.7). Mae tyrbinau wedi'u cynllunio i stopio cylchdroi, ac i droi ymyl eu llafnau tuag at y gwynt ar y **buanedd datgysylltu**, sy'n aml yn ~25m s⁻¹.

Gallwn ni gyfrifo'r pŵer sydd ar gael o wynt cyson, buanedd v, i dyrbin, gydag arwynebedd A, trwy ei gysylltu ag egni cinetig yr aer trawol am bob uned amser.

Cyfaint yr aer trawol am bob uned amser = Av

∴   Mae màs yr aer trawol am bob uned amser = ρAv,   lle mae ρ = dwysedd yr aer

∴   Mae EC yr aer trawol am bob uned amser = $\frac{1}{2}mv^2 = \frac{1}{2}(\rho Av)v^2 = \frac{1}{2}\rho Av^3$

h.y. mae $P_{\text{MEWN}} = \frac{1}{2}\rho Av^3$

Yr effeithlonrwydd, μ, yw: $\mu = \dfrac{P_{\text{ALLAN}}}{P_{\text{MEWN}}} = \dfrac{P_{\text{ALLAN}}}{\frac{1}{2}\rho Av^3}$. Fel arfer, caiff hyn ei fynegi fel canran.

Enw arall ar yr effeithlonrwydd yw'r *cyfernod pŵer*, c_p. Mae gwerth mwyaf yr effeithlonrwydd bob amser yn llai na 50% (gweler Ffig. CH.15). Y prif reswm (ar wahân i ffrithiant yn y tyrbin) yw nad yw'n bosibl lleihau egni cinetig yr aer i sero wrth iddo basio'r llafnau. (Pe bai hynny'n bosibl, byddai'n rhwystro'r aer sy'n dilyn!)

Er mwyn amcangyfrif pŵer allbwn ymarferol tyrbin gwynt, rhaid ystyried nifer o ffactorau, yn ogystal â'r gromlin nodweddiadol:

1   Effaith buanedd gwynt anwadal. Fel sydd i'w weld yn Ffig. CH.16, effaith gyffredinol anwadaliadau yw lleihau'r pŵer allbwn i gyfradd is na'r pŵer pan fydd y gwynt yn gyson. Mewn gwirionedd, mae'r pŵer allbwn ar gyfer amrediad o fuaneddau cymedrig, i fyny o fuanedd sydd o dan y buanedd tanio yn fwy na phŵer allbwn y buanedd cyson cywerth; mae hyn yn wir oherwydd effeithiau anghymesur yr hyrddiadau buanedd uchel achlysurol. Ar gyfer buaneddau cymedrig sydd ychydig yn is na'r buanedd cyfradd allbwn, bydd rhai o'r hyrddiadau yn cymryd y buanedd yn uwch na'r buanedd cyfradd allbwn, gan achosi mesurau diogelwch i gicio i mewn a rhoi allbwn islaw'r gwerth buanedd cyson.

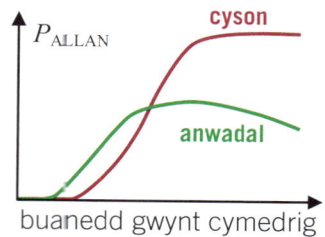

Ffig. CH.16 Effaith amrywiad buanedd y gwynt

2 Amrywiad dyddiol buanedd y gwynt.

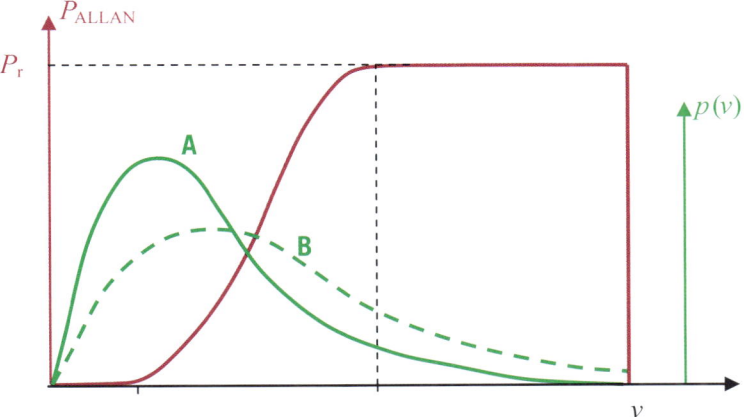

Ffig. CH.17 Ffwythiannau tebygolrwydd buanedd y gwynt

Mae mannau mwy gwyntog yn rhoi egni allbwn uwch. Mae'r cromliniau gwyrdd yn Ffig. CH.17 ar gyfer dau leoliad gwahanol: mae **B** yn fwy gwyntog nag **A** ar gyfartaledd. Y cromliniau gwyrdd yw *ffwythiannau tebygolrwydd buanedd y gwynt* ar gyfer **A** a **B**. Yr arwynebedd o dan y ddau graff yw 1 (un), h.y. mae yna debygolrwydd o 100% y bydd buanedd y gwynt rhwng 0 ac ∞.

(d) Pŵer trydan dŵr

Mae gorsafoedd pŵer **llif llanw** yn gweithio ar yr un egwyddor â thyrbinau gwynt. Mae ffrydiau llanw cul, er enghraifft Penmaen Dewi yn Sir Benfro, yn darparu'r amodau delfrydol. Mae eu manteision yn cynnwys bod y llanw yn rhagweladwy a bod dwysedd egni dŵr sy'n llifo'n llawer uwch (oherwydd ei ddwysedd uwch).

Ffig. CH.18 Generadur llif llanw yn Strangford Lough yng Ngogledd Iwerddon

Mae'r egni potensial disgyrchiant sy'n cael ei ryddhau o ddŵr wrth iddo lifo o gronfa uwch i gronfa is yn cael ei ddefnyddio i gynhyrchu trydan trwy yrru tyrbinau. Mae'r egwyddor hon yn cael ei defnyddio mewn gorsafoedd pŵer trydan dŵr, gorsafoedd storfa bwmp, a gorsafoedd pŵer morgloddiau llanw.

Ystyriwch lif y dŵr o'r gronfa uwch i'r gronfa is yn Ffig. CH.19. Oni bai bod y bibell yn hir iawn o'i chymharu â'i diamedr, gallwn ni anwybyddu *colledion yn y bibell*, felly mae'r gyfradd colli egni potensial am bob eiliad yn hafal i'r gyfradd ennill egni cinetig. Mae hyn yn golygu y gallwn ni ddefnyddio'r hafaliad $\frac{1}{2}mv^2 = mgh$ i gyfrifo buanedd y llif, h.y. $v = \sqrt{2gh}$. Cyfradd llifo cyfaint y dŵr yw Av (lle A yw arwynebedd trawstoriadol y bibell), sy'n gadael i ni gyfrifo'r gyfradd trosglwyddo egni (gweler Gwirio gwybodaeth CH15).

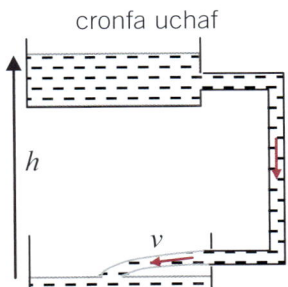

Ffig. CH.19 $E_p \rightarrow E_k$ mewn dŵr

Os ydyn ni eisiau echdynnu pŵer, P_{ALLAN}, o'r system, ac wrth gwrs dyna yw pwynt system trydan dŵr, rhaid i ni gynnwys tyrbin, **T** (Ffig. CH.20). Nawr, gallwn ni fodelu'r broses drosglwyddo egni fel hyn:

EPD sy'n cael ei golli o'r gronfa uchaf	=	Gwaith sy'n cael ei wneud ar y tyrbin	+	EC sy'n cael ei ennill gan y dŵr

Nawr, gwelwn ni fod yr EC sy'n cael ei ennill gan y dŵr yn gorfod bod yn llai nag y byddai heb y tyrbin, h.y. rydyn ni'n dal yr EPD trwy adael i'r dŵr lifo'n arafach, a pheidio ag ennill cymaint o EC. Felly, trwy ddefnyddio'r model hwn, os yw cyfradd llifo'r cyfaint yn V yna, mewn amser Δt mae'r:

EPD sy'n cael ei golli $= \rho V g h \Delta t$ a'r EC sy'n cael ei ennill $= \frac{1}{2}(\rho V)\left(\frac{V}{A}\right)^2 \Delta t = \frac{1}{2}\frac{\rho V^3}{A^2}\Delta t$

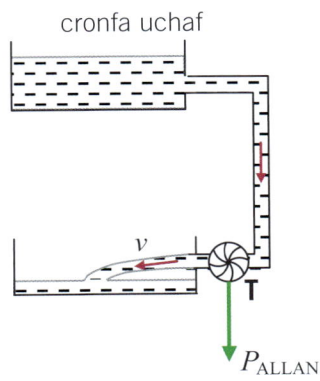

Ffig. CH.20 Pŵer o golofn o ddŵr

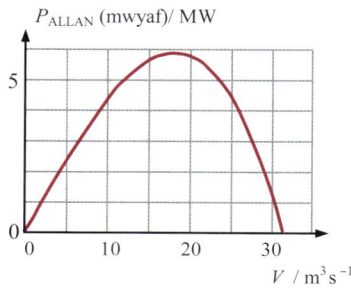

Ffig. CH.21 Allbwn pŵer enghreifftiol ar gyfer tyrbin trydan dŵr

Sylwch fod y symbol A yma yn cynrychioli arwynebedd trawstoriadol y twnnel dŵr wrth y tyrbin ei hun. Felly, y pŵer allbwn mwyaf posibl (h.y. gan anwybyddu egni sy'n cael ei golli yn y tyrbin a'r pibellau, ac ati) yw:

$$P_{ALLAN} = \rho Vgh - \frac{1}{2}\frac{\rho V^3}{A^2}$$

Mae'r graff yn Ffig. CH.21 yn dangos y ffwythiant allbwn hwn ar gyfer tyrbin gyda cholofn ddŵr 50 m a lle mae arwynebedd trawstoriadol y tyrbin yn 1 m².

Byddwn ni'n darganfod yr effeithlonrwydd mwyaf posibl trwy rannu'r pŵer allan gan y pŵer i mewn, h.y. y golled EP bob eiliad, ρVgh, felly   Effeithlonrwydd mwyaf $= 1 - \frac{1}{2}\frac{V^2}{A^2gh}$.

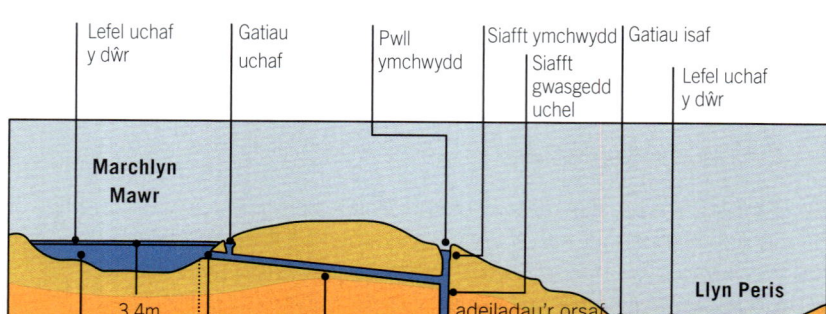

Ffig. CH.22 Gorsaf bŵer storfa bwmp Dinorwig

CH15   Gwirio gwybodaeth

Mae cronfa yn gwagio trwy bibell, diamedr 20 cm i allfa 20 m islaw. Cyfrifwch:

(a)   buanedd y dŵr trwy'r bibell,

(b)   cyfradd llifo'r cyfaint,

(c)   cyfradd llifo'r màs, a

(ch)   cyfradd trosglwyddo egni.

[$\rho_{dŵr} = 1000$ kg m^{-3}]

CH16   Gwirio gwybodaeth

Dangoswch fod yr hafaliad ar gyfer P_{ALLAN} yn homogenaidd.

Mae Ffig. CH.22 yn dangos gorsaf bŵer **storfa bwmp**. Ni all egni trydanol ei hun gael ei storio, ac nid yw technoleg batrïau wedi datblygu ddigon hyd yma i ganiatáu i'r dechnoleg hon gael ei defnyddio fel cronfa wrth gefn ar gyfer y grid,[1] felly mae pwmpio dŵr o'r gronfa is i'r gronfa uwch yn ffordd o ddefnyddio'r pŵer mewnbwn i'r grid (e.e. gan ddarparwyr pŵer gwynt a phŵer niwclear) ar adegau pan fydd y galw'n isel.

Ymestyn a herio

Dangoswch fod y model hwn yn rhagfynegi y bydd pŵer allbwn mwyaf tyrbin trydan dŵr yn digwydd pan fydd

$$V = \sqrt{\frac{2ghA^2}{3}}.$$

Dangoswch fod effeithlonrwydd trosglwyddo egni ar gyfradd llifo'r cyfaint hwn yn annibynnol ar h, A (a g).

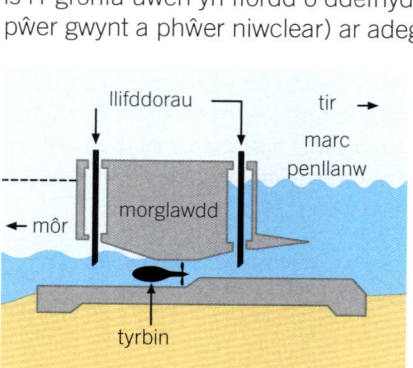

Ffig. CH.23 Egwyddor y morglawdd llanw

Yn ddiweddar, cafodd **morgloddiau llanw** eu cynnig fel ffynonellau egni trydan dŵr. Caiff morglawdd ei adeiladu gyda thyrbinau wedi'u mewnosod, fel sydd i'w weld yn Ffig. CH.23 Wrth i'r llanw uchel agosáu, mae lefel y dŵr yn uwch y tu allan i'r morglawdd na'r tu mewn iddo, felly caiff y llifddorau eu hagor gan adael i ddŵr lifo fel bod ei egni potensial yn cael ei dapio.

Pan fydd lefelau'r dŵr yn hafal, mae'r llifddorau yn cael eu cau nes bod y llanw'n disgyn; yna maen nhw'n cael eu hagor (fel yn Ffig. CH.23) a chaiff trydan ei gynhyrchu unwaith eto wrth i'r dŵr lifo allan heibio i'r tyrbinau. Fel yn achos gorsafoedd pŵer llif llanw, un fantais yw eu bod yn rhagweladwy.

---

1 Fodd bynnag, mae gan Warchodfa Pŵer Hornsdale yn Ne Awstralia fatri ïon lithiwm 194 MW awr gydag uchafswm pŵer allbwn o 150 MW, fel storfa wrth gefn i'r grid.

Enghraifft

Mae gan forglawdd llanw arwynebedd o 0.25 km^2. Mae'r gwahaniaeth uchder mwyaf ar draws y morglawdd tua 6 m. Amcangyfrifwch yr egni sydd ar gael mewn un all-lif. [Cymerwch fod $\rho_{\text{dŵr}} = 10^3$ kg m^{-3}]

Ateb

Mae cyfaint y dŵr sy'n llifo = 0.25 km$^2 \times 6$ m = 1.5×10^6 m^3.

$\therefore$ Mae màs y dŵr sy'n llifo = 1.5×10^9 kg

Tybiwch fod y gwahaniaeth uchder cymedrig = 3 m

$\therefore$ Mae'r egni potensial sydd ar gael = $mgh = 1.5 \times 10^9 \times 9.81 \times 3 = 4 \times 10^{10}$ J (1 ff.y.)

Gwirio gwybodaeth CH17

Ar gyfer yr **Enghraifft**, amcangyfrifwch y pŵer cymedrig sydd ar gael. [Awgrym: mae dau lanw bob dydd ac mae cynhyrchu yn digwydd wrth i'r llanw ddod i mewn **a** mynd allan.]

(dd) Cyfoethogi wraniwm

Mae bron pob adweithydd niwclear yn y byd yn gweithio trwy ymholltiad ^{235}U. Ni fyddwn ni'n astudio egwyddorion gweithrediad gorsafoedd pŵer ymholltiad niwclear yma, yn cynnwys yr angen am gymedrolydd, rhodenni rheoli, a ffiseg yr adweithiau ymhollti eu hunain. Mae wraniwm naturiol yn cynnwys 99.3% o ^{238}U sy'n amsugno niwtronau ond sydd ddim yn ymhollti. Mae dyluniad y rhan fwyaf o adweithyddion yn golygu bod angen tua 3%–5% o ^{235}U felly mae angen **cyfoethogi** yr wraniwm. Yn hanesyddol, roedd y broses wahanu yn seiliedig ar drylediad nwyol, ond mae'r dechnoleg gyfredol yn defnyddio allgyrchyddion nwy. Mae hon yn broses ffisegol sy'n seiliedig ar y gwahaniaeth bach rhwng masau'r ddau isotop.

Ffig. CH.24 Cyfleuster allgyrchydd nwy yn UDA

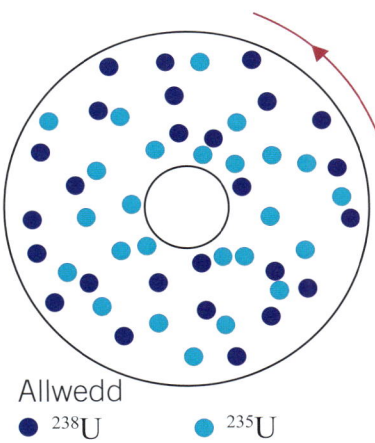

Allwedd

● ^{238}U ● ^{235}U

Ffig. CH.25 Egwyddor allgyrchydd nwy

Caiff yr isotopau, sy'n unfath yn gemegol, eu hadweithio gyda fflworin i gynhyrchu cyfansoddyn nwyol o'r enw wraniwm hecsafflworid, UF_6. Caiff y cymysgedd o nwyon ei fwydo i diwb sy'n troelli, sydd i'w weld ar ffurf diagram yn Ffig. CH.25.

Mae'r moleciwlau ^{238}U trymach yn cael eu troelli tuag at y tu allan, a chaiff y cymysgedd sydd wedi'i gyfoethogi fymryn (h.y. gyda chanran uwch o ^{235}U) ei echdynnu ar hyd y tiwb canolog, a'i fwydo i'r tiwb nesaf mewn rhyw fath o raeadr. Caiff y nwy ar y tu allan, sy'n cynnwys llai o ^{235}U, ei fwydo'n ôl i'r allgyrchydd blaenorol. Mae pob tiwb yn cyfoethogi'r wraniwm yn ôl ffactor o tua 1.2. Mae'r gwahaniad mor isel â hyn oherwydd y gwahaniaeth canrannol bach iawn rhwng masau moleciwlau'r isotopau gwahanol.

Roedd trylediad nwy yn dechrau yn yr un ffordd, ac roedd yn seiliedig ar y ffaith bod y gyfradd tryledu trwy bilen ledathraidd mewn cyfrannedd gwrthdro ag ail isradd y màs moleciwlaidd (*deddf trylediad Graham*).

Gwirio gwybodaeth CH18

Cyfrifwch y gwahaniaeth canrannol ym masau moleciwlaidd UF_6 sy'n cynnwys dau isotop wraniwm gwahanol.

Gwirio gwybodaeth CH19

Mae'r cyfoethogiad am bob cam mewn allgyrchydd nwy yn ffactor o 1.2.

(a) Nodwch y cyfoethogiad ar ôl 2 gam, 5 cam, n cam.

(b) Cyfrifwch nifer y camau sydd eu hangen i gyrraedd crynodiad U235 o 5%, a hynny o grynodiad cychwynnol o 0.7% yn y defnydd crai

(e) Bridio tanwydd niwclear

Er nad yw ^{238}U yn **ymholltog**, mae'n dal niwtronau, gan gynhyrchu ^{239}U sy'n dadfeilio mewn dau gam trwy allyriad β^- i roi'r plwtoniwm 239 ymholltog, ^{239}Pu.

$$^{238}_{92}U + {}^{1}_{0}n \rightarrow {}^{239}_{92}U \xrightarrow[2.35 \text{ mun}]{\beta^-} {}^{239}_{93}Np \xrightarrow[2.3 \text{ diwrnod}]{\beta^-} {}^{239}_{94}Pu$$

Mae ffracsiwn llai o ^{238}U yn dal niwtronau lluosog cyn dadfeilio ddwywaith i gynhyrchu ^{240}Pu, sydd ddim yn ymhollti, a ^{241}Pu sy'n ymholltog. Felly, mae isotopau plwtoniwm yn cronni'n raddol mewn elfennau tanwydd; mae'n bosibl ei dynnu oddi yno yn gemegol wrth ailbrosesu. Erbyn i'r elfen danwydd niwclear gael ei thynnu er mwyn ei hailbrosesu, bydd tua hanner yr isotopau ymholltog wedi mynd trwy ymholltiad, ond bydd hanner ohonynt ar ôl.

▶▶ Termau Allweddol

Mae niwclid **ymholltog** yn un sy'n ymhollti wrth iddo amsugno **niwtronau thermol**, gan allyrru digon o niwtronau i gynnal adwaith cadwynol.

Mae **niwtronau thermol** yn niwtronau ag egni cinetig sy'n cyfateb i dymereddau o tua 300 K.

Pwynt astudio

Mae presenoldeb ^{239}Pu a ^{241}Pu mewn rhodenni tanwydd niwclear sydd wedi darfod yn arwyddocaol o ran atal twf arfau niwclear. Mae hyn oherwydd mai dyma'r tanwydd gaiff ei ddefnyddio mewn bomiau ymholltiad niwclear, a hefyd yng nghâm cyntaf bomiau ymasiad niwclear (*bomiau hydrogen*).

 Pwynt astudio

Mewn ymasiad niwclear, caiff yr **amser cyfyngu**, τ_E, ei ddiffinio gan:

$$\tau_E = \frac{W}{P_{coll}}$$

lle W yw dwysedd yr egni a P yw'r pŵer gaiff ei golli am bob uned cyfaint (e.e. trwy ddargludiad a phelydriad) o'r tanwydd ymasiad.

CH20 Gwirio gwybodaeth

Yn aml, mae gwyddonwyr sy'n gweithio ar ymasiad niwclear yn mynegi tymheredd yn yr unedau egni keV, trwy ddefnyddio cysonyn Boltzmann, e.e. yn yr unedau hyn, mae tymheredd ystafell (~300 K) yn

$$\frac{300 \text{ K} \times 1.38 \times 10^{-23} \text{ J K}^{-1}}{1.6 \times 10^{-16} \text{ J keV}^{-1}}.$$

(a) Enrhifwch 300 K mewn keV.

(b) Mae tymheredd craidd yr Haul yn 15 MK. Mynegwch hyn mewn keV.

Gall isotopau ymholltog plwtoniwm gael eu defnyddio mewn rhodenni tanwydd, ynghyd ag ^{235}U, mewn tanwydd o'r enw tanwydd MOX (*ocsid cymysg*). Mae'r mwyafrif o'r *adweithyddion dŵr gwasgeddedig* (PWR: *pressurised water reactors*) yn Ewrop yn gweithredu gyda rhai rhodenni tanwydd MOX; fel arfer tua 30%. Mae rhai wedi cynnig y gallai plwtoniwm o arfau niwclear wedi'u datgomisiynu gael ei ddefnyddio wrth gynhyrchu tanwydd MOX; byddai hyn yn cael gwared ar y defnydd hynod beryglus hwn.

(f) Cynnyrch triphlyg ymasiad niwclear

Er mwyn cael ymasiad trwy ddefnyddio, er enghraifft, $^2_1\text{H} + ^3_1\text{H} \rightarrow ^4_2\text{He} + ^1_0\text{n}$ rhaid bodloni tri amod:

1 Tymheredd digon uchel, T, i'r niwclysau sy'n adweithio allu dod yn ddigon agos i oresgyn gwrthyriad Coulomb, a gadael i ymasiad ddigwydd; mae'r rhyngweithiad niwclear cryf yn un sydd â chyrhaeddiad byr, felly rhaid i'r niwclysau agosáu o fewn tua 10^{-14} m; yn nodweddiadol, mae angen tymheredd o 100 MK (h.y. 10^8 K).

2 Dwysedd gronynnau digon uchel, n, i ganiatáu cyfradd ddigon uchel o wrthdrawiadau rhwng y niwclysau sy'n adweithio; efallai na fydd unrhyw wrthdrawiad unigol sydd â digon o egni yn arwain at adwaith ymasiad, e.e. oherwydd bod y gwrthdrawiad ychydig ar letraws.

3 **Amser cyfyngu**, τ_E, sy'n ddigon hir. Mae hyn yn mesur pa mor hir mae'r tanwydd yn cynnal ei egni mewnol; mae'r tanwydd poeth yn pelydru ei egni i ffwrdd trwy belydrau X.

Rhaid bodloni pob un o'r tri amod hyn ar wahân. Nod peirianwyr ymasiad yw sicrhau bod y lluoswm, $nT\tau_E$, sy'n cael ei alw yn *gynnyrch triphlyg*, mor fawr â phosibl: yr uchaf yw'r lluoswm hwn, y mwyaf tebygol y bydd adwaith ymasiad niwclear cynaliadwy yn digwydd. Bydd yn werth i chi gwblhau Gwirio Gwybodaeth CH20 cyn darllen yr **Enghraifft** ganlynol.

Enghraifft

Amcangyfrifwyd mai gwerth lleiaf y lluoswm triphlyg ar gyfer yr adwaith dewteriwm-tritiwm yw 3×10^{21} keV s m^{-3}, lle mae'r tymheredd yn cael ei fynegi mewn keV. Os gall adweithydd ymasiad gyrraedd gwerth $n\tau_E$ o 3×10^{20} m^{-3} s, cyfrifwch y tymheredd kelvin sydd ei angen.

Ateb

$$nT\tau_E = 3 \times 10^{20} \text{ m}^{-3} \text{ s} \times T = 3 \times 10^{21} \text{ keV m}^{-3} \text{ s}$$

$$\therefore T = \frac{3 \times 10^{21}}{3 \times 10^{20}} \text{ keV} = 10 \text{ keV} = \frac{10 \text{ keV} \times 1.6 \times 10^{-16} \text{ J keV}^{-1}}{1.38 \times 10^{-23} \text{ J K}^{-1}} = 116 \text{ MK}$$

CH.3 Celloedd tanwydd

Mae cell danwydd yn fatri lle mae'r cemegion sy'n adweithio yn cael eu hailgyflenwi'n gyson. Hydrogen yw'r tanwydd yn y celloedd tanwydd sy'n cael eu cynnig ar gyfer cludiant (ceir, bysiau, cerbydau nwyddau), ac ocsigen yw'r ocsidydd. Dyma'r egwyddor o ran gweithredu:

- Mae hydrogen yn cael ei dynnu i mewn i un ochr y gell danwydd, sef yr anod.
- Mae'r electronau yn cael eu tynnu oddi ar y moleciwlau hydrogen ('wedi'u hocsideiddio') ar yr anod gan gatalydd, sydd fel arfer yn blatinwm powdr.
- Mae'r ïonau hydrogen (h.y. protonau, H$^+$) yn tryledu i mewn i'r electrolyt trwy rwystr annargludol, gan adael yr electronau, sydd wedi'u gwefru'n negatif.
- Mae'r electronau'n teithio ar hyd gwifrau trydan i gylched allanol, lle maen nhw'n gwneud gwaith cyn mynd i mewn i'r catod.
- Wrth y catod, mae ocsigen, dan ddylanwad catalydd (*catalydd y catod*, sef nicel neu ddefnydd nano yn aml) yn cyfuno gyda'r electronau a'r protonau tryledol o'r anod i gynhyrchu dŵr, sef y cynnyrch gwastraff.

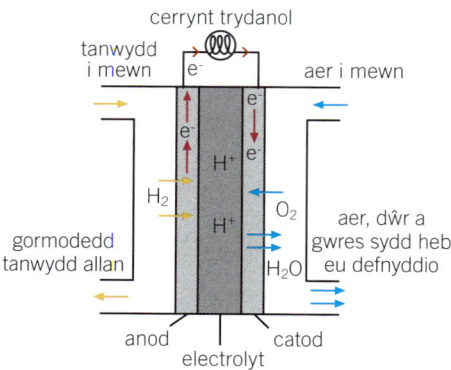

Ffig. CH.26 Egwyddor cell danwydd cyfnewid protonau

Dyma'r hanner adweithiau wrth yr electrodau:

Anod: $H_2 \rightarrow 2H^+ + 2e^-$

Catod: $\frac{1}{2}O_2 + 2H^+ + 2e^- \rightarrow H_2O$

Felly, yr adwaith cyflawn yw'r adwaith cyfarwydd $2H_2 + O_2 \rightarrow 2\ H_2O$, ond gan nad yw'r egni'n cael ei echdynnu trwy hylosgiad a rhyddhau gwres, mae effeithlonrwydd celloedd tanwydd yn arwyddocaol fwy nag effeithlonrwydd peiriannau gwres. Yn ddamcaniaethol, mae'r effeithlonrwydd mwyaf tua 80%, ac mae celloedd tanwydd ymarferol yn aml yn trosglwyddo 40% yn egni trydanol.

Prif fantais y gell danwydd yw'r ffaith nad yw'n allyrru nwyon tŷ gwydr ond mae hyn ond yn arwyddocaol os yw'r hydrogen yn cael ei gynhyrchu heb allyrru CO_2. I wneud hyn, mae angen trydan sy'n cael ei gynhyrchu trwy dechnolegau sydd ddim yn seiliedig ar danwyddau ffosil (celloedd ffotofoltaidd, gwynt, dŵr ...). Ar hyn o bryd, mae ceir ymchwil sy'n defnyddio celloedd tanwydd yn cael eu hydrogen o hydrocarbonau, gan arwain at wastraff carbon deuocsid.

CH.4 Dargludiad gwres

Yn ôl adroddiad yn 2020, roedd y defnydd o egni yn y DU yn 2020 yn 5.9 EJ. Mae defnydd domestig yn cyfrif am 30% o'r ffigur hwn, ac mae hanner hyn ar gyfer gwresogi ystafelloedd. Mae angen i ni wresogi ein cartrefi oherwydd am y rhan fwyaf o'r flwyddyn rydyn ni'n gwneud y tymheredd dan do yn uwch na'r tymheredd y tu allan. Y gwahaniaeth hwn yn y tymheredd sy'n achosi i wres gael ei golli, yn bennaf trwy symudiad nwyon (darfudiad) a dargludiad trwy waliau/ffenestri. Mae'r tymereddau y tu mewn wedi codi'n sylweddol yn ystod y 40 mlynedd diwethaf, fel mae Tabl CH1 yn ei ddangos. Mae hyn yn tueddu i gynyddu'r gyfradd colli gwres ac felly mae mwy o alw am wresogi. Canlyniad hyn yw defnyddio mwy o danwyddau ffosil, a chynnydd o ran allyriadau nwyon tŷ gwydr. Fodd bynnag, mae cynyddu safon ynysu a symud i fylbiau golau, setiau teledu egni isel etc., yn golygu bod y defnydd o egni domestig wedi gostwng 10% yn ystod yr 20 mlynedd diwethaf.

(a) Hafaliad dargludiad

Mae'n bosibl ymchwilio i ddargludiad gwres trwy ddargludyddion da trwy ddefnyddio'r cyfarpar sydd i'w weld ar ffurf diagram yn Ffig. CH.27, ac mewn fersiwn ymarferol yn Ffig. CH.28.

Mae angen sefydlu graddiant tymheredd cyson rhwng dau ben sbesimen o ddefnydd, cyn mesur llif y gwres. Un ffordd o gynnal tymereddau θ_1 a θ_2 yn gyson yw defnyddio jet o ager yn y gronfa boeth a llif o ddŵr oer yn y suddfan. Mae llif y gwres yn cael ei fesur trwy'r cynnydd bach yn nhymheredd llif y dŵr yn y suddfan.

O ganlyniad i arbrofion o'r fath, cawn ni'r hafaliad dargludiad canlynol:

$$\frac{\Delta Q}{\Delta t} = -AK\frac{\Delta \theta}{\Delta x}$$ (gweler y Pwynt astudio)

lle A ac x yw'r arwynebedd trawstoriadol a'r pellter i gyfeiriad llif y gwres. Y cysonyn K yw'r (cyfernod) dargludedd thermol, ac mae'n nodweddiadol o'r defnydd. Ei uned yw $W\ m^{-1}\ K^{-1}$. Mae gwerthoedd K yn yr uned hon yn amrywio o 430 (arian) a 400 (copr) trwy wydr (1–2) a bric (0.1–0.7) i wlân ynysu (0.05) ac aer (0.025). Nid yw'r amrediad yn agos at fod mor fawr ag amrediad dargludedd trydanol.

Er mwyn mesur dargludeddau thermol yr ynysyddion, mae angen trefnu'r arbrawf mewn ffordd wahanol. Fel arfer, mae'r sbesimen yn ddisg denau (gwerth A mawr a gwerth Δx bach) yn hytrach na bar hir.

Gwirio gwybodaeth CH21

Mae cell danwydd yn cynhyrchu 5 kW o allbwn trydanol. Gan dybio effeithlonrwydd o 40%, cyfrifwch fàs yr hydrogen mae'n ei ddefnyddio bob awr.

Tybiwch mai gwres hylosgi hydrogen moleciwlaidd H_2 yw 290 kJ mol^{-1}.

Gwirio gwybodaeth CH22

Mynegwch y defnydd egni blynyddol ar gyfer gwresogi gofod domestig ar y ffurf safonol.

Lleoliad	Tymheredd y gaeaf / °C	
	1979	2008
Ystafell fyw	18.3	21.3
Cyntedd	15.8	21.1
Ystafell wely	15.2	21.0

Tabl D1 Tymereddau ystafell cymedrig yn ystod y gaeaf ym Mhrydain

Ffig. CH.28 Cyfarpar Searle

ynysiad

Cronfa boeth, θ_1 — Suddfan oer, θ_2

Ffig. CH.27 Mesur dargludedd

▶▶ Pwynt astudio

Sylwch nad yw defnyddio ΔQ yn hytrach na Q ar gyfer llif y gwres yn gyson â hafaliad deddf gyntaf thermodynameg. Ond, yn y cyd-destun hwn, mae'n gonfensiynol.

Gwirio gwybodaeth CH23

Dangoswch mai $W\ m^{-1}\ K^{-1}$ yw uned SI sylfaenol dargludedd thermol.

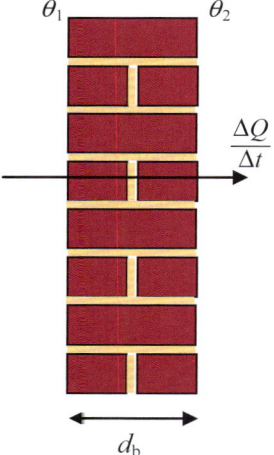

Ffig. CH.29 Wal heb ei hynysu

(b) Ynysiad a cholli gwres

Ystyriwch wal y tŷ yn Ffig. CH.29. Cafodd y wal ei hadeiladu cyn bod ynysiad wal geudod ar gael. Gan ddefnyddio'r symbolau yn Ffig. CH.29, mae'r gyfradd <u>colli</u> gwres trwy arwynebedd, A, wal yn:

$$\frac{\Delta Q}{\Delta t} = AK_b \frac{\theta_1 - \theta_2}{d_b}$$

lle K_b yw dargludedd thermol y brics.

Beth fydd effaith rhoi haen o ynysiad, er enghraifft, polystyren ehangedig, ar y wal fewnol (Ffig. CH.30)? Bellach, rhaid bod y tymheredd rhwng yr ynysiad a'r brics rhwng θ_1 a θ_2 felly mae $\Delta\theta$ ar gyfer y wal yn llai, ac felly mae'r gyfradd colli gwres yn llai.

Gallwn ni gyfrifo'r tymheredd ar yr uniad trwy sylwi bod llif y gwres trwy'r brics a'r ynysiad yn gorfod bod yr un peth.

Felly, mae:
$$AK_b \frac{\theta - \theta_2}{d_b} = AK_y \frac{\theta_1 - \theta}{d_y}$$

Gallwn ni ddatrys yr hafaliad hwn ar gyfer θ, ac yna defnyddio'r hafaliad llif gwres naill ai ar gyfer y brics neu ar gyfer yr ynysiad (nid oes gwahaniaeth pa un).

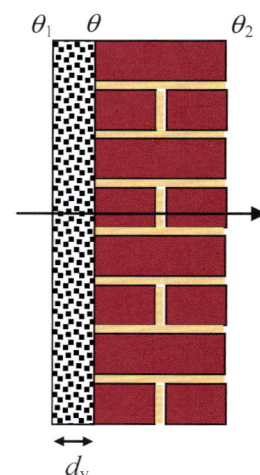

Ffig. CH.30 Wal wedi'i hynysu

Mae'r **Enghraifft** nesaf yn defnyddio'r ffordd hon o weithio i gyfrifo'r gwres gaiff ei golli trwy wal frics ynysedig. **Rhybudd**: mae'r ateb a gawn ni yn rhy uchel o lawer am resymau y byddwn ni'n eu trafod yn syth wedyn.

Enghraifft

Mae gan wal frics 0.110 m o drwch ($K_b = 0.5$ W m^{-1} K^{-1}) haen 0.050 m o bolystyren ehangedig ($K_y = 0.033$ W m^{-1} K^{-1}) wedi'i ychwanegu ati fel ynysiad. Cyfrifwch y gwres gaiff ei golli am bob uned arwynebedd ar gyfer y wal ynysedig pan fydd tymheredd yr arwyneb mewnol yn 24 °C a thymheredd yr arwyneb allanol yn 5 °C.

Ateb

Yn gyntaf, darganfyddwch dymheredd, θ, y ffin rhwng yr ynysiad a'r wal:

Gan hafalu'r gwres gaiff ei golli trwy bob haen: $A \times 0.5 \frac{\theta - 5}{0.110} = A \times 0.033 \frac{24 - \theta}{0.050}$

Datryswch hyn i roi $\theta = 7.41$ °C – rydyn ni am adael hwn i chi ei wneud fel ymarfer.

$\therefore$ Mae'r gwres gaiff ei golli trwy'r brics $= 0.5$ W m^{-1} K$^{-1} \frac{(7.41 - 5.00)\,\text{K}}{0.110\,\text{m}} = 11$ W m^{-2}

Trafodaeth: Fel y nodwyd uchod, mae'r gwres gaiff ei golli go iawn fel arfer yn llawer is na'r ateb yn yr Enghraifft. Gyda thymheredd mewnol o 24°C a thymheredd allanol o 5°C, bydd y gwahaniaeth gwirioneddol mewn tymheredd ar draws y wal gyfansawdd yn llawer llai na 19°C. Mae hyn oherwydd bodolaeth 'croen' tenau o aer disymud mewn cysylltiad â'r arwynebau mewnol ac allanol – gweler Ffig. CH.31. Mae aer yn ynysydd mor dda – cymharer priodweddau thermol dillad gwlân – fel bod y rhan fwyaf o'r gostyngiad yn y tymheredd yn digwydd ar draws y crwyn aer hyn, yn hytrach na'r wal.

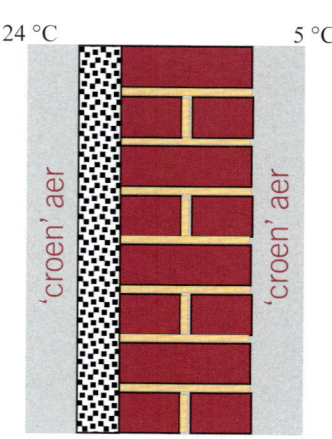

Ffig. CH.31 Effaith ynysu aer

Bydd arwyneb mewnol y wal sawl gradd yn oerach na thymheredd yr ystafell. Bydd yr arwyneb allanol yn gynhesach na thymheredd yr aer y tu allan (er bod yr effaith hon yn llai ar ddiwrnodau gwyntog). Gan fod $\Delta\theta$ ar draws y wal yn llai, bydd y gyfradd dargludo gwres hefyd yn llai.

Caiff effaith y 'croen ynysu' ei hystyried wrth bennu gwerthoedd U (gweler isod).

(c) Gwerthoedd U

Mae rheoliadau adeiladu yng nghyd-destun ynysu wedi'u llunio yn nhermau **gwerthoedd** U yr elfennau adeiladu – er enghraifft waliau, drysau a ffenestri – yn hytrach na dargludedd thermol y defnyddiau eu hunain. Oherwydd problemau gydag amodau'r tywydd, mae gwerthoedd U wedi'u nodi o dan amodau wedi'u safoni: fel arfer 24 °C (297 K) o wahaniaeth tymheredd, o dan amodau di-wynt a lleithder o 50%.

Caiff gwerth U adeiledd ei ddiffinio gan: $\dfrac{\Delta Q}{\Delta t} = UA\Delta\theta$

Sylwch ein bod wedi gollwng yr arwydd minws (rydyn ni'n darganfod cyfeiriad y trosglwyddiad gwres trwy archwiliad).

Enghraifft

Gwerth U wal frics (dim ceudod) yw 2.0 W m^{-2} K^{-1}. Cyfrifwch y gyfradd colli gwres am bob uned arwynebedd gyda gwahaniaeth tymheredd o 15°C.

Ateb

Mae'r gyfradd colli gwres = $UA\Delta\theta$.

$\therefore$ Mae'r gwres gaiff ei golli am bob uned arwynebedd = $U\Delta\theta = 2.0 \times 15 = 30$ W m^{-2}.

Nawr cymharwch yr ateb hwn ag un a gafodd ei gyfrifo gan ddefnyddio dargludedd thermol y brics, y mae'r wal wedi'i hadeiladu ohonynt (GG D26)

Adeileddau cyfansawdd – cyfuno gwerthoedd U

Ffig. CH.32 Wal + drws + ffenestr

Mae cyfrifo'r gwres sy'n cael ei golli o (dyweder) wal sy'n cynnwys drws a ffenestr yn syml: Cyfanswm y gwres sy'n cael ei golli yw swm y colledion trwy'r wal, y drws a'r ffenestr, h.y.

$$\frac{\Delta Q}{\Delta t} = (U_{\text{wal}}A_{\text{wal}} + U_{\text{drws}}A_{\text{drws}} + U_{\text{ffenestr}}A_{\text{ffenestr}})\Delta\theta$$

Gallwn ni amcangyfrif gwerth U adeiledd amlhaenog, e.e. y wal ynysedig yn Ffig. CH.30, trwy ddefnyddio dull tebyg o ymdrin â'r un yn yr enghraifft flaenorol. Mae'r enghraifft nesaf yn dangos sut i wneud hyn. Fodd bynnag, mae gan y dull broblem: mae gan haen unigol werth U sy'n cael ei effeithio gan y croen ynysu o aer; pan gaiff yr haenau eu cyfuno, does dim croen aer rhyngddynt. Felly bydd canlyniad y cyfrifiad yn tanamcangyfrif y gwerth U.

Termau Allweddol

Gwerth U elfen adeiladu (e.e. wal) yw'r gyfradd trosglwyddo gwres am bob uned arwynebedd am bob uned o wahaniaeth tymheredd.

UNED: W m^{-2} K^{-1}

Gwirio gwybodaeth D26

Mae gan y brics sy'n ffurfio'r wal yn yr enghraifft ddargludedd thermol o 0.60 W m^{-2} K^{-1}. Mae trwch y wal yn 110 mm. Dangoswch fod y gyfradd colli gwres a gyfrifir gan ddefnyddio'r ffigurau hyn tua $2\tfrac{1}{2}\times$ yr hyn sy'n cael ei gyfrifo trwy ddefnyddio'r gwerth U.

Enghraifft

Mae gan wal frics allanol werth U o 2.0 W m^{-2} K^{-1}. Y tymheredd mewnol yw 20°C ac mae'r tu allan yn 12°C. Caiff haen o ynysiad gyda gwerth U o 0.4 W m^{-2} K^{-1} ei hychwanegu at du mewn y wal. Amcangyfrifwch:

(a) y gyfradd colli gwres am bob uned arwynebedd a (b) gwerth U newydd y wal.

Ateb

(a) Gadewch i dymheredd y rhyngwyneb fod yn θ. Mae cyfraddau colli gwres trwy'r ddwy haen yr un fath.

∴ Mae'r golled gwres am bob uned arwynebedd $= 0.4 \times (20 - \theta) = 2.0 \times (\theta - 12)$

Trwy rannu â 0.4 a lluosi: $20 - \theta = 5\theta - 60$

sy'n rhoi $\theta = \dfrac{80}{6} = 13.3\,°\text{C}$

∴ Mae'r gwres sy'n cael ei golli trwy'r ynysiad $= 0.4 \times (20 - 13.3) = 2.67$ W m^{-2}

(b) ∴ Mae 2.67 W m$^{-2} = U_{\text{wal}} \times 8$ K

∴ Mae $U_{\text{wal}} = \dfrac{2.67}{8} = 0.33$ W m^{-2} K^{-1}

◀ **Ymestyn a herio**

Ar gyfer adeiledd haenog:

(a) dangoswch fod y gwrthiannau thermol yn adio

(b) defnyddiwch y canlyniad hwn i gadarnhau gwerth U y wal ynysedig yn yr Enghraifft.

Mae peirianwyr adeiladu yn diffinio gwrthiant thermol, R, adeiledd fel cilydd ei werth U, h.y. $R = U^{-1}$. Mantais hyn yw, ar gyfer adeiledd gyda sawl haen, fod y gwrthiannau thermol yn adio i roi cyfanswm y gwrthiant thermol [fel gwrthiant trydanol mewn cyfres]. Gweler Ymestyn a herio.

Profwch eich hun Opsiwn CH

1. Mae myfyriwr yn mesur tonfedd frig sbectrwm yr Haul ac yn canfod ei bod yn 493 nm. Defnyddiwch gysonyn Wien $[2.90 \times 10^{-3}$ m K] i gyfrifo tymheredd ffotosffer yr Haul.

2. Yn ôl gwefan, diamedr ffotosffer yr Haul yw 1.392 miliwn km a'i dymheredd yw 5778 K. Mae'r pellter cymedrig rhwng y Ddaear a'r Haul yn 1.496×10^8 km. Defnyddiwch y data hyn i gyfrifo: (a) pŵer allbwn yr Haul, a (b) y cysonyn solar.

3. Mae myfyrwraig yn gollwng darn o iâ i silindr mesur sy'n cynnwys 200 cm³ o ddŵr. Mae lefel y dŵr yn codi i ddarlleniad o 240 cm³.

    (a) Nodwch gyfaint yr iâ sydd o dan y dŵr.
    (b) Cyfrifwch gyfanswm cyfaint yr iâ.
    (c) Nodwch yr hyn sy'n digwydd i lefel y dŵr yn y silindr mesur wrth i'r iâ ymdoddi, ac esboniwch hyn.
    (ch) Nodwch yn fyr beth yw perthnasedd yr arbrawf hwn wrth ein helpu i ddeall effaith iâ sy'n ymdoddi ar lefel y môr.
        $[\rho_{i\hat{a}} = 917$ kg m⁻³; $\rho_{d\hat{w}r} = 1000$ kg m⁻³]

4. Corblaned yw Ceres, ac mae ganddi radiws orbitol cymedrig o 2.77 AU.

    (a) Cyfrifwch gymhareb arddwysedd golau'r Haul ar Ceres i'r arddwysedd ar orbit y Ddaear.
    (b) Amcangyfrifwch dymheredd cymedrig arwyneb Ceres o wybod nad oes ganddi atmosffer.

5. Mae tyrbin llif llanw, diamedr 5.0 m, yn cael ei osod yn Swnt Dewi, lle mae cerrynt brig y llanw yn 3 m s⁻¹. Amcangyfrifwch y pŵer brig sydd ar gael o wybod mai'r cyfernod pŵer yw 0.4.

6. Mae'r tyrbin pŵer isel yng ngorsaf bŵer Cwm Rheidol yn defnyddio colofn o ddŵr gydag uchder o 7.5 m. Buanedd y llif yw tua 6 m s⁻¹ trwy dyrbin, sydd ag arwynebedd trawstoriadol o 4 m². Amcangyfrifwch:

    (a) cyfradd llif y màs
    (b) yr egni potensial disgyrchiant sy'n cael ei golli bob eiliad
    (c) yr egni cinetig mae'r dŵr yn ei ennill bob eiliad
    (ch) y pŵer gaiff ei gynhyrchu, gan dybio bod gan y tyrbin a'r generadur effeithlonrwydd cyfunol o 80%
    (d) yr effeithlonrwydd cyffredinol.

7. Mae thoriwm-232 wedi cael ei ddefnyddio'n llwyddiannus mewn adweithydd bridio. Mae'n bresennol yng nghramen y Ddaear mewn symiau llawer mwy nag unrhyw isotop wraniwm. Mae ganddo hanner oes o 1.41×10^{10} o flynyddoedd. Nid yw'n ymholltog ei hun, ond mae'n amsugno niwtronau thermol, gydag egni o tua 0.025 eV, gan greu niwclid cynhyrfol sy'n dadfeilio trwy allyriad γ, wedi'i ddilyn gan ddau ddadfeiliad β^-, i roi isotop ymholltog o wraniwm. [Edrychwch ar Dabl Cyfnodol os oes angen.]

    (a) Defnyddiwch gysonyn Boltzmann i gyfiawnhau 0.025 eV fel ffigur ar gyfer niwtronau thermol.
    (b) Ysgrifennwch adweithiau ar gyfer y tri dadfeiliad sy'n cael eu henwi uchod.
    (c) Esboniwch, yn achos adweithydd thoriwm-232, pam mae angen presenoldeb niwclid ymholltog, er enghraifft ^{235}U.
    (ch) Pam mae ^{232}Th yn fwy cyffredin nag ^{235}U neu ^{238}U yng nghramen y Ddaear?

8. I gychwyn, mae'r defnydd niwclear mewn adweithydd niwclear yn cynnwys 5% o ^{235}U a 95% o ^{238}U sydd ddim yn ymholltog. Daw hyd at 30% o'r egni gaiff ei gynhyrchu mewn adweithydd o adweithiau heblaw am ymholltiad ^{235}U. Esboniwch hyn yn fyr.

9. Mae ffenestr gwydr sengl, 2.0 m × 1.0m, wedi'i gwneud o wydr. Cyfernod dargludedd thermol y gwydr yn y ffenestr yw 1.0 W m⁻¹ K⁻¹. Mae trwch y gwydr yn 0.60 cm.

    (a) Cyfrifwch gyfradd llifo'r gwres trwy'r ffenestr os oes gwahaniaeth tymheredd o 20 °C yn cael ei gynnal rhwng ei hwynebau.
    (b) Mae gwerth U y ffenestr yn 4.8 W K⁻¹. Defnyddiwch y gwerth hwn i gyfrifo'r gyfradd colli gwres, ar ddiwrnod llonydd, o ystafell sy'n cynnwys y ffenestr hon, a hynny pan fydd y tymheredd y tu mewn yn 25 °C a'r tymheredd y tu allan yn 5°C.
    (c) Esboniwch y gwahaniaeth (enfawr) rhwng y cyfraddau colli gwres yn yr atebion i rannau (a) a (b).
    (ch) Cyfrifwch y gwahaniaeth tymheredd go iawn rhwng wynebau mewnol ac allanol y ffenestr wydr yn rhan (b).
    (d) Mae ffenestr gwydr dwbl wedi'i gwneud o ddau ddarn 4 mm o wydr tenau wedi'u gwahanu gan haen (12 mm) o aer. Gwerth U yr uned yw 2.8 W m⁻² K⁻¹. Gan dybio bod gwerth U y cwarelau gwydr mewn cyfrannedd gwrthdro â'u trwch, amcangyfrifwch werth U yr haen o aer.

10. Mae dyluniad newydd o banel solar sy'n cynnwys nifer o gyfuniadau cyfres o 90 o gelloedd PV wedi'u cysylltu mewn paralel. Mae'r graff yn dangos cromlin nodweddiadol allbwn y panel wedi'i oleuo ar $90°$ gan belydriad solar ag arddwysedd o 560 W m^{-2}.

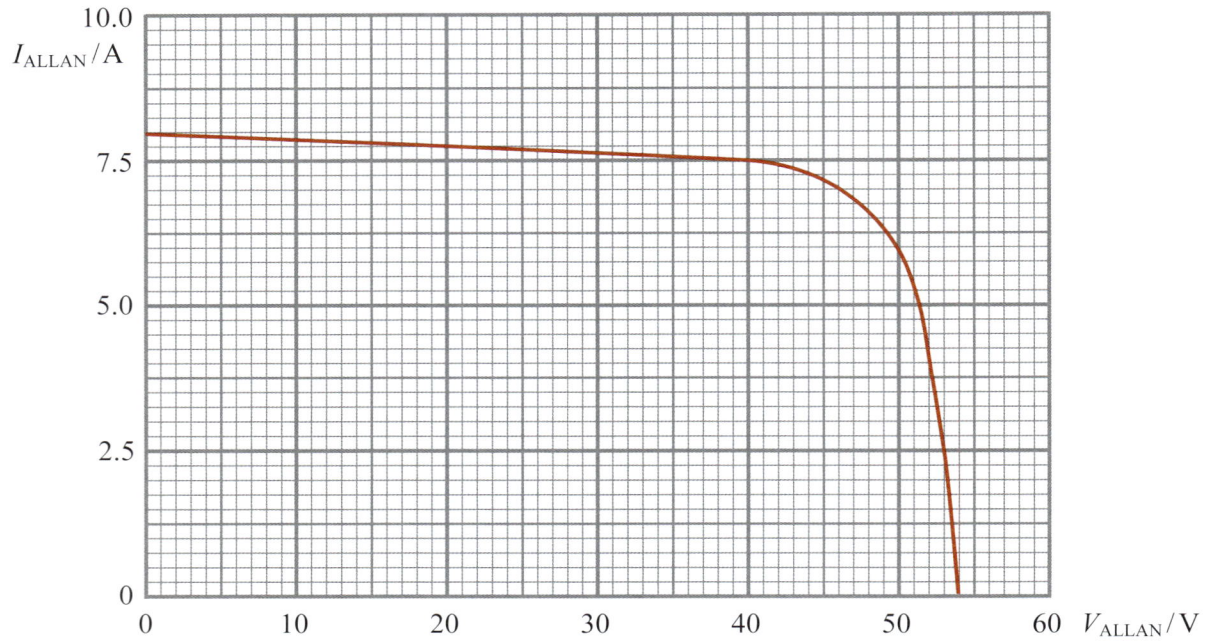

(a) Y cerrynt mwyaf sy'n cael ei gynhyrchu gan bob cell solar yw 40 mA. Cyfrifwch:
    (i) nifer y cyfuniadau paralel o gelloedd solar
    (ii) gp allbwn mwyaf pob cell solar.
(b) Defnyddiwch y graff i gyfrifo pŵer allbwn, P_{allan}, y panel solar wrth weithredu ar foltedd allbwn, $V_{allan} = 20 \text{ V}$.
(c) Gan ddefnyddio cyfres o werthoedd wedi'u cyfrifo, lluniadwch graff P_{allan} yn erbyn V_{allan}.
(ch) Defnyddiwch y graff i bennu pŵer allbwn mwyaf y panel solar a nodi gwerthoedd gweithredu V_{allan} ac I_{allan}.
(d) Cyfrifwch arwynebedd y panel solar, gan dybio effeithlonrwydd gweithredol o 30%.

11. Mae morlyn llanw (math o forglawdd llanw) yn cael ei ystyried fel ffordd o ddarparu egni adnewyddadwy. Ymhlith y gwrthwynebiadau iddo mae'r ffaith bod yr allbwn yn amrywio gyda'r llanw – felly mae adegau pan na fydd trydan yn cael ei gynhyrchu. Mae'r tabl canlynol yn rhoi amserau llanw uchel mewn gwahanol leoliadau o'i gymharu ag Abertawe.

Lleoliad	Abergwaun	Aberystwyth	Porthmadog	Caergybi	Bangor
Gwahaniaeth llanw uchel (mun)	+65	+100	+130	+265	+310

Trafodwch sut mae'r wybodaeth hon yn newid yr achos dros adeiladu morlynnoedd llanw.

Hafaliadau Uned 4

Hafaliad	Disgrifiad
$C = \dfrac{Q}{V}$	C = cynhwysiant; Q = gwefr ar y naill neu'r llall o blatiau'r cynhwysydd
$C = \dfrac{\varepsilon_0 A}{d}$	Cynhwysydd platiau paralel gydag aer rhwng y platiau A = arwynebedd pob plât; d = pellter rhwng y platiau
$E = \dfrac{V}{d}$	Maes trydanol unffurf: E = cryfder maes, V = gp d = pellter i gyfeiriad y maes.
$U = \dfrac{1}{2}QV$	Egni wedi'i storio gan gynhwysydd
$Q = Q_0(1 - e^{-t/RC})$	Hafaliad gwefru ar gyfer cynhwysydd; R = gwrthiant
$Q = Q_0 e^{-t/RC}$	Hafaliad dadwefru ar gyfer cynhwysydd
$F = \dfrac{1}{4\pi\varepsilon_0}\dfrac{Q_1 Q_2}{r^2}$	Grym electrostatig rhwng dwy wefr bwynt; r = gwahaniad
$EP = \dfrac{1}{4\pi\varepsilon_0}\dfrac{Q_1 Q_2}{r}$	Egni potensial trydanol dwy wefr bwynt
$E = \dfrac{1}{4\pi\varepsilon_0}\dfrac{Q}{r^2}$	Maes trydanol oherwydd gwefr bwynt; r = pellter o'r wefr
$V_E = \dfrac{1}{4\pi\varepsilon_0}\dfrac{Q}{r}$	Potensial trydanol oherwydd gwefr bwynt
$W = q\Delta V_E$	Gwaith sy'n cael ei wneud wrth symud gwefr mewn maes trydanol
$F = G\dfrac{M_1 M_2}{r^2}$	Grym disgyrchiant rhwng dau fàs pwynt
$EP = -G\dfrac{M_1 M_2}{r}$	Egni potensial disgyrchiant dau fàs pwynt
$g = \dfrac{GM}{r^2}$	Cryfder maes disgyrchiant o ganlyniad i fàs pwynt
$V_g = -G\dfrac{M}{r}$	Potensial disgyrchiant oherwydd màs pwynt
$W = m\Delta V_g$	Gwaith sy'n cael ei wneud wrth symud màs mewn maes disgyrchiant
$\dfrac{\Delta\lambda}{\lambda} = \dfrac{v}{c}$	Dadleoliad Doppler; $\Delta\lambda$ = newid mewn tonfedd; v = cyflymder rheiddiol
$v = H_0 D$	v = cyflymder encilio; H_0 = cysonyn Hubble; D = pellter
$\rho_c = \dfrac{3H_0^2}{8\pi G}$	ρ_c = dwysedd critigol
$r_1 = \dfrac{M_2}{M_1 + M_2}d$	r_1 = pellter y craidd màs o M_1
$T = 2\pi\sqrt{\dfrac{d^3}{G(M_1 + M_2)}}$	Cyfnod orbit dau wrthrych mewn orbit o gwmpas eu craidd màs
$F = BI\ell\sin\theta$	Grym ar ddargludydd sy'n cario cerrynt mewn maes magnetig, B
$F = Bqv\sin\theta$	Grym ar wefr symudol, q, mewn maes magnetig
$B = \dfrac{\mu_0 I}{2\pi a}$; $B = \mu_0 nI$	Maes magnetig oherwydd gwifren syth; mewn solenoid hir n = nifer y troadau am bob uned hyd
$\Phi = AB\cos\theta$	Fflwcs mewn arwyneb ag arwynebedd A; θ = ongl rhwng y maes a'r normal
Cysylltedd fflwcs = $N\Phi$	N = nifer y troadau

Oherwydd yr angen i osod cwestiynau synoptig, mae Llyfryn Data CBAC ar gyfer Uned 4 yn cynnwys yr hafaliadau ar gyfer Unedau UG 1 a 2, ac Uned A2 3. Yr hafaliadau ar y dudalen hon yw'r rhai sy'n benodol i gynnwys craidd Uned 4. Mae'r rhai ar y dudalen nesaf yn ymwneud ag Opsiynau Uned 4.

Ni roddir y disgrifiadau yn y Llyfryn Data – dim ond yr hafaliadau symbolau.

Hafaliadau Uned 4 (Opsiynau)

	Hafaliad	Disgrifiad
Opsiwn A	Cysylltedd fflwcs $= BAN \cos \omega t$	Cysylltedd fflwcs mewn coil sy'n troelli mewn maes magnetig
	$V = \omega BAN \sin \omega t$	Gp allbwn coil sy'n troelli mewn maes magnetig
	$V_{\text{isc}} = \dfrac{V_0}{\sqrt{2}}; \; I_{\text{isc}} = \dfrac{I_0}{\sqrt{2}}$	Gwerthoedd isc ar gyfer gp a cherrynt sy'n amrywio'n sinwsoidaidd, I_0 a V_0 yw'r brigwerthoedd
	$V_{\text{isc}} = \dfrac{\omega BAN}{\sqrt{2}}$	Gp isc ar gyfer coil sy'n troelli mewn maes magnetig
	$X_L = \omega L; \; X_C = \dfrac{1}{\omega C}$	Adweithedd anwythydd (X_L) a chynhwysydd (X_C)
	$Z = \sqrt{X^2 + R^2}$	Y berthynas rhwng rhwystriant (Z), adweithedd a gwrthiant
	$Q = \dfrac{V_L}{V_R} \left(= \dfrac{V_C}{V_R} \right) = \dfrac{\omega_0 L}{R}$	Ffactor Q yn nhermau'r gpau mewn cyseiniant ac yn nhermau'r amledd cyseiniant, anwythydd a'r gwrthiant
Opsiwn B	$I = I_0 e^{-\mu x}$	Dadfeiliad arddwysedd, I, pelydrau X mewn cyfrwng
	$Z = c\rho$	$Z = $ rhwystriant acwstig; $c = $ buanedd sain; $\rho = $ dwysedd
	$\dfrac{\Delta f}{f_0} = \dfrac{2v}{c} \cos \theta$	Dadleoliad Doppler yn cael ei ddefnyddio mewn sganiau uwchsain
	$f = 42.6 \times 10^6 B$	Amledd Larmor ar gyfer protonau mewn maes magnetig
	$H = DW_R$	$H = $ dos cyfatebol; $D = $ dos sy'n cael ei amsugno; $W_R = $ ffactor pwysoli pelydriad
	$E = HW_T$	$E = $ dos effeithiol; $W_T = $ ffactor pwysoli meinwe
Opsiwn C	$Ft = mv - mu$	Ergyd $(Ft) = $ newid momentwm
	$e = \dfrac{\text{buanedd cymharol ar ôl gwrthdrawiad}}{\text{buanedd cymharol cyn gwrthdrawiad}}$	Diffiniad y cyfernod adfer
	$e = \sqrt{\dfrac{h}{H}}$	$h = $ uchder bownsio; $H = $ uchder gollwng
	$I = \dfrac{2}{5} mr^2; \; I = \dfrac{2}{3} mr^2$	Momentau inertia ar gyfer pêl solet a phêl wag
	$\alpha = \dfrac{\omega_2 - \omega_1}{t}$	$\alpha = $ cyflymiad onglaidd
	$\tau = I\alpha$	$\tau = $ trorym
	$L = I\omega$	$L = $ momentwm onglaidd
	$EC = \dfrac{1}{2} I\omega^2$	Egni cinetig cylchdroi
	$p = p_0 - \dfrac{1}{2} \rho v^2$	Hafaliad Bernoulli
	$F_D = \dfrac{1}{2} \rho v^2 A C_D$	Hafaliad grym llusgiad; $C_D = $ cyfernod llusgiad
Opsiwn CH	$I = \dfrac{P}{A}$	$I = $ arddwysedd pelydriad; $P = $ pŵer; $A = $ arwynebedd ar ongl sgwâr
	$P = \dfrac{1}{2} A\rho v^3$	Pŵer ar gael o lifydd sy'n symud (aer neu ddŵr)
	$\dfrac{\Delta Q}{\Delta t} = -AK \dfrac{\Delta \theta}{\Delta x}$	Hafaliad dargludiad thermol; $K = $ dargludedd thermol
	$P = UA\Delta \theta$	Cyfradd colli gwres (P) yn nhermau gwerth U

Uned 4

1 (a) (i) Nodwch ddeddf 1af ac 2il ddeddf Kepler. **[3]**

(ii) Gallwn ni ddeillio 3edd ddeddf Kepler o ddeddf disgyrchiant Newton a'r hafaliad ar gyfer mudiant mewngyrchol. Dangoswch fod y canlynol yn wir am unrhyw wrthrych sydd mewn orbit crwn o gwmpas y Ddaear:

$$T^2 = \frac{4\pi^2}{GM_{Dd}} r^3$$

lle mae T = cyfnod yr orbit, r = radiws yr orbit, G = y cysonyn disgyrchiant ac M_{Dd} = màs y Ddaear. **[3]**

(b) Mae radiws yr orbit geosefydlog uwchben cyhydedd y Ddaear yn $42\,000$ km ac mae'r pellter o'r Ddaear i'r Lleuad yn $380\,000$ km. Defnyddiwch 3edd ddeddf Kepler i gyfrifo cyfnod orbit y Lleuad. **[3]**

(c) Amcangyfrifwch y cyfnod orbit lleiaf posibl ar gyfer lloeren sydd mewn orbit o gwmpas y Ddaear, gan nodi unrhyw dybiaeth rydych chi'n ei gwneud (mae radiws y Ddaear yn 6370km). **[3]**

(Cyfanswm 12 marc)

[*CBAC Safon Uwch Ffiseg 2019 Uned 4 C3*]

2 (a) Y cerrynt mewn gwifren hir yw 290 A ac mae'n rhy fawr i'w fesur gydag amedr. Esboniwch sut gallech chi ddefnyddio chwiliedydd Hall, wedi'i raddnodi mewn tesla (T), i ddarganfod y cerrynt hwn. **[3]**

Cerrynt, I

Chwiliedydd Hall

(b) Mae gwifren hir arall sy'n cario'r un cerrynt mawr yn cael ei gosod yn baralel i'r wifren wreiddiol fel yn y diagram. Cyfrifwch y grym am bob uned hyd ar y ddwy wifren, a nodwch gyfeiriad y grym ar y ddwy wifren hefyd. **[4]**

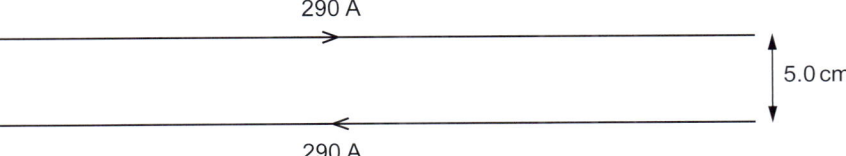

290 A

5.0 cm

290 A

(c) (i) Mae Tirion yn honni y bydd electron hanner ffordd rhwng y gwifrau, sy'n teithio ar fuanedd o 2.9×10^7 m s^{-1} yn baralel i'r gwifrau yn cyflawni mudiant cylchol perffaith rhwng y gwifrau. Darganfyddwch, gan ddefnyddio cyfrifiad addas, ydy honiad Tirion yn gywir neu beidio. Mae'r dwysedd fflwcs magnetig hanner ffordd rhwng y gwifrau yn 4.64mT. **[4]**

(ii) Brasluniwch fudiant yr electron. **[2]**

290 A

• → 2.9×10^7 m s^{-1}
Electron
5.0 cm

290 A

290 A

• →
5.0 cm

290 A

(ch) Tybiwch fod electron yn teithio mewn ardal â maes magnetig a maes trydanol oherwydd dau blât metel paralel fel sydd i'w weld isod. Diddwythwch a ydy'r electron yn parhau â chyflymder cyson neu beidio (B = 4.64mT). **[5]**

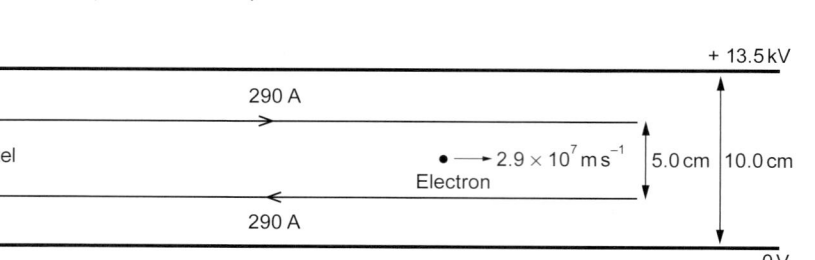

(Cyfanswm 18 marc)

[CBAC Safon Uwch Ffiseg 2019 Uned 4 C4]

3. (a) Nodwch ddeddfau Faraday a Lenz ar gyfer anwythiad electromagnetig **[2]**

(b) Mae dau farfagnet cryf yn cael eu gollwng trwy ddwy bibell gopr (P a Q). Mae hollt yn rhedeg ar hyd pibell P, ond mae Q yn gyflawn. Pan mae'r magnet yn cael ei ollwng trwy bibell P mae'n cyflymu bron yn unffurf, ond mae'r magnet sy'n cael ei ollwng trwy bibell Q yn cyrraedd cyflymder terfynol isel iawn yn gyflym. Esboniwch yr arsylwadau hyn. **[6 AYE]**

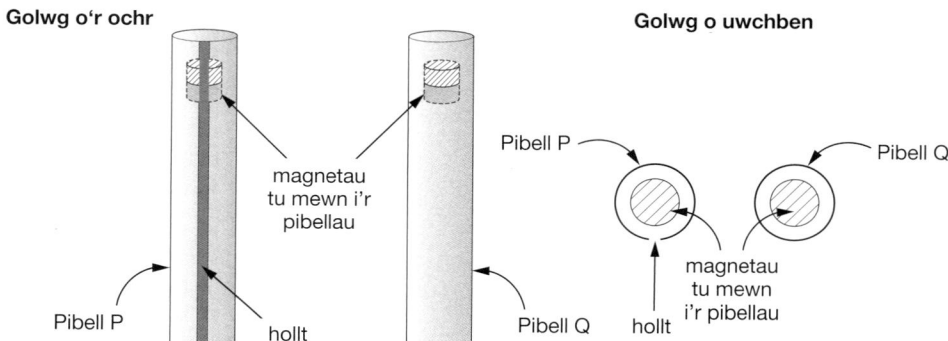

(c) Trwy ddefnyddio egwyddor cadwraeth egni, cyfrifwch gynnydd mewn tymheredd pibell Q ar ôl i'r magnet ddisgyn ar fuanedd cyson. **[4]**

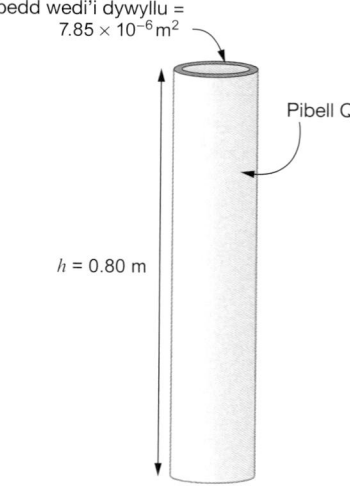

arwynebedd wedi'i dywyllu = $7.85 \times 10^{-6} m^2$

- màs y magnet = 0.300kg,
- arwynebedd trawstoriadol waliau copr y bibell Q = 7.85×10^{-6} m² (gweler y diagram)
- dwysedd copr = 8960 kg m⁻³
- cynhwysedd gwres sbesiffig copr = 385 J K⁻¹ kg⁻¹.

Pibell Q

h = 0.80 m

(Cyfanswm 12 marc)

[CBAC Safon Uwch Ffiseg 2019 Uned 4 C5]

Opsiynau

Opsiwn A – Ceryntau eiledol

1 **(a)** Mae'r gylched RCL ganlynol yn cael ei hadeiladu.

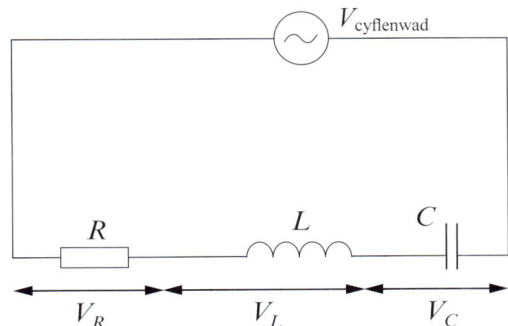

Ar gyfer y gylched RCL hon, disgrifiwch y perthnasoedd rhwng y gwerthoedd gp isc $V_{\text{cyflenwad}}$, V_R, V_L a V_C:

   (i) pan nad yw'r gylched mewn cyseiniant; **[3]**

   (ii) pan mae'r gylched mewn cyseiniant. **[2]**

(b) Mae'r gylched RCL ganlynol **mewn cyseiniant**. Mae gwerthoedd R ac C wedi'u rhoi, yn ogystal â'u gwerthoedd gp isc.

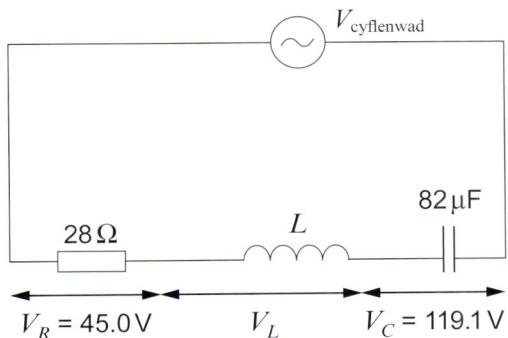

Cyfrifwch:

   (i) ffactor Q y gylched; **[1]**

   (ii) y cerrynt isc; **[1]**

   (iii) amledd y cyflenwad pŵer; **[2]**

   (iv) anwythiant yr anwythydd. **[2]**

(v) Brasluniwch graff o'r gp enydaidd ar draws y cynhwysydd ar y grid sydd wedi'i ddarparu. (Mae'r gp enydaidd ar draws y gwrthydd i'w weld.) **[2]**

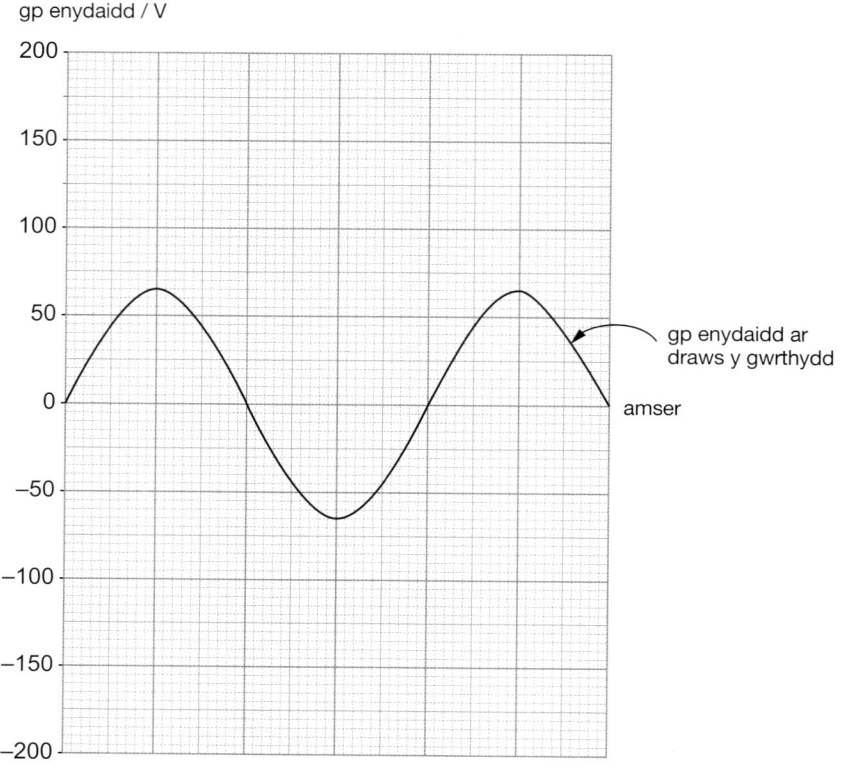

(vi) Heb gyfrifo pellach, esboniwch pam mae'r cerrynt yn lleihau pan mae amledd y cyflenwad pŵer yn cynyddu. **[2]**

(c) Mae Sam yn honni bod y gp allbwn (V_{ALLAN}) yn y gylched ganlynol yn fwy na 6.0V pan mae'r amledd yn fwy na 20kHz, ond yn llai na 6.0V pan mae'r amledd o dan 20kHz. Ymchwiliwch ydy Sam yn gywir neu beidio. **[5]**

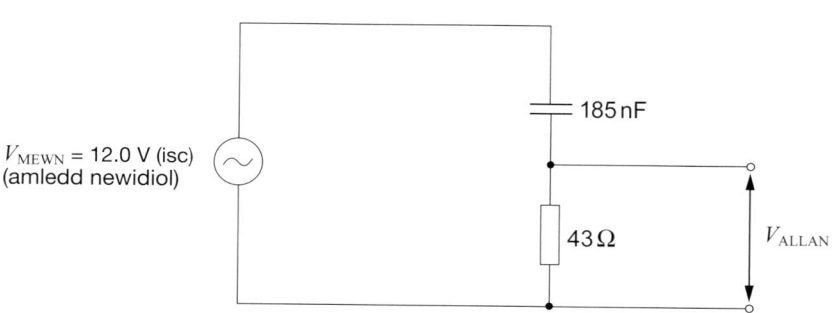

(Cyfanswm 20 marc)

[CBAC Safon Uwch Ffiseg 2019 Uned 4 C6]

Opsiwn B – Ffiseg feddygol

2 (a) (i) Trafodwch sut mae priodweddau pelydrau X yn eu gwneud nhw'n addas ar gyfer delweddu meddygol. **[3]**

(ii) Mae gan beiriant pelydr X gp gweithredol o 18kV a cherrynt o 12mA. Dim ond 0.5% o'r pŵer sy'n cael ei drawsnewid yn belydrau X. Darganfyddwch:

    I. cyflymder yr electronau wrth daro'r targed; **[2]**

    II. pŵer y pelydrau X sy'n cael eu hallyrru **[2]**

(b) (i) Mae arddwysedd, I, paladr uwchsain yn lleihau gyda thrwch, x, defnydd yn ôl yr hafaliad:

$$I = I_0 e^{-\mu x}$$

Y trwch hanner gwerth, $x_{1/2}$ yw trwch y defnydd sy'n gwneud i arddwysedd paladr trawol leihau 50%. Dangoswch fod:

$$\mu x_{1/2} = \ln 2$$

[2]

(ii) Trwch hanner gwerth cyhyr ar gyfer uwchsain sydd ag amledd 1.0MHz yw 2.7cm. Darganfyddwch drwch y cyhyr sydd ei angen i leihau'r arddwysedd i 70% o'i werth gwreiddiol. **[3]**

(c) Mae amheuaeth bod gan glaf furmur y galon oherwydd problem â'i falf aortig. Mae dewis o'r mathau canlynol o ddelweddu meddygol ar gael i chi:

    sgan MRI   **sgan uwchsain B**   **fflworosgopeg**   **sgan CT**   **pelydr X**

Gwerthuswch effeithiolrwydd pob math o ddelweddu o ran cadarnhau'r diagnosis. **[5]**

(ch) (i) Wrth drafod dod i gysylltiad ag ymbelydredd, bydd gwyddonwyr meddygol yn sôn am *y dos sy'n cael ei amsugno*, D, a'r *dos cyfatebol*, H. Esboniwch y gwahaniaeth rhwng y ddau derm hyn. **[2]**

(ii) Wrth drin tyfiant canseraidd gan ddefnyddio ymbelydredd gama, mae ysgyfaint claf yn derbyn dos cyfatebol o 4 mSv. Os yw ffactor pwysoli meinwe ysgyfaint yn 0.12, cyfrifwch y dos effeithiol. **[1]**

(Cyfanswm 20 marc)

[*CBAC Safon Uwch Ffiseg 2019 Uned 4 C7*]

Opsiwn C – Ffiseg Chwaraeon

3 Mae'r cwestiwn hwn yn ymwneud â ffiseg mudiant cnap hoci iâ, sy'n ddisg rwber caled â màs 0.17 kg a diamedr 76 mm.

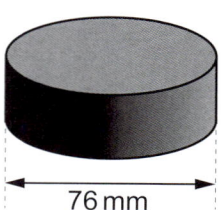

76 mm

(a) Pan mae'r disg ar dymheredd ystafell, y cyfernod adfer rhwng y cnap a'r iâ yw 0.55.

(i) Esboniwch beth yw ystyr y gosodiad 'y cyfernod adfer yw 0.55'. **[2]**

(ii) Pan mae cnap yn cael ei oeri o dymheredd ystafell i $0\,°C$ mae ei gyfernod adfer yn gostwng 30%. Cyfrifwch uchder bownsio cnap ar $0\,°C$ pan mae'n cael ei ollwng ar iâ o uchder cychwynnol o 0.50 m. **[4]**

(b) Mae'r llun yn dangos chwaraewr hoci iâ yn saethu am y gôl.

(i) Wrth daro'r cnap, mae'r chwaraewr yn newid buanedd y cnap o 3 m s^{-1} i 34 m s^{-1} heb newid ei gyfeiriad. Mae'r cnap yn aros mewn cysylltiad â'r ffon hoci am 25 ms. Cyfrifwch y grym cymedrig mae'r ffon hoci'n ei roi ar y cnap. **[2]**

(ii) Mae'r chwaraewr yn anelu am gornel uchaf y gôl, sydd ar uchder o 1.2 m. Mae ongl gychwynnol mudiant y cnap ar $8°$ i'r llorwedd a'i fuanedd yw 34 m s^{-1}. Darganfyddwch ydy'r cnap byth yn mynd yn uwch nag uchder y gôl neu beidio.

Anwybyddwch effaith gwrthiant aer. **[3]**

(iii) Mae cyfradd troelli'r cnap ar ei uchder mwyaf yn 14 cylchdro yr eiliad. Cyfrifwch ei egni cinetig **cylchdroi**.

Mae moment inertia y cnap yn cael ei roi gan: $I = \dfrac{mr^2}{2}$ **[3]**

(iv) Mae Wayne yn credu mai'r ateb i ran (b)(iii) mewn gwirionedd yw cyfanswm egni cinetig y cnap ar ei uchder mwyaf. Darganfyddwch a ydy Wayne yn gywir neu beidio. **[2]**

(v) Pan mae'r cnap yn cael ei saethu at y gôl, mae'n symud i'r dde. Mae'r diagram isod yn dangos cyflymder yr aer yn gymharol i'r cnap. Wrth i'r cnap hedfan, mae cyflymder yr aer uwch ei ben yn fwy na'r cyflymder oddi tano, ac felly'n creu grym codi.

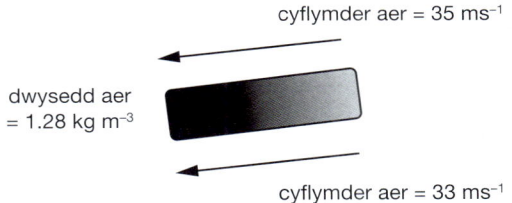

cyflymder aer = 35 ms⁻¹

dwysedd aer = 1.28 kg m⁻³

cyflymder aer = 33 ms⁻¹

Defnyddiwch hafaliad Bernoulli i gyfrifo'r grym codi ar y cnap a dangoswch fod hwn yn fach o'i gymharu â'i bwysau. **[4]**

(Cyfanswm 20 marc)

[*CBAC Safon Uwch Ffiseg 2019 Uned 4 C8*]

Opsiwn CH – Egni a'r Amgylchedd

4 (a) (i) Nodwch egwyddor Archimedes. **[1]**

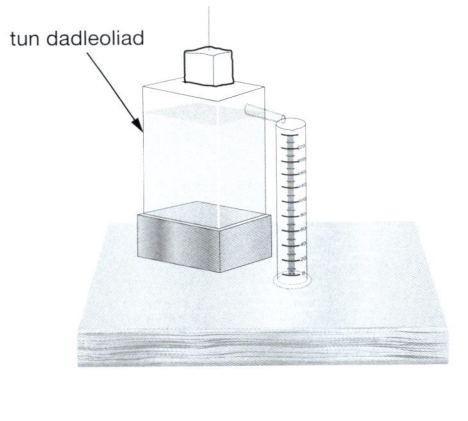

tun dadleoliad

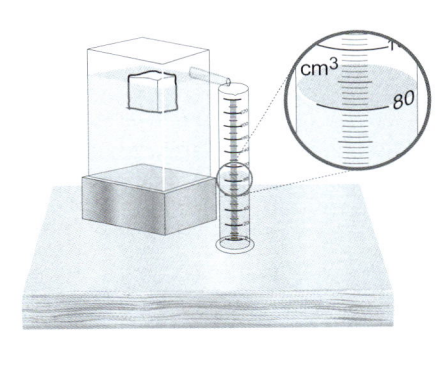

cm³

80

(ii) Mae myfyriwr yn gostwng bloc o iâ i mewn i dun dadleoliad sy'n cynnwys heli. Fel sydd i'w weld yn y diagram, mae 80 cm^3 o heli sydd wedi'i ddadleoli yn cael ei gasglu yn y silindr mesur.

Cyfrifwch beth yw màs yr heli sydd wedi'i ddadleoli gan dybio bod dwysedd heli, ρ_{heli}, yn 1030 kg m^{-3}. $[1 \text{ cm}^3 = 1 \times 10^{-6} \text{ m}^3]$ **[2]**

(iii) Dwysedd iâ, $\rho_{\text{iâ}}$, yw 920 kg m^{-3}. Defnyddiwch hwn ac egwyddor Archimedes i ganfod cyfaint y bloc iâ sydd uwchben yr arwyneb. **[3]**

(iv) Mae llen iâ yr Ynys Las (*Greenland*) yn gorff iâ enfawr sy'n gorchuddio tua 80% o arwyneb yr Ynys Las. Yr amcangyfrif yw fod yr iâ sy'n ymdoddi ar yr Ynys Las yn rhyddhau $2.2 \times 10^{11} \text{ m}^3$ o ddŵr i'r cefnfor o'i chwmpas bob blwyddyn.

I. Os yw arwynebedd arwyneb y cefnforoedd ar y Ddaear yn $3.6 \times 10^{14} \text{ m}^2$ cyfrifwch y cynnydd yn lefelau'r dŵr bob blwyddyn oherwydd bod iâ'r Ynys Las yn ymdoddi. **[1]**

II. Esboniwch pam byddai ymdoddi'r llen iâ yn cael mwy o effaith ar lefelau'r môr byd-eang nag ymdoddi'r un màs o fynyddoedd iâ. **[2]**

III. Mae pobl yn credu y gallai ymdoddiad llenni iâ arwain at gynnydd pellach mewn tymereddau byd-eang. Awgrymwch reswm am hyn. **[1]**

(b) (i) Defnyddiwch hafaliad priodol i ddangos mai uned cyfernod dargludedd thermol, K, yw W m^{-1} K^{-1}. **[2]**

(ii) Mae trwch yr ynysiad atig sy'n cael ei argymell wedi newid dros amser. Yn 1985, roedd haen 100 mm o ynysiad atig gwydr ffibr ($K = 0.041$ W m^{-1} K^{-1}) yn cael ei ddefnyddio i orchuddio arwynebedd o 72 m^2 o dan do tŷ. Yn y gaeaf, roedd tymheredd yr aer yn union uwchben yr ynysiad yn 5 °C ac roedd tymheredd yr arwyneb oedd yn cynnal yr ynysiad yn 20 °C. Cyfrifwch gyfradd llif gwres trwy'r ynysiad. **[2]**

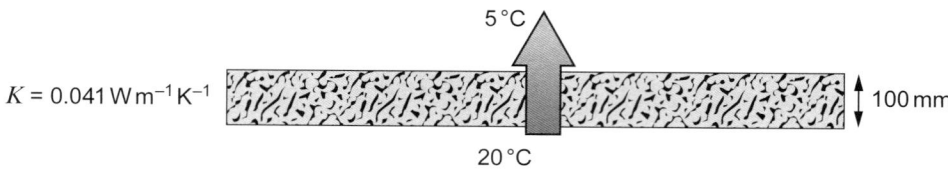

(iii) Mae gwneuthurwr ynysiad atig heddiw yn argymell trwch ynysiad atig o **270 mm**. Mae'n awgrymu y gallai'r tŷ gyrraedd y safon fodern hon trwy ychwanegu **170 mm** o ynysiad atig cellwlos ($K = 0.035$ W m^{-1} K^{-1}) ac y byddai'r gyfradd trosglwyddo egni'n lleihau mwy na 60 %.

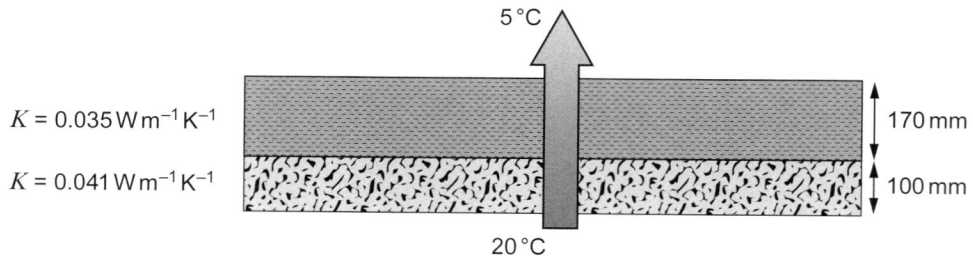

Eto, gan dybio bod tymheredd yr aer yn union uwchben yr ynysiad yn 5 °C a bod tymheredd yr arwyneb sy'n cynnal yr ynysiad yn 20 °C, ymchwiliwch i weld a ydy'r argymhelliad hwn yn gywir. **[4]**

(iv) Gan ddechrau o'r arwyneb isaf ar 20 °C, brasluniwch graff tymheredd yn erbyn pellter trwy'r ynysiad atig ar yr echelin sydd wedi'i darparu. **[2]**

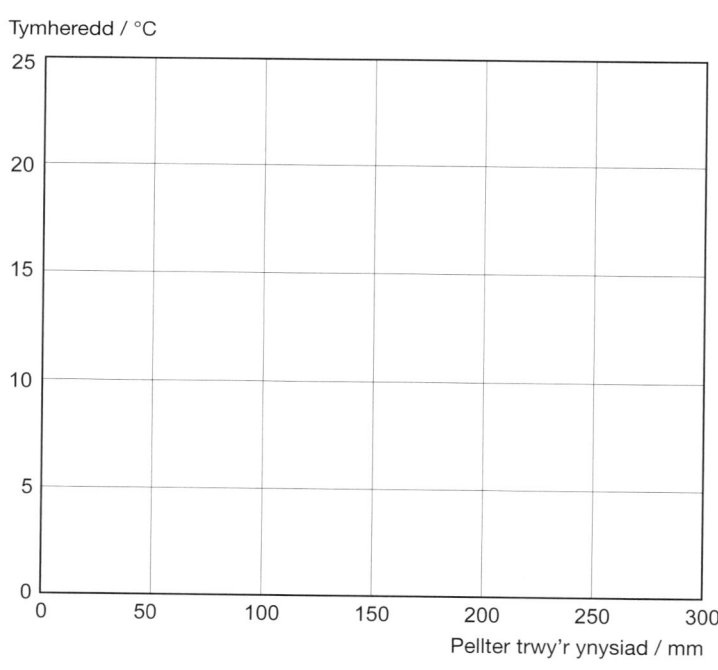

(Cyfanswm 20 marc)

[*CBAC Safon Uwch Ffiseg 2019 Uned 4 C9*]

Sgiliau mathemategol a sgiliau trin data

Mae cynnwys Unedau 3 a 4 y fanyleb Safon Uwch yn gofyn am sgiliau dadansoddi uwch nag oedd eu hangen ar gyfer Unedau 1 a 2. Mae yna ddau brif faes sy'n fwy heriol yn fathemategol, ac sy'n cael eu datblygu yn y bennod hon er mwyn eu defnyddio yn adrannau perthnasol Unedau 3 a 4:

- Mae astudio cylchdroeon ac osgiliadau yn Uned 3, a'r opsiwn trydan CE, yn gofyn am ddealltwriaeth ddyfnach o ffwythiannau trigonometrig.
- Mae ffwythiannau esbonyddol a logarithmig yn hanfodol i ddisgrifio twf a dadfeiliad, er enghraifft wrth astudio osgiliadau gwanychol, allyriadau ymbelydrol ac amsugniad ymbelydredd γ. Caiff y ddau ffwythiant hyn eu defnyddio hefyd wrth ddadansoddi data sy'n ymwneud â deddf pŵer a dadfeiliad esbonyddol.

Mae'r rhan fwyaf o'r sgiliau mathemategol a thrin data sydd eu hangen ar gyfer Ffiseg Safon Uwch yr un fath â'r rheini ar gyfer Ffiseg UG, ac maen nhw wedi'u cynnwys yn y gwerslyfr Blwyddyn 1 ac UG. Ysgrifennwyd y llyfr hwnnw gyda myfyrwyr Safon Uwch, yn ogystal ag UG, mewn golwg, felly mae gofynion yr ymarferion a'r cwestiynau arholiad ar lefel briodol. Fodd bynnag, mae rhai sgiliau ychwanegol yn benodol ar gyfer Safon Uwch, ac mae dealltwriaeth ddyfnach o'r sgiliau gafodd eu hastudio yn ystod y cwrs UG yn ofynnol ar gyfer rhai o'r cyd-destunau yn yr adran sydd ddim ar gyfer y cwrs UG.

Mae'r rhan fwyaf o'r gwaith dadansoddol ar orbitau yn Adrannau 4.2 a 4.3 yn nhermau cylchoedd, ond mae angen rhywfaint o ddealltwriaeth o elipsau. Mae Adran M2 yn cyfeirio at rai termau.

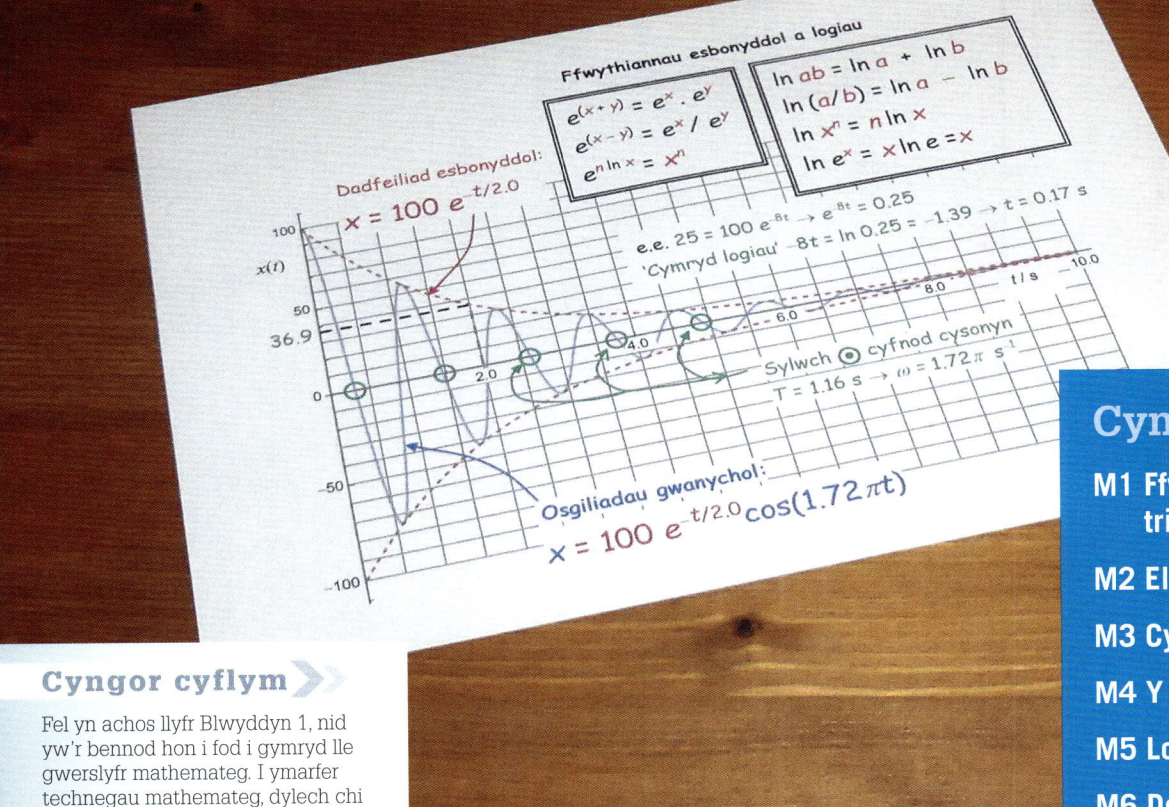

Cynnwys

M1 Ffwythiannau trigonometrig

M2 Elipsau

M3 Cyfradd newid

M4 Y ffwythiant esbonyddol

M5 Logarithmau

M6 Defnyddio logiau i greu ffwythiannau llinol

M1 Ffwythiannau trigonometrig

Cyngor mathemateg

Dylech chi osod eich cyfrifiannell yn y modd radianau ar gyfer cyfrifiadau sy'n ymwneud ag osgiliadau.

Termau Allweddol

Mae **amledd onglaidd**, ω, osgiliad yn $2\pi f$ lle f yw'r amledd.

UNED: s^{-1} neu rad s^{-1}.

M1 **Gwirio gwybodaeth**

Defnyddiwch Ffig. M.1 i roi tri gwerth t lle mae:

(a) $A \cos \omega t = A$

(b) $A \cos \omega t = 0$

(c) $A \sin \omega t = A$

M2 **Gwirio gwybodaeth**

Rhoddir dadleoliad, x, gwrthrych sy'n osgiladu gan $x = A\cos \omega t$, lle mae A yn 2 cm ac ω yn 31.4 rad s^{-1}.

(a) Nodwch osgled yr osgiliad.

(b) Cyfrifwch amledd yr osgiliad.

(c) Cyfrifwch y ddau dro cyntaf ar ôl $t = 0$, lle mae $x = 0$.

Pwynt astudio

Caiff $A\cos (\omega t + \varepsilon)$ ei symud **yn gynharach** nag $A\cos \omega t$ (os yw ε yn bositif, oherwydd mae angen gwerth llai o t yn awr i roi'r un gwerth ar gyfer arg y cosin.

M3 **Gwirio gwybodaeth**

Mae cerrynt eiledol I, gydag I mewn mA, a t mewn s, yn amrywio yn ôl $I = 0.2 \sin (1000t + 0.5)$

(a) Nodwch yr amledd onglaidd, ω.

(b) Cyfrifwch yr amledd, f.

(c) Cyfrifwch y cyfnod, T.

(ch) Cyfrifwch yr amseroedd rhwng $t = -T$ a $t = T$ lle mae $I = 0$.

Rydyn ni'n defnyddio'r sin a'r cosin trigonometrig i fodelu ymddygiad systemau sy'n osgiliadu. Mae'n bwysig gwybod sut i'w braslunio a'u dehongli nhw, yn ogystal â deall y perthnasau rhyngddyn nhw.

M1.1 Ffurf ffwythiannau sin a cosin

Mae'n bosibl mynegi mudiannau osgiliadu harmonig syml a cheryntau (a folteddau) eiledol ar y ffurf:

$$f(t) = A \cos (\omega t + \varepsilon) \qquad \text{ac} \qquad f(t) = A \sin (\omega t + \phi).$$

Yma $f(t)$ yw dadleoliad, cyflymder, cyflymiad, cerrynt neu gp wedi'u mynegi fel ffwythiant o amser, A yw osgled y mesur sy'n osgiliadu, ω yr **amledd onglaidd** ac ε (a ϕ) yw'r onglau gwedd cyson. [Dylech chi dybio bod yr onglau ε a ϕ yn cael eu mynegi mewn radianau os na chewch chi wybod fel arall.]

Rydyn ni'n cofio, o Adran 4.4.4 y gwerslyfr Blwyddyn 1 ac UG, bod gwerthoedd eithafol y ffwythiannau sin a cosin yn ± 1, a bod y ffwythiant yn ailadrodd bob newid 2π radian yn ωt. Mae Ffig. M.1 yn dangos y ffwythiannau hyn gydag ε a ϕ yn sero.

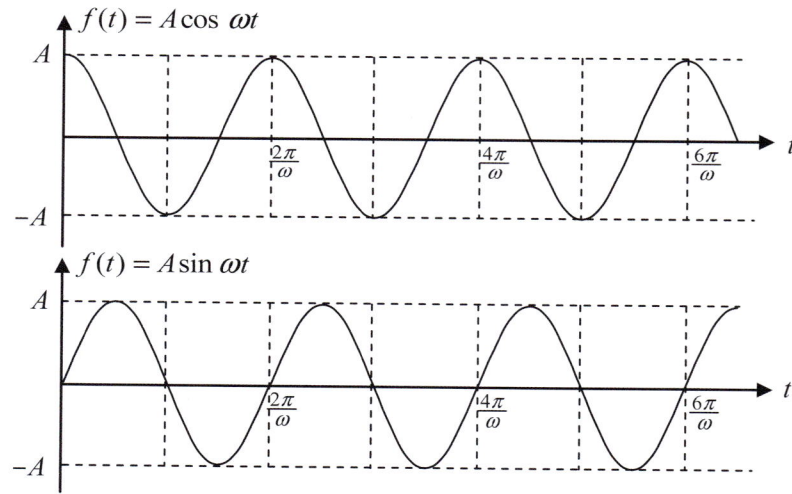

Ffig. M.1 Ffwythiannau sin a cosin gyda chysonyn gwedd sero

Beth os nad yw'r cysonyn gwedd, ε yn $f(t) = A \cos (\omega t + \varepsilon)$ yn sero? Os yw $\varepsilon > 0$, mae'r ffwythiant $f(t) = A \cos (\omega t + \varepsilon)$ yr un peth ag $f(t) = A \cos \omega t$ ond wedi'i symud yn gynharach mewn amser trwy $\Delta t = \varepsilon / \omega$ (gweler y Pwynt astudio). Mae cysonyn gwedd negatif yn symud y graff i'r dde. Dyma fynegiadau eraill ar gyfer Δt:

$$\Delta t = \frac{\varepsilon}{\omega} = \frac{\varepsilon}{2\pi f} = \frac{\varepsilon T}{2\pi}$$

Yn yr un modd, mae $f(t) = A \sin (\omega t + \phi)$ yr un peth ag $f(t) = A \sin \omega t$, ond wedi'i symud $\Delta t = \phi / \omega$ yn gynharach mewn amser.

M1.2 Y berthynas rhwng y ffwythiannau sin a cosin

(a) Gwedd

Mae siâp y ffwythiant cosin yr un peth â siâp y ffwythiant sin; mae'n cael ei symud yn gynharach mewn gwedd trwy $\frac{\pi}{2}$ (h.y. $\frac{1}{4}$ o gylchred), hynny yw $T/4$ yn gynharach mewn amser. Felly, gallwn ni ysgrifennu:

$$\cos \omega t = \sin \left(\omega t + \tfrac{\pi}{2}\right) \qquad \text{neu, yn gywerth,} \qquad \sin \omega t = \cos \left(\omega t - \tfrac{\pi}{2}\right)$$

Mae hyn yn golygu ein bod bob amser yn gallu ysgrifennu ffwythiant sin fel ffwythiant cosin yn lle hynny, gyda'r ongl wedd briodol.

Gallwn ni fynd ymhellach na hyn. Os cymerwn ni ffwythiant sin neu cosin a'i symud $T/2$ mewn amser i'r naill gyfeiriad neu'r llall, h.y. π radian, cawn ni negatif yr un ffwythiant. Mae hynny'n golygu bod

$$\cos (\omega t \pm \pi) = -\cos \omega t \qquad \text{a} \qquad \sin (\omega t \pm \pi) = -\sin \omega t$$

Mae hyn yn rhoi mwy o hyblygrwydd i ni o ran ysgrifennu sin neu cosin.

Gwirio gwybodaeth M4

Ysgrifennwch y ffwythiant ar gyfer y cerrynt eiledol yn GG M3 ar ffurf ffwythiant cosin.

Gwirio gwybodaeth M5

Mae dau fyfyriwr yn cael yr atebion canlynol ar gyfer osgiliad:

$x = 10 \cos (100t - 1.0)$

$x = 10 \sin (100t + 0.57)$

Ydy'r ddau yn gallu bod yn gywir?

(b) Graddiannau

Trwy ddefnyddio technegau calcwlws, sydd y tu hwnt i waith y llyfr hwn, gallwn ni ddangos bod graddiant cromlin sin yn gromlin cosin, ac i'r gwrthwyneb. Yn fwy manwl, mae:

$$\text{graddiant } \sin t = \cos t \qquad \text{ac mae graddiant } \cos t = -\sin t$$

Mae lluosi t ag ω yn sin ωt a cos ωt yn gwasgu'r osgiliadau yn llorweddol yn ôl ffactor ω ac felly'n cynyddu'r graddiant yn ôl yr un ffactor. Mae lluosi ag A, fel yn A sin ωt ac A cos ωt, yn ymestyn yr osgiliadau'n fertigol yn ôl y ffactor A, ac felly'n cynyddu'r graddiant hefyd yn ôl yr un ffactor. Felly mae:

$$\text{graddiant } A \sin \omega t = A\omega \cos \omega t$$

ac mae

$$\text{graddiant } A \cos \omega t = -A\omega \sin \omega t$$

Wrth astudio mudiant harmonig syml, rydyn ni fel arfer yn ysgrifennu'r dadleoliad, x, fel:

$$x = A \cos \omega t, \qquad \text{neu, gyda chysonyn gwedd } x = A \cos (\omega t + \varepsilon)$$

Y cyflymder yw graddiant y graff dadleoliad–amser, felly mae

$$v = -A\omega \sin \omega t \text{ neu} \qquad\qquad v = -A\omega \sin (\omega t + \varepsilon)$$

A chyflymiad yw graddiant y graff cyflymder–amser, felly mae

$$a = -A\omega^2 \cos \omega t \text{ neu} \qquad\qquad a = -A\omega^2 \cos (\omega t + \varepsilon)$$

◀**Ymestyn a herio**

Amcangyfrifwch raddiant **sin** t, ar $t = 0$ trwy ystyried y cyfwng -0.1 rad i $+0.1$ rad. Ailadroddwch hyn ar gyfer cyfyngau llai a llai, e.e.

-0.01 rad i $+0.01$ rad;

-0.001 rad i $+0.001$ rad…

Sut mae hyn yn cefnogi'r awgrym bod graddiant sin θ yn cos θ. Rhowch gynnig ar ailadrodd hyn ar gyfer gwerthoedd canolog eraill, e.e. $\theta = 0.5$ rad.

Pwynt astudio

Os yw $x = A \cos \omega t$ ac $a = -A \omega^2 \cos \omega t$ yna mae $a = -\omega^2 x$.

Felly, mae'r cyflymiad mewn cyfranedd union â'r dadleoliad, ac i'r cyfeiriad dirgroes. Mae'r math hwn o fudiant (MHS) yn codi pan fydd gwrthrych yn cael ei ddadleoli ychydig oddi wrth safle ecwilibriwm.

Enghraifft

Rhoddir dadleoliad (mewn **cm**) gwrthrych â màs 0.002 kg gan

$$x = 2.5 \cos (600t + 0.8).$$

Darganfyddwch faint mwyaf y grym cydeffaith ar y gwrthrych, yn ogystal â'r amser cyntaf (> 0) pan fydd hyn yn digwydd.

Mae'n helpu os ydych chi'n gyfarwydd â gwerthoedd θ lle mae'r ffwythiannau trig yn 0 a ±1. Er enghraifft, mae

$\cos \theta = 1$ pan fydd θ yn ... $-2\pi, 0, 2\pi, 4\pi$...

$\cos \theta = -1$ pan fydd θ yn ... $-\pi, \pi, 3\pi, 5\pi$...

Felly mae $\cos \theta = \pm 1$ pan fydd $\theta = n\pi$

$\cos \theta = 0$ pan fydd θ yn ... $-\frac{\pi}{2}, \frac{\pi}{2}, \frac{3\pi}{2}, \frac{5\pi}{2}$...

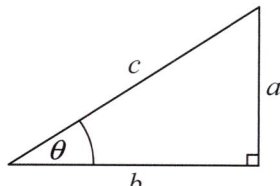

Ffig. M.2 Triongl ongl sgwâr

Ateb

O'r uchod, mae'r cyflymiad $a = -2.5 \times 600^2 \cos (600t + 0.8)$ cm s^{-2}

∴ Mae $a_{\text{mwyaf}} = 2.5 \times 600^2 = 900\,000$ cm s^{-2} = 9000 m s^{-2}

∴ Trwy N2, mae: $F_{\text{mwyaf}} = m\, a_{\text{mwyaf}} = 0.002$ kg $\times$ 9000 m s^{-2} = 18 N

Mae hyn yn digwydd pan fydd $\cos (600t + 0.8) = \pm 1$, h.y. pan fydd $600t + 0.8 = n\pi$, lle mae $n = 0, \pm 1$ (gweler y Pwynt astudio).

∴ Mae $t = \dfrac{n\pi - 0.8}{600}$, felly mae'r $t > 0$ lleiaf pan fo $n = 1$,

h.y. mae $t = \dfrac{\pi - 0.8}{600}$ s = 3.9 ms.

(c) Theorem Pythagoras yn nhermau ffwythiannau trig

Ystyriwch yr ongl $\boldsymbol{\theta}$ yn y triongl ongl sgwâr yn Ffig.M.2.

Theorem Pythagoras: $a^2 + b^2 = c^2$

Rhannu ag c^2: $\dfrac{a^2}{c^2} + \dfrac{b^2}{c^2} = 1$

Ond mae $\dfrac{a}{c} = \sin \theta$ a $\dfrac{b}{c} = \cos \theta$, felly mae $\sin^2\theta + \cos^2\theta = 1$

Cymhwysiad cyffredin ar gyfer yr hafaliad hwn o ran mudiant harmonig syml yw'r berthynas rhwng cyflymder a dadleoliad.

Os yw'r cysonyn gwedd yn 0: mae $x = A \cos \omega t$ ac mae $v = -A\omega \sin \omega t$

mae $\sin \omega t = \pm\sqrt{1 - \cos^2 \omega t}$ ∴ $v = \pm A\omega\sqrt{1 - \dfrac{x^2}{A^2}}$

a gallwn ni symleiddio hwn yn $v = \pm\omega\sqrt{A^2 - x^2}$

Sylwch fod cyfnod y graff $\cos^2 \theta$ yn hanner cyfnod y graff $\cos \theta$; dydy $\cos^2 \theta$ byth yn llai na 0 (pam?). Mae gwerth cymedrig $\cos^2 \theta$ yn 0.5.

 **Gwirio gwybodaeth**

Brasluniwch graff $y = 2 \sin \pi t$ ar gyfer t rhwng 0 a 6 eiliad. Brasluniwch $y = 4 \sin^2 \pi t$.

Trefnwch y graffiau fel Ffig. M.3 i ddangos y cysylltiad rhyngddynt.

M1.3 Graffiau sin²θ a cos²θ

Os yw gwrthrych yn mynd trwy fudiant harmonig syml bydd ei gyflymder yn amrywio gydag amser fel sinwsoid (h.y. ffwythiant sin neu cosin). Felly, mae ei egni cinetig yn amrywio fel sgwâr hwn. Mae'r egni potensial hefyd yn sgwâr sinwsoid (dyma'r arwynebedd o dan y graff F–x, sef $\frac{1}{2}kx^2$). Mae'r graffiau $\sin^2 \theta$ a $\cos^2 \theta$ yn sinwsoidaidd eu hunain.

Mae'r graffiau yn Ffig. M.3 yn dangos sut mae $\cos^2\theta$ yn gysylltiedig â $\cos \theta$.

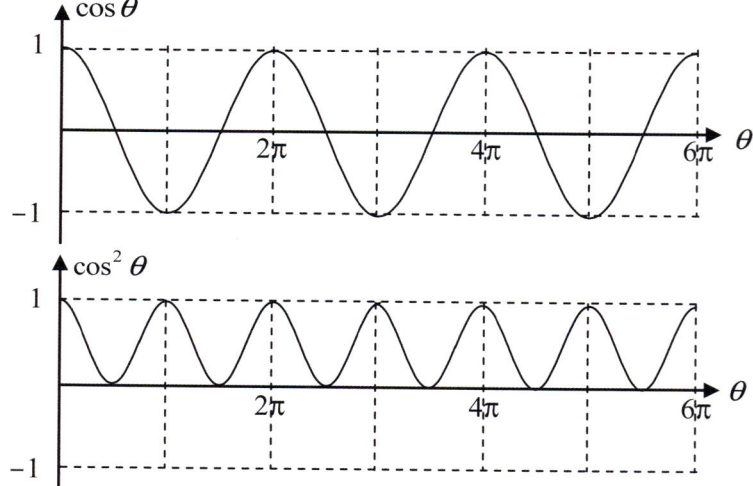

Ffig. M.3 Y berthynas rhwng $\cos \theta$ a $\cos^2 \theta$

M2 Elipsau

Mae elipsau'n perthyn i deulu o gromliniau o'r enw trychiadau conig oherwydd ei bod yn bosibl cynhyrchu pob un ohonyn nhw trwy dorri conau crwn mewn ffyrdd gwahanol – gweler Ffig. M.4. Maen nhw'n bwysig oherwydd bod orbitau o gwmpas gwrthrych unigol bob amser yn drychiadau conig. Mae hyn yn cynnwys orbitau planedau, corblanedau a chomedau o gwmpas yr Haul a lloerennau (lleuadau) o gwmpas planedau. Mae gwrthrychau o'r tu allan i Gysawd yr Haul yn symud heibio i'r Haul mewn llwybrau hyperbolig.

Mae Ffig. M.5 yn cynrychioli gwrthrych, P mewn orbit eliptigol o gwmpas yr Haul.

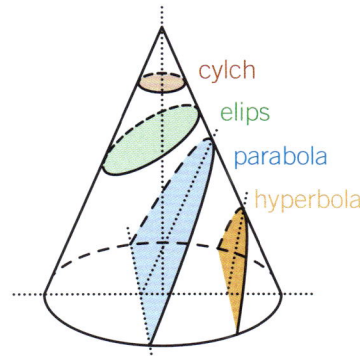

Ffig. M.4 Trychiadau conig

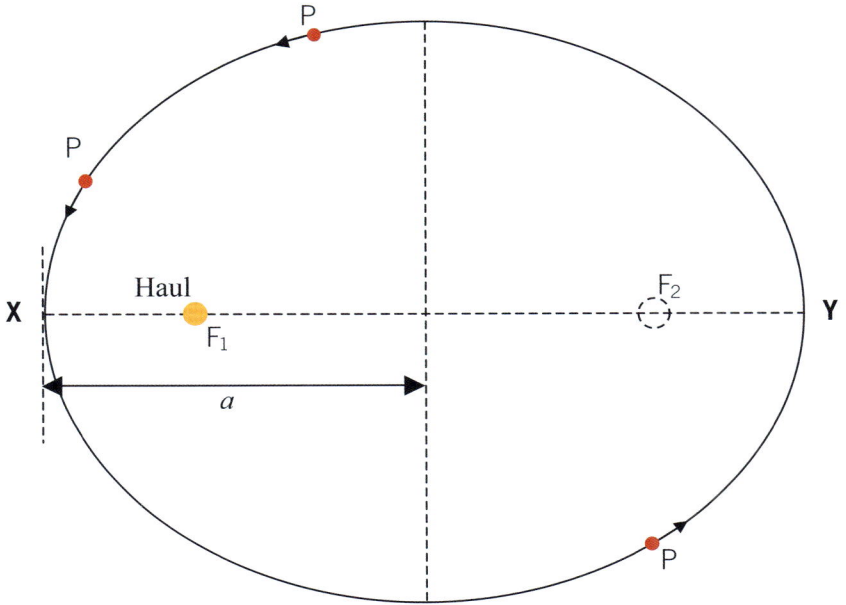

Ffig. M.5 Orbit eliptigol o gwmpas yr Haul

Rydyn ni'n galw llinell XY yn echelin hwyaf yr elips: dyma'r llinell syth hwyaf y gellir ei thynnu o fewn yr elips. Mae trydedd ddeddf Kepler yn cyfeirio at hyd yr hanner echelin hwyaf, sydd wedi'i labelu'n a.

Sylwer bod orbitau'r planedau bron yn grwn. Er enghraifft, mae pwyntiau agos a phell orbit y Ddaear yn 147 a 152 miliwn cilometr o'r Haul yn ôl eu trefn.

Rydyn ni'n cyfeirio yn aml at y ffwythiant hwn fel y *ffwythiant twf*. Mae nifer o sefyllfaoedd ffisegol lle mae'r newidyn yn mynd yn fwy neu'n llai (yn llai fel arfer) ar gyfradd sydd mewn cyfrannedd â gwerth y newidyn hwnnw.

Enghreifftiau

* Dadfeiliad ymbelydrol: mae actifedd sampl o niwclid ymbelydrol (h.y. nifer y dadfeiliadau bob eiliad) mewn cyfrannedd â nifer, N, y niwclysau sydd heb ddadfeilio yn y sampl. Yr actifedd yw cyfradd *lleihau* N, felly

$$\frac{dN}{dt} = -\lambda N,$$ lle λ yw'r *cysonyn* dadfeiliad.

* Dadwefru cynhwysydd: mae cyfradd *lleihau* y wefr, Q, ar gynhwysydd mewn cyfrannedd â'r wefr ar y cynhwysydd,

$$\frac{dQ}{dt} = -\frac{Q}{RC}$$ lle C yw'r cynhwysiant.

M3.1 Cyfradd newid

Yn Adran M1, fe wnaethon ni ysgrifennu 'graddiant' sawl gwaith, a nawr byddwn ni'n ystyried sut i ysgrifennu 'graddiant' yn fathemategol.

Rhoddir cyfradd gymedrig newid y newidyn x rhwng y pwyntiau **A** a **B** yn Ffig. M.6 gan raddiant y **cord AB**.

Felly: Y gyfradd newid gymedrig rhwng **A** a **B** yw $\frac{\Delta x}{\Delta t}$.

Cyfradd newid *enydaidd* x ar unrhyw bwynt, e.e. **A**, yw graddiant y tangiad ar y pwynt hwnnw sy'n cael ei ysgrifennu $\frac{dx}{dt}$. Fel arfer (fel yn Ffig. M.6) mae'r gyfradd newid hon yn amrywio gydag amser, h.y. mae'n ffwythiant o amser ynddo'i hun. Sylwch y gall x fod yn unrhyw newidyn. Gallai fod yn ddadleoliad, cerrynt, cyflymder, actifedd defnydd ymbelydrol ... Felly yn yr achosion hyn byddai'r gyfradd newid yn cael ei hysgrifennu fel $\frac{dx}{dt}$, $\frac{dI}{dt}$, $\frac{dv}{dt}$ a $\frac{dA}{dt}$ yn ôl eu trefn.

Felly, os yw $x = A \cos \omega t$, mae $v = \frac{dx}{dt} = -A\omega \sin \omega t$, etc.

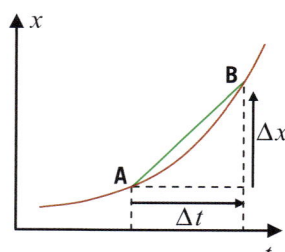

Ffig. M.6 Cyfradd newid

M3.2 Y ffwythiant twf esbonyddol

Y llinell goch yn Ffig. M.7 yw graff y ffwythiant $y = e^x$ lle mae e yn gysonyn, sydd weithiau'n cael ei alw'n gysonyn Euler (ar ôl y mathemategydd o'r Swistir) ond, fel arfer, rydyn ni'n ei alw'n e. Gwerth e yw 2.718 28 (i 6 ff.y.); fel π, mae'n rhif anghymarebol. Mae botwm arbennig ar eich cyfrifiannell i gyfrifo e^x; am resymau a ddaw'n amlwg yn ddiweddarach, mae'n aml yn rhannu'r botwm gyda $\ln x$.

Cyngor mathemateg

Mae gan gyfrifianellau fotwm e^x. (Yn aml, y botwm 'Inverse' neu 'Shift' a'r botwm 'In'.) Dylai pwyso'r botwm hwn gyda mewnbwn o 1 roi 2.71828 … . Rhowch gynnig arno.

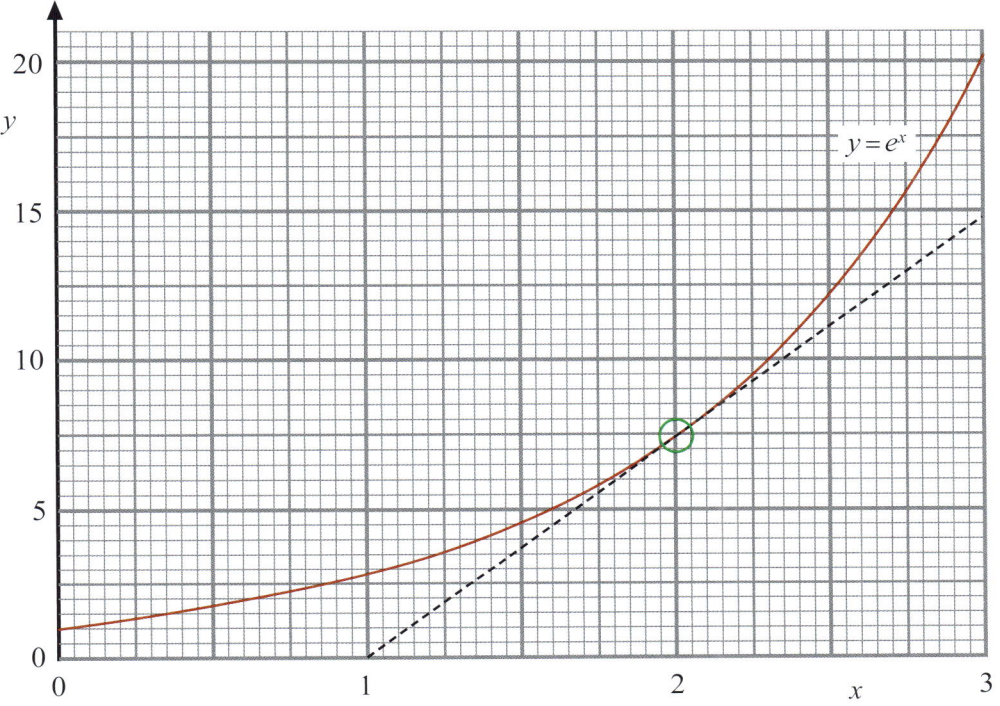

Ffig. M.7 Ffwythiant twf esbonyddol $y = e^x$

Gwirio gwybodaeth

(a) Defnyddiwch eich cyfrifiannell i ddarganfod
$e^0, e^1, e^{1.5}, e^2, e^3, e^{4.605}, e^5, e^{10}, e^{100}$

(b) Beth yw'r berthynas rhwng e^5 ac e^{10}?

(c) Beth yw'r berthynas rhwng e^{10} ac e^{100}?

Gwirio gwybodaeth

(a) Defnyddiwch eich cyfrifiannell i ddarganfod $e^{-1}, e^{-1.5}, e^{-2}, e^{-3}, e^{-4.605}, e^{-5}, e^{-10}, e^{-100}$

(b) Beth yw'r berthynas rhwng e^5 ac e^{-5}?

(c) Beth yw'r berthynas rhwng e^{-10} ac e^{-100}?

I weld beth sy'n arbennig am y ffwythiant $y = e^x$, edrychwch ar y pwynt yn y cylch gwyrdd, gydag $x = 2$:

- Mae gwerth y ffwythiant, h.y. $y = e^x = 7.39$ (i 3 ff.y.). Gwiriwch hyn ar eich cyfrifiannell.
- Y llinell doredig yw'r tangiad ar $x = 2$.
- Graddiant y tangiad, y dylech ei wirio hefyd, yw $\dfrac{14.8}{2.0} = 7.4$, â'r llygad.
- Felly, o fewn yr ansicrwydd o ddarllen y graff, mae $\dfrac{\mathrm{d}y}{\mathrm{d}x} = y$.

Nid damwain yw hyn. Defnyddiwch y graff i wirio. Darganfyddwch raddiant y tangiad ar $x = 2.5$. Dylai fod yn hafal i $e^{2.5}$. [D.S.: dylech chi ddarganfod bod y tangiad yn croesi'r echelin x ar 1.5.]

Felly mae gennyn ni ffwythiant mae ei gyfradd twf yn hafal i'w werth. Pam mae hyn yn ddefnyddiol? Gan fod cryn dipyn o sefyllfaoedd twf lle mae cyfradd twf newidyn mewn cyfrannedd â maint y newidyn, e.e. adwaith ymhollti afreolus yn ^{235}U, nifer y celloedd burum mewn hydoddiant siwgr. *Mewn cyfrannedd â*, nid *hafal i*. Gallwn ni drwsio hynny'n hawdd: wrth i ni wneud hynny, byddwn ni'n newid y newidynnau i x a t, oherwydd fel arfer mae gennyn ni ddiddordeb yn y ffordd mae pethau'n tyfu dros amser, gan ysgrifennu:

$$x = Ae^{\lambda t}$$

lle mae A a λ yn gysonion positif.

M9 **Gwirio gwybodaeth**

Mae nifer y bacteria mewn cytref yn cynyddu o 100 i $10\ 000$ mewn 4 awr. Gan dybio bod y twf yn esbonyddol, cyfrifwch:

(a) nifer y bacteria mewn 8 awr

(b) [ychydig yn anodd] nifer y bacteria mewn 10 awr

(c) faint o amser byddai'n ei gymryd i'r nifer gyrraedd 10^{10}.

 Pwynt astudio

Ar gyfer dadfeiliad ymbelydrol:

$$A = -\frac{dN}{dt} = -[-\lambda N_0 e^{-\lambda t}],$$

oherwydd yr actifedd yw cyfradd colli niwclysau ymbelydrol.

Felly mae $A = A_0 e^{-\lambda t}$,

lle mae $A_0 = \lambda N_0$

 M10 **Gwirio gwybodaeth**

Defnyddiwch Ffig. M.7 i ddarganfod y cynnydd yn x sy'n dyblu gwerth e^x.

[Awgrym: Ar gyfer cywirdeb, mae'n well gofyn, er enghraifft, pa Δx sy'n lluosi e^x ag $16\ (= 2^4)$ ac yn rhannu hwnnw â 4.]

 M11 **Gwirio gwybodaeth**

Defnyddiwch Ffig. M.7 i ddarganfod gwerth Δx sy'n cynyddu gwerth e^x o ffactor o 2.7. Beth sy'n arbennig am 2.7?

Yn yr un modd mae graddiant $A\sin\omega t$ yn $A\omega\cos\omega t$, mae graddiant $x = Ae^{\lambda t}$ yn $A\lambda e^{\lambda t}$, h.y. mae'n $\lambda \times$ gwerth y ffwythiant. Y cysonyn A yw gwerth y ffwythiant ar $t = 0$.

Nodwedd bwysig y ffwythiant twf esbonyddol, $x = Ae^{\lambda t}$, yw fod yr amser mae'n ei gymryd, Δt, i'r ffwythiannau ddyblu (neu dreblu, neu $\times 2.5$, $\times 10^2$, etc.) yn gyson. I weld beth mae hyn yn ei olygu, rhowch gynnig ar GG M10.

M3.3 Y ffwythiant dadfeiliad esbonyddol

Yn awr byddwn ni'n addasu ein ffwythiant esbonyddol i adlewyrchu'r ffaith bod sefyllfaoedd Ffiseg Safon Uwch sy'n defnyddio'r ffwythiant hwn yn cynnwys dadfeiliad (ymbelydredd, dadwefru cynhwysydd, osgiliadau gwanychol) yn hytrach na thwf. Rydyn ni'n addasu'r ffwythiant trwy gyflwyno arwydd '−' yn y ffwythiant, e.e. mewn dadfeiliad ymbelydrol, os yw'r nifer cychwynnol o niwclysau ymbelydrol yn N_0 mae gennyn ni:

$$N = N_0 e^{-\lambda t}$$

Mae'r actifedd, $A = \lambda N$ (gweler y Pwynt astudio) felly gallwn ni hefyd ysgrifennu:

$$A = A_0 e^{-\lambda t}$$

Er enghraifft, mae Ffig. M.8 yn gromlin ddadfeiliad ar gyfer sampl o ïodin-123, sy'n cael ei ddefnyddio fel olinydd delweddu i ymchwilio i'r chwarren thyroid.

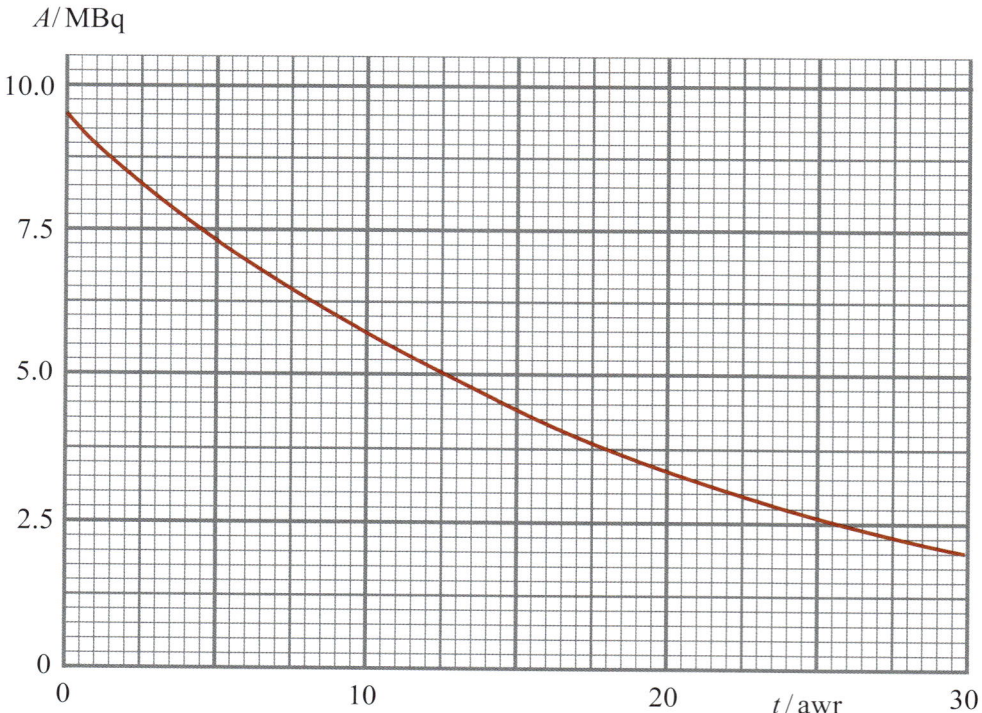

Ffig. M.8 Dadfeiliad esbonyddol ïodin-123 $x = Ae^{-\lambda t}$, ar gyfer $\lambda > 0$

Nodwedd arferol y ffwythiant dadfeiliad esbonyddol yw fod yr amser mae'n ei gymryd i'r ffwythiant ddisgyn yn ôl ffactor penodol bob amser yr un fath. O ran ymbelydredd, rydyn ni'n cyfeirio'n aml at yr *hanner oes*, sef yr amser mae'n ei gymryd i werth ostwng i'w hanner. Dylech chi allu defnyddio Ffig. M.8 i ddangos bod hanner oes ^{123}I ychydig yn fwy na 13 awr.

λ a'r gromlin ddadfeiliad

Mae'r cysonyn dadfeiliad, λ, yn gysylltiedig â pha mor gyflym mae'r dadfeilio'n digwydd. Mewn amser, t, fel bod $\lambda t = 1$, mae gwerth $e^{-\lambda t}$ yn gostwng i $e^{-1} \sim 0.37$ o'i werth gwreiddiol. Mae gan y cysonyn dadfeiliad unedau amser^{-1} (fel arfer s^{-1}, ond gallai fod yn awr^{-1}, blwyddyn^{-1}, etc.) ac mae'n gysylltiedig â'r hanner oes, $t_{\frac{1}{2}}$, trwy:

$$t_{\frac{1}{2}} = \frac{\ln 2}{\lambda} = \frac{0.69}{\lambda}.$$

Byddwn ni'n dod ar draws ln, y ffwythiant logarithm, yn yr adran nesaf.

Dadwefru cynhwysydd

Os yw cynhwysydd yn dadwefru trwy wrthydd, (gweler Ffig. M.9), mae Q, I a V, i gyd yn dadfeilio gydag amser yn yr un ffordd:

$$Q = Q_0 e^{-\lambda t} \qquad I = I_0 e^{-\lambda t} \qquad V = V_0 e^{-\lambda t} \qquad \text{lle mae} \qquad \lambda = \frac{1}{RC}$$

Pam? Mae tri hafaliad perthnasol:

$$I = \frac{V}{R} \qquad V = \frac{Q}{C} \qquad \text{ac yn bwysig} \qquad I = \frac{dQ}{dt}$$

sy'n gallu cael eu cyfuno i roi:

$$\frac{dQ}{dt} = -\frac{1}{RC}Q$$

Felly mae $Q = Q_0 e^{-\lambda t}$ ac mae'r ddau hafaliad arall yn dilyn.

Enghraifft

Mae cynhwysydd yn dadwefru trwy wrthydd 2.2 kΩ .

Mae myfyriwr yn mesur yr amser mae'n ei gymryd i'r gp ar draws y cynhwysydd ostwng o 10.0 V i 3.7 V fel 12.0 s. Cyfrifwch gynhwysiant, C y cynhwysydd.

Ateb

I ostwng i 37% o'r gp gwreiddiol, $\frac{1}{RC} t = 1$

$$\therefore \; C = \frac{12.0 \text{ s}}{2.2 \times 10^3 \ \Omega} = 5.5 \text{ mF}$$

Sylwch: Roedd y ffigur o 37% yn yr enghraifft yn achos arbennig. Er mwyn delio â gwerthoedd eraill mae angen logarithmau arnon ni, sef testun yr adran nesaf.

Gwirio gwybodaeth M12

Defnyddiwch Ffig. M.8 i ddarganfod y cysonyn dadfeiliad, λ, ar gyfer dadfeiliad ymbelydrol ^{123}I. Mynegwch eich ateb (a) mewn diwrnod^{-1}, (b) mewn s^{-1}.

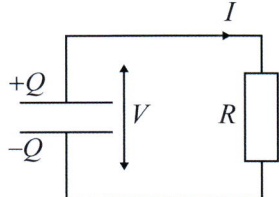

Ffig. M.9 Dadwefru cynhwysydd

Pwynt astudio

Defnyddir y cysonyn dadfeiliad, λ, yn gyffredin ar gyfer dadfeiliad ymbelydrol. Ar gyfer cynhwysydd sy'n dadwefru, mae'r cysonyn amser, τ, yn aml yn cael ei ddefnyddio yn lle hynny – caiff ei ddiffinio fel RC. Mae'r hafaliadau dadfeiliad yn cael eu hysgrifennu fel hyn:

$Q = Q_0 e^{-t/RC}$; $I = I_0 e^{-t/RC}$; $V = V_0 e^{-t/RC}$

Y cysonyn amser yw'r amser mae'n ei gymryd i ddadfeilio i e^{-1} (≈ 0.37 neu 37%) o'i werth gwreiddiol.

Gwirio gwybodaeth M13

Ar gyfer dadfeiliad y cynhwysydd yn yr **Enghraifft**:

(a) Nodwch gysonyn amser y dadfeiliad (gweler y Pwynt astudio).

(b) Beth fydd y gp **ar ôl 24 s** arall?

M4 Logarithmau

M4.1 Diffiniad o'r ffwythiant logarithm 'naturiol'

Yn union fel mae $\sin^{-1}$ yn ffwythiant gwrthdro i'r ffwythiant sin, sy'n golygu bod $\sin^{-1}(\sin \theta) = \theta$ neu $\sin(\sin^{-1}\theta) = \theta$, mae'r ffwythiant *logarithm naturiol*, ln, (neu'r *logarithm i'r bôn e*), yn ffwythiant gwrthdro i'r ffwythiant esbonyddol, e^x: h.y. mae

$$\ln(e^x) = x \qquad \text{ac} \qquad e^{\ln x} = x.$$

Cofiwch yr hafaliadau diffiniol hyn. Oherwydd bod ln x yn ffwythiant gwrthdro e^x mae'n aml yn ymddangos ar yr un botwm ar gyfrifiannell, ond bod angen gwasgu'r botwm 'inverse' ar gyfer un o'r ffwythiannau. Yn aml, rydyn ni'n galw'r weithred o ddarganfod logarithm rhif yn 'gymryd logiau'.

Enghraifft

O GG M8 rydyn ni'n gwybod bod $e^{4.605} = 100$. Ysgrifennwch hyn yn nhermau'r ffwythiant logarithm.

Ateb

Gan 'gymryd logiau' dwy ochr yr hafaliad, cawn ni fod:

$$\ln(e^{4.605}) = \ln 100$$

Ond o'r diffiniad o'r ffwythiant logarithm, $\ln(e^{4.605}) = 4.605$

$\therefore$ ln 100 = 4.605

M4.2 Priodweddau logiau

Mae angen i chi wybod y priodweddau canlynol ar gyfer logiau:

1 $\ln ab = \ln a + \ln b$ e.e. $2 \times 5 = 10$, felly $\ln 10 = \ln 2 + \ln 5$

2 $\ln \dfrac{a}{b} = \ln a - \ln b$ e.e. $\ln 6 = \ln 30 - \ln 5$

3 $\ln \dfrac{1}{x} = -\ln x$ e.e. $\ln 5 = -\ln 0.2$

4 $\ln x^n = n \ln x$ e.e. $\ln 125 = 3 \ln 5$

5 $\ln(\sqrt[n]{x}) = \dfrac{1}{n} \ln x$ e.e. $\ln 100 = \dfrac{\ln 1\,000\,000}{3}$

Enghraifft

Cyfrifwch yr ateb i GG M14 (d) heb ddefnyddio cyfrifiannell.

Ateb

$2 \ln 12 = \ln 12^2 = \ln 144$ Rheol 1 (neu 4)

$e^{\ln 144} = 144$ Diffiniad **ln**

$\therefore 3e^{2\ln 12} = 3 \times 144 = 432$

M4.3 Logiau i'r bôn 10

Mae'n bosibl diffinio'r ffwythiant logarithm trwy ddefnyddio 10 fel y bôn, fel sy'n digwydd yn aml. Rydyn ni'n ysgrifennu'r $\log x$ i'r bôn 10 fel $\log_{10} x$ neu dim ond $\log x$. Y diffiniadau yw $\log_{10}(10^x) = x$ a $10^{\log x} = x$.

Sylwch ein bod ni wedi gadael yr isysgrif $_{10}$ oddi ar yr ail un. Mae'n ddewisol. Mae priodweddau 1–5 o Adran M.4.2 yr un mor berthnasol i'r ffwythiant log ag ydyn nhw i'r $\ln$, e.e. $\log ab = \log a + \log b$.

M4.4 Defnyddio logiau i ddarganfod esbonyddion anhysbys

Os mesur anhysbys yw'r esbonydd mewn hafaliad, rydyn ni'n datrys yr hafaliad trwy gymryd logiau, fel y gwelwn ni yn y ddwy enghraifft ganlynol.

Enghraifft 1

Darganfyddwch x os yw $2^x = 35$.

Ateb

Trwy gymryd logiau, cawn ni fod: $\ln 2^x = \ln 35$

Ond mae $\ln 2^x = x \ln 2$ $\therefore$ mae $x \ln 2 = \ln 35$

$\therefore$ mae $x = \dfrac{\ln 35}{\ln 2} = 5.13$ (i 3 ff.y.)

Enghraifft 2

Mae arddwysedd, I, paladr paralel o belydrau X yn lleihau gyda'r pellter, x, i mewn i ddefnydd yn ôl yr hafaliad $I = I_0 e^{-\lambda x}$, lle mae λ yn gysonyn o'r enw'r cyfernod gwanhad. Darganfyddwch λ os yw'r arddwysedd ar ôl 8.0 cm yn 10% o'r gwerth gwreiddiol.

Ateb

Ar $x = 8.0$ cm, $I = 0.1 I_0$. $\therefore$ mae $0.1 = e^{-\lambda \times 8.0 \text{ cm}}$

Trwy gymryd logiau: $\ln 0.1 = \ln\left(e^{-\lambda \times 8.0 \text{ cm}}\right)$

Felly, o ddiffiniad y ffwythiant $\ln$, mae: $\ln 0.1 = -\lambda \times 8.0$ cm.

$\therefore \lambda = \dfrac{\ln 0.1}{-8.0 \text{ cm}} = \dfrac{-2.30}{-8.0 \text{ cm}} = 0.29$ cm^{-1} (i 2 ff.y.)

Gwirio gwybodaeth   **M16**

Gallwch chi hefyd ddatrys Enghraifft 1 trwy gymryd logiau i'r bôn 10. Gwnewch hyn, a dangoswch fod yr ateb yr un peth.

Gwirio gwybodaeth   **M17**

Darganfyddwch n os yw $15^n = 2.5$

Gwirio gwybodaeth   **M18**

Mae'r gp, V, ar draws cynhwysydd yn gostwng gydag amser t yn ôl yr hafaliad $V = V_0 e^{-\lambda t}$, lle V_0 yw'r gp cychwynnol. Dangoswch sut gallwn ni ddefnyddio logiau i wneud λ yn destun yr hafaliad.

M5.1 Graffiau ffwythiannau esbonyddol

Mae'n bosibl defnyddio logiau i drawsnewid cromlin ddadfeiliad yn graff llinol, sydd: (a) yn haws ei luniadu, (b) yn gadael i ni ddilysu ffurf esbonyddol dybiedig y dadfeiliad ac (c) yn caniatáu i'r cysonyn dadfeiliad gael ei ddarganfod.

Rydyn ni'n dechrau gyda'r hafaliad dadfeiliad sy'n cael ei awgrymu, e.e. ar gyfer actifedd A, radioisotop: $A = A_0 e^{-\lambda t}$.

Rydyn ni'n cymryd logiau (naturiol) o'r hafaliad hwn: $\ln A = \ln (A_0 e^{-\lambda t})$

Trwy gymhwyso Rheol 1 o Adran M4.2 cawn ni fod $\ln A = \ln A_0 + \ln e^{-\lambda t}$

Trwy gymhwyso diffiniad logiau naturiol, cawn ni fod $\ln A = \ln A_0 - \lambda t$

Trwy gymharu hyn â hafaliad llinol, cawn ni fod $y = mx + c$

Mae'r **saethau coch** yn dangos y newidynnau, ac mae'r **saethau glas** yn dangos y cysonion yn yr hafaliad. Felly, os yw'r hafaliad sy'n cael ei awgrymu yn gywir, bydd graff $\ln A$ yn erbyn t yn llinell syth â graddiant $-\lambda$ gyda rhyngdoriad $\ln A_0$ ar yr echelin $\ln A$.

M5.2 Graffiau ffwythiannau pŵer

Weithiau, rydyn ni'n amau bod dau newidyn, er enghraifft x a y wedi'u cysylltu â ffwythiant pŵer,

$$y = Ax^n$$

ond dydyn ni ddim yn gwybod beth ddylai gwerth n fod, efallai oherwydd nad oes gennyn ni ddamcaniaeth ar waith. Mae'n bosibl cymryd logiau i ddarganfod n.

Trwy gymryd logiau o'r hafaliad tybiedig, cawn ni fod $\ln y = \ln A + n \ln x$

Trwy gymharu hyn â hafaliad llinol, cawn ni fod $y = mx + c$

Fel yn achos y **graff hanner log**, gwelwn ni y bydd graff $\ln y$ yn erbyn $\ln x$ yn llinell syth, os yw'r hafaliad sy'n cael ei awgrymu yn gywir. Bydd ei raddiant yn n. Y rhyngdoriad ar yr echelin $\ln y$ (h.y. gwerth $\ln y$ pan fydd $\ln x = 0$) = yw $\ln A$. [Sylwch: gallwch chi hefyd ddefnyddio $\log 10$ yn lle $\ln$, wrth ddatrys y math hwn o hafaliad.]

Sylwch: Yn aml, wrth blotio **graff log-log**, mae'r pwyntiau data ymhell oddi wrth y tarddbwynt. Mae hyn yn golygu bod angen cyfrifo hafaliad y llinell trwy ddefnyddio un o'r technegau yn Adran 4.5.4 y gwerslyfr UG. Gweler hefyd Cwestiwn 10 yn yr ymarfer Profwch eich hun ar y dudalen nesaf.

Ffig. M.10 Graff hanner log

Termau Allweddol

Yr enw ar graff o logarithm newidyn yn erbyn newidyn llinol yw **graff hanner log** neu **graff log-llinol**.

Yr enw ar graff o logarithm un newidyn yn erbyn logarithm newidyn arall yw **graff log-log**.

M19 Gwirio gwybodaeth

Tybiwch fod dau newidyn, x ac y, wedi'u cysylltu gan yr hafaliad

$$y = 10x^3.$$

Beth fydd graddiant graff $\ln y$ yn erbyn $\ln x$? Beth fydd y rhyngdoriad ar yr echelin $\ln y$?

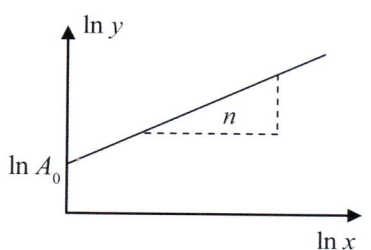

Ffig. M 11 Graff log-log

Profwch eich hun

1. Mynegwch y ffwythiannau canlynol fel ffwythiannau ar y ffurf $\pm\sin\omega t$ neu $\pm\cos\omega t$.

(a) $\sin\left(\omega t - \frac{\pi}{2}\right)$ (b) $\cos\left(\omega t + \frac{3\pi}{2}\right)$ (c) $\cos(\omega t + 2\pi)$ (ch) $\sin\left(\omega t - \frac{3\pi}{2}\right)$ (d) $\sin(\omega t - \pi)$

2. Mynegwch y ffwythiannau canlynol ar y ffurf $\cos(\omega t \pm \varepsilon)$.

(a) $-\cos\omega t$ (b) $-\sin\omega t$ (c) $\sin\omega t$ (ch) $-\cos\left(\omega t - \frac{\pi}{2}\right)$ (d) $\sin\left(\omega t - \frac{\pi}{2}\right)$

3. Mae gronyn yn osgiliadu gyda'i ddadleoliad, x, yn amrywio gydag amser (mewn eiliadau) trwy $x = 5\cos 100\pi$, gyda t mewn s. Cyfrifwch yr amserau, rhwng -20 ms a $+20$ ms lle mae (a) $x = 0$, (b) $x = 5$, (c) $x = 2.5$ ac (ch) $x = -2.5$.

4. Rhowch yr amserau ar gyfer yr un dadleoliadau ag yn C3 os yw'r gronyn bellach yn osgiliadu gydag amser (mewn s) yn ôl y ffwythiant $x = 5\cos\left(100\pi t + \frac{\pi}{2}\right)$.

5. Mae cerrynt trydanol eiledol yn amrywio gydag amser, mewn eiliadau, yn ôl $I = 3.5\cos\left(800\pi t - \frac{\pi}{4}\right)$.

(a) Cyfrifwch yr amledd, f, a'r cyfnod, T.
(b) Cyfrifwch werth I ar (i) $t = 0$, (ii) $t = 0.625$ ms a (iii) $t = 1.25$ ms.
(c) Cyfrifwch yr amserau rhwng $t = 0$ a $t = 5$ ms pan fydd y cerrynt yn sero yn enydaidd.
(ch) Cyfrifwch yr amserau rhwng $t = 0$ a $t = 5$ ms pan fydd $I = +3.5$ A.

6. Defnyddiwch eich cyfrifiannell i ddarganfod gwerthoedd (a) $e^{3.5}$, (b) $4\,e^{-2.5}$ (c) $\ln 25$, (ch) $\frac{6}{7\ln 5}$, (d) $2.5\ln(e^{2.5} - 6)$.

7. Defnyddiwch ddiffiniad a rheolau logiau naturiol i symleiddio ac i enrhifo'r mynegiadau canlynol:
(a) $\ln(e^{-1})$, (b) $5\ln(e^3)$, (c) $e^{\ln 6}$, (ch) $e^{3\ln 6}$, (d) $4e^{(\ln 2 + \ln 3)}$.

8. Datryswch yr hafaliadau canlynol ar gyfer x:
(a) $25 = 10\ln x$, (b) $0.6 = 8\ln(2x - 3)$, (c) $6 = 4\ln\left(\frac{1}{1-x}\right)$, (ch) $80 = 500e^{-0.2t}$, (d) $4 \times 10^{-6} = 25e^{-0.001t}$.

9. Mae'r gp, V, ar draws cynhwysydd yn lleihau gydag amser t, mewn s, yn ôl yr hafaliad $V = V_0 e^{-\lambda t}$, lle mae V_0 yn 12.0 V ac mae λ yn 0.005 s^{-1}. Cyfrifwch (a) y gp ar ôl 5 munud a (b) yr amser mae'n ei gymryd i'r gp ostwng i 1.0 V.

10. Dyma'r goleueddau (darlleniadau synhwyrydd golau), E_v, ar bellter sefydlog o lamp ffilament, ar gyfer folteddau cyflenwad gwahanol, V:

V / V	6.0	8.1	9.4	10.1	11.1	12.1	12.9	13.4
E_v / lux	20	58	99	127	172	221	274	307

Mae'r goleuedd cefndir, h.y. gyda'r lamp wedi'i diffodd, yn 2 lux. Rydyn ni'n amau bod E_v o'r lamp yn dibynnu ar V trwy berthynas ar y ffurf $E_v = kV^n$ am rai gwerthoedd anhysbys o k ac n. Trwy blotio graff log-log, dangoswch fod hyn bron yn gywir a defnyddiwch eich graff i ddarganfod gwerthoedd n a k.

11. Mae cynhwysydd yn dadwefru trwy wrthydd 4.7 kΩ. Mewn 10 s mae'r cerrynt, I, yn lleihau o 8.0 mA i 1.5 mA.

(a) Darganfyddwch raddiant y graff $\ln I$ yn erbyn amser.
(b) Cyfrifwch gynhwysiant y cynhwysydd o wybod bod y cysonyn dadfeiliad yn $I = I_0 e^{-t/RC}$.

Atebion gwirio gwybodaeth

Uned 3

3.1

3.1.1 1.3 rad s^{-1}

3.1.2 (a) 0.052 cm

(b) Tonfedd fyrrach

3.1.3 (a) 1145 N

(b) 877 N

3.1.4 Cylchedd = $2\pi r$

$\therefore$ AB $= \frac{1}{4}2\pi \times 5 = \frac{5\pi}{2}$

$\therefore$ Amser $= \frac{\frac{5\pi}{2}}{20} = \frac{\pi}{8}$ s

3.1.5 Ar gyfer $\pm\frac{\pi}{6}$ rad, mae $\Delta t = \frac{\pi}{12}$ s

$\Delta v = 2 \times 20 \sin\frac{\pi}{6} = 20$ m s^{-1}

$\rightarrow \langle a \rangle = \frac{20}{\frac{\pi}{12}} = 76.4$ m s^{-2}

3.1.6 80 m s^{-2}

3.1.7 $v_{\text{mwyaf}} = 6.3$ m s^{-1}

3.1.8 Oherwydd bod y grym mewngyrchol angenrheidiol, yn ogystal â'r gafael mwyaf, mewn cyfrannedd â'r màs

3.1.9 1.4 m s^{-1}

3.1.10 $g = 0.0027$ m s^{-2}

3.1.11 $r\omega^2 = 385 \times 106 \times \left(\frac{2\pi}{27.3 \times 86400}\right)^2$

$= 0.0027(3)$ m s^{-2}

Agos iawn!

3.1.12 $r\omega^2 = 6731 \times 103 \times \left(\frac{2\pi}{86400}\right)^2$

$= 0.0356$ m s^{-2}

3.2

3.2.1 (a) $\Delta F_A = 4$ N

(b) $\Delta F_B = -6$ N

(c) $F_{\text{cyd}} = 10$ N (i'r chwith)

3.2.2

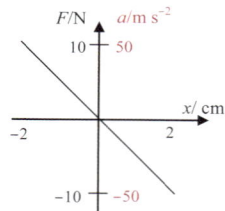

3.2.3 $[k] = $ N m^{-1} = kg m s^{-2} m^{-1} = kg s^{-2}

$[m] = $ kg

$\left[\sqrt{\frac{k}{m}}\right] = \sqrt{\left[\frac{k}{m}\right]} = \sqrt{\frac{\text{kg s}^{-2}}{\text{kg}}} = \sqrt{\text{s}^{-2}} = $ s^{-1}

3.2.4 (a) 0, -2π, 0, 2π, 0 [mewn m s^{-1}]

(b) $-4\pi^2$, 0, $4\pi^2$, 0, $-4\pi^2$ [mewn m s^{-2}]

(c) 2.0 s

3.2.5 (a) (i) 12, 26, 40 [i gyd mewn μs]

(ii) 5, 33

(iii) 19, 47

(b) 5, 19, 33 47

(c) 12, 26, 40

3.2.6 $v_{\text{mwyaf}} = 450$ m s^{-1}

$a_{\text{mwyaf}} = 1.0 \times 10^8$ m s^{-2}

3.2.7 Yr 'atebion' sy'n gallu cael eu diystyru yw: $\varepsilon = 2.020$ a -4.264

3.2.8 x / cm = 0.2 cos (220(t / ms) – 1.12)

3.2.9

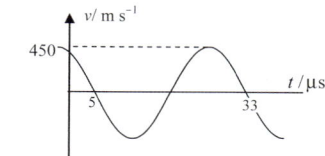

3.2.10 $\omega = 10$ s^{-1}, $f = 1.59$ Hz, $T = 0.628$ s

3.2.11 (a) 0.039 m

(b) 2.5 Hz

3.2.12 0.99 m

3.2.13 Byddai'r tyniant ar ei fwyaf ar y gwaelod oherwydd bod y grym mewngyrchol i fyny ar ei fwyaf

$\therefore$ Mae'r hyd ar ei fwyaf ar y gwaelod

3.2.14 Yn syth ac ar ôl pob ½ cylchred ar ôl ei ryddhau. $F_{\text{mwyaf}} = 1.3$ N

3.2.15 (a) $E_{\text{cyfanswm}} = 250$ J

(b) $E_p(0) = 250$ J, $E_k(0) = 0$

(c) $E_p\left(\frac{\pi}{200}\right) = 0$, $E_k\left(\frac{\pi}{200}\right) = 250$ J

3.2.16 (a) $1000\pi = 3100$ s^{-1} (2 ff.y.)

(b) 300 s^{-1} (2 ff.y.)

3.2.17 (a) 0.70

(b) Mesur y cyflymder gan ddefnyddio'r graddiant pan fydd $x = 0$ nifer cyfan o gylchredau ar wahân, yna cyfrifo cymhareb v^2

3.2.18 Dylai'r osgled leihau (bob 2.0 ms) i 7.3 cm, 5.3 cm, 3.9 cm, 2.8 cm, 2.1 cm

3.2.19 Graddiant cychwynnol = 0

3.2.20 Gorwanychu – cymryd amser hir i gau

Tanwanychu – parhau i siglo, neu'n taro'r stop gyda chlec

3.2.21 1.3 m s^{-1} a 3.0 m s^{-1}

3.2.22 Amledd y ffwrn ~ 0.000 02 × brigau amsugno

3.2.23 $T^2 = \frac{4\pi^2}{g}l + \frac{4\pi^2}{g}r$ lle mae r = radiws

Mae'r graddiant yr un peth, mae'r rhyngdoriad $= \frac{4\pi^2}{g}r$

3.3

3.3.1 (a) 1.99×10^{-14} J = 124 keV

(b) 1.32×10^{-18} J = 8.2 eV

3.3.2 1.17×10^{-26} kg

3.3.3 4.0 cm

3.3.4 6.97×10^{-26} kg
[propen, C_6H_6]

3.3.5 (a) (i) $M(O) = 16$ g mol^{-1}
$= 0.016$ kg mol^{-1}

(ii) $M(O_2) = 32$ g mol^{-1}
$= 0.032$ kg mol^{-1}

(b) 32

(c) 32 u

(ch) 5.3×10^{-26} kg

3.3.6 $R = \frac{pV}{nT}$, $\therefore$ ar gyfer homogenedd,

$[R] = \frac{\text{N m}^{-2} \text{ m}^3}{\text{mol} \times \text{K}}$

$= $ N m mol^{-1} K^{-1}

$= $ J mol^{-1} K^{-1}

3.3.7 (a) mae 1 mol yn llenwi 18 cm^3

$\therefore$ Mae'r cyfaint am bob moleciwl

$= \frac{18 \text{ cm}^3 \text{ mol}^{-1}}{6.02 \times 10^{23}\text{mol}^{-1}}$

$= 2.99 \times 10^{-23}$ m^3

$\therefore \frac{4}{3}\pi\left(\frac{d}{2}\right)3 = 2.99 \times 10^{-23}$ cm^3

sy'n arwain at $d = 390$ pm

(b) ~ 5 nm

3.3.8 (a) 3.5 mm

(b) 5.5×10^{-19} m

3.3.9 (a) Mae buaneddau uwch yn gwneud cyfraniad cyfatebol mwy i Σv^2

(b)

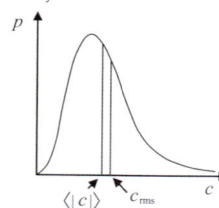

3.3.10 (a) 80.8 mol

(b) 4.86×10^{25} o foleciwlau

3.3.11 $k = \frac{R}{N} = \frac{8.31 \text{ J mol}^{-1} \text{ K}^{-1}}{6.02 \times 10^{23} \text{ mol}^{-1}} = 1.38 \times 10^{-23}$ J K^{-1}

3.4

3.4.1 (a) 11.2 kJ

(b) 3.4 MJ

3.4.2 1.025×10^5 Pa

3.4.3 (a) 0.25 m³

(b) 75 kJ

(c) $Q = 125$ kJ

3.4.4 Hafal. Yr un swm o nwy ar yr un tymheredd – y ddau yn fonatomig.

3.4.5 $U_{He} = 38U_{Ar}$

3.4.6 (a) $(pV)_C = 4.8 \times 10^5$ J,
$(pV)_B = 3.2 \times 10^5$ J,
$(pV)_A = 4.0 \times 10^5$ J
$pV \propto T$ felly'r canlyniad

(b) 0.8

3.4.7 1.28 kg

3.4.8 Gwaith trydanol allbwn $= VIt$

Gwres allbwn $= I^2rt$

Newid yn yr egni mewnol $= -EIt$

3.4.9 (a) $\Delta U > 0$

(b) $Q > 0$

(c) $W < 0$

(ch) $\Delta U < 0$

(d) $\Delta U > 0$

3.4.10 $\Delta U = 2490$ J, $W = 0$, $Q = 2490$ J

3.4.11 $W_{allan} = 84$ kJ (i 2 ff.y.); $W_{mewn} = 42$ kJ

∴ Gwaith net $= (84 - 42)$ kJ $= 42$ kJ

3.4.12 $T_A = T_B = 600$ K

$T_C = T_D = 300$ K

3.4.13 $U_A = U_B = 90$ kJ

$U_C = U_D = 45$ kJ

3.4.14 $\Delta U = 45$ kJ; $W = 84$ kJ

∴ $Q = \Delta U + W = 129$ kJ

3.4.15 67%

3.4.16 $-264 \pm 14\,°C$

3.5

3.5.1 $^{235}_{92}U \rightarrow \,^{231}_{90}Th + \,^4_2He$

3.5.2 $^{106}_{52}Te \rightarrow \,^{102}_{50}Sn + \,^4_2He$

3.5.3 (a) Rhif baryon (1)
Gwefr (0)
Rhif lepton (0)

(b) Mae niwtrinoeon yn cymryd rhan: dim ond y rhyngweithiad gwan mae'n ei deimlo

Newid blas cwarc: d $\rightarrow$ u

3.5.4 Niwclews â rhif atomig $Z-1$ a rhif màs A; positron ^0_1e; electron niwtrino $^0_0\nu$ [Wedyn mae'r positron yn difodi gyda electron i gynhyrchu ffotonau γ.]

3.5.5 (a) 1 MeV

(b) 1.8×10^{-30} kg

(c) 0.0011 u

3.5.6 (a) A heb newid; $Z \rightarrow Z - 1$

(b) $A \rightarrow A - 1$; $Z \rightarrow Z - 1$

3.5.7 $^{11}_7N \rightarrow \,^{10}_6C + \,^1_1H$

3.5.8 (a) $50\,000$

(b) Mae mwy o atomau am bob µm mewn solid nag mewn nwy

3.5.9 (a) 0.34

(b) $(0.34)^5 = 0.0045$

3.5.10 Oherwydd ei fod yn colli mwy o egni wrth basio trwy unrhyw atom

3.5.11 Mae'r crynodiad mewn alwminiwm yn 0.4 gwaith yr hyn sydd mewn plwm.

3.5.12 24.7 (3 ff.y.)

3.5.13 1 − 11: 24.3
2 − 12: 24.0
3 − 13: 24.8
4 − 14: 24.9
5 − 15: 24.5
6 − 16: 23.6
7 − 17: 23.6
8 − 18: 23.8
9 − 19: 24.8
10 − 20: 25.1

Gwasgariad tebyg

3.5.14 Byddai gan draciau β^+ wasgariad crymeddau sy'n debyg i rai β^- ond i'r cyfeiriad dirgroes (yr un cyfeiriad ag α)

3.5.15 3.65×10^{10} Bq [36.5 GBq]

Sylwch: Erbyn hyn rydyn ni'n diffinio'r curie fel 37 GBq

3.5.16 5.0×10^{-9} s⁻¹

3.5.17 (a) 1.39×10^8 s = 4.39 o flynyddoedd

(b) 4.1 GBq [4.1×10^9 Bq]

3.5.18 $T_{400} - T_{200} = 50$ s

O $C_{140} = 100$ s a thrwy ddefnyddio
$C = C_0 2^{-x} \rightarrow 50.5$ s

O $C_{140} = 100$ s a thrwy ddefnyddio
$C = C_0 e^{-\lambda t} \rightarrow 50.6$ s

3.5.19 (a) $\lambda = 0.086$ diwrnod⁻¹
$= 9.9 \times 10^{-7}$ s⁻¹

(b) Gan ddefnyddio 0.086 diwrnod⁻¹
$A = 3 \times 10^6 e^{-0.086 \times 21} = 497$ kBq
(~500)

3.5.20 $10 \times 10^{-3} = 5 \times 10^6 \times 2^{-n} \rightarrow n = 8.97$
$\rightarrow 225$ mun

3.5.21 830, 690, 160

3.5.22 $\left(\frac{11}{12}\right)^n = \frac{1}{2}$, ∴ $n \ln\left(\frac{11}{12}\right) = \ln 2 \rightarrow n = 7.967$

3.5.23 $[\varepsilon]$ = cm, $[k]$ = cm² s⁻¹

3.5.24 Graddiant $= \frac{1}{\sqrt{k}}$, rhyngdoriad $= -\frac{\varepsilon}{\sqrt{k}}$

∴ $\varepsilon = -\dfrac{\text{graddiant}}{\text{rhyngdoriad}}$

3.6

3.6.1 44.01 g

3.6.2 2.5×10^{-12} kg

3.6.3 (a) 4.29×10^{-12} J

(b) 27 MeV
~ 2 filiwn gwaith cymaint

3.6.4 (a) Colled màs $= 1.0$ kg $\times 0.71\%$
$= 7.1 \times 10^{-3}$ kg
∴Egni sy'n cael ei ryddhau $= mc^2$
$= 7.1 \times 10^{-3} \times (3.0 \times 10^8)^2$
$= 6.4 \times 10^{14}$ J

(b) 6000 (1 ff.y.)

3.6.5 Mae'r ffigurau'n rhoi 931.49 MeV

3.6.6 Màs 6 ^1H + 6n = 12.09894 u
∴ Diffyg màs = 0.09894 u
∴ Egni clymu = 0.09894 × 931 MeV
$= 92.1$ MeV

3.6.7 (a) Diffyg màs $= 0.09894$ u
$= 1.64 \times 10^{-28}$ kg
∴ Egni clymu = 1.64×10^{-28} kg ×
$(3.0 \times 10^8$ m s⁻¹$)^2$
$= 1.49 \times 10^{-11}$ J

(b) 1 MeV $= 1.60 \times 10^{-13}$ J
∴ Egni clymu = 92.4 MeV

3.6.8 (a) 263 MeV

(b) 8.5 MeV niwc⁻¹

3.6.9 (a) ^2_1H, ^6_3Li, $^{11}_5B$, $^{21}_{10}Ne$

(b) Dim ond un gronyn sydd yn y niwclews

3.6.10 4.2×10^{-13} J, 2.6 MeV

3.6.11 (a) $\lambda = 0.00122$ s⁻¹,
$A = \dfrac{1 \times 10^{-6}}{27} \times 6.02 \times 10^{23} \times 0.00122$
$= 2.72 \times 10^{13}$ Bq
∴ $P = 2.72 \times 10^{13} \times 4.2 \times 10^{-13}$ W
$= 11.4$ W

(b) $P = 230$ µW

3.6.12 (a) $^{180}_{74}W \rightarrow \,^{176}_{72}W + \,^4_2He$

(b) $\Delta m = 179.94670 - 175.94151$
$- 4.002\,604$
$= 0.002\,586$ u
∴ $E = 0.002\,586 \times 931$ MeV
$= 2.41$ MeV
$= 3.9 \times 10^{-13}$ J

3.6.13 Os yw $r = kA^{1/3}$, yna mae màs $= \frac{4}{3}\pi k^3 A\rho$

∴ $\rho = \dfrac{3 \times 1.66 \times 10^{-27}\,A}{4\pi \times (1.1 \times 10^{-15})^3\,A}$
$= 3.0 \times 10^{17}$ kg m⁻³

3.6.14 Màs 92 atom ^1_1H = 92.719 9 u
Màs 143 niwtron = 144.239 095
∴ Cyfanswm = 236.958 995
∴ Diffyg màs = 1.915 065 u
$= 1783$ MeV
∴ Egni clymu fesul niwcleon $= \dfrac{1783}{235}$
$= 7.6$ MeV niwc⁻¹

3.6.15 (a) Màs niwcleon ~ 1.67×10^{-27} kg
∴ Niwcleonau mewn 1 kg ~ 6.0×10^{26}

(b) Egni sy'n cael ei ryddhau
$= 6.0 \times 10^{26} \times 0.9$ MeV
$= 5.4 \times 10^{26}$ MeV
$= 8.6 \times 10^{13}$ J

3.6.16 4.78 MeV

3.6.17 $r_{H2} = 1.1\sqrt[3]{2} = 1.39$ fm
$r_{H3} = 1.1\sqrt[3]{3} = 1.59$ fm
∴ Mae cyfanswm y gwahaniad
$= 1.39 + 1.59$ fm ~ 3 fm

Uned 4

4.1

4.1.1 Oherwydd fel arall byddai cefnau'r dargludydd mewn cysylltiad

4.1.2 $F = kg^{-1} m^{-2} s^4 A^2$

4.1.3 68 nF = 0.068 µF

4.1.4 30 V. Gwiriwch y polaredd

4.1.5 0.025 m²

4.1.6 (a) 55 µF, (b) 13.2 µF

4.1.7 (a) $Q = 180$ nC; $V = 8.2$ V

(b) $Q = 320$ nC; $V = 6.8$ V

4.1.8 (a) Parabola

(b) 0.48 µF = 480 nF

(c) Nid yw'n debygol – gallai fod yn gynhwysydd ffilm

4.1.9 ~ 4 munud

4.1.10 (a) 33.0 s   (c) 46 s

(b) 15.5 µC

4.1.11 (a) 10 V

(b) 6 MΩ

4.1.12 (a) Graddiant = -0.85 µC s^{-1}

(b) Cerrynt [cerrynt dadwefru 0.85 µA ar 2.0 s]

(c) 0.084 µA [caniatáu ±0.02]

4.1.13 (a) 0.71 s

(b) 0.35 s

(c) Amser dadfeilio gwefr = 2 × amser dadfeilio egni

4.1.14 Wedi'i drosglwyddo fel egni mewnol yn y gwifrau cysylltu

4.1.15 (a) 3.3 s   (b) 7.8 V

4.1.16 1.5 MV m^{-1} i lawr

4.1.17 2.7 µN

4.1.18 Mae'r cyflymiad yn gyson, felly mae'r cyflymder cymedrig yn hanner y cyflymder terfynol

4.1.19 3.34×10^{-7} s; 3.67 m

4.1.20 (a) 2920 V

(b) 2.5×10^{-9} s

(c) 6.4×10^{15} m s^{-2}

(ch) 1640 V

(d) 1.6×10^7 m s^{-1}

(dd) 3.6×10^7 m s^{-1} ar 0.464 rad (26.6°)

4.1.21 (a) Ym mhob dadwefriad: Mae'r egni sy'n cael ei gyflenwi

$$= \frac{1}{2}C(V^2 - (1.00 \text{ V})^2)$$

∴ Mae cyfanswm yr egni sy'n cael ei gyflenwi $= 5 \times \frac{1}{2}C(V^2 - (1.00 \text{ V})^2)$

Mae'r egni i godi tymheredd y coil

$$= mc(\theta_2 - \theta_1)$$

Felly

$$= 5 \times \frac{1}{2}C(V^2 - (1.00 \text{ V})^2)$$

(b) 3.5 F

4.2

4.2.1 $F m^{-1} = C V^{-1} m^{-1}$
$= C J^{-1} C m^{-1}$
$= C (N m)^{-1} C m^{-1}$
$= C^2 N^{-1} m^{-2}$

Mae dulliau eraill yn bosibl

4.2.2 (a) 8.2×10^{-8} N   (b) 2.65×10^{-11} m

4.2.3 22 pC

4.2.4 (a) Graddiant = $- 5.0$ V m^{-1}

(b) 5.0 V m^{-1} – maen nhw'n cyd-fynd

4.2.5 (a) Tybiwch ei fod yn ymddwyn fel sffêr cyflawn

$$Q = -1.1 \times 10^{-6} \text{ C}$$

(b) 670 kV m^{-1} tuag at y canol

4.2.6 0.021 m

4.2.7 0 (sero) – oherwydd mae'r potensial yn 0 i B

4.2.8 (a) $E_x = -24.4$ V m^{-1}

(b) $E_y = -19.2$ V m^{-1} tuag i lawr

(c) $E = 31$ V m^{-1} ar 218° yn wrthglocwedd o x

4.2.9 $W = 1.2 \times 10^{-13}$ J

Positif gan fod C yn nes at B nag at A

4.2.10 864 V m^{-1} yn llorweddol i'r dde

4.2.11 $\Delta V = 108$ V

4.2.12 Mae cryfder y maes trydanol yn fwy

4.2.13 1.2×10^{36}

4.2.14 8.3×10^{-8} N

4.2.15 3.7 N kg^{-1}

4.2.16 17

4.2.17 7.5×10^{30} kg

4.2.18 Graddiant = 0.016

Caiff y gwerth ei ddarllen fel ~ 0.015 (yn agos ato)

4.2.19 1370 m s^{-1}

4.2.20 $\frac{x}{y} = 32.36$, $x = 7.55 \times 10^{11}$ m,

$y = 2.3 \times 10^{10}$ m

4.2.21 O gymhareb y pellteroedd i'r pwynt niwtral, $\frac{M_1}{M_2} = 9$

4.3

4.3.1 $\frac{E_P(P)}{E_P(A)} = \frac{9.3}{0.65} \sim 14$

4.3.2 (a) $E_P = -7.1 \times 10^{21}$ J

(b) $E_k = 5.9 \times 10^{21}$ J

(c) $E_{Cyf} = -1.3 \times 10^{21}$ J

4.3.3 $v \propto \frac{1}{\sqrt{r}}$

4.3.4 0.39 AU

4.3.5 Mae'r newid cyflymder i'r un cyfeiriad â'r grym gaiff ei roi

4.3.6 8.6×10^{25} kg

4.3.7 -1.28×10^{21} J (maen nhw'n cyd-fynd)

4.3.8 2130 m s^{-1}

4.3.9 (a) graddiant = $\sqrt{GM_\odot}$, rhyngdoriad = 0

(b) graddiant = $GM_\odot$, rhyngdoriad = 0

(c) graddiant = $-\frac{1}{2}$, rhyngdoriad = $\frac{1}{2}\ln GM_\odot$

4.3.10 (a) 28 500 ly   (b) 8.7 kpc

4.3.11 Mae defnyddio $v^2 = \frac{GM}{r}$ yn rhoi 157 km s^{-1} h.y. 160 km s^{-1} (2 ff.y.)

4.3.12 $\lambda_{\text{wedi'i fesur}} = 656.939 \pm 0.002$ nm

4.3.13 Amnewid r_2 yn $m_1 r_1 = m_2 r_2$

$\rightarrow m_1 r_1 = m_2 (d - r_1)$

Trwy aildrefnu: $(m_1 + m_2)r_1 = m_2 d$

$\therefore r_1 = \frac{m_2 d}{m_1 + m_2}$ QED

4.3.14 4900 km o ganol y Ddaear

4.3.15 (a) 2.0 miliwn km

(b) 9.6×10^{29} kg a 6.4×10^{29} kg

4.3.16 Trwy anwybyddu 15° → cyfeiliornad o 3.5% .

Mae'r ansicrwydd yn y cyflymder = 7%

4.3.17 (a) $r^3 = \frac{GMT^2}{4\pi^2} \rightarrow 1.69 \times 10^{30}$ m³

$\therefore r = 1.19 \times 10^{10}$ m

a

$v = \frac{2\pi \times 1.19 \times 10^{10} \text{ m}}{1.0 \times 10^6} = 74.7$ km s^{-1}

(b) $v_S = 102$ m s^{-1}

(c) $m_C = 1.36 \times 10^{27}$ kg $= \frac{1}{740}$ m$_s$

4.3.18 (a) 1.19×10^{10} m

(b) $v_s = 102$ m s^{-1}

$r_s = 16.2 \times 10^6$ km

(c) 1.36×10^{27} kg

4.3.19 $m_A = 1.09 \times 10^{31}$ kg

$m_B = 1.74 \times 10^{31}$ kg

4.3.20 Hyd y diffyg = 47 000 s

canran gwanhau 0.008%

Tybiaeth: yn union ym mhlân yr orbit.

4.3.21 67.9 km s^{-1} Mpc^{-1}

$= \frac{67.9 \times 10^3 \text{ m s}^{-1}}{3.085\ 68 \times 10^{22} \text{ m}}$

$= 2.20 \times 10^{-18}$ s

4.3.22 (a) 6.9×10^{24} m   (b) 220 Mpc

4.3.23 $t_H = 4.55 \times 10^{17}$ s

$= \frac{4.55 \times 10^{17} \text{ s}}{3.16 \times 10^7 \text{ s blwyddyn}^{-1}}$

$= 1.44 \times 10^{10}$ o flynyddoedd

4.3.24 Mae'r donfedd wedi dyblu, felly mae maint y bydysawd wedi dyblu, h.y. mae'r golau wedi bod ar ei ffordd am 7×10^9 o flynyddoedd. Felly, pellter presennol y ffynhonnell yw 14×10^9 o flynyddoedd golau.

4.4

4.4.1 Mae polau tebyg yn gwrthyrru: mae pôl G y cwmpawd plotio, sy'n dangos cyfeiriad y llinell maes, yn pwyntio i ffwrdd oddi wrth bôl G y magnet

4.4.2 Rhaid bod y llinellau maes yn dod yn nes at ei gilydd ar draws rhanbarth 2

4.4.3 I fyny $\uparrow$; i'r dde $\rightarrow$

4.4.4 0.042 T

4.4.5 (a) 0 (sero)

    (b) 2.4 mN tuag i fyny

    (c) 4.8 mN tuag i fyny

    (ch) 3.4 mN tuag i lawr

4.4.6 160 A

4.4.7 $r = \dfrac{mv}{Bq} = \dfrac{\sqrt{2E_k m}}{Be} = \dfrac{\sqrt{2eVm}}{Be} = \sqrt{\dfrac{2Vm}{B^2 e}}$

Trwy fewnbynnu'r data

$\rightarrow r = 0.070$ m $= 70$ mm

Mae hwn o fewn y cyfeiliornad, felly mae'n gyson.

Sylwch fod ffyrdd eraill o ddangos hyn, e.e. trwy gyfrifo buanedd electron o'i EC, ac yna amnewid.

4.4.8 Ar ôl n bwlch, mae $E_k = nqV$

$\therefore \frac{1}{2}mv^2 = nqV$

$\therefore v = \sqrt{\dfrac{2nqV}{m}} = w\sqrt{n}$

4.4.9 (a) 4.57 MHz   (b) 0.65 m

4.4.10 $A = 24$

4.4.11 (a) Mae'n cyflymu'n baralel â'r maes

    (b) Mae'n aros yn ddisymud

4.4.12 1.1×10^6 m s^{-1}

4.4.13 Mewn silicon mae electronau'n symud llawer yn gyflymach ar gyfer yr un cerrynt, felly, mae'r grym allwyro magnetig llawer yn fwy

4.4.14 e.e. Cylched CE y prif gyflenwad neu gynhwysydd sy'n dadwefru

4.4.15 Mae meysydd oherwydd ceryntau ar ochrau cyferbyn y coil yn atgyfnerthu ym mhwynt P ond yn gwrthwynebu yn Q

4.4.16 (a) 28 µT yn 045°

    (b) 14 µN yn 090°

4.4.17 5.3 A

4.4.18 4.7 µWb

4.4.19 Ychydig yn llai – yr un fflwcs dros arwynebedd mwy gan fod y llinellau maes yn gwasgaru

4.4.20 1.1 µN i lawr ($\downarrow$)

4.4.21 Mae'r grymoedd oherwydd y meysydd magnetig ar ochrau cyferbyn y tiwb yn atynnol, ac felly'n tynnu'r tiwb i mewn

4.4.22 (a) 8.2 mV

    (b) V_H (0.5 A) wedi'i gywiro = 41.6 mV

       V_H (1.0 A) wedi'i gywiro = 82.8 mV

       $\therefore V_H(1.0) \sim 2V_H(0.5)$, felly mewn cyfranedd

       Gan ddefnyddio 83 mV ar gyfer 1 A $\rightarrow$ 30 V T^{-1}

4.4.23 graddiant $= \dfrac{\mu_0 I}{2\pi}$

4.4.24 Maen nhw'n (a) llorweddol ac yn (b) hafal a dirgroes

4.4.25 $B = 21 \pm 2$ mT [derbyn 21.0 ± 1.6 mT]

4.5

4.5.1 (a) PQ ac SR – dydyn nhw ddim yn torri'r fflwcs

       QR – y tu allan i'r maes

    (b) I lawr y dudalen, P$\rightarrow$S

    (c) I fyny'r dudalen, S$\rightarrow$C

4.5.2 O ddeddf Faraday:

$[\mathscr{E}] = \left[\dfrac{\Delta N\Phi}{\Delta t}\right] = \dfrac{[B]\,[A]}{[t]}$

$\therefore [B] = $ V s m^{-2}

$\therefore [Blv] = $ V s m^{-2} m m s^{-1} = V

$\qquad\qquad = [\mathscr{E}]$ QED

4.5.3 22 mT

4.5.4 (a) 0.94 V

    (b) Byddai g.e.m. hafal a dirgroes yn cael ei anwytho yn y gwifrau cysylltu

4.5.5 $\langle\mathscr{E}\rangle = 0.99$ µV

4.5.6 1.03 mV

4.5.7 (a) $P = B\ell vI$

    (b) $F_{modur} = BI\ell$

       $\therefore P = F_{modur} \times v = BI\ell v = B\ell vI$ QED

4.5.8 I mewn i'r dudalen

4.5.9 (a) Mae'r fflwcs yn lleihau ond mae cyfradd newid maint y fflwcs yn cynyddu. Felly mae $|\mathscr{E}|$ yn cynyddu

    (b) Mae'r grym ar ochr XY i fyny'r dudalen er mwyn gwrthwynebu'r newid. Felly yn ôl rheol llaw chwith Fleming mae'r cerrynt allan o dudalen

       I'r gwrthwyneb ar gyfer WZ

4.5.10 (a) 8.0 V

    (b) Deddf Faraday [ar gyfer anwythiad electromagnetig]: pan mae'r fflwcs magnetig sy'n cysylltu â chylched yn newid mae g.e.m yn cael ei anwytho yn y gylched sydd mewn cyfranedd â chyfradd newid y cysylltedd fflwcs.

4.5.11 Caiff ceryntau trolif eu hanwytho yn y bibell gopr, gan gynhyrchu maes magnetig sydd (yn ôl deddf Lenz) yn gwrthwynebu mudiant cymharol y magnet a'r bibell

4.5.12 $[J] = $ A m^{-2}; $[\rho] = \Omega$ m $= $ V A^{-1} m

$\therefore [J^2\rho] = $ (A m^{-2})^2 V A^{-1} m

$\qquad\qquad = $ V A m^{-3}

$\qquad\qquad = $ W m^{-3}

$\qquad\qquad = [\Pi]$

$\therefore$ Homogenaidd

4.5.13 30 ms

4.5.14 Mae'n cynyddu ar gyfradd o 1.5 A s^{-1}

4A

A1 30 Wb-troad

A2 Foltedd brig = 470 V

    V = 470 cos (100πt + ε)

A3

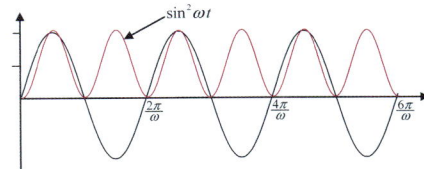

A4 12 ms

A5 Unrhyw 3 o …$-4\pi, -2\pi, 0, 2\pi, 4\pi$ …

A6 $V = 17 \sin (100\pi t - 1.1\pi)$ neu

    $17 \sin (100\pi t + 0.9\pi)$

A7 $V_{isc} = \dfrac{17}{\sqrt{2}} = 12.0$ V

A8 (a)

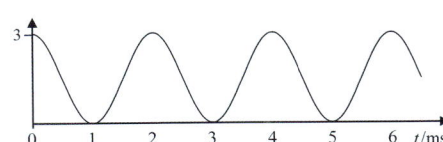

    (b) Mae'r ffwythiant $\sin^2 \omega t$ yn sinwsoidaidd, ac yn osgiliadu rhwng 0 ac 1. Trwy gymesuredd, ei werth cymedrig yw $\frac{1}{2}$.

A9 (a) 9.4 V

    (b) 1.88 W

A10 (a) 75 Ω

    (b) $f = 250$ Hz; $\omega = 500\pi$ s^{-1} (1570 s^{-1})

    (c) $V_{isc} = 10.6$ V; $I_{isc} = 0.141$ A

    (ch) 1.5 W

A11 (a) 3 W, (b) 3 W, (c) 0.

A12

(graff: echelin fertigol o 0 i 3, echelin lorweddol t/ms o 0 i 6)

A13 (a) 20 V, 1.5 mA, 14.1 V, 1.06 mA, 100 µs, 10 kHz, $2 \times 10^4\pi$ s^{-1}

    (b) 1.2 nF

    (c) $\omega C V_{isc} = 2 \times 10^4\pi \times 1.2 \times 10^{-6} \times 14.1$

             $= 1.06$ A $= I_{isc}$

A14 (a) 1.0 V, 10.0 mA, 0.707 V, 7.07 mA, 2 ms, 500 Hz, 1000π s^{-1}

    (b) 31.8 mH

A15 $[\frac{1}{2}\varepsilon_0 E^2]$ = F m^{-1} (V m^{-1})^2

             = C V^{-1} m^{-1} V^2 m^{-2}

             = C V m^{-3}

             = J m^{-3} = [dwysedd egni]

    $\left[\dfrac{B^2}{2\mu_0}\right]$ = (V s m^{-2})$^2 \times$ (H m^{-1})$^{-1}$

             = V^2 s^2 m^{-4} (A V^{-1} s^{-1}) m

             = (V A s) m^{-3}

             = J m^{-3} = [dwysedd egni]

A16 40 µF

A17 (b) $I < 0$ yn lleihau; $V > 0$ yn cynyddu

    (c) $I < 0$ yn cynyddu; $V < 0$ yn lleihau

    (ch) $I > 0$ yn cynyddu; $V < 0$ yn cynyddu

A18 0 (sero)

A19 (a) $V = V_R$

(b) $V = V_C$

A20 141 Ω

A21 $\frac{\pi}{4}$ (45°)

A22 160 nF = 0.16 μF

A23 $Z = \sqrt{5^2 + 12^2} = 13 \; \Omega$

$\therefore V_0 = 13 \; I_0 = 5.2$ V

$\theta = \tan^{-1}\frac{X_L}{R} = \tan^{-1}\frac{12}{5} = 1.18$ rad

$V = 5.2 \cos(\omega t + 1.18)$

A24 (a) 40 Ω (b) 50 Ω

(c) 0.24 A   (ch) 0.93 rad

A25

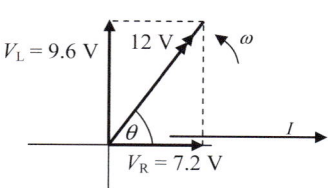

A26 (a) 22.4 Ω (b) 1.11 rad

A27 $\frac{\omega_0 L}{R} = \frac{I\omega_0 L}{IR} = \frac{V_L}{V_R} = \frac{V_L}{V_R}$

[oherwydd $V_L = V_C$ mewn cyseiniant]

$\omega_0 = \frac{1}{\sqrt{LC}} \; \therefore \frac{\omega_0 L}{R} = \frac{1}{\sqrt{LC}}\frac{L}{R} = \frac{1}{R}\sqrt{\frac{L}{C}}$

A28 $V_0 = \sqrt{2}V_{isc}$ – nid yw'r rhain yn amrywio gydag amser

Ond mae gwerthoedd enydaidd V yn amrywio gydag amser ac yn anghydwedd

A29 $Q = 3.2$

A30 Byddai'r cerrynt brig yn fwy (0.6 A); a'r gromlin yn llawer mwy llym

A31 20 mV rhaniad^{-1}

A32 5 μs rhaniad^{-1}

A33 $f = 80$ kHz; $V_0 = 48$ mV

A34 $V_0 = 1.4$ V; $T = 3.1$ ms

A35 $V_{isc} = 1.0$ V; $f = 320$ Hz

A36 $V_{isc} = 9.2$ V; $I_{isc} = 0.21$ mA, $X_C = 44$ kΩ, $C = 36$ nF

4B

B1 (a) $E = \frac{hc}{\lambda}, \; \therefore \lambda = \frac{hc}{E},$

$= \frac{6.63 \times 10^{-34} \times 3 \times 10^8}{1.6 10^{-14}}$

$= 1.24 \times 10^{-11}$ m ~ 10 pm

(b) 100 pm, 1 nm

B2 1 kW

B3 (a) 31 pm

(b) Rhaid iddo fod yn fwy na 10.2 kV

B4 (a) 36%

(b) 0.26 cm^{-1}

B5 Byddai angen arbelydru'r corff cyfan, a byddai hyn yn achosi gormod o niwed i feinwe iach

B6 Ffracsiwn = 1.1×10^{-6} (0.00011%)

B7 1.52 MHz

B8 9.9×10^{-5} s

B9 2.5 cm

B10 Oherwydd y gwahaniaeth rhwng rhwystriant acwstig hylif gwaed ac aer

B11 130 Hz

B12 (a) 2.5×10^{-26} J

(b) 0.16 μeV (1.6×10^{-7} eV)

B13 6.2×10^{-21} J, h.y. 250 000 $\times$

B14 15 MHz

B15
6 meinwe $\times$ 0.12 =	0.72
1 meinwe $\times$ 0.08 =	0.08
4 meinwe $\times$ 0.04 =	0.16
4 meinwe $\times$ 0.01 =	0.04
Cyfanswm	1.00

B16 0.76 mSv

B17 (a) Gwrthniwtrino electron $\overline{v_e}$

(b) $^{99}_{43}\text{Tc}_m \rightarrow \,^{99}_{43}\text{Tc} + \gamma$

(c) 1.5×10^{-4} u

B18 $^{124}_{53}\text{Te} + \,^1_1\text{H} \rightarrow \,^{125}_{53}\text{I} \rightarrow \,^{123}_{53}\text{I} + 2\,^1_0\text{n}$

$^{123}_{53}\text{I} + \,^0_{-1}\text{e} \rightarrow \,^{123}_{52}\text{Te}_m + v_e$

$^{123}_{52}\text{Te}_m \rightarrow \,^{123}_{52}\text{Te} + \gamma$

B19 Mae gan ffoton fomentwm $\frac{h}{\lambda}$. Dim ond ychydig o fomentwm fydd gan yr e^+ a'r e^- ar y pwynt difodi, felly, er mwyn cadw momentwm, caiff dau ffoton eu hallyrru ag egni hafal (a thonfedd hafal felly) i gyfeiriadau dirgroes

4C

C1 Mae'r craidd disgyrchiant o dan y canolbwynt

C2 Grym llorweddol i'r chwith ar y cwch o ganlyniad i wrthiant dŵr

C3 Bydd grym y gwynt ar yr hwyl yn lleihau, felly bydd ei foment clocwedd yn lleihau.

C4 182 N

C5 Oherwydd bydd ffactor cyffredin o cos 10° yn holl dermau hafaliad y momentau

C6 2.17 m

C7 Buanedd yr ardrawiad = 7.06 m s^{-1}

Buanedd adlamu = 5.29 m s^{-1}

C8 $E_{k \; traws} = \frac{1}{2}mv^2$

$E_{k \; cylch} = \frac{1}{2}I\omega^2 = \frac{1}{2}(mr^2)\left(\frac{v}{r}\right)^2 = \frac{1}{2}mv^2$

$\therefore E_{k \; cyf} = \frac{1}{2}mv^2 + \frac{1}{2}mv^2 = mv^2$ QED

C9 60 J

C10 Cyflymiad = 0.007 m s^{-2}

Lleihad yn y tyniant = 0.07%

C11 kg m^2 s^{-1} (neu N m s)

C12 (a) 13.8 kg m^2 s^{-1}

(b) 16.7 rad s^{-1} = 2.7 cylchdro s^{-1}

C13 Mae'r hafaliad yn rhoi 16.5 m; a'r ffigur hefyd

C14 (a) 14.3 m [Caniatáu $\pm$0.2]

(b) 16.4 m (mae buanedd yn curo ongl) [Caniatáu $\pm$0.5]

C15 Llusgiad: [y waywffon] yn rhoi grym tuag ymlaen ar y moleciwlau aer [N2]

$\therefore$ mae'r aer yn rhoi grym hafal tuag yn ôl ar [y waywffon] [N3]

Grym codi: [yr adain] yn rhoi grym i lawr ar y moleciwlau aer [N2]

$\therefore$ mae'r aer yn rhoi grym hafal i fyny ar [yr adain] [N3]

C16 Mae'r 'grym codi' tuag yn ôl ar gyfer ail hanner yr hediad.

C17 (a) Grym codi = 1.0 N

(b) Ar gyfer yr un grym codi, bydd y trorym wedi dyblu felly bydd pwynt y waywffon yn cylchdroi tuag i lawr yn rhy fuan

C18 Ydy, o fewn rheswm: mae'r llusgiad ar 20 m s^{-1} yn ~4$\times$ y llusgiad ar 10 m s^{-1}

C19 Grym codi = 39 kN

4CH

CH1 Gydag 85% o'r egni'n cael ei amsugno (albedo = 0.15), mae'r model yn arwain at dymheredd o 218 K, sy'n cyd-fynd yn dda

CH2 $T^4 = \frac{0.7 \times 1360}{4 \times 5.67 \times 10^{-8}}$ K^4

sy'n arwain at $T = 255$ K = -18°C

CH3 Yr Haul: Gan ddefnyddio 5800 K $\rightarrow \lambda_{mwyaf} = 0.5 \; \mu$m ✓

Y ddaear: Gan ddefnyddio 15 °C (288 K) $\rightarrow$ 10 μm ✓

CH4 Mae'r egni ffoton 7.5 μm = 0.17 eV, felly mae'r lefelau egni dirgrynol yn N_2O yn 0.17 eV ar wahân

CH5 0.1%, 0.2% 0.6%

CH6 (a) 1.08×10^6 m^3

(b) 0.97×10^6 m^3

CH7 Mae presenoldeb ffoton γ yn awgrymu rhyngweithiad e-m

CH8 Mae'r data'n rhoi: $\Delta m = -0.002 \; 669 \; 661$ u

Gan ddefnyddio 931.5 MeV / u $\rightarrow$ 26.73 MeV

CH9 ~ 54 W m^{-2}

CH10 (a) $P_{allan} = 17.5$ mW

(b) $P_{mewn} = 50$ mW,
$\therefore$ effeithlonrwydd = 0.35 (35%)

CH11 100 cangen baralel o ~35 cell mewn cyfres, $\therefore$ ~3500 cell

CH12 42 W

CH13 110 kW

CH14 Cyfanswm yr arwynebedd o dan bob graff yw 1.0 trwy ddiffiniad; mae gan leoliad B fwy o arwynebedd o dan y graff ar fuaneddau uwch felly mae'n rhaid bod ei debygolrwydd mwyaf yn is

CH15 (a) 19.8 m s^{-1} (b) 0.62 m^3 s^{-1}

(c) 620 kg s^{-1} (ch) 120 kW

CH16 $[\rho V] = $ kg s^{-1}

$$\therefore [\text{ochr dde}] = \text{kg s}^{-1} \times \text{N kg}^{-1} \times \text{m} - \frac{(\text{kg s}^{-1}) \times \text{m}^6 \text{ s}^{-1}}{\text{m}^4}$$

$$= \text{N m s}^{-1} - \text{N m s}^{-1}$$

$$= \text{J s}^{-1} - \text{J s}^{-1}$$

$$= \text{W} - \text{W}$$

$$= [\text{ochr chwith}] \text{ felly homogenaidd}$$

CH17 Cyfanswm yr egni ar gael mewn 24 awr
$$= 4 \times 4.4 \times 10^{10} \text{ J}$$

$\therefore$ Pŵer cymedrig = 2 MW (i 1 ff.y.)

CH18 0.9%

CH19 (a) 1.4(4), 2.5, $(1.2)^n$

(b) 10.8 (11 i'r rhif cyfan agosaf)

CH20 (a) 2.6×10^{-5} keV (b) 1.3 keV

CH21 0.31 kg

CH22 9.8×10^{17} J

CH23 $[K] = \dfrac{[\Delta Q][\Delta x]}{[\Delta t][A][\Delta \theta]}$

$$= \text{J m (s m}^2 \text{ K)}^{-1}$$

$$= \text{J s}{-1} \text{ m}^{-1} \text{ K}^{-1}$$

$$= \text{W m}^{-1} \text{ K}^{-1}$$

CH24 Os yw K yn fach iawn, mae'n rhaid i A fod yn fawr, ac i Δx fod yn fach er mwyn cael ΔQ sy'n fesuradwy.

CH25 86 W m^{-2}

CH26 Cyfradd colli gwres $= K \dfrac{\Delta \theta}{\Delta x}$

$$= 0.6 \times \frac{15}{0.11}$$

$$= 82 \text{ W m}^{-2}$$

Mathemateg

M1 (a) $t = 0, \pm \dfrac{2\pi}{\omega}, \pm \dfrac{4\pi}{\omega}, \ldots$

(b) $t = \pm \dfrac{\pi}{2\omega}, \pm \dfrac{3\pi}{2\omega}, \pm \dfrac{5\pi}{2\omega}, \ldots$

(c) $t = -\dfrac{3\pi}{2\omega}, \dfrac{\pi}{2\omega}, \dfrac{5\pi}{2\omega}, \ldots$

M2 (a) 12 cm

(b) 5 Hz

(c) 0.05 s, 0.15 s

M3 (a) 1000 s^{-1}

(b) 159 Hz

(c) 6.28 ms

(ch) -3.6 ms, -0.5 ms, 2.6 ms, 5.8 ms

M4 $I = 0.1 \cos \left(1000t + 0.5 - \dfrac{\pi}{2}\right) = 0.1 \cos (1000t + 5.212 \text{ rad})$

M5 $\cos \theta = \sin \left(\theta + \dfrac{\pi}{2}\right)$

$\therefore \cos (100t - 1.0) = \sin \left(100t - 1.0 + \dfrac{\pi}{2}\right)$

$$= \sin (100t + 0.57)$$

$\therefore$ Ydynt!

M6

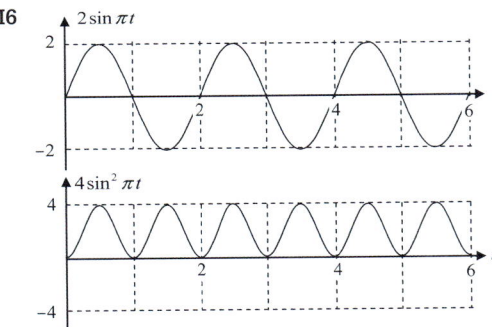

M7 (a) 1, 2.7, 4.5, 7.4, 20, 100, 148, 22 000, 2.7×10^{43}

(b) $\sqrt{e^{10}} = e^5$ neu $(e^5)^2 = e^{10}$

(c) $(e^{10})^{10} = e^{100}$

M8 (a) 0.37, 0.22, 0.14, 0.050, 0.010, 0.0067, 4.5×10^{-5}, 3.7×10^{-44}

(b) $e^{-5} = \dfrac{1}{e^5}$

(c) $e^{-100} = (e^{-10})^{10}$

M9 (a) 10^6

(b) 10^7

(c) 16 awr (o'r dechrau)

M10 0.69

M11 1

$e = 2.7$ (i 2 ff.y.)

M12 Cysonyn dadfeiliad = 0.0526 awr^{-1}

$\therefore$ (a) 1.26 diwrnod^{-1}, (b) 1.46×10^{-5} s^{-1}

M13 (a) 12.0 s

(b) 0.51 V (gan ddefnyddio 37% mewn 1 cysonyn amser)

M14 (a) 0.69

(b) 1.39

(c) 5.0

(ch) 4.61

(d) 432

M15 (a) 10

(b) 148

M16 $\log_{10} 2^x = \log_{10} 35$

$\therefore x = \dfrac{\log_{10} 35}{\log_{10} 2} = 5.13$

M17 $n = 0.34$ (i 2 ff.y.)

M18 Trwy aildrefnu: $e^{\lambda t} = \dfrac{V_0}{V}$

Trwy gymryd logiau: $\lambda t = \ln \left(\dfrac{V_0}{V}\right)$

$\therefore \lambda = \dfrac{1}{t} \ln \left(\dfrac{V_0}{V}\right)$

Ffurfiau eraill:

$\lambda = -\dfrac{1}{t} \ln \left(\dfrac{V}{V_0}\right), \lambda = \dfrac{1}{t} (\ln V_0 - \ln V)$

M19 Graddiant = 3; rhyngdoriad = ln 10

Atebion Profwch eich hun

Uned 3

3.1

1 (a) 754 rad s^{-1} (b) 25000 m s^{-2}

2 (a) 5000 N (b) 26.8 m s^{-1}

3 (a) Mae cyfeiriad y cyflymder bob amser yn newid [oherwydd grym disgyrchiant y seren].

(b) Tuag at ganol yr orbit [h.y. y seren].

(c) Tuag at ganol yr orbit.

(ch) Os yw gwrthrych yn symud mewn cylch (ar fuanedd cyson) mae'r grym cydeffaith tuag at ganol y cylch.

4 20 rad s^{-1}

5 (a) (i) Mae'r masau agennog mewn ecwilibriwm, felly mae'r grym cydeffaith arnyn nhw'n sero, h.y. mae $T - mg = 0$.

(ii) $T\cos\theta$ yw cydran lorweddol y grym sy'n cael ei roi gan y llinyn ar y gwrthrych bach. Mae hyn yn darparu'r grym mewngyrchol ar gyfer y mudiant cylchol.

(iii) Nid yw'r gwrthrych bach yn cyflymu'n fertigol. Felly, mae swm cydrannau fertigol y grymoedd arno yn sero. $T\sin\theta$ yw cydran fertigol grym y llinyn ar y gwrthrych.

(b) 1.13 kg

(c) O hafaliad 1: mae $T = 1.13 \times 9.81$ N,

Felly o hafaliad 3: mae $\theta = \sin^{-1}\left(\dfrac{0.12 \times 9.81}{1.13 \times 9.81}\right) = 6.09°$

$\therefore$ mae $\cos\theta = 0.994$, felly mae'r brasamcan yn un da.

(ch) 1.14 kg, $\theta = 6.05°$ felly'r un fath i 2 ff.y.

6 (a) (i) Mae'n darparu'r grym mewngyrchol, felly'n rheiddiol tuag i mewn.

(ii) 2.7 N

(b) 7.1 N yn rheiddiol tuag allan

7 Mae Anwen yn gywir wrth ddweud bod y buanedd yn gyson. Mae'r egni potensial disgyrchiant yn gyson felly rhaid i'r egni cinetig fod yn gyson hefyd. Mae cyfeiriad y cyflymder bob amser yn newid felly mae'n rhaid bod grym cydeffaith arno. Dylai Rhodri gofio bod y grym disgyrchiant ar ongl sgwâr i gyfeiriad mudiant Gwener; felly nid yw'n gwneud gwaith ar y blaned Gwener ac felly mae'n rhaid bod yr egni cinetig yn aros yr un peth.

8 a) 1.72 m s^{-1}

b) $E_k = 0.059$ J; $E_p = 0.235$ J

c) 3.84 m s^{-1}

9 a) Yn fertigol tuag i fyny

b) Yn fertigol tuag i lawr

c) $L_1 - mg$

ch) $L_2 + mg$

d) Mae'r egni potensial disgyrchiant, E_p, ar **A** yn llai nag ar **B**. Os nad oes colledion egni, mae $E_k + E_p$ yn gyson. Felly mae'r egni cinetig, E_k, yn fwy ar **A** nag ar **B**.

dd) Mae'r grym mewngyrchol yn llai ar **B** nag ar **A** oherwydd mae'r buanedd yn llai. Felly:

$L_2 + mg < L_1 - mg$

Felly mae $L_2 < L_1 - 2mg$ ac felly mae $L_2 < L_1$

10 Ar **A** mae'r bêl yn ddisymud, am ennyd, ond yn cyflymu tuag at y pwynt isaf yn y basn. Felly, mae'r grym cydeffaith yn dangiadol i'r dde. Yn yr un modd ar **C** mae'r grym cydeffaith yn dangiadol i'r chwith. Ar **B** mae'r buanedd yn gyson felly mae cydran dangiadol y grym yn sero. Oherwydd y mudiant cylchol mae'r grym cydeffaith tua'r canol, **X**.

3.2

1 Osgiliadau gorfod yw'r rhai sy'n digwydd pan fydd grym 'gyrru' sy'n amrywio'n sinwsoidaidd yn gweithredu ar system osgiladol, gan achosi i'r system osgiliadu gydag amledd y grym gyrru. Osgiliadau rhydd yw'r rhai sy'n digwydd pan fydd system osgiladol yn cael ei dadleoli o'i safle ecwilibriwm a'i ryddhau.

2 Mae cyfeiriad y cyflymiad tuag at y pwynt sefydlog.

3 (a) Gwanychiad, oherwydd gwrthiant aer yn bennaf yn yr achos hwn.

(b) Hysteresis.

4 (a)

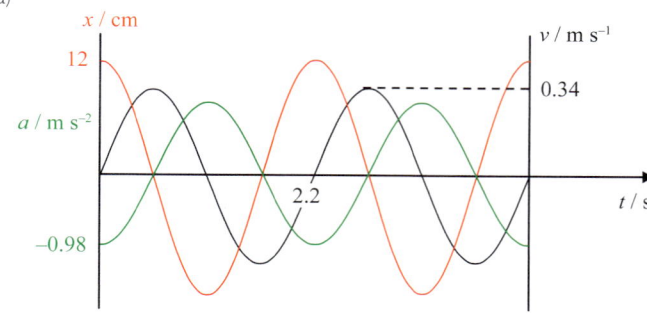

(b) $x(0) = 0.87$ mm (2 ff.y.)

$v(0) = 400$ m s^{-1}

$a(0) = -4.4 \times 10^7$ m s^{-2}

(c) ± 300 m s^{-1} (2 ff.y.); ar unrhyw ddadleoliad, gall y mudiant fod tuag at y pwynt ecwilibriwm neu i ffwrdd oddi wrtho

5 (a) $x\,/\,\text{cm} = 2.39\cos\left(\dfrac{4}{3}\pi t - \dfrac{\pi}{2}\right)$

(b) -2.1 cm, -5.0 cm s^{-1}, 36 cm s^{-2}

6 (a) 47 mm s^{-1}, 0.30 m s^{-2}

(b) $x\,/\,\text{mm} = 7.5\cos(2\pi t + 0.84)$

7 (a) (i) A ac C (ii) B

(b) (i) 0.10 rad (ii) 12 cm

(c) $T = 2.20$ s, $\omega = 2.86$ rad s^{-1}

(ch) $v_{\text{mwyaf}} = 0.34$ m s^{-1}; $a_{\text{mwyaf}} = 0.98$ m s^{-2}

(d)

8 (a) $T = \pi(\sqrt{2} + 1)\sqrt{\dfrac{l}{2g}}$

(b)

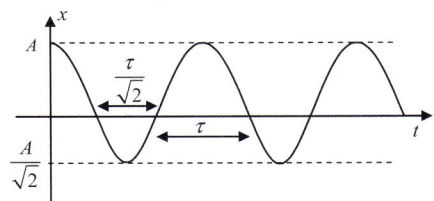

9

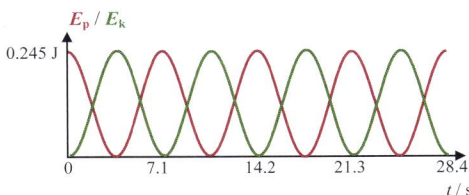

10 (a) 4.5 cm   (b) 3.4 cm   (c) 2.0 cm

11 (a) $x / \text{cm} = 20e^{-0.555t} \cos 4\pi t$

(b)

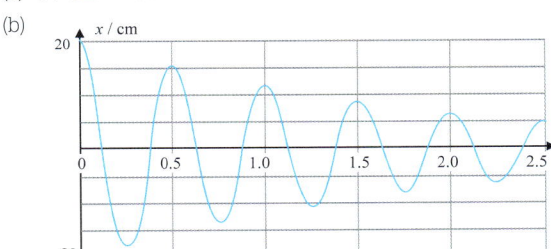

(c) 3.75 cm

12 Mae'r canlyniadau'n rhoi $g = 9.83 \pm 0.05$ m s^{-2}

Mae'r amrediad yn cynnwys 9.81 m s^{-2}, ac felly'n gyson

13 Ni ddylai fod unrhyw ansicrwydd yn y nifer o osgiliadau. Yr unig ansicrwydd felly fydd y rhai sy'n gysylltiedig â chychwyn a stopio'r stopwatsh. Bydd yr ansicrwydd absoliwt yn yr amseru yr un fath beth bynnag yw'r cyfnod amseru, felly yr hiraf yw'r cyfnod amseru, yr isaf yw'r ansicrwydd canrannol. Felly, mae dull Iestyn yn well.

14 Mae cymarebau osgledau dilynol i gyd tua 0.8 (amrediad, 0.74 – 0.85) felly mae fwy neu lai yn esbonyddol [neu fel arall, mae graff $\ln A$ yn erbyn t yn llinell syth]

$\lambda \sim 0.0069$ s^{-1}

15 Mae'n anodd rhyddhau'r pendil heb roi pwniad bach iddo, felly mae'n well gadael iddo siglo cyn dechrau'r amseru. Nid yw dau ben y siglad yn lleoedd da i amseru rhyngddynt gan fod y pendil yn symud yn araf ac yn newid cyfeiriad. Os oes marc sefydlog fertigol, mae'n hawdd ei ddefnyddio i fesur yr amserau ac mae'n bosib rhagweld pryd y bydd pendil yn ei basio. Felly mae dull Eleri yn well!

16 (a) (i) Mae gan graff llinell syth y yn erbyn x yr hafaliad, $y = mx + c$, lle mae m ac c yn gysonion. Os yw'r llinell yn pasio trwy'r tarddbwynt, mae $c = 0$. Gallwn ni aildrefnu'r berthynas ddisgwyliedig i roi $\ell = \dfrac{g}{4\pi^2} T^2$. Mae hwn ar yr un ffurf â $y = mx + c$, gyda $y = \ell$, $m = \dfrac{g}{4\pi^2}$, $x = T^2$ ac $c = 0$.

(ii) Yn yr hafaliad $y = mx + c$, y graddiant yw m.

Felly, mae $g = 4\pi^2 \times$ graddiant.

(b) Ar 40.0 cm, mae $T^2 = (1.49 \pm 0.10)$ s^2;

ar 80.0 cm, mae $T^2 = (3.24 \pm 0.14)$ s^2

(c) (i), (ii)

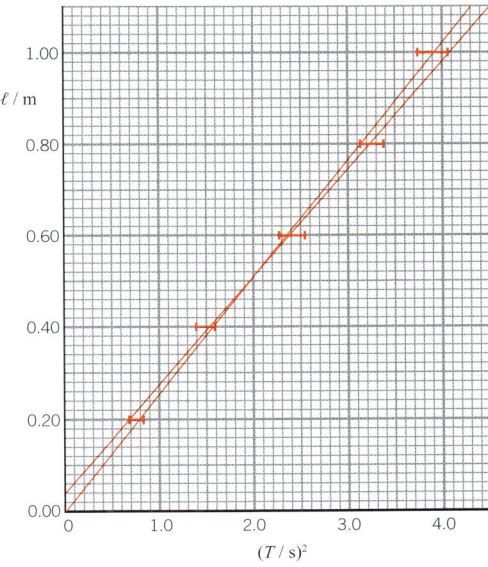

(iii) Mae'r barrau cyfeiliornad yn gyson â pherthynas llinell syth ac mae'r tarddbwynt o fewn y llinellau graddiant mwyaf/lleiaf. Felly maen nhw'n gyson.

(iv) Mae'r graddiant mwyaf $= \dfrac{1.024 - 0.000}{4.00 - 0.04} = 0.259$ m s^{-2}

Mae'r graddiant lleiaf $= \dfrac{1.000 - 0.038}{4.05 - 0.00} = 0.238$ m s^{-2}

$\therefore$ Mae'r graddiant $= 0.245 \ (\pm 8.6\%)$ m s^{-2}

(ch) $4\pi \times$ graddiant $\rightarrow g = (9.7 \pm 0.8)$ m s^{-2} felly mae'r canlyniad yn gyson â'r gwerth derbyniol.

(d) Roedd gwir werthoedd ℓ i gyd yn llai na'r rhai a gafodd eu plotio, o radiws y bob. Felly dylai'r graff fod ychydig yn is, a fyddai'n effeithio ar y rhyngdoriad ond nid y graddiant.

3.3

1 p = gwasgedd / Pa = N m^{-2}; V = cyfaint / m^3; n = swm y sylwedd / mol

R = cysonyn nwy delfrydol / J mol^{-1} K^{-1}; T = tymheredd / K

N = nifer y moleciwlau (dim uned); k = cysonyn Boltzmann / J K^{-1}

2 Nwy delfrydol yw nwy sy'n ufuddhau i'r hafaliad nwy delfrydol $(pV = nRT)$ yn union.

3 (a) N yw nifer y moleciwlau a m yw'r màs moleciwlaidd.

(b) Nm yw cyfanswm màs y moleciwlau nwy.

(c) Mae'r lluoswm, nifer y molau $\times$ màs molar, hefyd yn hafal i gyfanswm màs y moleciwlau nwy.

4 (a) 18

(b) (i) 18 u, (ii) 2.99×10^{-26} kg

(c) Anwedd dŵr (H_2O)

5 3.1×10^{24}

6 $n = 1070$ mol, $N = 6.4 \times 10^{26}$

7 2.23×10^{19} o ïonau Na$^+$

8 (a) $M_r = 352.02$

(b) $M = 352.02$ g mol^{-1} = 0.352 02 kg mol^{-1}

(c) 20 mol

9 (a) 498 m s^{-1}

(b) 42.3 mol

(c) 28.95 g mol^{-1}, cymharwch â 28.94 g mol^{-1} o ddata cyfansoddiad yr aer

10 $R = 8.30$ J kg^{-1} K^{-1}

11 (a) (i) 290 m s^{-1} (ii) 91 500 m^2 s^{-2} (iii) 302 m s^{-1}

(b) 117 K

12 (a) Cymarebau buanedd – $1 : \dfrac{1}{\sqrt{2}} : \dfrac{1}{2} : \dfrac{1}{4} : \dfrac{1}{4\sqrt{2}}$

(b) Buaneddau mewn m s^{-1}, 1110, 787, 557, 278, 197 yn ôl eu trefn

13 (a) 1×10^{44} o foleciwlau

(b) Mae'n rhesymol yn wir.

14 (a) 1.21 MJ

(b) (i) 6.0×10^{-21} J (ii) 330

15 Ar 40 °C, mae'r berthynas yn amlwg yn gwyro oddi wrth yr hyn a ddisgwylir, yn enwedig o gwmpas 8 MPa a 0.15 m^3 lle mae cinc yn y graff. Ar 50 °C, mae siâp y graff yn cyfateb yn ansoddol i berthynas $pV =$ cysonyn. Fodd bynnag, mae gwerth pV yn newid o 960 J, ar 12 MPa, i 2300 J ar 4 MPa, felly nid yw'n cytuno'n ansoddol.

3.4

1 (a) 720 kJ

(b) Ar dymheredd uwch, mae llai o foleciwlau, a phob un ag EC cymedrig mwy; mae'r effeithiau hyn yn canslo

(c) (i) 288 K, (ii) 1340 m s^{-1}

2 (a) 374 kJ

(b) 484 m s^{-1}

(c) Mae gan y moleciwlau 250 kJ o egni cinetig cylchdroi

3 (a) $U_A = 3.6$ MJ, $U_B = 2.4$ MJ

(b) $T_A = 578$ K, $T_B = 385$ K

(c) (i) 481.5 K

(ii) $p_A = 1.00 \times 10^6$ Pa, $p_B = 5.00 \times 10^6$ Pa

(iii) 608 kJ o A i B

(ch) $p = 667$ Pa, $T = 482$ K

4

	ΔU	Q	W
(a)	>0	=0	<0
(b)	>0	>0	>0
(c)	>0	>0	~0
(ch)	=0	>0	>0
(d)	>0	>0	~0
(dd)	=0	=0	=0
(e)	=0	=0	=0

5 (a) 170 kJ

(b) 0.075 (7.5%)

(c) $Q = 2.26$ MJ, $\Delta U = 2.09$ MJ, $W = 0.17$ MJ

6 (a) 76 kJ

(b) $Q = 76$ kJ, $\Delta U = 76$ kJ, $W = 0$

7 (a) 0.2, 0.4 a 2.0 yn ôl eu trefn

(b) 0.2, 0.4 a 2.0 yn ôl eu trefn

(c) ac (ch)

	ΔU / kJ	Q / kJ	W / kJ
A→B	−12	−20	−8
B→C	3	3	0
C→D	24	40	16
D→A	−15	−15	0
Cyfanswm	0	8	8

(d) 3.4 mol

8 1.2 MW

9 Ar graff p / bar yn erbyn θ / °C mae gan y llinell fwyaf serth raddiant o 0.003 78 ac mae'n pasio trwy (0, 0.947). Mae gan y llinell leiaf serth raddiant = 0.003 41 ac mae'n pasio trwy (0, 0.970). Mae'r ffigurau hyn yn rhoi gwerth sero absoliwt o (−268 ± 17) °C neu (−270 ± 20) °C.

10 Cyfradd gymedrig y cynnydd yn y tymheredd = 0.162 °C^{-1} (o raddiant y graff tymheredd yn erbyn amser).

Mae hyn yn arwain at $c_{dŵr} = 4100$ J kg^{-1} °C^{-1} (i 2 ff.y.)

A wnaethoch chi sylwi ar y wybodaeth amherthnasol? [Foltedd y prif gyflenwad.]

3.5

1 (a) Graddiant = −0.0133, rhyngdoriad = 6.306

(b) $\lambda = 0.0133$ s^{-1}, $T = 52$ s

2 (a) $^{192}_{78}\text{Pt} \rightarrow {}^{188}_{76}\text{Os} + {}^4_2\text{He}$

(b) $^{181}_{72}\text{Hf} \rightarrow {}^{181}_{73}\text{Ta} + {}^0_{-1}\text{e} + \overline{v}_e$

(c) $^{48}_{23}\text{V} \rightarrow {}^{48}_{22}\text{Ti} + {}^0_1\text{e} + v_e$

(ch) $^{59}_{28}\text{Ni} + {}^0_{-1}\text{e} \rightarrow {}^{59}_{27}\text{Co} + v_e$

(d) $^{77}_{32}\text{Ge} \rightarrow {}^{77}_{33}\text{As} + {}^0_{-1}\text{e} + \overline{v}_e$

(dd) $^{65}_{30}\text{Zn} \rightarrow {}^{65}_{29}\text{Cu} + {}^0_1\text{e} + v_e$

(e) $^{65}_{30}\text{Zn} + {}^0_{-1}\text{e} \rightarrow {}^{65}_{29}\text{Cu} + v_e$

(f) $^{239}_{92}\text{U} \rightarrow {}^{239}_{93}\text{Np} + {}^0_{-1}\text{e} + \overline{v}_e$

$^{239}_{93}\text{Np} \rightarrow {}^{239}_{94}\text{Pu} + {}^0_{-1}\text{e} + \overline{v}_e$

(ff) $^{17}_7\text{N} \rightarrow {}^{16}_8\text{O} + {}^1_0\text{n} + {}^0_{-1}\text{e} + \overline{v}_e$

3 Ar gyfer yr isotopau sydd â gormodedd o niwtronau, ^{23}Ne a ^{24}Ne, mae cyflwr proton gwag sydd ag egni digon isel i'r trawsffurfiad n → p + e$^-$ + $\overline{v}_e$ i ddigwydd

Ar gyfer yr isotopau sydd â diffyg niwtronau, ^{18}Ne a ^{19}Ne, mae cyflwr niwtron gwag sydd ag egni digon isel i'r trawsffurfiad p → n + e$^+$ + $\overline{v}_e$ i ddigwydd

Ar gyfer ^{20}Ne, ^{21}Ne a ^{22}Ne nid yw'r un o'r ddau gyflwr hyn yn bosibl, felly mae'r niwclews yn sefydlog

4 (a) Mae'r ansicrwydd ffracsiynol yn lleihau gyda chyfanswm y cyfrif; caiff amser cyfrifo hirach ei ddefnyddio ar gyfer y cyfraddau cyfrifo is er mwyn cynyddu cyfanswm y cyfrif

(b)

Pellter / cm	10	15	20	25	30	50	70
Cyfrif wedi'i gywiro, C	729	256	129	89	65.7	22.0	10.5
$1/\sqrt{C}$ /10^{-3}	37	62.5	88	106	123	213	309

(c) $k = 51700$ cyf cm^2 = 5.2 cyf m^2

$\varepsilon = -1.2$ cm

5 (a) $\lambda_{234} = 8.8 \times 10^{-14}$ s^{-1}, $\lambda_{235} = 3.1 \times 10^{-17}$ s^{-1}, $\lambda_{238} = 4.9 \times 10^{-18}$ s^{-1}

   (b) ^{234}U: 63.5%, ^{235}U: 1.6%, ^{238}U: 34.9%

   (c) 35 MBq

6 Mae'r rhan fwyaf o ronynnau α yn cael eu hamsugno gan y defnydd; Mae egni cinetig y gronynnau alffa yn cael ei golli mewn gwrthdrawiadau gydag atomau.

7 (a) Nifer yr hanner oesau $\sim 10^4$

     $\therefore$ Mae'r ffracsiwn sy'n weddill = $2^{-10\,000} = (2^{-10})^{1000} = (10^{-3})^{1000}$

                         = 10^{-3000}

     Mae 10^{3000} yn fwy (o lawer) na nifer y baryonau yn y bydysawd (sy'n cael ei amcangyfrif yn 10^{72}), felly does dim byd ar ôl.

   (b) $^{238}_{92}\text{U} \xrightarrow{\alpha} {}^{234}_{90}\text{Th} \xrightarrow{\beta^-} {}^{234}_{91}\text{Pa} \xrightarrow{\beta^-} {}^{234}_{92}\text{U}$

8 (a) Gall A newid gan 0 neu -4 yn unig; ni all unrhyw gyfuniad o 0s a 4s roi newid o -3

   (b) ^{238}U: 94.4%, ^{235}U: 5.6%

   (c) 6×10^9 o flynyddoedd

9 (a) Mae argon yn nwy anadweithiol – mae'n annhebygol o fondio gydag atomau eraill yn y graig, felly byddai unrhyw argon wedi dianc o'r magma (hylif) gwreiddiol

   (b) $^{40}_{19}\text{K} \rightarrow {}^{40}_{18}\text{Ar} + {}^{0}_{1}\text{e} + \nu_e$

     $^{40}_{19}\text{K} + {}^{0}_{-1}\text{e} \rightarrow {}^{40}_{18}\text{Ar} + \nu_e$

     $^{40}_{19}\text{K} \rightarrow {}^{40}_{20}\text{Ca} + {}^{0}_{-1}\text{e} + \overline{\nu_e}$

   (c) Wrth i'r graig heneiddio, mae nifer yr atomau potasiwm yn gostwng ac mae nifer yr atomau argon yn cynyddu. Felly, mae'r gymhareb argon i botasiwm yn cynyddu, gan dybio bod yr argon yn cael ei ddal yn y graig o hyd.

   (ch) 5.33×10^{-10} blwyddyn^{-1} = 1.69×10^{-17} s^{-1}

   (d)

Amser / Mbl.	0	100	200	300	400	500	600
^{40}K	100	94.8	89.9	85.2	80.8	76.6	72.6
^{40}Ar	0	0.52	1.01	1.48	1.92	2.34	2.74
Ar/K	0	0.006	0.011	0.017	0.024	0.031	0.038

   (dd) 340 miliwn o flynyddoedd: dyma'r oedran lleiaf posibl.

     Pe bai peth argon yn dianc, byddai'r gwir oedran yn uwch

   (e) (i) Nifer yr atomau ^{40}K, $N = N_0 e^{-\lambda t}$

        Nifer yr atomau ^{40}K wedi dadfeilio = $N_0(1 - e^{-\lambda t})$

        $\therefore$ Mae nifer yr atomau ^{40}Ar = $0.1 \times N_0(1 - e^{-\lambda t})$

        $\therefore R = \dfrac{{}^{40}\text{Ar}}{{}^{40}\text{K}} = \dfrac{0.1 \times N_0(1 - e^{-\lambda t})}{N_0 e^{-\lambda t}} = \dfrac{1 - e^{-\lambda t}}{10 e^{-\lambda t}}$

     (ii) O (i), $10Re^{-\lambda t} = 1 - e^{-\lambda t}$

        Trwy rannu â $e^{-\lambda t}$ ac aildrefnu $\rightarrow e^{\lambda t} = 1 + 10R$

        $\therefore$ (Diffiniad ln) $\lambda t = \ln(1 + 10R)$, felly'r canlyniad.

     (iii) $t = \dfrac{1}{5.33 \times 10^{-10}\ \text{blwyddyn}^{-1}} \ln(1 + 0.20)$

        = 340×10^6 o flynyddoedd (i 2 ff.y.) ✓

10 Gan ddefnyddio $\pm\sqrt{N}$ fel yr ansicrwydd, dros 10 munud:

   Cefndir = 250 ± 16 cyfrif

   Dim amsugnydd = 570 ± 24 cyfrif, felly ffynhonnell = 320 ± 40 cyfrif

   Gydag amsugnydd = 525 ± 23 cyfrif, felly nawr mae'r ffynhonnell = 275 ± 39 cyfrif

   Mae amrediadau'r ansicrwydd yn gorgyffwrdd gryn dipyn, felly nid yw'n ddiogel dod i'r casgliad bod y ffynhonnell yn allyrrydd alffa

11 Yn debygol o fod yn β

12 (a) 13.5 s^{-1} (b) 10.1 s^{-1}

3.6

1 (a) 3.0×10^{16} J

   (b) 0.33 kg

2 (a) 3.6×10^{26} W

   (b) 1.6×10^{17} W

3 (a) $^{7}_{4}\text{Be} + {}^{0}_{-1}\text{e} \rightarrow {}^{7}_{3}\text{Li} + \nu_e$

   (b) Gwan: newid blas cwarc ($u \rightarrow d$), niwtrinoeon yn cymryd rhan

   (c) 0.86 MeV; caiff ei gario gan niwtrino gan amlaf oherwydd bod ganddo fomentwm hafal (a dirgroes) i'r epil niwclews, ac mae'n llawer ysgafnach.

4 (a) $^{241}_{95}\text{Am} \rightarrow {}^{237}_{93}\text{Np} + {}^{4}_{2}\text{He}$

   (b) 5.50 MeV = 8.8×10^{-13} J

   (c) 2.6×10^5 m s^{-1}

   (ch) 1.2×10^8 Bq

5 (a) Mae β^- yn rhoi ^{40}Ca: $^{40}_{19}\text{K} \rightarrow {}^{40}_{20}\text{Ca} + {}^{0}_{-1}\text{e} + \overline{\nu_e}$

     Mae β^+ a dal K $\rightarrow {}^{40}$Ar (gweler Profwch eich hun 3.5, C9)

   (b) 1.3 MeV

6 (a) $^{239}_{92}\text{U} \rightarrow {}^{239}_{93}\text{Np} + {}^{0}_{-1}\text{e} + \overline{\nu_e}$

     $^{239}_{93}\text{Np} \rightarrow {}^{239}_{94}\text{Pu} + {}^{0}_{-1}\text{e} + \overline{\nu_e}$

   (b) U$\rightarrow$Np: 1.26 MeV

     Np$\rightarrow$Pu: 0.72 MeV

   (c) Caiff peth egni ei ryddhau fel EC y niwtrinoeon, sydd ddim yn cael eu hamsugno yn yr adweithydd

7 7.3 MeV = 1.2×10^{-12} J

8 (a) 168 MeV = 2.7×10^{-11} J

   (b) O'r Cs: 11 MeV = 1.8×10^{-12} J

     O'r Rb: 13.7 MeV = 2.2×10^{-12} J

   (c) 7.9×10^{13} J (yn cynnwys y dadfeiliadau dilynol)

     6.9×10^{13} J o'r ymholltiad yn unig

9 (a) Cam 1: 1.44 MeV (yn cynnwys difodi e^+e^-)

     Cam 2: 5.49 MeV

     Cam 3: 12.85 MeV

   (b) [Sylwer: Cyfanswm yr egni sy'n cael ei ryddhau = $2 \times$ (cam 1 + cam 2) + cam 3]

     6.3×10^{11} J

10 (a) $Q_{\text{Sn}} = 8.0$ aC, $Q_{\text{Mo}} = 6.7$ aC

   (b) $r_{\text{Sn}} = 5.5$ fm, $r_{\text{Mo}} = 5.2$ fm

   (c) 4.5×10^{-11} J ($\sim$280 MeV)

   (ch) Mo: 1.2×10^7 m s^{-1}

     Sn: 1.0×10^7 m s^{-1}

11 Mae'r ddau graff yn ddefnyddiol: y graff **ln** ar gyfer gwerth yr esbonydd, y graff llinol ar gyfer k. Ar gyfer y niwclidau trymach yn unig ($A \sim 120+$), mae r mewn cyfrannedd â thrydydd isradd A. Mae'r berthynas yn gwyro oddi ar hyn ar gyfer y niwclidau ysgafnach. Unwaith eto, ar gyfer y niwclidau trymach yn unig, mae'r data yn rhoi gwerth o 0.9 fm, ychydig yn is nag 1.1 fm.

Uned 4

4.1

1. (a) 1.8×10^{-7} F = 180 nF
   (b) 8.9×10^{-5} C = 89 µC
   (c) 0.022 J = 22 mJ
   (ch) 5.0×10^6 V m^{-1} = 5.0 MV m^{-1}

2. 2.8 µF (gan anwybyddu effaith y deuelectryn)

3. (a) $\frac{2}{3}C$, (b) $3C$

4. (a) $V_R = V_S$, $V_C = V_{2C} = 0$, $I_0 = \dfrac{V_S}{R}$

   (b) (i) $\dfrac{V_S}{2R}$, (ii) $\dfrac{V_S}{2}$, (iii) (L→R) $\frac{1}{3}CV_S, -\frac{1}{3}CV_S, \frac{1}{3}CV_S, -\frac{1}{3}CV_S$

   (iv) $V_C = \frac{1}{3}V_S$, $V_{2C} = \frac{1}{6}V_S$,

   (v) $U_C = \frac{1}{18}CV_S^2$, $U_{2C} = \frac{1}{36}CV_S^2$

   (vi) $P_R = \dfrac{V_S^2}{4R}$

   (c) (i) 0, (ii) 0, (iii) (L→R) $\frac{2}{3}CV_S, -\frac{2}{3}CV_S, \frac{2}{3}CV_S, -\frac{2}{3}CV_S$

   (iv) $V_C = \frac{2}{3}V_S$, $V_{2C} = \frac{1}{3}V_S$

   (v) $U_C = \frac{2}{9}CV_S^2$, $U_{2C} = \frac{1}{9}CV_S^2$

   (vi) $P_R = 0$

5. (Pob un mewn µF). Cynwysyddion unigol: 10, 22, 33
   Cyfuniadau cyfres: 5.7, 6.9, 7.7 a 13.2
   Cyfuniadau paralel: 32, 43, 55, 65
   Pâr paralel mewn cyfres ag un sengl: 8.5, 14.6, 16.2
   Pâr cyfres mewn paralel ag un sengl: 23.2, 29.7, 39.9

6. 11 mF

7. 112 µF

8. a) 2.2 mC, 11 mJ
   b) Q_{220} = 1.51 mC, Q_{100} = 0.69 mC
   c) 7.6 mJ

9. Cynhwysiant → $\frac{1}{2}C$ gan ddefnyddio $C = \dfrac{\varepsilon_0 A}{d}$
   gp → $2V$ oherwydd bod Q yn gysonyn ac C wedi'i haneru [neu mae cryfder y maes trydanol E, yn aros yr un fath ac yn ddwbl y gwahaniad]
   $Q → Q$ gan nad oes unman arall i'r wefr fynd
   $U → 2U$ o unrhyw 2 o blith C, V a Q

10. Y gp yw'r gp ar draws y batri, felly $V → V$
    Fel yn C9, $C → \frac{1}{2}C$
    $Q → \frac{1}{2}Q$ oherwydd bod C wedi'i haneru a bod V yn gysonyn
    $U → \frac{1}{2}U$ o unrhyw ddau o blith C, V a Q

11. (a) 56.4 mC
    (b) I / mA = $120e^{-2.13t}$
    (c) Arwynebedd o dan y graff = 56.4 mC

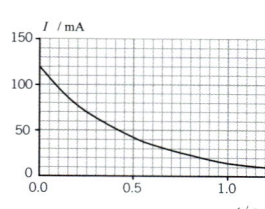

    (ch) U_0 = 0.34 J
    (d) U / mJ = $340e^{-4.26t}$
    (dd) P / W = $1.44e^{-4.26t}$
    (e) Arwynebedd o dan y graff = 0.34 J

12. (a) 450 N C^{-1} tuag i lawr (b) 6.8 V

13. 12 electron yn cael eu colli.

14. (a) 2.3×10^7 m s^{-1}
    (b) Mae cynyddu'r gwahaniad yn lleihau cryfder y maes a'r grym felly.

15. (a) Ym mhwynt P, mae cydran y y cyflymder = 3.0×10^7 m s^{-1}

    $$a_y = \frac{F}{m} = \frac{eE}{m} = \frac{1.60 \times 10^{-19} \times 12\,000}{9.11 \times 10^{-31}} \text{ m s}^{-2} = 2.11 \times 10^{15} \text{ m s}^{-2}$$

    Gan ddefnyddio $v = u + at$ gyda $u = 0 \rightarrow t = \dfrac{3.0 \times 10^7}{2.11 \times 10^{15}}$ s = 14.2 ns

    (b) 0.42 m
    (c) 0.21 m

4.2

1.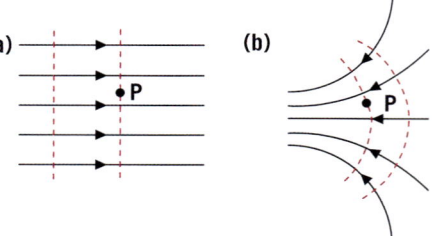

2. (a) Mae X ar y potensial uwch; mae angen gwneud gwaith i symud gwefr bositif o Y i X
   (b) 15 kV
   (c) 150 mJ
   (ch) 1.70×10^6 m s^{-1}
   (d) 1.23×10^6 m s^{-1}

3. (a) Dosbarthiad unffurf ar arwyneb allanol y metel
   (b) V = 108 kV, E = 1.08 MV m^{-1}
   (c) (i) 54 kV, 270 kV m^{-1}
       (ii) 108 kV, 0

4. (a) Caiff ei wrthyrru gan wefr debyg ar y sffêr
   (b) 1080 m s^{-2}
   (c) 14.6 m s^{-1}

5. (a) -29.6 J
   (b) -20 µC: 254 N ar 45° i fyny tua'r dde
       10 µC ar y top: 152 N ar 12.1° i'r chwith o'r fertigol
       10 µC ar y dde: 152 N ar 12.1° islaw'r llorwedd i'r chwith

6. (a) 254 km s^{-2}
   (b) Mae'n cyflymu ar hyd y llinell cymesuredd, gan gyrraedd buanedd uchaf ar ganolbwynt y ddwy wefr 10µC, ac yna'n arafu i ddisymudedd ar gornel cyferbyn y sgwâr; yn cyflymu yn ôl ac yn arafu i ddisymudedd ar y pwynt cychwynnol, etc.
   (c) 173 m s^{-1}

7. (a) 1.49×10^{22} kg, 3580 kg m^{-3}
   (b) 1.00 m s^{-2}
   (c) -1.00×10^6 J kg^{-1}
   (ch) -1.00×10^8 J

8. (a) -2.00×10^5 J kg^{-1}, 0.04 N kg^{-1}
   (b) -5.00×10^5 J kg^{-1}, 0.25 N kg^{-1}

9. (a) 1.00×10^6 J
   (b) 9.1×10^5 J
   (c) 9%

10. (a) 0.100 N kg^{-1}

(b) (i) −10 000 J kg⁻¹

(ii) −60 000 J kg⁻¹

(c) Mae'r potensial disgyrchiant oherwydd y lloeren yn unig yr un fath ar bob pwynt ar ei arwyneb, h.y. −10 kJ kg⁻¹. Mae'r potensial oherwydd y gorblaned yn amrywio o −50.25 kJ kg⁻¹ ar y pwynt agosaf ar y lleuad i −49.75 kJ kg⁻¹ ar y pwynt pellaf.

Felly mae cyfanswm y potensial disgyrchiant yn amrywio fel sydd i'w weld yn y diagram.

11 (a) 0.0025 m s^{-2}

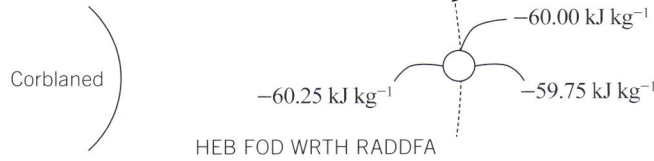

HEB FOD WRTH RADDFA

(b) 6.5 diwrnod

4.3

1 0.63 (neu 1.59)

2 3.375 (neu 0.296)

3 (a) $M_J = 1.90 \times 10^{27}$ kg

(b) $T = 16.9$ diwrnod

4 (a) Mae'r tri phwynt cyntaf yn agos iawn – mae'r olaf yn bell i ffwrdd

(b) graddiant = 1.5, rhyngdoriad = $\ln \dfrac{2\pi}{\sqrt{GM}} = \dfrac{1}{2} \ln \dfrac{4\pi^2}{GM}$

(c) (i) Mae trydedd ddeddf Kepler yn dweud bod $T^2 \propto r^3$,

- felly (gan gymryd yr ail isradd), $T \propto r^{3/2}$, felly mae T yn erbyn $r^{3/2}$ yn llinell syth trwy'r tarddbwynt

- nawr trwy gymryd y trydydd isradd $T^{1/3} \propto r^{1/2}$, felly mae $T^{1/3}$ yn erbyn $r^{1/2}$ yn llinell syth trwy'r tarddbwynt

- ac yn olaf, trwy sgwario $T^{2/3}$ yn erbyn r, felly mae $T^{2/3}$ yn erbyn r yn llinell syth trwy'r tarddbwynt.

(ii) Mae'r gwerthoedd radiws orbitol bron yr un mor bell ar wahân, felly bydd gan blot o $T^{2/3}$ yn erbyn r bwyntiau wedi'u gwasgaru'n unffurf. [Rhowch gynnig arnynt]

5 (a) $a = 1.43 \times 10^{14}$ m

$M = 7.0 \times 10^{36}$ kg $= 3.5 \times 10^6\ M_\odot$ − (mor agos)

(b) $p = 0.024 \rightarrow \Delta M = \pm 0.8\ M_\odot$

(c) $v = 0.023c$

6 (a) $d = 1.88 \times 10^9$ m; $r_{1.4} = 8.09 \times 10^8$ m; $r_{0.6} = 1.88 \times 10^9$ m

(b) $v_{1.4} = 93.9$ km s⁻¹; $v_{0.6} = 219$ km s⁻¹

(c) $\Delta\lambda_{1.4} = 0.205$ nm; $\Delta\lambda_{0.6} = 0.479$ nm

4.4

1 (a) ↓ (b) → (c) ↓ (ch) → (d) ↑

2 (a) 0.0125 N 20° uwchben y Gogledd llorweddol

(b) 0.0117 N; 0.0043 N

3

F / N

0.023

t / ms

40

4 (a) 1.5 N m

(b) 0.75 N m

5 (a) 1.71×10^{-23} N s

(b) 0.00213 T

(c) 60 MHz

6 (a) 6.08×10^{-5} T

(b) 930 Hz

7 (a) 7.62 MHz

(b) 4.0 MeV (6.4×10^{-13} J)

(c) 0.578 m

(ch) Mae'r egni $> m_e c^2$, felly mae angen cywiriad perthnaseddol

8 (a) 29 000 m s⁻¹

(b) 3.80×10^{-26} kg = 22.9 u. $\therefore$ Na⁺

9 (a) I mewn i'r diagram

(b) $v_X = \sqrt{\dfrac{2eV}{m_X}}$ ac $v_Y = \sqrt{\dfrac{2eV}{m_Y}}$

(c) $r_X = \sqrt{\dfrac{2Vm_X}{B^2 e}}$ ac $r_Y = \sqrt{\dfrac{2Vm_Y}{B^2 e}}$

(ch) (i) 120 V   (ii) 0.39 cm

10 (a) 3380 Ω

(b) 16.9 V

(c) 0.313 V T⁻¹

(ch) 0.34 V

4.5

1 Mae'r fflwcs sy'n cysylltu'r coil yn lleihau

2 (a) Mae'n lleihau

(b) Mae'n lleihau

(c) I'r dde – mae'r cyfeiriad yn gwrthwynebu'r lleihad yn y fflwcs

(ch) Cyfeiriad clocwedd o edrych arno o'r chwith

3 (a) Mae'r grym i'r chwith – mae hyn yn gwrthwynebu gwahaniad cynyddol y magnet a'r ddolen

(b) Tuag at y gwyliwr ar y top

(c) Ar y gwaelod, mae'r cerrynt i ffwrdd oddi wrth y gwyliwr, felly mae'n glocwedd o edrych arno o'r chwith

4 Byddai'r fflwcs yn cynyddu i'r chwith, felly mae'r fflwcs o ganlyniad i'r cerrynt anwythol i'r dde, fel yn 2

Rhaid i'r grym ar y ddolen fod i'r dde, felly (trwy reol llaw chwith Fleming) mae'r cerrynt tuag at y gwyliwr ar y top, fel yn 3

5 (a) Mae'r fflwcs yn newid yn arafach ac yna'n gyflymach; pan fydd canol y magnet yn pasio trwy flân y coil, mae'r gyfradd newid fflwcs yn sero; ar ôl hyn mae cyfeiriad y newid fflwcs yn ddirgroes

(b) Mae'r magnet yn teithio'n gyflymach, felly mae cyfradd newid y fflwcs yn gyflymach

(c) $\mathscr{E}_{an} = -\dfrac{d(N\varPhi)}{dt}$

Arwynebedd o dan y graff $= \int \mathscr{E}_{an} dt = -\Delta(N\varPhi)$

Mae'r cysylltedd fflwcs oherwydd y magnet ar y dechrau ac ar y diwedd yn agos iawn at sero, felly rhaid bod cyfanswm y newid mewn cysylltedd fflwcs yn agos at sero. Felly rhaid bod yr arwynebeddau +ve a −ve rhwng y graff a'r echelin yr un fath.

6 (a) 0.85 V

(b) Does dim llwybr dychwelyd ar gyfer unrhyw gerrynt

7 (a) 1 Wb-troad, (b) 0.5 Wb-troad, (c) 0

8 8.0 V

9 (a) Mae'r ochrau hir yn sgubo allan silindr â radiws 0.20 m mewn 0.50 s.

∴ Mae'r buanedd $= \dfrac{2\pi \times 0.20 \text{ m}}{0.50 \text{ s}} = 2.51$ m s^{-1}

(b) $90° / \dfrac{\pi}{2}$

(c) $\ell = 100 \times (0.50 \text{ m} + 0.50 \text{ m}) = 100$ m

∴ $\mathscr{E} = 0.050$ T $\times 100$ m $\times 2.5$ m s^{-1}

(ch) Nid yw'r ochrau byr yn torri'r fflwcs.

10 (a)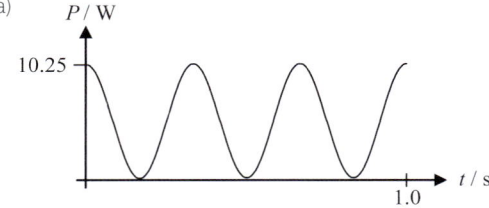

(b) Oherwydd bod y ffwythiant $P(t)$ yn sinwsoidaidd gyda gwerthoedd mwyaf a lleiaf o 10.25 W a 0 yn ôl eu trefn, mae'r pŵer cymedrig yn 5.1 W (i 2 ff.y.)

11 (a) $f = 40$ Hz, $\omega = 251$ rad s^{-1}

(b) $B = 0.24$ T

(c) $T = 12.5$ ms, $V_0 = 12.0$ V

12. (a) (i) 0.05 s, 0.15 s, 0.25 s a 0.35 s. Pan mae'r plân ar ongl sgwâr i'r maes, nid yw'r llinellau maes yn cael eu torri [h.y. mae cyfradd newid y cysylltedd fflwcs yn sero].

(ii) Mae'r llinellau maes yn cael eu torri ar y gyfradd fwyaf, gan roi maint mwyaf y g.e.m. anwythol, felly'r amserau yw 0, 0.10 s, 0.20 s, 0.30 s a 0.40 s.

(b)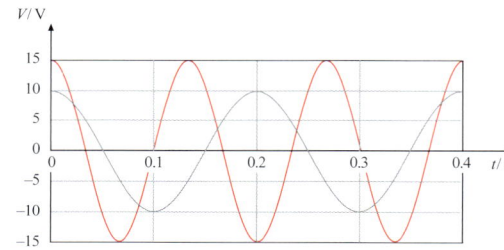

Oherwydd bod yr amledd yn $1.5\times$, y gyfradd fwyaf ar gyfer torri fflwcs yw $1.5\times$, felly yn ôl deddf Faraday bydd y foltedd brig yn $1.5\times$ cymaint (15 V $= 1.5 \times 10$ V). Mae'r cyfnod bellach yn 0.13 s oherwydd ei fod yn ddwy ran o dair o'r gwreiddiol.

4A

1. Ar gyfer y coil mae $\Phi = BA \cos \omega t$

$\mathscr{E}_{\text{an}} = -\dfrac{\mathrm{d}(N\Phi)}{\mathrm{d}t} = BAN\omega \sin \omega t$

Felly mae $\mathscr{E}_{\text{an}} \propto B, A, N$ ac ω

2. (a) 78.5 s^{-1}; 3.5 V

(b)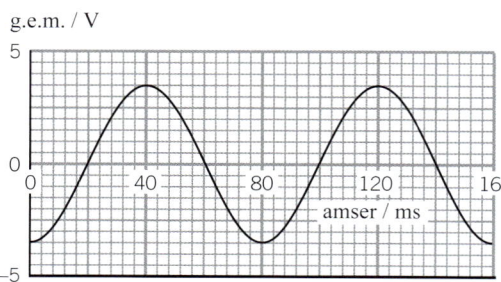

3 (a) (i) 0.90 A, (ii) 8.1 W

(b) $V = 12.7 \cos 100\pi t = 12.7 \cos 314t$

(c) $I = 1.27 \cos 100\pi t = 1.27 \cos 314t$

(ch)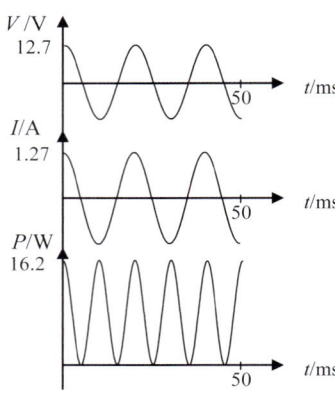

4 Cynhwysydd 1 µF : $I_{\text{isc}} = 0.075$ A

Anwythydd 100 mH : $I_{\text{isc}} = 0.019$ A

5 B = gwrthydd (cerrynt a foltedd yn gydwedd). $R = 1.4$ kΩ

Yr amledd yw 31.25 Hz (mae ei angen ar gyfer A ac C)

A = cynhwysydd (y cerrynt yn arwain y foltedd). $C = 5.1$ µC

C = anwythydd (y foltedd yn arwain y cerrynt). $L = 6.1$ H (braidd yn fawr)

6 (a) 11.2 V; 5.6 Ω

(b) Gwrthydd: $R = 2.5$ Ω, $X = 0$

Cynhwysydd: $R = 0$, $X = 10$ Ω

Anwythydd: $R = 0$, $X = 5$ Ω

$R = 2.5$ Ω; $C = 320$ µF; $L = 16$ mH

(c) (i) $\varepsilon = 1.11$ rad (cerrynt yn arwain)

(ii) 10 W

7 $X_C = 5$ Ω; $X_L = 10$ Ω.

Mae pob mesur arall yn aros yr un peth ac eithrio bod ffasor y foltedd bellach yn arwain (o 1.11 rad)

8. Adweithedd y cynhwysydd $Z = \dfrac{1}{400\pi \times 12 \times 10^{-6}} = 66.3$ Ω

∴ Cyfanswm y rhwystriant $Z = \sqrt{47^2 + 66.3^2} = 81.3$ Ω

∴ $I_{\text{isc}} = \dfrac{I_0}{\sqrt{2}} = \dfrac{24}{\sqrt{2} \times 81.3} = 0.21$ A

$\varepsilon = 55°$ (cerrynt yn arwain)

9. (a) (i) 11.0 kHz

(ii) $V_A = 5.09$ V; $V_B = 1.41$ mV (isc)

(iii) 0.25π rad; $45°$

(b) Os oedd yr honiad yn gywir, byddai'r foltedd, V_A, yn arwain y foltedd, V_B, ar draws y gwrthydd (sydd yn gydwedd â'r cerrynt). Mae hyn yn wir. Ond $V_B << V_A$. Felly, gan dybio bod gan yr anwythydd wrthiant dibwys, byddai gwrthiant y gwrthydd yn llawer llai nag adweithedd yr anwythydd ac felly dylai'r gwahaniaeth yn y wedd fod yn agos at $\frac{1}{2}\pi$, yn lle $\frac{1}{4}\pi$. Felly ni all yr anwythydd gael gwrthiant sero.

[Byddai gan anwythydd 0.1 H adweithedd o $6\,800$ Ω. Gyda'r olinau hyn, byddai angen i wrthiant yr anwythydd hefyd fod yn $6\,800$ Ω a byddai gwrthiant y gwrthydd yn 2.8 Ω.]

10. (a) 2.53 nF; 62.8 Ω

(b) (i) 1.59 W (ii) 0.77 W

(c) Mae'r pŵer ar 95 kHz yn agos at hanner y pŵer mwyaf [0.77 W yn hytrach na 0.80 W]. 95 kHz yn $0.95f_0$ felly byddai'r un pŵer yn cael ei afradloni ar $1/0.95f_0$ sydd bron yn 105 kHz, gan roi lled band hanner pŵer o ~10 kHz. Felly mae cytundeb rhesymol.

4B

1 (a) $E_{154} = 8.07$ keV; $E_{139} = 8.94$ keV

   (b) Mwy na 8.94 kV

2 (a) Mae hidlo yn blaenoriaethu torri allan ffotonau egni isel oherwydd eu bod yn treiddio llai

   (b) Mae gan ffotonau egni isel briodweddau carsinogenaidd ac nid ydyn nhw'n ddefnyddiol ar gyfer delweddu

   (c) rhwng 35 kV a 40 kV

   (ch) $\lambda_{22\,keV} = 57$ pm; $\lambda_{25.5\,keV} = 49$ pm

   (d)

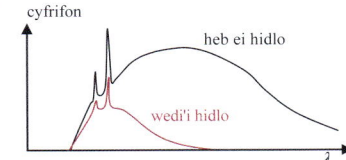

3 (a) (i) 1.0%, (ii) 31.9%, (c) 3.3%

   (b) Gan dybio treiddiad o 8% ar 80 keV, mae $\mu = 0.25$ cm^{-1}

4 (a) Mae'r ffracsiwn sy'n cael ei adlewyrchu $= 0.0014 = 0.14\%$

   (b) 99.7%

5 0.16 m s^{-1}

6 (a) 68.2 MHz

   (b) 8520 Hz

   (c) Mae lleoliadau gwahanol yn allyrru amleddau Larmor gwahanol, ac felly mae'n bosibl eu lleoli

   (ch) 1.7 kHz

7 (a) Mae'r holl belydrau X yn pasio trwy'r tyfiant; bydd y mannau eraill yn derbyn ffracsiwn yn unig

   (b) Caiff y rhan fwyaf o'r egni o baladr o brotonau ei ryddhau ar ddiwedd y trac. Os caiff yr egni cywir ei ddewis (yn dibynnu ar ddyfnder y tyfiant) caiff bron yr holl egni ei ryddhau yn y tyfiant, gan leihau'r effaith ar feinweoedd cyn a thu ôl y tyfiant

8 (a) ^{123}I – mae'n ddefnyddiol fel olinydd ar y cyd â chamera gama; ni chaiff y pelydrau γ eu hamsugno gan y corff; mae ei hanner oes byr yn lleihau effeithiau tymor hir

   Gall ^{131}I – gael ei ddefnyddio ar gyfer radiotherapi, gyda'r gronynnau β yn cael eu hamsugno gan y thyroid (gan gynnwys y tyfiant); mae'n bosibl ei ddefnyddio fel olinydd hefyd, ond nid yw mor ddiogel oherwydd yr allyriadau β a'r hanner oes hirach

   (b) $^{131}_{53}\text{I} \rightarrow {}^{131}_{54}\text{Xe}^* + {}^{0}_{-1}\text{e} + \overline{v_e}$

   $^{131}_{54}\text{Xe}^* \rightarrow {}^{131}_{54}\text{Xe} + \gamma$

9. Nid yw sganiau-**A** yn cynhyrchu delweddau – maen nhw'n datgelu dyfnder y gwahanol adeileddau yn y llygad yn unig, e.e. blaen a chefn y lens, cefn pelen y llygad.

   Mae sganiau-**B** yn cynhyrchu delweddau o adeiledd y llygad.

10. (a) Mae'r canser yn fygythiad cyfredol sy'n cyfyngu ar fywyd. Ni fydd canserau'n cael eu cynhyrchu yn ddi-os gan y driniaeth ac ni fydd unrhyw un sydd yn cael ei gynhyrchu ond yn berygl yn y tymor hir, fel bod cyfnod o fywyd di-ganser yn bosibl.

   (b) Mae'r paladrau radiotherapi yn cael eu cyfeirio at y canser o sawl cyfeiriad, a/neu mae'r claf yn cylchdroi o amgylch safle'r canser. Mae hyn yn cyfyngu ar y dos o ymbelydredd sy'n cyrraedd meinweoedd tu allan i'r canser. Caiff y dos ei gyfrifo hefyd i sicrhau'r effaith fwyaf ac i gadw'r effeithiau ar feinweoedd eraill mor fach â phosibl.

   (c) Gyda sawl canser, byddai angen anelu paladrau o ymbelydredd at sawl lle gwahanol yn y corff, gan gynyddu dos y corff cyfan. Mae'r gymhareb risg i fudd yn uwch.

11. (a) $(Z_2 - Z_1)^2 = (Z_1 - Z_2)^2$ a $(Z_2 + Z_1)^2 = (Z_1 + Z_2)^2$

   (b) (i) 0.27 (27%)

       (ii) O'r ffin asgwrn/mêr gyntaf: 0.19

            O'r ail ffin asgwrn/mêr: 0.08

12. Mae hydoddiant yn cael ei chwistrellu, sy'n cynnwys moleciwl sy'n actif yn fiolegol (e.e. glwcos) wedi'i dagio ag allyrrydd positronau. Mae canserau wrthi'n tyfu, felly mae angen crynodi'r moleciwlau hyn. Mae positronau sydd wedi'u hallyrru yn difodi gydag electronau yn y corff i achosi pelydrau γ sy'n cael eu canfod mewn camera γ. Mae crynodiadau o safleoedd allyrru yn dangos lleoliad tyfiannau.

13. Er bod y ddwy dechneg yn cynhyrchu delweddau digon manwl, mae archwiliad pelydr X safonol yn llawer cyflymach ac yn rhatach ei weinyddu. Mae'r risg fach sy'n gysylltiedig â'r dos ymbelydredd sy'n cael ei dderbyn o'r pelydr X yn ddibwys.

4C

1 Mae cwch mwy unionsyth yn cynnig arwynebedd mwy o'r hwyl i'r gwynt. Os yw'n gogwyddo ar ongl θ mae arwynebedd effeithiol yr hwyl yn $A \cos \theta$. Dylai'r morwr yn Ffig. C.4 bwyso ymhellach allan, gan gynyddu moment gwrthglocwedd ei bwysau/phwysau.

2 Mae'r llyw yn dargyfeirio'r dŵr i'r starbord (y dde). Mae dŵr yn rhoi grym dirgroes (N3) ar y llyw, ac felly'n rhoi moment clocwedd i'r cwch.

   Mae'r llyw hefyd yn rhoi grym tuag ymlaen ar y dŵr, sy'n rhoi grym hafal a dirgroes ar y llyw.

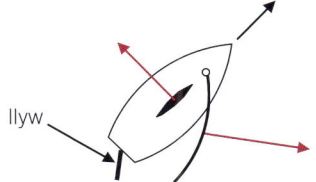

3 Mae'r cwch yn sefydlog oherwydd y moment gwrthglocwedd sy'n cael ei roi gan ei bwysau. Os yw'r craidd disgyrchiant yn uwch, bydd y moment hwn yn llai ar gyfer unrhyw ongl ogwyddo benodol.

4 (a) [Gan anwybyddu hyd y bowns] $t_{\text{mwyaf}} = 1.095$ s, $t_{\text{lleiaf}} = 1.049$ s

   (b) Mae 1 cm tu allan i'r amrediad yn rhoi gwahaniaeth o 4 ms

5 $e_{\text{mwyaf}} = 0.84(4)$, $e_{\text{lleiaf}} = 0.79(5)$

6 29 kN

7 (a) Mae amser yr hediad $= 1.81$ s; pellter $= 20.0$ m

   (b) Mae amser yr hediad yn fwy (1.92 s) ond oherwydd bod y cyflymder llorweddol yn llai, mae'r pellter hefyd yn fwy (19.1 m), felly nid yw hyn yn beth doeth

8 (a)

   (b) I ddechrau, mae buanedd y bêl yn uchel (~ 30 m s^{-1}) gan roi grym llusgiad isel ac felly allwyriad bach. Wrth i'r bêl arafu (ar ôl pasio'r 'wal'), mae ei chyfernod llusgiad yn dod dipyn yn fwy, gan gynyddu'r grym llusgiad ac felly'r grym Magnus. Mae hyn, ar y cyd gyda'r buanedd is, yn rhoi crymedd mwy i'r llwybr.

4CH

1   5880 K

2   (a) 3.847×10^{26} W

(b) 1.368 kW m^{-2}

3   (a) 40 cm^3

(b) 43.6 cm^3

(c) Dim newid; mae'r 43.6 cm^3 o iâ yn ymdoddi i 40 cm^3 o ddŵr

(ch) Dim ond iâ o'r tir sy'n ymdoddi all godi lefelau'r môr yn arwyddocaol; caiff iâ arnofiol sy'n ymdoddi (e.e. cap iâ'r Arctig) effaith fach yn unig oherwydd y gwahaniaeth mewn dwyseddau dŵr y môr a'r dŵr (croyw) sydd wedi ymdoddi.

4   (a) 0.130

(b) Gan dybio adlewyrchiad sero → 167 K; yr albedo gwirioneddol yw 0.09, sy'n arwain at 163 K

5   106 kW

6   a) 24 000 kg s^{-1}

b) 1.77 MW

c) 430 kW

ch) 1.1 MW

d) 60%

7   a) Ar 300 K, mae $kT = 4.14 \times 10^{-21}$ J = 0.026 eV

b) $^{233}_{90}\text{Th}^* \rightarrow {}^{233}_{90}\text{Th} + \gamma$

$^{233}_{90}\text{Th} \rightarrow {}^{233}_{91}\text{Pa} + {}^{0}_{-1}\text{e} + \overline{\nu}_\text{e}$

$^{233}_{91}\text{Pa} \rightarrow {}^{233}_{92}\text{U} + {}^{0}_{-1}\text{e} + \overline{\nu}_\text{e}$

c) I ddarparu ffynhonnell o niwtronau ar gyfer y cam cyntaf yn yr adwaith cadwynol

ch) Oherwydd bod ei hanner oes yn hirach na ^{235}U (7×10^8 o flynyddoedd) neu ^{238}U (4.2×10^9 o flynyddoedd)

8   Pan fydd ^{238}U yn amsugno niwtron, mae'n dadfeilio mewn dau gam i roi ^{239}Pu sy'n ymholltog; mae ymholltiad ^{239}Pu yn darparu'r egni ychwanegol

9   (a) 6.7 kW

(b) 192 W

(c) Mae tymheredd arwyneb mewnol y gwydr yn llawer llai na 25 °C ac mae tymheredd yr arwyneb allanol llawer yn uwch na 5 °C; mae 'croen' o aer llonydd bob ochr i'r cwarel gwydr yn ychwanegu at yr ynysiad

(ch) 0.58 °C

(d) 12.6 W m^{-2} K^{-1}
[nid yw'r brasamcan yn un da iawn]

10 (a) (i) 200   (ii) 0.60 V

(b) 155 W

(c)

(ch) P_mwyaf = (tua) 322 W, ar 46 V a 7.0 A

(d) 1.9 m^2.

11. Mewn unrhyw leoliad, mae 4 amser cynhyrchu brig y dydd – adeg llanw uchel ac isel – wedi'u gwahanu gan tua 6 awr. Y gwahaniaethau yn amser y llanw gydag Abertawe yw ~1awr, 2 awr, 4 awr a 5 awr. Felly, pe bai morlynnoedd llanw'n cael eu hadeiladu ym mhob un o'r lleoliadau hyn, efallai y byddai'r cynhyrchu egni'n gyson – gan gynyddu'r budd. Ffactorau eraill i'w hystyried serch hynny yw amrywiad amrediad y llanw gyda lleoliad, argaeledd safleoedd addas a'r effaith ar fywyd gwyllt.

M

1   (a) $-\cos\omega t$

(b) $\sin\omega t$

(c) $\cos\omega t$

(ch) $\cos\omega t$

(d) $-\sin\omega t$

2   (a) $\cos(\omega t \pm \pi)$

(b) $\cos(\omega t + \frac{\pi}{2})$

(c) $\cos(\omega t - \frac{\pi}{2})$

(ch) $\cos(\omega t - \frac{\pi}{2})$

(d) $\cos(\omega t \pm \pi)$

3   (a) $\pm$ 15 ms, $\pm$ 5 ms

(b) $\pm$ 20 ms, 0 ms

(c) $\pm$ 3.3 ms, $\pm$16.7 ms

(ch) $\pm$ 6.7 ms, $\pm$13.3 ms

4   (a) −20 ms, −10 ms, 0, 10 ms, 20 ms

(b) −5 ms, 15 ms

(c) −8.3 ms, −1.7 ms, 11.7 ms, 18.3 ms

(ch) −18.3 ms, −11.7 ms, 1.7 ms, 8.3 ms

5   (a) f = 400 Hz, T = 2.5 ms

(b) (i) 2.5 A,   (ii) 2.5 A,   (iii) −2.5A

(c) 0.9 ms, 2.2 ms, 3.4 ms a 4.7 ms

(ch) 0.3 ms a 2.8 ms

6   (a) 33,   (b) 0.33   (c) 3.2   (ch) 0.53   (d) 4.55

7   (a) −1   (b) 15   (c) 6   (ch) 216   (d) 24

8   (a) x = 12.2

(b) x = 2.04

(c) x = 0.777

(ch) t = 9.16

(d) $t = 1.56 \times 10^4$

9   (a) 2.7 V   (b) 497 s

10 Mae'r graff ln (Ev wedi'i gywiro) yn erbyn ln V yn llinell syth dda
n = graddiant = 3.6; $k = e^\text{rhyngdoriad}$ = 0.03

11 (a) graddiant = −0.167 [s^{-1}]

(b) C = 1.3 mF

Nid yw CBAC yn cymryd cyfrifoldeb am yr atebion enghreifftiol i gwestiynau o'i bapurau arholiad sydd wedi'u cynnwys yn y cyhoeddiad hwn.

Uned 3

1 (a) Y radian yw'r ongl rhwng dwy linell radiws cylch lle mae hyd yr arc yn hafal i hyd y radiws.

(b) (i) Cyfnod, $T = \dfrac{60 \text{ s}}{36.0} = 1.67$ s

(ii) Buanedd $= \dfrac{36.0 \times 2x \times 2.80 \text{ m}}{60.0 \text{ s}} = 10.6$ m s^{-1}

(c) N yw'r unig rym sydd â chydran lorweddol felly rhaid iddo ddarparu'r grym mewngyrchol.

$\therefore F = \dfrac{mv^2}{r} = \dfrac{66.2 \times (10.6)^2}{2.8} = 2634$ N ~ 2600 N

Does dim cyflymiad fertigol,

felly mae $F = W = mg = 66.2 \times 9.81 = 649$ N ~ 650 N

(ch)(i) Er mwyn atal llithro $F_{\text{mwyaf}} \geq mg$, $\therefore \mu N \geq mg$,

$\therefore \mu = \dfrac{mg}{N} = \dfrac{649 \text{ N}}{2634 \text{ N}} = 0.247 \sim 0.25$

(ii) Wrth i'r cyflymder onglaidd leihau, felly hefyd y grym mewngyrchol (N) oherwydd $N = mr\omega^2$. Felly, mae'r grym ffrithiannol mwyaf, ($= \mu mr\omega^2$) yn lleihau a rhaid codi'r llawr pan fydd yn dod yn hafal i'r pwysau (mg).

I gynnal y pwysau, $\mu mr\omega^2 \geq mg$, felly

$\omega \geq \sqrt{\dfrac{g}{\mu r}} = \sqrt{\dfrac{g}{0.45 \times 2.80}} = 2.79$ rad s^{-1}

Felly os bydd ω yn gostwng islaw'r gwerth hwn, bydd angen y llawr i'w gynnal.

2 (a) a = cyflymiad

ω = amledd onglaidd

x = dadleoliad

(b) (i) $a_{\text{mwyaf}} = A\omega^2 = 0.012 \text{ m} \times \left(\dfrac{2x}{0.40 \text{ s}}\right)^2 = 2.96$ m s^{-2}

(ii)

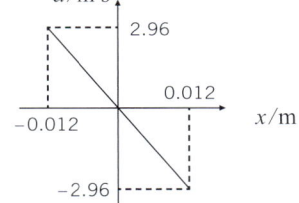

(c) $x = 0.012 \cos\left(15.7t + \dfrac{3\pi}{2}\right)$ neu $x = 0.012 \cos\left(15.7t + \left[-\dfrac{\pi}{2}\right]\right)$

(ch)(i) Sylwer nad oes un ateb sengl cywir i'r cwestiwn hwn. Dyma ddau ateb posibl:

Mewn popty microdon, mae dirgryniadau'r maes trydanol yn y microdonnau yn gorfodi'r moleciwlau dŵr (yn y bwyd) i ddirgrynu, ac mae'r trosglwyddiadau egni'n arwain at wresogi'r bwyd.

Mewn ffidil, mae dirgryniadau'r llinynnau'n cael eu pasio trwy'r bont ac i bren corff y ffidil sy'n ei achosi i ddirgrynu, ac sydd yn ei dro yn achosi dirgryniadau yn yr aer o'i amgylch, gan arwain at donnau sain (pleserus).

(ii) Yma eto mae enghreifftiau gwahanol yn bosibl, pob un yn ymwneud â chyseiniant:

Os bydd grŵp o bobl yn cerdded mewn camau rheolaidd dros bont, fel bod cyfnod eu camau'n digwydd cydweddu ag un o amleddau naturiol osgiliad y bont, mae cyseiniant yn digwydd a bydd y bont yn osgiliadu ar amledd anghyffordus o uchel. Mae hyn yn deillio o effaith y camau (fel ym Mhont Mileniwm Llundain).

3

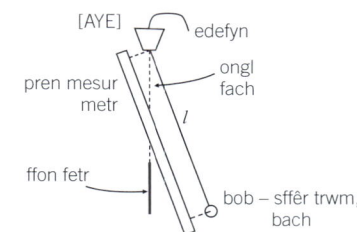

Dull gweithredu: Mae'r cyfarpar yn cael ei gydosod fel sydd i'w weld uchod. Mesurir yr hyd l o waelod y corcyn i graidd màs y bob, gan ddefnyddio'r ffon fetr. Mae'r bob yn cael ei dynnu ar ongl fach (~5°) i'r ochr a'i ryddhau. Mae'r cyfnod, T, yn cael ei ddarganfod trwy fesur yr amser ar gyfer 20 osgiliad, (wedi'i fesur o'r amser mae'r llinyn yn pasio o flaen y marc sefydlog) a rhannu â 20. Caiff y mesuriad ei ailadrodd i wirio am gam-rifo [mae'r cyfeiliornad amseru yn ddibwys oherwydd bod rhagwelediad yn bosibl]. Caiff y dull gweithredu ei ailadrodd am o leiaf 5 gwerth gwahanol o l rhwng 20 cm a 100 cm.

Dadansoddiad: Y berthynas rhwng T ac l yw $T^2 = 4\pi^2 \dfrac{l}{g}$, felly caiff graff ei blotio o T^2 yn erbyn l ac mae'r graddiant, m, yn cael ei ddarganfod.

Felly caiff g ei ddarganfod o $g = \dfrac{4x^2}{m}$.

4 (a) (i) $pV = nRT$,

felly $n = \dfrac{pV}{RT} = \dfrac{5.0 \times 10^5 \text{ Pa} \times 8.5 \times 10^{-3} \text{ m}^3}{8.31 \text{ J mol K}^{-1} \times 285 \text{ K}} = 1.79$ mol

(ii) $N = nN_{\text{A}} = 1.79 \times 6.02 \times 10^{23} = 1.08 \times 10^{24}$

(iii) Màs yr ocsigen $= 32 \times 10^{-3}$ kg mol$^{-1} \times 1.79$ mol $= 0.0574$ kg

$p = \dfrac{1}{3}\rho \overline{c^2}$

felly $c_{\text{isc}} = \sqrt{\dfrac{p}{\rho}} = \sqrt{\dfrac{3pV}{M}} = \sqrt{\dfrac{3 \times 5.0 \times 10^5 \times 8.5 \times 10^{-3}}{0.0574}}$

$= 471$ m s^{-1}

(iv) $F = pA = 5.0 \times 10^5 \text{ Pa} \times 0.040 \text{ m}^2 = 20$ kN

(b) (i) $p_2 = p_1 \dfrac{V_2}{V_1} = 5.0 \times 10^5 \text{ Pa} \times \dfrac{8.5(\times 10^{-3})}{10.2(\times 10^{-3})} = 4.17 \times 10^5$ Pa

(ii) Mae'r tymheredd yn gyson, felly nid yw'r egni mewnol wedi newid. Felly, rhaid i'r mewnbwn gwres i'r nwy fod yn hafal i'r gwaith allbwn (Deddf gyntaf thermodynamig), h.y. y gwres mewnbwn yw 773 J.

(iii)

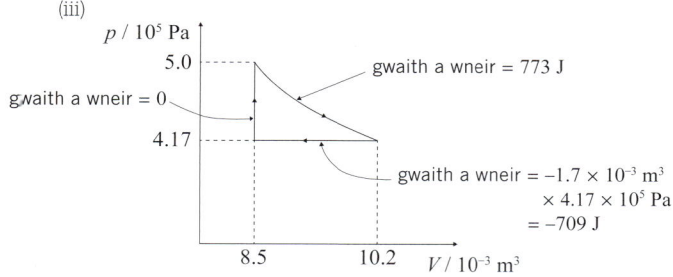

Mae cyfanswm y gwaith sy'n cael ei wneud gan y nwy, W, = 773 J – 709 J = 64 J

Nid yw egni mewnol y nwy wedi newid ar ddechrau a diwedd y gylchred, h.y. ($\Delta U = 0$). **Mae** $\Delta U = Q – W$, felly'r gwres mewnbwn, Q, i'r nwy yw 64 J ac mae'r myfyriwr yn gywir.

---

5 (a) (i) $^{228}_{90}\text{Th} \rightarrow ^{224}_{88}\text{Ra} + ^{4}_{2}\alpha$

(ii) $^{90}_{38}\text{Sr} \rightarrow ^{90}_{39}\text{Y} + ^{0}_{-1}\beta$

(b) Diffyg màs = $38 \times (1.007\ 276 + 0.000\ 549) +$
$52 \times 1.008\ 664 - 89.907\ 738$
= 0.840 14 u

$\therefore$ Egni clymu = $0.840\ 14 \times 931$ MeV = 782 MeV

$\therefore$ Egni clymu fesul niwcleon = $\dfrac{782}{90}$ = 8.69 MeV niwc^{-1}

(c) (i) $\dfrac{1}{4}$ (0.25 neu 25%)

(ii) I. p (heb ddadfeilio ar ôl 1 tafliad) = $1 - 0.25 = 0.75$
$\therefore$ mae p (heb ddadfeilio ar ôl n tafliad) = $(0.75)^n$

II. Ar ôl 10 tafliad, mae'r nifer disgwyliedig
= $564 \times (0.75)^{10} = 31.8$ (3 ff.y.)
[Sylwch: Does dim rhaid i'r nifer 'disgwyliedig' fod yn gyfanrif. Nid 31 na 32 yw'r nifer disgwyliedig]

III. O'r canlyniadau, y nifer sy'n weddill ar ôl 10 tafliad yw 35, sy'n agos at 31.8 (o fewn yr amrywiad hap disgwyliedig). Ar y cyfan, mae'r tafliadau unigol yn rhoi canlyniadau sy'n agos at 0.75 – gyda dim ond un 0.9, sy'n bell ohoni, ond dyna beth sydd i'w ddisgwyl mewn proses hap.

Uned 4

1 a) (i) 1 Mae planed yn symud mewn orbit eliptigol gyda'r Haul ar un ffocws.

2 Mae'r llinell sy'n cysylltu'r blaned â'r Haul yn sgubo arwynebeddau hafal mewn amserau hafal.

(ii) Gan hafalu'r grym disgyrchiant ar wrthrych â màs m i fàs ◊ cyflymiad mewngyrchol:

$$\frac{GM_E m}{r^2} = mr\omega^2 = mr\left(\frac{2\pi}{T}\right)^2$$

Trwy aildrefnu: $T^2 = \dfrac{4\pi^2}{GM_E}\, r^3$

b) $\left(\dfrac{T^2}{r^3}\right)_{\text{lleuad}} = \left(\dfrac{T^2}{r^3}\right)_{\text{geosef}}$ felly $T_{\text{lleuad}} = \left(\dfrac{r_{\text{lleuad}}}{r_{\text{geosef}}}\right)^{\frac{3}{2}} T_{\text{geosef}}$

felly $T_{\text{lleuad}} = \left(\dfrac{380\ 000}{42\ 000}\right)^{\frac{3}{2}} \times 1.00$ diwrnod = 27 diwrnod

c) Pe bai'r lloeren yn gallu symud mewn orbit ychydig yn uwch na lefel y ddaear (hynny yw gan anwybyddu effeithiau'r atmosffer),

$r_E\omega^2 = g_{\text{arwyneb}}$ felly mae $r_E\left(\dfrac{2\pi}{T}\right)^2 = g_{\text{arwyneb}}$

felly mae $T = 2\pi\sqrt{\dfrac{r_E}{g_{\text{arwyneb}}}} = \sqrt{\dfrac{6.37 \times 10^6}{9.81}}$ s
= 5065 s = 84 munud

2 (a) Cyfeirio'r chwiliedydd i fesur meysydd sydd wedi'u cyfeirio i mewn i'r papur ar y diagram. Dylai'r pellter perpendicwlar, r, rhwng canol y chwiliedydd a llinell ganol y wifren fod yn ychydig cm. Mesur r gyda phren mesur a nodi darlleniad y chwiliedydd Hall, B. Cyfrifo'r cerrynt, I, gan ddefnyddio

$$I = \frac{2\pi r B}{\mu_0}$$

(b) Mae'r gwifrau'n gwrthyrru, hynny yw, mae'r grym ar y wifren uchaf i fyny'r dudalen ac mae'r grym ar y wifren waelod i lawr y dudalen.

Mae'r grym ar y naill wifren neu'r llall, $F = BI\ell = \dfrac{\mu_0 I}{2\pi a} I\ell$

Felly mae $\dfrac{F}{\ell} = \dfrac{\mu_0 I^2}{2\pi a} = \dfrac{4\pi \times 10^{-7} \times 290^2}{2\pi \times 0.050}$ N m^{-1} = 0.34 N m^{-1}

(c) (i) Mae dwysedd fflwcs wedi'i gyfeirio i mewn i'r dudalen.

Radiws cychwynnol, R, y llwybr yw $\dfrac{mv^2}{R} = Bev$

Felly mae $R = \dfrac{mv}{Be} = \dfrac{9.11 \times 10^{-31} \times 2.9 \times 10^7}{4.64 \times 10^{-3} \times 1.60 \times 10^{-19}}$ m = 3.6 cm

Mae'r honiad yn anghywir gan y bydd yr electron yn cael ei allwyro i lawr y dudalen ac allan o'r ardal ganolog rhwng y gwifrau, lle mae'r maes yn weddol unffurf, i ardal o ddwysedd fflwcs cynyddol.

(ii)

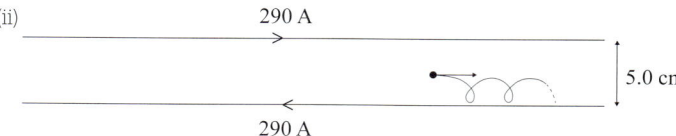

290 A

5.0 cm

290 A

(ch) Mae'r grym magnetig ar electron
= $Bev = 4.64 \times 10^{-3} \times 1.60 \times 10^{-19} \times 2.7 \times 10^7$ N
= 2.15×10^{-14} N i lawr y dudalen

Mae'r grym trydanol ar electron = eE
= $1.60 \times 10^{-19} \times \dfrac{13\ 500}{0.10}$ N = 2.16×10^{-14} N i fyny'r dudalen

Felly, mae'r grym cydeffaith ar yr electron bron yn sero a bydd yn parhau gyda chyflymder cyson bron.

3 (a) Deddf Faraday. Pan fydd y fflwcs magnetig sy'n cysylltu cylched yn newid, mae g.e.m. yn cael ei anwytho yn y gylched. Mae'r g.e.m. mewn cyfrannedd â chyfradd newid cysylltedd fflwcs.

Deddf Lenz Mae cyfeiriad unrhyw gerrynt o ganlyniad i g.e.m anwythol yn gwrthwynebu'r newid mewn cysylltedd fflwcs sy'n achosi'r cerrynt.

(b) I ddechrau, mae'r magnetau'n cyflymu i lawr oherwydd y grymoedd disgyrchiant i lawr arnynt. Mae eu mudiant yn achosi newid yn y fflwcs magnetig sy'n gysylltiedig â chylcheddau'r pibellau ac anwytho g.e.m.au cylchedol. Ym mhibell **P** mae'r g.e.m.au hyn yn gyrru cerrynt o amgylch cylchedd y bibell, gan sefydlu meysydd magnetig y tu mewn i'r bibell. Mae'r meysydd hyn yn rhoi grym ar y magnet, sydd, yn ôl deddf Lenz, i fyny. Ar fuanedd isel penodol, mae'r grym i fyny yn cydbwyso'r grym disgyrchiant i lawr a does dim cyflymiad pellach. Ym mhibell **Q**, mae'r hollt yn atal y g.e.m rhag gyrru cerrynt, felly nid oes grym i fyny (ac eithrio gwrthiant yr aer). Felly, mae'r magnet yn cyflymu ar gyfradd sydd bron yn gyson.

(c) Mae colled **EP** disgyrchiant y magnet = egni mewnol sy'n cael ei ennill gan y tiwb

Felly mae $m_{magnet} gh = m_{pibell} c_{copr} \Delta T = Ah\rho_{pibell} c_{copr} \Delta T$

lle A yw'r arwynebedd sydd wedi'i raddliwio.

Trwy aildrefnu:

$$\Delta T = \frac{m_{magnet} g}{A\rho_{copr} c_{copr}} = \frac{0.300 \times 9.81}{7.85 \times 10^{-6} \times 8960 \times 385} \text{ K} = 0.11 \text{ K}$$

Testunau dewisol

Opsiwn A

1 (a)

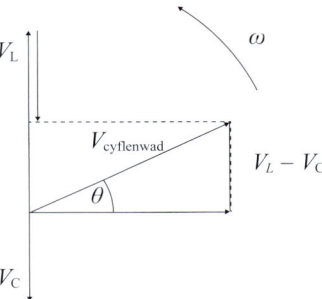

(i) Mae V_L yn arwain V_R gan $\frac{\pi}{2}$, ac mae V_C yn dilyn V_R gan $\frac{\pi}{2}$.

Rhoddir yr ongl θ gan $\tan \theta = \frac{V_L - V_C}{V_R}$.

Y berthynas rhwng y gwerthoedd isc yw

$V_{cyflenwad} = \sqrt{(V_L - V_C)^2 + V_R^2}$

(ii) Mewn cyseiniant, mae $V_L = V_C$ felly mae $\tan \theta = 0$, hynny yw, mae $V_{cyflenwad}$ yn gydwedd â V_R, a $V_{cyflenwad} = V_R$

(b) (i) $Q = \frac{V_L}{V_R} = \frac{V_C}{V_R} = \frac{119.1 \text{ V}}{45.0 \text{ V}} = 2.65$

(ii) $I = \frac{V_R}{R} = \frac{45.0 \text{ V}}{28 \ \Omega} = 1.61 \text{ A}$

(iii) $\frac{1}{2\pi f C} = \frac{V_C}{I}$ felly $f = \frac{I}{2\pi C V_C}$

$= \frac{1.61}{2\pi \times 82 \times 10^{-6} \times 119.1} \text{ Hz} = 26.2 \text{ Hz}$

(iv) $2\pi f L = \frac{V_L}{I}$ felly $L = \frac{V_L}{2\pi f I}$

$= \frac{119.1}{2\pi \times 26.2 \times 1.61} \text{ H} = 4.52 \text{ mH}$

(v)

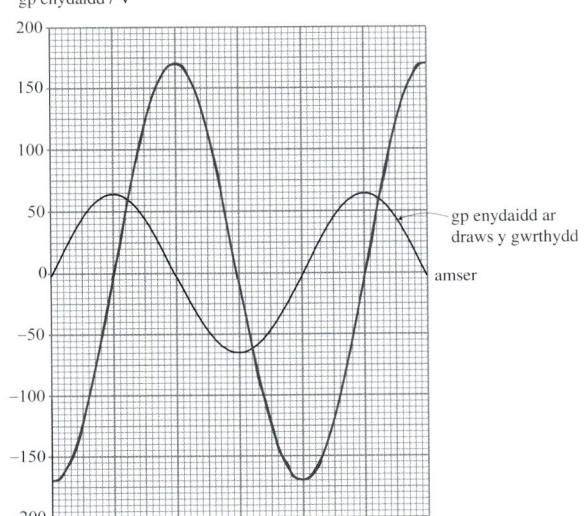

(vi) Mae adweithedd yr anwythydd yn cynyddu ac mae adweithedd y cynhwysydd yn lleihau fel nad yw $X_L - X_C$ yn sero bellach ac mae rhwystriant y gylched yn fwy nag R, felly mae'r cerrynt yn lleihau.

(c) Ar 20 kHz, mae $X_C = \frac{1}{2\pi \times 20\,000 \times 185 \times 10^{-9}} = 43 \ \Omega$, felly

$V_{allan} = 12.0 \text{ V} \times \frac{43}{43\sqrt{2}} = 8.5 \text{ V}$

Ar amledd uwch na 20 kHz, mae X_C yn llai, felly mae V_{allan} yn fwy na 8.5 V; ar amledd is, mae X_C yn fwy, felly mae V_{allan} yn llai. Gydag 8.5 V yn lle 6.0 V byddai Sam wedi bod yn gywir. Adiodd X_C ac R yn lle defnyddio $Z = \sqrt{X_C^2 + R^2}$

Opsiwn B

2 (a) (i) Gall pelydrau X gael eu cynhyrchu gydag offer eithaf syml. Gellir cynhyrchu delweddau pelydr X yn gyfleus ar ffilm ffotograffig neu ar sgriniau fflworoleuol. Mae gwahanol feinweoedd, gan gynnwys meinwe annormal, yn gwanhau pelydrau X i wahanol raddau, ac mae'n bosibl gwahaniaethu rhyngddyn nhw ar ddelweddau sydd wedi'u llunio wrth i'r pelydrau X gael eu trawsyrru. Mae esgyrn yn gwanhau pelydrau X yn gryf ac felly mae esgyrn a thoriadau i'w gweld yn arbennig o dda. Mae'n bosibl delweddu meinwe feddal hefyd – yn fanwl iawn gan ddefnyddio sganio CT pelydr X.

(ii) $\frac{1}{2}mv^2 = eV$

felly mae $v\sqrt{\frac{2eV}{m}} = \sqrt{\frac{2 \times 1.60 \times 10^{-19} \times 18\,000}{9.11 \times 10^{-31}}} \text{ m s}^{-1}$

$= 8.0 \times 10^7 \text{ m s}^{-1}$

(iii) $P = 0.005 \times 18 \text{ kV} \times 12 \text{ mA} = 1.1 \text{ W}$

(b) (i) Os yw $x = x_{1/2}$, yna mae $\frac{I}{I_0} = \frac{1}{2}$, felly mae $\frac{1}{2} = e^{-\mu x_{1/2}}$

Felly mae $\ln\frac{1}{2} = -\mu x_{1/2}$ hynny yw mae $\mu x_{1/2} = \ln 2$

(ii) $\mu = \frac{\ln 2}{2.7 \text{ cm}}$ felly $\ln 0.70 = -\frac{\ln 2}{2.7 \text{ cm}} x$ sy'n rhoi $x = 1.4$ cm

(c) Byddai sgan MRI yn dangos y galon yn fanwl, ond mae mathau rhatach o ddelweddu fel arfer yn ddigonol. Bydd sgan uwchsain B yn dangos y galon yn eithaf manwl os caiff cyfrwng cyferbynnu ei chwistrellu. Gellir gwneud y sgan ar y cyd â mesuriadau Doppler o gyflymder llif y gwaed. Mae fflworosgopeg pelydr X gyda chyfrwng cyferbynnu (gwahanol) a dwysawr delweddau'n cynhyrchu delweddau amser real o galon yn curo. Gall sganiau CT hefyd ddangos y galon yn fanwl. Nid yw delweddu pelydr X confensiynol yn datgelu digon o fanylion gan fod pelydrau X yn treiddio i bob meinwe feddal yn hawdd.

(ch) (i) Y dos sy'n cael ei amsugno, D, yw'r egni sy'n cael ei amsugno am bob uned màs o feinwe. Y dos cyfatebol, H, yw DW_R, lle mae W_R yn rhif heb unedau sy'n cynrychioli swm y difrod sy'n cael ei wneud gan fath penodol o ymbelydredd o'i gymharu â'r hyn sy'n cael ei achosi gan belydrau X.

(ii) Dos cyfatebol $= 4 \text{ mSv} \times 0.12 = 0.48 \text{ mSv}$.

Opsiwn C

3 (a) (i) $\left|\dfrac{\text{cyflymder cymharol gwahanu (y cnap a'r iâ)}}{\text{cyflymder cymharol agosáu}}\right| = 0.55$

(ii) Mae'r cyfernod, e, ar dymheredd ystafell $= 0.55 \times 0.70 = 0.385$.

$$e = \left|\frac{v_{\text{gwahanu}}}{v_{\text{agosáu}}}\right| = \sqrt{\frac{\text{uchder codi}}{\text{uchder gollwng}}}$$

felly mae

uchder codi = uchder gollwng $\times e^2 = 0.50$ m $\times 0.385^2 = 0.074$ m

(b) (i) Mae'r grym cymedrig $= \dfrac{\Delta(mv)}{\Delta t} = \dfrac{0.17 \times (34 - 3)}{0.025}$ N

$= 210$ N (2 ff.y.)

(ii) Mae $u_{\text{fert}} = 34 \times \cos 82° = 4.73$ m s^{-1}

Felly'r uchder mwyaf sy'n cael ei gyrraedd

$= \dfrac{0 - 4.73^2}{-2 \times 9.81}$ m $= 1.14$ m

Nid yw hyn yn uwch na'r gôl.

(iii) Mae'r EC cylchdroi $= \dfrac{1}{2}I\omega^2 = \dfrac{1}{2} \times \dfrac{1}{2}mr^2 \times (2\pi f)^2$

$= 0.17 \times 0.038^2 \times \pi^2 \times 14^2$ J

$= 0.47$ J

(iv) Mae'r cnap hefyd yn symud yn llorweddol ac felly mae ganddo egni cinetig trawsfudol yn ogystal â'i egni cinetig cylchdroi. Felly mae Wayne yn anghywir.

(v) Gwasgedd o dan y cnap – gwasgedd uwch ei ben

$= \dfrac{1}{2}1.28(35^2 - 33^2)$ Pa $= 87.0$ Pa

Felly mae'r grym net i fyny $= 87.0 \times \pi \times 0.038^2$ N $= 0.39$ N

Tra mae pwysau'r cnap yn 0.17×9.81 N $= 1.7$ N

Opsiwn CH

4 (a) (i) Mae'r grym net i fyny ar wrthrych sydd wedi'i drochi'n rhannol neu'n gyfan gwbl mewn hylif yn hafal i bwysau'r hylif mae'n ei ddadleoli.

(ii) Mae màs yr heli sy'n cael ei ddadleoli $= \rho V = 1030 \times 80 \times 10^{-6}$

$= 0.082(4)$ kg

(iii) Felly mae màs y ciwb iâ $= 0.082(4)$ kg

ac mae cyfaint y ciwb $= \dfrac{m}{\rho} = \dfrac{0.0824}{920}$ m^3

$= 8.96 \times 10^{-5}$ m^3 = 89.6 cm^3

Felly mae cyfaint y ciwb uwchben yr arwyneb

$= 89.6 - 80.0 = 9.6$ cm^3

(iv) I Mae $\Delta h = \dfrac{\Delta\,\text{cyfaint}}{\text{arwynebedd}} = \dfrac{2.2 \times 10^{11}}{3.6 \times 10^{14}}$ m^3 = 0.61 mm

II Mae'r holl ddŵr o'r llen iâ sy'n ymdoddi'n mynd i'r cefnfor, gan godi ei lefel. Mae'r rhan o'r mynydd iâ sydd o dan ddŵr *eisoes* wedi codi lefel y cefnfor. Dim ond ychydig mae'r ymdoddi'n codi'r lefelau oherwydd bod cyfaint y dŵr sydd wedi ymdoddi yn fwy na chyfaint y mynydd iâ yn ôl cymhareb dwysedd dŵr môr/dwysedd dŵr croyw yn unig.

III Mae llenni iâ yn adlewyrchu ffracsiwn sylweddol o belydriad yr Haul. Ni fyddai'r tir sy'n dod i'r golwg trwy'r ymdoddi yn adlewyrchu cymaint.

(b) (i) $\dfrac{\Delta Q}{\Delta t} = -KA\dfrac{\Delta\theta}{\Delta x}$

Felly mae $K = \dfrac{\Delta Q}{\Delta t} \div A\dfrac{\Delta\theta}{\Delta x}$

felly mae $[K] = $ J s^{-1} (m^2 K m^{-1})$^{-1} = $ W m^{-1} K^{-1}

(ii) $\dfrac{\Delta Q}{\Delta t} = -0.041 \times 72 \times \dfrac{5 - 20}{0.10}$ W = 440 W (2 ff.y.)

(iii) Gadewch i θ fod yn dymheredd y rhyngwyneb rhwng yr hen a'r newydd,

Yna mae $\left[\dfrac{\Delta Q}{\Delta t} = \right] -0.041 \times \cancel{72} \times \dfrac{\theta - 20}{0.10} = -0.035 \times \cancel{72} \times \dfrac{5 - \theta}{0.17}$

Felly mae $8.2 - 0.41\,\theta = 0.026\,\theta - 1.03$

felly mae $0.616\,\theta = 9.23$ felly mae $\theta = 15.0\,°$C

Felly mae $\dfrac{\Delta Q}{\Delta t} = -0.041 \times 72 \times \dfrac{15 - 20}{0.10}$ W = 150 W (2 ff.y.)

Mae'r gyfradd colli gwres yn gostwng $\dfrac{2}{3}$, felly mae'r argymhelliad yn gywir

(iv) tymheredd / °C

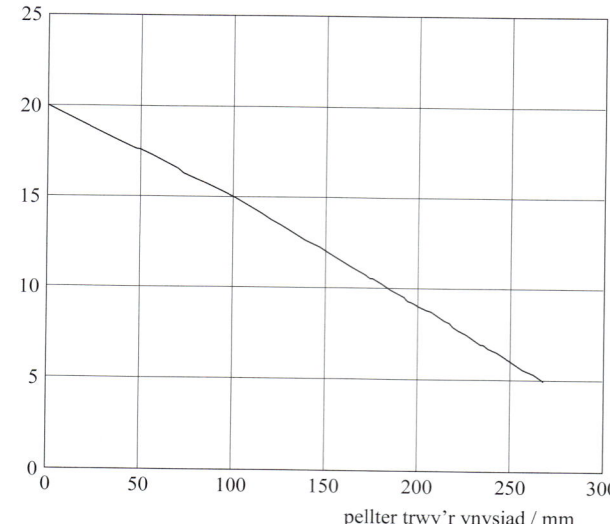

pellter trwy'r ynysiad / mm

Actifedd (A) Actifedd, A, ffynhonnell ymbelydrol yw nifer y dadfeiliadau ymbelydrol am bob uned amser (yr unedau yw'r Becquerel (Bq) $\equiv$ s^{-1}).

Adweithedd (X) Y gymhareb $\frac{V}{I}$ ar gyfer cydran (neu gylched) lle mae'r cerrynt a'r gp yn $\frac{\pi}{2}$ (90°) yn anghydwedd lle V ac I yw gp a cherrynt isc [neu gp a cherrynt brig] CE sinwsoidaidd.

Ail ddeddf mudiant planedol Kepler (K2) Mae'r fector radiws (y llinell sy'n cysylltu'r blaned â chanol yr Haul) yn sgubo arwynebeddau hafal allan mewn amserau hafal.

Amledd (f) Amledd, f, yw nifer y cylchdroeon neu osgiliadau am bob uned amser (yr unedau yw $Hz \equiv$ s^{-1}).

Amledd cyseiniant Amledd y grym sy'n cael ei roi (neu'r gp) lle mae osgled yr osgiliadau (neu'r cerrynt) ar ei fwyaf.

Amledd Larmor Amledd y ffoton sy'n cyseinio gyda'r gwahaniaeth mewn lefelau egni rhwng cyflyrau moment magnetig niwclews mewn maes magnetig.

Amledd naturiol Amledd 'osgiliadau rhydd'.

Amledd onglaidd (ω) Yr enw ar y mesur, ω, yw amledd onglaidd yr osgiliad (yr unedau yw s^{-1} [neu rad s^{-1}]).

Amser Hubble Mae amser Hubble yn amcangyfrif o oedran y bydysawd, a chaiff ei ddiffinio fel cilydd cysonyn Hubble.

Amser ymlacio (T) Yr amser ar gyfer yr allyriad ymlacio yw'r amser mae'n ei gymryd i arddwysedd y pelydriad ostwng i $\frac{1}{e}$ o'i arddwysedd gwreiddiol.

Anwythiant (L) Caiff anwythiant anwythydd ei ddiffinio gan yr hafaliad:
$$V = L\frac{\Delta I}{\Delta t}$$
neu, mewn calcwlws,
$$V = L\frac{dI}{dt}.$$
Yr uned yw'r henry (H).

Arddwysedd paladr pelydr X Yr egni pelydr X am bob uned arwynebedd, am bob uned amser, sy'n pasio'n normal trwy arwyneb.

Arwyneb unbotensial Mewn maes trydanol neu faes disgyrchiant, mae hwn yn arwyneb dychmygol lle mae'r holl bwyntiau ar yr un potensial.

Buanedd isradd sgwâr cymedrig (neu'r buanedd isc) Mae cymryd yr ail isradd, yn rhoi $\sqrt{\overline{c^2}}$ sef y buanedd isradd sgwâr cymedrig (neu'r buanedd isc) sy'n cael ei ysgrifennu fel c$_{isc}$.

Buanedd sgwâr cymedrig Yr enw ar y mesur $\overline{c^2}$ yn hafaliad 3 (tud. 43) yw'r buanedd sgwâr cymedrig. Dyma werth cymedrig sgwariau'r buaneddau moleciwlaidd [mae ei sgwario yn ei wneud yn werth sgalar].

Cadwraeth màs/egni Ni all egni gael ei golli na'i ennill, dim ond ei drosglwyddo o un ffurf i ffurf arall. Gallwn ni fesur yr egni mewn gwrthrych trwy luosi ei fàs â c^2.

Cannwyll safonol Mewn seryddiaeth, mae cannwyll safonol yn wrthrych sydd â goleuedd hysbys, er enghraifft uwchnofa Math 1a neu seren newidiol Cepheid. Wrth fesur disgleirdeb ymddangosol gwrthrych o'r fath mewn galaeth bell, gallwn ni gyfrifo'r pellter trwy ddefnyddio'r ddeddf sgwâr gwrthdro.

Cell danwydd Dyfais sy'n defnyddio egni cemegol o danwydd i roi egni trydanol yn uniongyrchol.

Ceryntau trolif Ceryntau sy'n dilyn dolenni caeedig mewn swmp o ddefnydd dargludo. Maen nhw'n digwydd o ganlyniad i anwythiad electromagnetig.

Cromlin egni clymu niwclear Plot o'r egni clymu fesul niwcleon yn erbyn y rhif niwcleon ar gyfer niwclidau hysbys.

Cryfder maes disgyrchiant (g) Diffinnir y cryfder maes disgyrchiant ar bwynt fel
$$g = \frac{F}{m}$$
hynny yw
$$g = \frac{\text{Grym àr fas prawf}}{m}$$
ar y pwynt hwnnw. Mae'n fector.

Cryfder maes trydanol (E) Wrth bwynt, P, diffinnir cryfder y maes trydanol fel
$$E = \frac{[\text{grym ar wefr brawf, } q, \text{ ar P}]}{q}$$
Mae'n fector ac mae ei gyfeiriad yr un peth â chyfeiriad y grym ar wefr brawf bositif (yr unedau yw N C^{-1} = V m^{-1}).

Cyfeiriad maes magnetig Cyfeiriad y maes magnetig mewn lle penodol yw'r cyfeiriad mae pôl Gogledd magnet bach, sy'n colynnu'n rhydd, yn tueddu i bwyntio ato.

Cyfernod adfer Cymhareb buanedd cymharol pâr o wrthrychau sy'n gwrthdaro cyn ac ar ôl y gwrthdrawiad.

Cyflymder onglaidd (ω) Cyfradd newid safle onglaidd (yr unedau yw rad s^{-1}).

Cyflymder rheiddiol Cyflymder rheiddiol gwrthrych (e.e. seren) yw cydran y cyflymder mewn perthynas ag arsylwr ar y Ddaear, i'r cyfeiriad oddi wrth y Ddaear tuag at y gwrthrych.

Cyflymiad onglaidd (α) Cyfradd newid cyflymder onglaidd (yr unedau yw rad s^{-2}).

Cyfnod (T) Cyfnod, T, mudiant cylchol yw'r amser mae'n ei gymryd i gwblhau un cylchdro cyfan.

Cyfoethogi wraniwm Dyma'r broses o gynyddu cymhareb yr U-235 ymholltog i'r U-239 sydd ddim yn ymholltog mewn sampl o wraniwm.

Cyfrwng cyferbynnu Sylwedd sy'n cael ei gyflwyno i ran o'r corff (e.e. coludd, pibellau gwaed) i roi mwy o gyferbyniad â meinweoedd cyfagos.

Cyfrwng cyplysu Gel neu olew sy'n cael ei ddefnyddio i gau allan aer rhwng y croen a'r chwiliedydd uwchsain, gan leihau'r gwahaniaeth yn Z a thrwy hynny caniatáu trawsyriant uwchsain gwell.

Cynhwysedd gwres sbesiffig (c) Diffinnir cynhwysedd gwres sbesiffig, c, sylwedd gan $Q = mc\Delta\theta$ lle Q yw'r gwres mewnbwn, m yw'r màs a $\Delta\theta$ yw'r newid yn y tymheredd. Yr unedau yw J kg^{-1} K^{-1} (neu J kg^{-1} °C^{-1}).

Cynhwysiant (C) Y gymhareb gyson ar gyfer y wefr ar y naill blât neu'r llall/gp rhwng y platiau. Hynny yw
$$C = \frac{Q}{V}$$
(Yr unedau yw C V^{-1} = ffarad (F))

Cynhwysydd Dau ddargludydd (sef y 'platiau') wedi'u gwahanu gan ynysydd.

Cyrhaeddiad Cyrhaeddiad ymbelydredd niwclear yw'r pellter maen ei deithio cyn cael ei amsugno. Mae'n dibynnu ar natur ac egni'r ymbelydredd, yn ogystal ag ar natur y cyfrwng mae'n teithio trwyddo.

Cysonyn amser (τ) Ar gyfer system RC sy'n dadfeilio'n esbonyddol, yr amser mae'n ei gymryd i ostwng i $\frac{1}{e}$ (= 0.37) o'i wefr wreiddiol. $\tau = RC$

Cysonyn Avogadro (N_A) Cysonyn Avogadro yw nifer y gronynnau am bob mol (yr unedau yw mol^{-1}).

Cysonyn dadfeiliad (λ) Y ffracsiwn o niwclysau niwclid ymbelydrol sy'n dadfeilio am bob uned amser.

Cysonyn solar (G) Pŵer pelydrol o'r Haul am bob uned arwynebedd sy'n taro arwyneb ar ongl sgwâr i'r pelydriad solar. Mae ei werth ar radiws y Ddaear yn 1.36 kW m^{-2}.

Dadfeiliad niwclear (neu ddadfeiliad ymbelydrol) Dadfeiliad niwclear (neu ddadfeiliad ymbelydrol) yw'r broses lle mae niwclews atom yn colli egni trwy allyrru ymbelydredd (niwclear).

Deddf Coulomb Rhoddir y grym rhwng dwy wefr bwynt, Q_1 a Q_2, mewn gwactod ac wedi'u gwahanu gan bellter r gan
$$F = \frac{Q_1Q_2}{4\pi\varepsilon_0 r^2}$$ lle ε_0 yw'r permitifedd gofod rhydd = 8.85×10^{-12} F m^{-1} [DS $\frac{1}{4\pi\varepsilon_0} = 9.0 \times 10^9$ F^{-1} m (2 ff.y.)]

Deddf disgyrchiant Newton Mae pob gwrthrych â màs yn atynnu pob gwrthrych arall â màs. Ar gyfer dau 'fàs pwynt', m_1 ac m_2, wedi'u gwahanu gan bellter r, rhoddir y grym gan

$$F = \frac{Gm_1m_2}{r^2},$$

lle mae G yn gysonyn o'r enw cysonyn disgyrchiant Newton. $G = 6.67 \times 10^{-11}$ N m^2 kg^{-2}

Deddf Faraday Pan fydd y fflwcs magnetig, Φ, trwy gylched yn newid, mae g.e.m. yn cael ei aruytho yn y gylched, a hynny mewn cyfrannedd â chyfradd newid y cysylltedd fflwcs. Ar gyfer cylched ag N troad unfath

$$E = \frac{-\Delta(N\Phi)}{\Delta t}$$

$N\Phi$ yw'r gylched yn goil ag N troad, gyda'r un fflwcs, Φ, trwy bob un, mae'r g.e.m. yr un fath â phe bai N gwaith y fflwcs trwy un troad!

Deddf gyntaf mudiant planedol Kepler (K1) Mae orbit pob planed yn elips gyda'r Haul wedi'i leoli ar un ffocws.

Deddf gyntaf thermodynameg Y cynnydd, ΔU, yn egni mewnol system yw $\Delta U = Q - W$, lle Q yw'r gwres sy'n mynd i mewn i'r system ac W yw'r gwaith sy'n cael ei wneud gan y system.

Deddf Hubble Mae deddf Hubble yn mynegi bod cyflymder encilio, v, gwrthrychau sydd yn nyfnder y gofod mewn cyfrannedd â'u pellter.

Deddf Lenz Mae cyfeiriad effeithiau unrhyw g.e.m. wedi'i anwytho'n gwrthwynebu'r newid sy'n ei gynhyrchu.

Dos cyfatebol (H) Y dos o ymbelydredd sy'n cael ei amsugno wedi'i luosi â ffactor pwysoli ymbelydredd (yr unedau yw S_v).

Dos effeithiol (E) Y dos cyfatebol wedi'i luosi â ffactor pwysoli'r meinweoedd (yr unedau yw S_v).

Dos sy'n cael ei amsugno (D) Egni'r pelydriad sy'n cael ei amsugno am bob uned màs o feinwe (yr unedau yw Gy).

Dwysedd fflwcs magnetig (B) Fector â maint

$$B = \frac{F_{mwyaf}}{I\ell},$$

lle F_{mwyaf} yw'r grym ar wifren fer, hyd ℓ, sy'n cario cerrynt I, ar ongl sy'n sicrhau'r grym mwyaf arno. Rhoddir cyfeiriad y fector gan reol modur llaw chwith Fleming, o wybod cyfeiriadau'r grym a'r cerrynt.

Ecsoblaned Planed sy'n troi o gwmpas seren heblaw am yr Haul.

Ecwilibriwm thermol Mae dwy system sydd mewn cysylltiad thermol mewn ecwilibriwm thermol os nad oes gwres yn llifo rhyngddynt. Dywedwn eu bod ar yr un tymheredd.

Effaith Doppler Newid yn amledd tonnau oherwydd mudiant cymharol ffynhonnell y tonnau, y synhwyrydd, y cyfrwng neu'r adlewyrchydd.

Effaith tŷ gwydr Yr enw ar y broses o gynhesu planed trwy belydriad o'i hatmosffer, a hynny i dymheredd uwch na'r tymheredd heb atmosffer.

Effeithiau difrifol ymbelydredd (Gwenwyn ymbelydredd) – salwch a marwolaeth o ganlyniad i ddos mawr sydyn o ymbelydredd.

Effeithiau tymor byr ymbelydredd Niwed ymbelydredd sy'n amlwg yn yr ychydig wythnosau'n dilyn aramlygiad (*exposure*), yn bennaf i'r croen, yr ysgyfaint, yr ofarïau a'r ceilliau.

Effeithiau tymor hir (neu effeithiau stocastig) ymbelydredd Canserau, cataractau, problemau datblygu (e.e. mewn ffoetws).

Egni clymu Egni clymu niwclews yw'r egni sydd ei angen i ddatgymalu'r niwclews i'w brotonau a'i niwtronau cyfansoddol (yr unedau yw J neu MeV).

Egni mewnol system Egni mewnol system yw swm egnïon potensial a chinetig ei gronynnau.

Egni potensial Egni potensial gwefr brawf, q, ar bwynt P mewn maes trydanol yw'r gwaith sy'n cael ei wneud gan y maes ar q, wrth i q fynd o P i anfeidredd.

Egni potensial disgyrchiant Egni potensial disgyrchiant màs prawf, m, wrth bwynt P mewn maes disgyrchiant yw'r gwaith sy'n cael ei wneud gan y maes ar m os yw m yn mynd o P i anfeidredd.

Egni potensial trydanol Egni potensial trydanol gwefr yw'r gwaith mae'n gallu ei wneud o ganlyniad i'w safle mewn maes trydanol.

Egwyddor Archimedes Pan fydd gwrthrych wedi'i drochi'n llwyr neu'n rhannol mewn hylif, mae'n profi brigwth, sy'n hafal i bwysau'r hylif gaiff ei ddadleoli gan y gwrthrych.

Ffactor Q (Q) Mesur o lymder y gromlin gyseiniant – y mwyaf yw'r ffactor Q, y mwyaf llym yw'r gromlin gyseiniant.

Ffasor Fector sy'n cylchdroi ar amledd y cerrynt eiledol, sy'n gallu cynrychioli'r cerrynt neu'r foltedd o ran maint a gwedd.

Fflwcs magnetig Diffinnir y fflwcs magnetig, Φ, trwy arwynebedd, A gan $\Phi = BA \cos \theta$, lle θ yw'r ongl rhwng y normal i'r arwynebedd a'r dwysedd fflwcs. Mae'n sgalar.

Fflworosgopeg pelydr X Delweddau digidol amser real o feinweoedd meddal a gynhyrchir trwy ddefnyddio dwysawyr delweddau.

Ffynhonnell egni adnewyddadwy Rydyn ni'n ystyried bod ffynhonnell egni yn adnewyddadwy os caiff ei hailgyflenwi'n naturiol o fewn hyd oes ddynol (mae rhai sefydliadau'n defnyddio graddfa amser o 50 mlynedd).

Ffynhonnell egni anadnewyddadwy Ffynhonnell egni sydd i bob pwrpas ddim yn gallu ailgyflenwi ei hunan.

Gp isc, V_{isc} Ail isradd gwerth cymedrig y gp (wedi'i gymryd dros nifer gyfan o gylchredau), h.y. mae $V_{isc} = \sqrt{\langle V^2 \rangle}$ Felly hefyd: $I_{isc} = \sqrt{\langle I^2 \rangle}$

Graff hanner log neu **graff log-llinol** Graff o logarithm newidyn yn erbyn newidyn llinol.

Graff log-log Graff o logarithm un newidyn yn erbyn logarithm newidyn arall.

Gwahaniaeth potensial Y gwahaniaeth potensial, ΔV, rhwng dau bwynt, A a B, mewn maes trydanol yw'r gwaith gaiff ei wneud am bob uned gwefr (W/q) gan y maes ar y wefr brawf, q, wrth fynd o A i B. Os yw W/q yn bositif, mae A ar botensial uwch. UNEDAU: J C^{-1} = folt (V)

Gwaith (W) Y gwaith a wneir gan system yw $p\Delta V$ lle p yw'r gwasgedd sy'n cael ei roi a ΔV yw'r cynnydd mewn cyfaint.

Gwanhad pelydr X Y lleihad yn arddwysedd pelydrau X wrth iddynt basio trwy ddefnydd.

Gwanychiad Lleihad yr osgled mewn 'osgiliadau rhydd', oherwydd grymoedd gwrtheddol.

Gwanychiad electromagnetig Arafiad mudiant oherwydd grymoedd mae ceryntau anwythol yn eu profi, yn unol â deddf Lenz.

Gwedd yr osgiliad Yr enw ar yr ongl $\omega t + \varepsilon$ yn yr hafaliad $x = A \cos (\omega t + \varepsilon)$ yw gwedd yr osgiliad. Yr enw ar yr ongl ε yw'r cysonyn gwedd.

Gwerth isradd sgwâr cymedrig (isc) Ail isradd cymedr y gwerth wedi'i sgwario (e.e. gwerth buanedd moleciwlaidd neu werth ceryntau a folteddau eiledol).

Gwerth U Gwerth U elfen adeiladu (e.e. wal) yw'r gyfradd trosglwyddo gwres am bob uned arwynebedd am bob uned o wahaniaeth tymheredd (yr unedau yw W m^{-2} K^{-1}).

Gwres (Q) Llif egni o ardal tymheredd uchel i ardal tymheredd isel oherwydd y gwahaniaeth tymheredd

Gwrthiant (R) Y gymhareb $\frac{V}{I}$ ar gyfer cydran (neu gylched) lle mae'r cerrynt a'r gp yn gydwedd, a lle V ac I yw'r gp a'r cerrynt isc [neu gp a cherrynt brig] CE sinwsoidaidd.

Hanner oes Yr amser mae'n ei gymryd i nifer y niwclysau mewn niwclid ymbelydrol (neu'r actifedd) haneru.

Hunananwythiad Anwythiad g.e.m. mewn coil (neu gylched) o ganlyniad i gerrynt newidiol yn y coil hwnnw (neu'r gylched honno).

Llinell maes disgyrchiant Llinell lle mae'r cyfeiriad ar bob pwynt ar ei hyd yr un peth â chyfeiriad y maes disgyrchiant ar y pwynt hwnnw.

Llinell maes magnetig (neu linell fflwcs magnetig) Llinell lle mae ei chyfeiriad ar bob pwynt yr un peth â chyfeiriad y maes magnetig ar y pwynt hwnnw.

Llinell maes trydanol Llinell lle mae'r cyfeiriad ar bob pwynt ar ei hyd i gyfeiriad y maes trydanol ar y pwynt hwnnw.

Maes magnetig Dywedwn fod maes magnetig yn bodoli mewn rhanbarth lle mae gwefr drydanol sy'n symud yn profi grym, ond lle nad yw gwefr ddisymud yn profi grym.

Maes trydanol unffurf Mae maes trydanol unffurf mewn rhanbarth lle mae cryfder y maes yr un peth ar bob pwynt o ran maint a chyfeiriad.

Mol (mol) Uned S.I. swm sylwedd. Mae mol yn cynnwys yr un nifer o ronynnau (e.e. moleciwlau) ag sydd o atomau mewn 12 g (yn union) o garbon-12.

Moment inertia (I) Rydyn ni'n diffinio moment inertia gwrthrych sy'n cynnwys n o ronynnau gan:

$$I = \Sigma m_i r_i^2$$

lle m_i ac r_i yw màs a phellter o echelin gylchdro ar gyfer yr $i$fed gronyn.

Momentwm onglaidd (L) Lluoswm y moment inertia a'r cyflymder onglaidd (yr unedau yw N m s).

Mudiant harmonig syml Mae mudiant harmonig syml yn digwydd pan fydd gwrthrych yn symud fel bod ei gyflymiad bob amser wedi'i gyfeirio tuag at bwynt sefydlog ac mewn cyfrannedd â'r pellter o'r pwynt sefydlog.

Niwclid Math arbennig o atom neu niwclews, sy'n cael ei gynrychioli gan symbol penodol, $^A_Z X$.

Niwclid ymholltog Mae niwclid ymholltog yn un sy'n ymhollti wrth iddo amsugno niwtronau thermol, gan allyrru digon o niwtronau i gynnal adwaith cadwynol.

Niwtronau thermol Niwtronau sy'n symud yn gymharol araf. Mae ganddyn nhw egni cinetig $\frac{1}{40}$ eV sy'n gywerth â kT ar dymheredd ystafell.

Nwy delfrydol Mae nwy delfrydol yn nwy sy'n ufuddhau'n llwyr i'r hafaliad $pV = nRT$.

Ongl ymosod Yr ongl rhwng llif yr aer a chyfeiriadaeth y waywffon (neu'r ddisgen).

Osgiliad gorfod Mae osgiliad gorfod yn digwydd pan fydd grym gyrru sinwsoidaidd yn gweithredu ar system osgiliadol, gan achosi i'r system osgiliadu gydag amledd y grym sy'n gweithredu.

Osgiliadau rhydd Mae'r rhain yn digwydd pan fydd system osgiliadol yn cael ei dadleoli a'i ryddhau.

Osgled (A) osgiliad Gwerth mwyaf dadleoliad gwrthrych o'i safle ecwilibriwm (yr unedau yw m).

Peiriant gwres Mae peiriant gwres yn system sy'n trawsnewid egni thermol yn waith mecanyddol mewn proses gylchol.

Pelydrau X Mae pelydrau X yn belydriad electromagnetig, egni uchel sy'n ïoneiddio ac sy'n cael eu cynhyrchu trwy gyflymu electronau neu drwy drosiadau atomig egni uchel.

Pelydriad cefndir Yng nghyd-destun ymchwiliadau labordy i ffynonellau ymbelydrol, pelydriad cefndir yw'r ymbelydredd niwclear sy'n cael ei ganfod yn absenoldeb y ffynhonnell dan sylw.

Pôl Gogledd (neu'r pôl sy'n cyrchu tua'r Gogledd) magnet Y pen sy'n tueddu i bwyntio'n fras tua'r Gogledd daearyddol pan fydd maes magnetig y Ddaear yn unig yn bresennol.

Potensial disgyrchiant (V_g) Potensial disgyrchiant wrth bwynt yw'r gwaith sy'n cael ei wneud am bob uned màs wrth ddod â'r màs o anfeidredd i'r pwynt hwnnw (yr unedau yw J kg^{-1}).

Potensial trydanol (V) Potensial trydanol wrth bwynt yw'r gwaith sy'n cael ei wneud am bob uned gwefr wrth ddod â gwefr bositif o anfeidredd i'r pwynt hwnnw (yr unedau yw V neu J C^{-1}).

Prif ddilyniant Mae seren prif ddilyniant yn un sy'n cynhyrchu'r rhan fwyaf o'i hegni trwy broses ymasiad hydrogen i ffurfio heliwm yn ei chraidd.

Radian Yr ongl a gynhelir ar ganol cylch gan arc sy'n hafal o ran hyd i'r radiws.

Rheol gafael â'r llaw dde Gafaelwch yn y dargludydd â'ch llaw dde, gyda'ch bawd yn pwyntio tuag allan i gyfeiriad y cerrynt. Bydd eich bysedd yn cyrlio o gwmpas i gyfeiriad y maes magnetig .

Rheol generadur llaw dde Fleming Daliwch eich llaw dde fel bod:
- y Mynegfys yn pwyntio'n syth allan o gledr y llaw ac i gyfeiriad y Maes magnetig,
- y Bawd yn pwyntio i gyfeiriad Mudiant y wifren,
- y bys Canol yn cael ei ddal i mewn tuag at gledr y llaw…

Mae'r bys Canol yn pwyntio i gyfeiriad y Cerrynt confensiynol yn y dargludydd (ac felly i gyfeiriad y g.e.m.).

Rheol modur llaw chwith Fleming Daliwch eich llaw chwith fel bod:
- y Mynegfys yn pwyntio'n syth allan o gledr y llaw ac i gyfeiriad y Maes magnetig,
- y bys Canol yn pwyntio i gyfeiriad y Cerrynt confensiynol
- y Bawd ar ongl sgwâr i'r ddau fys hyn ac yn rhoi cyfeiriad y grym ar y wifren.

Rhwystriant (Z) Y gymhareb
$$\frac{V}{I}$$
ar gyfer cydran (neu gylched), ar gyfer unrhyw berthynas wedd rhwng y cerrynt a'r gp, lle V ac I yw gp a cherrynt isc [neu gp a cherrynt brig] CE sinwsoidaidd yn ôl eu trefn.

Rhwystriant acwstig (Z) Mae rhwystriant acwstig defnydd yn cael ei ddiffinio gan $Z = c\rho$ lle ρ yw ei ddwysedd ac c yw buanedd sain yn y defnydd.

Sgan uwchsain A Sgan lle mae osgled olin yn dangos cryfder adlewyrchiad uwchsain.

Sgan uwchsain B Sgan lle mae disgleirdeb olin yn dangos cryfder adlewyrchiad uwchsain – gan gynhyrchu arddangosiad 2D.

System arunig Yr enw ar system sydd ddim yn caniatáu i egni na mater fynd i mewn iddi na'i gadael.

System gaeedig Yr enw ar system lle na all mater fynd i mewn iddi nac allan ohoni (felly mae system arunig yn gaeedig hefyd).

System thermodynamig System thermodynamig yw casgliad o ronynnau, e.e. atomau a moleciwlau, o fewn cyfaint penodol o le gwag.

System wedi'i gwanychu'n gritigol Mae system sydd wedi'i gwanychu'n gritigol yn dychwelyd i ecwilibriwm mor gyflym â phosibl heb osgiliadu.

Trorym (τ) Caiff y trorym cydeffaith, τ, ar wrthrych â moment inertia I a chyflymiad onglaidd α ei ddiffinio gan $\tau = I\alpha$.

Trydedd ddeddf mudiant planedol Kepler (K3) Mae sgwâr cyfnod orbit planed mewn cyfrannedd â chiwb ei hanner echelin hwyaf.

Uned más atomig unedig (u) Un deuddegfed o fàs un atom o carbon-12.

Ymasiad niwclear Y broses o gyfuno dau niwclews ysgafn gydag egni'n cael ei allyrru.

Ymbelydredd alffa (α) Gronynnau sy'n symud yn gyflym ac sy'n cynnwys dau broton a dau niwtron (neu niwclysau heliwm) wedi'u bwrw allan o rai niwclei ymbelydrol.

Ymbelydredd beta (β) Electronau egni uchel ($\beta-$) neu bositronau ($\beta+$) wedi'u bwrw allan o rai niwclysau ymbelydrol.

Ymbelydredd gama (γ) Ffotonau egni uchel wedi'u bwrw allan o niwclysau atomau ymbelydrol.

Ymbelydredd niwclear Ymbelydredd niwclear yw allyriad egni ar ffurf tonnau neu ronynnau o'r niwclews atomig. Rydyn ni'n defnyddio'r term hefyd ar gyfer y tonnau neu'r gronynnau eu hunain sy'n cael eu hallyrru.

Ymholltiad anwythol Niwclews yn hollti o ganlyniad i amsugniad niwtron.

Ymholltiad digymell Niwclews yn hollti heb ei ysgogi gan niwtron trawol.

Ymholltiad niwclear Y broses o hollti niwclews trwm yn ddau ddarn mawr gydag egni'n cael ei ryddhau.

Ynysydd deuelectrig Ynysydd rhwng platiau cynhwysydd, sy'n cynyddu cynhwysiant y cynhwysydd.

Mynegai